当代中国建筑实录

CONTEMPORARY CHINESE 第1辑 ARCHITECTURE RECORDS

黄元炤 主编

中国建筑工业出版社

前言

当今建筑书籍浩如烟海，但缺乏一部能够全方位展示中国建筑创作新发展、新思维、新理念的图书。

为反映中国建筑创作百花齐放的盛景，记录当代中国建筑创作实践历程，向世界推介我国优秀建筑师和建筑作品，弘扬当代中国先进建筑文化，中国建筑出版传媒有限公司（中国建筑工业出版社）策划了“当代中国建筑实录”。

《当代中国建筑实录 第1辑》入选的上百个项目，以中国境内建成作品为限，建成时间为2019年1月1日至2021年12月31日，力求建筑作品具有广泛性、先进性、典型性，不限建筑类型和规模，不限建筑创作主体，全面彰显当代中国建筑的创作水准和生动实践。

《当代中国建筑实录 第1辑》采用定版设计，每个作品4页，包括项目概况、建成图片和技术图纸。为扩展图书容量，作品首页设置了二维码，扫码即可阅读该作品的视频和更多的图片、图纸信息，增加“纸数交互”的阅读新体验。章节目录按建筑类型划分，每一类型按照建成时间倒序排列。同一年的建成作品，以项目名称首字的汉语拼音字母排序。

非常荣幸受中国建筑出版传媒有限公司（中国建筑工业出版社）委托来完成本书的组织编写工作。本书是集大成之作，汇聚了众人智慧，过程之艰难超乎想象。从整体策划、拟定框架、多方约稿、反复校核到最终出版，得到了业界建筑师的广泛支持。感谢每一名赐稿的建筑师在邀稿过程中不厌其烦地提供资料和修改。书中所有素材都由建筑师所属设计单位提供，作品著作权归设计单位所有。

感谢丛书策划陆新之先生的大力支持，感谢本书责任编辑黄习习、刘丹、刘静、徐冉女士，书籍设计张悟静先生，数字编辑魏鹏先生等，为本书出版所付出的努力。

本书为“当代中国建筑实录”系列开篇之作，希望读者能更多地了解当代中国新建筑和建筑师群体，学习优秀建筑师的创作理念和创作手法，也期待本书能促进中国建筑界学术交流和建筑文化传播，并在世界舞台上展现当代中国建筑师的风采和作品，讲好中国建筑故事，传递中国建筑师声音。

“当代中国建筑实录”未来将两年一辑陆续出版，我期待在广大建筑师同仁的帮助下，秉持立足当下面向未来，立足中国面向世界的宗旨，将“当代中国建筑实录”系列做成反映当代中国建筑创作实践的优秀范本。

受本人学识所限，本辑所选项目如有不妥或疏漏，敬请广大读者批评指正。

黄元炤

2023年4月8日

目录

博览

观演

教科

文化

商业服务

休闲娱乐

餐饮

旅馆民宿

体育

工业

居住

办公

CONTEMPORARY
CHINESE ARCHITECTURE
RECORDS

当代中国建筑实录

博览

衡水植物园温室展览馆
鸡鸣岛海角艺术馆
土家泛博物馆摩霄楼
西塘市集上的美术馆
义乌横塘公园展陈中心
浮山云舍 / 平安罗浮山中医健康产业园展示中心
和美术馆
华茂艺术教育博物馆
荒野上的汉白玉 / 水发 · 信息小镇产业展示中心
景德镇御窑博物馆
晋江国际会展中心
漫山艺术中心
前海城
苏州“狮子口”遗址环境保护与扩建
陶仓艺术中心
天府国际会议中心
英良石材自然历史博物馆
郑州美术馆新馆 · 郑州档案史志馆
北京世界园艺博览会 · 国际馆
北海桥木构博物馆
北京世界园艺博览会 · 中国馆
承德博物馆
崇明东滩湿地科研宣教中心
坪山美术馆
青龙山公园多功能馆及瀑布亭
首钢三高炉博物馆及全球首发中心
乌镇“互联网之光”博览中心 / “水月红云”智能建造亭集群

衡水植物园温室展览馆

扫码阅读更多内容

开发单位：衡水植物园
设计单位：空格建筑事务所
项目地点：河北省衡水市衡水植物园
设计 / 建成时间：2016 年 / 2021 年

项目负责人：高亦陶，顾云端
主要设计人员：高亦陶，顾云端，岳泽兴，胡仙梅，陈璟，黄晋，罗迅，廖晨阳，付雨，张羽，方寒柒
施工图合作单位：北京东方利禾景观设计有限公司 / 北京新纪元建筑工程设计有限公司

主要经济技术指标
建筑面积：3113m^2

设计的起点，根植于对气候条件与场地适应性的回应。建筑形体以单元化的结构模块有机结合，标准化建造提升了施工效率，有效降低了工程造价。混凝土柱础架起的倒四角锥形钢架结构，不断复现构成折叠的屋顶。为调和建筑结构、植物与人体行为之间的互动关系，建筑师细化出两套尺度系统：18m 高主体结构贴合植物；3m 左右的盒体、红砖矮墙、混凝土柱基更加贴近于人体尺度。内置的盒体嵌入建筑“边界”，使两套尺度系统相互咬合，产生出介于室内外空间与两大功能区之间的过渡空间。13 个梯形混凝土柱础落于红砖基座上，作为支座支撑起四角锥体系屋架，将受力逻辑具象成为一整套清晰的结构语言。建筑所处的位置更近似“介入”（In-Between）而非“分离”（Division），激发人们去观察、去体验，进而感受到与自然的紧密关联。

实景1

实景2

实景3

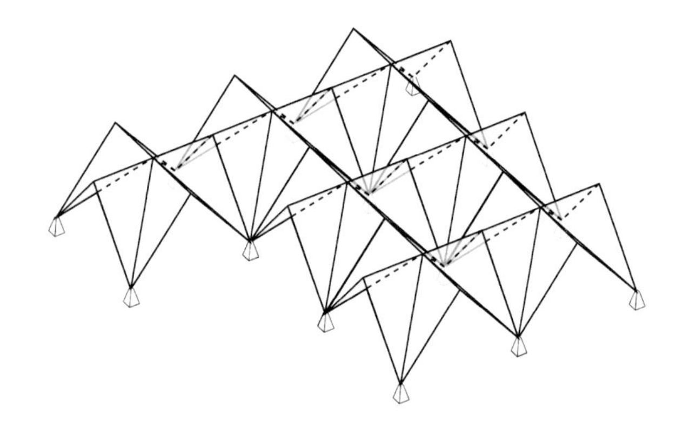

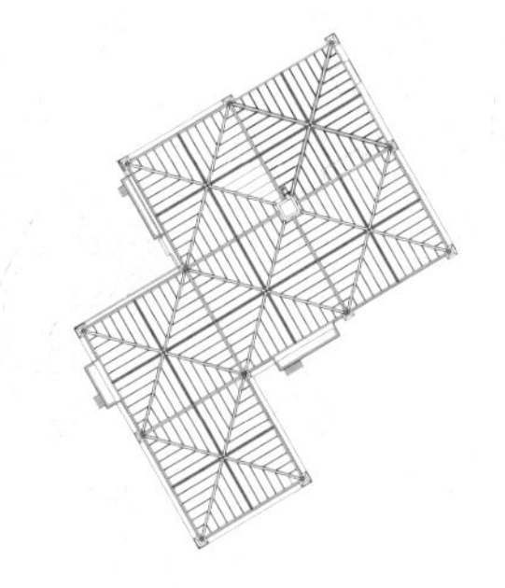

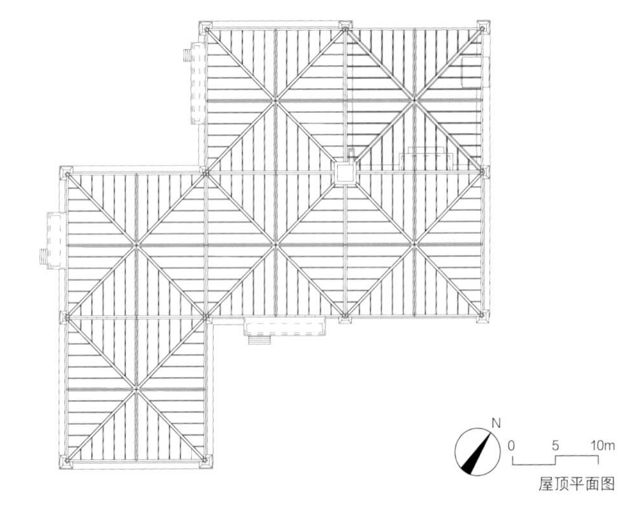
N
0
5
10m

屋顶平面图

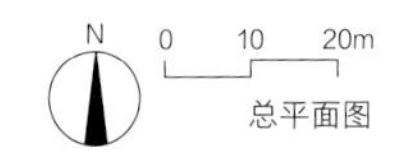
N
0
10
20m

总平面图

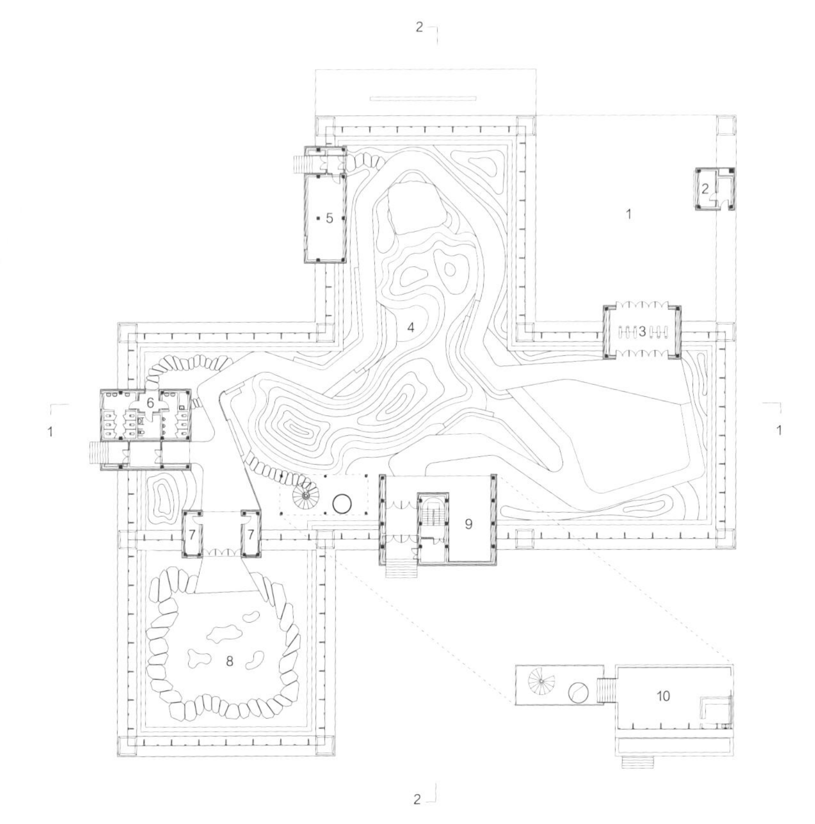
2
1
2
3
4
5
6
7
7
8
9
10
1
1
2

1 入口广场
2 售票处
3 入口
4 热带雨林
5 办公室
6 卫生间
7 储藏间
8 沙生植物
9 商店
10 咖啡区

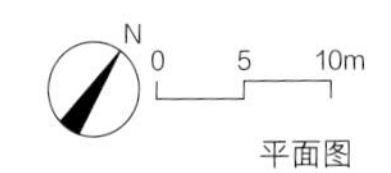
N
0
5
10m

平面图

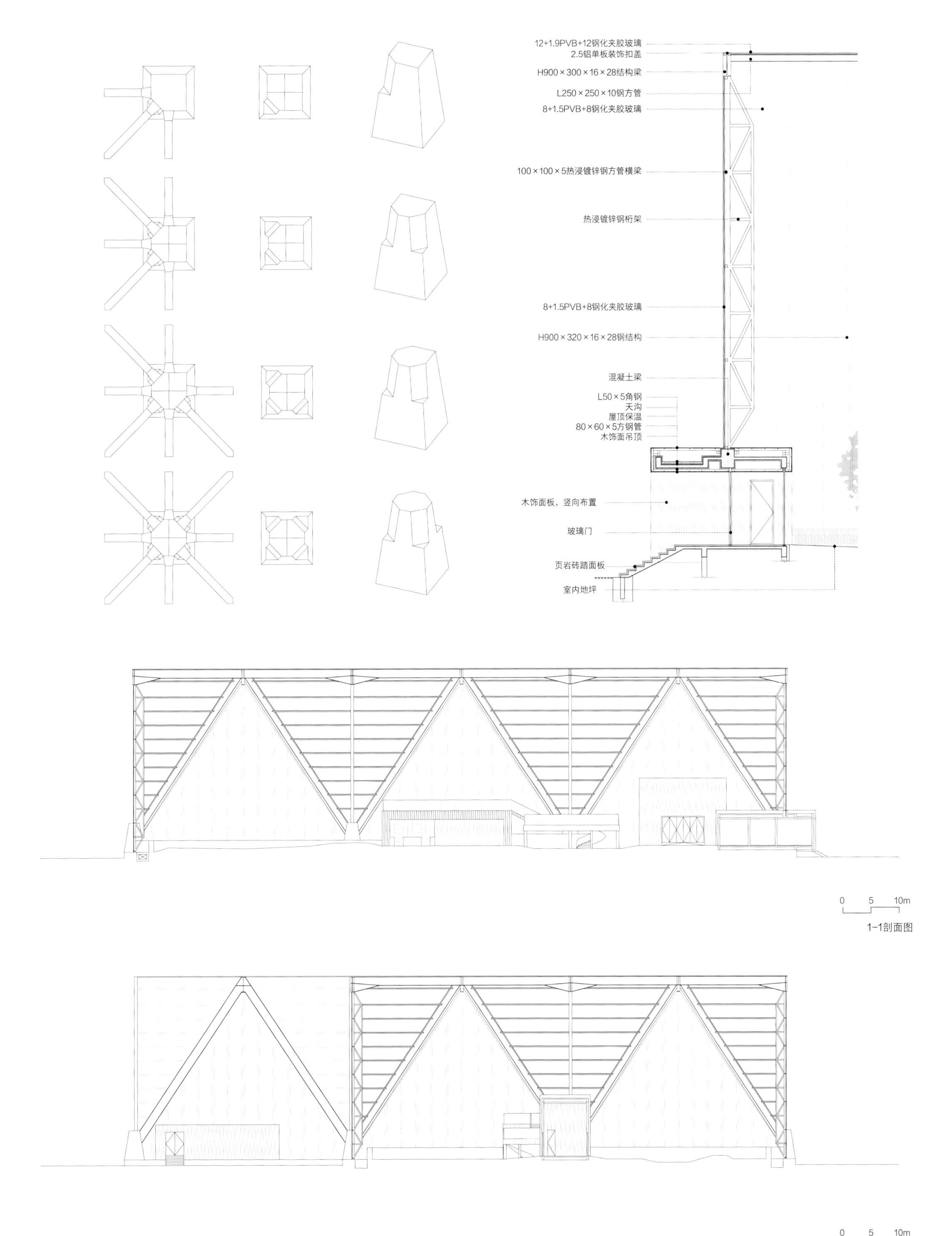
12+1.9PVB+12钢化夹胶玻璃
2.5铝单板装饰扣盖
H900×300×16×28结构梁
L250×250×10钢方管
8+1.5PVB+8钢化夹胶玻璃
100×100×5热浸镀锌钢方管横梁
热浸镀锌钢桁架
8+1.5PVB+8钢化夹胶玻璃
H900×320×16×28钢结构
混凝土梁
L50×5角钢
天沟
屋顶保温
80×60×5方钢管
木饰面吊顶
木饰面板，竖向布置
玻璃门
页岩砖踏面板
室内地坪
0
5
10m
0
5
10m
1-1剖面图

2-2剖面图

鸡鸣岛海角艺术馆

扫码阅读更多内容

开发单位：荣成市好运角旅游度假区管委会
建设单位：山东万恒置业投资有限公司
设计单位：同济大学建筑设计研究院（集团）有限公司 / 若本建筑工作室
项目地点：山东省荣成市
设计 / 建成时间：2017 年 / 2021 年

项目负责人：李立
主要设计人员：李立，唐韵，张堃，张书羽，胡海宁

主要经济技术指标

用地面积：1820m^2	建筑面积：916m^2
容积率：0.27	建筑密度：29.7%
绿地率：40%	停车位：40 个

荣成市地处山东半岛的陆地最东端，海岸线漫长，自然景观资源优越。在沿海传统海产养殖业“退二进三”的产业调整进程中，当地政府在鸡鸣岛对面的海边腾退出一大一小两块空地，打算建设鸡鸣岛海岛旅游的配套服务设施。

长方形建筑作为游客服务中心，整个形态面向码头的方向水平展开，容纳实用性功能，我们称之为“大海边的聚落”；而圆形建筑作为艺术馆，靠海更近，功能更灵活，其外部形象需要更多地满足视觉焦点的要求，我们称之为“大海边的静物”。

静物之间的组织秩序是什么呢？看与被看是主因，一座巴西利卡式的建筑平面应运而生：一个指向码头的长厅与数个动态的尖锥、棱柱、圆球等基本几何形体侧龛相互咬合，不同体块均交会于长向的主厅，将天空、海岸、岛屿、码头这些自然要素作为框景的对象，营造出主次分明又跌宕起伏的戏剧化空间效果。最外围是一个环绕的玻璃厅，实现了身体、观看与风景的 3 个层次：内观——通过长厅观看侧龛空间之间的关系；外观——通过侧龛洞口观赏岛屿、码头、天空、陆地；释放——走出侧龛，身体与风景融为一体。

建筑开口与鸡鸣岛

异物

长厅与侧龛形体

1 长厅
2 门厅
3 球形展厅
4 锥形展厅
5 阶梯展厅
6 咖啡接待
7 卫生间
8 设备
9 环廊展厅
10 阶梯展厅平台
11 咖啡座位
N
0 5 10 25m
总平面示意图

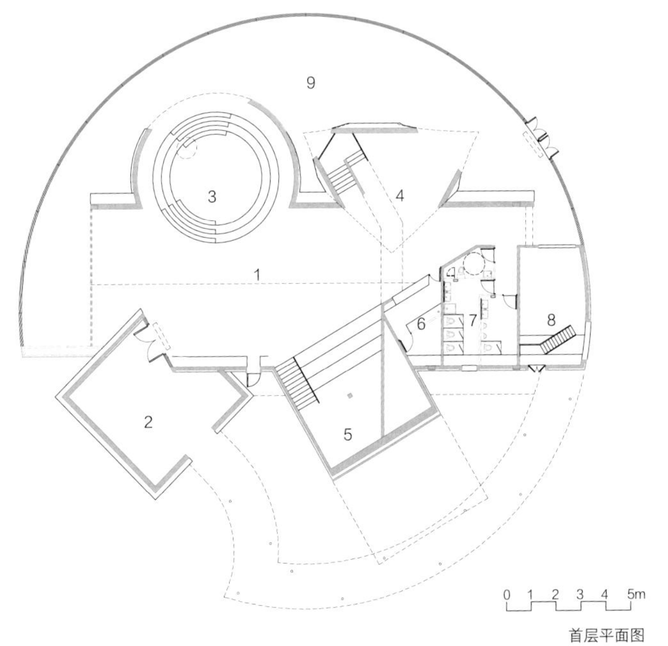
9
3
4
1
6
7
8
2
5
0 1 2 3 4 5m
首层平面图

11
10
二层平面图

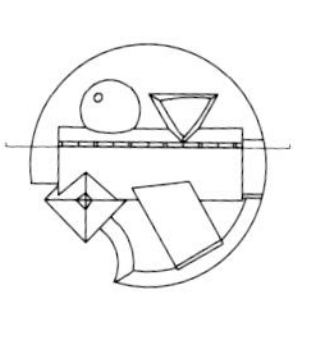

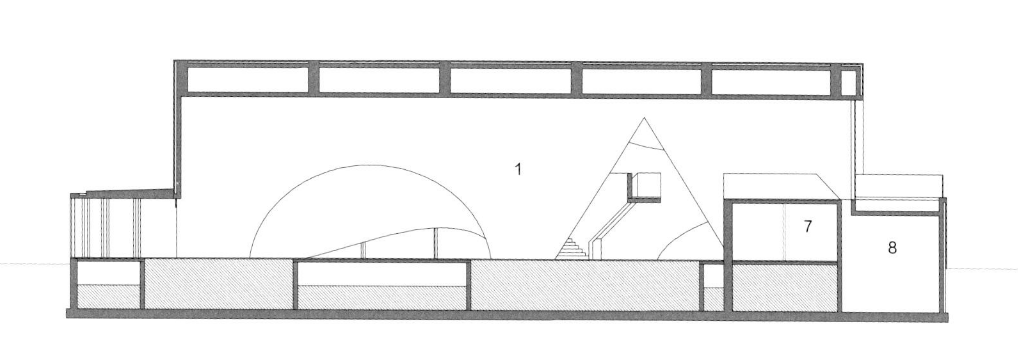
1
7
8

剖面图1

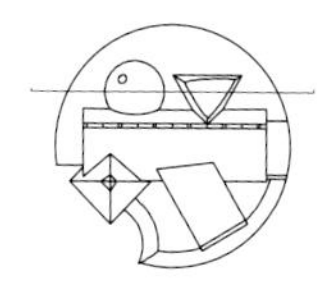

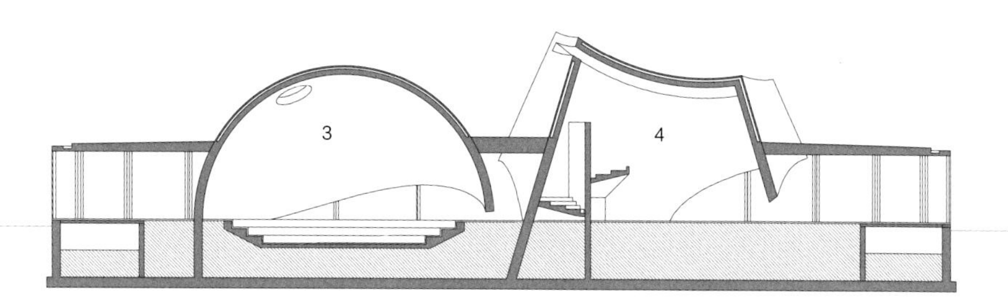
3
4

剖面图2

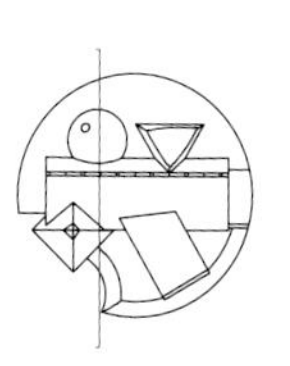

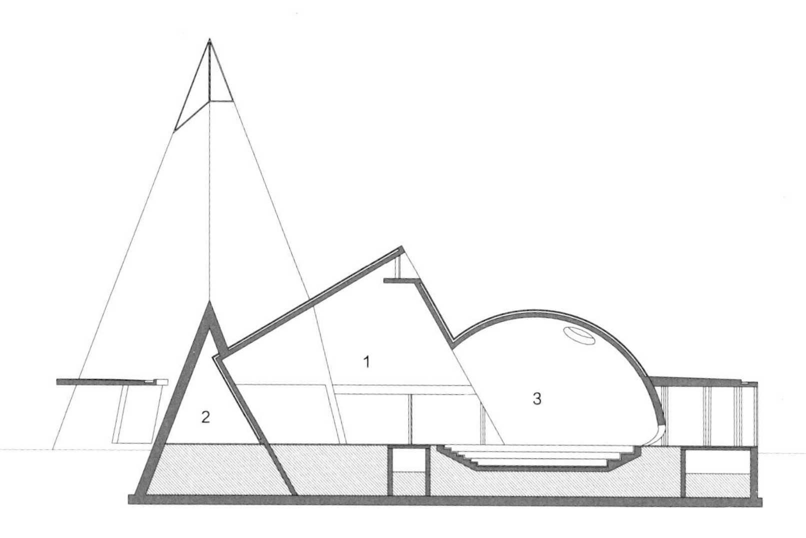
1
2
3

剖面图3

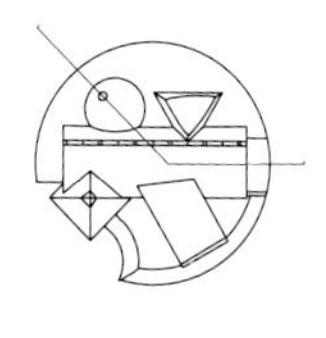

0 1 2 3 4 5m

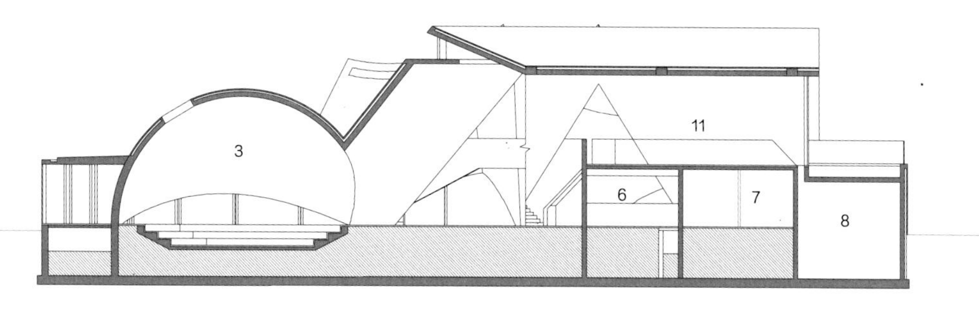
3
11
6
7
8

剖面图4

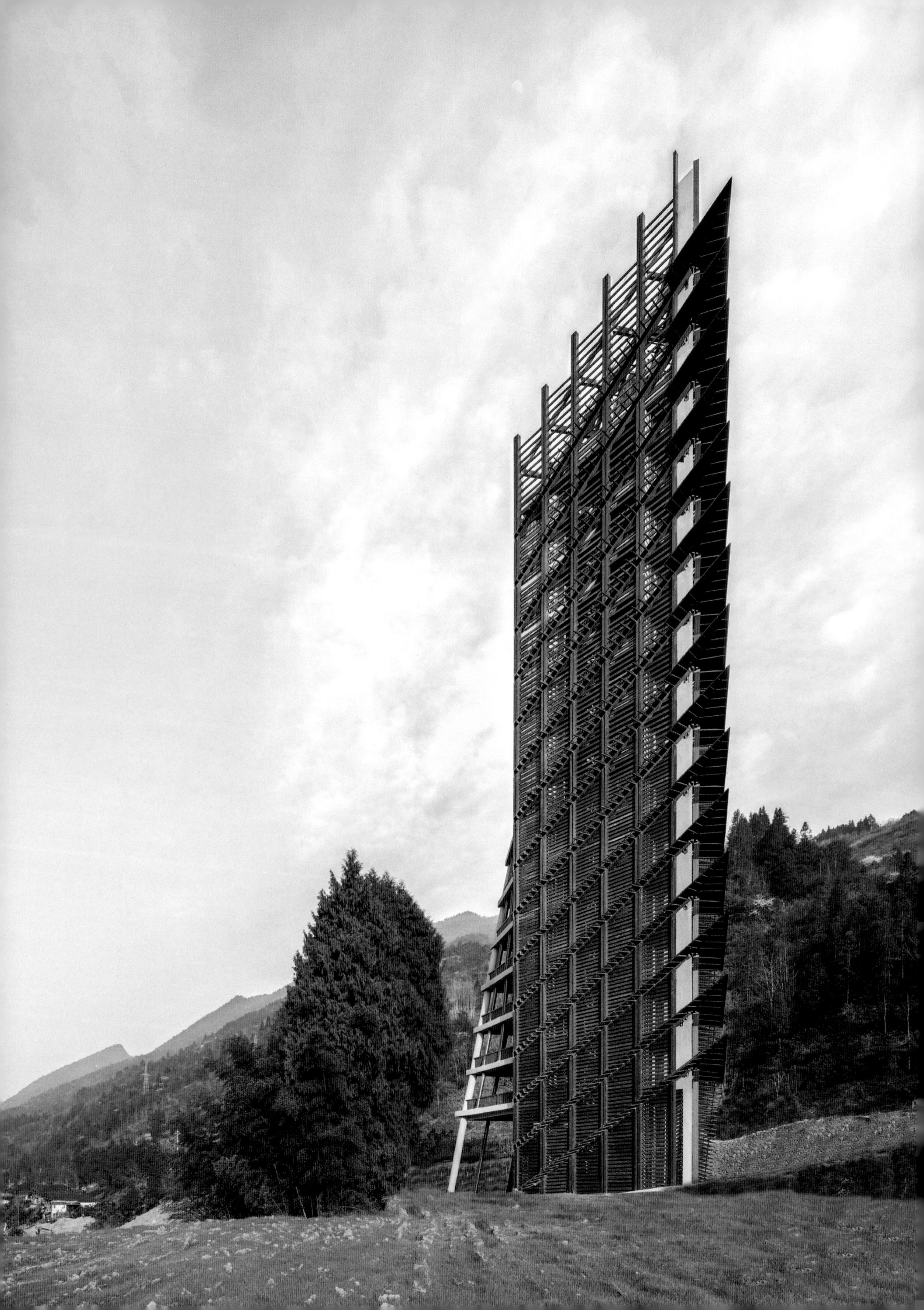

土家泛博物馆摩霄楼

扫码阅读更多内容

开发单位：湖北伍家台旅游发展有限公司
设计单位：武汉华中科大建筑规划设计研究院有限公司 李保峰工作室 / 武汉和创建筑工程设计有限公司
项目地点：湖北省恩施土家族苗族自治州宣恩县
设计 / 建成时间：2018 年 / 2021 年

项目负责人：李保峰
主要设计人员：李保峰，羊青园，万顺，何炼，申发亮，张效房

获奖情况
2020/2021 年 亚洲年度设计大奖（ADA）
第 11 届中国威海国际建筑设计大赛优秀奖

主要经济技术指标
用地面积：300m^2
建筑面积：4192m^2

彭家寨位于湖北省恩施土家族苗族自治州宣恩县，是国务院重点文保单位。中国土家泛博物馆意在挽救当地衰落的农业及传统文化，重建良性的农村社会及自然生态。

摩霄楼是泛博物馆范围内的重要建筑，楼名取自土家方言，有接近云天之意。设计摩霄楼的目的有三：其一，希望创造一个可在空中观察彭家寨的高视点，观者在彭家寨中体验的是局部微空间和建筑细部，而在摩霄楼上则可以清晰地识别出土家族传统聚落的整体格局；其二，水畔建塔可以为滨水的、水平延展的建筑群落创造丰富的空间轮廓；其三，可以为整个景区和自由布局的研学建筑群设立有利于空间识别的标志物。

摩霄楼的形体以三棱柱为原型演化而来，设计关注建筑之看与被看的双重目标：迎着研学中心的主要人流来向，利用锐角带来的透视效果以及木格栅立面的疏密渐变来强化摩霄楼的体量感和直上云霄的气势，直线的楼体与周围曲折蜿蜒的自然地景形成对比；根据对视线的分析，我们对朝向彭家寨一侧的建筑形体进行旋转扭切，并将立面彻底开敞，逐层设置观景平台，形成多层级、多角度的视觉体验空间。

转角飞檐

室内楼梯

山间望楼

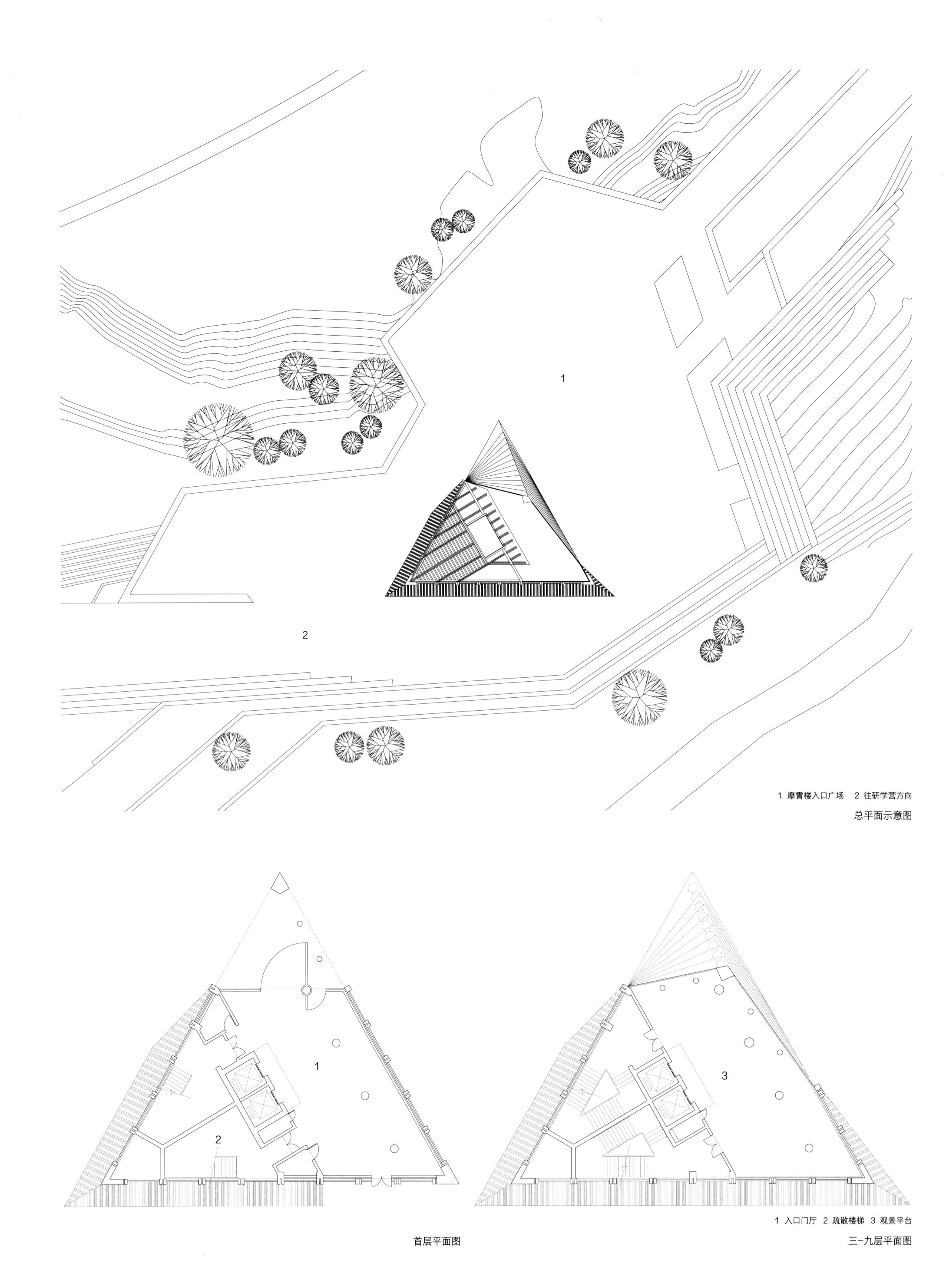
1
2
1
2
3

1 摩霄楼入口广场　2 往研学营方向

总平面示意图

1 入口门厅 2 疏散楼梯 3 观景平台

首层平面图

三~九层平面图

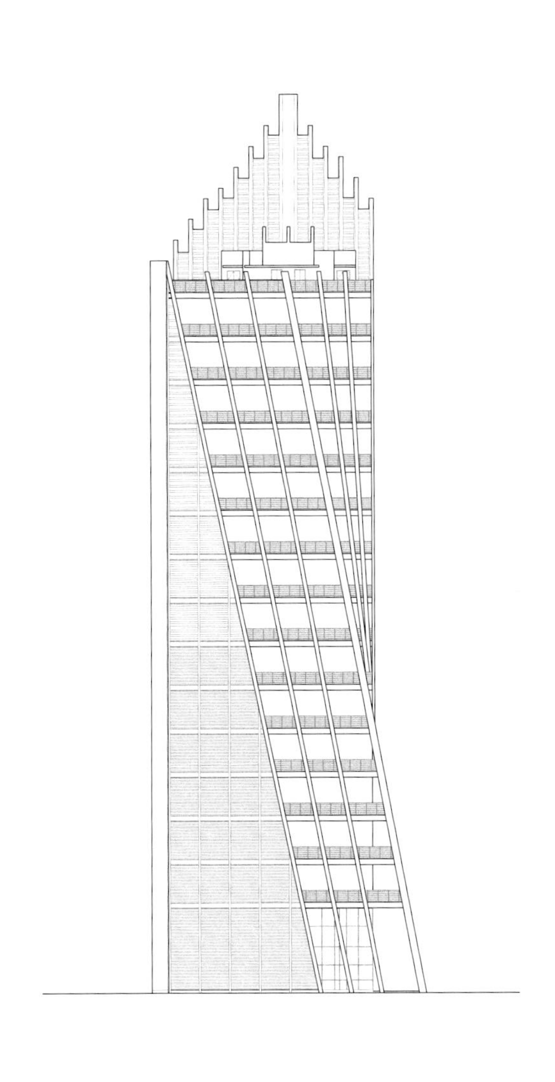

立面图

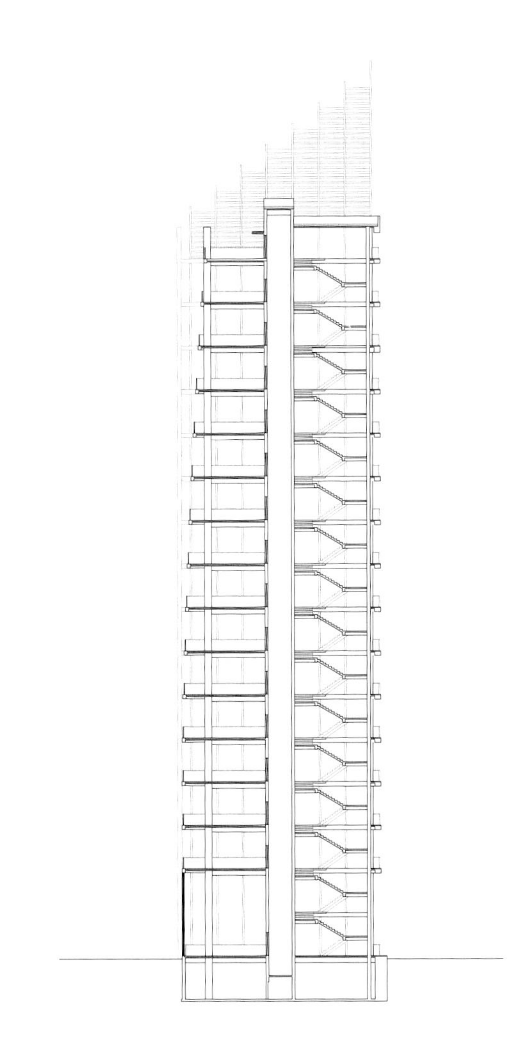

剖面图

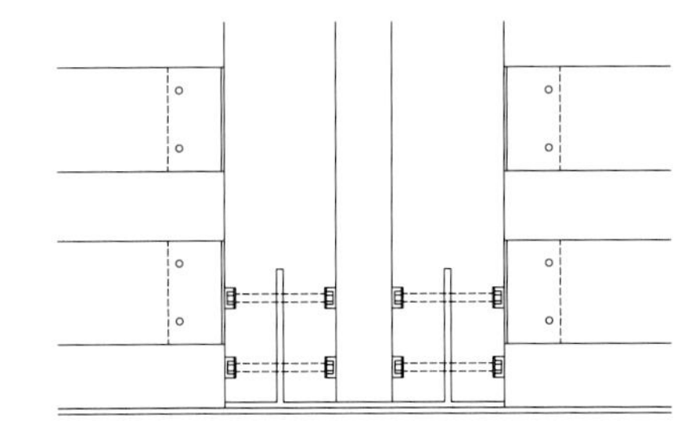

胶合木柱与钢梁连接节点1

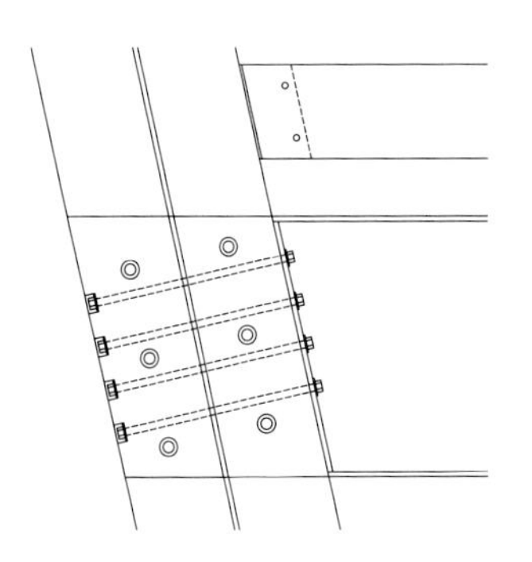

胶合木柱与钢梁连接节点2

胶合木圆柱与混凝土连接节点

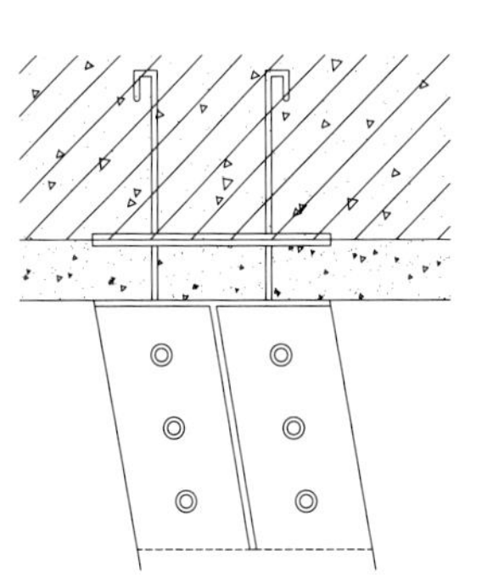

胶合木圆柱与预埋件连接节点

西塘市集上的美术馆

扫码阅读更多内容

开发单位：西塘智林文化发展有限公司
设计单位：山水秀建筑事务所
项目地点：浙江省嘉善县西塘镇
设计 / 建成时间：2018 年 / 2021 年

项目负责人：祝晓峰
主要设计人员：庄鑫嘉（项目经理），皮黎明（项目建筑师），林晓生，王均元

获奖情况
2022 年 第六届金瓦奖建筑空间铜奖

主要经济技术指标
建筑面积：2500m^2　　　　建筑高度：12.5m
结构系统：一层：Y 形柱支撑折梁钢框架；
二层：X 形胶合木柱支撑 X 形胶合木互承梁

市集美术馆两侧临河，可远眺西塘古镇，是西塘东区步行街的特殊地标。建筑将美术馆和市集上下叠合起来，在首层的流动空间中容纳有机农场集市、文创书店、咖啡和酒店接待，在二层营造一个多功能美术馆，兼容展览、论坛和酒会。6 条双坡悬山构成的线性单元并联组成了覆盖市集的屋顶，呼应延绵的古镇聚落，下部自由分布的分叉柱提供了开放弹性的空间。美术馆坐落在集市之上，是一个长 30m、宽 20m 的无柱空间。设计从西塘的灯笼工艺中提取了交叉互承的构造方式，环状的 X 形胶合木斜柱支撑起由 92 根互承胶合木短梁构成的微拱壳屋盖。渐变的半彩釉玻璃和屋顶的菱形天窗，使美术馆既能笼罩在柔和的自然光中，也能在夜晚将温暖的灯光透射出来，以“超级灯笼”的形象成为西塘东区的亮点。

实景1

实景2

实景3

N
0 20 50m

总平面示意图

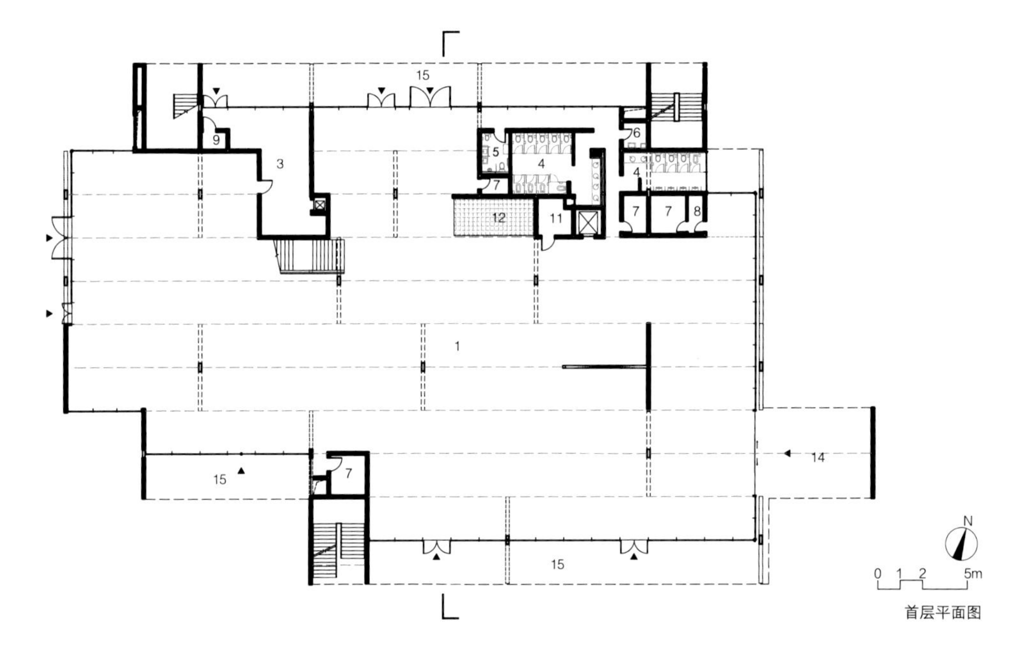
N
0 1 2 5m

首层平面图

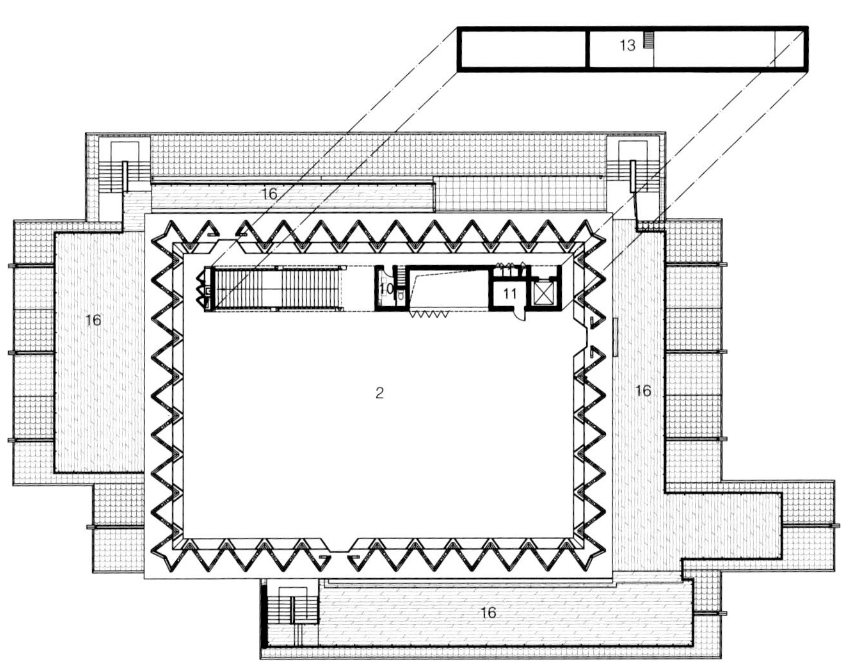
0 1 2 5m

1 开放市集空间
2 多功能空间
3 准备间
4 卫生间
5 第三卫生间
6 清洁间
7 储藏间
8 茶水间
9 更衣间
10 化妆间
11 设备间
12 升降平台
13 设备平台
14 门廊
15 檐廊
16 露台

二层平面图

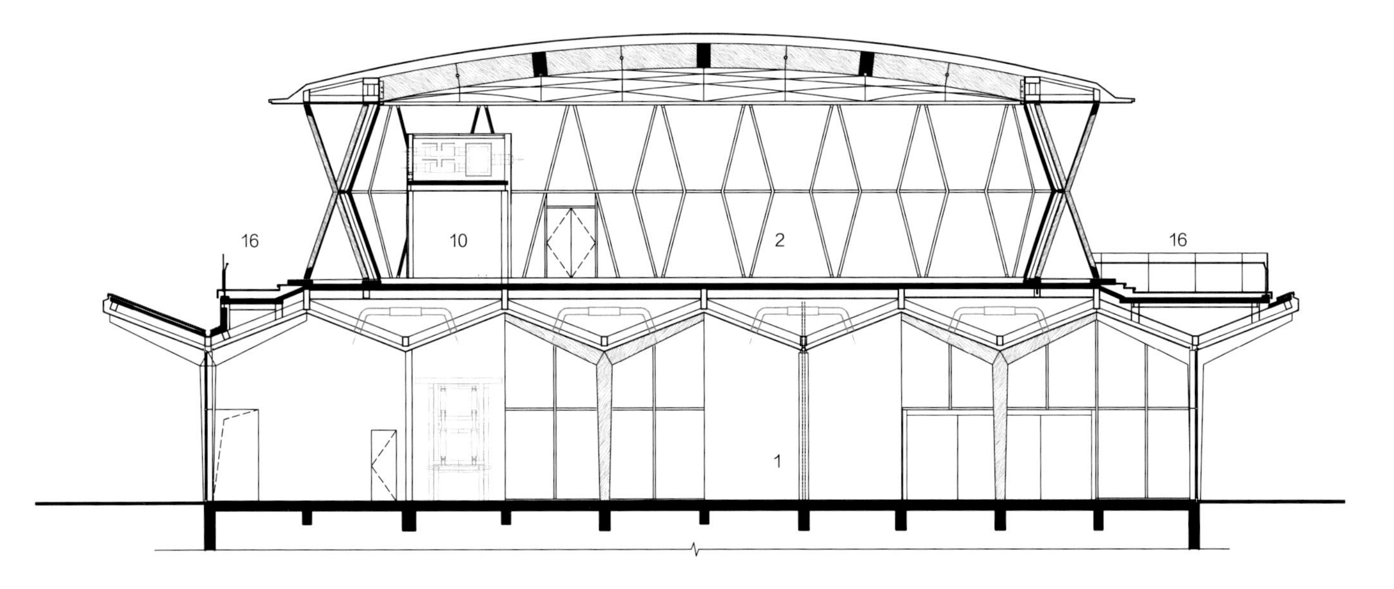
16
10
2
16
1
0 1 3 5m

1 开放市集空间
2 多功能空间
3 准备间
4 卫生间
5 第三卫生间
6 清洁间
7 储藏间
8 茶水间
9 更衣间
10 化妆间
11 设备间
12 升降平台
13 设备平台
14 门廊
15 檐廊
16 露台

剖面图

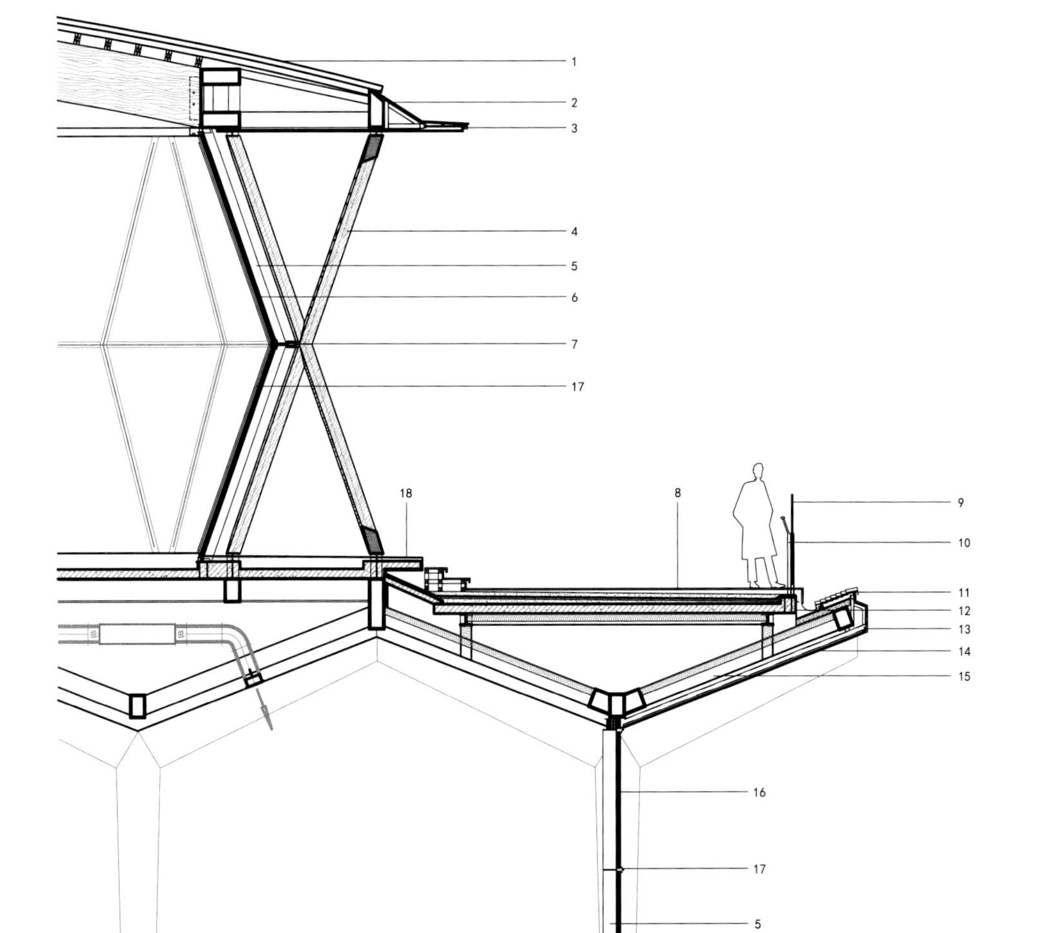

1 铝镁锰合金屋面板
2 深灰色铝板
3 白色铝板
4 胶合木柱（160mm × 160mm）
5 深灰色T型钢幕墙系统
6 雾化渐变彩釉玻璃
7 钢系杆
8 竹木地板
9 超白夹胶钢化玻璃
10 喷砂不锈钢栏杆
11 小青瓦
12 不锈钢排水沟
13 白色铝板
14 20mm厚白色蜂窝铝板
15 钢结构梁
16 超白中空玻璃
17 深灰色T型幕墙扣盖
18 细石混凝土固化地坪

节点详图

义乌横塘公园展陈中心

开发单位：义乌市国际陆港集团有限公司
设计单位：否则（上海）建筑设计事务所（有限合伙）/
中国美术学院风景建筑设计研究总院有限公司
项目地点：浙江省义乌市陆港新区
设计 / 建成时间：2018 年 / 2021 年

项目主持：郑捷
设计主创：黄喆，郑捷
主要设计人员
建筑：王一帆，叶孙慧，董杭滨，吴国荣，李鹏，钱钧，葛钞行，黄立
景观：王佐品，赵思霓，陈丽君，余先锋，徐勇，陈晓越
结构：申屠团兵，何剡江，陈永兵

主要经济技术指标
用地面积：86229m^2　　建筑面积：4648m^2
建筑密度：4.80%　　绿地率：58.42%

项目位于浙江省义乌市横塘村旧址，地处义乌市陆港新区核心位置。随着义乌的城镇化进程，横塘村也随之发生了演变。最显著的变化是由于周边城市道路在历次建设过程中被不断加高，场地形成了内部地面标高低于城市道路 6~8m 的特点，成为一个下陷的洼地公园。

设计以地形特征为出发点，通过景观建筑一体化的手法设置了绵延起伏的平台，作为进入公园的主入口，化解了与基地周围的高差，同时又将展陈中心的室内空间融合消隐在了地形之内。三层观景平台起伏相连，形成循环往复又富于变化的环形体验动线，将展览的体验和市民的休闲社交需求整合在了这个有机的空间系统中。

在这个项目中，人工和自然沟通构成的景观也是一个很重要的主题。整个建筑本体其实是特别人工化的状态，但是它本身的形式体现出分割自然的态度：在一个连续的水景观中，围合出一个个不连续的小的水院。这种在人工与自然对比和融合中不断切换和叠加的体验，加强并丰富了游客对整个公园环境的体验。

实景1

实景2

实景3

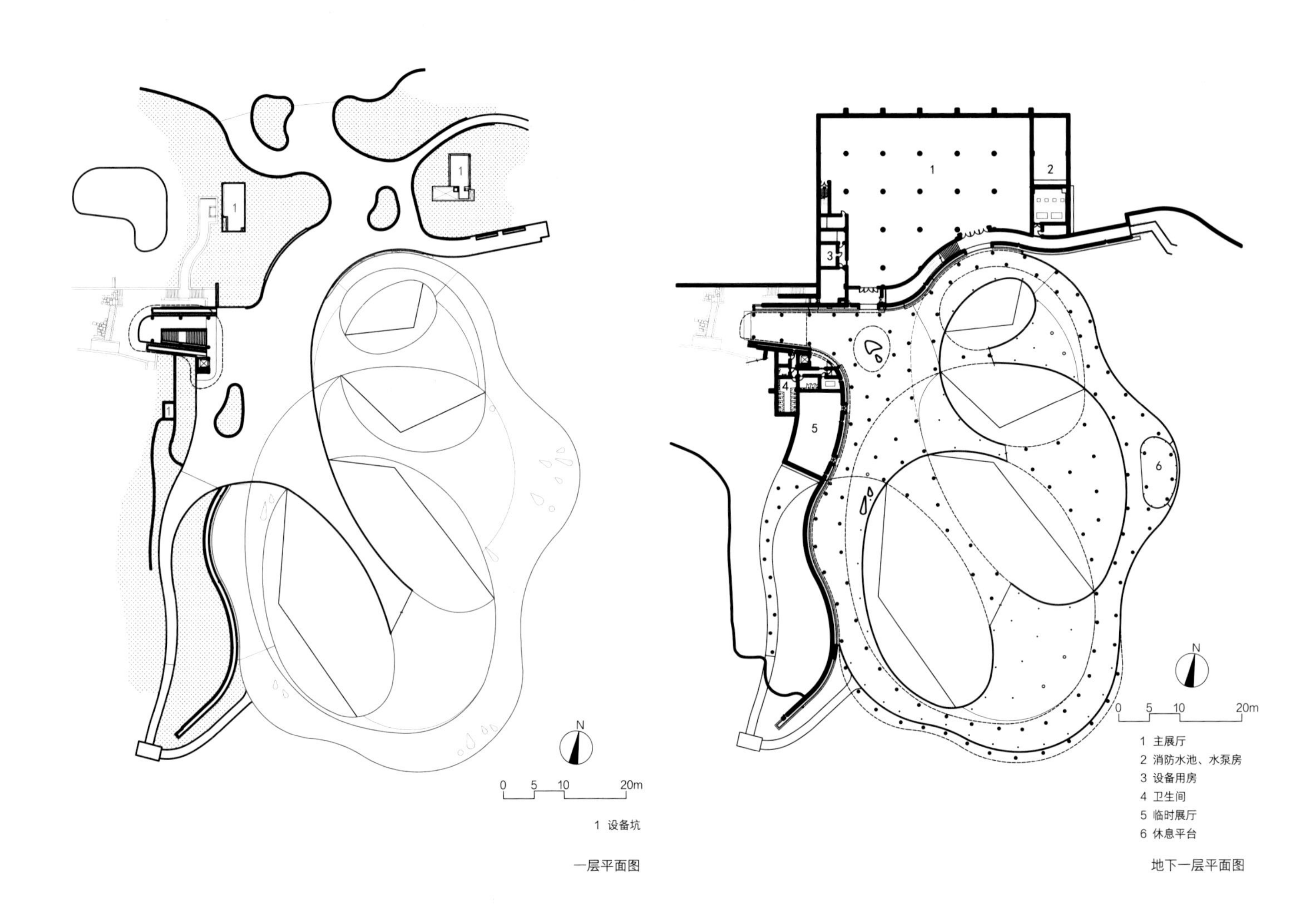
1
1
1
N
0 5 10 20m
1 设备坑
1
2
3
4
5
6
N
0 5 10 20m
1 主展厅
2 消防水池、水泵房
3 设备用房
4 卫生间
5 临时展厅
6 休息平台

一层平面图

地下一层平面图

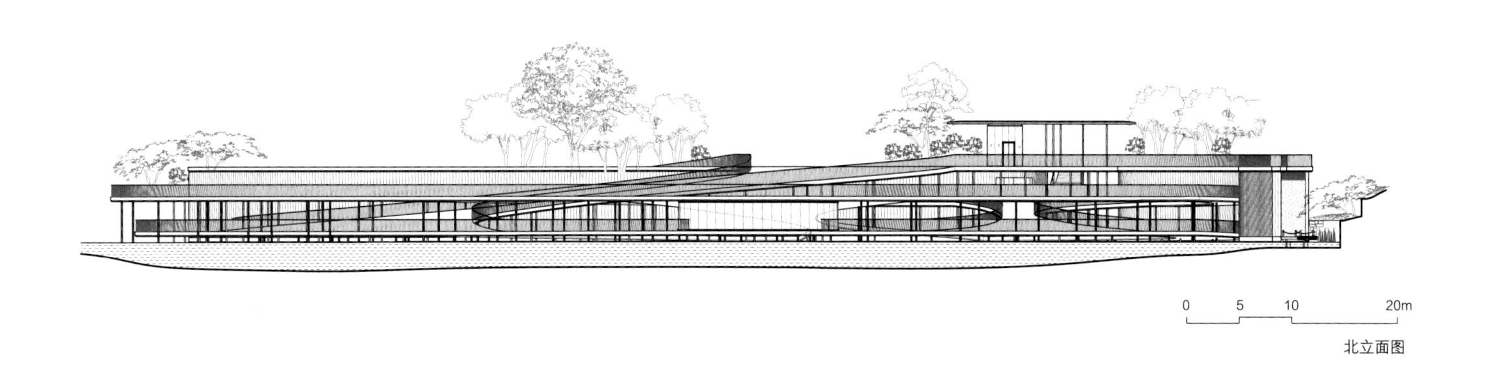
0
5
10
20m

北立面图

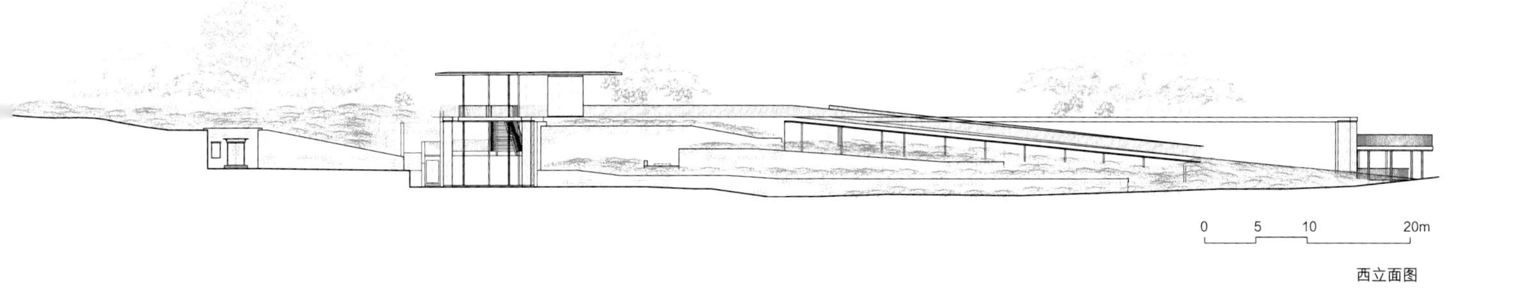
0
5
10
20m

西立面图

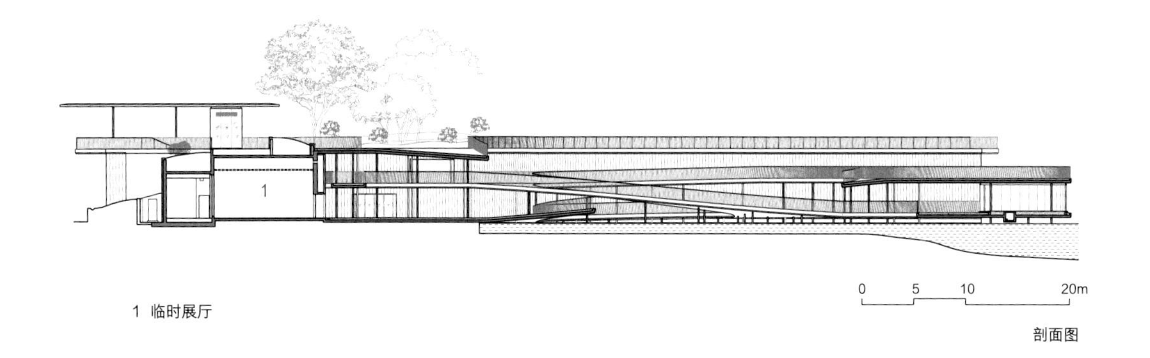
1
0
5
10
20m

1 临时展厅

剖面图

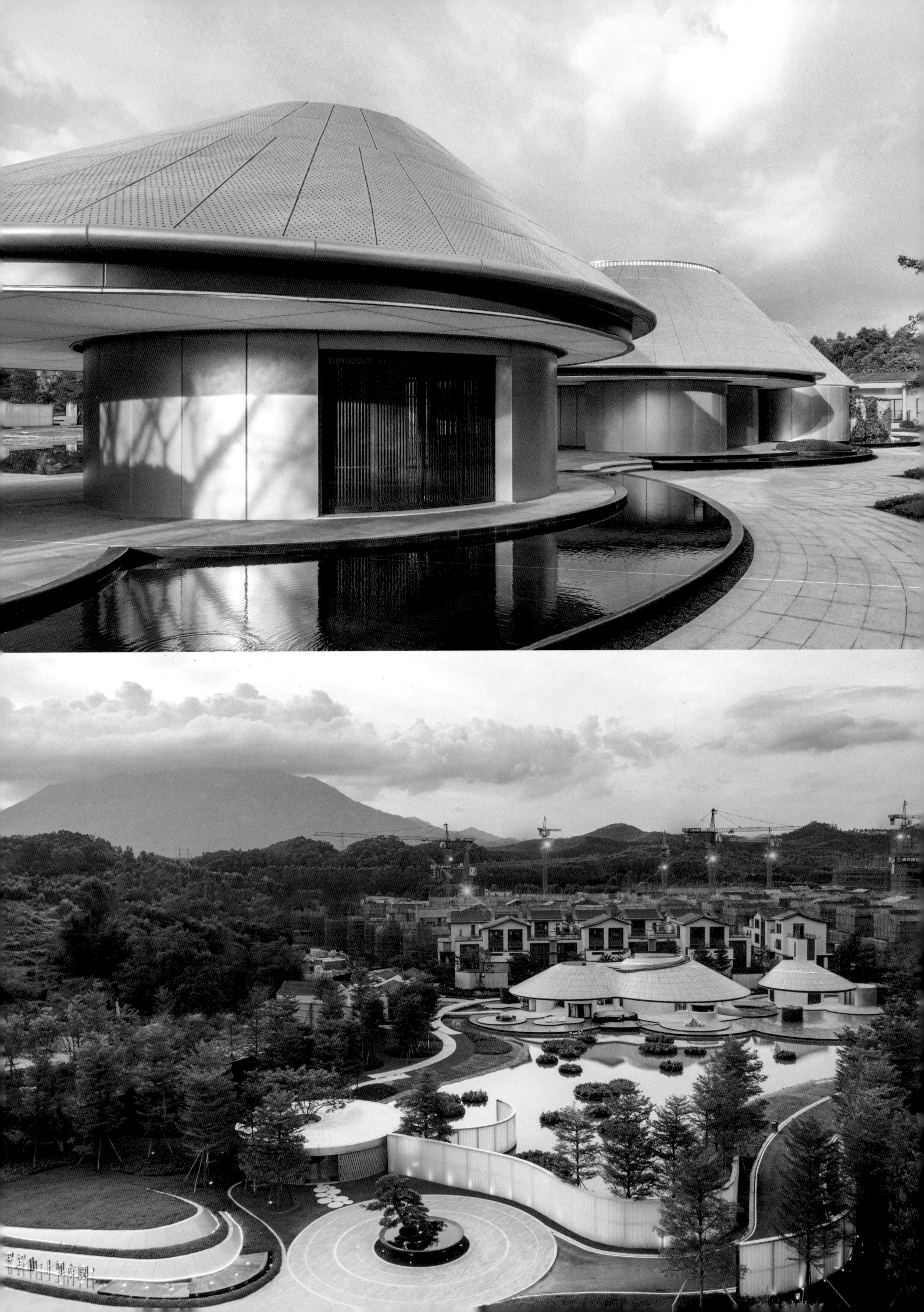

浮山云舍 / 平安罗浮山中医健康产业园展示中心

扫码阅读更多视频、图片内容

业主单位：平安不动产有限公司 / 方圆集团
设计单位：Wutopia Lab 非作建筑设计（上海）有限公司
项目地点：广东省惠州市
设计 / 建成时间：2019 年 / 2020 年

项目负责人：俞挺
项目建筑师：徐蕴芳，李灏
项目经理：濮圣睿
主要设计人员：李子恒，潘大力，况舟，黄河，王晔（实习），徐楠（实习）

获奖情况
2021 年 亚洲建筑师协会建筑奖度假建筑类荣誉提名奖
2021 年 Arch Daily 年度建筑大奖入围
第十九届（2021）国际设计传媒奖（IDMA）

主要经济技术指标
建筑面积：2453m^2

非作建筑设计在惠州罗浮山完成了一座飞来的“铝山”，作为平安不动产及广州方圆集团的罗浮山平安中医健康产业园展示中心——浮山云舍。

该中心的大部分功能都布置在地下一层，从而使一楼拥有大量宽敞的开放空间。参照附近的罗浮山，由 6 根混凝土柱支撑的巨大金属屋顶漂浮在建筑物上方。晚上，由于下方的照明，“铝山”更似在屋顶盘旋。

“铝山”被命名为第三山。由于它是在罗浮山上建造的，所以不应该成为急于炫耀自己的销售中心。它应该呈现一种迷失的生活方式，一些我们城市居民渴望实现的梦想。在一个充满象征意义的人文空间里，一个用现代科技展示传统智慧的空间里，我们应该感受到幸福，给我们带来美好的生活。第三山就是我们这个时代的天宫，这就是意义。

实景1

实景2

实景3

N
1 5 10 20m
1 园区入口
2 接待厅
3 码头
4 湖
5 主建筑
6 浅水池
1 水影隧道
2 下沉庭院
3 艺术馆
4 沙盘区
5 影视厅
6 洽谈区
7 办公区
8 财务室
9 卫生间
1 湖
2 展示环廊
3 国学堂
4 贵宾室
5 茶水间
6 浅水池
7 雾霭天梯
8 电梯

总平面示意图

地下一层平面图

首层平面图

1 游山步道
2 展示环廊
3 沙盘区

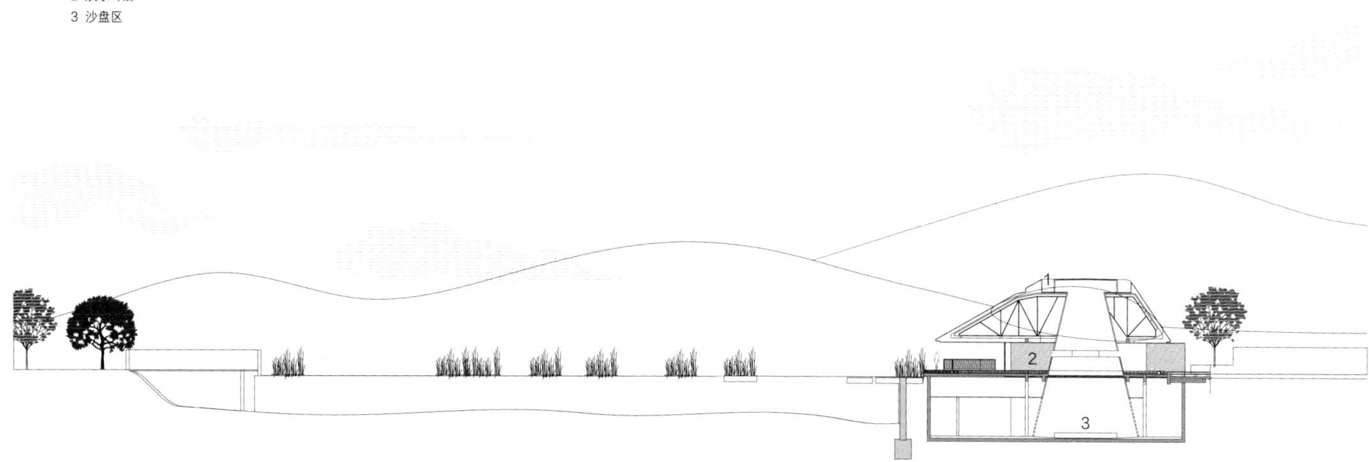

剖面图

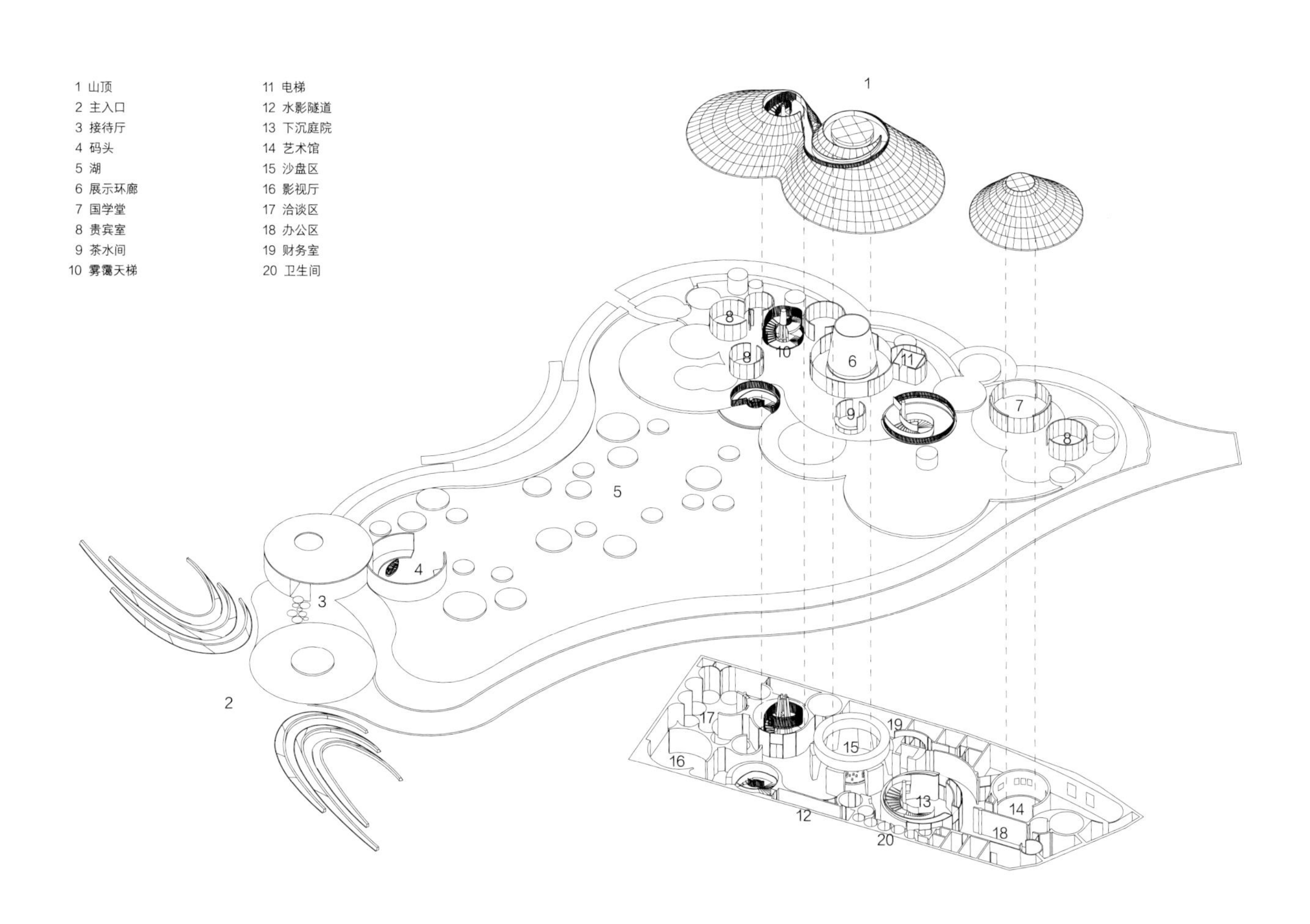
1 山顶
2 主入口
3 接待厅
4 码头
5 湖
6 展示环廊
7 国学堂
8 贵宾室
9 茶水间
10 雾霭天梯
11 电梯
12 水影隧道
13 下沉庭院
14 艺术馆
15 沙盘区
16 影视厅
17 洽谈区
18 办公区
19 财务室
20 卫生间

轴测图

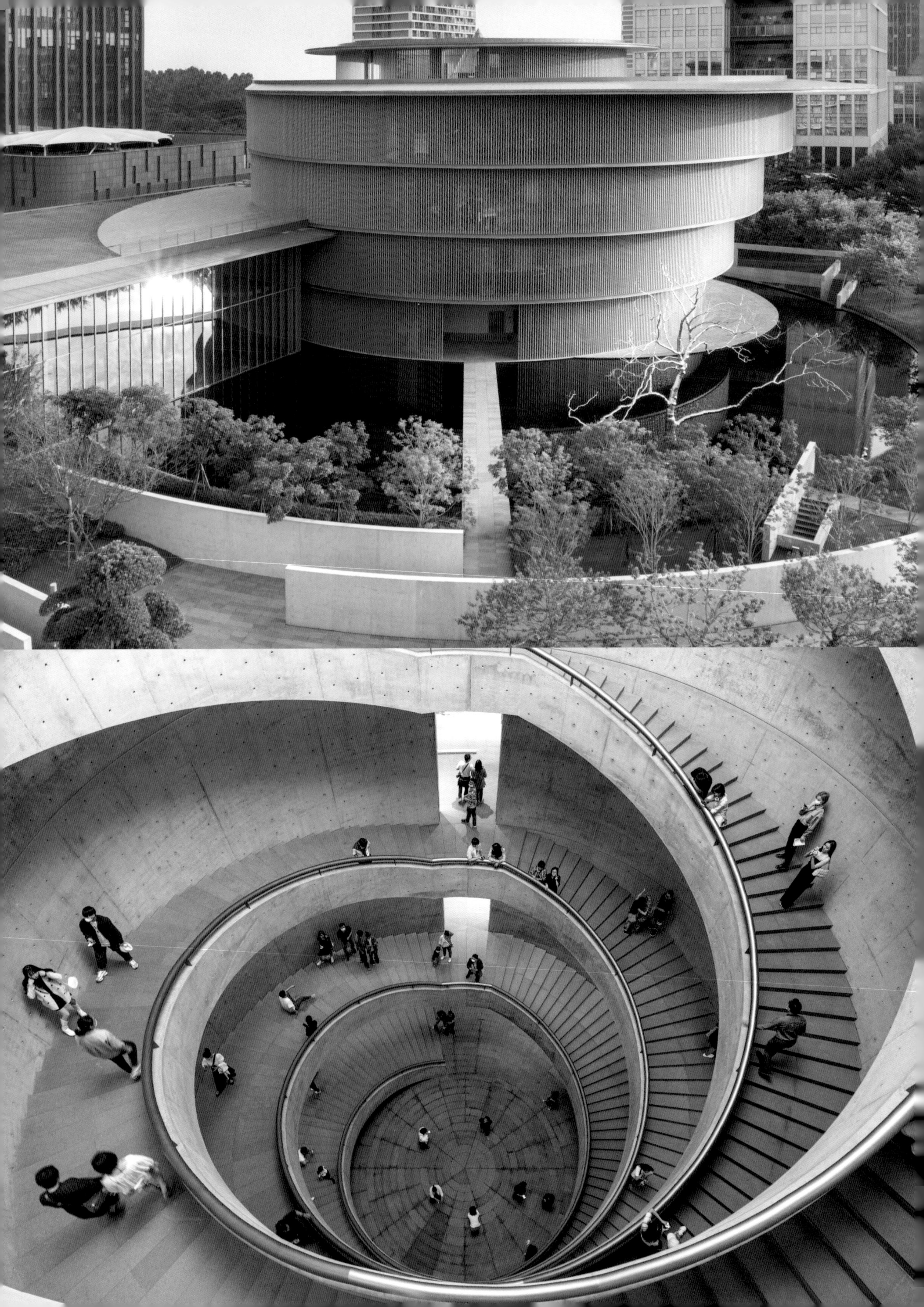

和美术馆

扫码阅读更多视频、图片内容

开发单位：和美术馆
设计单位：安藤忠雄建筑研究所
项目地点：广东省佛山市
设计 / 建成时间：2014 年 / 2020 年

项目负责人：安藤忠雄，矢野正隆，宫村和寿
设计总顾问：马卫东，励懿
室内深化设计：王健，励懿

获奖情况
2021 年 Architizer A+Awards 全球建筑奖 公众选择奖
2020 年 美国建筑大师奖 建筑设计年度大奖
2020 年 IFA 理想家未来大奖 最佳公共建筑奖

主要经济技术指标
用地面积：8640/m^2
建筑面积：16340m^2
建筑密度：32.07%
停车位：97 个（地面 22 个、地下 75 个）
绿地率：35.98%

这是坐落在广东省佛山市顺德新商务区中的一个美术馆设计项目。家族为回馈故乡文化，规划建造一座将传统历史文化与现当代艺术融汇成一体的美术馆。希望能创造出与周边设施紧密联系、跨越地域界线、充满都市艺术空间感的建筑方案。

怀着希望通过文化艺术的交流，带给人们和谐、安泰生活的夙愿，将该项目命名为“和美术馆”。建筑的设计以“和谐”为主题，从建筑设计到细部工艺，都以多样化的“圆”来呈现，尝试着创造出融汇中国岭南建筑文化的崭新艺术文化中心。为美术馆所设计的“圆”，像水波纹一样由中心向四周扩散，构成了建筑空间的效果，同时也自然地形成了建筑形态的核心。在圆形的建筑形态中，不但设置了中国近现代艺术展示空间、公共教育空间等非常人性化的功能区域，也设有可灵活应对当代艺术展示要求的简约立方体挑空展厅。“圆”和“方”的视觉对比，相互冲突所产生的空间差异感，为美术馆赋予了更多个性内涵。

与“圆”环叠层外观设计相呼应的，是以双螺旋楼梯为核心的五层挑空中庭设计。“圆”环构成的空间正如“圆”字所示。在富有张力的垂直空间中，以螺旋楼梯连接各层视线焦点，营造出只有“双螺旋楼梯”才能实现的层次丰富的旋转空间。希望和美术馆可以成为岭南文化的新中心，同时也是一个汇集人群、孕育和谐关系的场所。

实景1

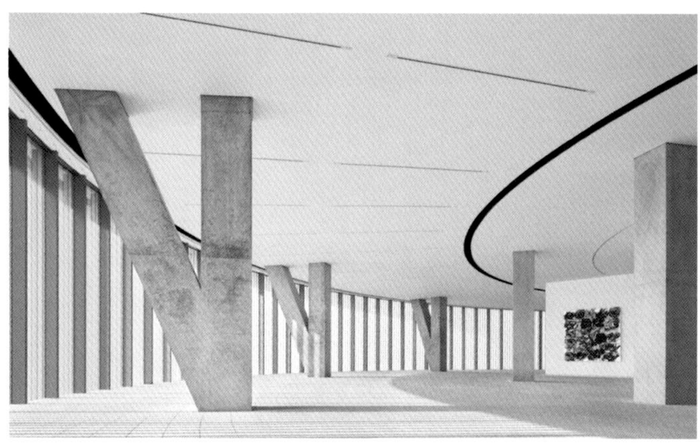
实景2

实景3

概念草图

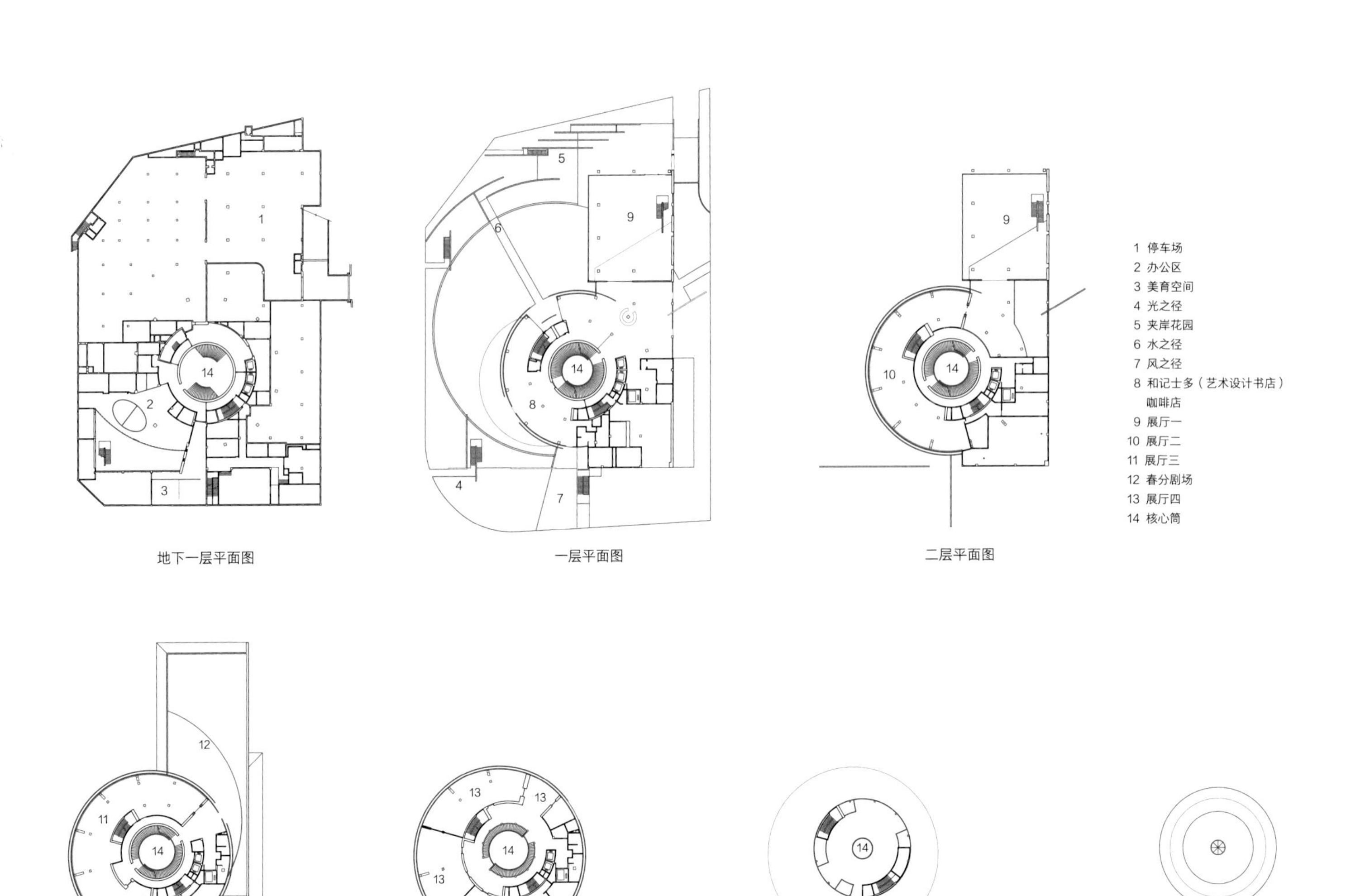
1 停车场
2 办公区
3 美育空间
4 光之径
5 夹岸花园
6 水之径
7 风之径
8 和记士多（艺术设计书店）咖啡店
9 展厅一
10 展厅二
11 展厅三
12 春分剧场
13 展厅四
14 核心筒

地下一层平面图　一层平面图　二层平面图

三层平面图　四层平面图　五层平面图　屋顶层平面图

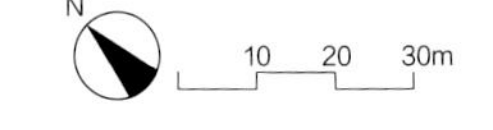
N
10 20 30m

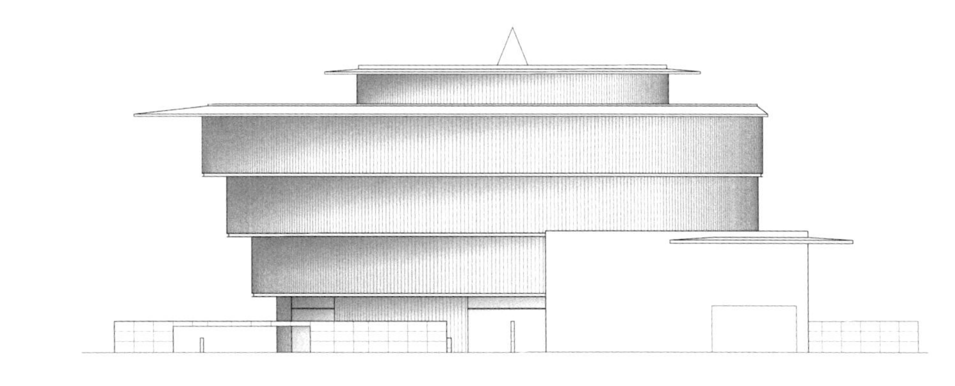

南向立面图

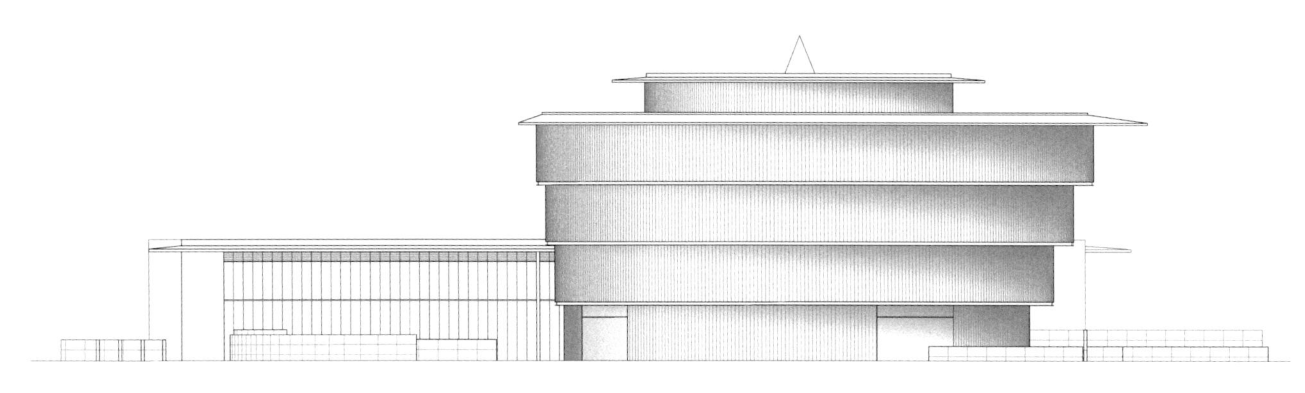

西向立面图

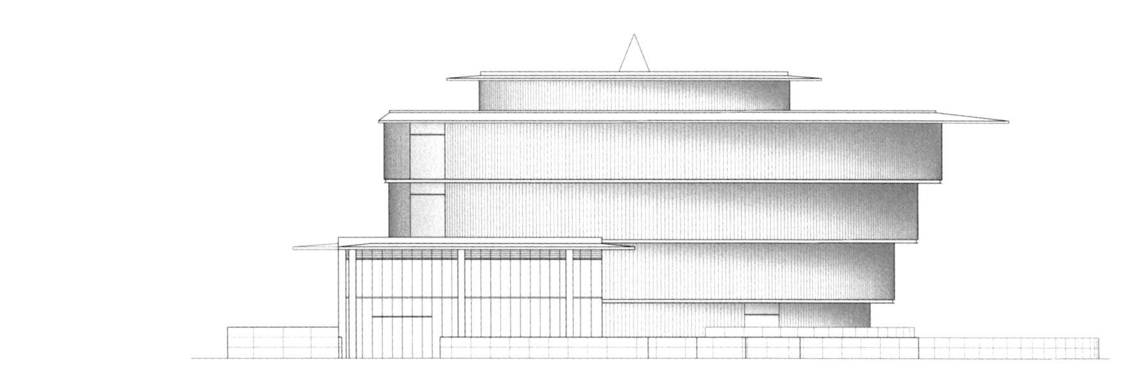

北向立面图

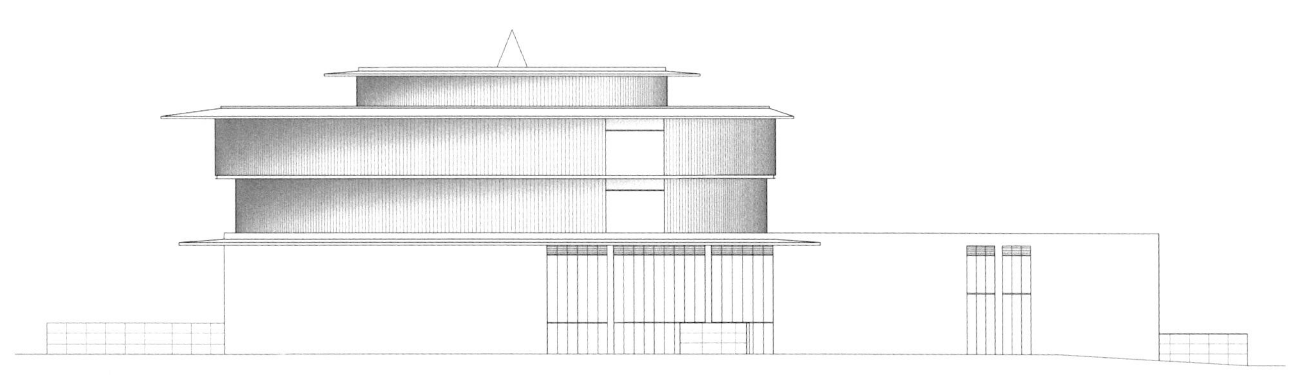

东向立面图

华茂艺术教育博物馆

扫码阅读更多内容

开发单位：宁波华茂教育文化投资有限公司
设计单位：宁波西扎卡洛斯建筑设计有限公司
项目地点：浙江省宁波市东钱湖
设计 / 建成时间：2014 年 / 2020 年

项目负责人：阿尔瓦罗 · 西扎，卡洛斯 · 卡斯塔涅拉
项目建筑师：Pedro Carvalho，Luis Reis，Elisabete Queirós
主要设计人员：Jorge Santos，Joana Soeiro，Sara Pinto，Susana Oliveira，Francesca Tiri，Rita Ferreira，Diana Vasconcelos，Inês Bastos，Luísa Felizardo
协调 / 翻译：刘纯一
建筑 / 结构施工图设计：中国美术学院风景建筑设计研究总院有限公司
设计管理：浙江华之建筑设计有限公司

主要经济技术指标
建筑面积：5300m^2

该博物馆采用了集中式建筑体量设计，整体的平面形态在朝山一侧以多端曲线展开，朝街道一侧为连续的自然曲线，且向外凸出。黑色的双层波纹铝板包裹了大部分的体量，赋予了建筑强烈的雕塑感和重量感。同时，整体的悬挑设计又使上部体量漂浮在倾斜的场地上。建筑的两个入口故意被隐藏在建筑的背面，鼓励参观者去探索和发现。从靠山一侧到外部道路，室内平面布局分为服务空间、主要功能空间和精神空间三个功能序列。室内的坡道中庭（精神空间）串联起 5 层的展厅空间，形成了一条完整的线形参观流线。几处天窗引入的自然光和纵横向的白色灯管发光体在白色的墙面上留下了逐渐变化的细腻光影，成为艺术展陈的一部分。屋顶层为一个咖啡厅和室外平台，可以远眺东钱湖的美丽风光。

实景1

实景2

实景3

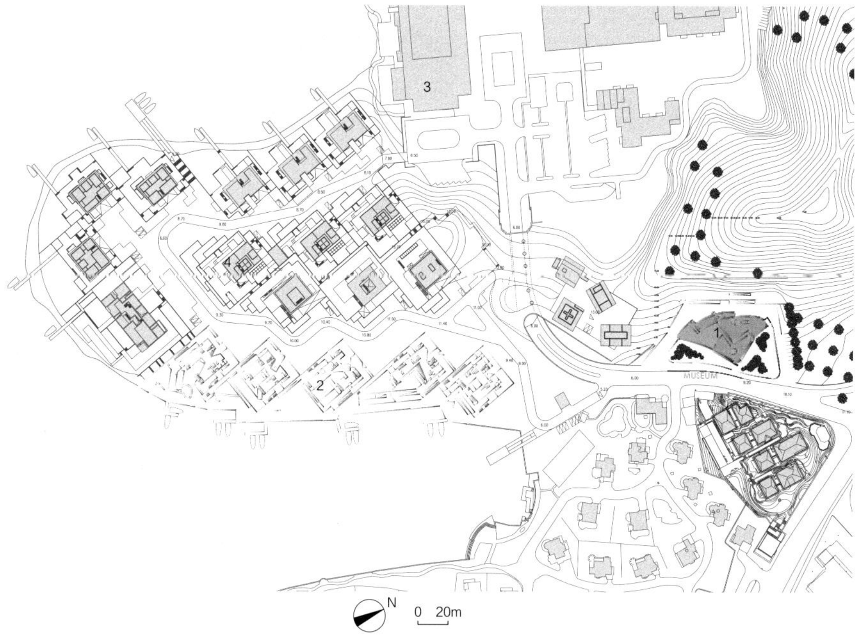

3
1
2
MUSEUM
N
0 20m

1 华贸艺术教育博物馆
2 东钱湖湖墅
3 华贸希尔顿度假酒店
4 专家工作室

总平面图

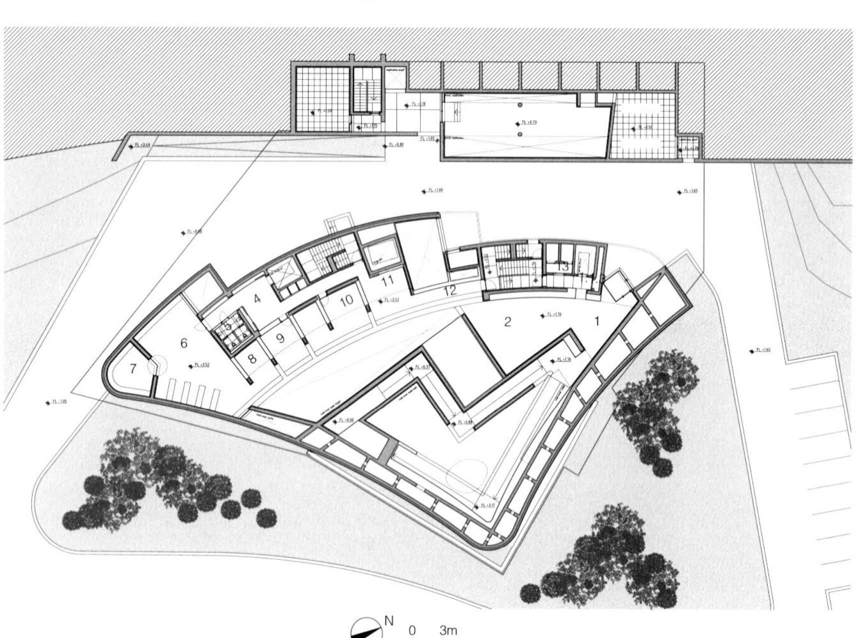

1
2
4
6
7
8
9
10
11
12
13
N
0 3m

1 VIP入口前厅
2 VIP厅-前台
3 S2楼梯和2号电梯走廊
4 公共厅和走廊
5 卫生间
6 阅览室
7 阅览室单间
8 阅览室办公室
9 1号办公室
10 2号办公室
11 休息区/会议室
12 走廊/疏散通道
13 管井检修间

一层平面图

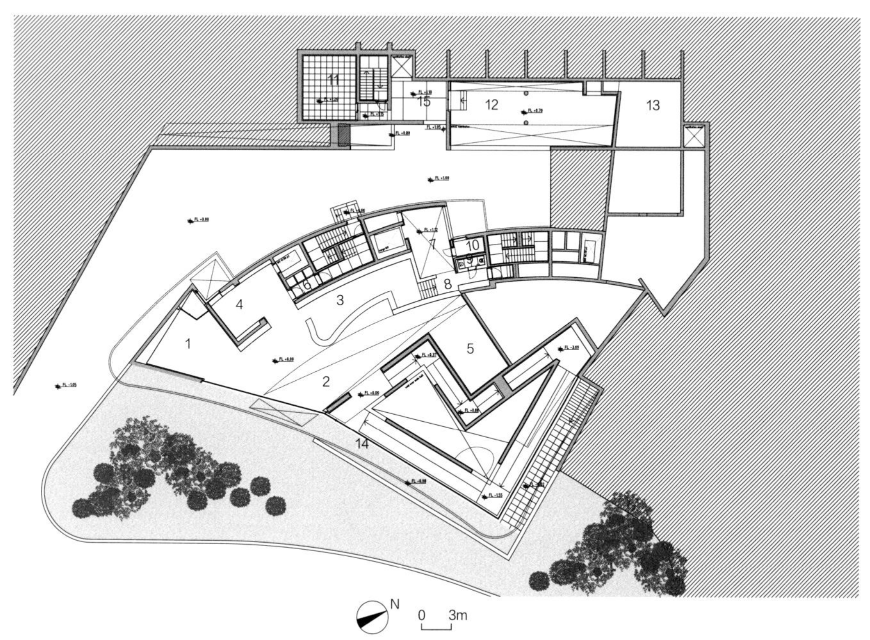

11
15
12
13
10
7
8
3
4
1
2
5
14
N
0 3m

1 入口前厅
2 主厅
3 前台
4 等候厅/公共厅
5 纪念品商店
6 楼梯和电梯
7 装卸区
8 走廊
9 后勤卫生间
10 垃圾房
11 消控室
12 暖通机房
13 配电房
14 疏散通道
15 后勤通道

地下一层平面图

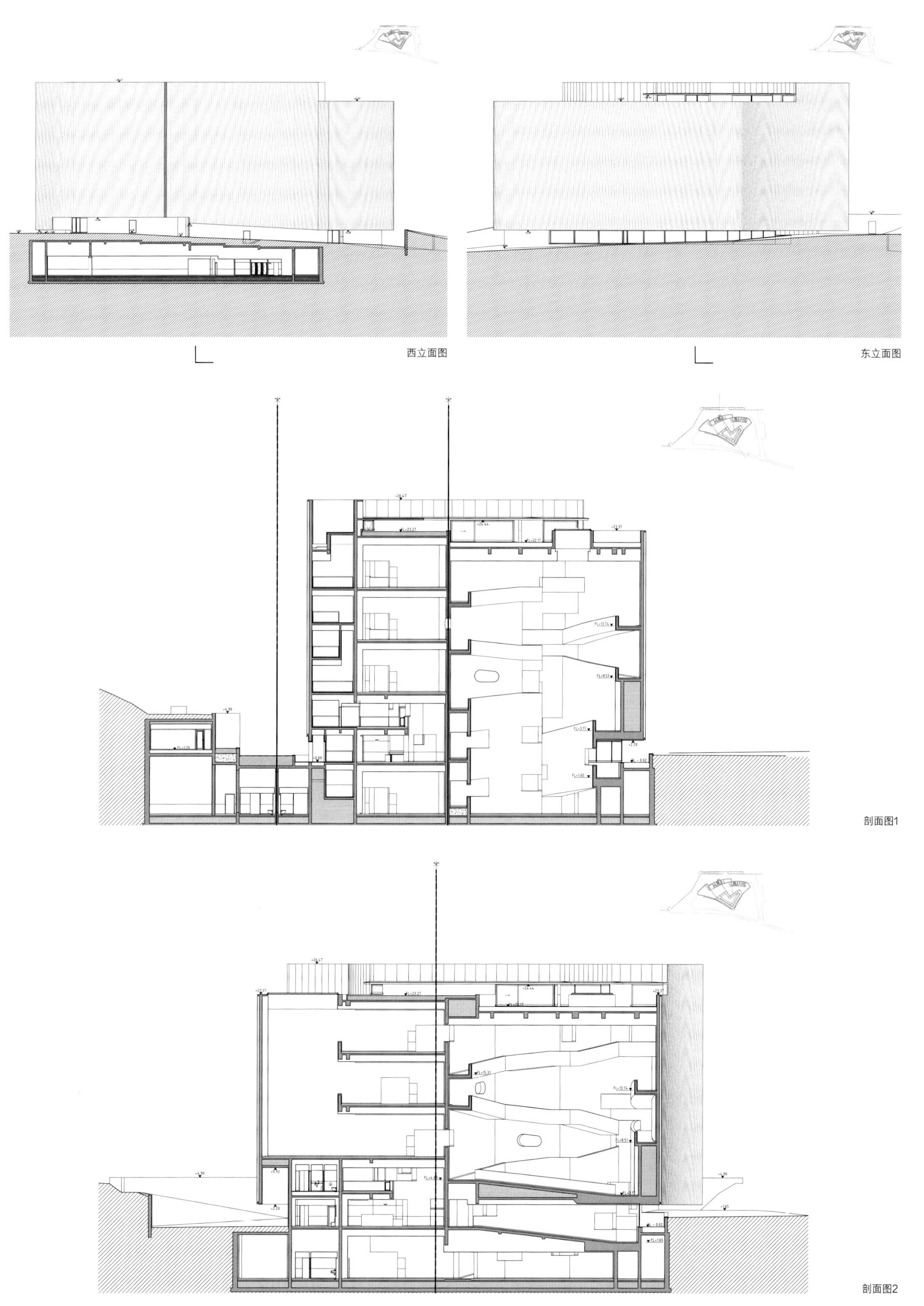

西立面图

东立面图

剖面图1

剖面图2

荒野上的汉白玉 / 水发·信息小镇产业展示中心

扫码阅读更多内容

开发单位：山东水发建融建设开发有限公司
设计单位：事建组建筑设计咨询（北京）有限公司
项目地点：山东省济南市
设计 / 建成时间：2019 年 / 2020 年

项目负责人：温群
主要设计人员：李根，高士鑫，李佳瑞，颜苏青，祝丹，杜婧

获奖情况
2020 年 伦敦地产大奖 Architectural Design/Commercial Low-Rise 类别大奖
2020~2021 年 意大利 A'设计奖 铂金大奖

主要经济技术指标
建筑面积：$5200m^2$
建筑密度：16.5%
绿地率：25%

设计的灵感来自王维《山居秋暝》的诗句："空山新雨后，天气晚来秋。明月松间照，清泉石上流。"通过 4 个"石块"体量的呼应交错，犹如一股清泉从石缝中流淌而出。建筑通体由白色冲孔板组装而成，纯净而淡雅的文化气韵扑面而来。北侧界面通过如山峰瀑布的跌水设计而成，结合绿植微地形，使得整个建筑清新脱俗，充满了文化气息。

建筑功能为住宅销售展示、产业展示和办公。主入口位于西侧，为了消除周围杂乱环境的视觉影响，广场四周设计了具有几何感的小山坡，随着人们深入场地缓缓抬高，逐渐遮挡住周边环境。山、水、玉石，在这块尚未开发的荒野里相互融合，交相辉映。在建筑主体外设置第二层表皮——冲孔板，使建筑被笼罩在冲孔板内，形成一个相对封闭的空间。覆盖幕墙的体块倾斜，相互依偎，内部相互交错，体块交接形成的缝隙自然地成为建筑的入口。所有的事件都发生在冲孔板幕墙覆盖的空间内部，透过不规则的缝隙与外界连通。建筑内部透过白色的冲孔板若隐若现，夜幕降临，灯光透过冲孔板，整个建筑透着光，如同一块莹润玉石伫立在荒野之上。

实景1

实景2

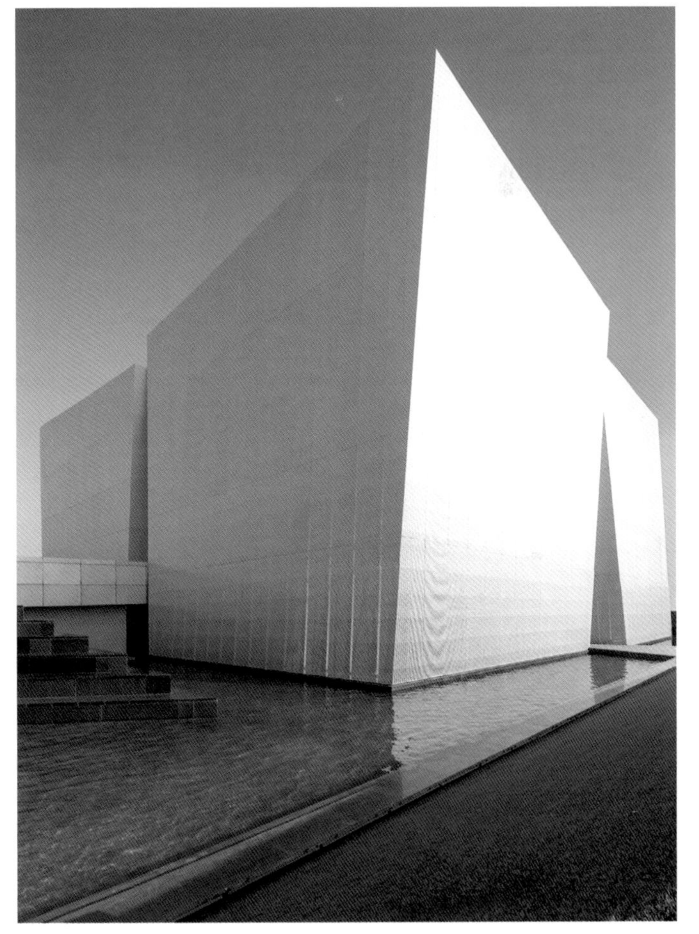

实景3

概念草图

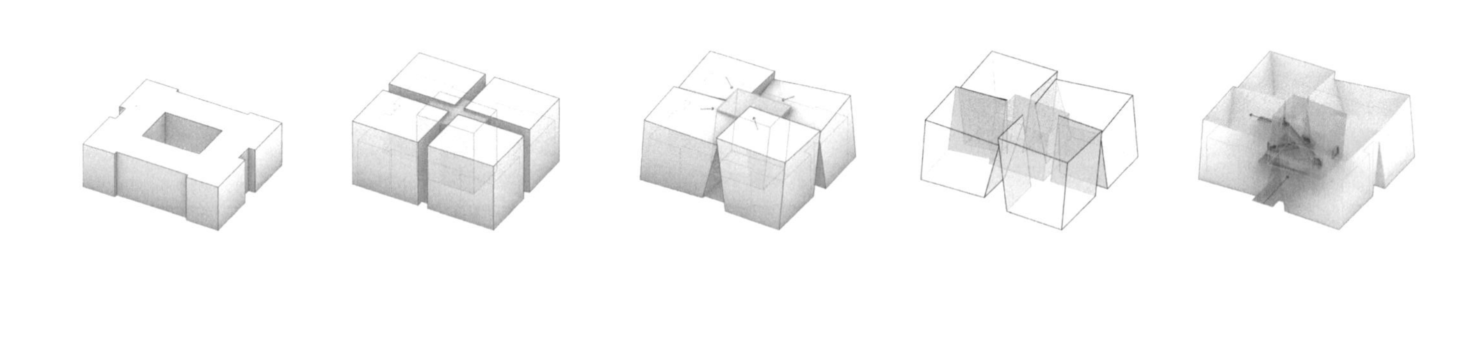

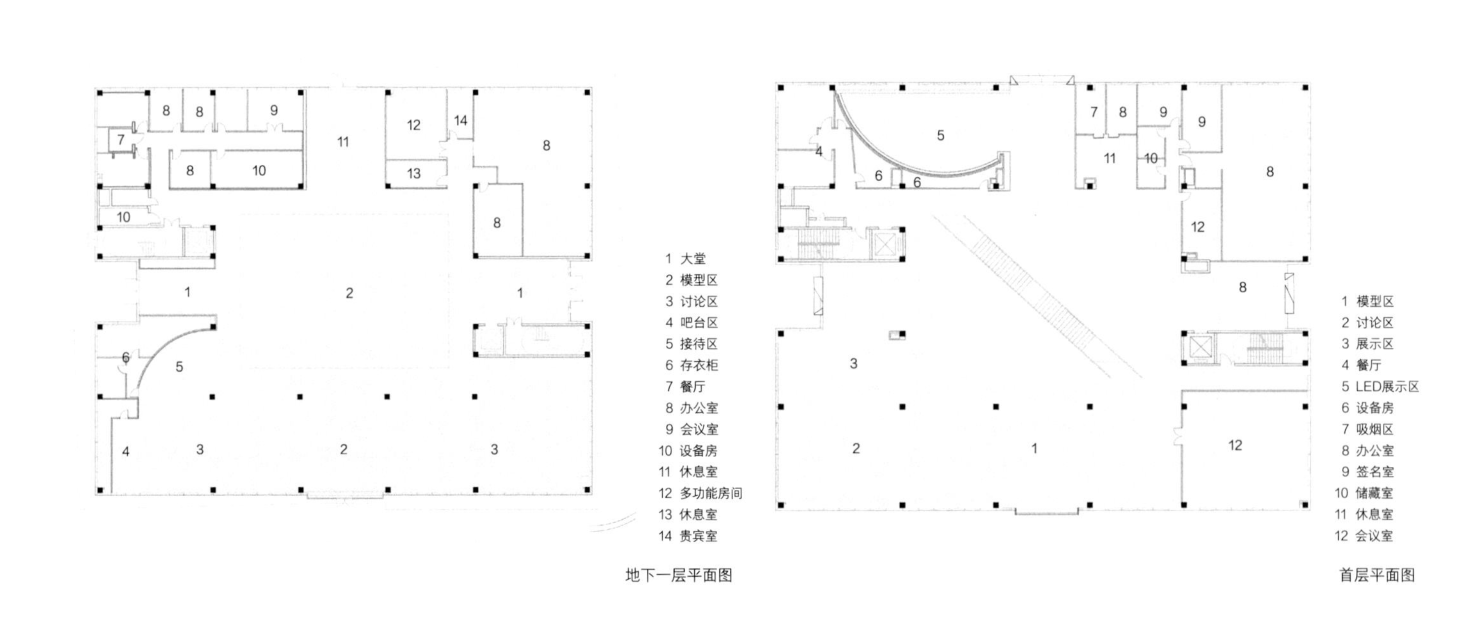
1 大堂
2 模型区
3 讨论区
4 吧台区
5 接待区
6 存衣柜
7 餐厅
8 办公室
9 会议室
10 设备房
11 休息室
12 多功能房间
13 休息室
14 贵宾室
1 模型区
2 讨论区
3 展示区
4 餐厅
5 LED展示区
6 设备房
7 吸烟区
8 办公室
9 签名室
10 储藏室
11 休息室
12 会议室

地下一层平面图

首层平面图

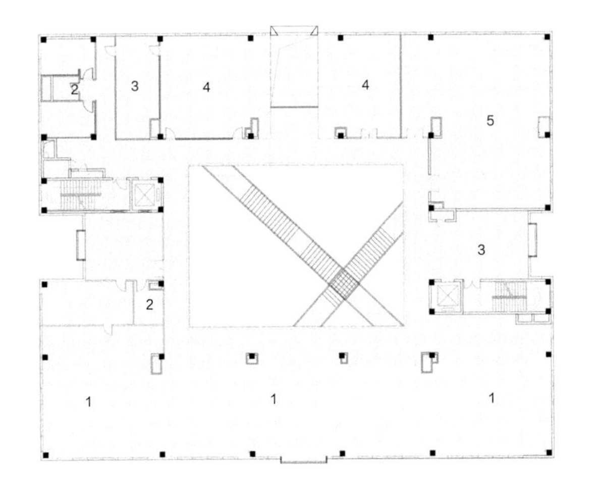

1
2
3
4
5

1 展示区
2 餐厅
3 休息区
4 会议室
5 多功能室

二层平面图

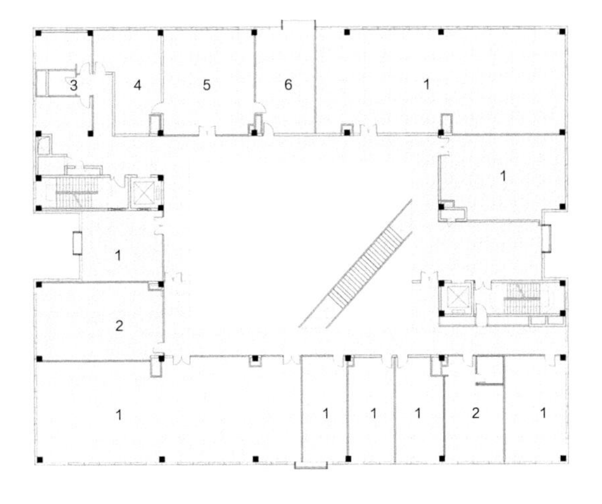

1
2
3
4
5
6

1 办公室
2 会议室
3 厨房
4 餐厅
5 食堂

三层平面图

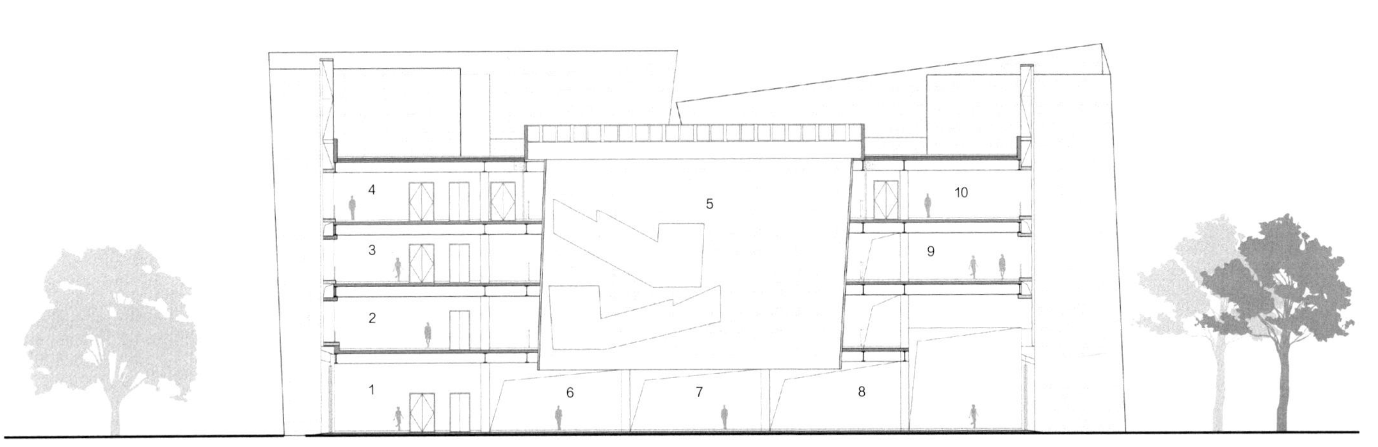

1
2
3
4
5
6
7
8
9
10

1 吧台区
2 展示区
3 展示区
4 办公区
5 楼梯区
6 讨论区
7 模型区
8 讨论区
9 展示区
10 办公区

剖面图

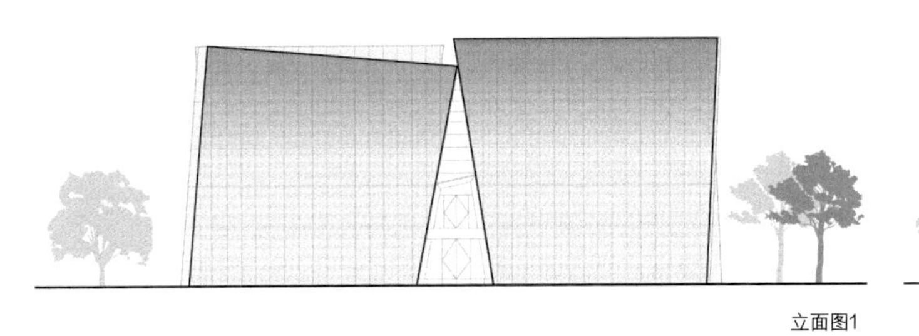

立面图1

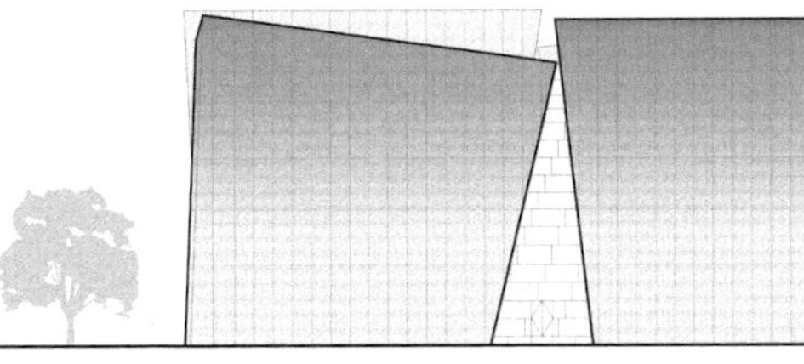

立面图2

景德镇御窑博物馆

扫码阅读更多视频、图片内容

开发单位：景德镇市文化广播电影电视新闻出版局 /
景德镇陶瓷文化旅游发展有限公司
设计单位：朱锫建筑设计事务所
合作设计：清华大学建筑设计研究院有限公司
项目地点：江西省景德镇市
设计 / 建成时间：2016 年 / 2020 年

项目负责人：朱锫
主要设计人员：Shuhei Nakamura，何帆，韩默，由昌臣，张顺，
刘亦安，刘伶，吴志刚，杜扬，杨圣晨

获奖情况
2019~2020 年度 中国建筑学会建筑设计奖历史文化保护传承创新专项奖一等奖
2021 年 美国建筑师协会（AIA）国际建筑设计荣誉奖
2022 年 欧洲砖筑奖最高奖

主要经济技术指标
用地面积：9752m^2　建筑面积：10370m^2
容积率：0.97　建筑密度：29.94%
绿地率：29.4%　建筑高度：8m

御窑博物馆位于景德镇历史街区的中心，毗邻明清御窑遗址。设计源于对景德镇特定的地域文化和当地人生存智慧的感悟，整组建筑由 8 个大小不一、体量各异的线状砖拱形结构组成，沿南北长向布置，每个拱体的两端是开放的，开放的空拱与封闭的拱体交错布置，不仅可以遮挡西侧的阳光，实现遮阳避雨，也使每个拱体变成一个风的隧道，让凉风穿堂而过，捕捉夏季南北的主导风向。与此同时，5 个大小不一的下沉垂直院落，塑造了烟囱效应，就像当地民居中的垂直院落一样，实现良好的自然通风，也为博物馆地下层带来了自然采光。整组建筑就似一个风、空气和阴影的装置，智慧地与大自然融合共生。回收的老窑砖与新砖混合砌筑，以映射当地传统建造方式和创新的技术细节。柴窑独特的东方拱券原型、窑砖的时间与温度的记忆，塑造出窑、瓷、人的血缘同构关系。

序厅

西南视角

拱、窑砖、光线

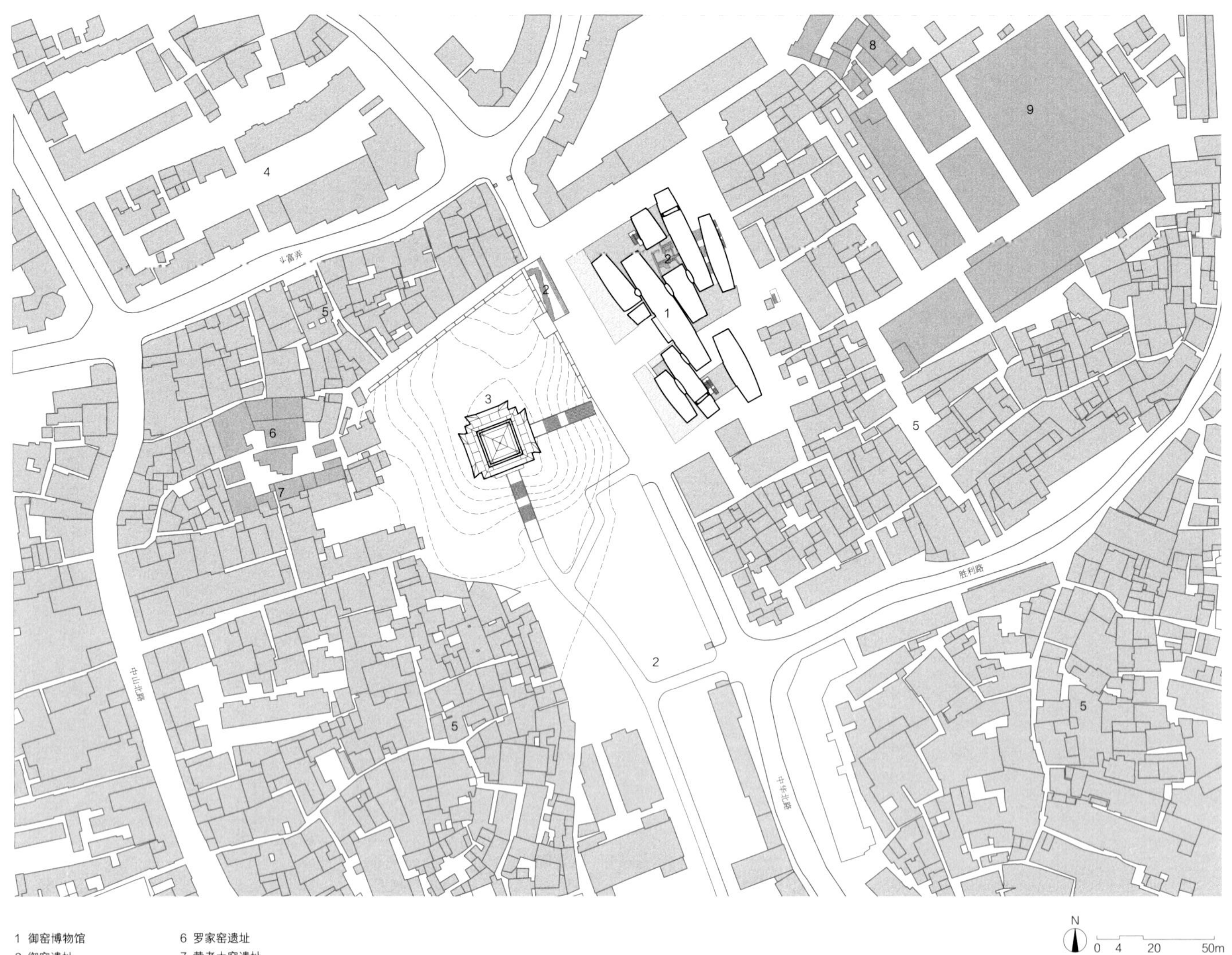

胜利路
中山北路
中华北路

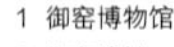

1 御窑博物馆
2 御窑遗址
3 龙珠阁
4 1990年代新住宅区
5 历史街区
6 罗家窑遗址
7 黄老大窑遗址
8 徐家窑遗址
9 1950年代建国瓷厂

N 0 4 20 50m

总平面图

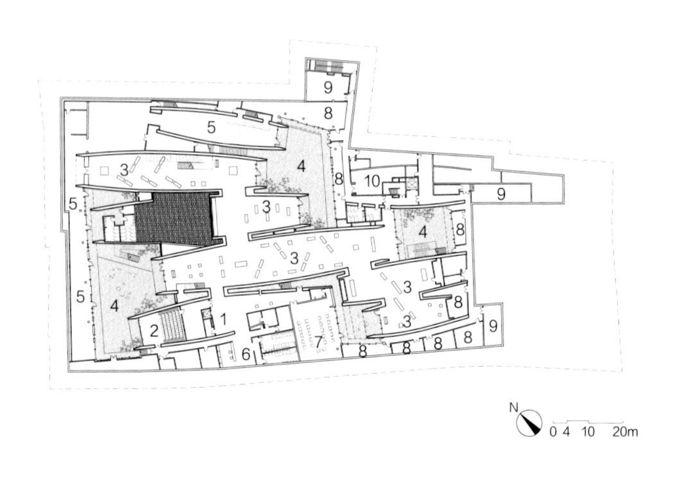

N 0 4 10 20m

地下一层平面图

首层平面图

1 序厅
2 报告厅
3 展厅
4 下沉庭院
5 交流展厅
6 存衣
7 多功能厅
8 文物修复室
9 设备用房
10 库房

1 序厅
2 报告厅
3 展厅
4 遗址
5 户外剧场
6 交流展厅
7 办公门厅
8 装卸货
9 书店及咖啡
10 茶室
11 水池
12 下沉庭院

1 新老窑砖砌筑，规格230mmx30mmx60mm
水泥砂浆粘接层
防水层
钢筋混凝土结构
岩棉板保温层
水泥砂浆粘接层
窑砖砌筑

2 直径200mm拉丝不锈钢天光灯筒

3 实木龙骨
夹胶中空钢化玻璃

4 花岗石铺地
水泥砂浆结合层
钢筋混凝土
设备夹层
防水层
清水混凝土楼板

5 水面
粒径50~70mm黑色卵石
灰色花岗石
水泥砂浆结合层
钢筋混凝土水池

6 C型铝型材，悬挂式拉杆
防火板
防潮纸面石膏板
白橡木饰面

7 花岗石铺地
水泥砂浆结合层
钢板混凝土
设备夹层
防水层
钢筋混凝土底板

8 花岗石铺地
水泥砂浆结合层
素混凝土垫层
素土夯实
C20细石混凝土
防水层
水泥砂浆找平层
清水混凝土楼板

9 顶板喷涂白色防水乳胶漆
开模铝合金风口
白色墙砖

节点详图

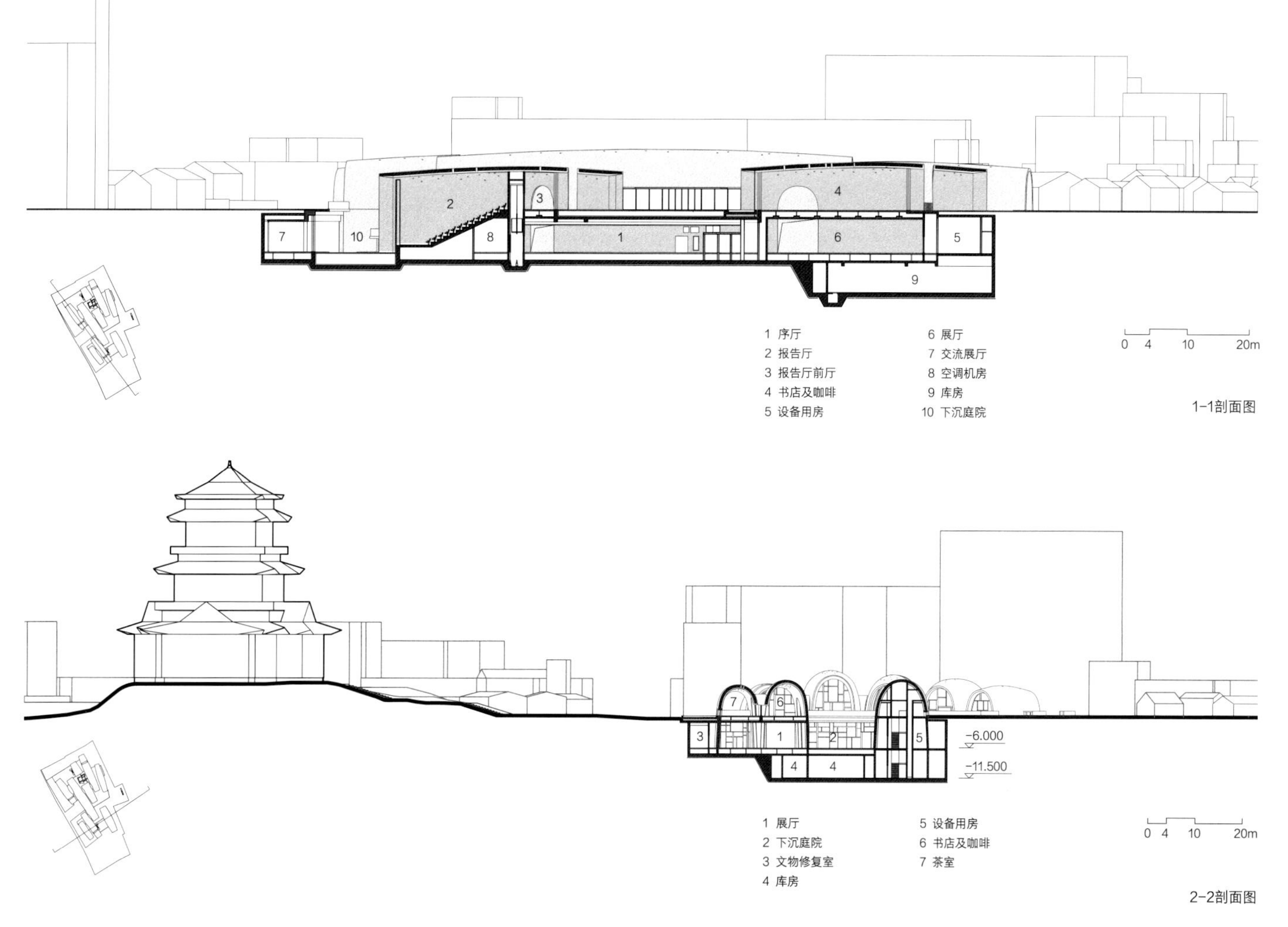

1 序厅
2 报告厅
3 报告厅前厅
4 书店及咖啡
5 设备用房
6 展厅
7 交流展厅
8 空调机房
9 库房
10 下沉庭院

0 4 10 20m

1-1剖面图

-6.000
-11.500

1 展厅
2 下沉庭院
3 文物修复室
4 库房
5 设备用房
6 书店及咖啡
7 茶室

0 4 10 20m

2-2剖面图

晋江国际会展中心

扫码阅读更多内容

开发单位：福建省晋江城市建设投资开发集团责任公司
设计单位：华南理工大学建筑设计研究院有限公司 倪阳工作室
项目地点：福建省晋江市博览大道
设计 / 建成时间：2016 年 / 2020 年

项目负责人：倪阳，罗建河
主要设计人员：田珂，邓心宇，黎少华，罗莹英，宋薇，黄斯琴，郭建伟，盛竞，张博源

获奖情况
2021 年 教育部优秀工程勘察设计奖 建筑设计一等奖

主要经济技术指标

用地面积：120486m^2　　建筑面积：99500m^2
建筑密度：54.2%　　停车位：1246 个
绿地率：15%

晋江在唐宋时期便是海上丝绸之路的起点之一。会展中心设置了一条贯穿南北向的半室外中廊，作为连接展厅、会议中心和室外展场的中央步道，顶棚造型为两条高低起伏、彼此交错的轻盈飘带，展现了“海上丝绸之路”的文化气质。中廊两侧分布着登录厅、门厅、信息服务亭等中级尺度空间，中廊同时也为城市的各种活动提供了舒适的公共空间。立面造型采用的折板语汇透露出简洁的现代感，与生态走廊柔美的形态相互映衬。

在本项目设计中，主要实现了以下 4 点技术创新：①展厅采用标准化、模块化的设计，设置活动隔板，以适应不同规模的会展活动。闭展期间的使用弹性强，展厅可转变为室内体育馆等功能。②中廊无规则的曲面顶造型，通过模数化构件来保证造型灵动的同时控制好相对较低的成本控价指标。③展厅采用风冷直膨式空调系统，可按需求、按区域开启，佛甲草屋面较好地应对夏季炎热多雨的气候，自然通风及自然采光等措施减少了展厅的运营费用。④中廊两侧设置了浅水池、绿植景观等设施，较好地调节了中廊空间的微气候，提高了人体舒适度。

展厅室内

登录厅室内

A
晋江国际会展中心

展馆展厅

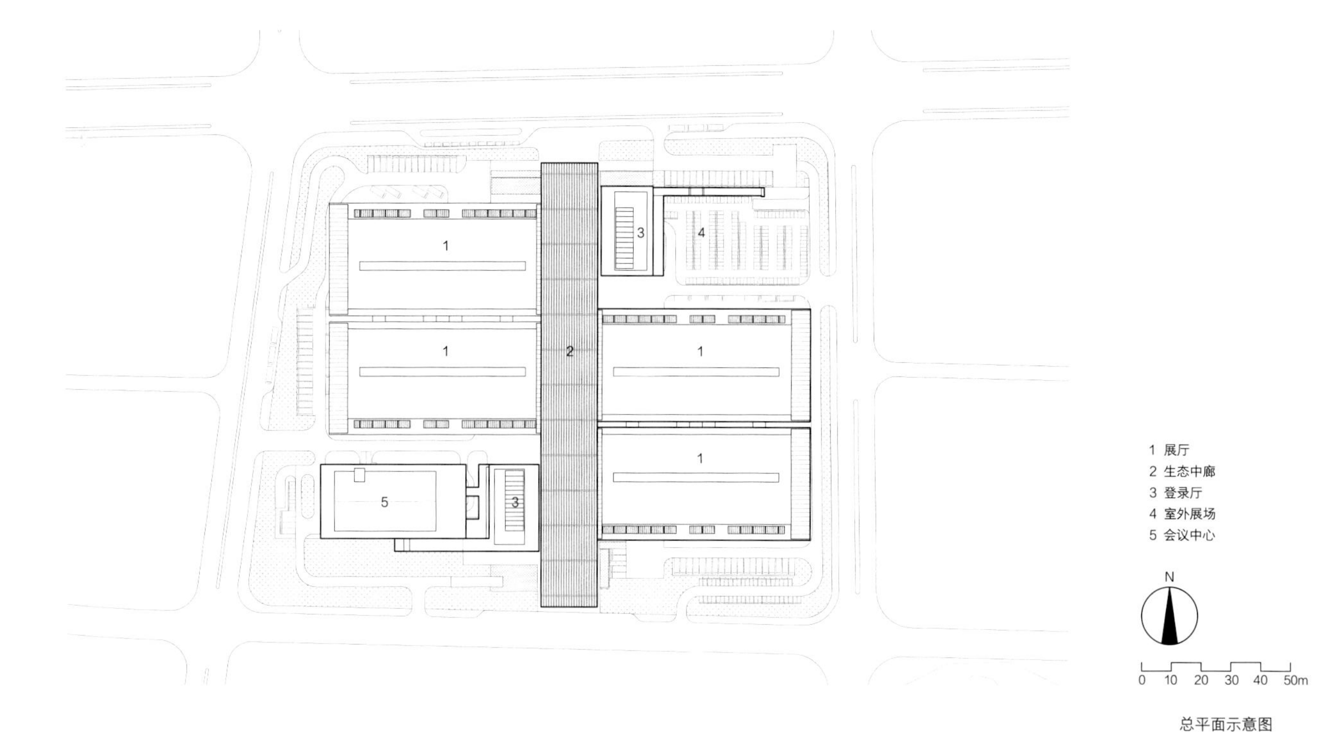
1 展厅
2 生态中廊
3 登录厅
4 室外展场
5 会议中心
N
0 10 20 30 40 50m

总平面示意图

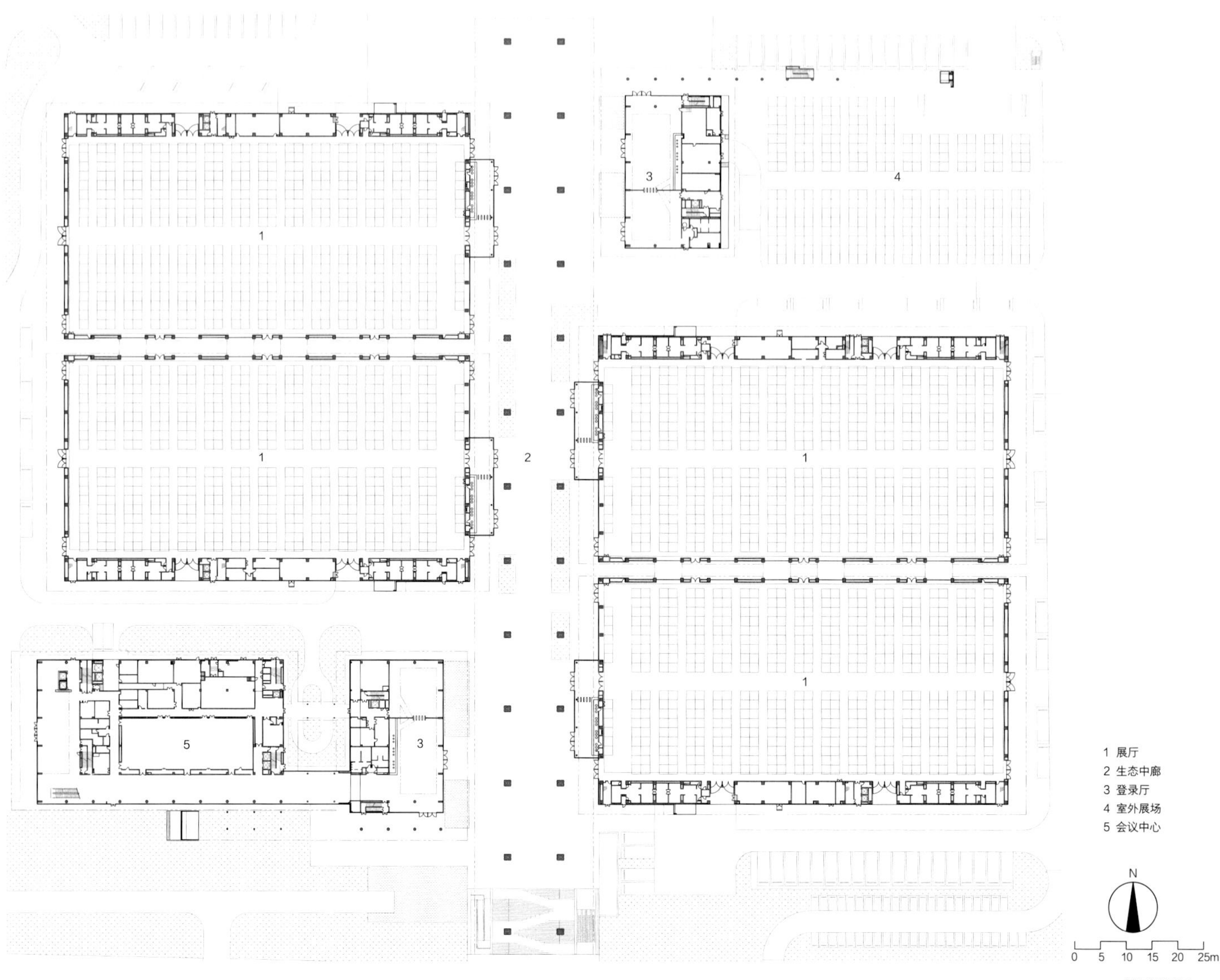
1 展厅
2 生态中廊
3 登录厅
4 室外展场
5 会议中心
N
0 5 10 15 20 25m

首层平面图

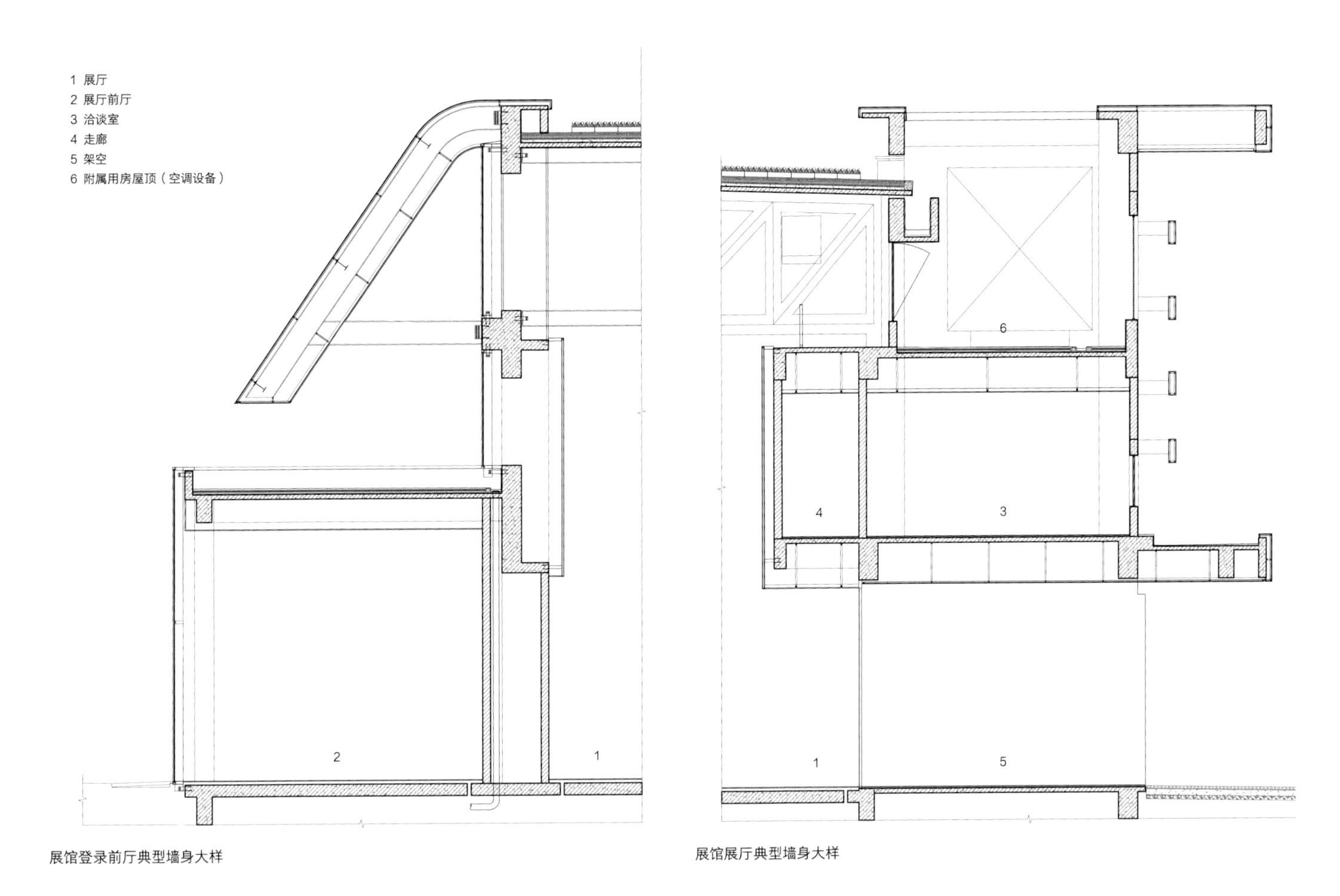
1 展厅
2 展厅前厅
3 洽谈室
4 走廊
5 架空
6 附属用房屋顶（空调设备）
1
2
1
3
4
5
6

展馆登录前厅典型墙身大样

展馆展厅典型墙身大样

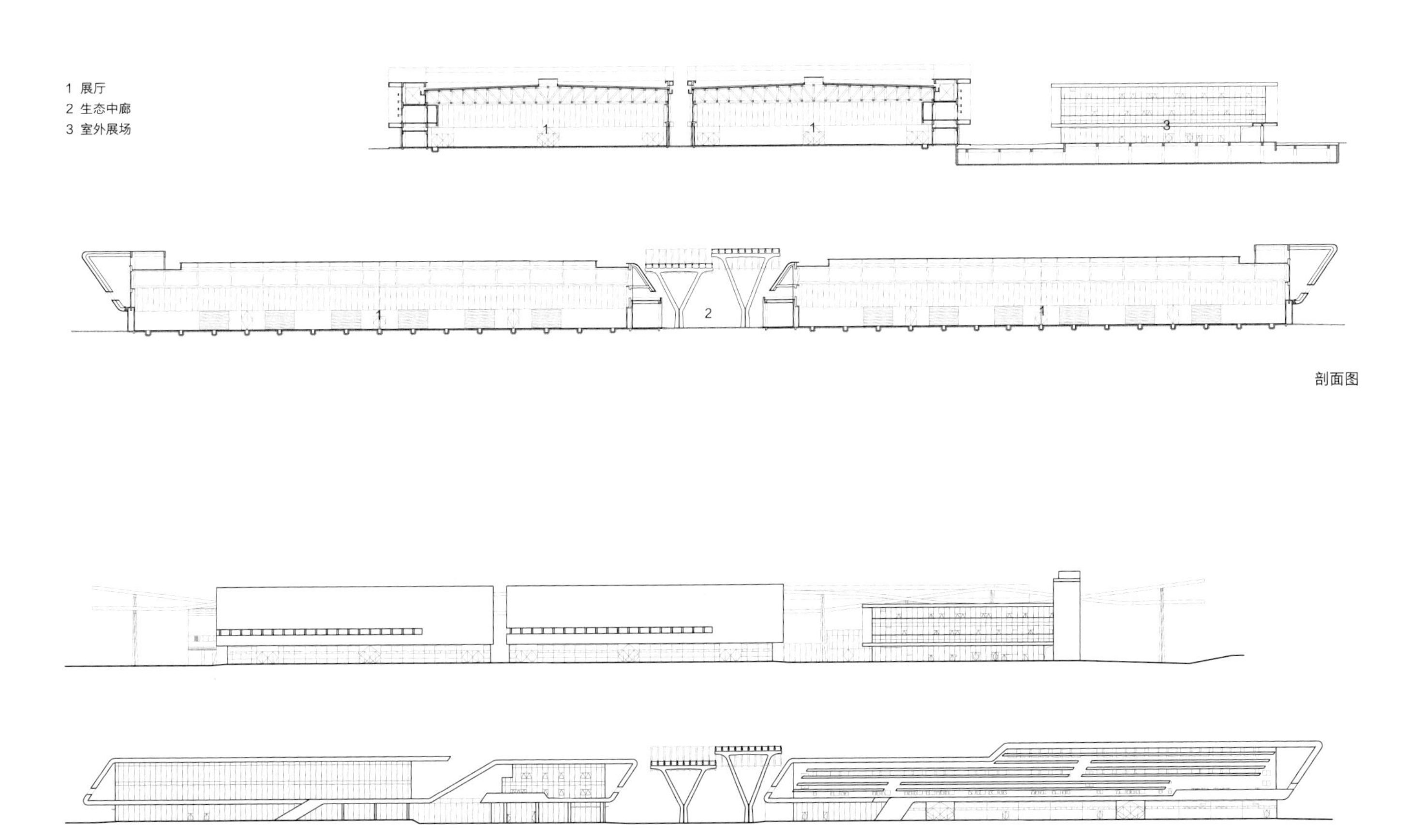
1 展厅
2 生态中廊
3 室外展场
1
1
3
1
2
1

剖面图

立面图

前海城

扫码阅读更多内容

开发单位：2020 前海未来城市 / 建筑展
设计单位：众造建筑设计咨询（北京）有限公司
联合设计单位：悉地国际东西影工作室
项目地点：广东省深圳市
完工日期：2020 年

项目负责人：何哲，沈海恩，臧峰
主要设计人员：王赫，高鹏飞，李正华，许嘉琦
特别感谢：方善钰，汉都灯光设计顾问（深圳）有限公司
昕诺飞（中国）投资有限公司

获奖情况
2021 年 卷宗 Wallpaper* 设计大奖 最佳公共建筑
2022 年 ArchDaily 中国年度建筑大奖 提名

“前海城”是众建筑利用预制构件营造灵活城市的一次尝试。它被设想为一个灵活多变的城市片段，充满事件性的活动，以探索未来城市的空间使用模式。

“前海城”提供基础的框架空间，人们根据需要内填不同的活动内容，灵活多变，拥有丰富的城市生活。这里容纳并满足日常活动与盛大节日的举行：活动市集、休闲纳凉、城市广告、艺术展览、大众电影等，各种公共事件都可以在“前海城”中自由灵活地发生。

“前海城”由租用的盘扣式脚手架组合构建而成，展览结束后拆除归还，快速出现，快速撤出。多数永久的建筑物都在这种产品系统的支持下建造，而我们用它们支持灵活热闹的城市生活。

“前海城”作为展品在 2020 前海未来城市 / 建筑展“瞬间城市”版块中展出。展览期间，城中有多位建筑师与艺术家的作品展示，也有不同的市民活动在其中举行。

实景1

CITY
实景2

实景3

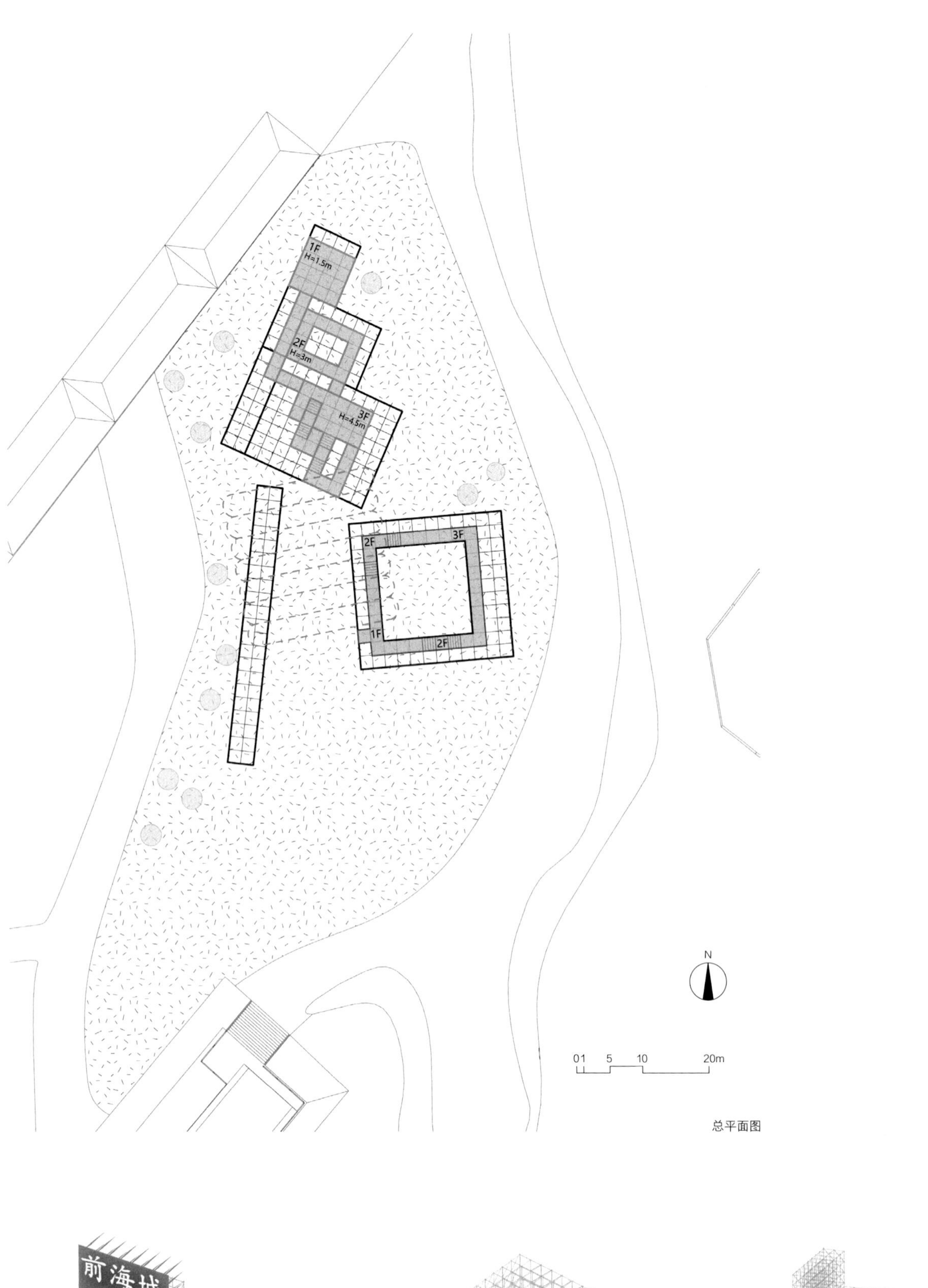
1F
H=1.5m
2F
H=3m
3F
H=4.5m
2F
3F
1F
2F
N
0 1 5 10 20m
总平面图

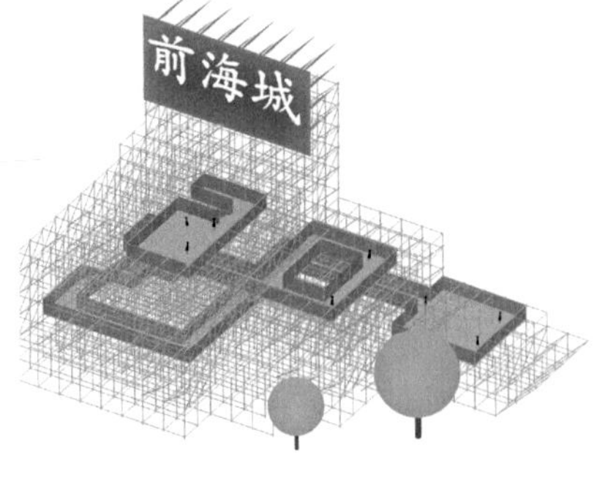
前海城
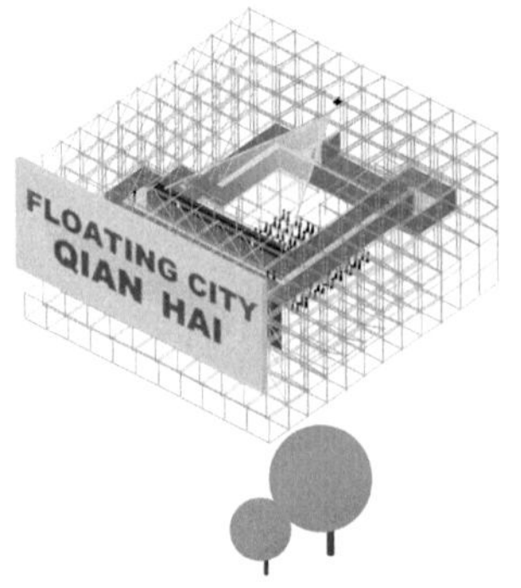
FLOATING CITY
QIAN HAI
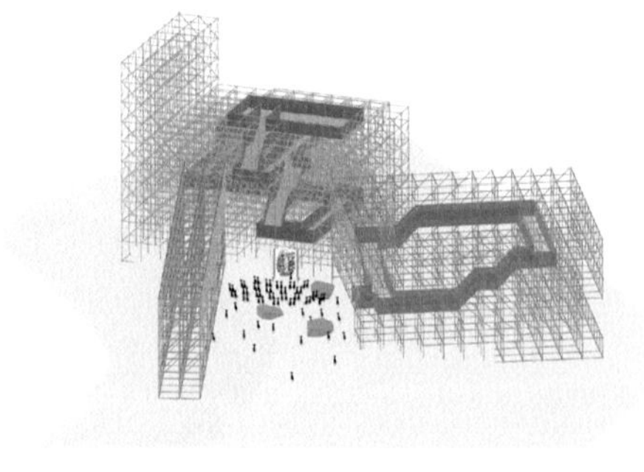

前海城轴测图

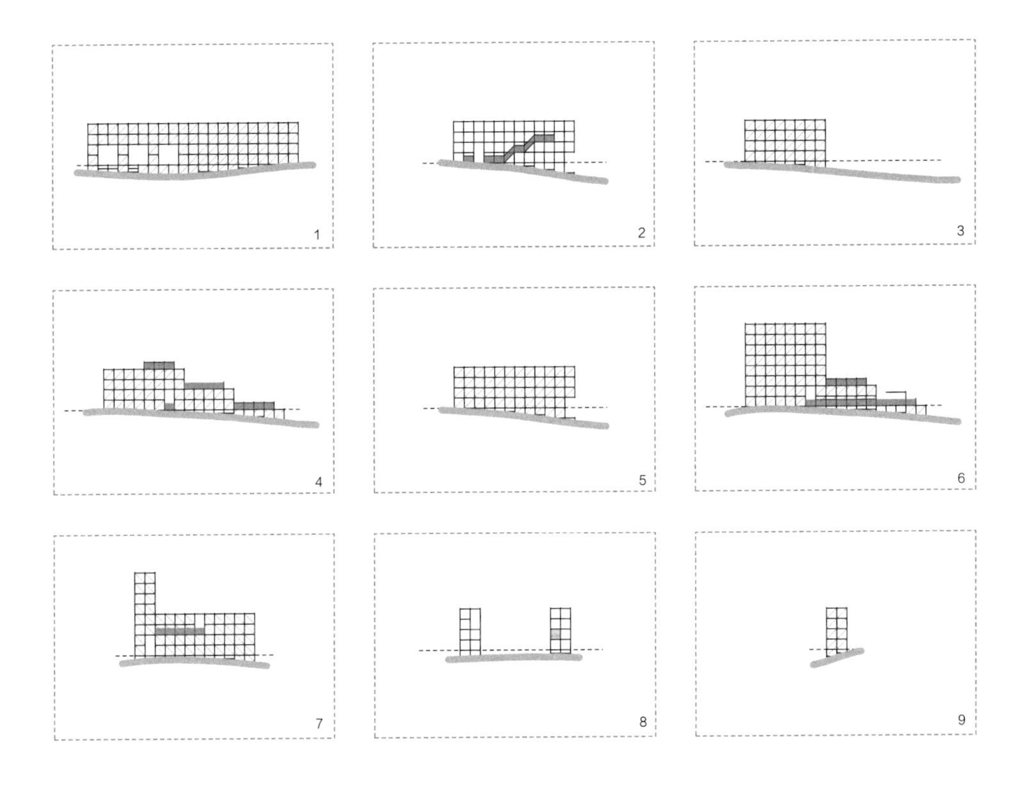
1
2
3
4
5
6
7
8
9

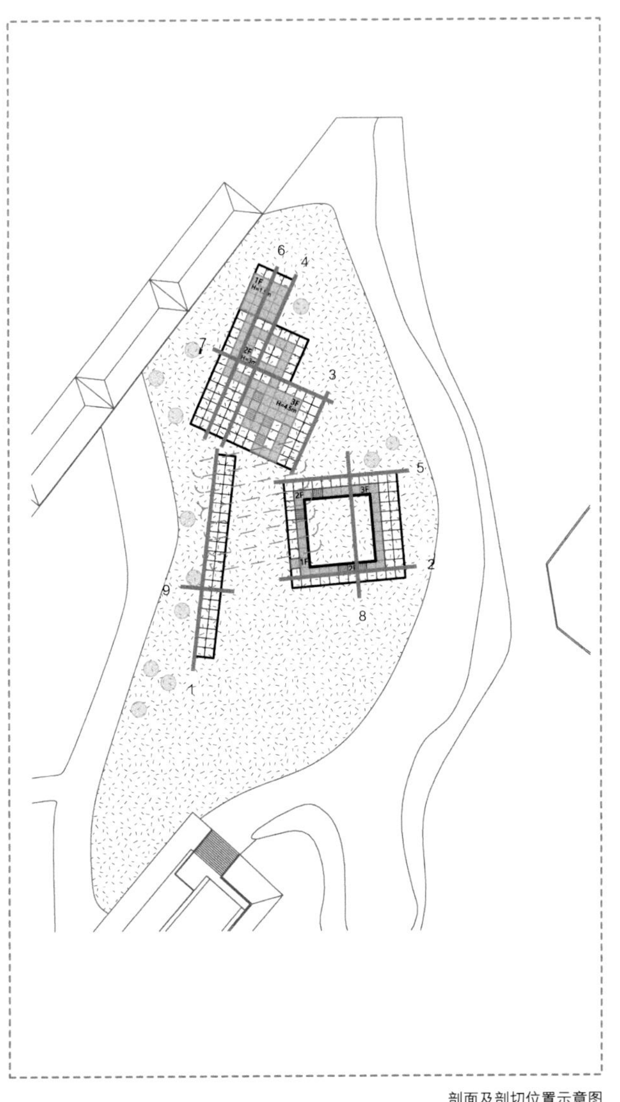
1
2
3
4
5
6
7
8
9

剖面及剖切位置示意图

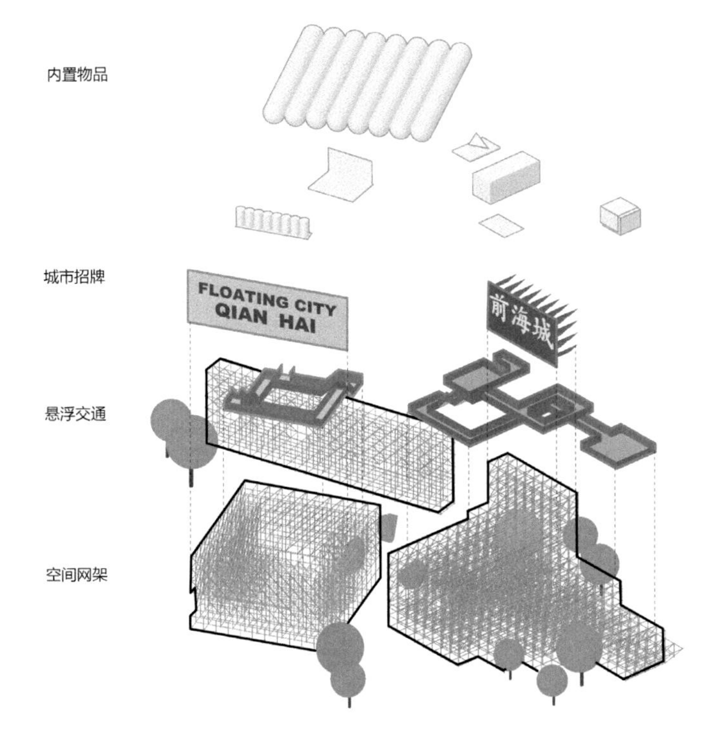
内置物品
城市招牌
悬浮交通
空间网架
FLOATING CITY
QIAN HAI
前海城

苏州“狮子口”遗址环境保护与扩建

扫码阅读更多视频、图片内容

开发单位：苏州星岛仁恒置业有限公司
设计单位：上海日清建筑设计有限公司
项目地点：江苏省苏州市
设计 / 建成时间：2016 年 / 2020 年

项目负责人：宋照青，岑岭
主要设计人员：宋照青，岑岭，郭丹，初子圆，赵晓雪，刘泽华，陈丹丹，吴旻琦，朱晓磊，王玉戈

获奖情况
2021 年 上海市建筑学会建筑创作奖 提名奖
2021 年 ICONIC Awards 标志设计大奖 优胜奖

主要经济技术指标
用地面积：1663m^2
建筑面积：2866m^2
建筑密度：36%
停车位：184 个
绿地率：32%

苏州古城仓街东侧，与苏州历史文化名街平江路仅相隔一个街区，这里是曾经有着“民国三大监狱”之称的苏州狮子口监狱。本项目从地域特质出发，以扩建展示馆为纽带，在空间、形式、材料及功能 4 个方面进行探索，通过强调精神与物质在时空上的连续性，使原本单一、无特征的“场址”变成可引起人们共鸣的“场所”，融合历史与当下，实现场所复兴。

基地内与旧房相伴的有一株百年古柏，它是过去一个多世纪历史的见证者。设计以“空间日晷”为灵感，形成了最初总体布局的构思：以古柏为轴，形成一个连续的空间，对外与周遭的环境充分对话，对内形成向心形的内院，并向南侧的城市广场及地铁出入口打开，形成一个“窗口”，促使当代城市生活与历史建筑进行对话。

实景1

实景2

实景3

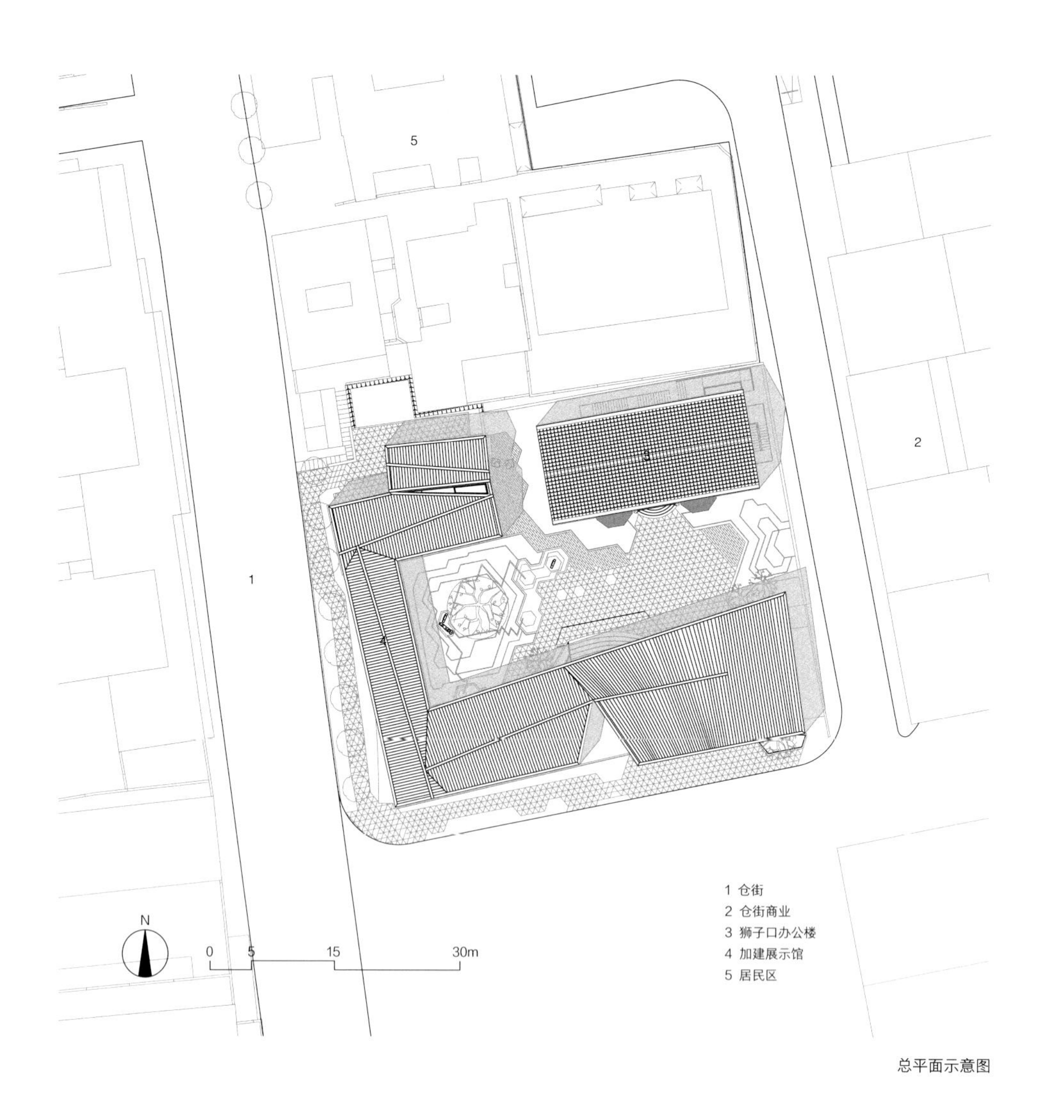
N
0
5
15
30m
1 仓街
2 仓街商业
3 狮子口办公楼
4 加建展示馆
5 居民区

总平面示意图

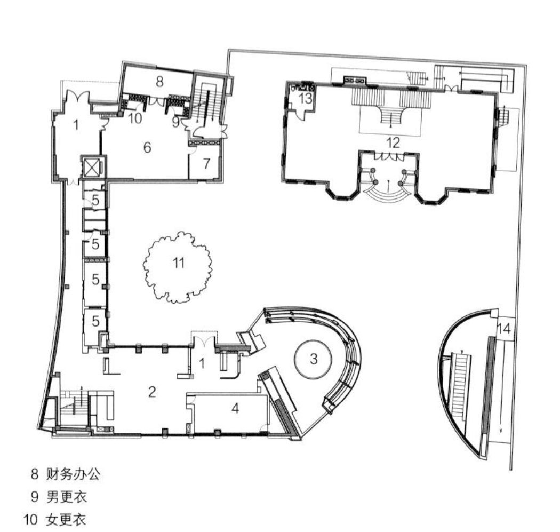
01 5 10m
N

1 门厅
2 水吧区
3 参观区
4 影音区
5 洽谈间
6 办公区
7 独立办公
8 财务办公
9 男更衣
10 女更衣
11 古柏
12 展厅
13 卫生间
14 地下室入口

一层平面图

1 休息区
2 会议室
3 办公室
4 储藏室
5 水吧区
6 卫生间
7 配电间
8 展厅
9 阳台
10 古树

01 5 10m

二层平面图

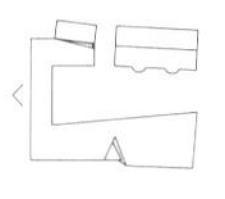

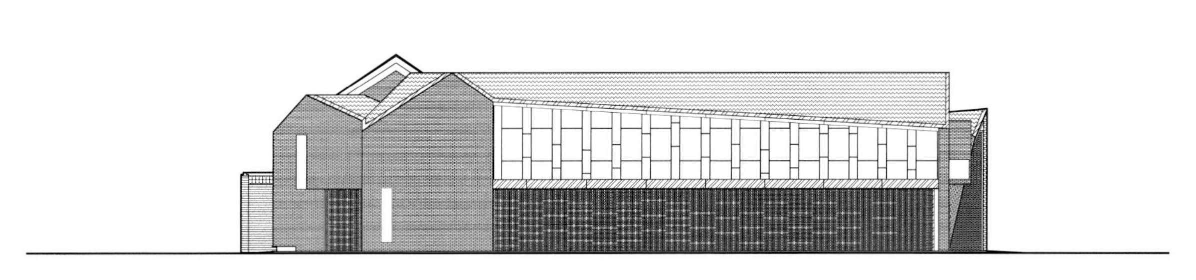

0 5 10m

立面图1

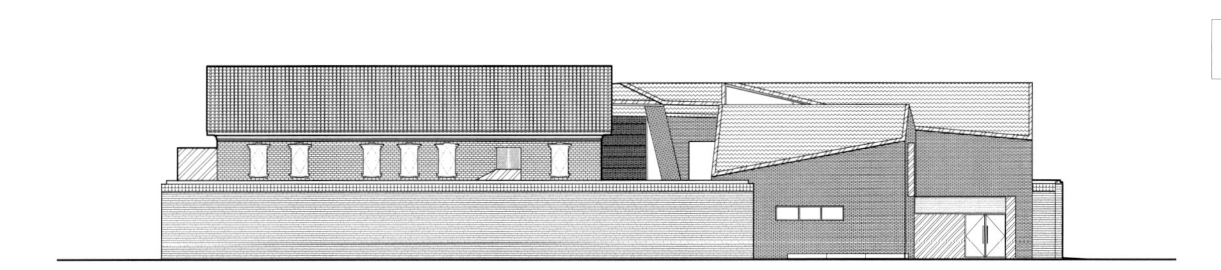

0 5 10m

立面图2

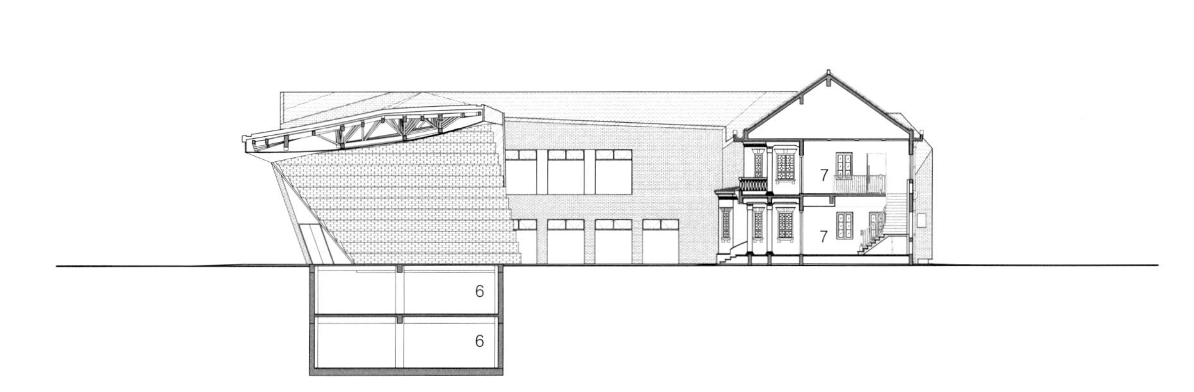
7
7
6
6

0 5 10m

1-1剖面图

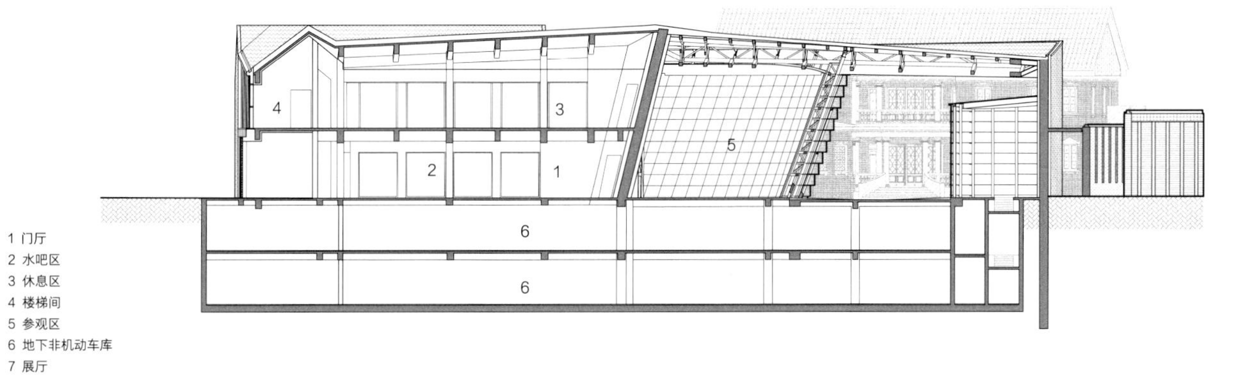
4
3
2
1
5
6
6

1 门厅
2 水吧区
3 休息区
4 楼梯间
5 参观区
6 地下非机动车库
7 展厅

0 5 10m

2-2剖面图

陶仓艺术中心

扫码阅读更多内容

开发单位：乡伴旅游文化发展有限公司
设计单位：裸筑建筑设计事务所
项目地点：浙江省嘉兴市
设计 / 建成时间：2019 年 / 2020 年

项目负责人：柏振琦
主要设计人员：柏振琦，盛朦萱，薛乐骞，梁萧怡，吴叶静，陆慧沁，顾倩，杨骏一，林佑政

获奖情况
2021 年 Architizer A+Awards 文化 / 画廊展览空间、建筑 / 适用性再利用类别 入围奖
2021 年 Blueprint Awards 适用性再利用类别 入围奖
2021 年 WAF ChinaAwards 旧宅新生类别
2021 年 FX Awards 适用性再利用类别 入围奖

主要经济技术指标
用地面积：2448m²　　建筑面积：2448m²

本项目是一个基于嘉兴市王江泾两座老粮仓的改建项目。老粮仓地处王江泾的百亩莲花荡片区，仓前有一片优雅的莲花池，推测是过去作为建筑就近取水、防火之用。建筑师基于其自身的历史背景、周边环境与建筑特点，顺势而为，在保护粮仓内部结构的前提下，新建伴随式的连廊，赋予建筑深厚的“关系与情感”。改造后的粮仓成为嘉兴又一张艺术名片。

陶仓的改建，从功能上被分为东西仓展厅与东西连廊辅助空间。仓体作为商业艺术展厅本体，新增的连廊作为咖啡厅、入口、社交等辅助配套功能空间。形式上，连廊作为陪伴式建筑存在，伴随着两座粮仓汇聚至中心，自然形成主入口。空间处理上，连廊的高度层层推进，在中心形成挑空的静谧场所，将建筑情绪带向高潮。

实景1

实景2

实景3

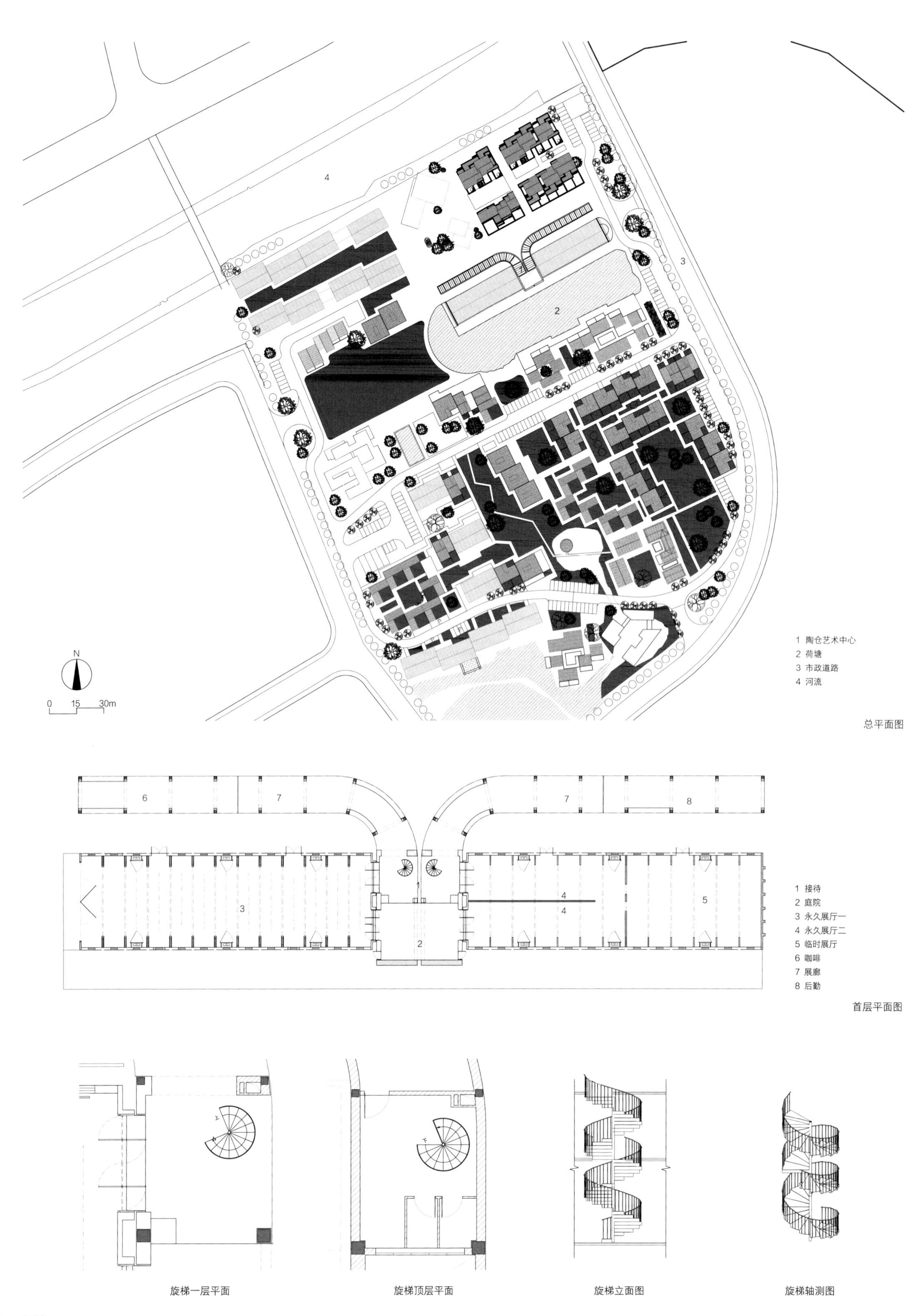
1 陶仓艺术中心
2 荷塘
3 市政道路
4 河流
N
0 15 30m
1 接待
2 庭院
3 永久展厅一
4 永久展厅二
5 临时展厅
6 咖啡
7 展廊
8 后勤

总平面图

首层平面图

旋梯一层平面

旋梯顶层平面

旋梯立面图

旋梯轴测图

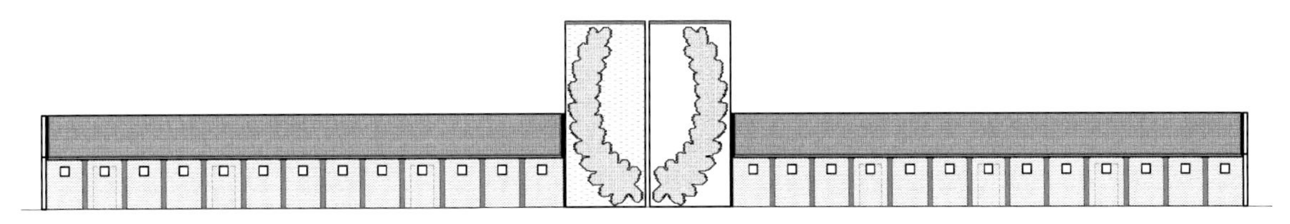

正立面

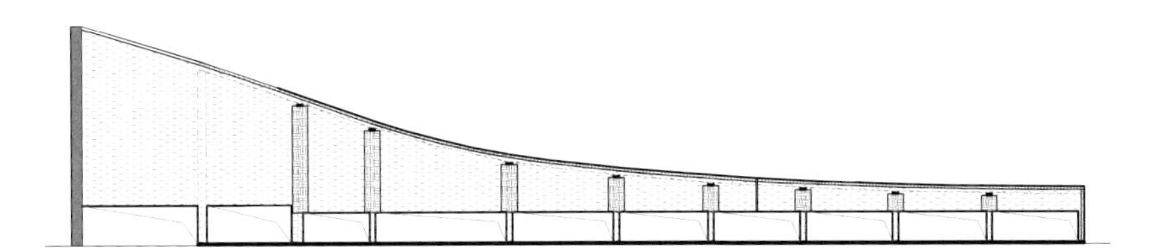

连廊南立面

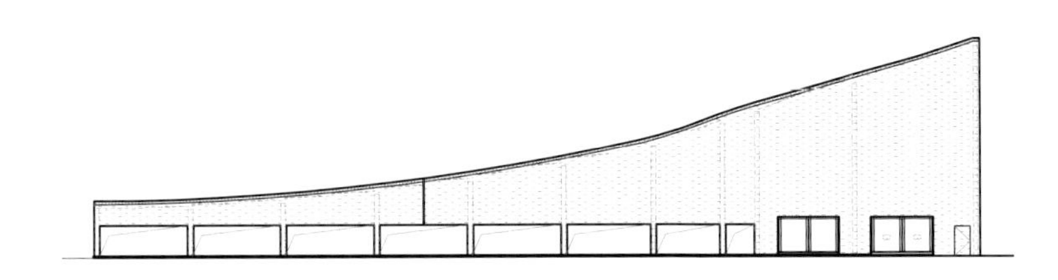

连廊北立面

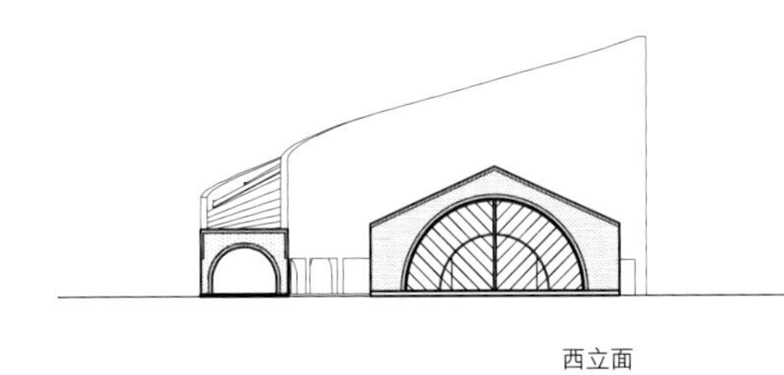

西立面

东立面

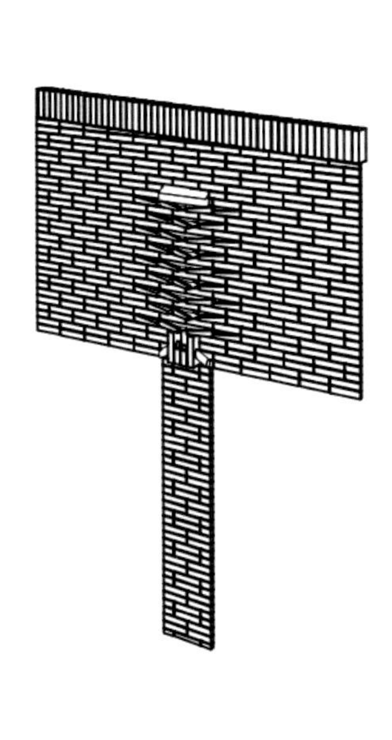

落水节点轴测图

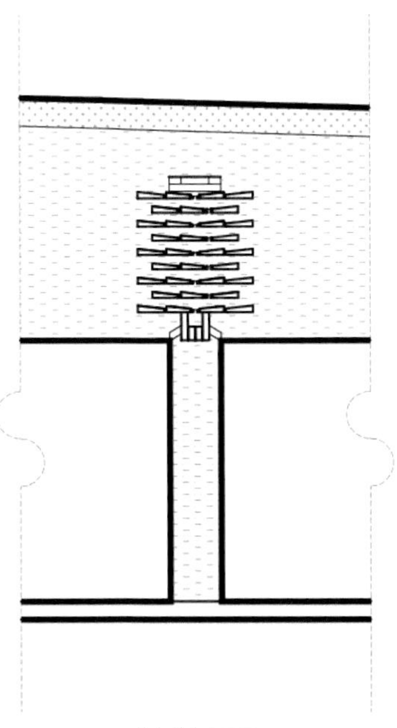

落水节点立面图

天府国际会议中心

扫码阅读更多内容

开发单位：天万投资控股有限公司
设计单位：深圳汤桦建筑设计事务所有限公司
项目地点：四川省成都市
设计 / 建成时间：2017 年 / 2020 年

项目负责人：汤桦
主要设计人员：汤桦，邓芳，于文博，彭舰，黄真吉，张秋龙，郑昕，邓林伟，刘华伟，汤孟禅，刘滢，卢璟，王泽民，刘柳，杨原，汪田浩，王蓉
特别顾问：毛永宁
合作单位：中国建筑西南设计研究院有限公司
景观设计参与团队：成都中合设计顾问公司 / 北京市园林古建设计研究院有限公司

主要经济技术指标
用地面积：109952m^2　　建筑面积：326205m^2
建筑密度：62.82%　　停车位：3646 个
绿地率：11.00%

项目用地被主干道及地铁线路围合成狭长的梯形，紧邻秦皇湖，南侧西博城沿城市道路呈带形布局。项目需要满足大型会议的需求，兼具酒店和一定的商业功能。

成都的传统民居平面组织开敞自由，常用檐廊和柱廊联系多个空间。在这种建筑语境下，出檐深远、临湖架空的四百余米檐廊成为一个具有公共性和多义性的檐下大空间。与会者从“檐廊”前厅的主入口进入开放的景观通廊，穿越与前厅平行的“花厅”——带状庭院，而后通过廊桥进入各个会场。

檐廊的屋架系统来源于中国传统民居的抬梁式结构，又作了进一步的变异和抽象。超长的建筑体量传达出一种现代建筑的尺度。屋顶中段有一处起伏像涟漪一样晕开，形成秦皇湖景色特殊的框景。

实景1

实景2

实景3

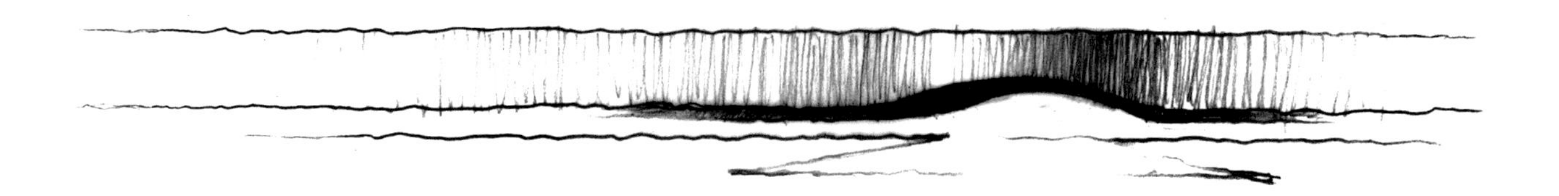

方案草图

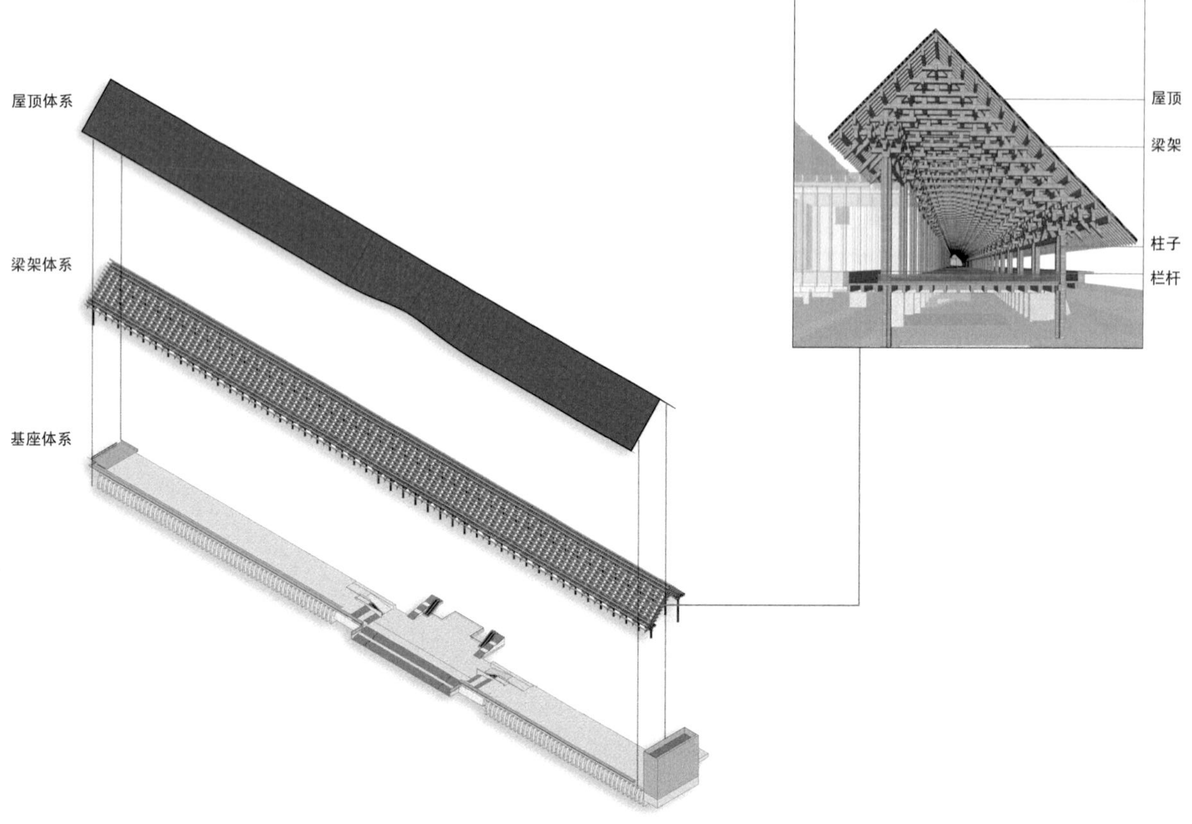
屋顶体系
梁架体系
基座体系
屋顶
梁架
柱子
栏杆

屋架分析

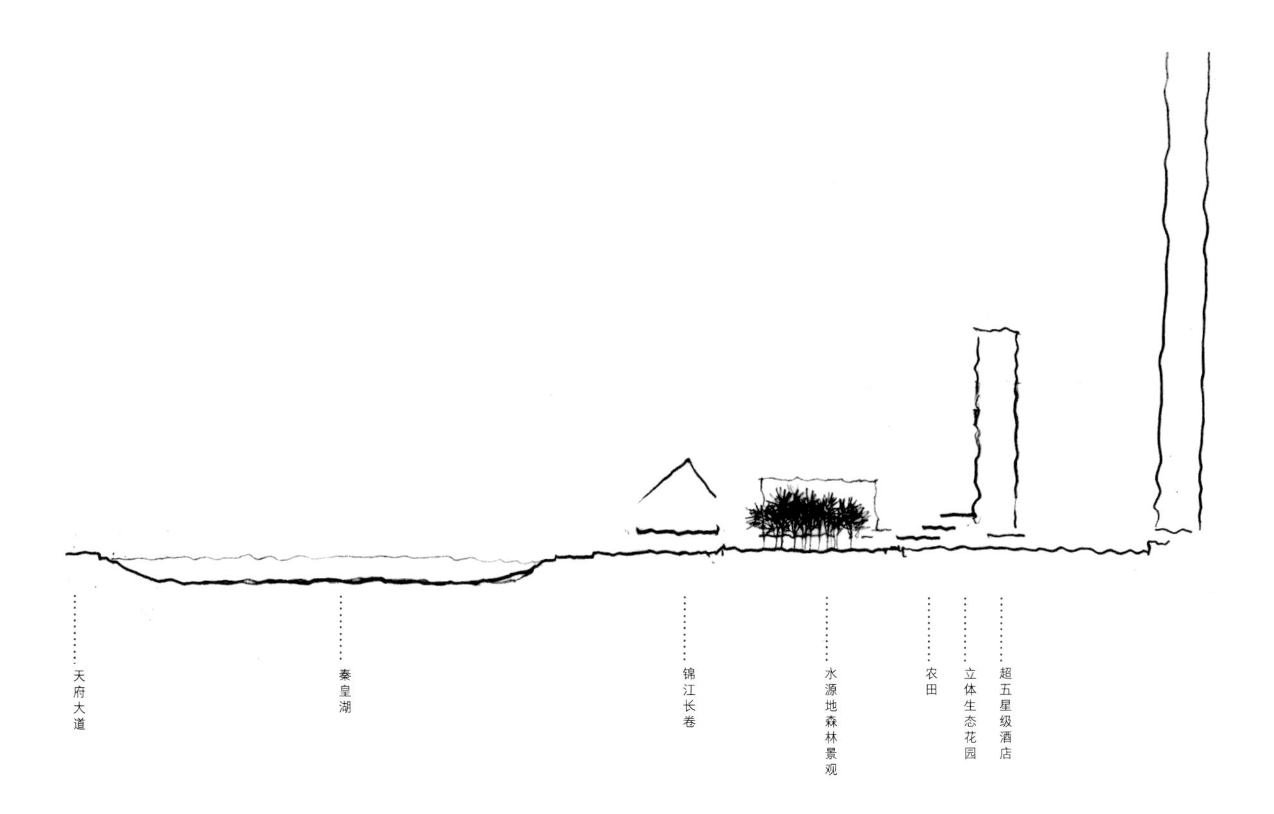
天府大道
秦皇湖
锦江长卷
水源地森林景观
农田
立体生态花园
超五星级酒店

设计分析

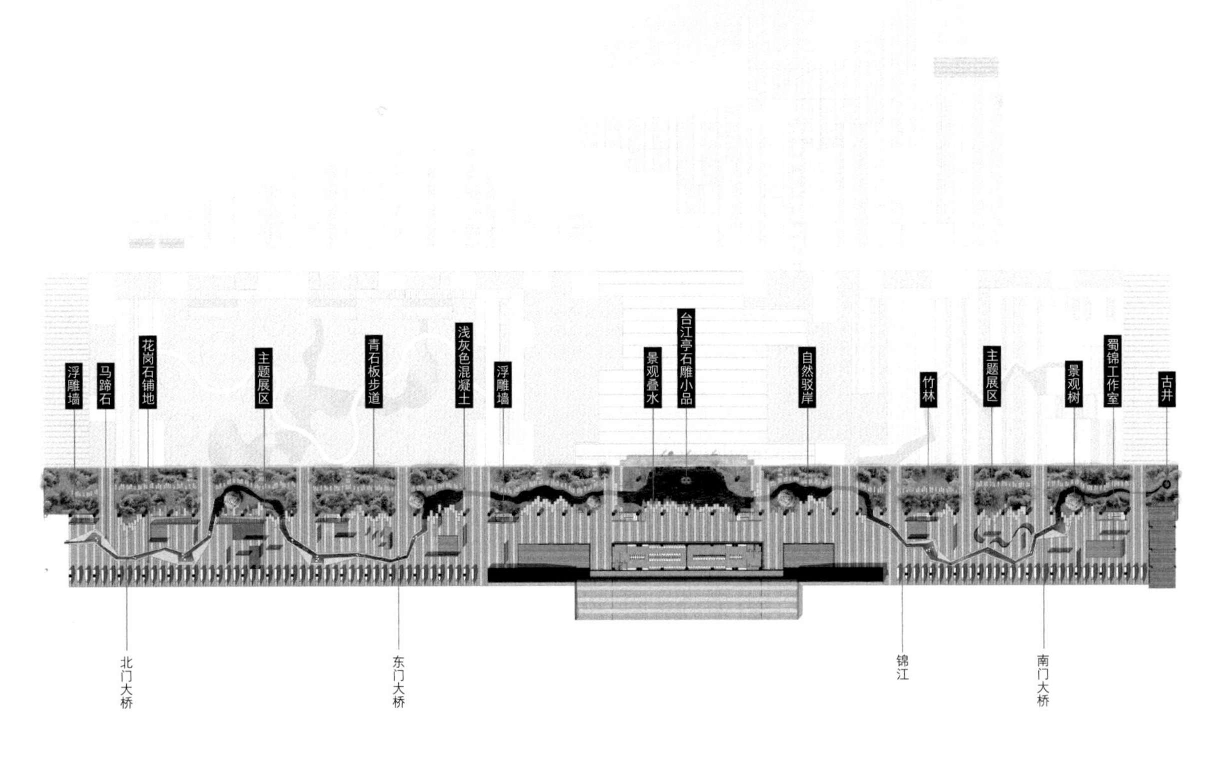
浮雕墙
马蹄石
花岗石铺地
主题展区
青石板步道
浅灰色混凝土
浮雕墙
景观叠水
台江亭石雕小品
自然驳岸
竹林
主题展区
景观树
蜀锦工作室
古井
北门大桥
东门大桥
锦江
南门大桥

景观长卷

英良石材自然历史博物馆

扫码阅读更多视频、图片内容

开发单位：英良集团
设计单位：Atelier Alter Architects 时境建筑事务所
项目地点：福建省泉州市
设计 / 建成时间：2018 年 / 2020 年

项目负责人：张继元，卜骁骏
主要设计人员：李振伟，张家赫，郑来容，黄博，马磊磊

获奖情况
2021 年 柏林设计奖展陈设计金奖
2020 年 美国纽约 AIANY 设计奖室内项目 Merit 级别
2020 年 美国 SARA 纽约建筑师协会设计奖 优秀奖

主要经济技术指标
建筑面积：2600m^2

福建英良石材自然历史博物馆位于泉州市英良石材厂的办公大楼内。在多年的石材开采过程中，该公司成立了一个私人科研团队并发现了大量化石，从昆虫琥珀到恐龙蛋都有。因此，石材厂决定将办公楼的中庭与一层、二层一起拿出来，改造成化石博物馆以容纳他们的考古发现。

本项目的设计将采石原理转化为空间分割机制，对立体空间进行相应的切割；此外，还引入了晶体的几何逻辑，将不规则的空间部分连接在一起，原本正交的办公空间被转换成一个神秘的锥体空间。当这些沉重的物体漂浮起来时，反重力空间将观众置于一个未知的空间中，仿佛直接来自一部科幻电影。

该项目只坚持一个架构元素——墙壁，以保持项目的一致性和真实性。墙壁的建筑语言被重新创造，有无限的可能性，一致的建筑语言统一了墙与墙之间的空间。项目的构造简单明了：型钢结构龙骨和石膏板作为基础结构，双层混凝土板是唯一的室内空间材料，创建了平静而冷峻地承载这些化石的石头洞穴。

实景1

实景2

实景3

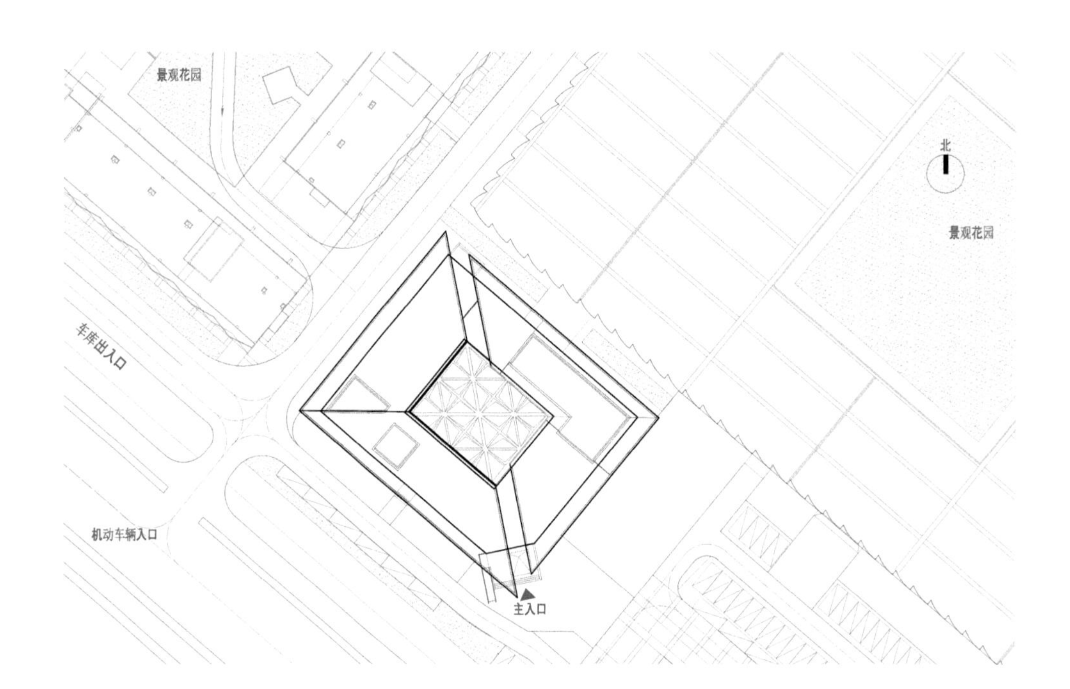
景观花园
北
景观花园
车库出入口
机动车辆入口
主入口

总平面图

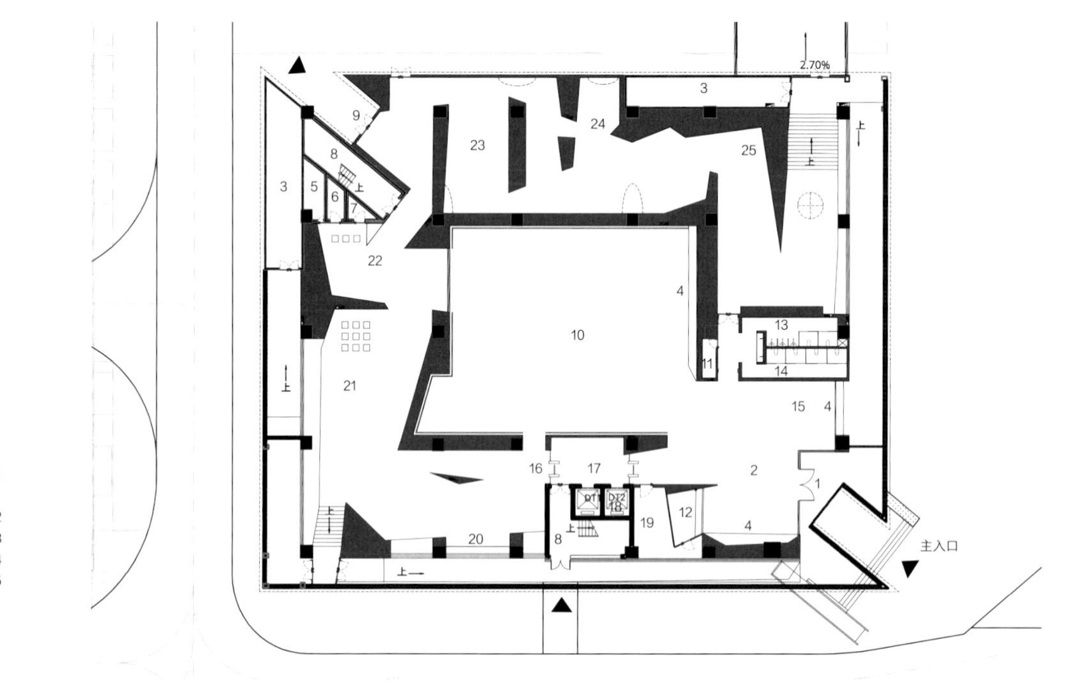
2.70%
主入口

1 入口
2 门厅
3 排烟机房
4 休息区
5 湿式报警阀间
6 强电井
7 弱电井
8 楼梯间
9 后勤入口
10 中庭
11 储藏间
12 前台/服务台
13 男卫生间
14 女卫生间
15 等候区
16 检票口
17 电梯厅
18 无障碍电梯
19 衣帽间
20 LCD显示屏
21 石之展厅-1
22 石之展厅-2
23 石之展厅-3
24 石之展厅-4
25 石之展厅-5

一层平面图

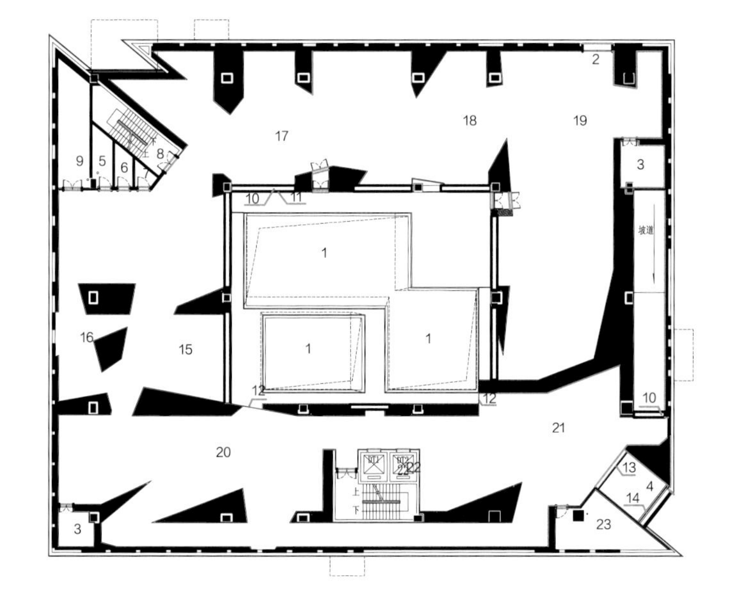
坡道

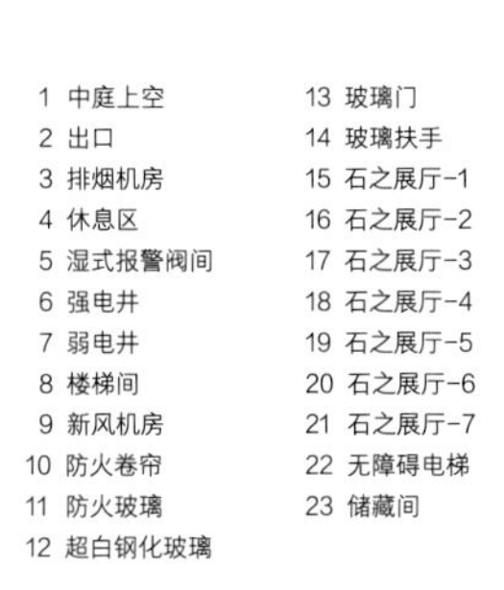

1 中庭上空
2 出口
3 排烟机房
4 休息区
5 湿式报警阀间
6 强电井
7 弱电井
8 楼梯间
9 新风机房
10 防火卷帘
11 防火玻璃
12 超白钢化玻璃
13 玻璃门
14 玻璃扶手
15 石之展厅-1
16 石之展厅-2
17 石之展厅-3
18 石之展厅-4
19 石之展厅-5
20 石之展厅-6
21 石之展厅-7
22 无障碍电梯
23 储藏间

二层平面图

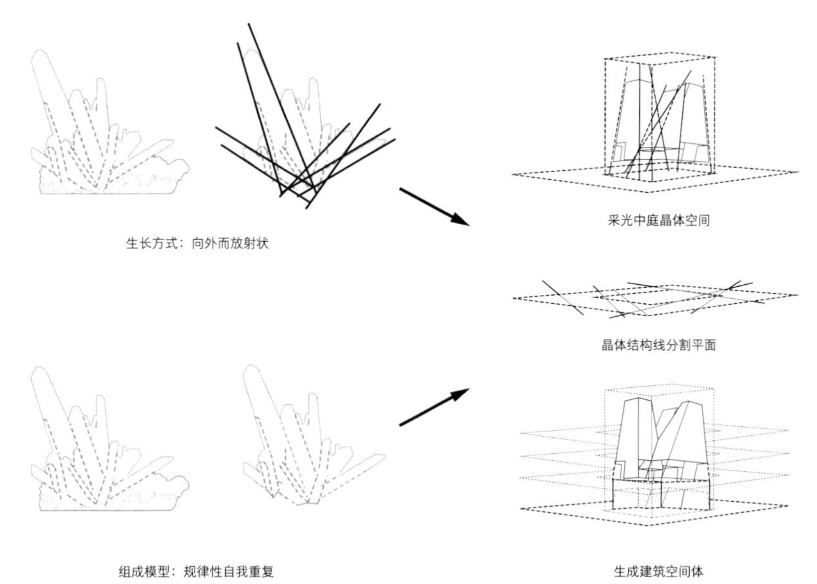
生长方式：向外而放射状
采光中庭晶体空间
晶体结构线分割平面
组成模型：规律性自我重复
生成建筑空间体
建筑形体生成示意图

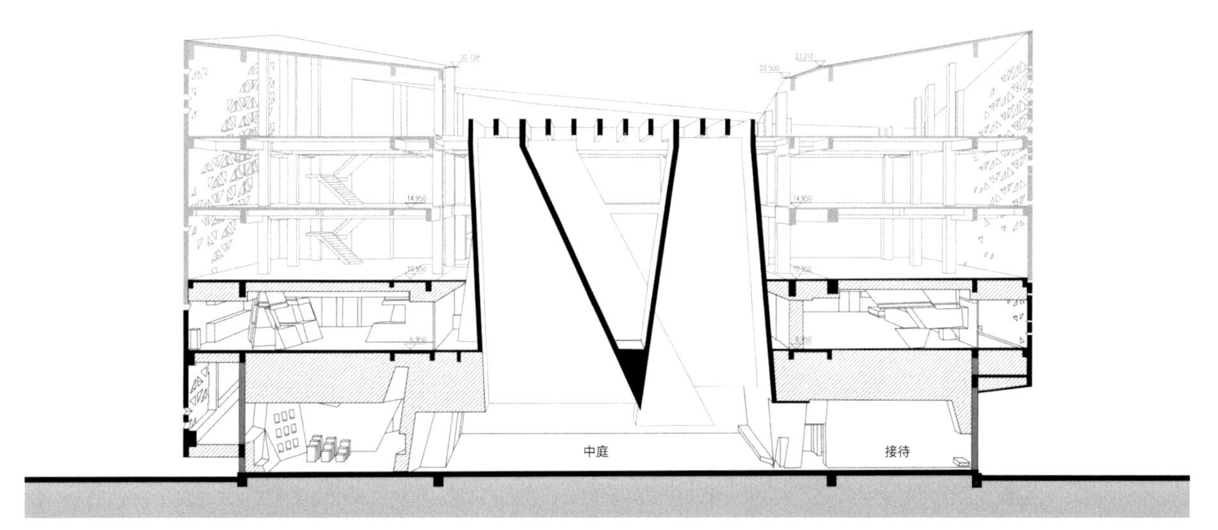
中庭
接待
改造后A-A剖面图

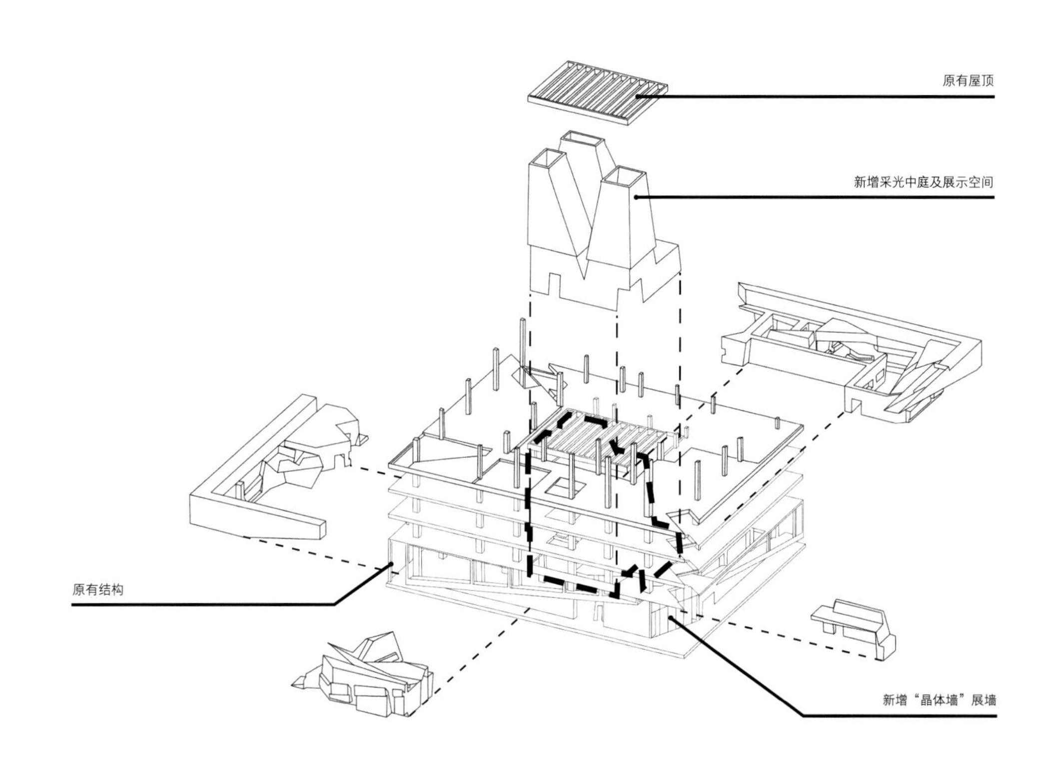
原有屋顶
新增采光中庭及展示空间
原有结构
新增“晶体墙”展墙
改造前后

郑州美术馆新馆·郑州档案史志馆

扫码阅读更多视频、图片内容

开发单位：郑州市建设投资集团有限公司
设计单位：同济大学建筑设计研究院（集团）有限公司
项目地点：河南省郑州市
设计 / 建成时间：2016 年 / 2020 年

项目负责人：曾群，文小琴
主要设计人员：陈康诠，杨旭，王国宇，邢佳蓓，万月荣，季跃，张羿彬，游博林，耿军军，朱伟昌，朱青青，李志平，姜宁

获奖情况
2021 年 教育部优秀工程勘察设计奖 建筑设计一等奖
2021 年 第九届上海市建筑学会建筑创作奖 佳作奖

主要经济技术指标

用地面积：53558m^2	建筑面积：96775m^2
容积率：1.13	建筑密度：31.8%
绿地率：28.8%	停车位：517 个

本项目位于郑州市西部“四个中心”城市主轴和文体活动绿轴两轴交会的重要城市节点，在文博艺术中心组团中扮演重要的形象展示、集散入口的角色。建筑中的美术馆新馆及档案史志馆两部分功能清晰地分为两个体量，并在底座和顶部通过平台及屋面板锚固成一座整体。

设计提倡回归“古拙”，以抽象的气韵回溯地域文化，从当地的商周艺术品和中原历史建筑中探寻华夏原始审美的形态共同点，并在“似与不似”之间营造一种“神似”的模糊意象。设计打造了一件城市尺度的建筑艺术展品，符合美术馆建筑应有的艺术气质。建筑立面从巩义石窟中抽象出图底关系并参数化演绎成建筑表皮肌理，打造独有的文化地标。

建筑室内通过中庭组织空间，与外部扭面形体对应的外倒斜墙和栈道意象的楼梯结合，拾级而上，随着层数的升高空间愈发宽敞开阔。随着时间推移，顶部天窗洒下的光影不停转变角度，营造了“峡谷”与“盆地”意象的公共空间序列。本设计最大限度整合形式与空间语言，介乎于回溯历史与立足场地之间，用简单、整体的方式营造了一个属于郑州的艺术展品和活力触媒。

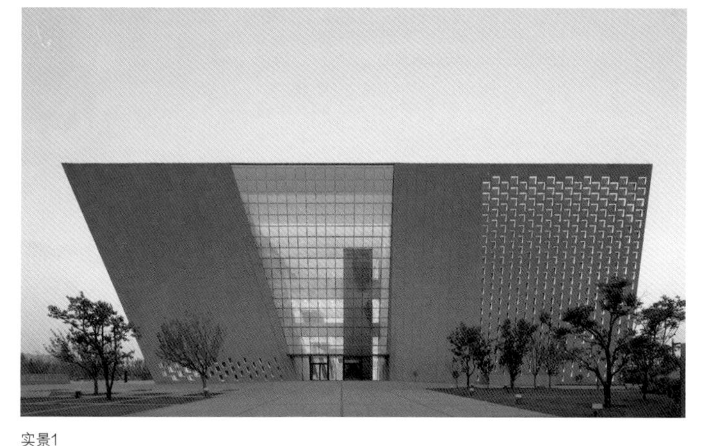

实景1

实景2

实景3

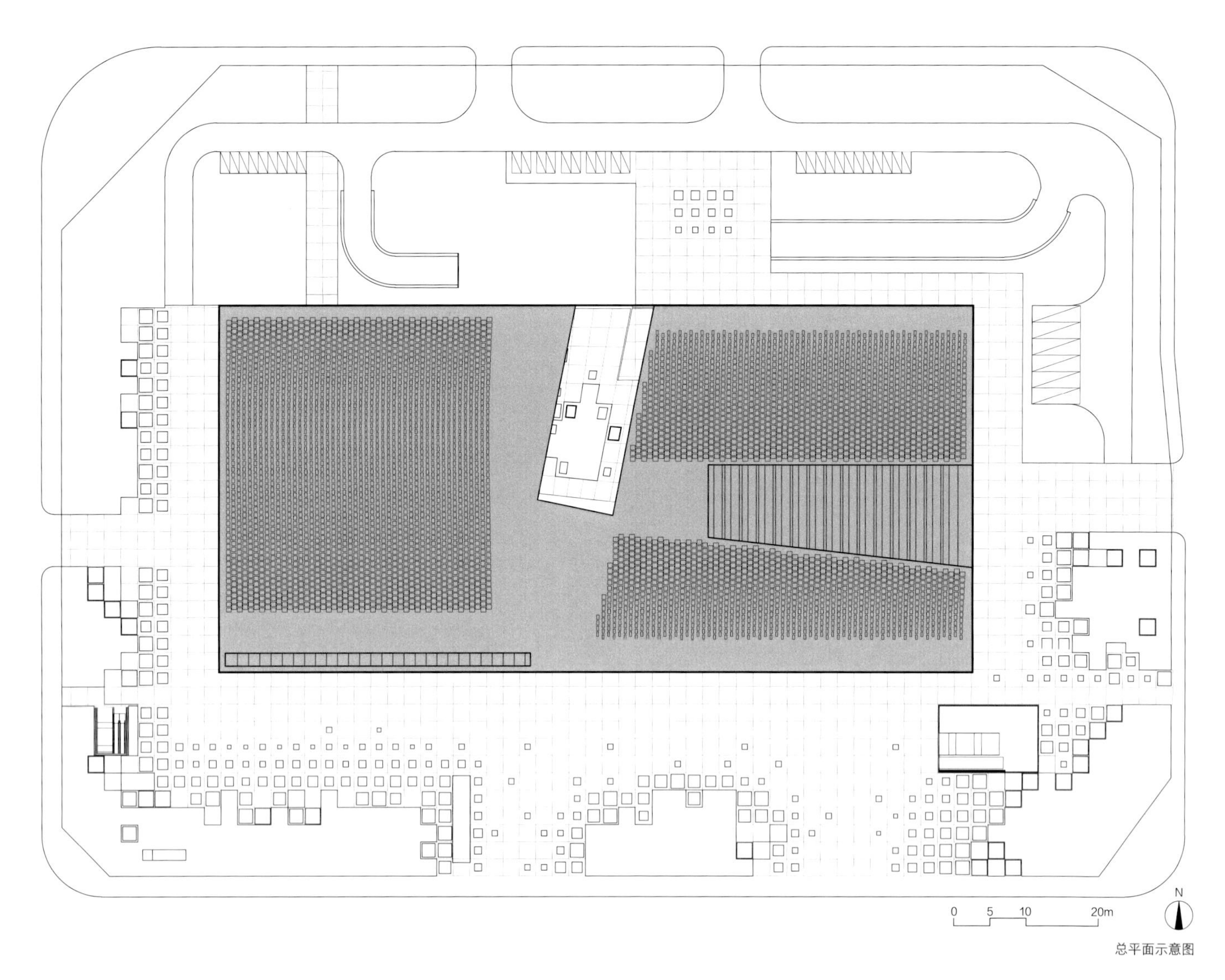
0
5
10
20m
N
总平面示意图

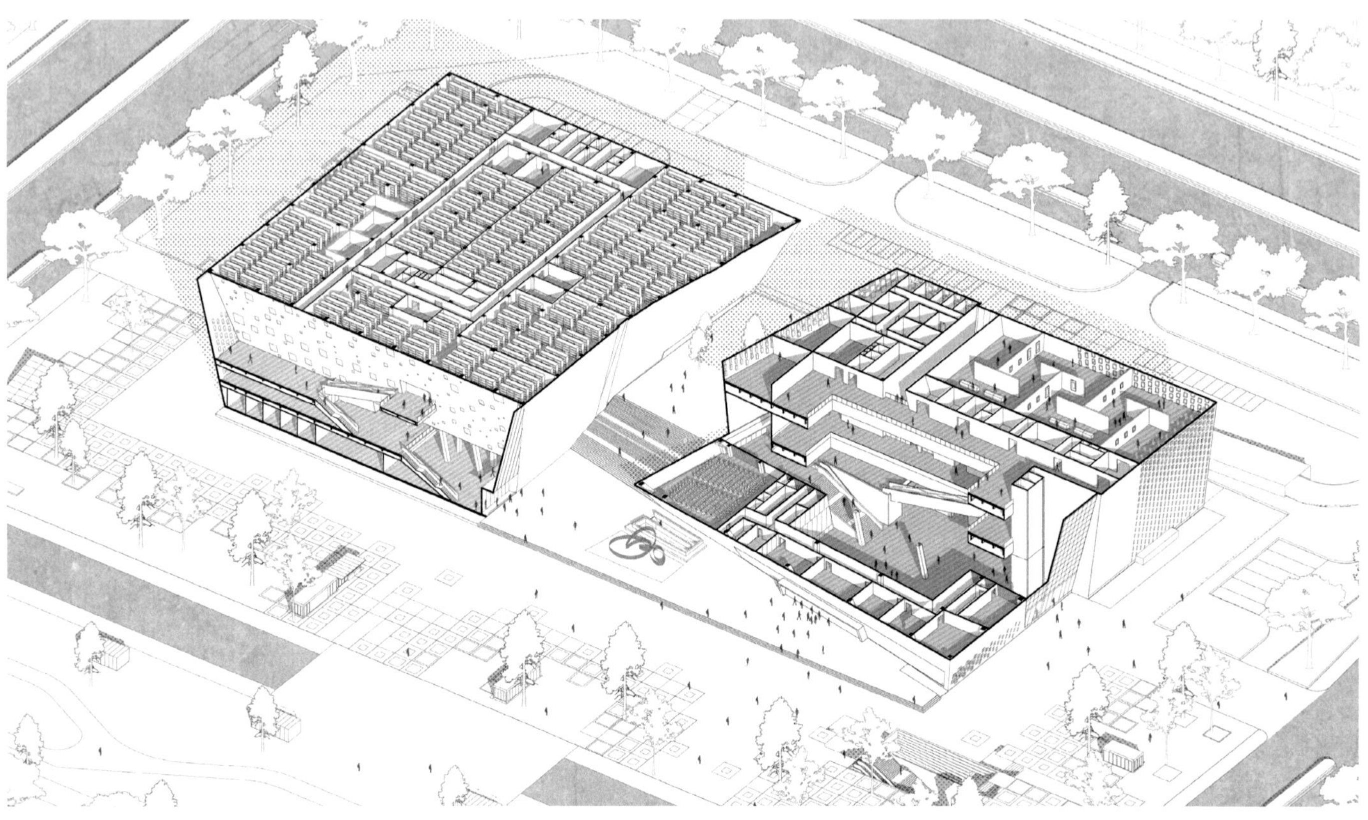
剖轴测图

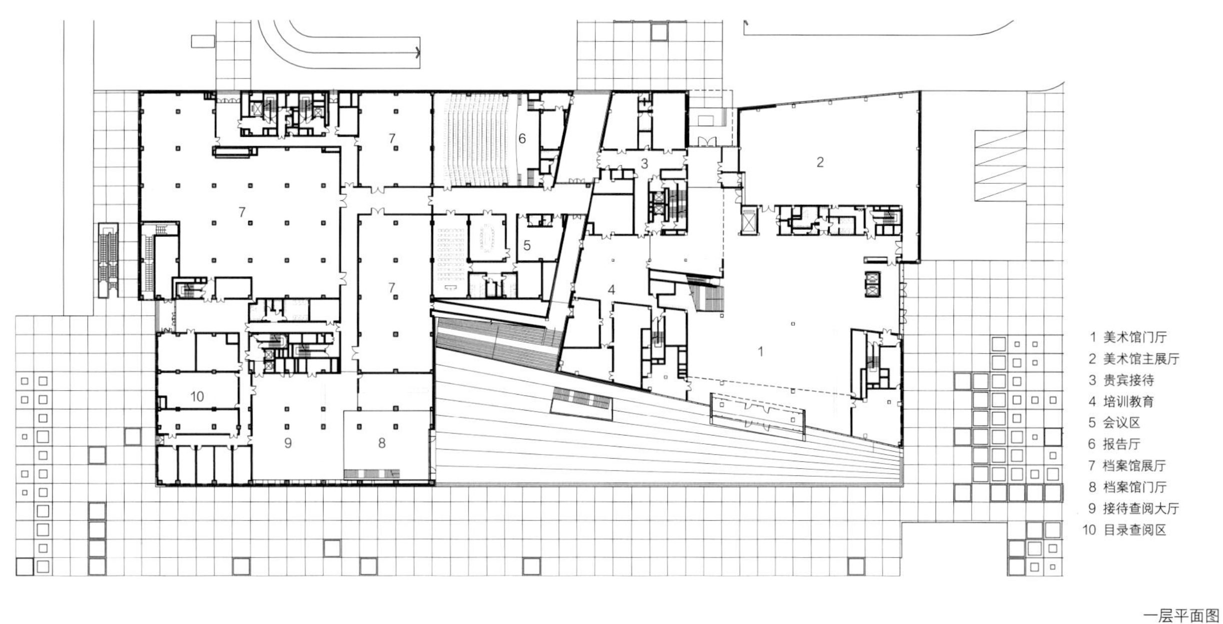

1 美术馆门厅
2 美术馆主展厅
3 贵宾接待
4 培训教育
5 会议区
6 报告厅
7 档案馆展厅
8 档案馆门厅
9 接待查阅大厅
10 目录查阅区

一层平面图

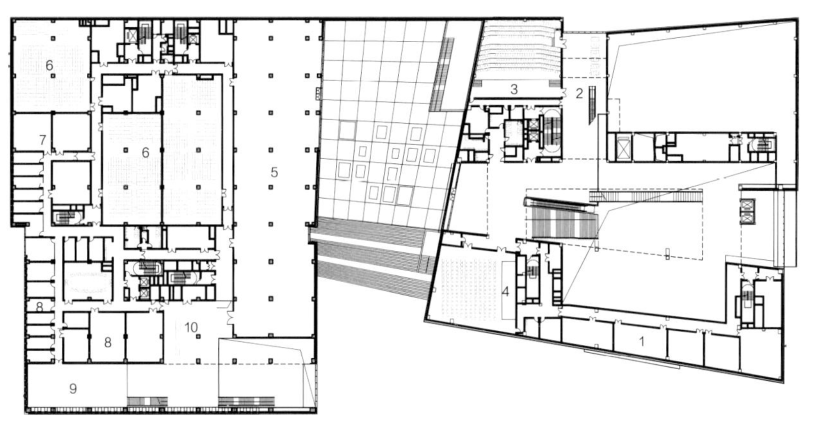

1 办公
2 咖啡吧
3 报告厅
4 多功能厅
5 史志馆展厅
6 史志库房
7 史志技术用房
8 办公
9 史志阅览区
10 服务大厅

二层平面图

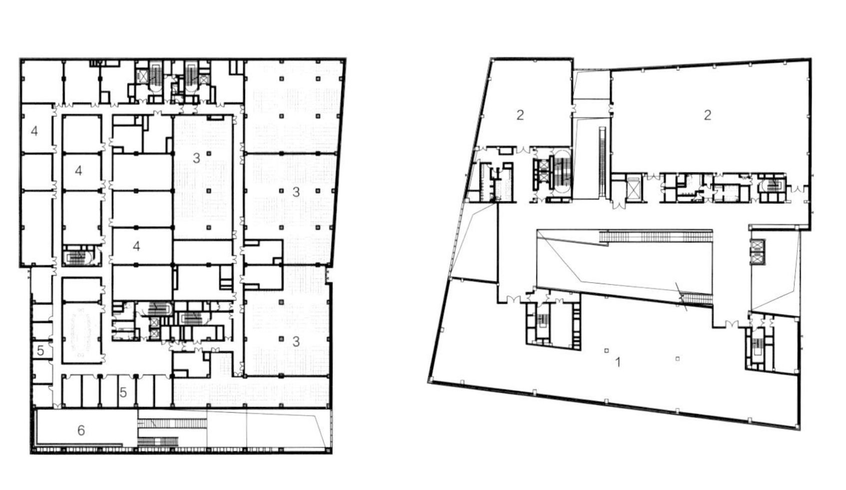

1 国际摄影馆
2 美术馆常展厅
3 档案库房
4 档案技术用房
5 办公
6 休息区

三层平面图

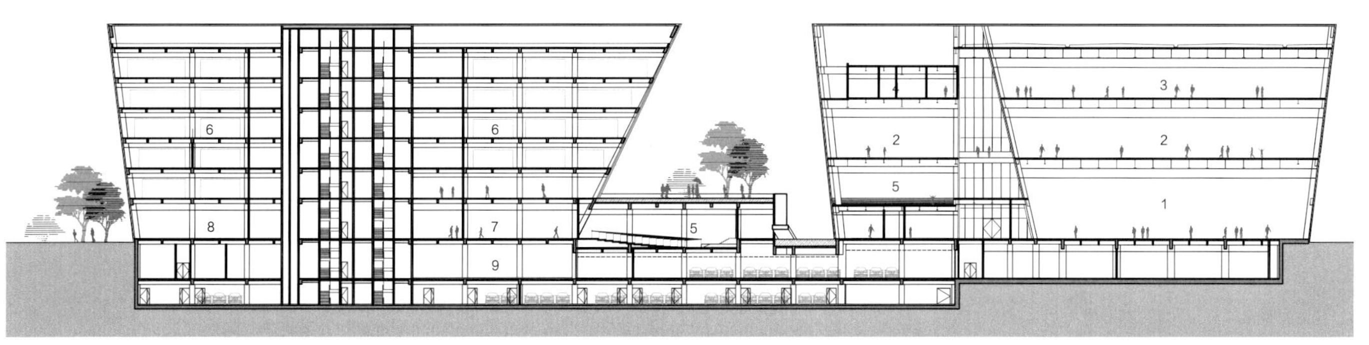

1 美术馆主展厅　2 美术馆常展厅　3 恒温恒湿展厅　4 画室　5 报告厅
6 档案库房　7 档案馆临时大展厅　8 档案馆固定大展厅　9 车库

剖面图

北京世界园艺博览会 · 国际馆

扫码阅读更多视频、图片内容

开发单位：北京世界园艺博览会事务协调局
设计单位：北京市建筑设计研究院有限公司 胡越工作室
项目地点：北京市延庆区
设计 / 建成时间：2017 年 / 2019 年

项目负责人：胡越，游亚鹏，郜方晴
主要设计人员：胡越，游亚鹏，郜方晴，刘全，马立俊，耿多，
江洋，鲁冬阳，王熠宁，裴雷

获奖情况
2021 年 北京市优秀工程勘察设计奖（公共建筑）一等奖
2021 年 伦敦设计奖 银奖
2020 年 全国绿色建筑创新奖 二等奖

主要经济技术指标
用地面积：36000m²　　建筑面积：22000m²
绿地率：20%　　建筑密度：25%

2019 年北京世界园艺博览会是最高级别的世界园艺类专项博览会，园区坐落在北京延庆区妫水河畔。国际馆位于世界园艺轴中部，正对园区主要入口 2 号门，会时作为国际范围内参展国家、地区和园艺组织的室内展场，并作为国际园艺竞赛场地。

设计充分尊重基地优美的生态环境，以对环境最小干扰度和低姿态与周围山水格局相融合，以"花伞"为结构单元构件组成平缓、不夸张的建筑造型——"花海"，建筑立面 4 个方向匀质，营造出相对模糊的建筑边界，既融于大环境，又尊重小环境。以伞状结构单元组成的"花海"充分表达了世园会"绿色生活，美丽家园"的主题，以高度灵活的空间回应未来变化和发展的需求，以"花伞"下的室外广场为观展者提供人性化的公共空间。

实景1

实景2

实景3

N
1
2
3

1 国际馆入口
2 入口广场
3 湖面

总平面示意图

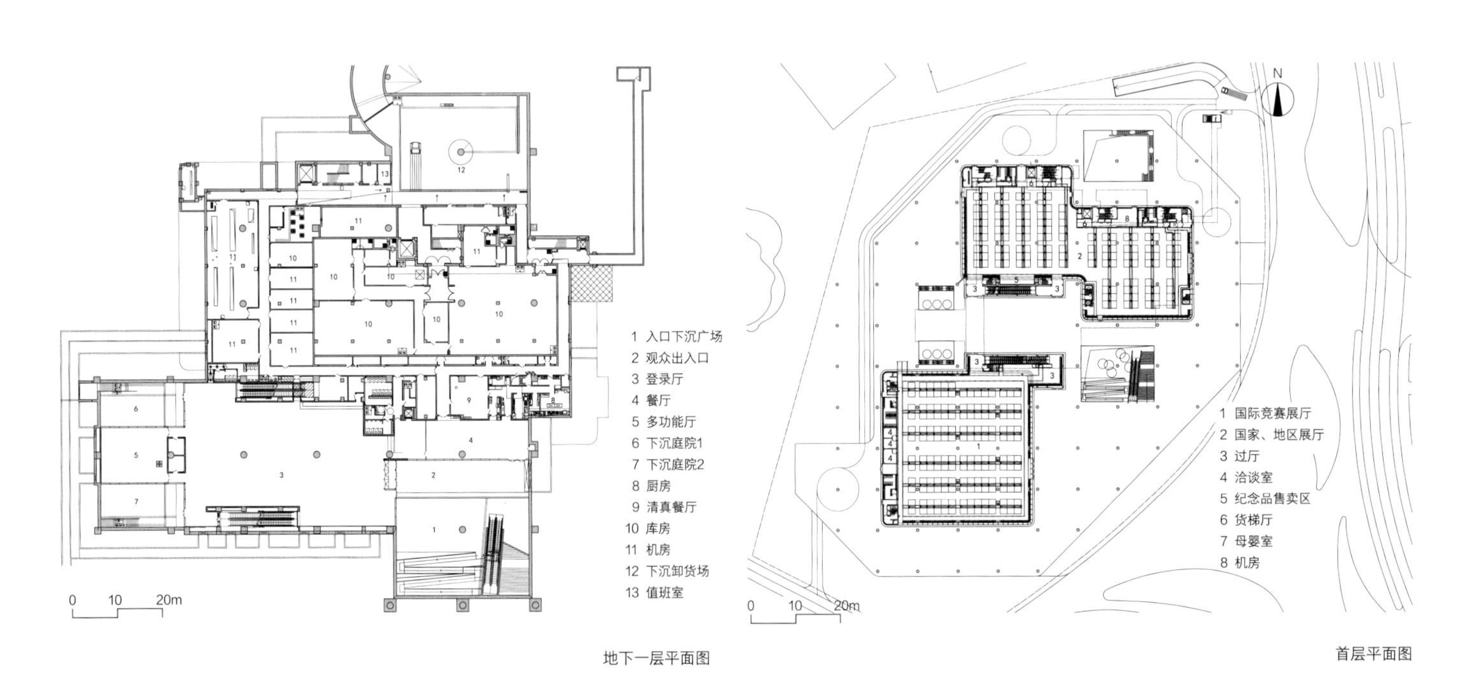

0 10 20m
0 10 20m
N

1 入口下沉广场
2 观众出入口
3 登录厅
4 餐厅
5 多功能厅
6 下沉庭院1
7 下沉庭院2
8 厨房
9 清真餐厅
10 库房
11 机房
12 下沉卸货场
13 值班室

地下一层平面图

1 国际竞赛展厅
2 国家、地区展厅
3 过厅
4 洽谈室
5 纪念品售卖区
6 货梯厅
7 母婴室
8 机房

首层平面图

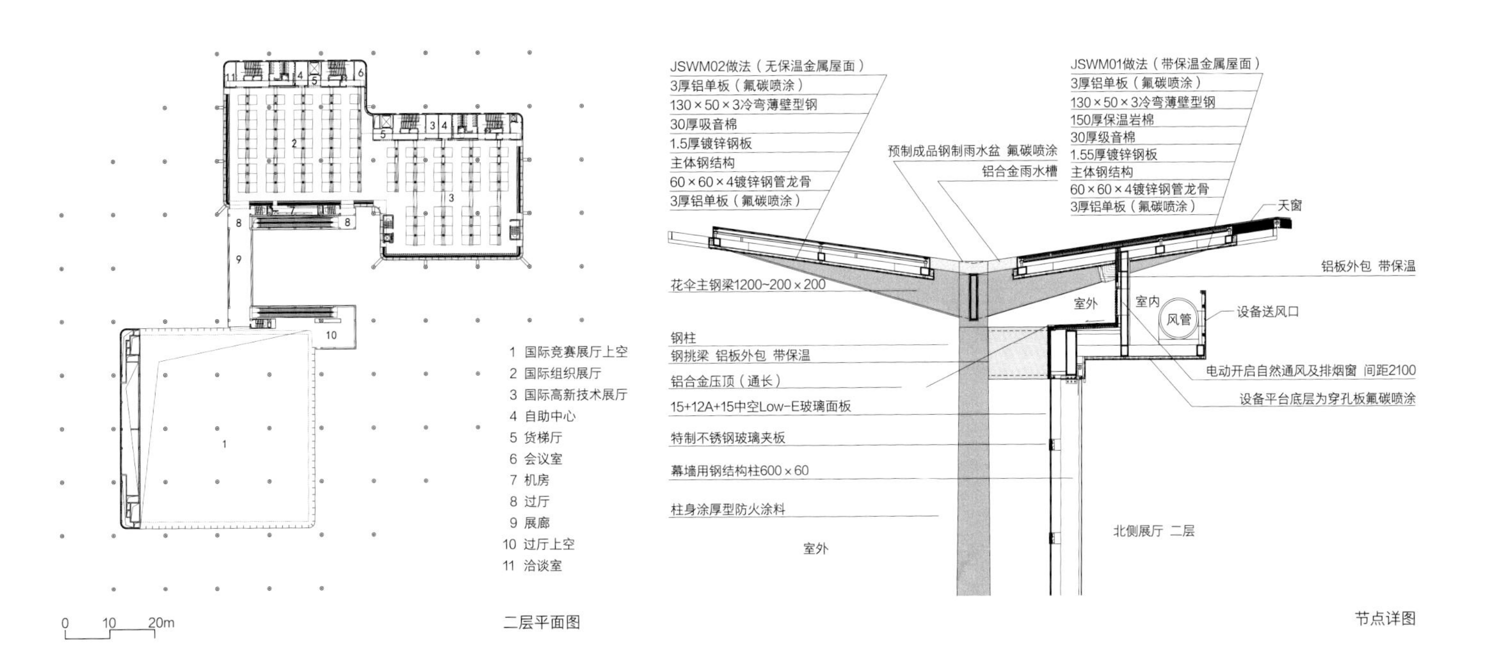
1 国际竞赛展厅上空
2 国际组织展厅
3 国际高新技术展厅
4 自助中心
5 货梯厅
6 会议室
7 机房
8 过厅
9 展廊
10 过厅上空
11 洽谈室
0 10 20m
JSWM02做法（无保温金属屋面）
3厚铝单板（氟碳喷涂）
130×50×3冷弯薄壁型钢
30厚吸音棉
1.5厚镀锌钢板
主体钢结构
60×60×4镀锌钢管龙骨
3厚铝单板（氟碳喷涂）
预制成品钢制雨水盆 氟碳喷涂
铝合金雨水槽
JSWM01做法（带保温金属屋面）
3厚铝单板（氟碳喷涂）
130×50×3冷弯薄壁型钢
150厚保温岩棉
30厚级音棉
1.55厚镀锌钢板
主体钢结构
60×60×4镀锌钢管龙骨
3厚铝单板（氟碳喷涂）
天窗
铝板外包 带保温
花伞主钢梁1200~200×200
室外
室内
风管
设备送风口
钢柱
钢挑梁 铝板外包 带保温
铝合金压顶（通长）
电动开启自然通风及排烟窗 间距2100
设备平台底层为穿孔板氟碳喷涂
15+12A+15中空Low-E玻璃面板
特制不锈钢玻璃夹板
幕墙用钢结构柱600×60
柱身涂厚型防火涂料
室外
北侧展厅 二层

二层平面图

节点详图

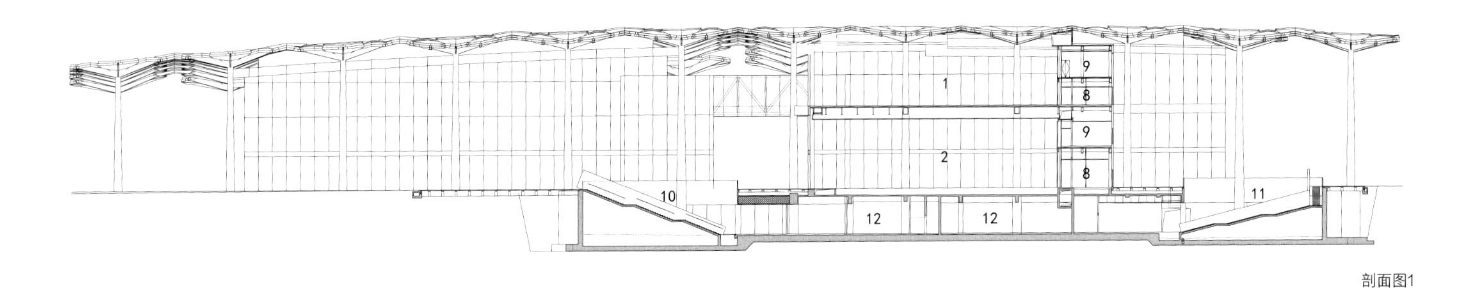

剖面图1

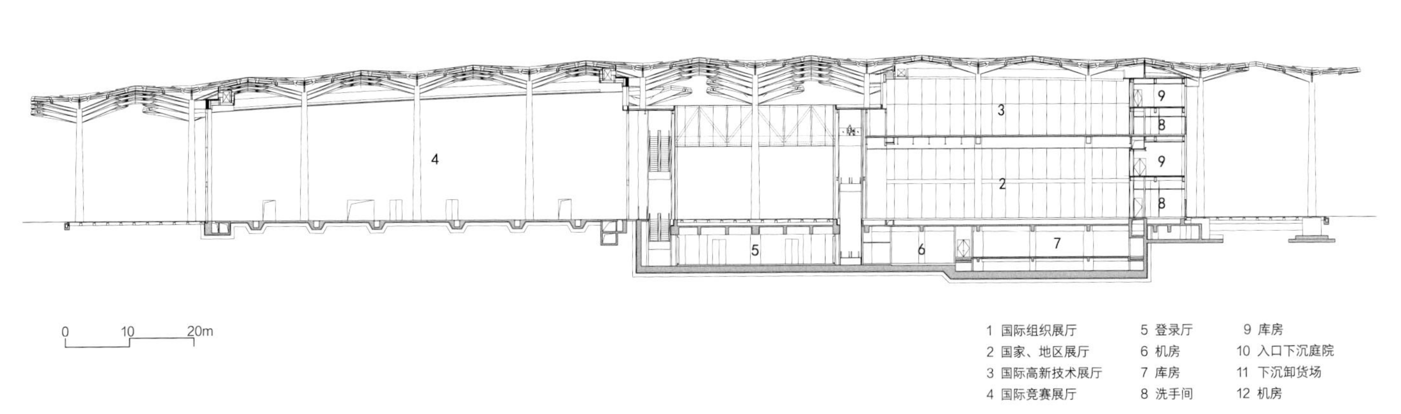
0 10 20m

1 国际组织展厅　2 国家、地区展厅　3 国际高新技术展厅　4 国际竞赛展厅　5 登录厅　6 机房　7 库房　8 洗手间　9 库房　10 入口下沉庭院　11 下沉卸货场　12 机房

剖面图2

北海桥木构博物馆

扫码阅读更多内容

开发单位：绍兴市北海街道
设计单位：佚人营造建筑事务所
项目地点：浙江省绍兴市
设计 / 建成时间：2017 年 / 2019 年

项目负责人：王灏
主要设计人员：王灏，张君瑜，郭祺

主要经济技术指标

用地面积：1200m^2	建筑面积：580m^2
容积率：0.48	建筑密度：48%
绿地率：10%	

本项目在延续建筑原有格局的基础上，按照文物修复的标准修复了门屋和大厅。借助修复的契机将这处台门重新激活，使之成为一处北海桥直街上富有魅力的城市公共场所是本次改造的另一个更大的目标。在研究绍兴古城的城市公共空间和设施的基础上，设计试图将城市博物馆这一新功能注入其中：在原五间九檩的厅堂内安置了展览的主要内容；而在主体建筑群的西南边，在原有的空地上加建了一处为博物馆服务的茶室。

为了回应绍兴水乡的地域特征，创造更舒适的饮茶空间，茶室被设计成一个架立于水池上的四面厅，四面设置了皆可开启的木窗扇。建筑整体抬起 0.6m，再加上飘出深远的屋檐，大有轻盈之感。水池虽未实现，但碎瓦铺池，亦能让人产生水波的联想。四周的庭院也作了相应改造。茶室由此获得了一个芭蕉映窗、石榴迎门、绿竹环厅的诗意环境。

实景1

实景2

实景3

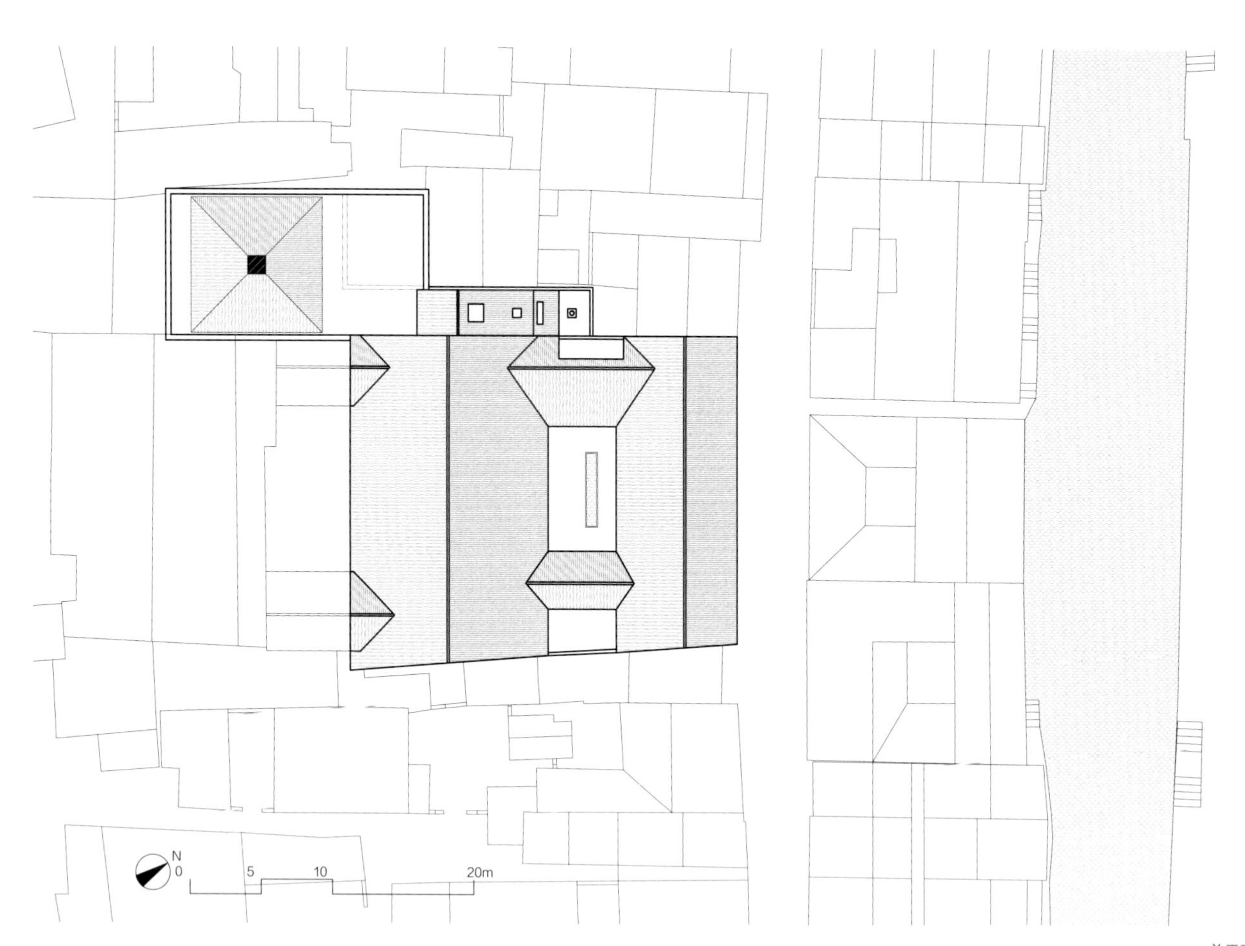
N
0
5
10
20m

总平面示意图

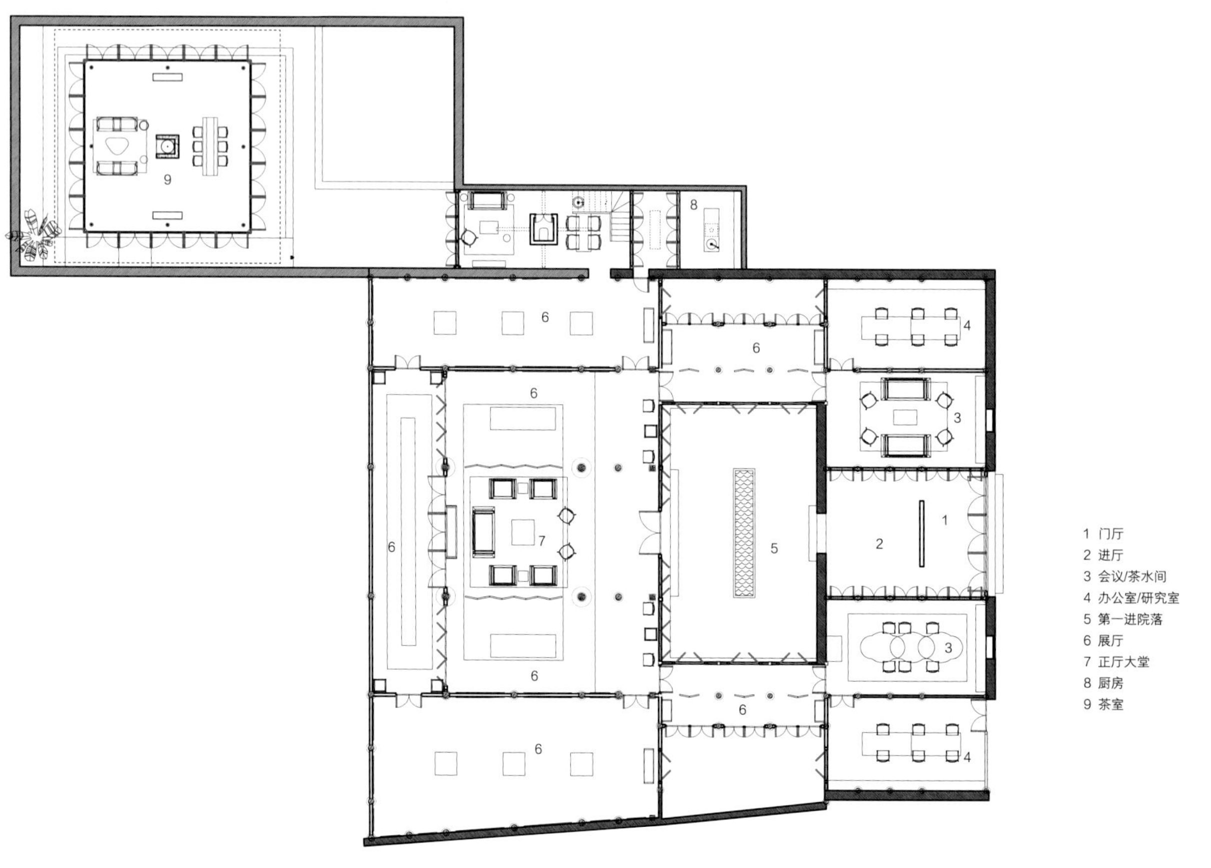
1 门厅
2 进厅
3 会议/茶水间
4 办公室/研究室
5 第一进院落
6 展厅
7 正厅大堂
8 厨房
9 茶室

首层平面图

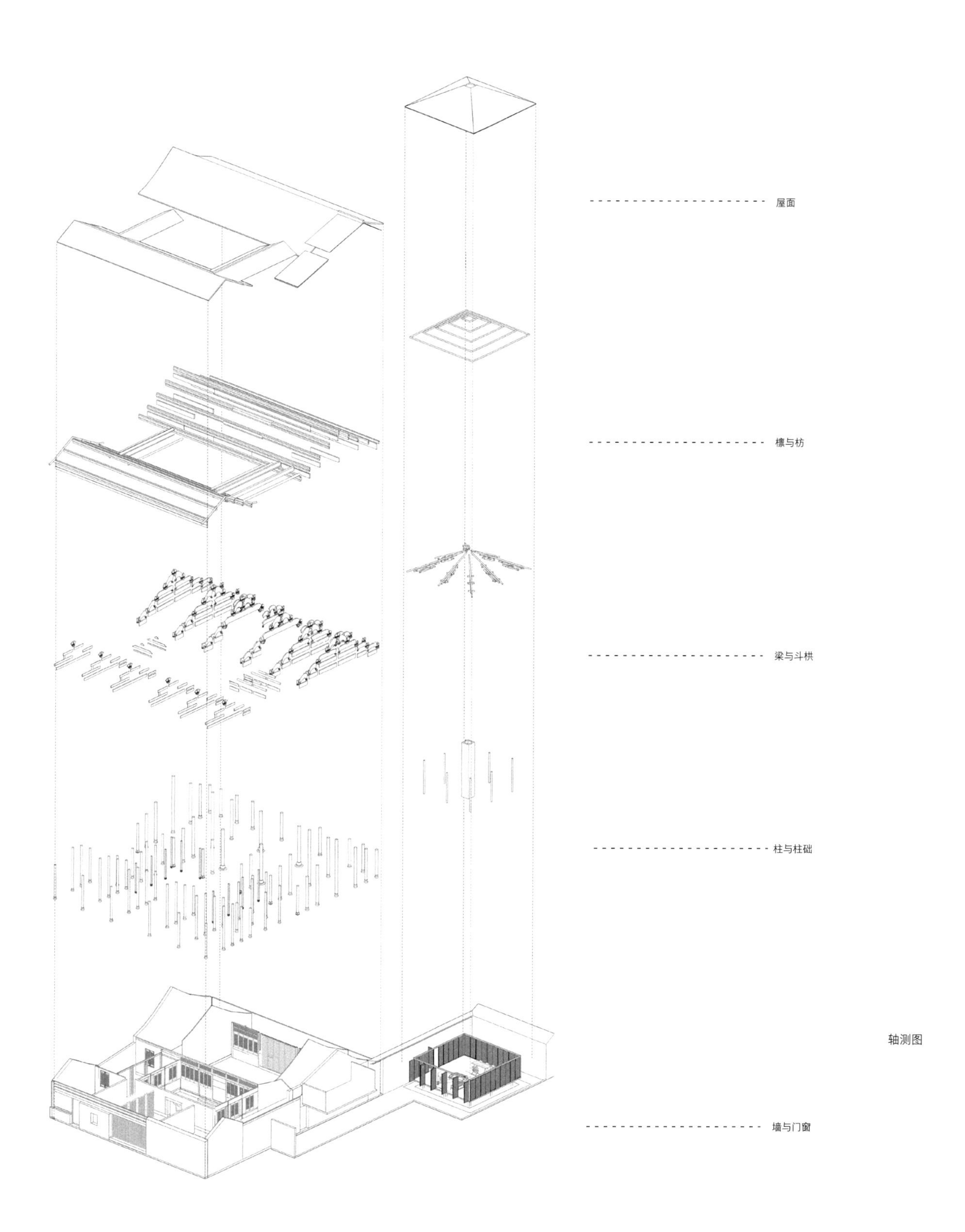
屋面
檩与枋
梁与斗栱
柱与柱础
墙与门窗

轴测图

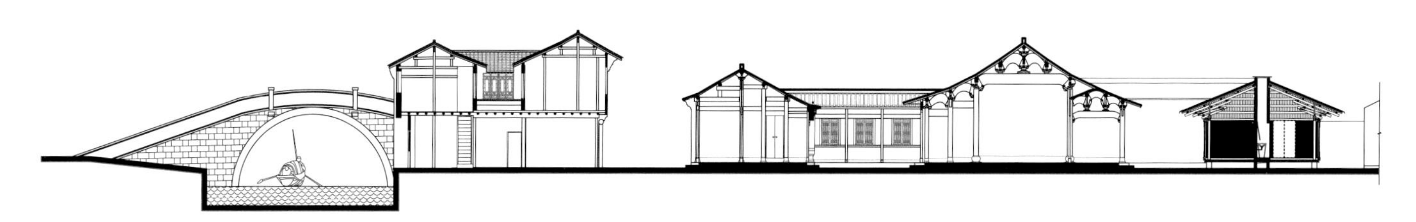

剖面图

北京世界园艺博览会·中国馆

扫码阅读更多内容

开发单位：北京世界园艺博览会事务协调局
设计单位：中国建筑设计研究院有限公司
项目地点：北京市延庆区
设计 / 建成时间：2017 年 / 2019 年

项目负责人：崔愷，景泉，黎靓
主要设计人员：崔愷，景泉，黎靓，李静威，郑旭航，田聪，吴洁妮，吴南伟，吴锡嘉，邢睿

获奖情况
2021 年 北京市优秀工程勘察设计奖（公共建筑）一等奖
2019~2020 年度 中国建筑学会建筑设计奖公共建筑 专项奖一等奖
2020 年 全国绿色建筑创新奖 一等奖

主要经济技术指标
用地面积：48000m^2　　建筑面积：23300m^2
容积率：0.31　　建筑密度：16.5%
绿地率：25%

本项目是 2019 年北京世界园艺博览会的中国馆，位于核心景观区，是园区中最重要的建筑场馆之一。整个建筑面积 2.3 万 m^2，设计简洁大气，巨型屋架从花木扶疏的梯田升腾而起，恢宏舒展。大气磅礴的屋顶隐喻着中国传统建筑的印象。屋脊微微弯曲，形成舒展而优美的曲线，蜿蜒在延庆的大地上，用现代的手法表达出中国传统哲学与园艺思想的精髓。

在中国馆设计中主要实现了以下 3 个内容：①建筑景观一体化；②结构幕墙一体化；③达到绿色建筑三星级标准。中国馆结合了本土的园艺智慧，体现了悠久的中华农耕文明，讲述了人与自然的美丽故事，采用符合本土理念的材料及适用技术，最终打造了一座有生命、会呼吸的绿色建筑。

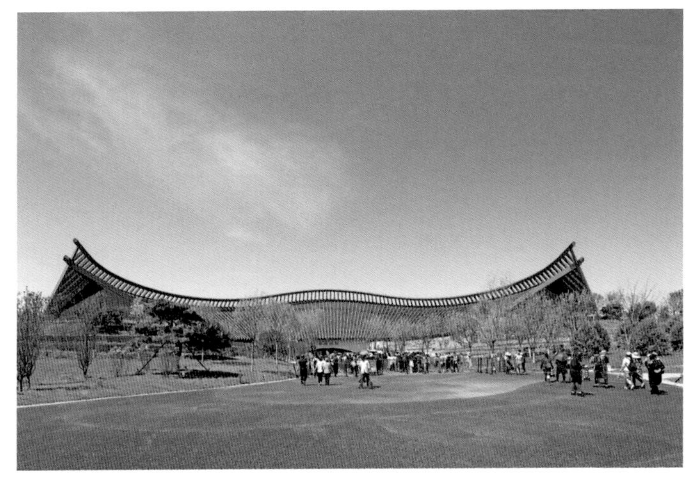

实景1

实景2

实景3

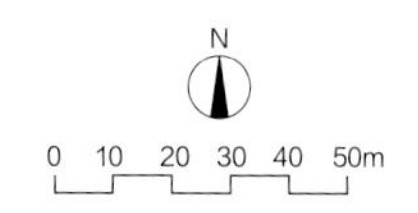
N
0 10 20 30 40 50m

1 中国馆
2 梯田
3 省市园
4 前广场

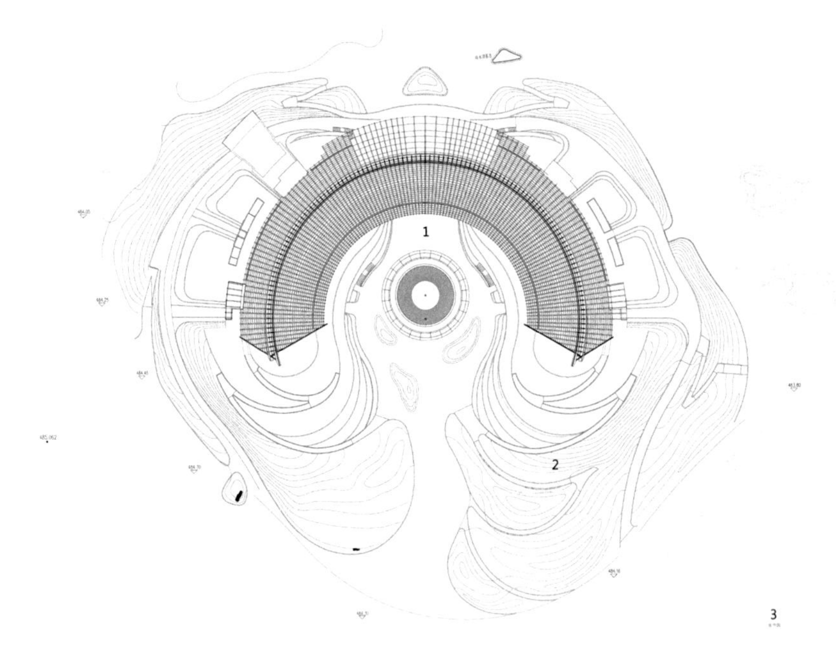
1
2
3
4

总平面示意图

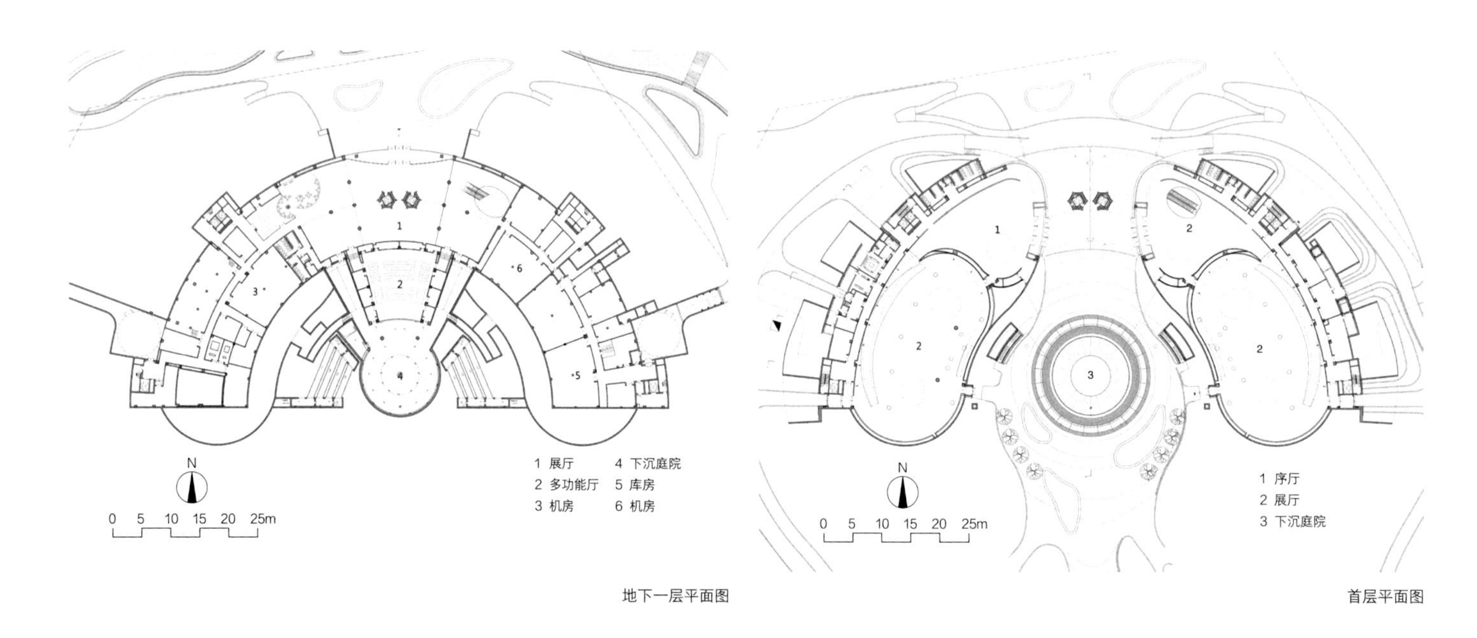
1
2
3
4
5
6
1 展厅
2 多功能厅
3 机房
4 下沉庭院
5 库房
6 机房
N
0 5 10 15 20 25m
1
2
2
2
3
1 序厅
2 展厅
3 下沉庭院
N
0 5 10 15 20 25m

地下一层平面图

首层平面图

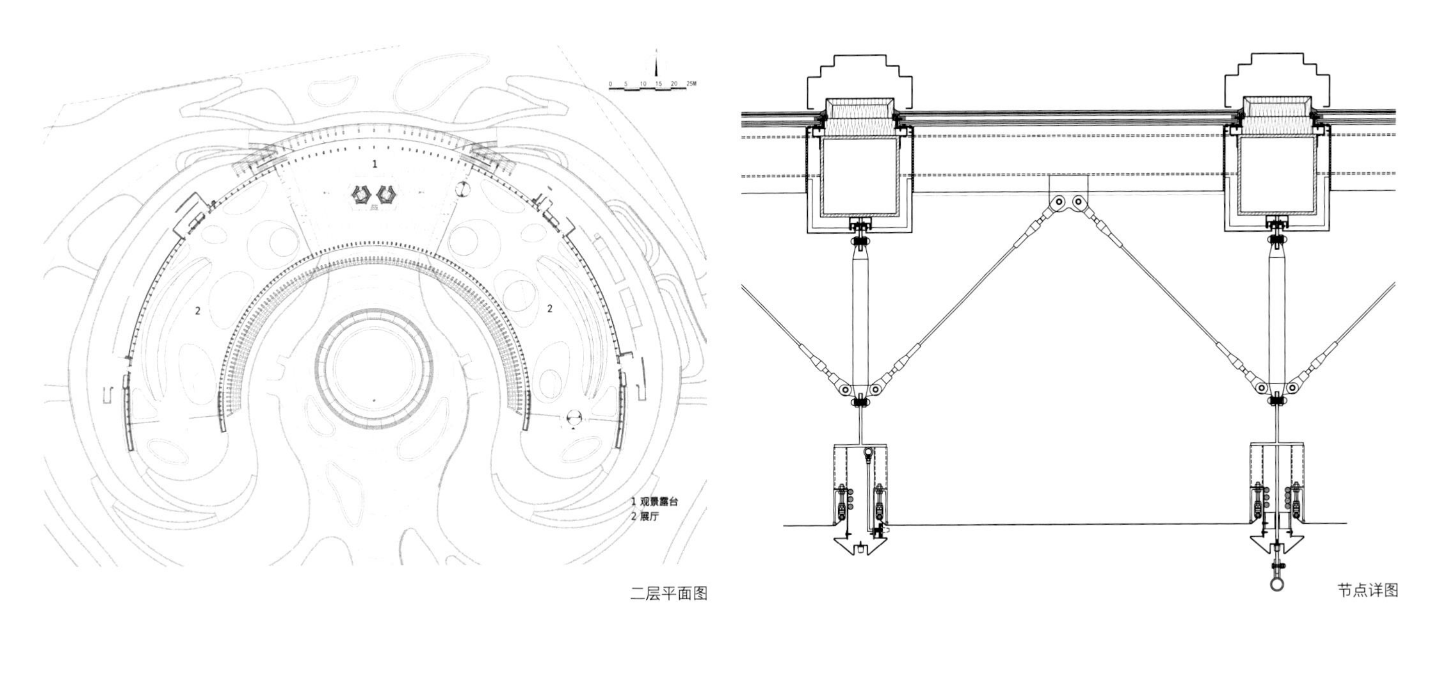
1
2
2
1 观景露台
2 展厅

二层平面图

节点详图

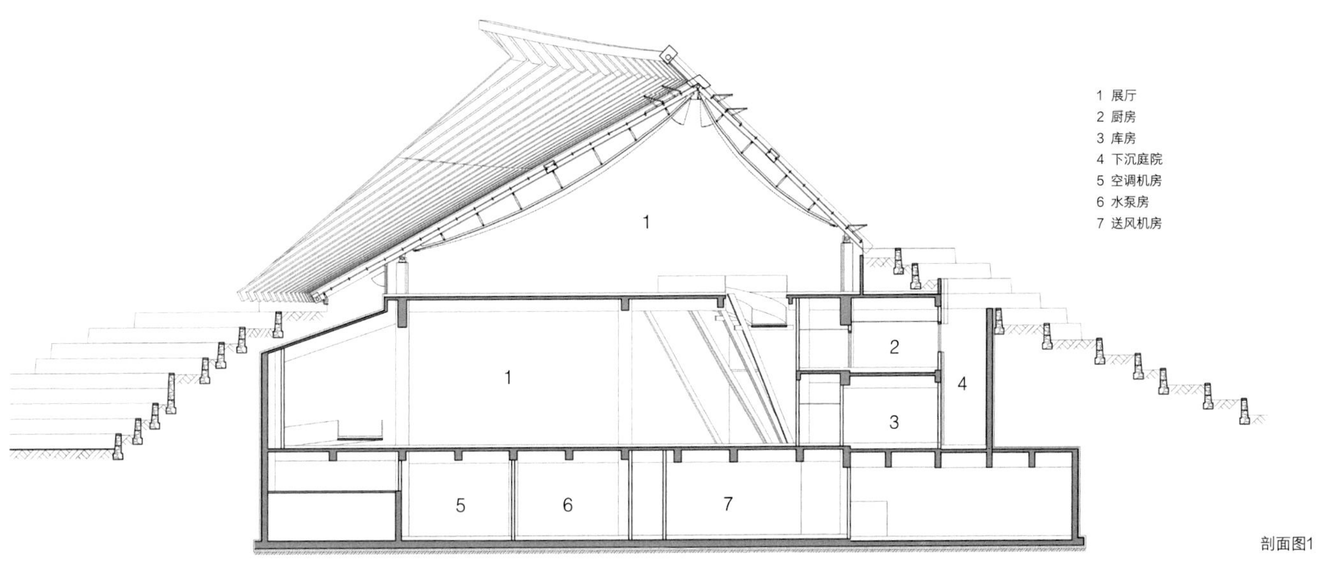
1 展厅
2 厨房
3 库房
4 下沉庭院
5 空调机房
6 水泵房
7 送风机房
1
1
2
3
4
5
6
7

剖面图1

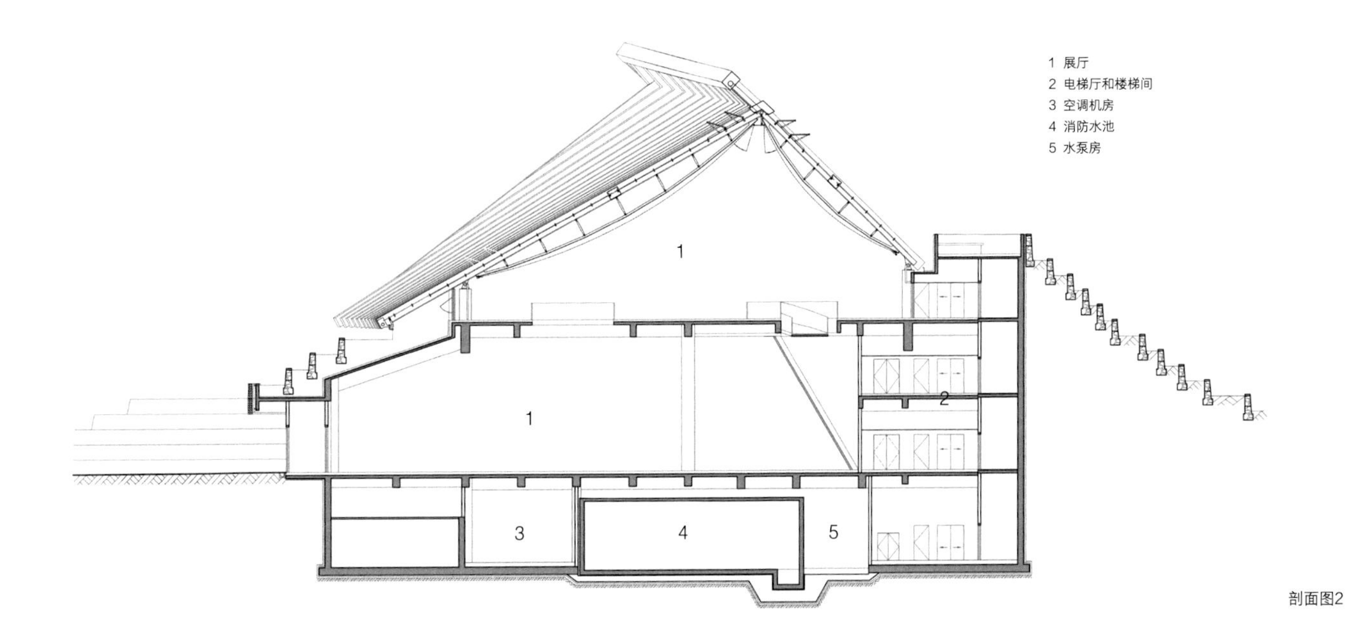
1 展厅
2 电梯厅和楼梯间
3 空调机房
4 消防水池
5 水泵房
1
1
2
3
4
5

剖面图2

承德博物馆

扫码阅读更多内容

开发单位：承德民族团结清文化展览馆暨承德市博物馆工程筹建处
设计单位：天津华汇工程建筑设计有限公司
项目地点：河北省承德市
设计 / 建成时间：2014 年 / 2019 年

项目负责人：周恺
主要设计人员
建筑：周恺，王建平，唐敏，黄彧晖，高洪波
结构：毛文俊
景观：黄文亮
室内：沈薇

获奖情况
2021 年 天津市“海河杯”优秀勘察设计建筑工程一等奖

主要经济技术指标

用地面积：54088m^2	建筑面积：25163m^2
容积率：0.21	建筑密度：20%
绿地率：34%	停车位：99 个

承德避暑山庄和外八庙被列为世界文化遗产，博物馆的基地恰巧处于这些古建筑的“环抱”之中，在这样特殊且宏大的历史场景中，最先明确的设计方向是尊重历史与自然，以一种谦逊的态度将建筑融入环境之中。

通过对建设场所进行调整与组织，满足了严苛的 7m 限高的要求，并实现了将建筑“藏”在环境中的意图。下沉庭院边缘层层跌落的台地、整体庭院式的布局以及向史而新的“梯形”语言，在消除常规地下建筑的封闭感、为建筑带来良好采光通风的同时，更展现了承德特殊的历史文脉与意境。

结合周边独特的世界遗产景观，将屋顶设计成城市观景平台，使建筑既能够融入环境，又能够反过来表现环境，实现了全方位的“博物”，这也是建筑的最特殊之处。

实景1

实景2

实景3

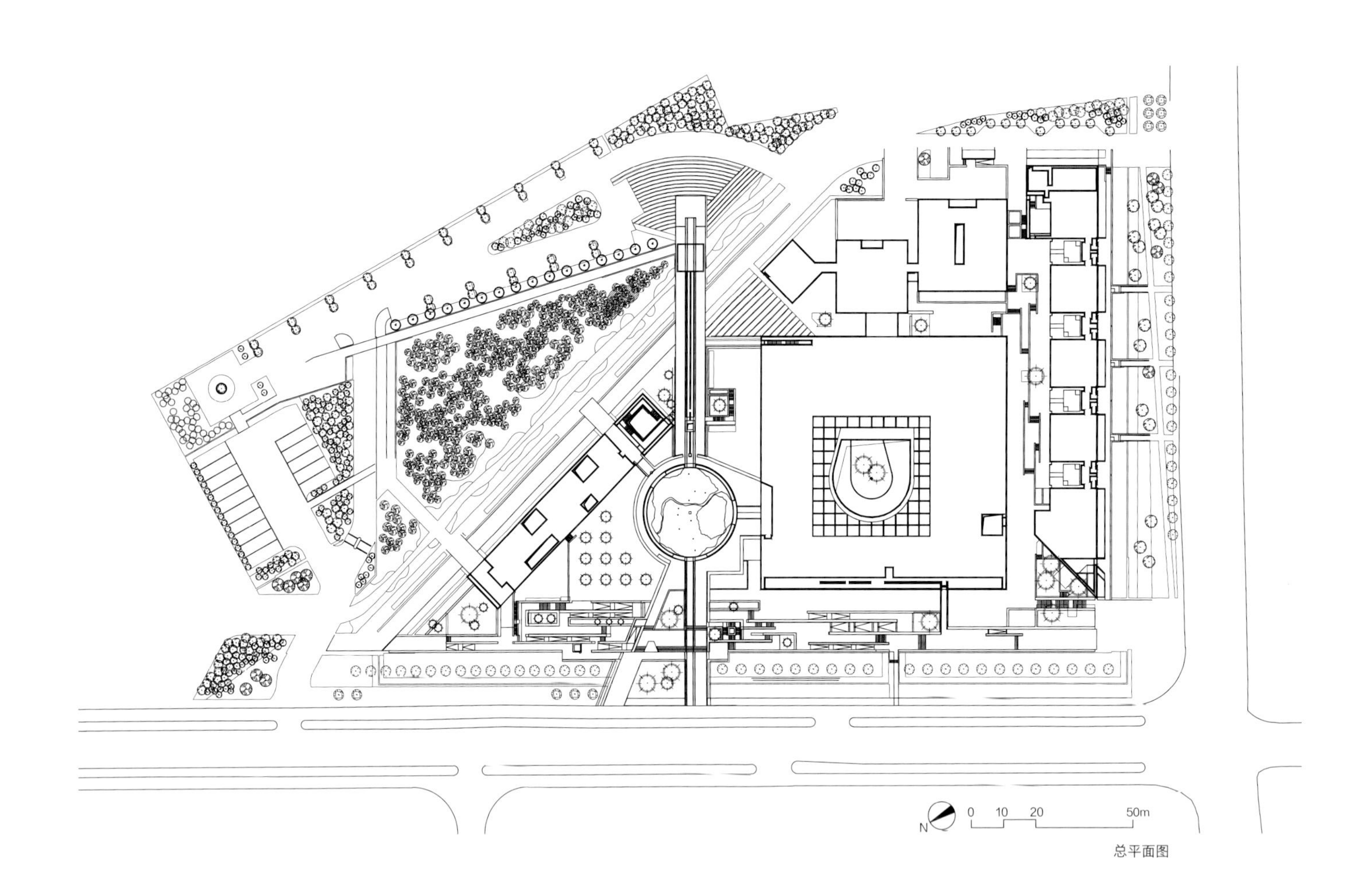
N
0 10 20 50m

总平面图

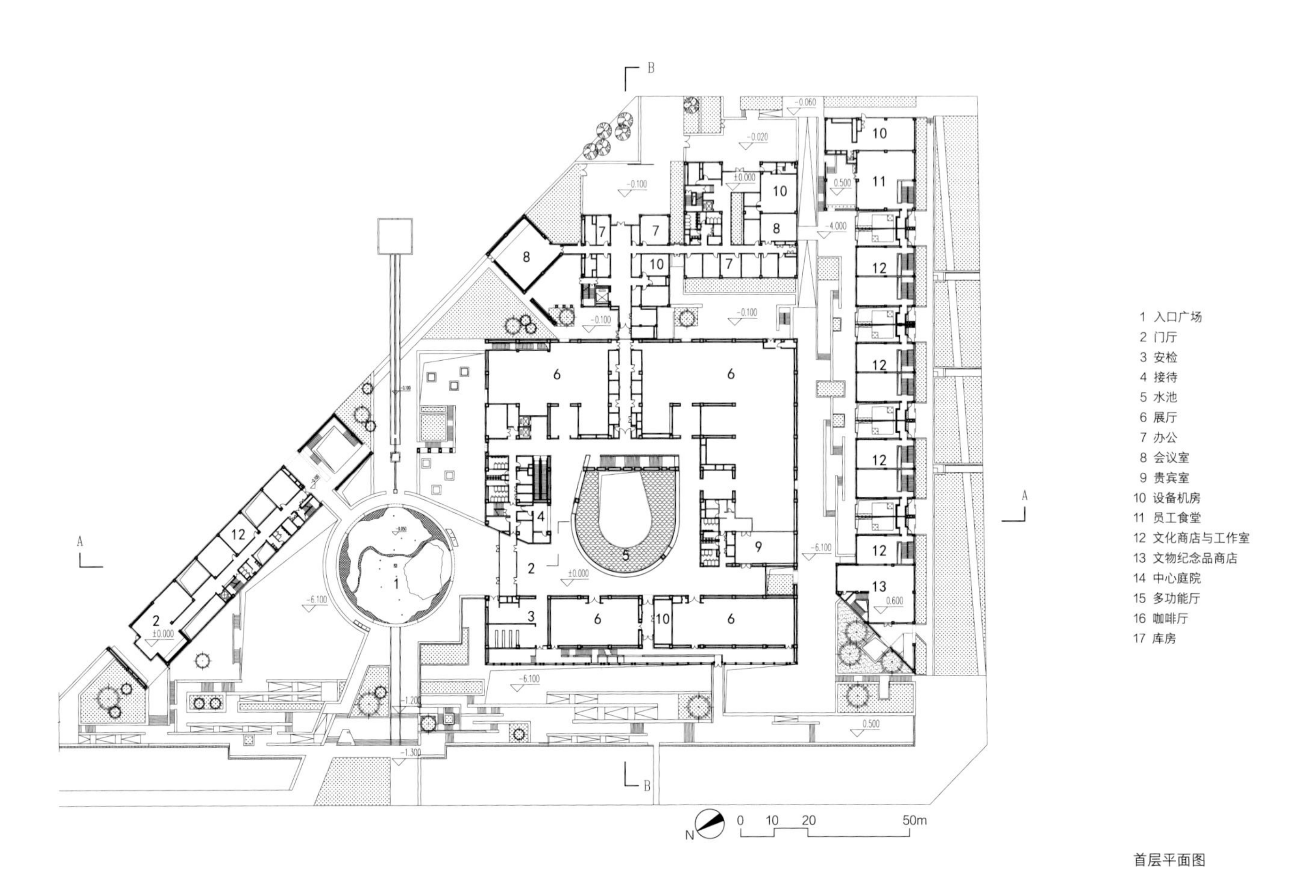
B
A
A
B
1 入口广场
2 门厅
3 安检
4 接待
5 水池
6 展厅
7 办公
8 会议室
9 贵宾室
10 设备机房
11 员工食堂
12 文化商店与工作室
13 文物纪念品商店
14 中心庭院
15 多功能厅
16 咖啡厅
17 库房
N
0 10 20 50m

首层平面图

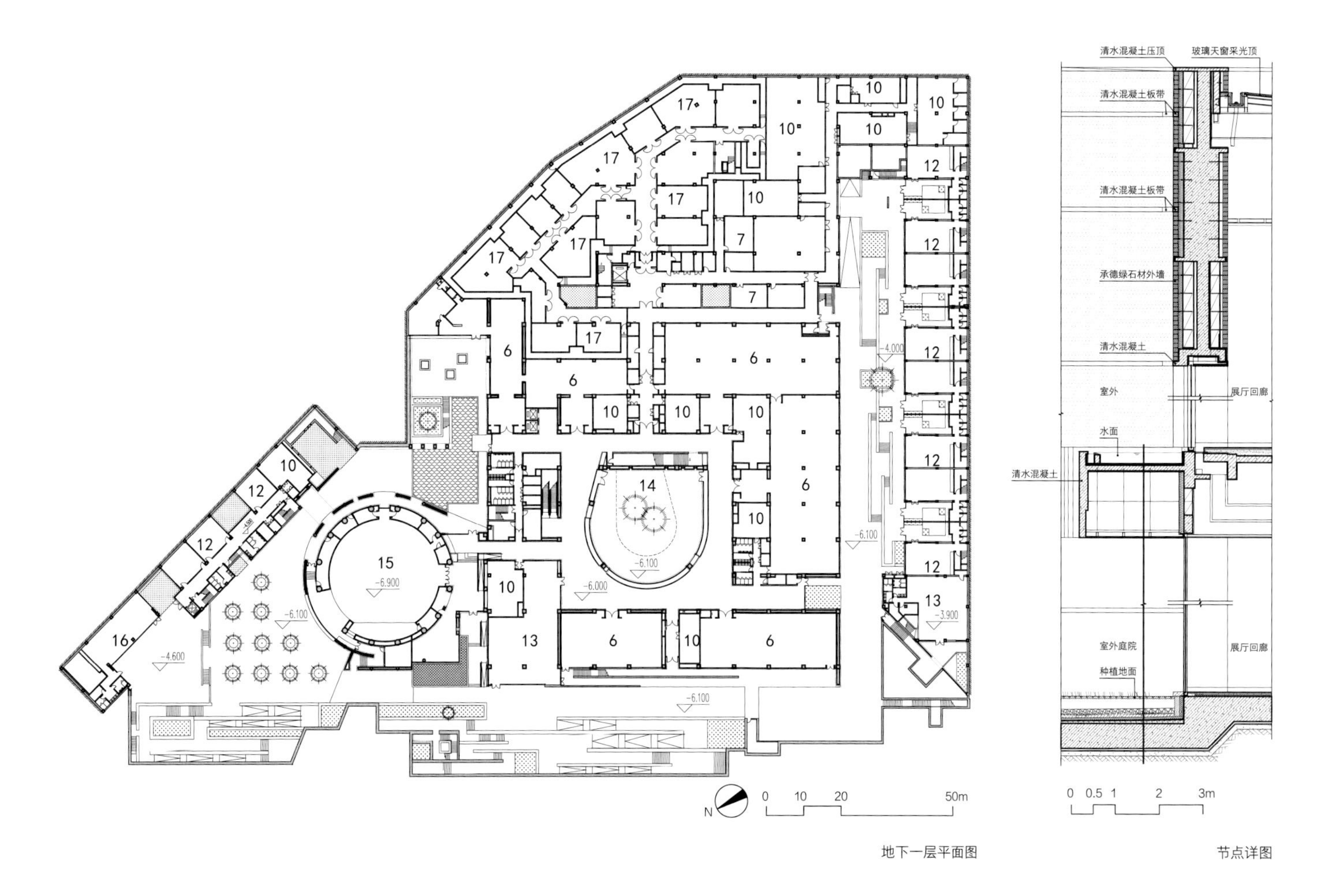

清水混凝土压顶
玻璃天窗采光顶
清水混凝土板带
清水混凝土板带
承德绿石材外墙
清水混凝土
室外
展厅回廊
水面
清水混凝土
室外庭院
种植地面
展厅回廊

地下一层平面图

节点详图

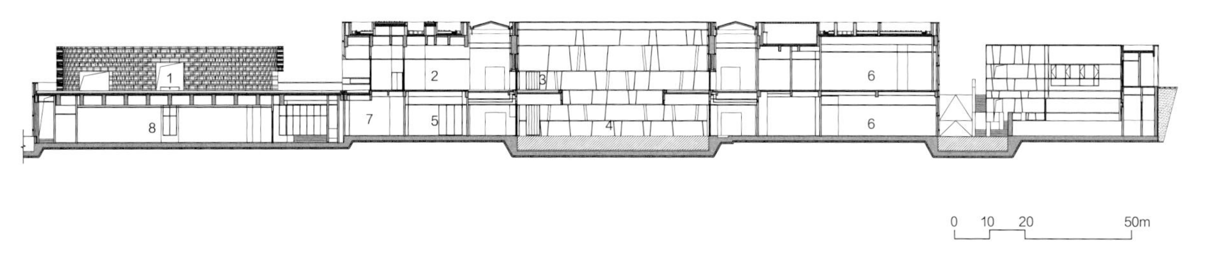

A-A剖面图

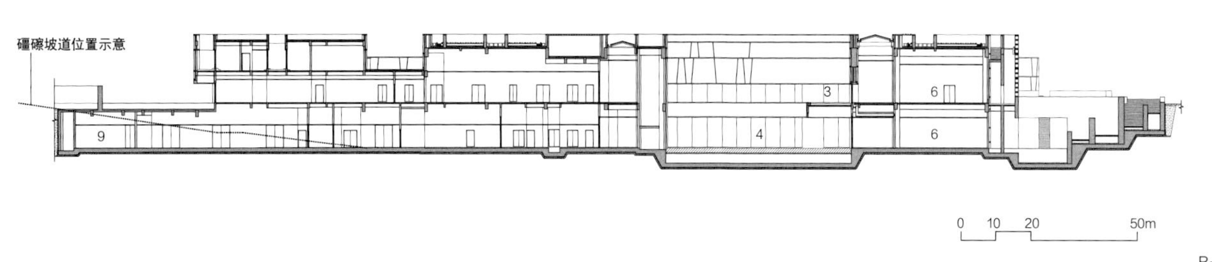

礓礤坡道位置示意

B-B剖面图

1 入口广场
2 门厅
3 水池
4 中心庭院
5 文物纪念品商店
6 展厅
7 设备机房
8 多功能厅
9 库房

崇明东滩湿地科研宣教中心

扫码阅读更多视频、图片内容

开发单位：上海崇明东滩鸟类国家级自然保护区管理处
设计单位：上海致正建筑设计有限公司 Atelier Z+
项目地点：上海市崇明东滩鸟类国家级自然保护区
设计 / 建成时间：2013 年 / 2019 年

项目负责人：周蔚，张斌
主要设计人员：金燕琳（方案设计、扩初设计、施工图设计），
徐跃（施工配合）；王佳绮，胡丽瑶，刘昱，
张雅楠，孙嘉秋，薛楚金

主要经济技术指标
用地面积：2771m^2
建筑面积：4092m^2
建筑层数：地上 1 层、局部夹层，地下局部 1 层

上海崇明东滩鸟类国家级自然保护区于 2013 年启动了作为生态修复的互花米草生态控制与鸟类栖息地优化工程，并于 2019 年全面完工。与之配套的科研宣教中心承担着宣传和展示生态环保理念、促进对外交流合作等功能。基地位于保护区东北部修复后的芦苇湿地内，四周水天一色、人迹寥寥、群鸟栖栖。在一片大自然主宰的环境中，建筑希冀以一种谦逊又敬畏的姿态介入其中。

为了从建造到使用的全过程最低程度侵扰现有的生态系统，建筑体量化整为零、错落布局，成为一组以桩柱平台架空漂浮于水面之上、掩映于芦苇丛间的水上聚落，并用一条曲折蜿蜒的水上栈桥将会议展览、食堂、研究和宿舍这 5 栋大小各异的建筑联系起来。同时，我们通过“双坡棚屋”原型的转换和尺度的操控去创造能够回应天空、湿地、芦苇、飞鸟这些环境特质的室内外空间氛围。通过一系列 Y 形单元结构的并置与变异，形成均质又富于变化的连续坡折屋顶，创造了一系列尺度不同的被覆盖空间，容纳了会议、展览、研究、驻场、咖啡、食堂等多种空间内容。

实景1

实景2

实景3

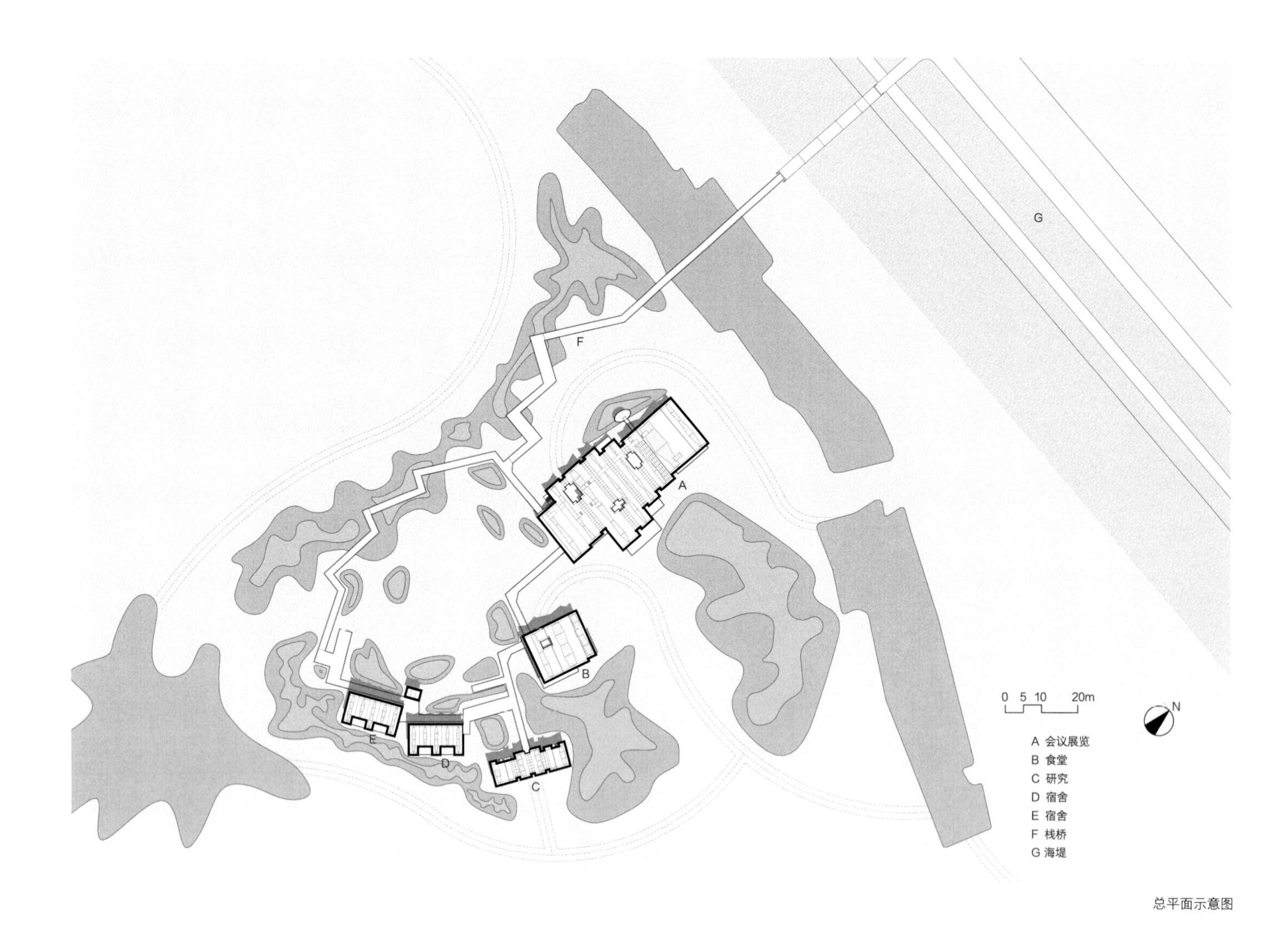
G
F
A
B
C
D
E
0 5 10 20m
N
A 会议展览
B 食堂
C 研究
D 宿舍
E 宿舍
F 栈桥
G 海堤
总平面示意图

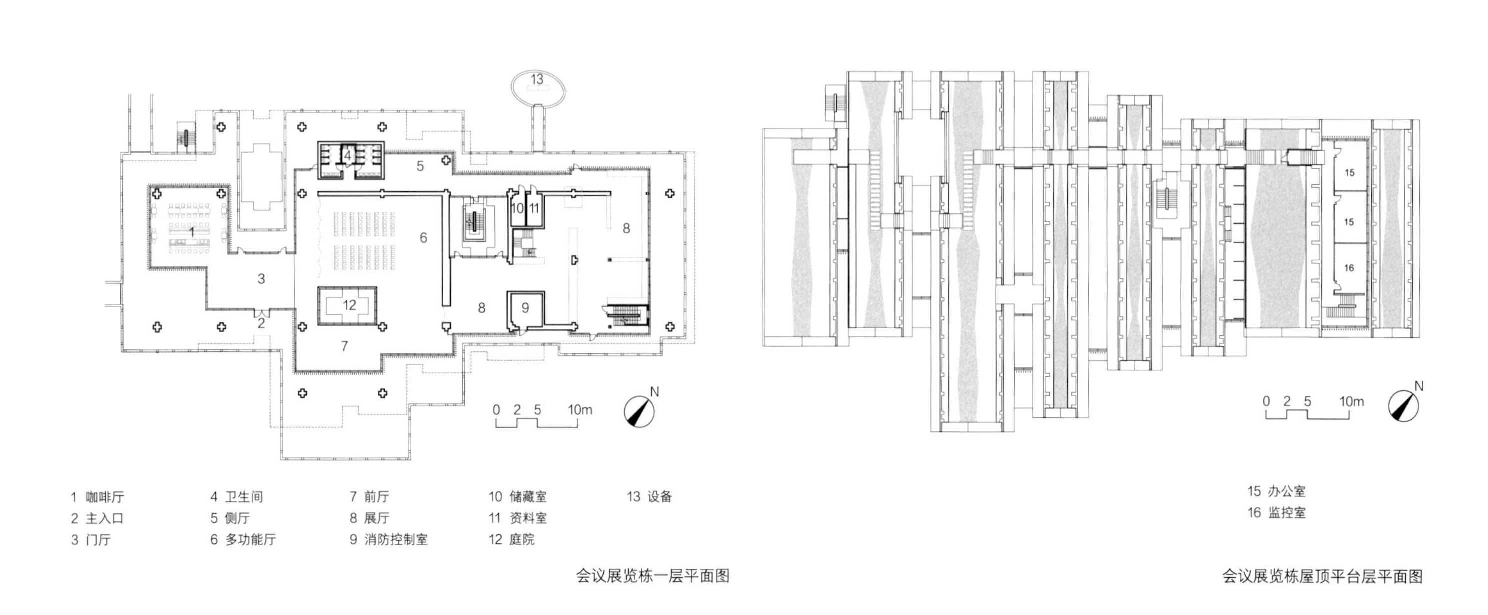
13
1
2
3
4
5
6
7
8
9
10
11
12
0 2 5 10m
N
15
15
16
0 2 5 10m
N
1 咖啡厅
2 主入口
3 门厅
4 卫生间
5 侧厅
6 多功能厅
7 前厅
8 展厅
9 消防控制室
10 储藏室
11 资料室
12 庭院
13 设备
15 办公室
16 监控室
会议展览栋一层平面图

会议展览栋屋顶平台层平面图

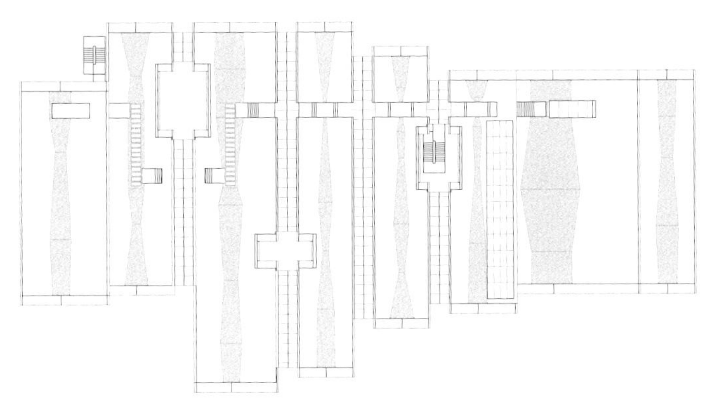

会议展览栋屋顶平面图

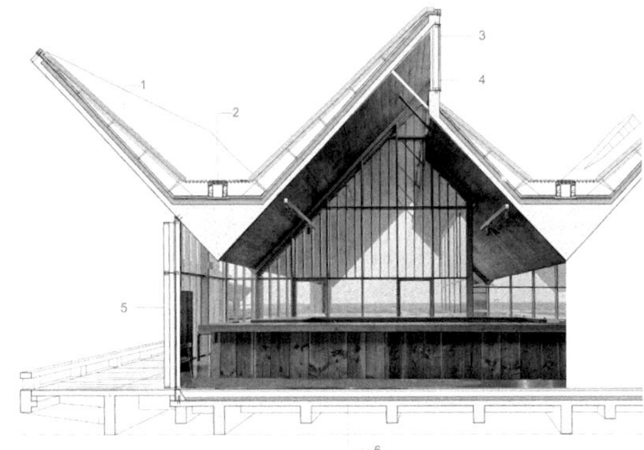

1
2
3
4
5
6

1 非上人茅草保温坡屋面
2 上人种植保温坡屋面
3 厚铝板披水，表面做浅灰色粉末喷涂；细石混凝土保护层；水泥砂浆保护层；1.5厚聚氯乙烯防水卷材(内增强型)；1.2+1.2厚双层三元乙丙橡胶防水卷材隔汽层；现浇钢筋混凝土屋面板
4 断热氧化铝型材中空钢化安全夹胶玻璃窗
5 松木百叶；不锈钢通长
6 抛光混凝土楼楼面

节点详图

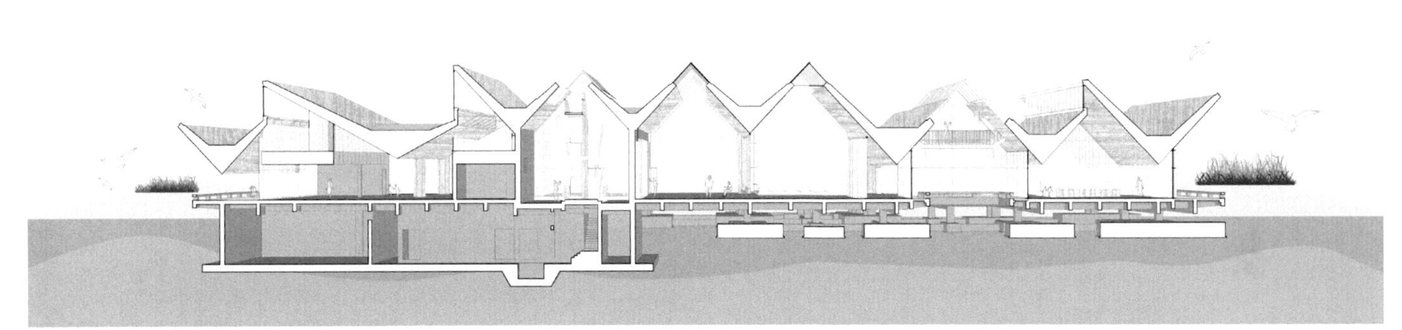

剖面图1

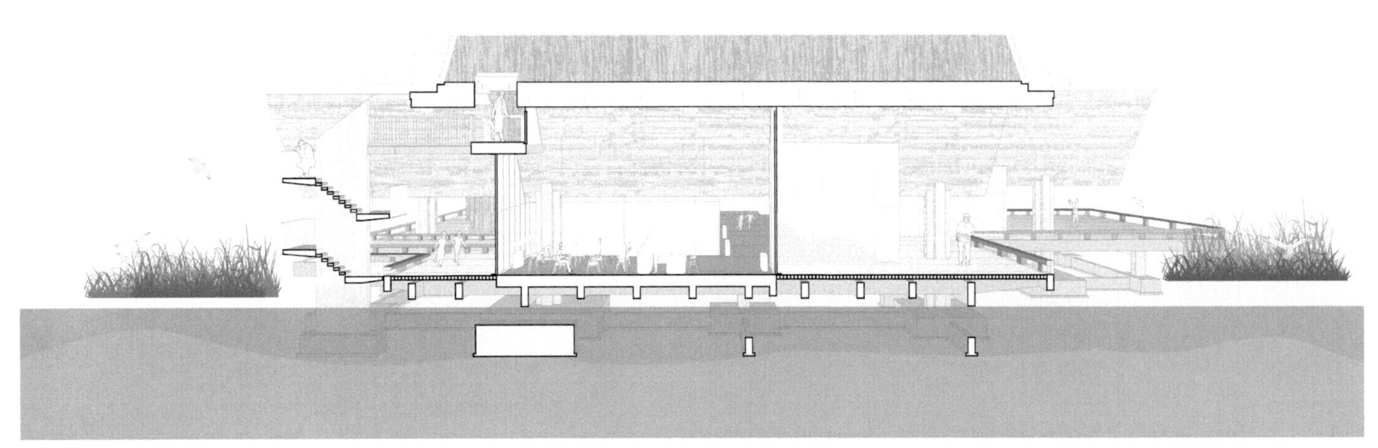

剖面图2

时
2020.3.15

坪山美术馆

扫码阅读更多视频、图片内容

开发单位：深圳市坪山区人民政府
设计单位：直向建筑事务所
项目地点：广东省深圳市坪山区
设计 / 建成时间：2013 年 / 2019 年

项目负责人：董功
主要设计人员：韩悦，张鹏，李锦腾，马小凯，孙栋平，赵亮亮，
孔祥栋，林宜宣，吴佳黛，刘云

获奖情况
2021 年 ICONIC Awards 标志性设计奖创新建筑奖
2021 年 广东省优秀工程勘察设计奖公共建筑二等奖

主要经济技术指标
建筑面积：47269m^2

坪山美术馆位于城市空间类型转变的边界上，西侧是高密度住宅街区，东侧是大尺度城市自然公园。设计采用了碎化体量的方式，将美术馆各功能分散设置在不同高度。立体叠落的空间结构使得多层次的户外立体公共平台系统成为可能，让建筑呈现了穿透和多孔的特征。平台系统串联起各展览空间，为人们提供充足的自然通风与遮阳、避雨条件。在日常运营时间以外，建筑群长时间对城市友好开放，成为承载日常生活的界面，进而创造出一种新的公共空间场景秩序，实现城市与自然的连接。

从公共平台望向城市公园

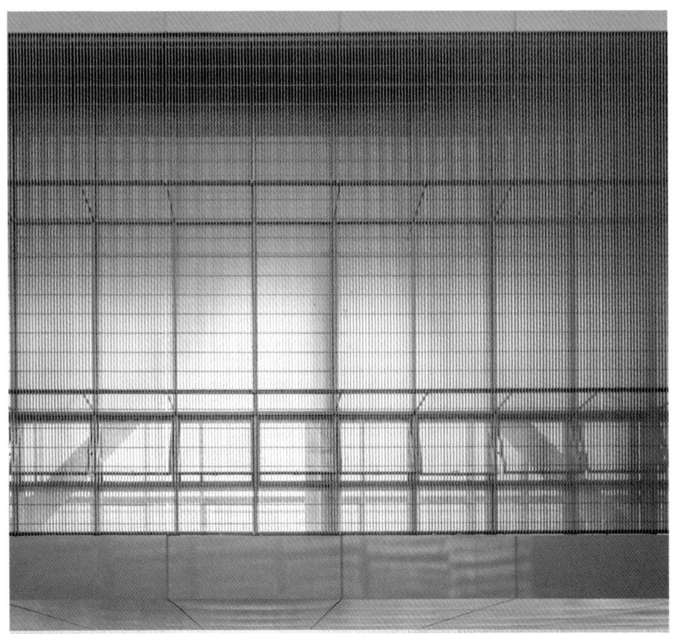

东立面街景

屋顶露台及美术馆连廊

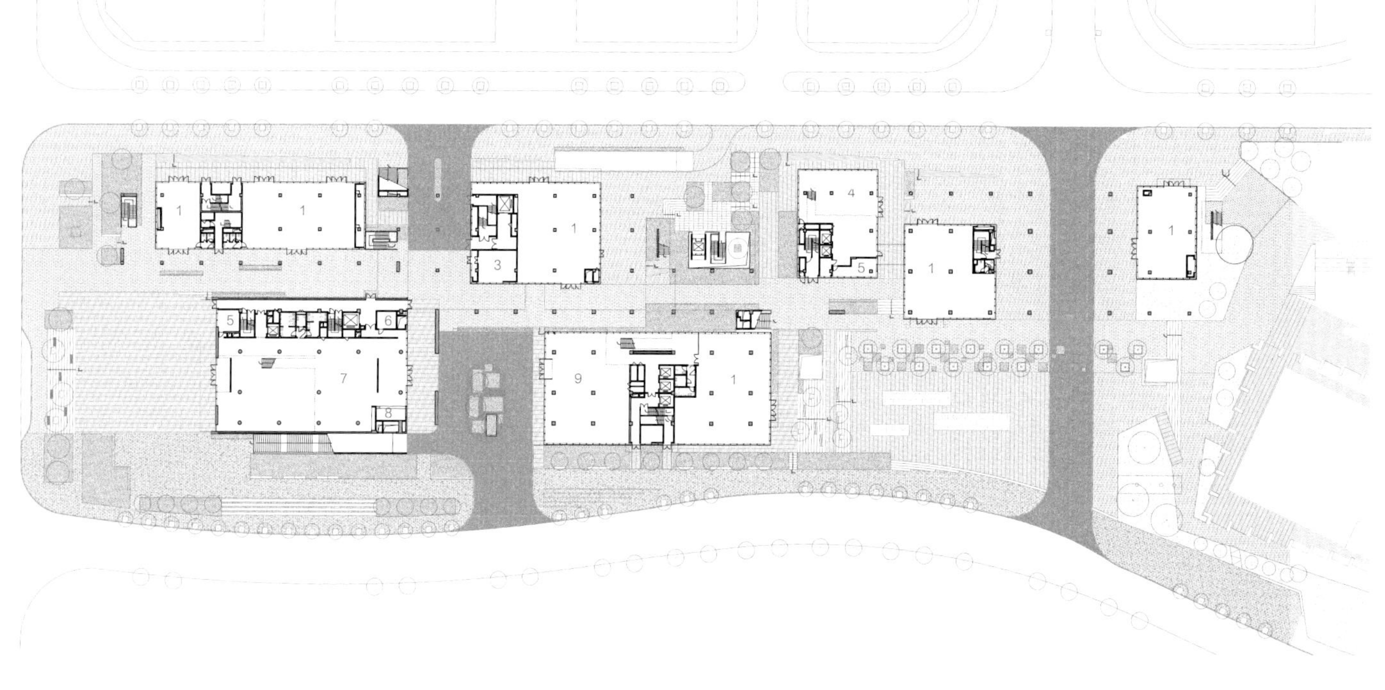

1 商业
2 卫生间
3 消控中心
4 文创馆门厅
5 办公室
6 监控室
7 美术馆门厅
8 存包处
9 展览馆门厅

0 5 10m N

一层平面图

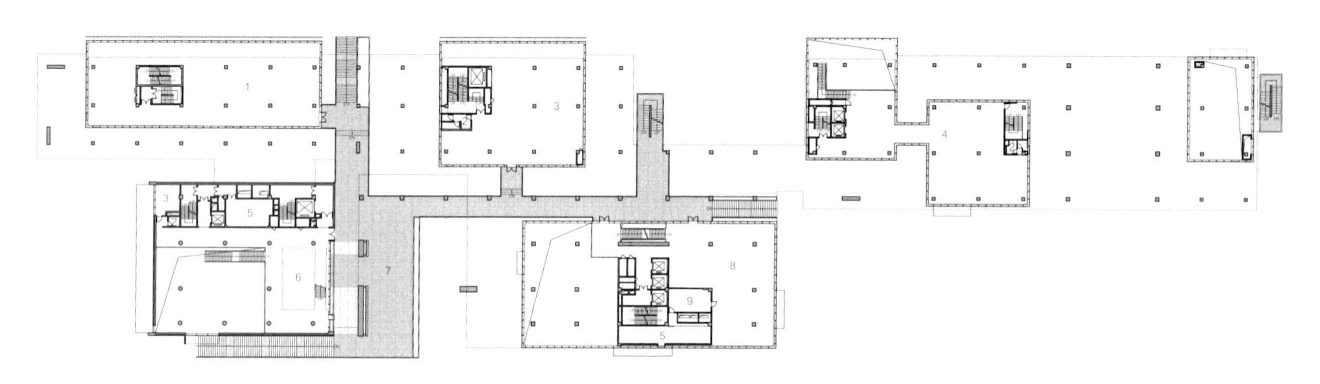

1 商业
2 卫生间
3 办公室
4 手工坊
5 空调机房
6 美术馆
7 室外平台
8 展厅
9 值班室

0 5 10m N

二层平面图

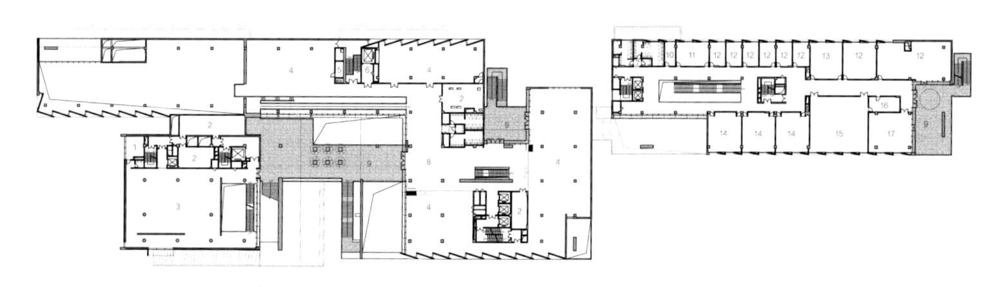

1 办公室
2 空调机房
3 美术馆
4 展览馆
5 配电间
6 货梯厅
7 卫生间
8 过厅
9 阳台
10 办公室
11 资料室
12 工作室
13 预留展厅
14 教室
15 多功能厅
16 准备室
17 棋牌室

0 5 10m N

四层平面图

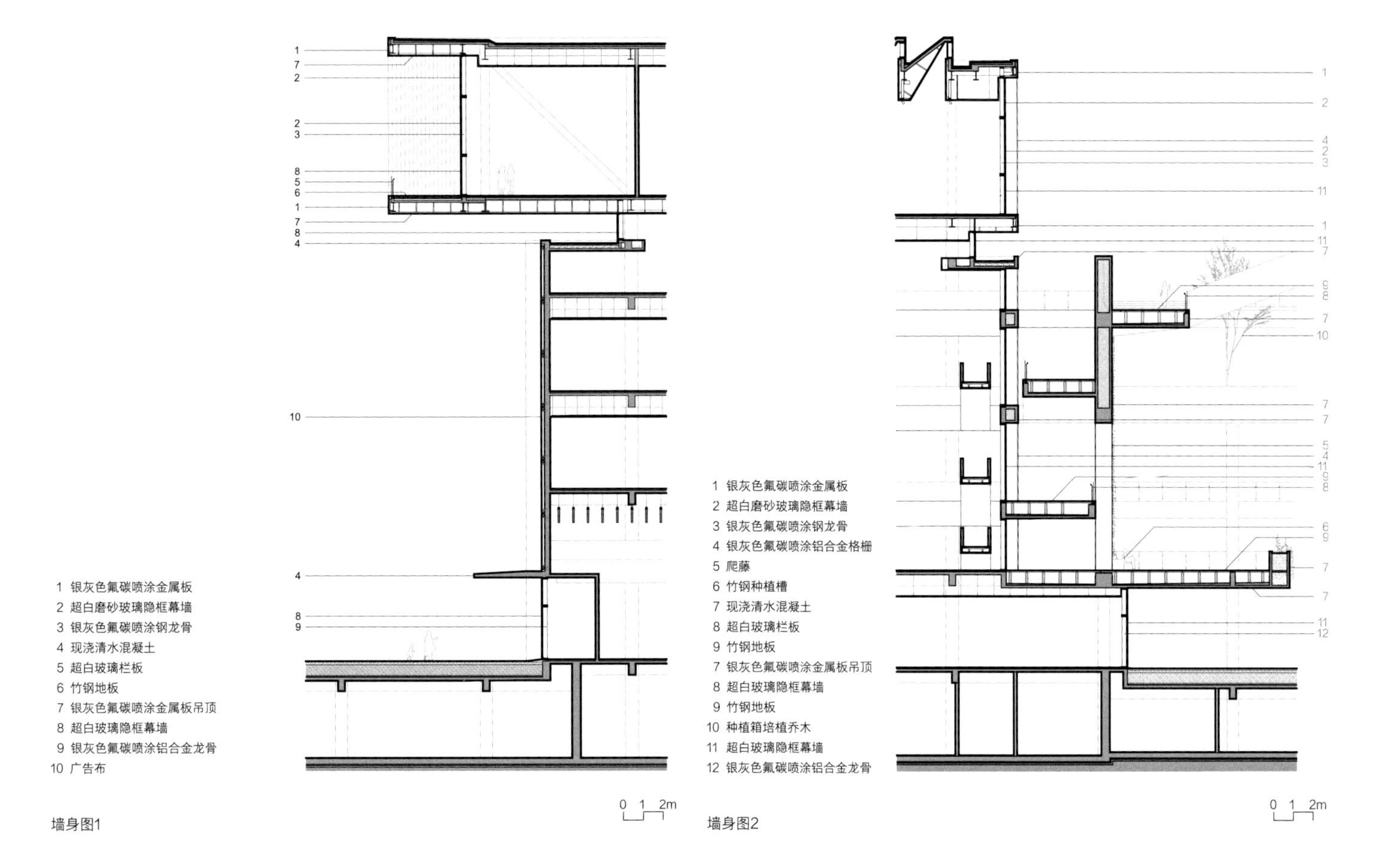
1 银灰色氟碳喷涂金属板
2 超白磨砂玻璃隐框幕墙
3 银灰色氟碳喷涂钢龙骨
4 现浇清水混凝土
5 超白玻璃栏板
6 竹钢地板
7 银灰色氟碳喷涂金属板吊顶
8 超白玻璃隐框幕墙
9 银灰色氟碳喷涂铝合金龙骨
10 广告布
0 1 2m
1 银灰色氟碳喷涂金属板
2 超白磨砂玻璃隐框幕墙
3 银灰色氟碳喷涂钢龙骨
4 银灰色氟碳喷涂铝合金格栅
5 爬藤
6 竹钢种植槽
7 现浇清水混凝土
8 超白玻璃栏板
9 竹钢地板
7 银灰色氟碳喷涂金属板吊顶
8 超白玻璃隐框幕墙
9 竹钢地板
10 种植箱培植乔木
11 超白玻璃隐框幕墙
12 银灰色氟碳喷涂铝合金龙骨
0 1 2m

墙身图1

墙身图2

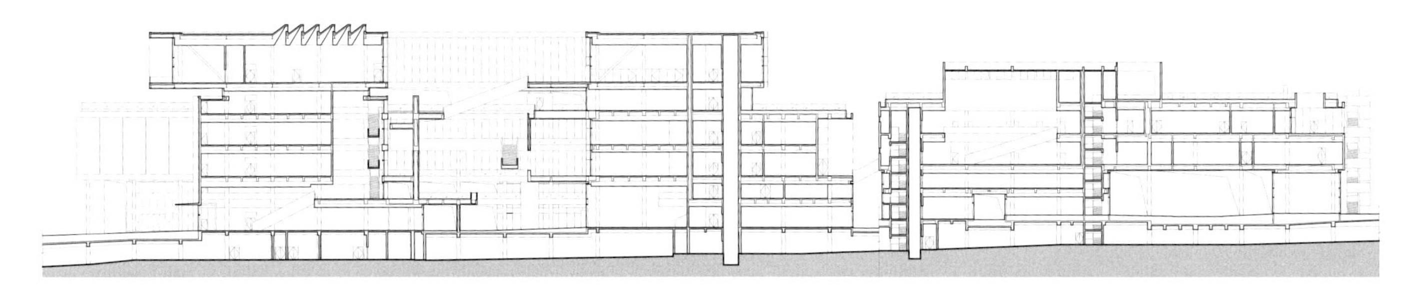

剖面图

青龙山公园多功能馆及瀑布亭

扫码阅读更多内容

开发单位：江苏省宜兴市丁蜀镇政府
设计单位：旭可建筑事务所 /
东南大学建筑设计研究院有限公司
项目地点：江苏省宜兴市丁蜀镇
设计 / 建成时间：2016 年 / 2019 年

项目负责人：张旭，刘可南
主要设计人员：孙闻良，刁超，周青，徐一斐，卞勇炜

获奖情况
2020 年 首届“自然建造奖”

主要经济技术指标

用地面积：7976m^2	建筑面积：7726m^2
容积率：0.97	建筑密度：64%

早年大规模的石灰石开采在青龙山留下了鬼斧神工般的地景，如今成为青龙山地质公园得天独厚的景观资源。借助独特的地形、地貌，多功能馆和瀑布亭成环抱之势，与西面高耸的巨石一同控制并塑造了公园的核心空间景象。建筑单体的设计强化了城市与景观、人工与自然的联系。

多功能馆总建筑面积 7726m^2，由清水混凝土巨型结构的大厅和若干被红色陶板包裹的一层框架结构的房子组成。预应力混凝土技术实现了大厅 38.12m 的跨度。大厅内三个篮球场大小的场地下沉 2.7m，形成净高 9m 可以满足会展和球类运动的大空间，此举还控制了建筑物在环境中的高度、比例和尺度，并在建造过程中再现了采矿的“挖掘”行为——此次的目的不再是从大地中攫取材料，而是获得空间。

瀑布亭具有雕塑般的形态，由混凝土浇筑而成。设计通过梯形板片、锥体和倒锥体的组合、演变，塑造出一个简单与复杂、稳定与动感、人工与自然的矛盾体。

实景1

实景2

实景3

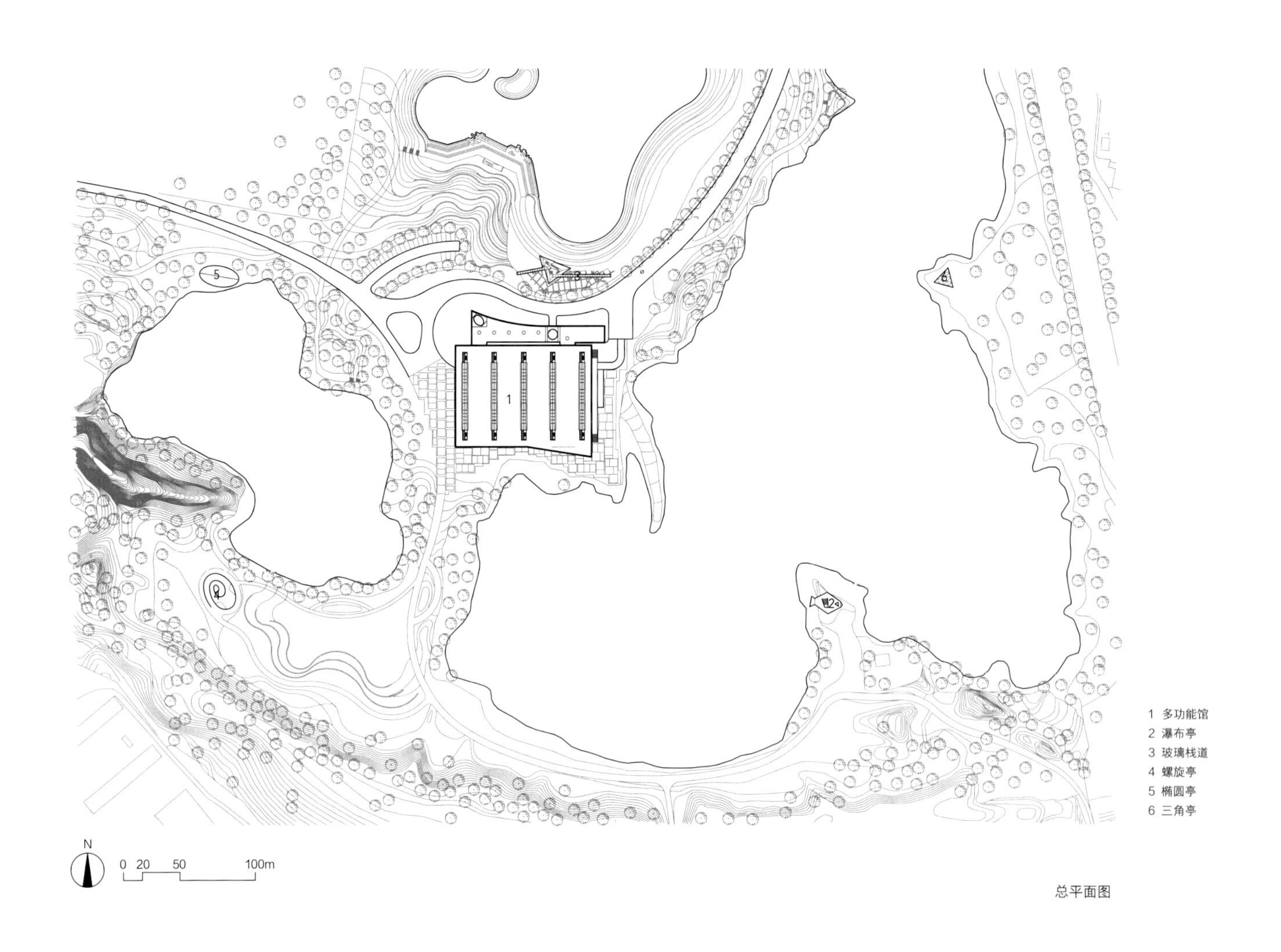
1 多功能馆
2 瀑布亭
3 玻璃栈道
4 螺旋亭
5 椭圆亭
6 三角亭
N
0 20 50 100m
总平面图

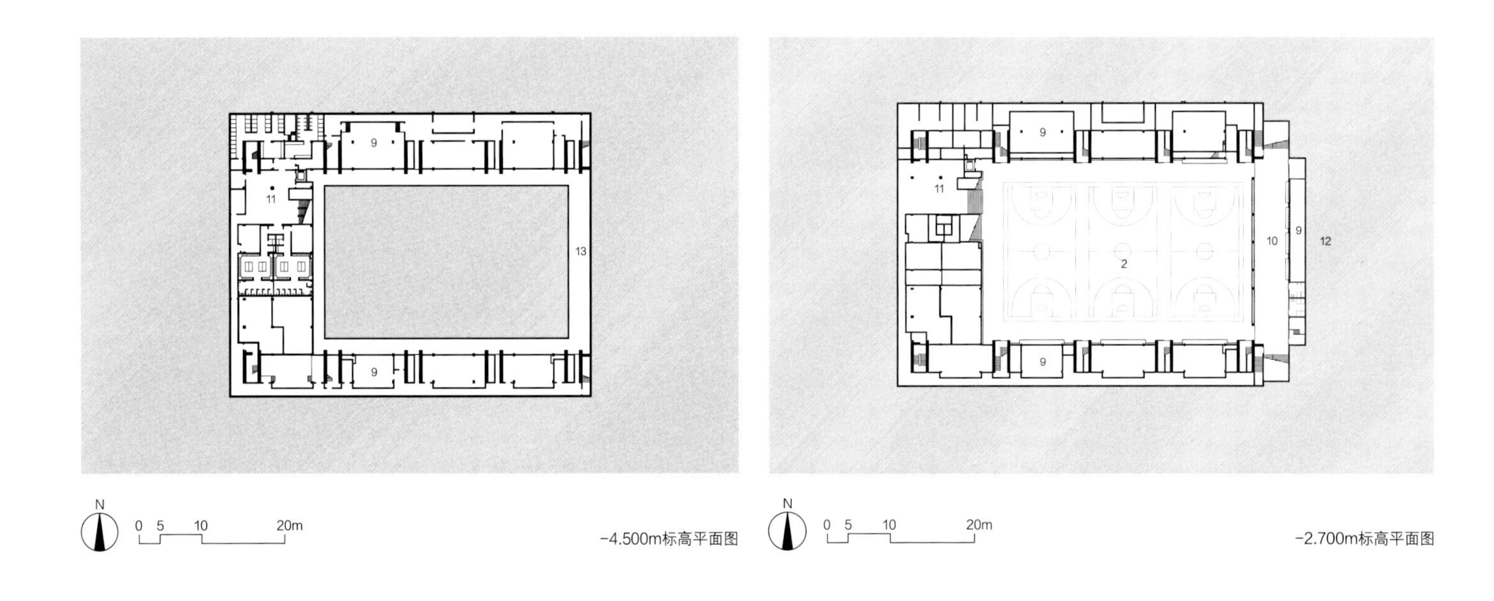
N
0 5 10 20m
N
0 5 10 20m
-4.500m标高平面图

-2.700m标高平面图

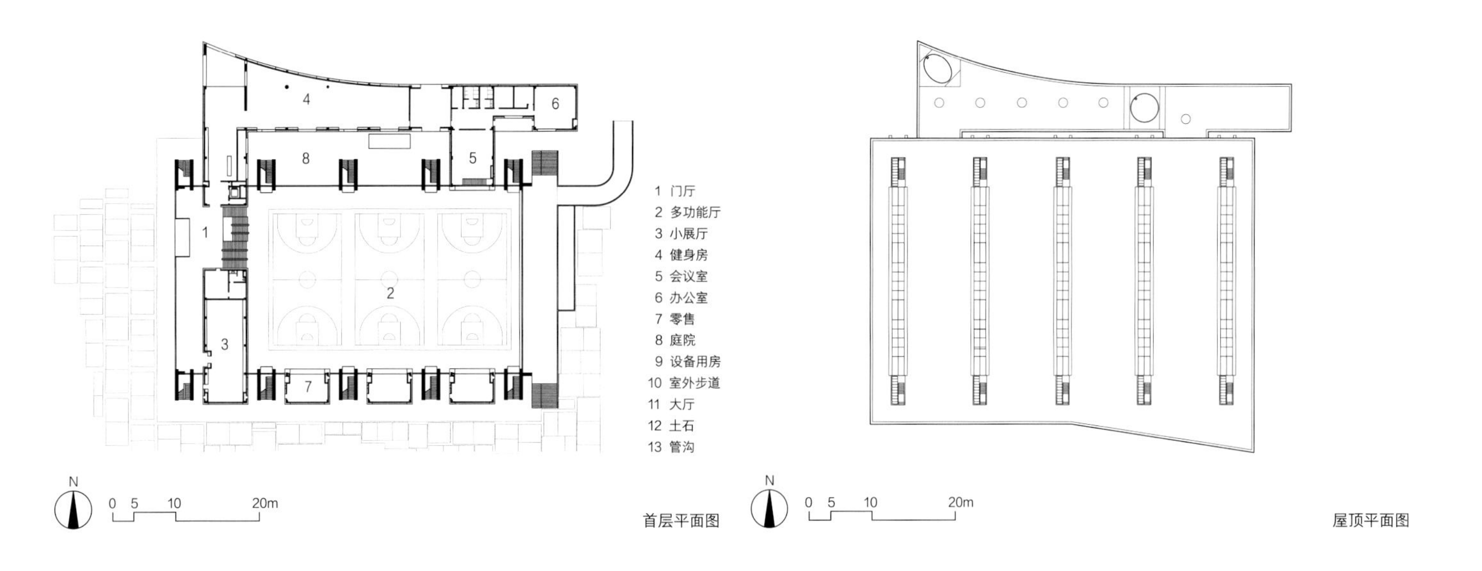

1 门厅
2 多功能厅
3 小展厅
4 健身房
5 会议室
6 办公室
7 零售
8 庭院
9 设备用房
10 室外步道
11 大厅
12 土石
13 管沟
N
0 5 10 20m

首层平面图

屋顶平面图

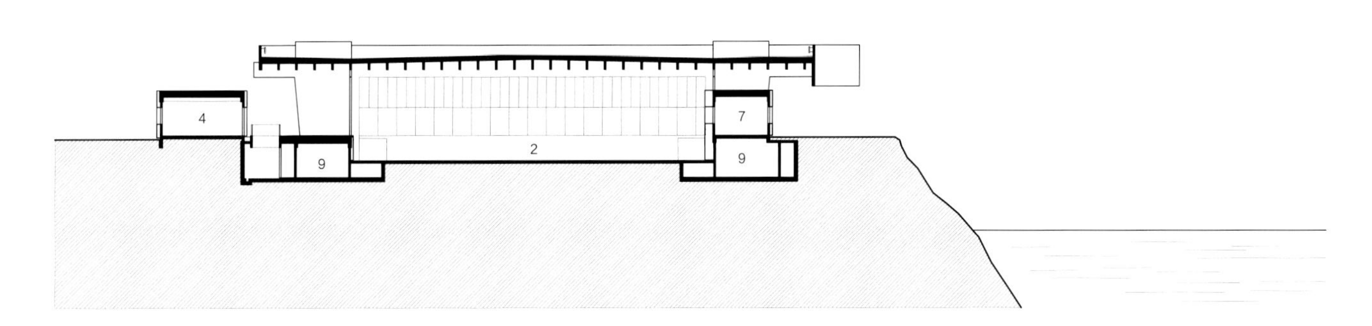

东西剖面图

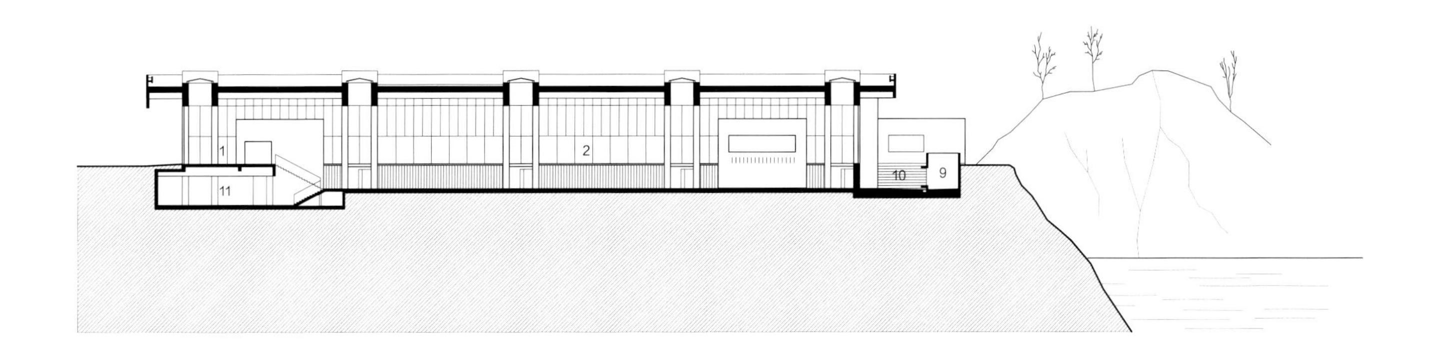

南北剖面图

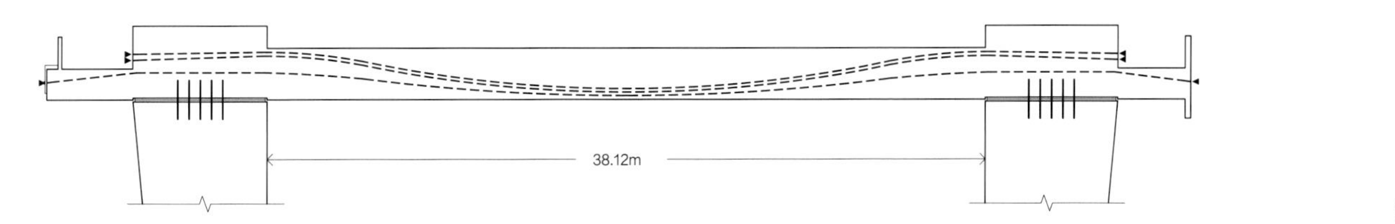

38.12m

预应力示意图

首钢三高炉博物馆及全球首发中心

扫码阅读更多视频、图片内容

开发单位：北京首钢建设投资有限公司
设计单位：筑境设计 / 首钢筑境 / 北京首钢国际工程技术有限公司
项目地点：北京市石景山区首钢园北区
设计 / 建成时间：2016 年 / 2019 年

项目负责人：薄宏涛
主要设计人员：薄宏涛，刘鹏飞，蒋珂，张志聪，高巍，张莹，范丹丹，康琪，周明旭，郑智雪

获奖情况
2021 年 ArchDaily 中国年度建筑大奖冠军
2020 年 WA 中国建筑奖技术进步奖优胜奖
2020 年 gooood 全球十佳公共建筑

主要经济技术指标
用地面积：6.5hm^2　　建筑面积：4.98 万 m^2
建筑密度：11%　　绿地率：35%
停车位：884 个

首钢三高炉更新项目是全国首个炼铁高炉改造城市文化新地标的案例。项目通过“保持工业遗存工艺肌理、保持既有风貌的结构加固、保持材料历史信息的界面、表达建筑空间的设备集成、材料的在地性和集体记忆留存、工业遗存集聚地基础配套设施、工业遗存聚集地活力提升设施、工业遗存风貌肌理光环境营造”的八大技术策略支撑“封存旧、拆除余、织补新”的核心理念。从而在物理环境中尽力维持遗产原真状态，打开工业区隔，对话自然，植入新功能融城市入社会生活，呈现对历史、自然和城市的敬意。

设计采用“正负双鹦鹉螺螺旋线”的流线，表达工业与自然并置的空间叙事。以“首钢功勋墙、水下展厅静水院、铁水光带、功勋柱、折尺长梯、高炉本体、天车梁玻璃栈台”6 组空间装置建构峥嵘岁月的时空通感，并寄望未来对话城市。

三高炉已成为京西重要的打卡地和文化新地标，以 2022 年冬奥会、BTV 跨年晚会、北京时装周等为代表的大型活动为区域提供了持续动力，积极为城市复兴助力赋能。

D馆入口，生活日常进入工业叙事的时空之匙

D馆序厅中的“折尺长梯”如同游走在工业巷道之中

新旧对偶，三高炉重力除尘器及热风炉电梯外观

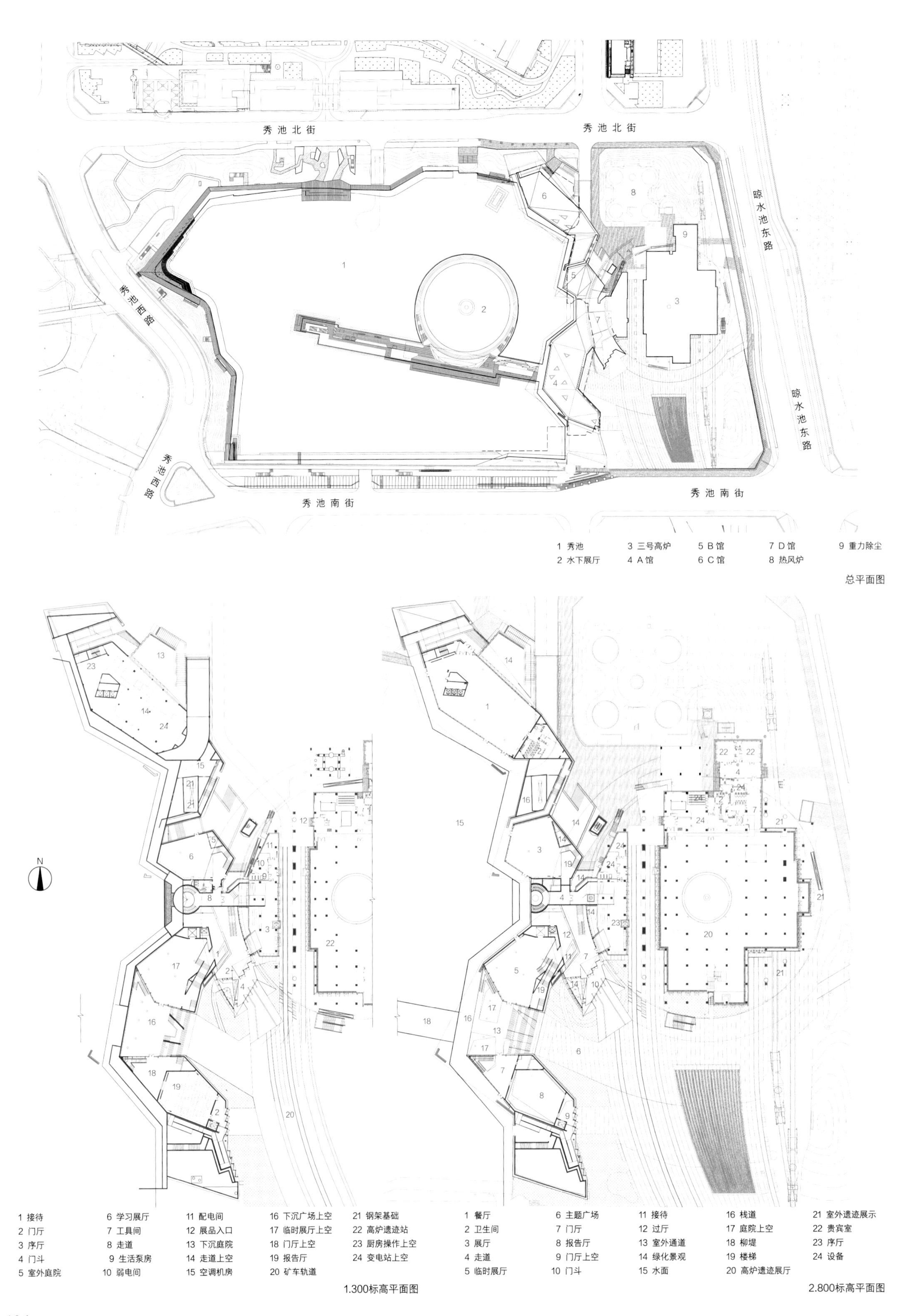
秀池北街
秀池北街
晾水池东路
秀池西路
秀池西路
晾水池东路
秀池南街
秀池南街
1 秀池
2 水下展厅
3 三号高炉
4 A馆
5 B馆
6 C馆
7 D馆
8 热风炉
9 重力除尘
1 接待
2 门厅
3 序厅
4 门斗
5 室外庭院
6 学习展厅
7 工具间
8 走道
9 生活泵房
10 弱电间
11 配电间
12 展品入口
13 下沉庭院
14 走道上空
15 空调机房
16 下沉广场上空
17 临时展厅上空
18 门厅上空
19 报告厅
20 矿车轨道
21 钢架基础
22 高炉遗迹站
23 厨房操作上空
24 变电站上空
1 餐厅
2 卫生间
3 展厅
4 走道
5 临时展厅
6 主题广场
7 门厅
8 报告厅
9 门厅上空
10 门斗
11 接待
12 过厅
13 室外通道
14 绿化景观
15 水面
16 栈道
17 庭院上空
18 柳堤
19 楼梯
20 高炉遗迹展厅
21 室外遗迹展示
22 贵宾室
23 序厅
24 设备

总平面图

1.300标高平面图

2.800标高平面图

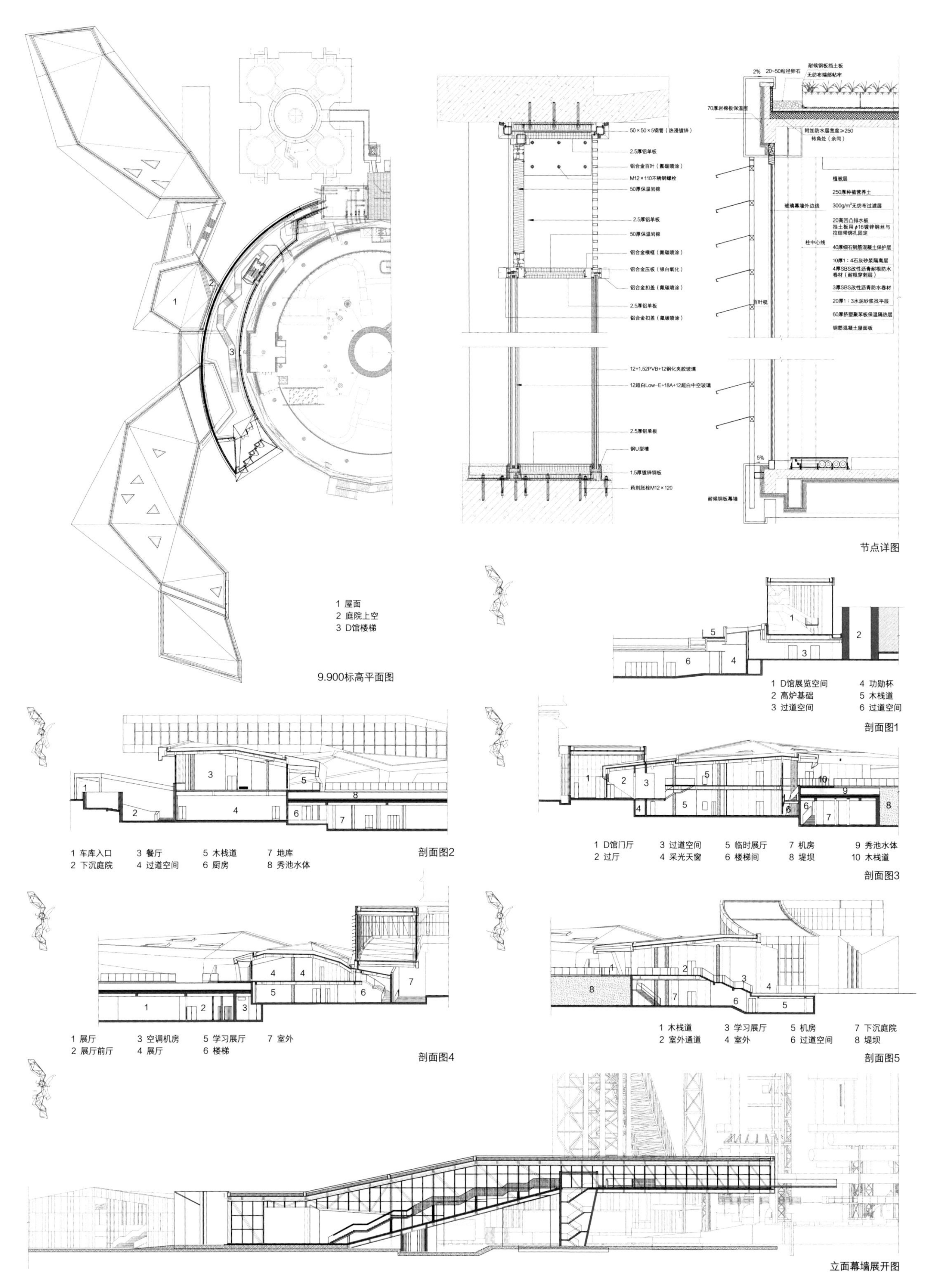

50×50×5钢管（热浸镀锌）
2.5厚铝单板
铝合金百叶（氟碳喷涂）
M12×110不锈钢螺栓
50厚保温岩棉
2.5厚铝单板
50厚保温岩棉
铝合金横框（氟碳喷涂）
铝合金压板（铝白氧化）
铝合金扣盖（氟碳喷涂）
2.5厚铝单板
铝合金扣盖（氟碳喷涂）
12+1.52PVB+12钢化夹胶玻璃
12超白Low-E+18A+12超白中空玻璃
2.5厚铝单板
钢U型槽
1.5厚镀锌钢板
药剂胀栓M12×120
2%
20~50粒径卵石
耐候钢板挡土板
无纺布端部粘牢
70厚岩棉板保温层
附加防水层宽度≥250
转角处（余同）
植被层
250厚种植营养土
玻璃幕墙外边线
300g/m²无纺布过滤层
20高凹凸排水板
挡土板用φ16镀锌钢丝与拉结带绑扎固定
柱中心线
40厚细石钢筋混凝土保护层
10厚1：4石灰砂浆隔离层
4厚SBS改性沥青耐根防水卷材（耐根穿刺层）
3厚SBS改性沥青防水卷材
百叶框
20厚1：3水泥砂浆找平层
60厚挤塑聚苯板保温隔热层
钢筋混凝土屋面板
5%
耐候钢板幕墙

节点详图

1 屋面
2 庭院上空
3 D馆楼梯

9.900标高平面图

1 D馆展览空间
2 高炉基础
3 过道空间
4 功勋杯
5 木栈道
6 过道空间

剖面图1

1 车库入口
2 下沉庭院
3 餐厅
4 过道空间
5 木栈道
6 厨房
7 地库
8 秀池水体

剖面图2

1 D馆门厅
2 过厅
3 过道空间
4 采光天窗
5 临时展厅
6 楼梯间
7 机房
8 堤坝
9 秀池水体
10 木栈道

剖面图3

1 展厅
2 展厅前厅
3 空调机房
4 展厅
5 学习展厅
6 楼梯
7 室外

剖面图4

1 木栈道
2 室外通道
3 学习展厅
4 室外
5 机房
6 过道空间
7 下沉庭院
8 堤坝

剖面图5

立面幕墙展开图

A3

乌镇“互联网之光”博览中心 /“水月红云”智能建造亭集群

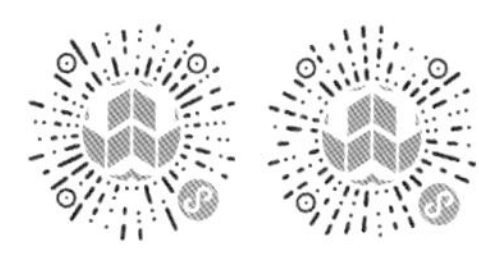
扫码阅读更多视频、图片内容

开发单位：桐乡市乌镇人家置业有限公司
设计单位：上海创盟国际建筑设计有限公司
项目地点：浙江省桐乡市乌镇
设计 / 建成时间：2019 年 / 2019 年

项目负责人：袁烽，韩力，张雯
主要设计人员：袁烽，韩力，孔祥平，高伟哲，张准，王勇，董楠楠，张雯，王祥，张立名

获奖情况
2021 年 钱江杯 2021 优质工程奖

主要经济技术指标

占地面积	建筑面积
主馆：18152m^2	主馆：19466m^2
水亭：190m^2	水亭：52m^2
月亭：239m^2	月亭：98m^2
红亭：487m^2	红亭：273m^2
云亭：233m^2	云亭：139m^2

2019 年 10 月 20~22 日，第六届世界互联网大会在乌镇召开。千年古镇，科技赋能，运用智能算法进行机器建造的“互联之光”博览中心及其智能建造亭集群，被定义为承载后人文主义时代人类活动的舞台。

古韵赋新颜。在博览中心主馆的设计中，建筑师采用新水乡城镇空间与总图设计、多元运营的内部空间布局、悬链形态屋顶的几何找形与结构找形、动态模数系统和全预制装配的深层表皮建构等方式，实现了智慧主场馆的智能建造。

“游目意行、四亭四览”。“水月红云”智能建造亭的设计，实现了抽离于形式本身、建立微尺度的对于江南意蕴的全新关系。设计师不仅构建了“水月红云”的诗意画卷，更重要的是搭建了实验建筑机器人的应用场景，形成全球规模最大的建筑机器人实验项目群。对于每一个展亭的设计，在思考环境空间意境的同时，分别扮演了建筑机器人实验生产的具体工艺内容。

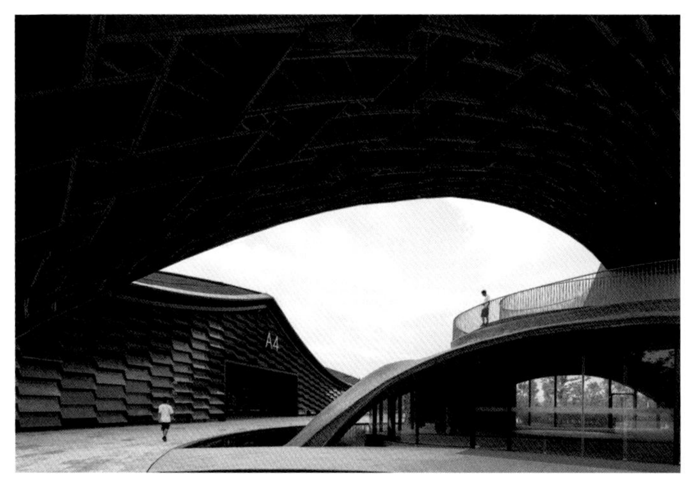
A4
实景1

实景2

A3
实景3

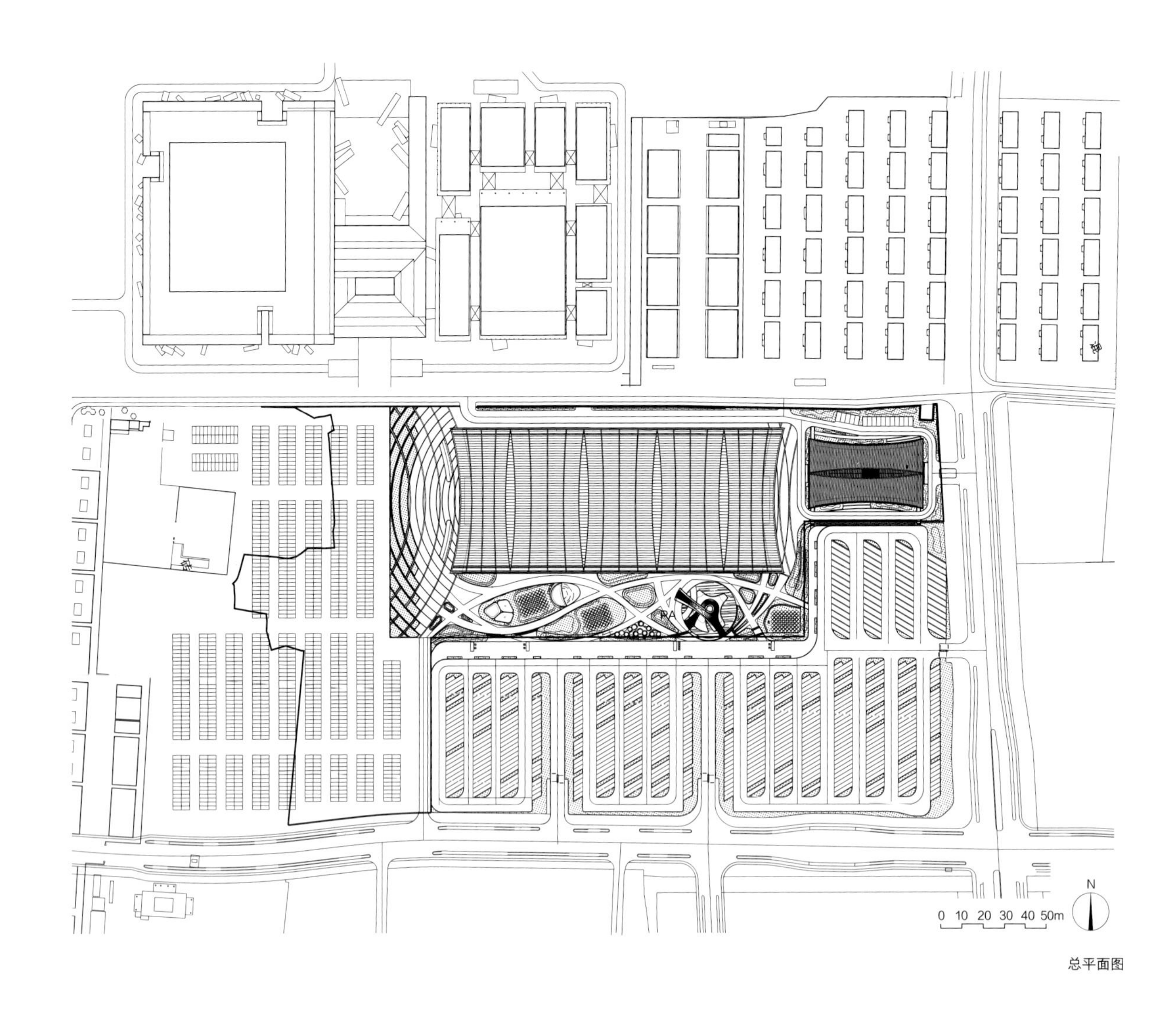
N
0 10 20 30 40 50m
总平面图

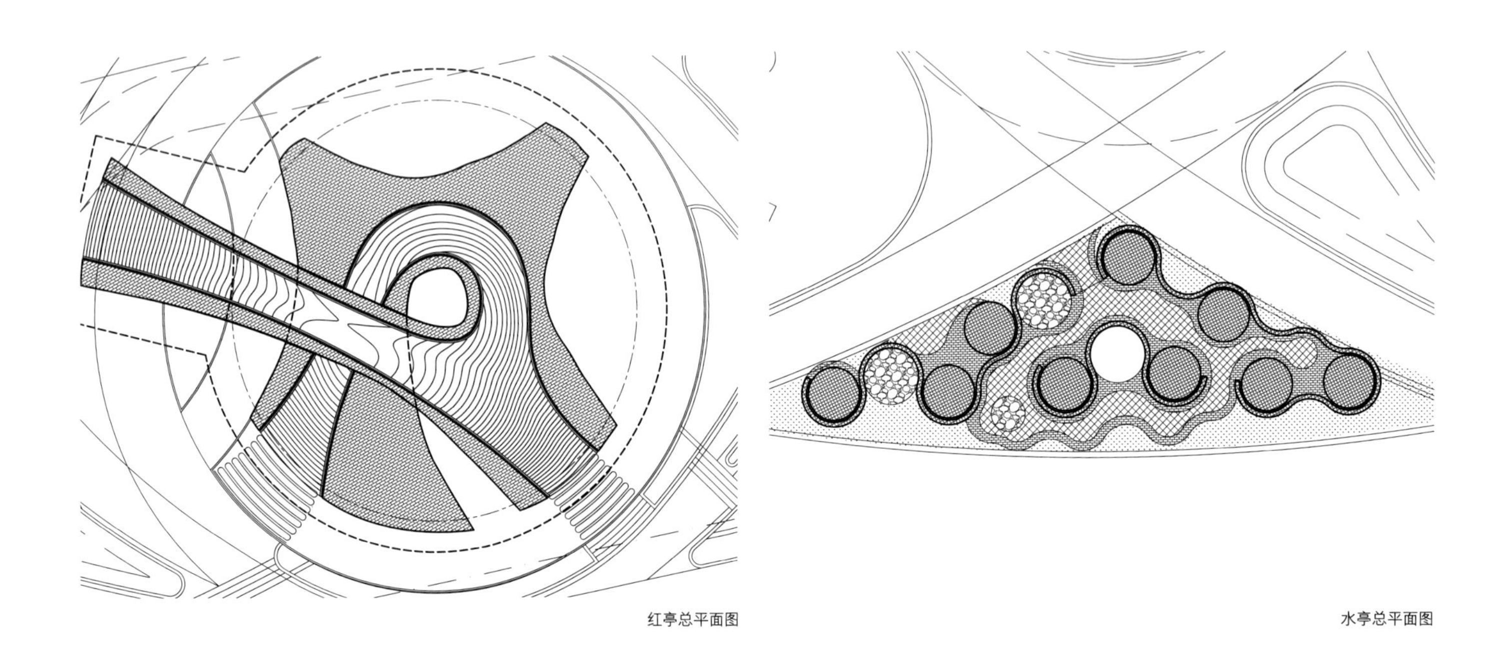
红亭总平面图

水亭总平面图

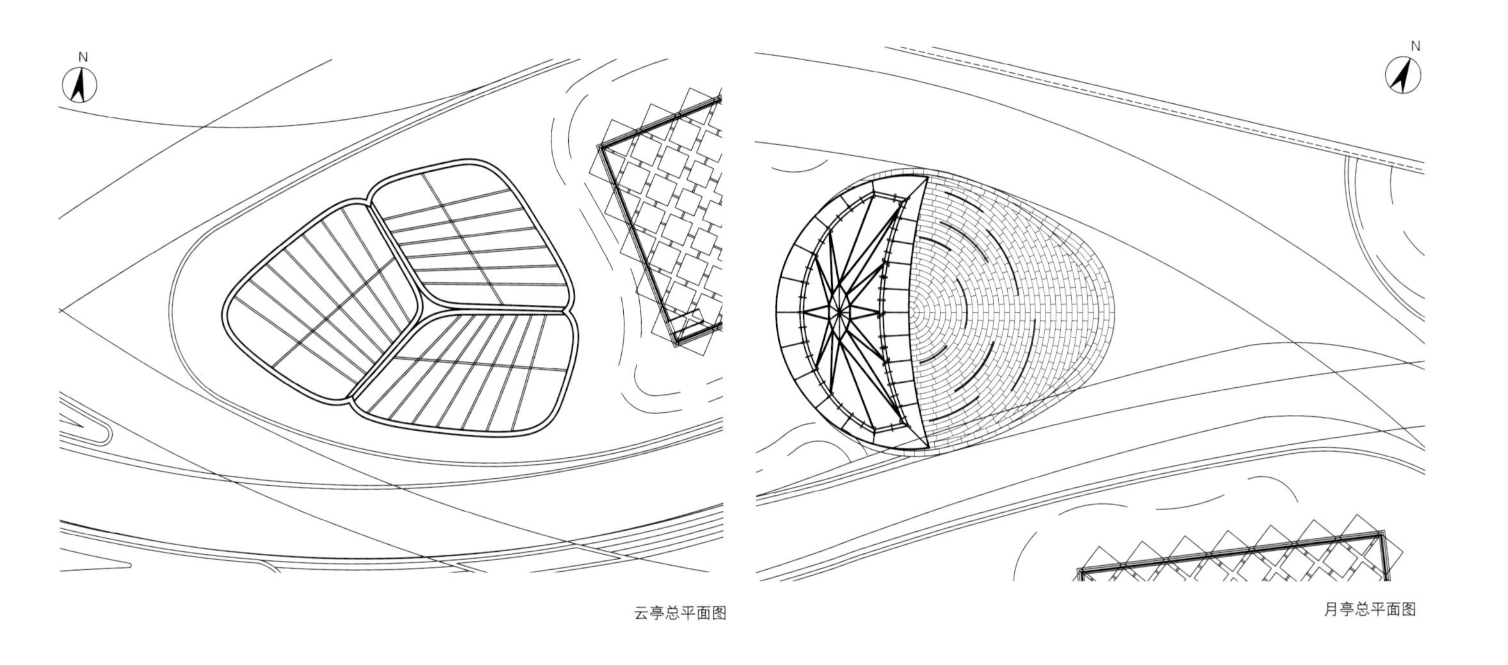
N
N
云亭总平面图

月亭总平面图

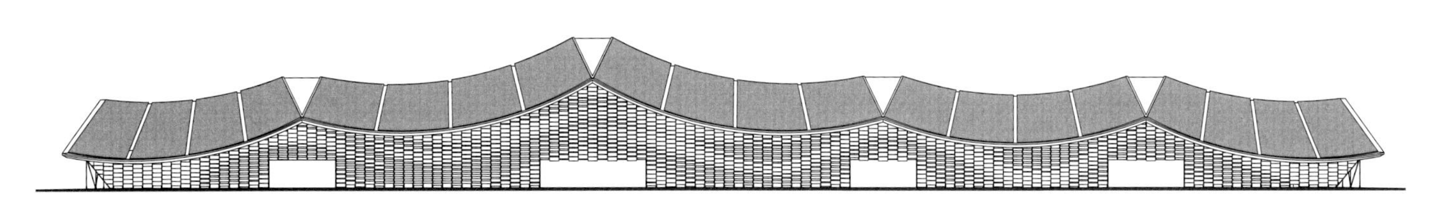
主场馆立面图

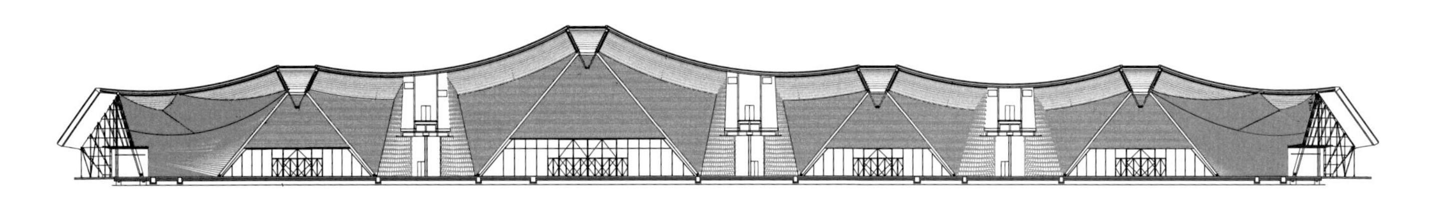
主场馆剖面图1

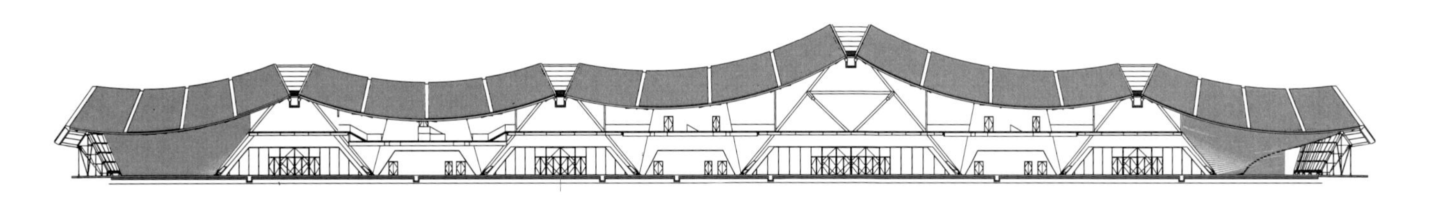
主场馆剖面图2

CONTEMPORARY
CHINESE ARCHITECTURE
RECORDS

当代中国建筑实录

观演

山谷音乐厅

扫码阅读更多视频、图片内容

开发单位：阿那亚国际文化发展有限公司
设计单位：OPEN建筑事务所
项目地点：河北省承德市
设计 / 建成时间：2017 年 / 2021 年

项目负责人：李虎，黄文菁
主要设计人员：周亭婷，方冠颖，黄泽填，林碧虹，贾瀚，陈修远，蔡卓群，郭俊辰，唐子乔

获奖情况
2022 年 ArchDaily 年度建筑大奖 最佳文化建筑
2021 年 卷宗 Wallpaper* 设计大奖 最佳公共建筑
2019 年 美国 P/A 建筑奖

主要经济技术指标
建筑面积：790m^2

音乐厅位于距北京市区约两小时车程的河北承德金山岭，如同一块来自远古的巨石，降落在可以远眺长城的山谷。建筑包含一个半室外音乐厅、几处面向山谷的观景平台、一个朝向草坡的室外舞台和音乐家工作室等少量室内空间，既能承载室内音乐、音乐节、舞蹈等不同形式的专业演出，也可用于独处沉思或社区聚会。倒锥形的结构以最小“足迹”接触地面，将对周边自然环境的影响降到最小。整座建筑由深灰色混凝土浇筑，混凝土骨料混合了当地富含矿物质的岩石。音乐厅室内的形状根据声学塑造而成，坚硬的表面是反射声音的部分，而屋顶与墙面精心设计的开洞，不仅具有吸声的功能，还将天光和周围山谷的景色以及大自然微妙的声音一道引入空间中。在没有演出的时候，大自然在这个神秘的空间里演奏着千变万化的交响乐。

实景1

实景2

实景3

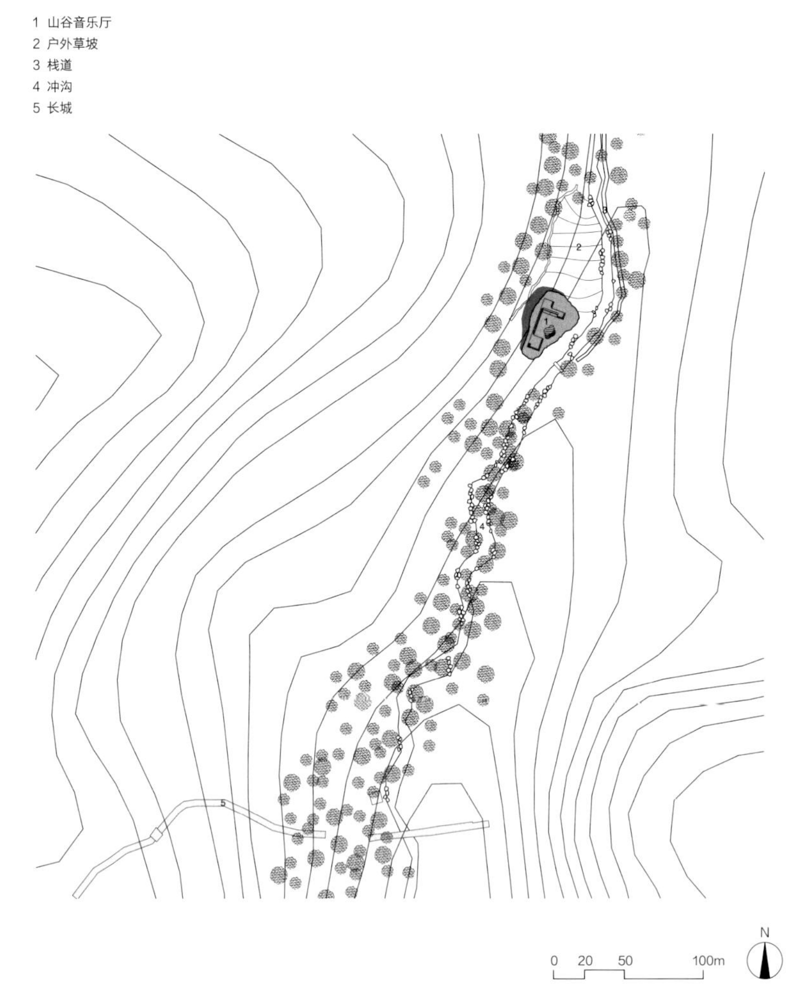
1 山谷音乐厅
2 户外草坡
3 栈道
4 冲沟
5 长城
0 20 50 100m
N
总平面示意图

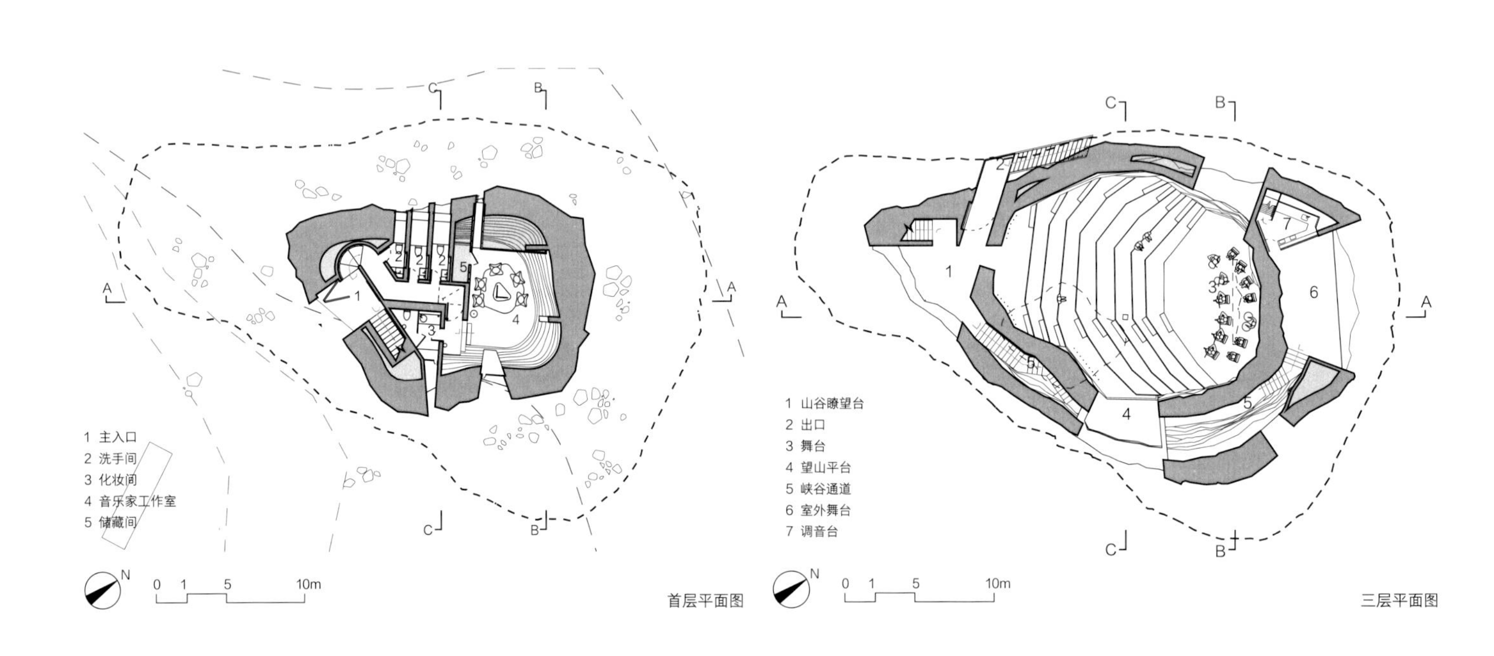
1 主入口
2 洗手间
3 化妆间
4 音乐家工作室
5 储藏间
0 1 5 10m
N
首层平面图

1 山谷瞭望台
2 出口
3 舞台
4 望山平台
5 峡谷通道
6 室外舞台
7 调音台
0 1 5 10m
N
三层平面图

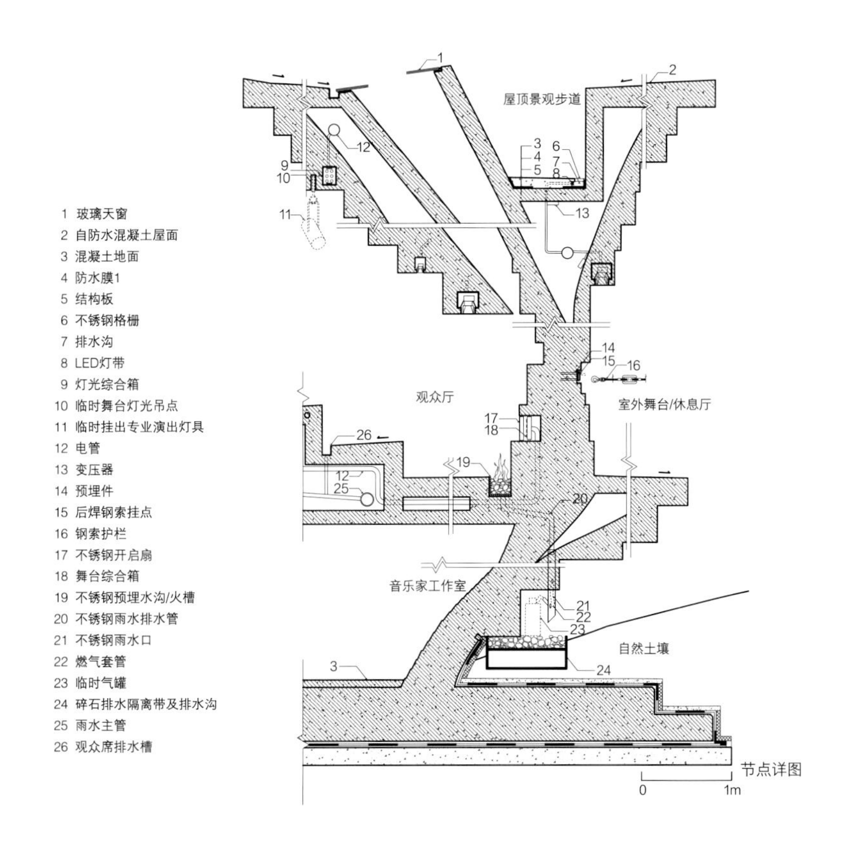

1 玻璃天窗
2 自防水混凝土屋面
3 混凝土地面
4 防水膜1
5 结构板
6 不锈钢格栅
7 排水沟
8 LED灯带
9 灯光综合箱
10 临时舞台灯光吊点
11 临时挂出专业演出灯具
12 电管
13 变压器
14 预埋件
15 后焊钢索挂点
16 钢索护栏
17 不锈钢开启扇
18 舞台综合箱
19 不锈钢预埋水沟/火槽
20 不锈钢雨水排水管
21 不锈钢雨水口
22 燃气套管
23 临时气罐
24 碎石排水隔离带及排水沟
25 雨水主管
26 观众席排水槽
屋顶景观步道
观众厅
室外舞台/休息厅
音乐家工作室
自然土壤
节点详图
0
1m

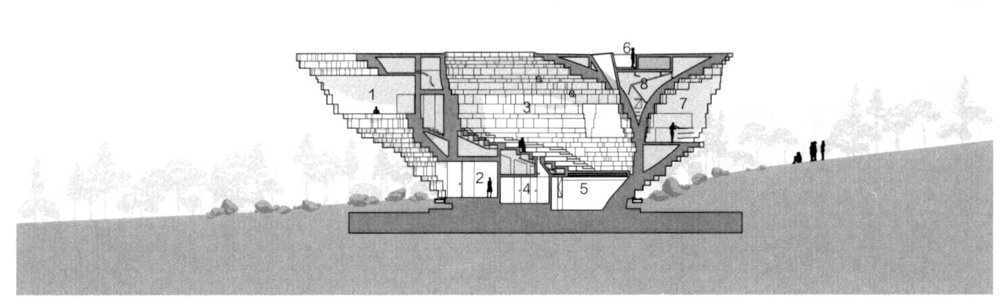

1 山谷瞭望台
2 主入口
3 观众厅
4 过道
5 音乐家工作室
6 屋面步道
7 室外舞台
8 空腔
0 1 5 10m
A-A剖面图

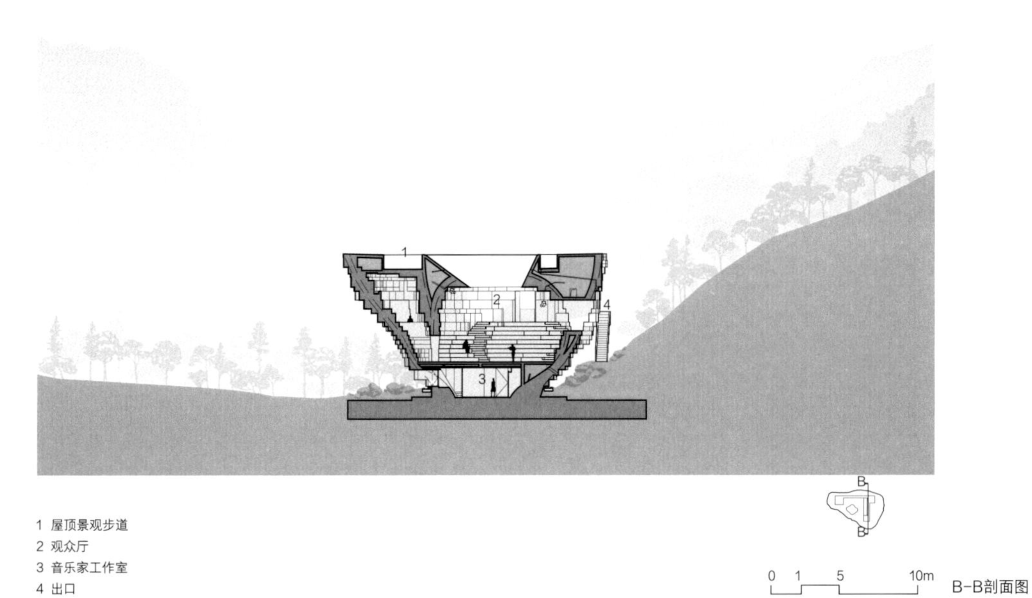

1 屋顶景观步道
2 观众厅
3 音乐家工作室
4 出口
0 1 5 10m
B-B剖面图

天津茱莉亚学院

扫码阅读更多内容

开发单位：天津中冶名金置业有限公司
　　　　　天津新金融投资有限责任公司
设计单位：DILLER SCOFIDIO + RENFRO（主创建筑师）
　　　　　华东建筑设计研究院有限公司
项目地点：天津市滨海新区于家堡金融区
设计 / 建成时间：2015 年 / 2020 年

项目负责人：Charles Renfro，田园
主要设计人员：Charles Renfro，崔中芳，田园，Ellix Wu，Brian Tabolt，
　　　　　　　穆清，季俊杰，梁葆春，刘览，於红芳，王小安

主要经济技术指标
用地面积：18500m^2　　建筑面积：45000m^2
建筑密度：38.5%　　停车位：145 个
绿地率：16.9%

天津茱莉亚学院是一座集演出、排练、研究和互动展览于一体的艺术中心，设有多处公共空间，旨在欢迎公众参与音乐创作过程及表演。

主体建筑由 4 座多面体场馆组成，内设 687 座音乐厅、295 座演奏厅、221 座黑盒剧场以及行政和教职人员的办公和排练空间。5 座玻璃廊桥横跨于开阔的公共空间之上，教室、教学工作间和琴房有序分布于其中，便于外界了解室内对音乐的探究过程，同时鼓励学生、教师和来访者进行互动交流。体现开放交融之意的中央大厅向四周公园开敞和延伸，成为师生与大众活动、聚会及休憩之所。

实景1

实景2

实景3

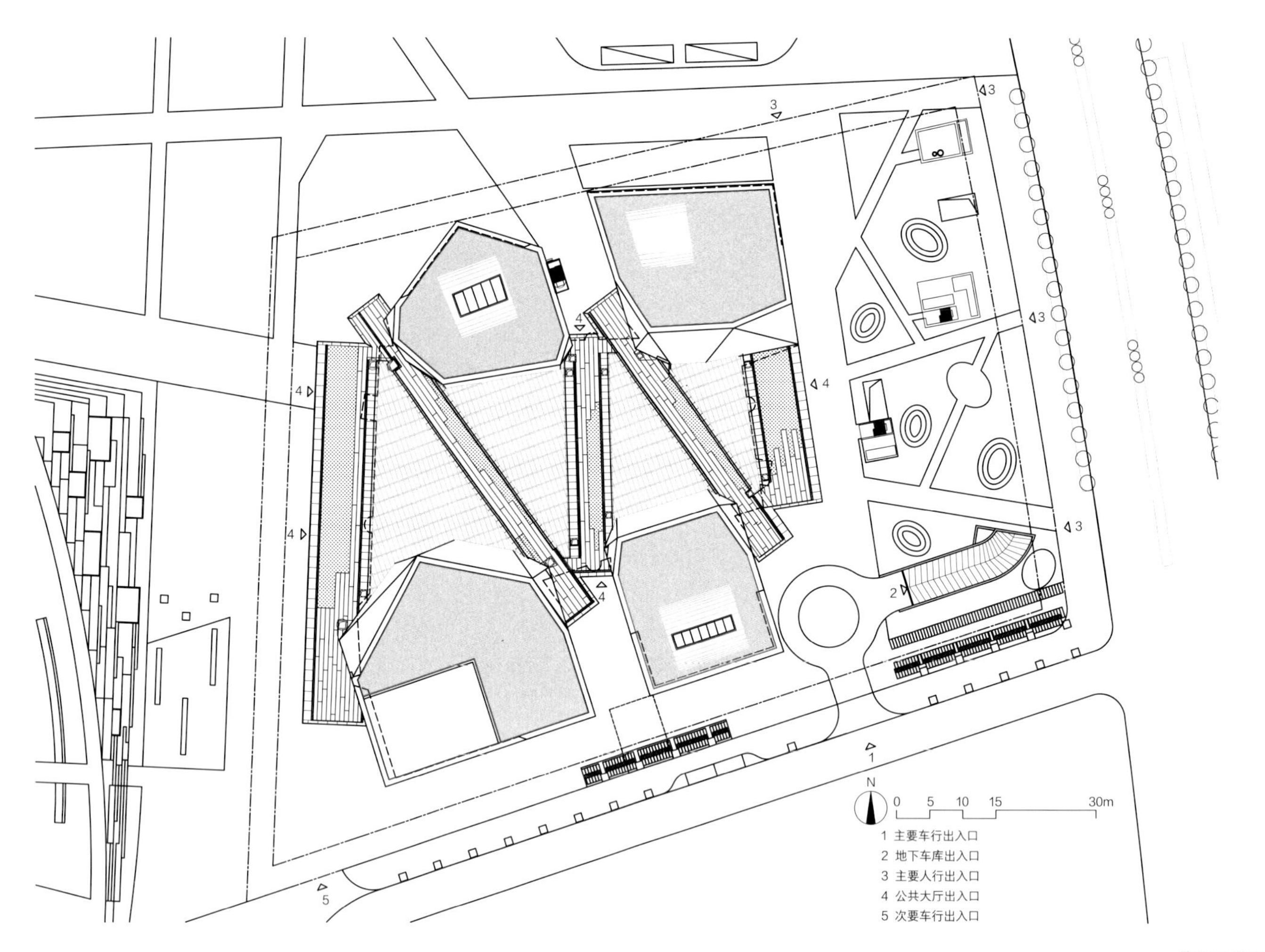
N
0 5 10 15 30m
1 主要车行出入口
2 地下车库出入口
3 主要人行出入口
4 公共大厅出入口
5 次要车行出入口

总平面示意图

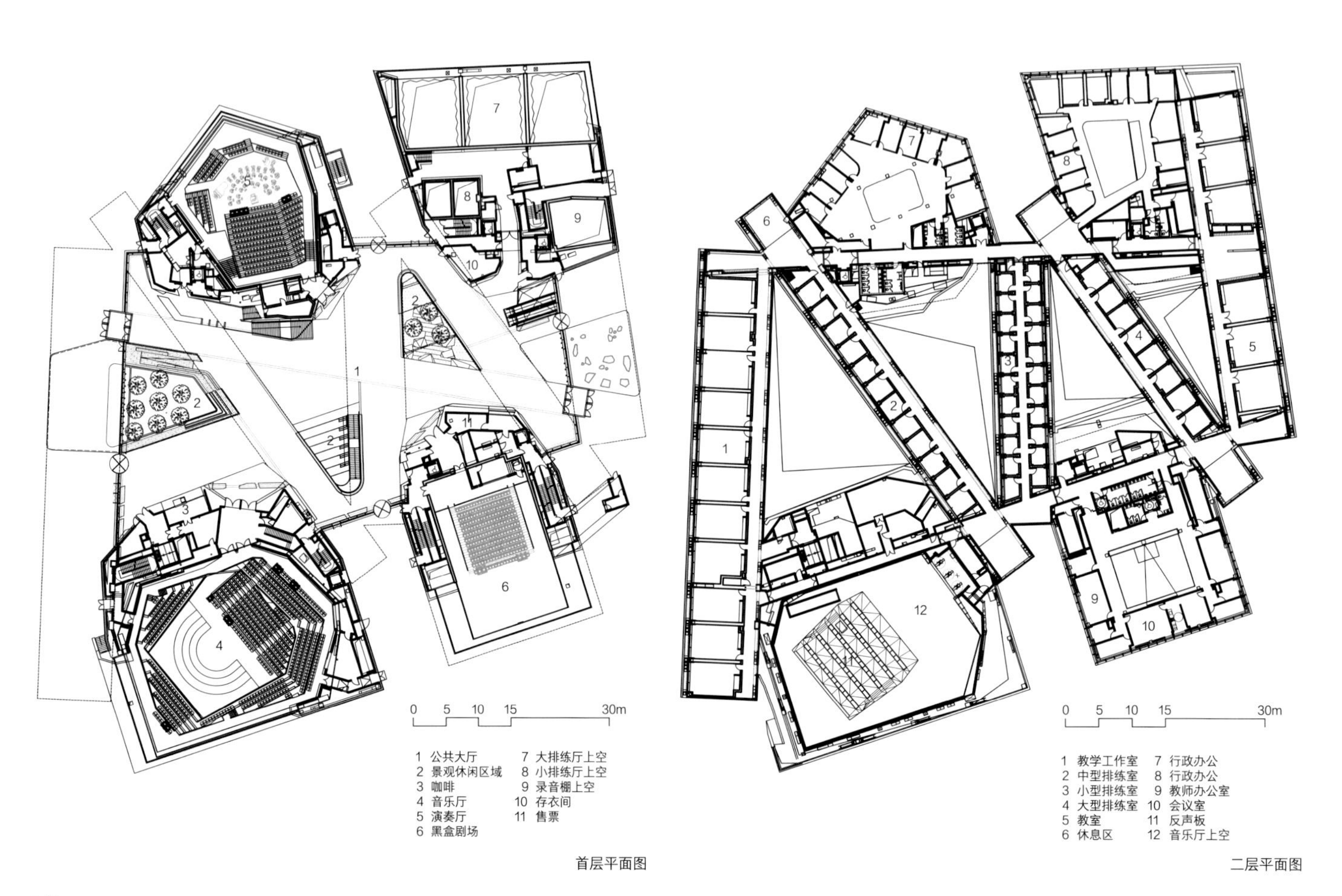
0 5 10 15 30m
1 公共大厅
2 景观休闲区域
3 咖啡
4 音乐厅
5 演奏厅
6 黑盒剧场
7 大排练厅上空
8 小排练厅上空
9 录音棚上空
10 存衣间
11 售票
0 5 10 15 30m
1 教学工作室
2 中型排练室
3 小型排练室
4 大型排练室
5 教室
6 休息区
7 行政办公
8 行政办公
9 教师办公室
10 会议室
11 反声板
12 音乐厅上空

首层平面图

二层平面图

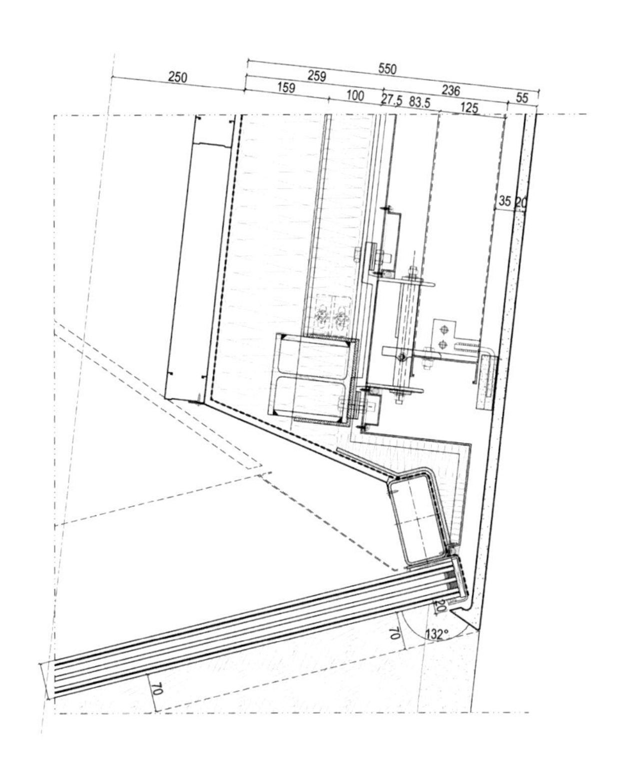

550
250
259
159
100
27.5
83.5
236
125
55
35
20
70
132°
70

节点详图1

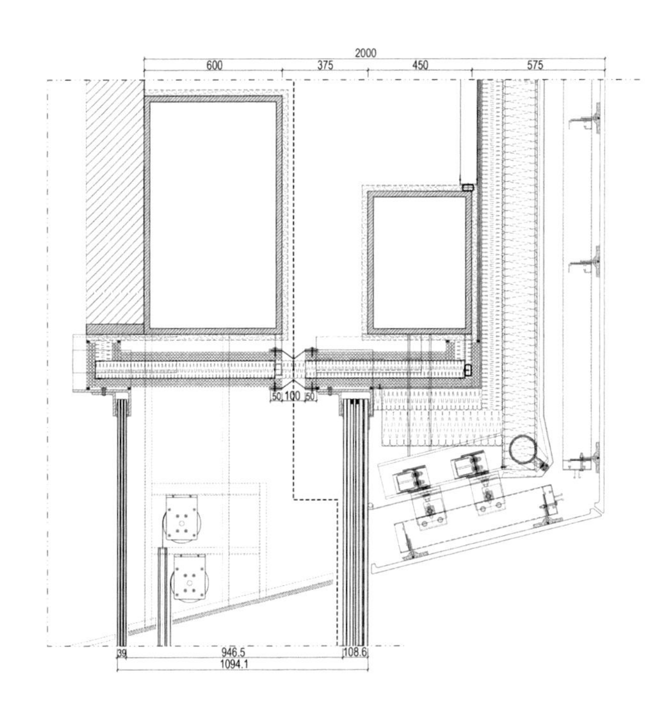

2000
600
375
450
575
50
100
50
39
946.5
108.6
1094.1

节点详图2

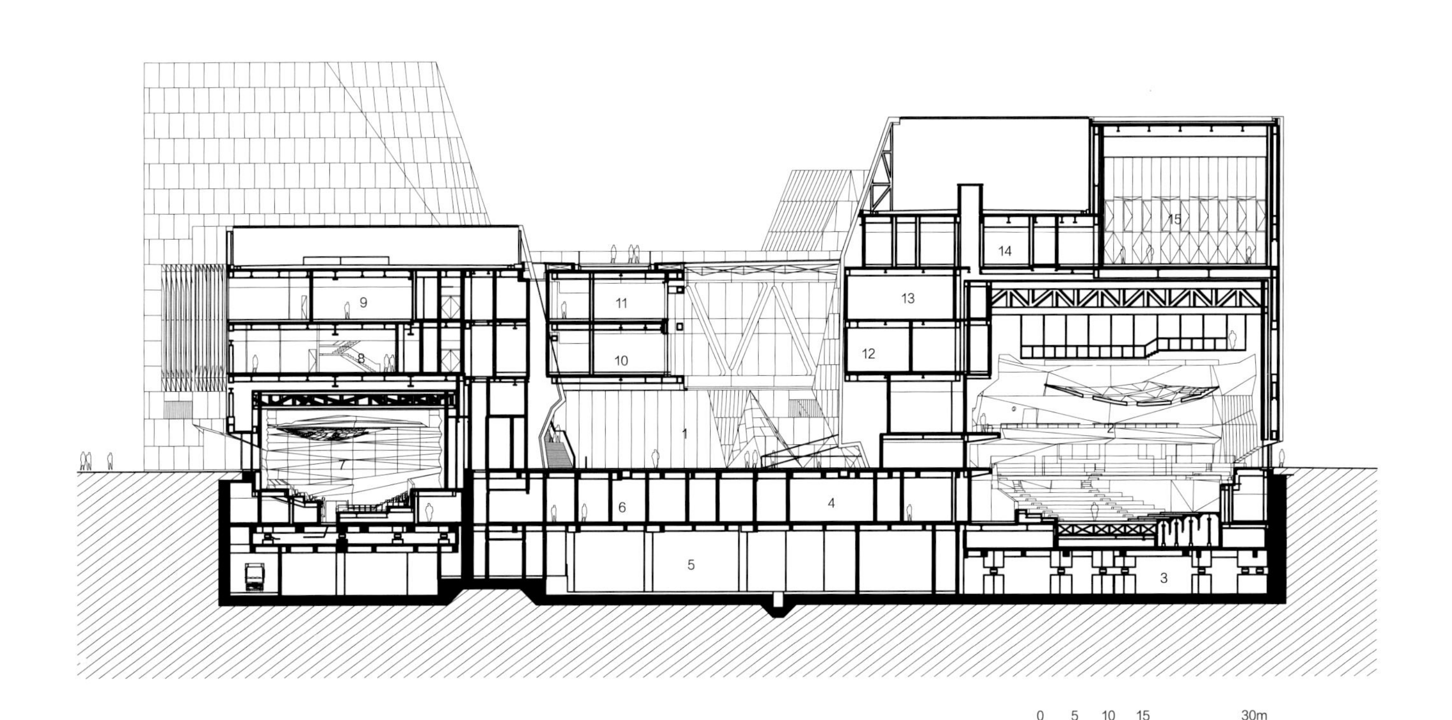

1
2
3
4
5
6
7
8
9
10
11
12
13
14
15
0
5
10
15
30m

1 公共大厅
2 音乐厅
3 非使用空间
4 贵宾室
5 空调机房
6 助理办公
7 演奏厅
8 开敞办公区
9 总裁办公
10 中型排练室
11 中型排练厅
12 通信机房
13 管线空间
14 乐器工作室
15 乐团排练厅

剖面图

郑州大剧院

郑州大剧院

扫码阅读更多内容

开发单位：郑州城建集团投资有限公司
设计单位：哈尔滨工业大学建筑设计研究院有限公司
项目地点：河南省郑州市郑西新区
设计 / 建成时间：2016 年 / 2020 年

项目负责人：梅洪元
主要设计人员：梅洪元，陈剑飞，赵建，吴信德，陈禹，白宇，
张黛妍，王丛菲，张小冬，王志民，张立新，袁振军

获奖情况
2016 年 黑龙江省优秀工程设计一等奖
2021 年 河南省优秀勘察设计特等奖
2021 年 中国建筑金属结构协会钢结构工程金奖

主要经济技术指标
用地面积：50940m^2　　建筑面积：127740m^2
建筑密度：51.33%　　绿地率：20.1%
停车位：664 个

郑州大剧院位于郑州市民公共文化服务区中部，区域城市轴线东侧，西临文博广场及博物馆，南接四个中心带状景观轴“汇文绿谷”，北靠城市干道渠南路，东临雪松路。项目主要功能包括歌舞剧场、音乐厅、多功能厅、戏曲排练厅 4 个独立的剧场及其附属配套用房。其中歌舞剧场 1687 座、音乐厅 884 座、戏曲排练厅 461 座、多功能厅 421 座。

郑州居天地之中而携五千年历史，引黄河之水而孕中原文明。未来集“体、艺、技、媒”为一体的郑州市民公共文化服务区将续写辉煌，再次成为中华文化聚焦之地。作为该区中的文化主体建筑，大剧院的设计将秉承郑州深厚的文化底蕴，挖掘巨大的城市潜力，力图为这座华夏轴心之城打造一座文化自信、专业、高效、开放、绿色的“可持续”剧院。

黄河帆影，演绎中原艺术之源泉，艺术之舟，唱响九州文明之华章。郑州作为华夏文化的发源地，历史悠远，底蕴深厚。设计以“黄河帆影，艺术之舟”为设计理念，描绘一艘传递文明的古舟巨舰，航行于黄河之上，经天亘地，扬帆破浪，如同凝固一幕气吞山河的歌剧，以气势磅礴的精神象征、独具中原底蕴的建筑形象彰显郑州的文化轴心地位。

实景1

实景2

实景3

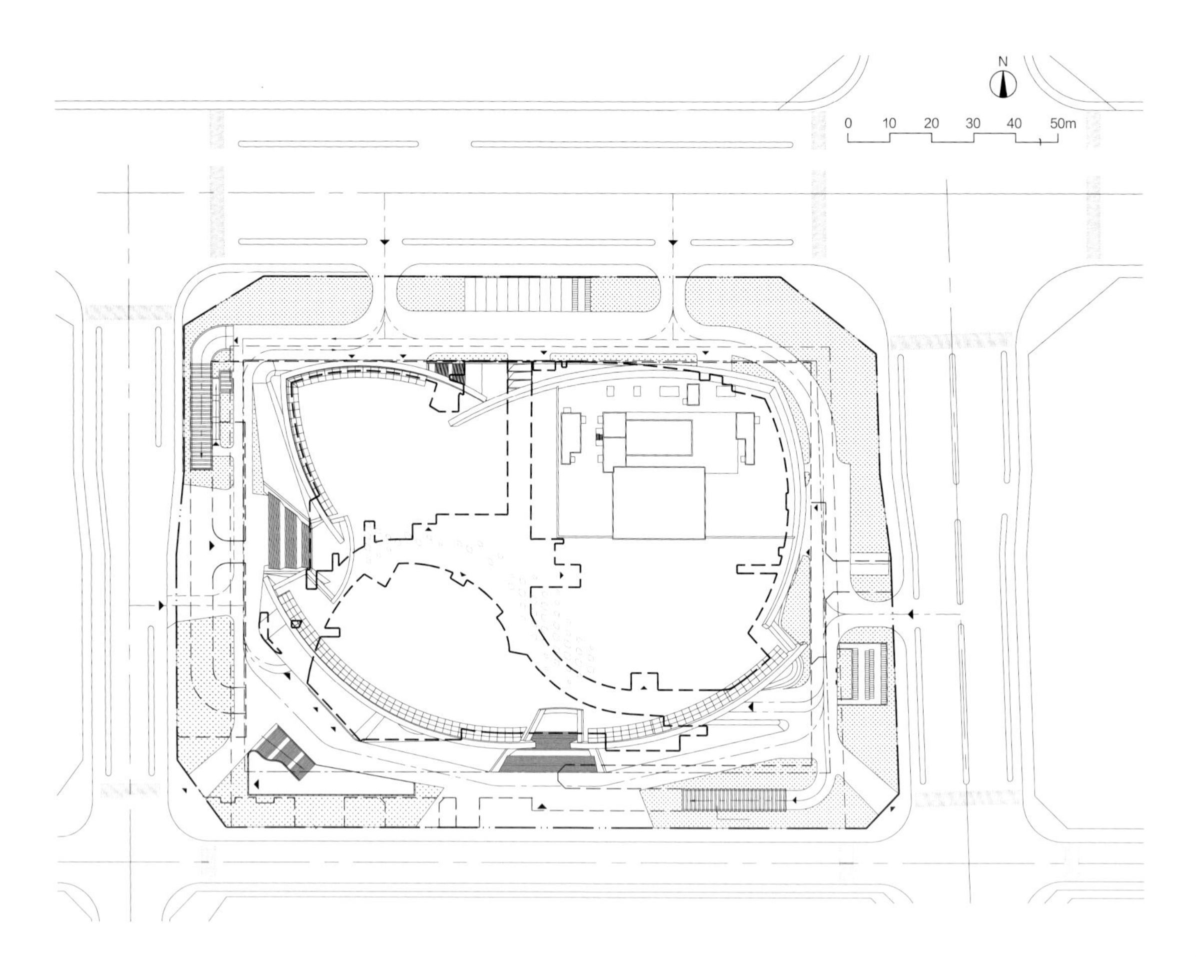
N
0
10
20
30
40
50m

总平面图

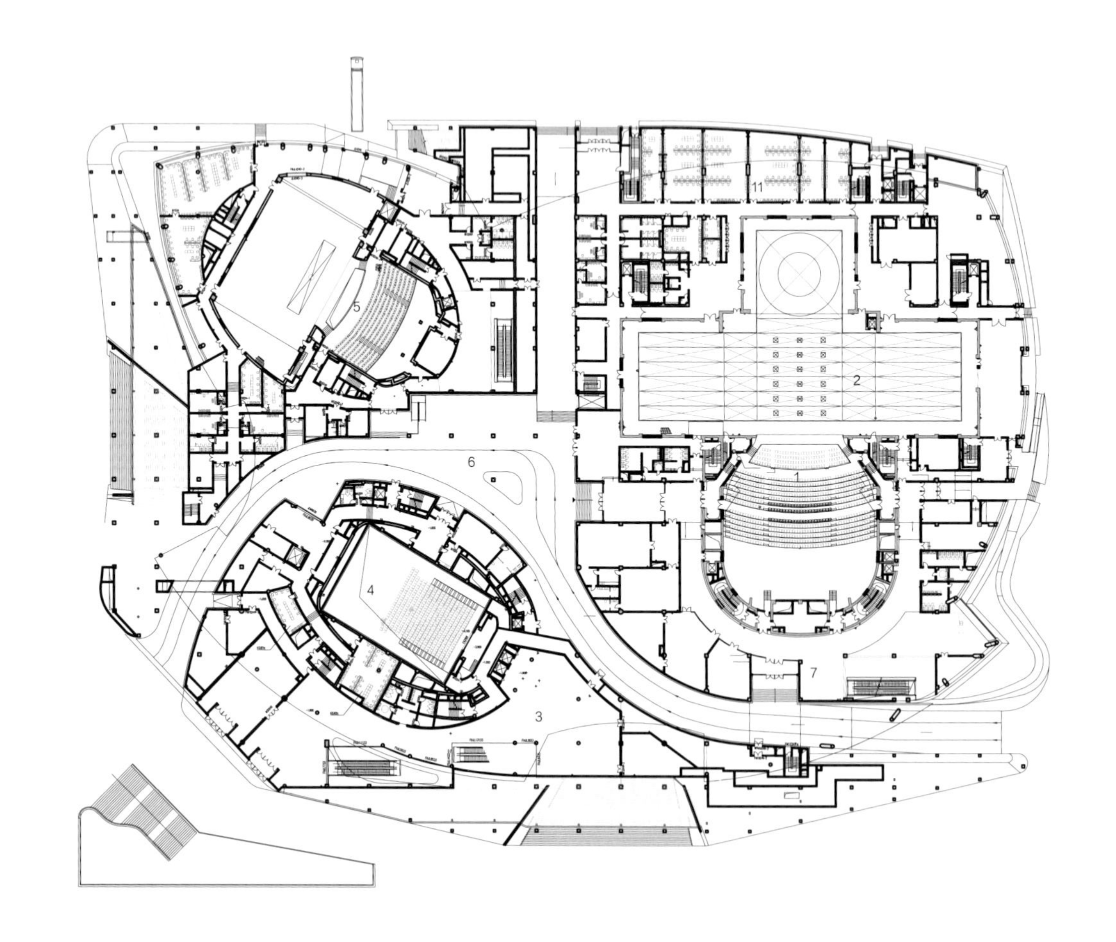
1
2
3
4
5
6
7
11

首层平面图

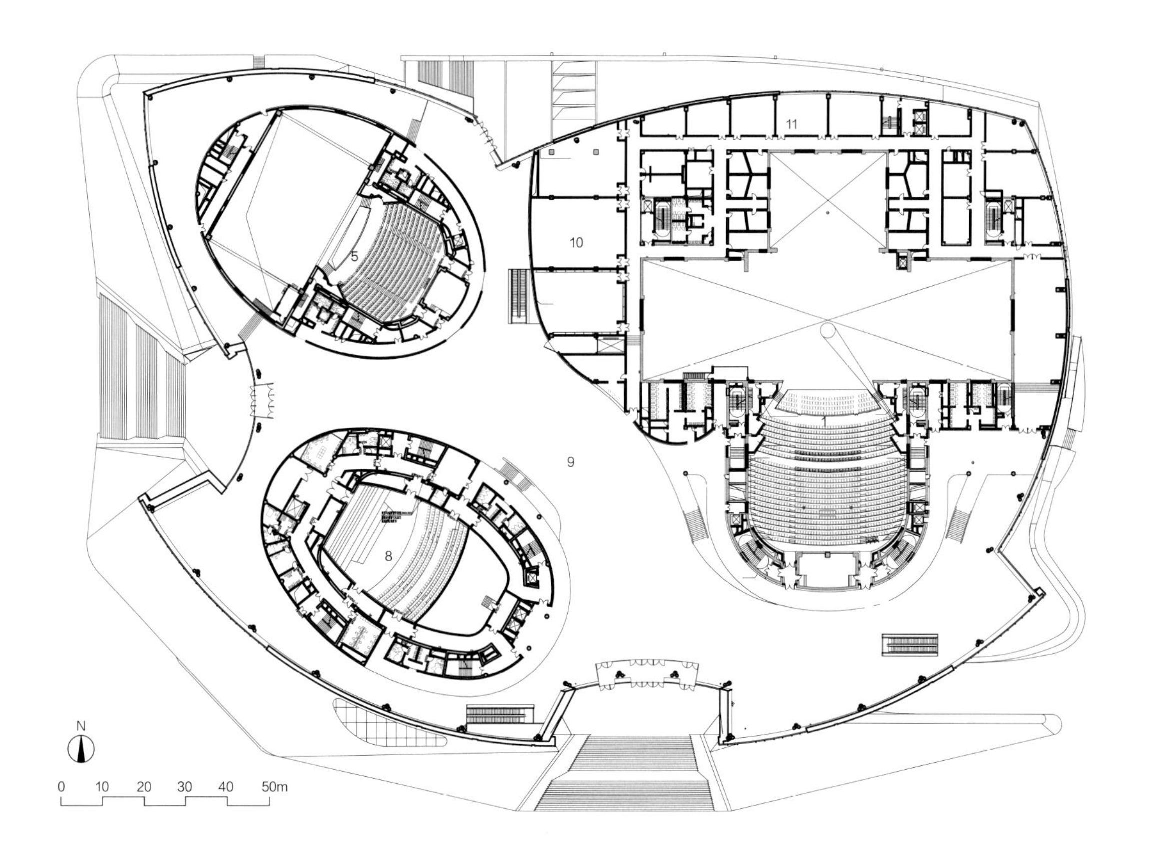

11
10
5
9
8
N
0
10
20
30
40
50m

二层平面图

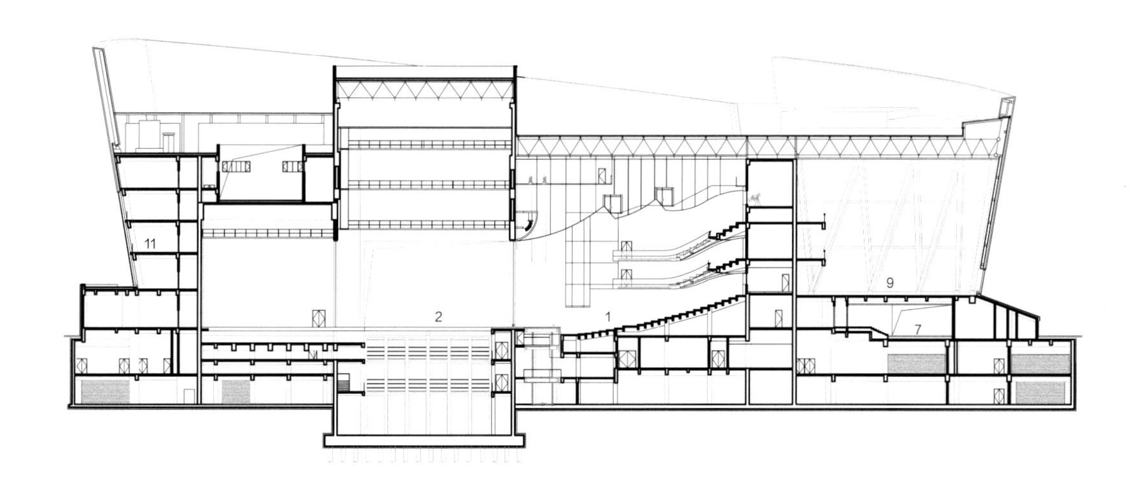

11
2
1
9
7

剖面图1

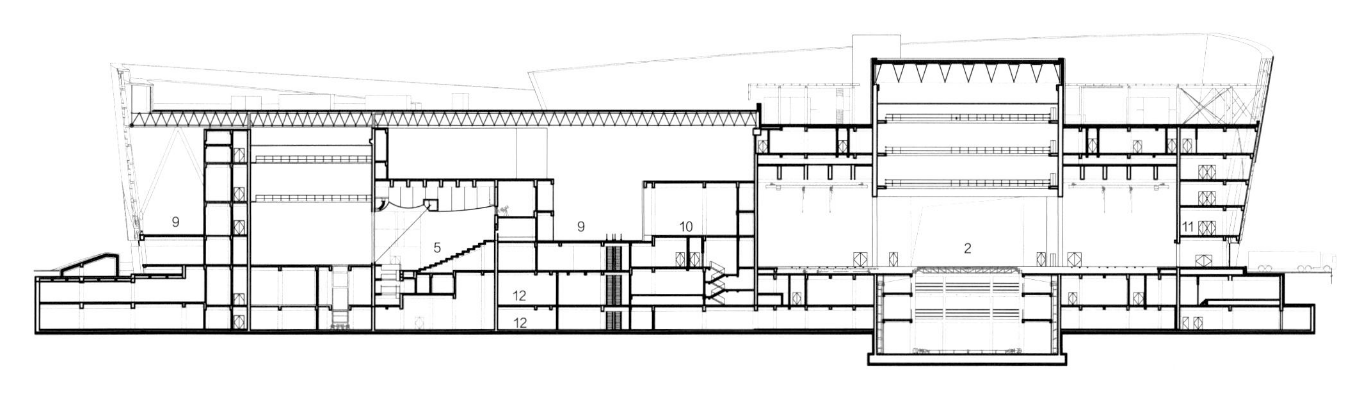

9
5
9
10
12
12
2
11

1 歌舞剧场
2 歌舞剧场舞台
3 观众休息厅
4 多功能厅（黑匣子）
5 戏曲厅
6 室外通廊
7 观众休息厅
8 音乐厅
9 公共大厅
10 舞蹈排练厅
11 后台区
12 地下车库

剖面图2

石窝剧场

扫码阅读更多视频、图片内容

开发单位：嵩山街道人民政府
设计单位：三文（北京）建筑设计咨询有限公司
项目地点：山东省威海市环翠区嵩山街道五家疃村
设计 / 建成时间：2019 年 / 2019 年

项目负责人：何崴
主要设计人员：陈龙，唐静，李婉婷，李俊琪，张娇洁，林培青，赵馨泽，纪梓萌，刘松，李虹雨（实习）

获奖情况
International Architecture Awards 2020
2020 年 纽约艺术指导协会年度奖 佳作奖
2020 年 Architizer A+ Awards 单元评委会大奖

主要经济技术指标
场地面积：$1500m^2$
建筑面积：$280m^2$

石窝剧场是一个更新项目，其前身是一座废弃的采石坑。场地周边有三个村庄、数百户居民，长期缺乏公共空间。本案没有采用简单的景观美化手法，而是加入新建筑和新功能——露天剧场和咖啡厅，在为周边村民提供社区空间的同时，也为村庄带来了新的经济收益（举办音乐节、戏剧节）。

设计保留了采石坑原有的石壁，作为舞台的背景，体现了东方的自然审美。新建筑顺应地形建设，环抱石壁。建筑造型简洁、粗犷，景观与建筑的一体化处理使建筑很好地融入环境。设计采用了可持续的手法，且节约了成本，使用本地石头作为主要建筑材料，采用本地传统垒石技艺建造立面，自然采光和通风也保障了建筑舒适度，减少了能耗。

项目完成后，快速融入社区，得到了本地人的高度认可，已经举办了多场社区公共活动，解决了区域缺少日常公共空间的问题。在项目所在的山东威海市，此类采石坑有数千座，现在都面临停产、修复的问题。本案为这些案例的设计提供了重要启发。

舞台与看台

夜晚的石窝剧场

建筑立面使用地方传统垒石工艺

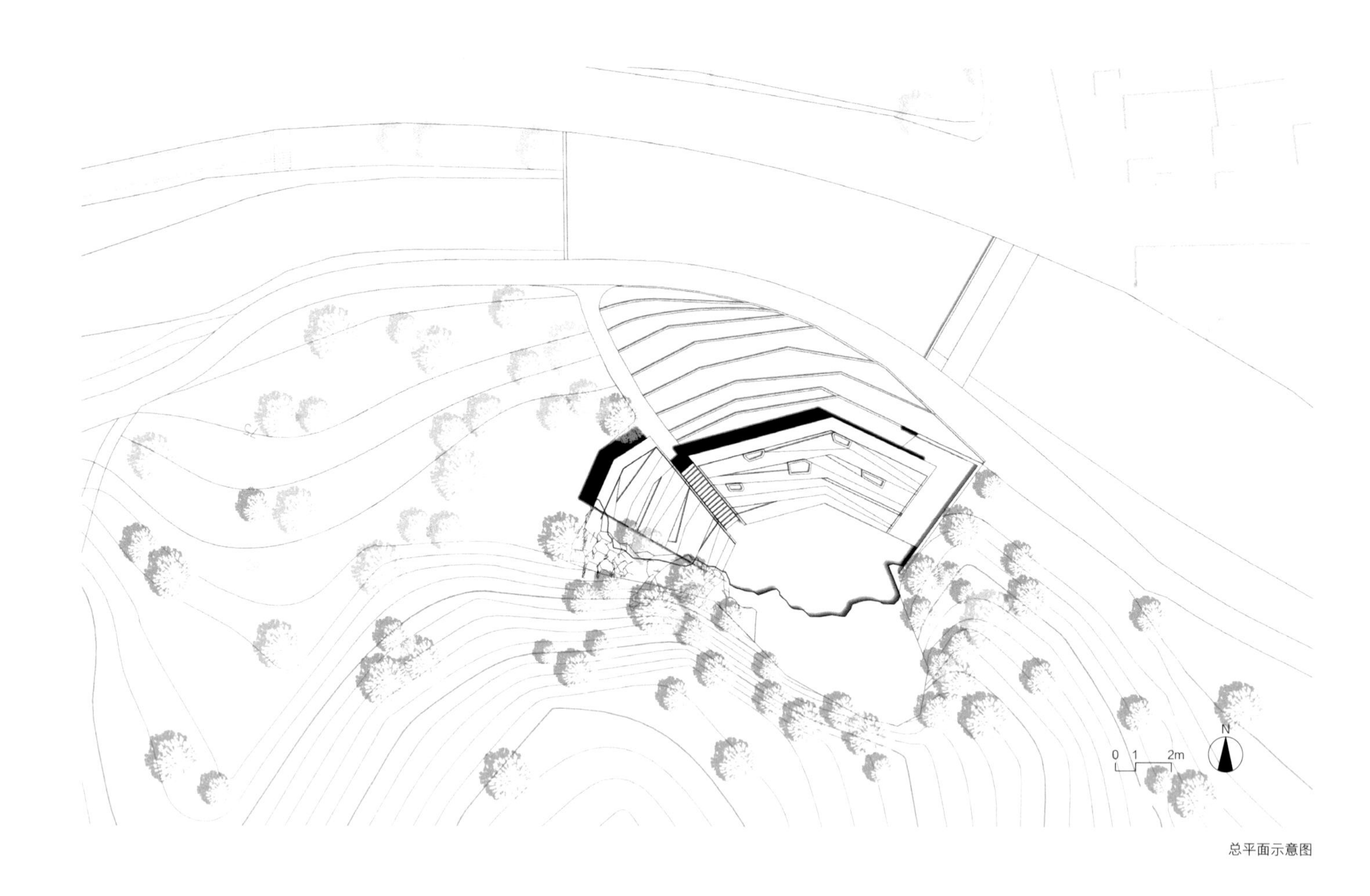
0 1 2m
N

总平面示意图

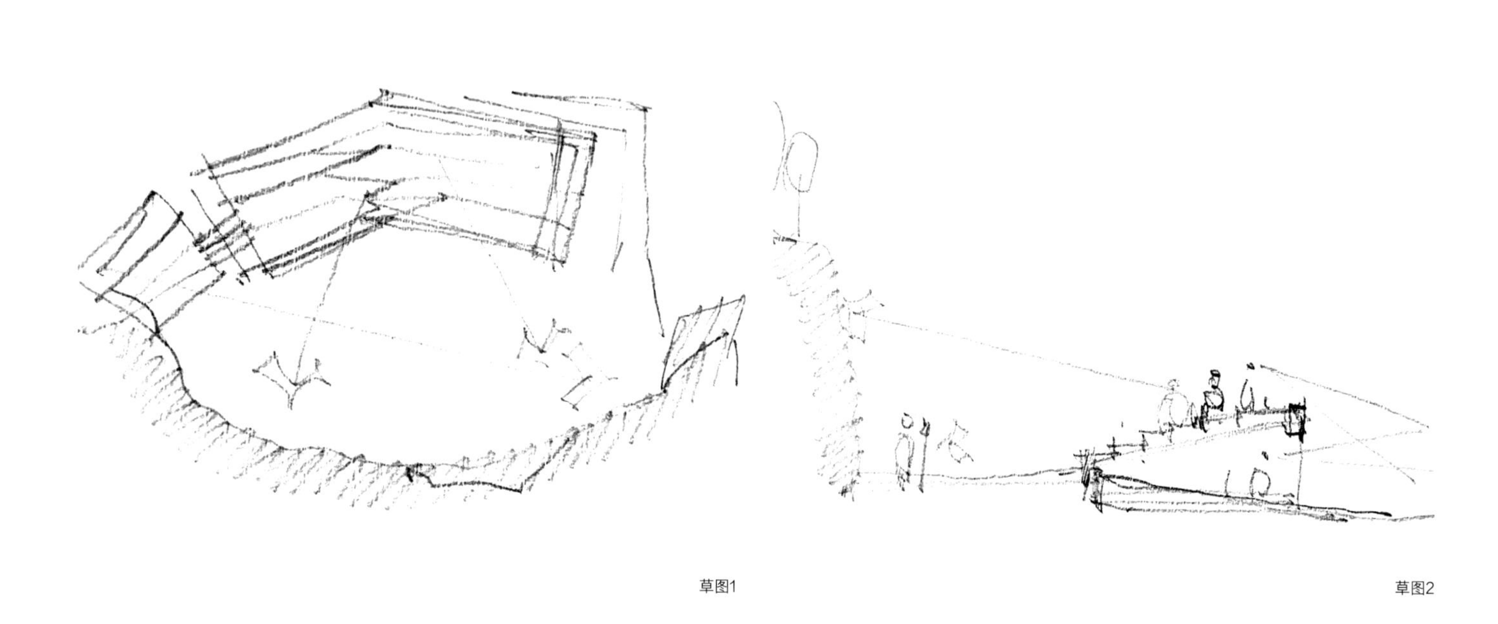

草图1

草图2

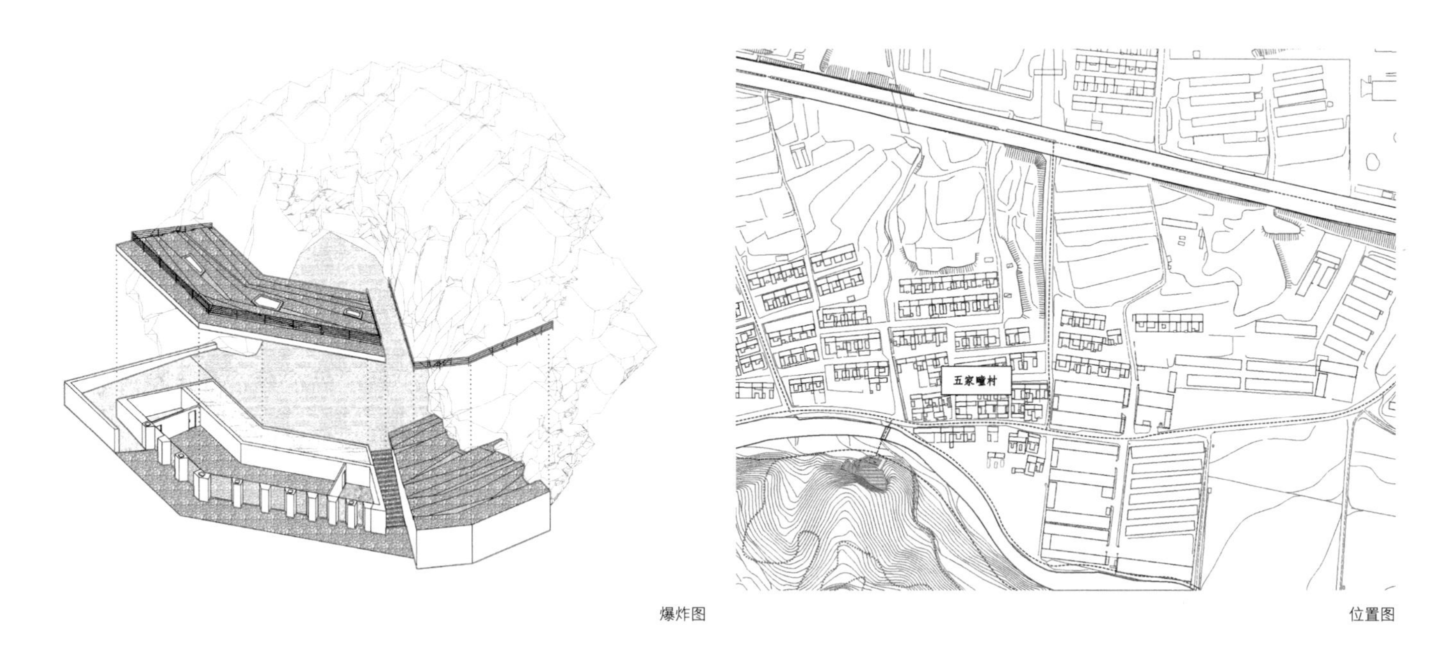
五家疃村

爆炸图　　位置图

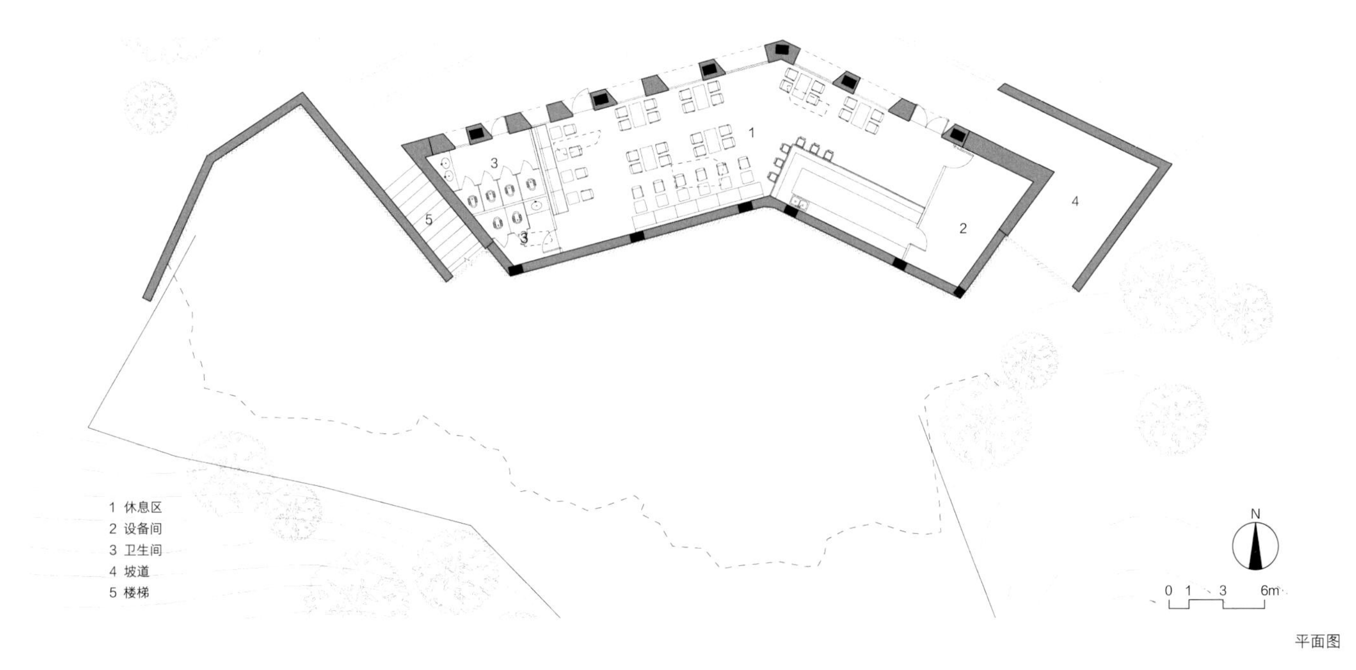
1
2
3
3
4
5
1 休息区
2 设备间
3 卫生间
4 坡道
5 楼梯
N
0 1 3 6m

平面图

剖面图

寻梦牡丹亭

扫码阅读更多视频、图片内容

开发单位：北京阳光新瑞文化发展有限公司
设计单位：中国建筑设计研究院有限公司
项目地点：江西省抚州市临川区文昌市
设计 / 建成时间：2017 年 / 2019 年

项目负责人：曹晓昕，李欣叶
主要设计人员：曹晓昕，李欣叶，王冠，孙群，范国杰，范佳，
刘倩，王嘉婧，孙超，余浩

获奖情况
2021 年 北京市优秀工程设计奖（城市更新设计单项奖）二等奖
2020 年 WAF 世界建筑节最佳建成建筑大奖
2021 年 国际房地产大奖 International Property Awards（IPA）休闲建筑类别大奖

主要经济技术指标
用地面积：152700m^2　　建筑面积：38291m^2
容积率：0.25　　建筑密度：6.5%
绿地率：35%　　停车位：185 个

“寻梦牡丹亭”实景演出文化公园选址于文学家汤显祖的故乡——江西抚州临川文昌里。项目旨在活化传统戏剧，结合旧城改造，激活城市更新。“千年汤显祖，寻梦牡丹亭”，长达 500m 的三幕实景互动性演出，承载了建筑师对现实、地狱与天堂体验的极致想象。建筑师致力于将中国古典戏剧故事抽象为融“传统造园和建筑”于一体的意境空间，依托周边具有历史感的老屋旧宅，使现实梦境化，使梦境诗意化，创造出具有中国古典气质的真实乌托邦。

项目作为规划建筑景观舞美一体化设计，巧妙诠释了新与旧、商业与文化、现实与幻想的融合，园区设计满足了“白天游园，夜晚观演”的复合化使用要求，提供了全天候的沉浸式表演与游园空间。

园区紧邻文昌里历史老街区，通过老宅修缮与改造，将小型戏曲历史展览厅、公共休息厅、演员化妆室、商业零售等功能业态植入老街区，促进了旧城的复兴。新建游客接待中心采用混凝土与玻璃幕墙，与原有粉墙黛瓦的民居实现了良好的新旧对话。项目体现了对城市旧城区的历史文化与原住民的尊重，反映了崇尚自然与尊重历史的人文情怀。

实景1

实景2

实景3

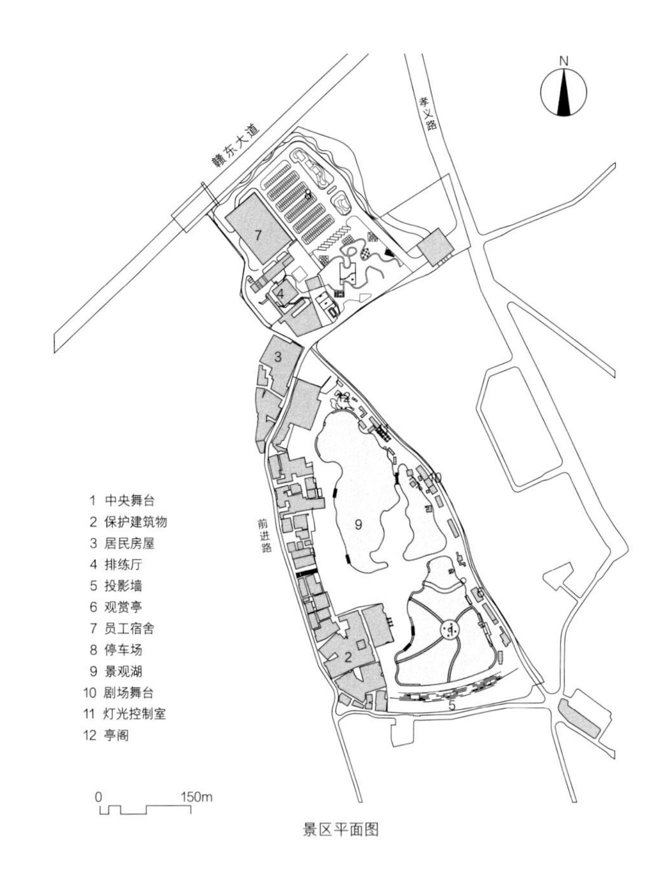
N
赣东大道
孝义路
前进路
1 中央舞台
2 保护建筑物
3 居民房屋
4 排练厅
5 投影墙
6 观赏亭
7 员工宿舍
8 停车场
9 景观湖
10 剧场舞台
11 灯光控制室
12 亭阁
0
150m

景区平面图

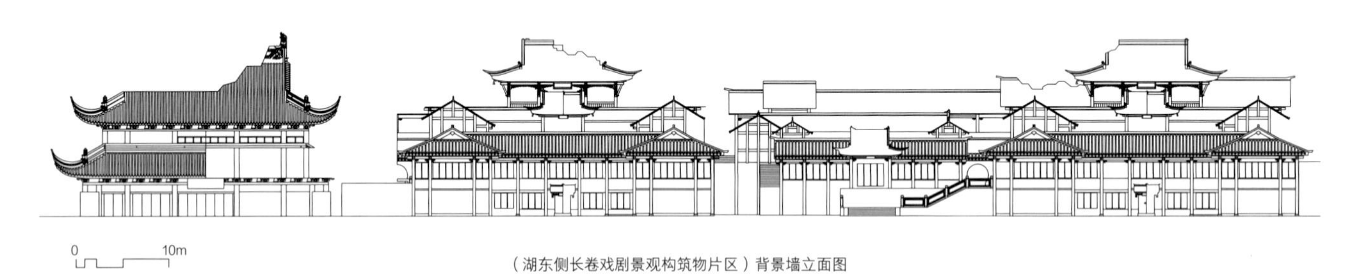
0
10m

（湖东侧长卷戏剧景观构筑物片区）背景墙立面图

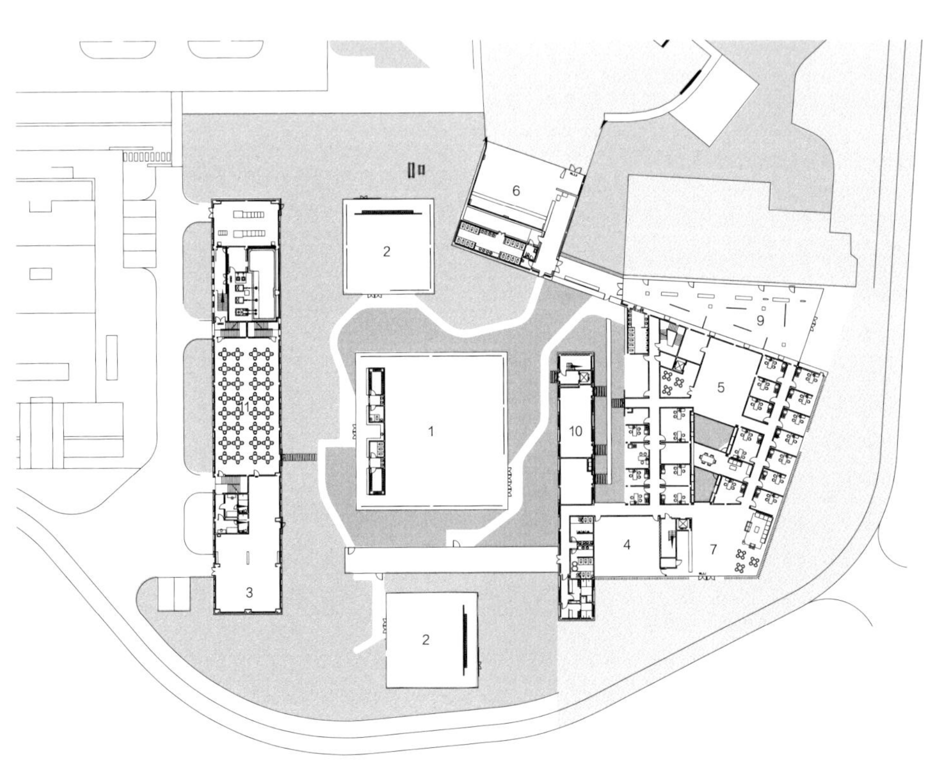
1 排练厅
2 小排练厅
3 超市/洗手间
4 办公区域
5 招待厅
6 游客接待厅
7 大堂
8 卫生间
9 展区
10 储藏室
11 餐馆
0
20m

服务区一层平面图

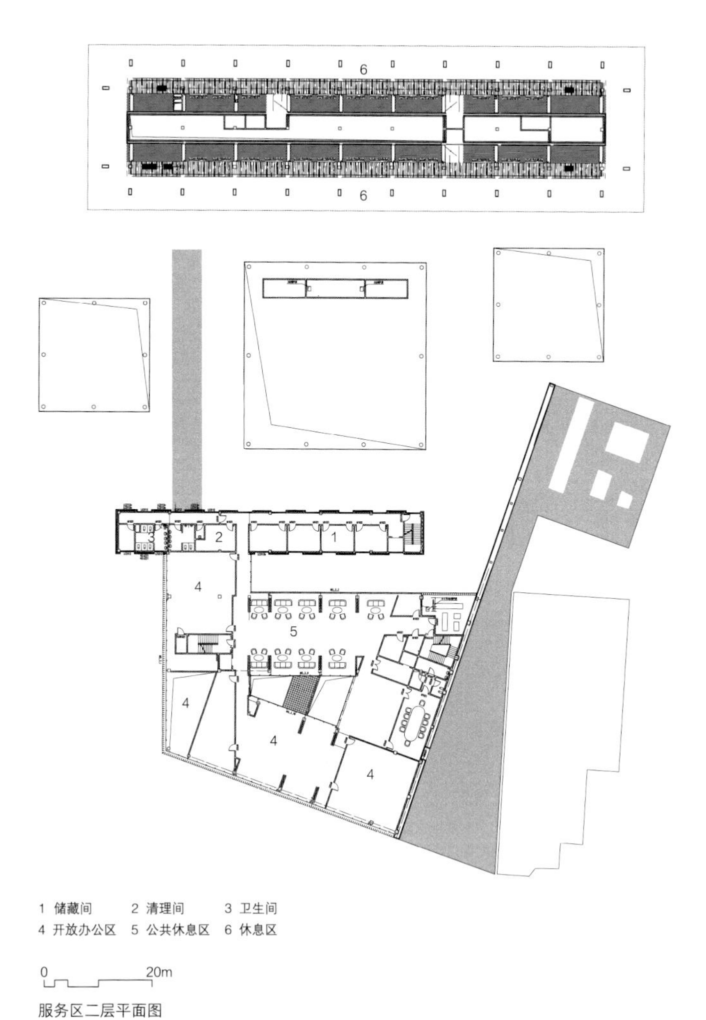

1 储藏间　2 清理间　3 卫生间
4 开放办公区　5 公共休息区　6 休息区

0　20m

服务区二层平面图

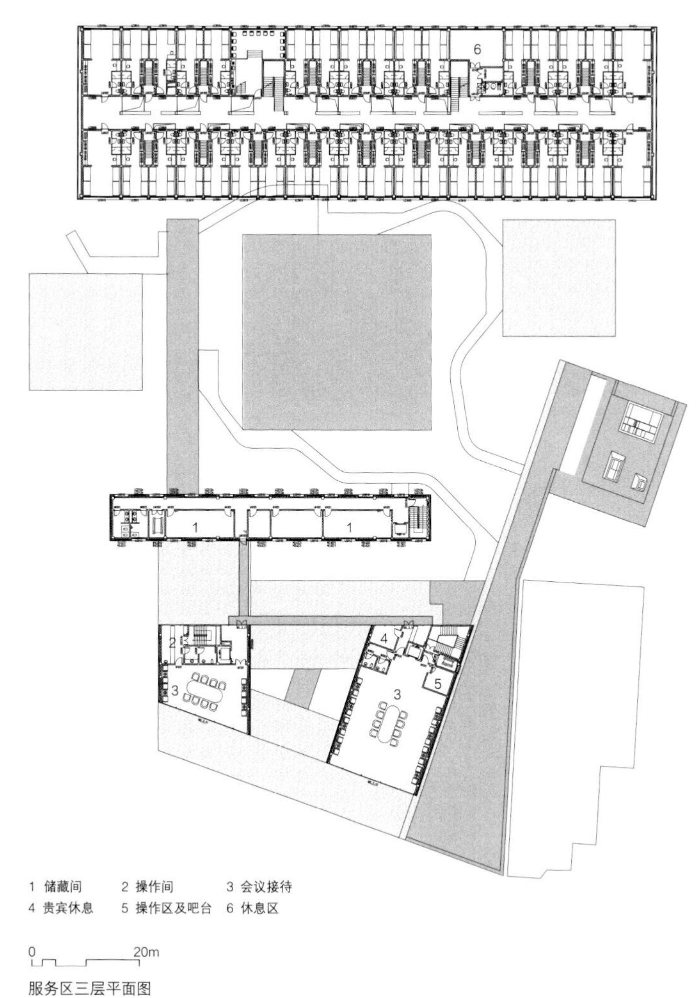

1 储藏间　2 操作间　3 会议接待
4 贵宾休息　5 操作区及吧台　6 休息区

0　20m

服务区三层平面图

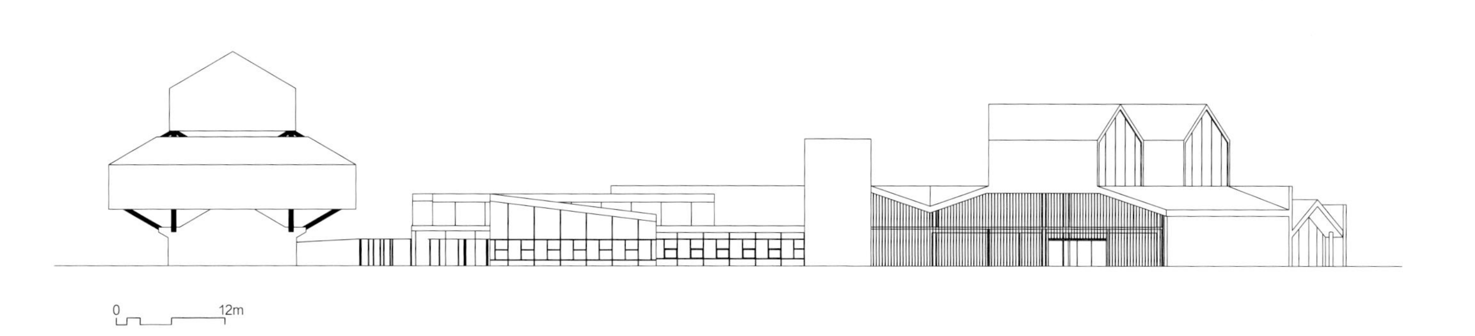

0　12m

西立面图

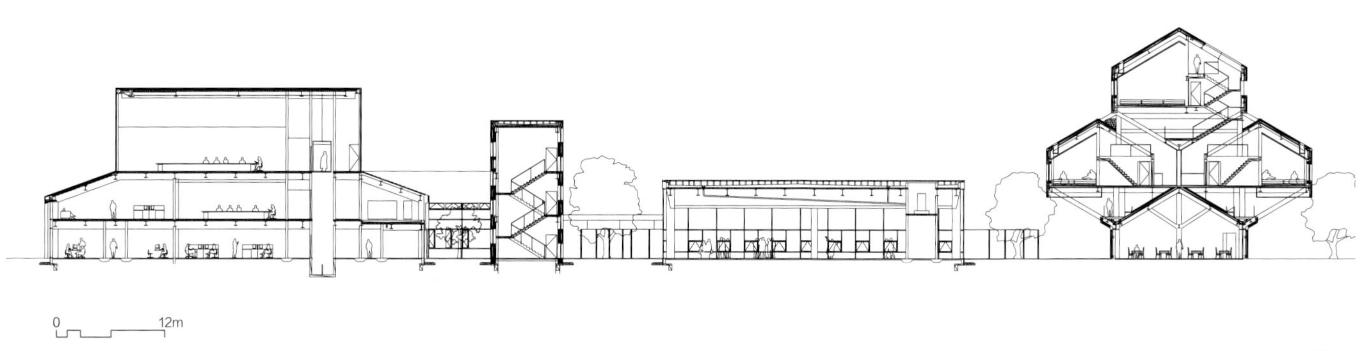

0　12m

剖面图

“只有峨眉山”戏剧幻城

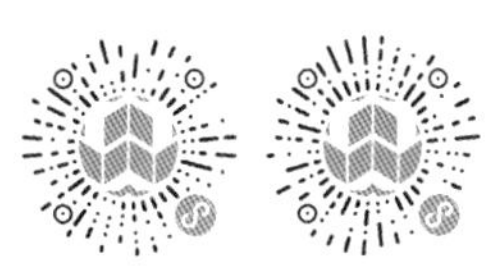

扫码阅读更多视频、图片内容

开发单位：峨眉山旅游投资开发（集团）有限公司
设计单位：北京市建筑设计研究院有限公司 /
北京王戈建筑设计事务所（普通合伙）
项目地点：四川省峨眉山市
设计 / 建成时间：2018 年 / 2019 年

项目负责人：王戈，王东亮，于宏涛
主要设计人员：王戈，王鹏，张红宇，张镝鸣，栗继明，赵轩，朱道平，赵甜甜，张睿，许雯婷

主要经济技术指标
用地面积：76575m^2　　建筑面积：17740m^2
容积率：0.23　　建筑密度：15.6%
绿地率：35%　　停车位：225 个

“只有峨眉山”戏剧幻城演艺群落由主体剧场和情景园林剧场（改造基地内原有村落）构成。

以“云之上”作为文学和建筑语境的切入点，取材于峨眉与云海、佛境与人间，将自然意象提炼为文学表达，再将文学语义化身为视觉形象。

以重峦叠嶂中原有堰、坡、水等地貌特征以及村落房屋等人文条件为文脉，因势利导保留基地内旧村并构建成戏剧演出的多幕场景，化身为戏剧幻城观众心中的“人间”，此为“云之下”剧场。

以此对照，主体剧场是巍峨众山中的“又一山”，体形取意于峨眉山雄秀西南的气质，肌理则以“瓦”和“屋顶”为元素，从地到天逐渐蔓延并覆盖场景全域，营造从人间到天界的过渡意象，使观众恍惚从天界俯瞰世间万物：此处是“云之上”，亦“人世间”。

主体剧场立面细部

从旧村情景园林剧场看主体剧场

主体剧场入口门厅

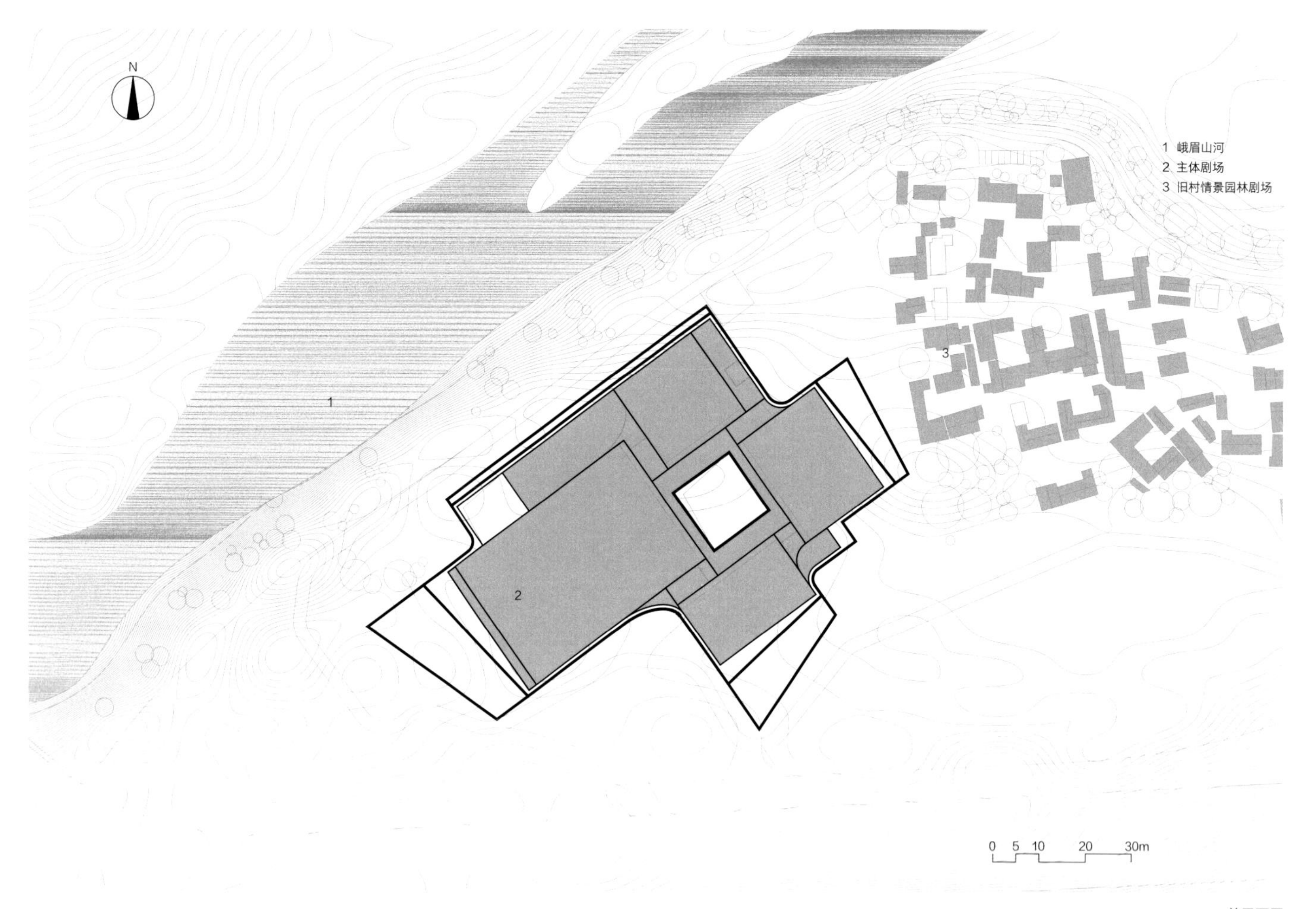
N
1 峨眉山河
2 主体剧场
3 旧村情景园林剧场
1
2
3
0 5 10 20 30m

总平面图

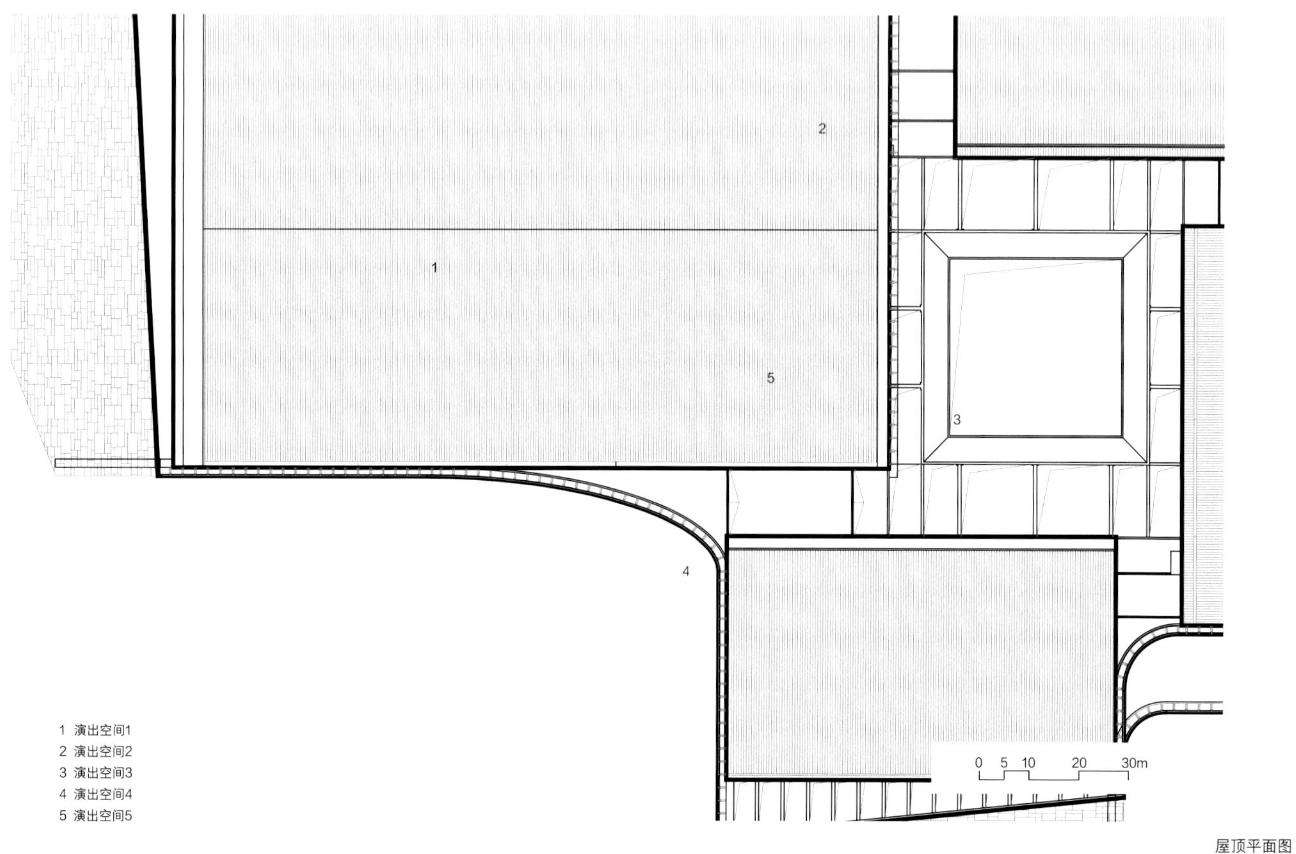
1
2
3
4
5
1 演出空间1
2 演出空间2
3 演出空间3
4 演出空间4
5 演出空间5
0 5 10 20 30m

屋顶平面图

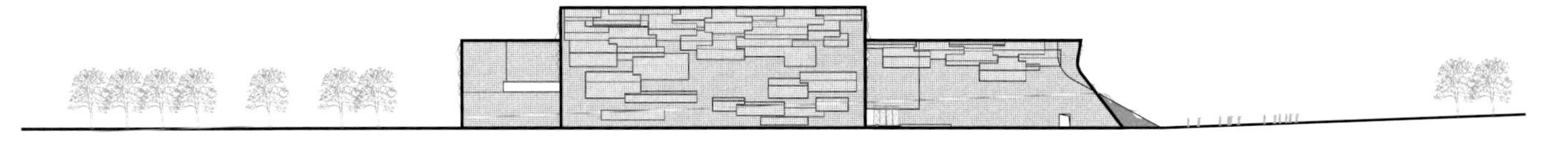

西南立面图

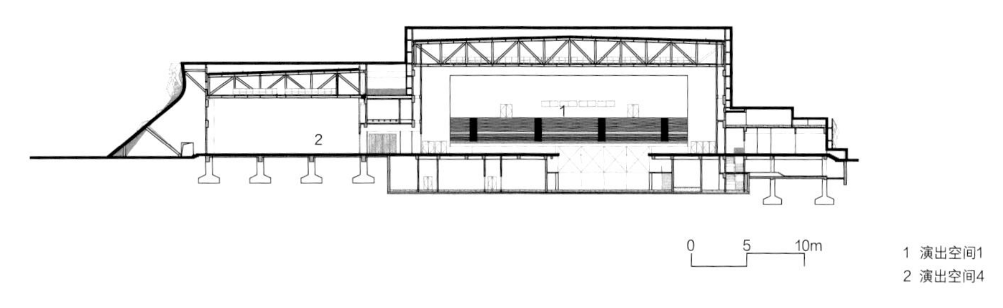
1
2
0 5 10m

1 演出空间1
2 演出空间4

东南一西北剖面图

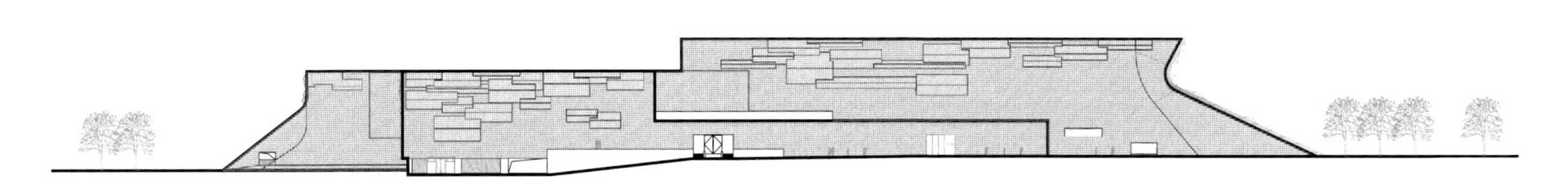

西北立面图

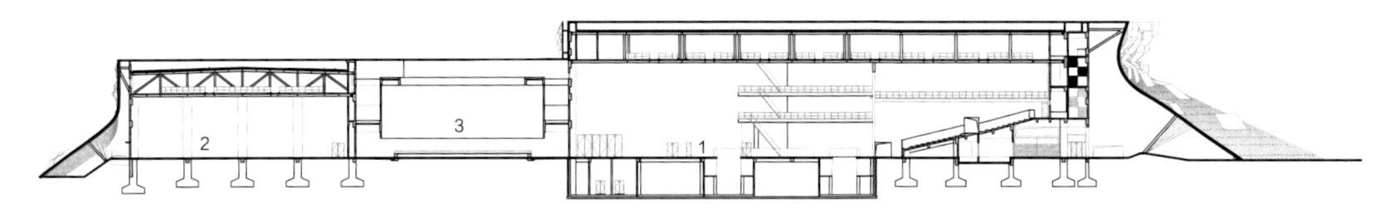
1
2
3

1 演出空间1
2 演出空间3
3 演出空间5

东北一西南剖面图

CONTEMPORARY
CHINESE ARCHITECTURE
RECORDS

当代中国建筑实录

教科

儿童成长中心
福田新沙小学
汉口城市展厅及幼儿园
乐成四合院幼儿园
那和雅幼儿园
深圳国际交流学院新校区
深圳市坪山区锦龙学校
乌海市职业技能实训基地一期工程改造
中科院量子信息与量子科技创新研究院一号科研楼
红岭实验小学
龙华区教科院附属外国语学校
小小部落
中国美术学院良渚校区

儿童成长中心

扫码阅读更多视频、图片内容

开发单位：北京暖亲健康科技有限公司
设计单位：waa未觉建筑事务所
项目地点：北京市朝阳区东坝郎园 Station
设计 / 建成时间：2018 年 / 2021 年

项目负责人：张迪，杨杰克
主要设计人员：霍明辉，冯雨晴，王忞，朱晶，曹梦博，杨华琳，
曹绮雯，李维雅，金河一帆

获奖情况
2021 年 英国 DEZEEN 设计奖年度景观建筑奖第一名
2022 年 ArchDaily 年度最受欢迎建筑奖教育类建筑

主要经济技术指标
用地面积：3921m^2
建筑面积：2657m^2

基于原址原建的原则，保留了原有建筑的主体轮廓，在新的功能定位下进行了新建及修复。提出“回到邻里”（Back to the Neighborhood）的概念，因为一个功能完备并且可以激发孩子们自主使用大脑、肢体以及感官来探索的街区，是当下都市儿童成长的有机补充。

从我们自身的对于街区的童年记忆中，提炼出 5 个特征游戏，以构建那个缺失的可以尽情玩耍的空间，使孩子在游乐中对他们的肢体和感官逐步了解、掌握，协调统合自己身体的兴趣并激发灵感：①捉迷藏；②冒险乐园；③角落和小窝；④迷宫；⑤梦幻。由此，得到了这样一个功能复合的场所，它充满梦幻，可以激励孩子们主动去掌控所处的环境。

通过 3 个建筑元素的介入构建设计概念中的复合场所：①管道；②屋面；③山丘地形。这个项目的意义就是希望孩子们能通过感官和肢体对环境进行探索，为他们制造一些带有冒险性质的“危险”环境，可以更有效地激发他们在面对各种险境时的创造力，并且能更好地了解和认知自己的身体机能。

实景1

实景2

实景3

1 接待处
2 更衣室
3 游戏空间
4 咖啡厅
5 餐厅
6 厨房
7 图书馆
8 美甲室
9 感统训练室
10 消防控制室
11 办公室
12 烘焙教室
13 小食
14 半室外活动空间

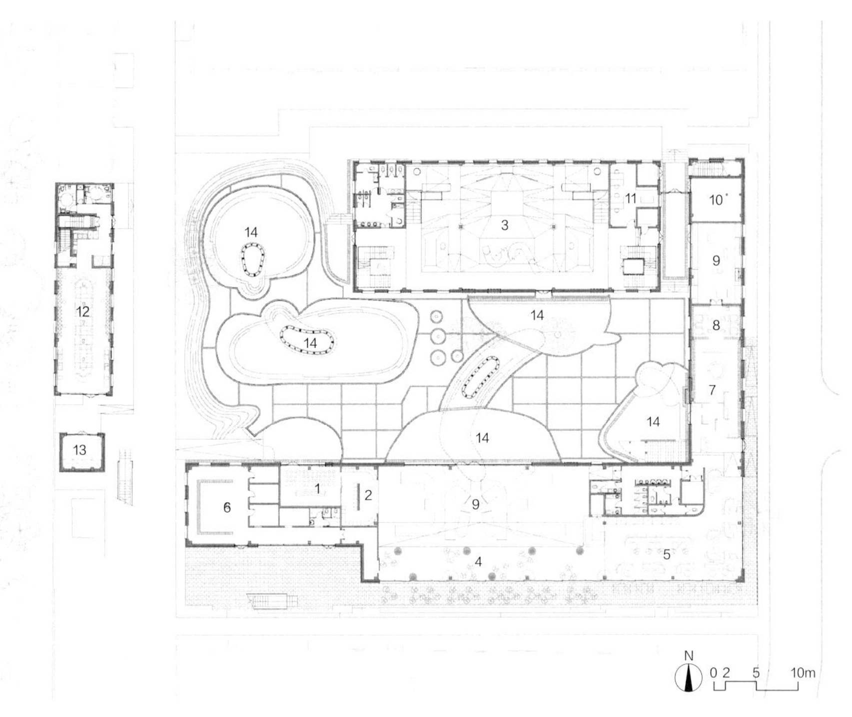

一层平面图

1 游戏空间
2 教室
3 设备夹层
4 屋顶平台
5 小食
6 室外山丘
7 滑梯

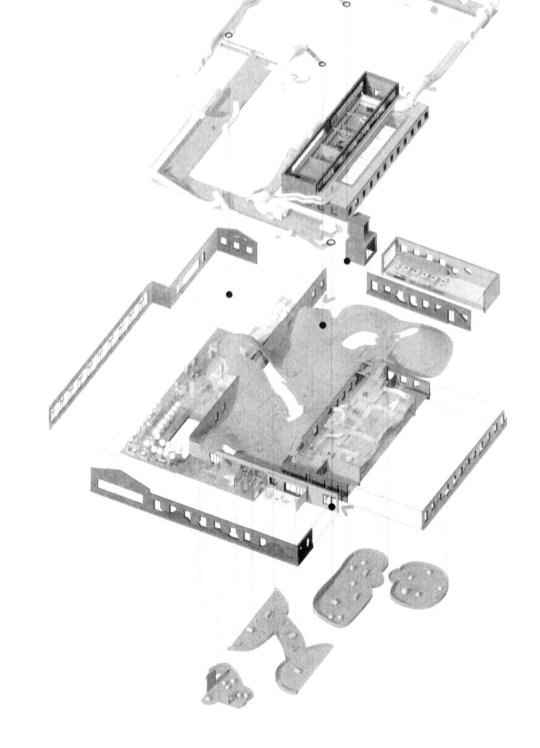

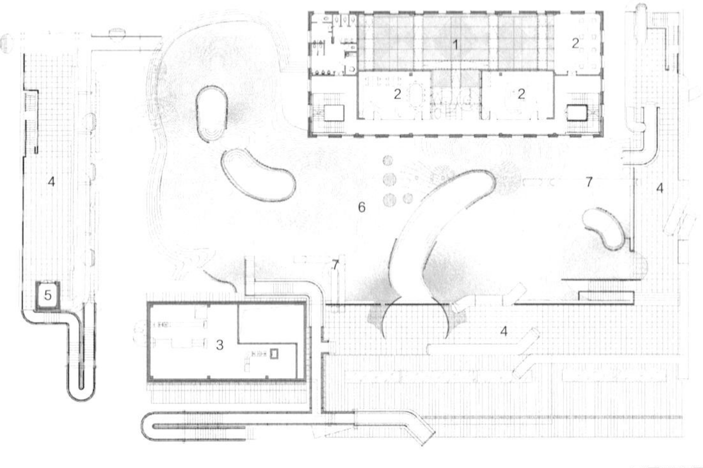

二层平面图

1 接待处
2 教室
3 办公室
4 屋顶平台
5 采光天窗
6 室外山丘
7 滑梯

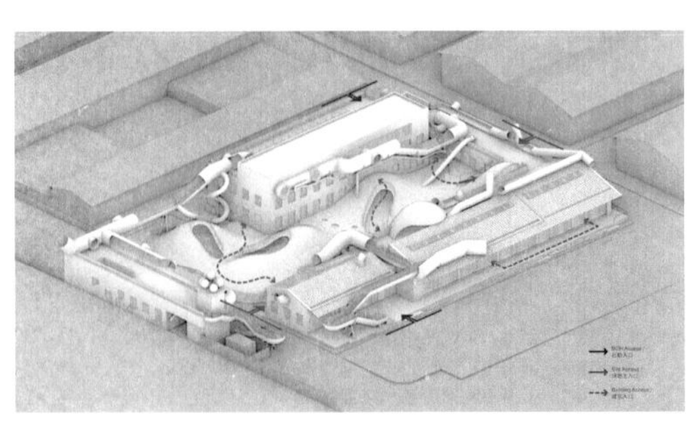

动线分析

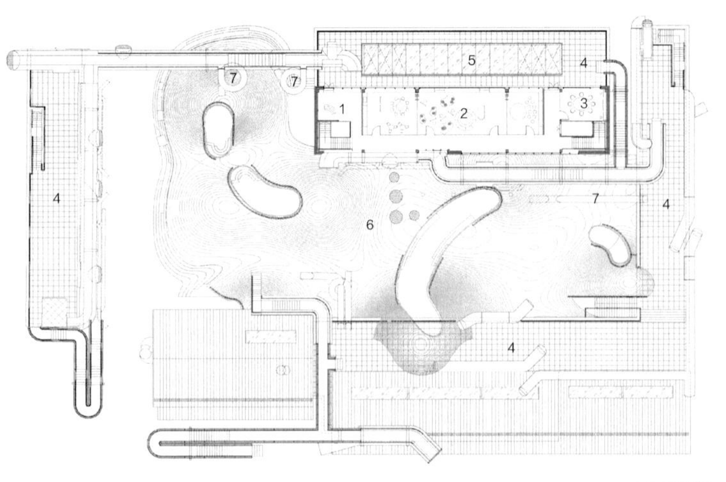

三层平面图

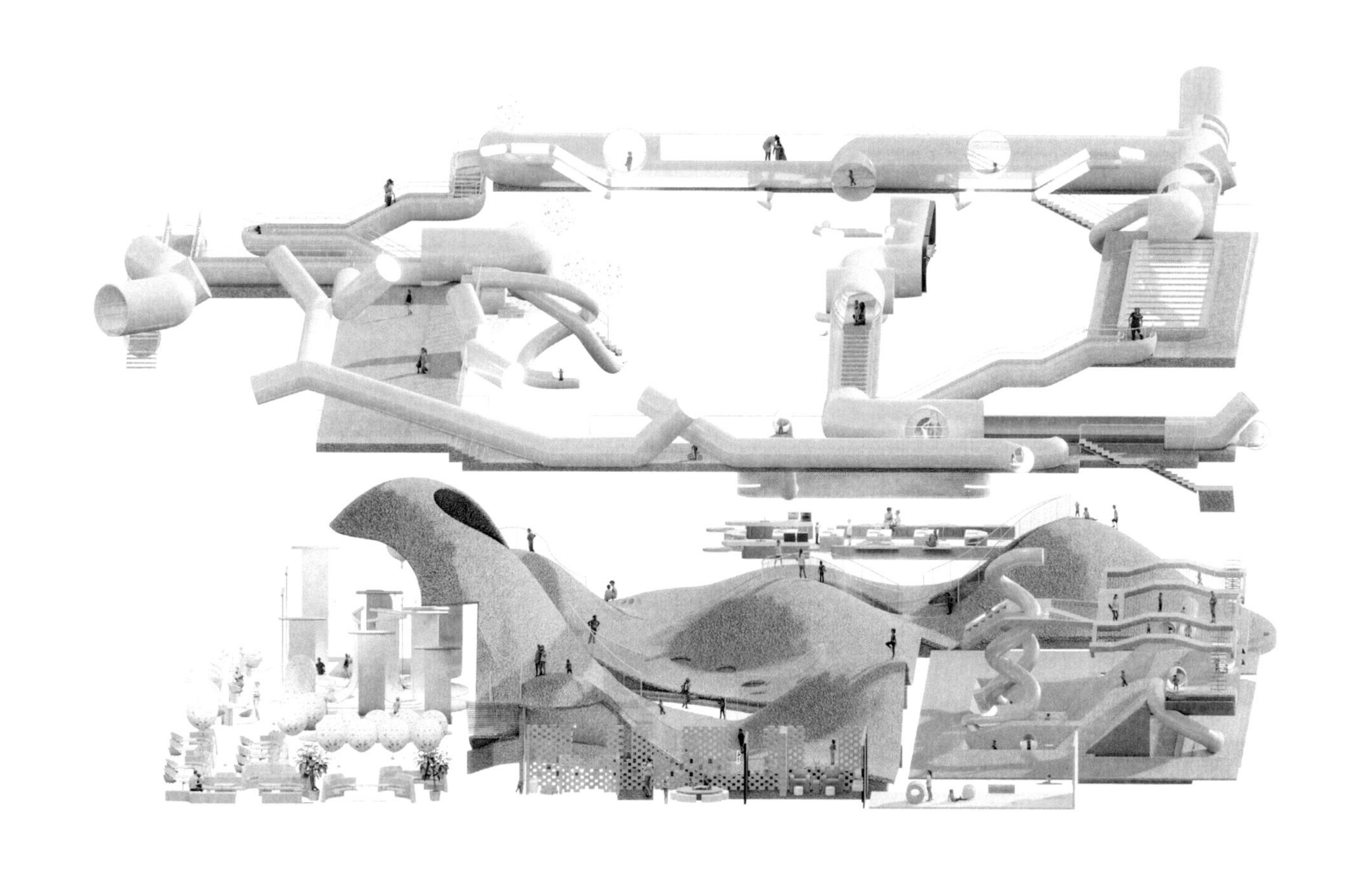

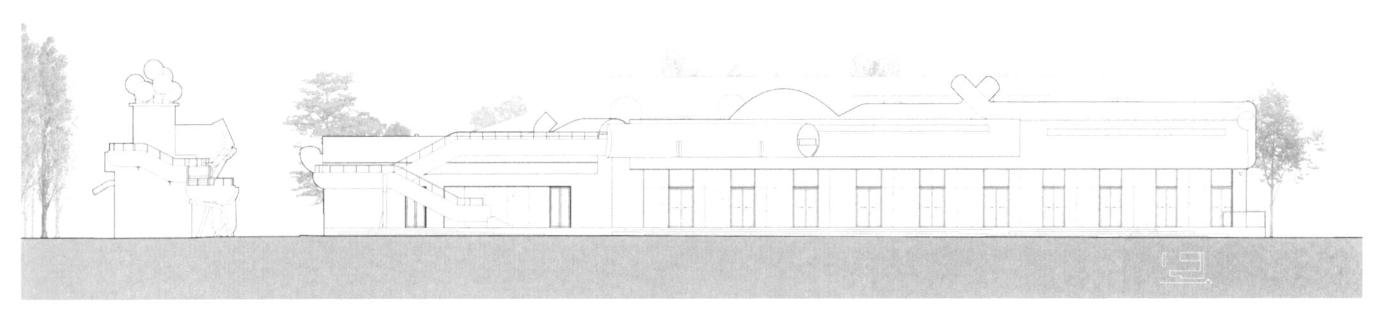

立面图

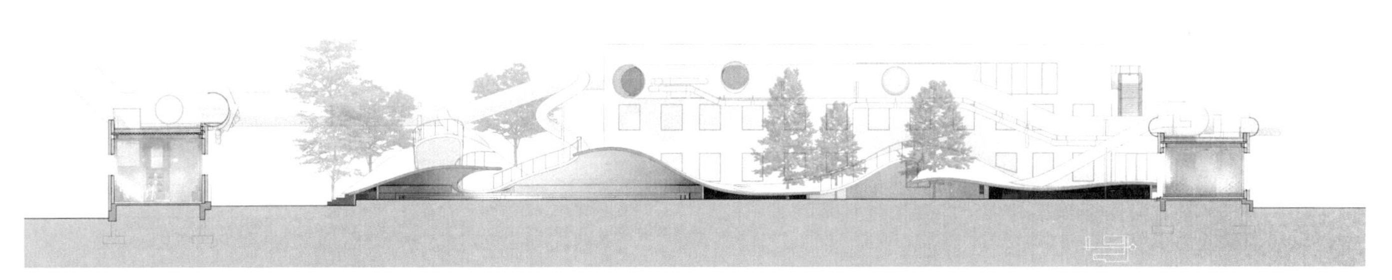

剖面图1

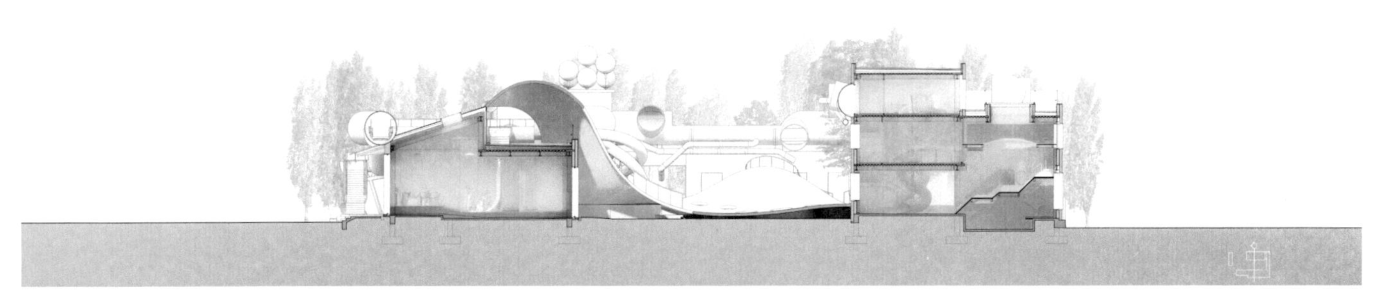

剖面图2

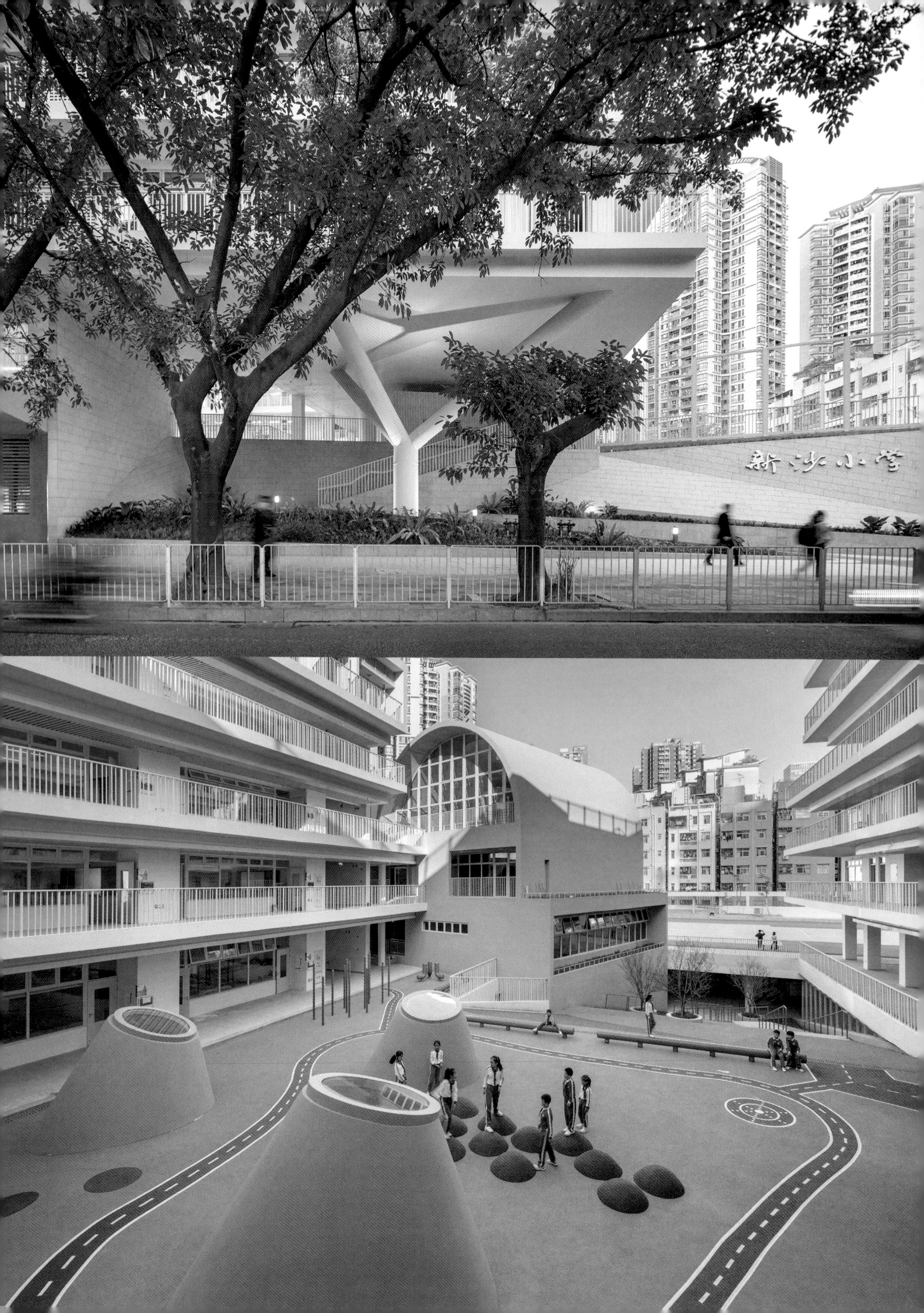
新沙小学

福田新沙小学

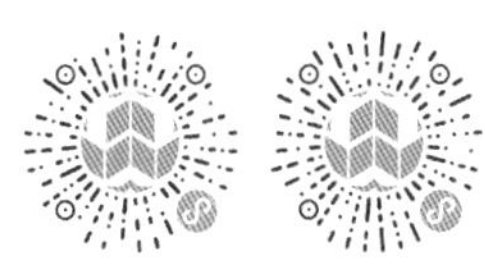
扫码阅读更多视频、图片内容

开发单位：深圳市福田区教育局
设计单位：一十一建筑设计（深圳）有限公司
项目地点：广东省深圳市福田区新洲七街 66 号
设计 / 建成时间：2018 年 / 2021 年

项目负责人：谢菁，FUJIMORI Ryo
主要设计人员：罗明钢，许森茂，周子豪，张晓骏，何奕君，蔡梓莹，袁玉林

获奖情况
2021 年 A&DAwards 教育建筑铜奖
2021 年 ArchDaily 最佳建筑

主要经济技术指标

用地面积：11328m^2	建筑面积：约 3.7 万 m^2
容积率：2.05	建筑密度：76.20%
绿化覆盖率：10.68%	停车位：地下 120 个

新沙小学的设计过程是自下而上的，从为学生的日常生活引入特定的景观游乐场到将它们整合到整个校园建筑中。

校园与社区：用 S 形教学楼围合内外庭院，用骑楼代替围墙重新定义校园与城市的边界，让学生们直观地感受到学校和周围社区的亲密关系。

平台建筑：通过设计柔化坚硬的边界，打开了建筑的“盒子”，把它变成一层层平台，鼓励学生发挥想象力进行各种活动。

主题乐园：孩子是天生的探索家，他们喜欢自由自在地利用空间来创造游戏，并在游戏中学习。我们设计了不同空间形态的“主题游乐场”，学生们能在其中自由地开展与之相关的活动。

儿童尺度：我们设计了约 50 件造型抽象的互动装置放在校园各处，鼓励学生探索和使用，通过身体感知空间、与朋友交流。

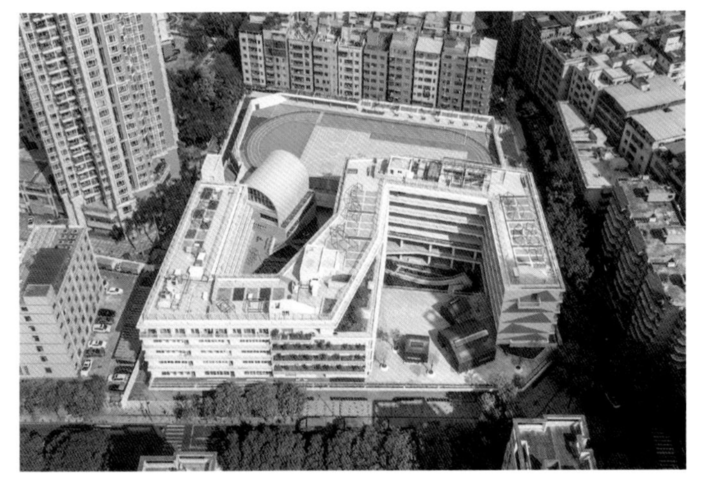
S形教学楼布局

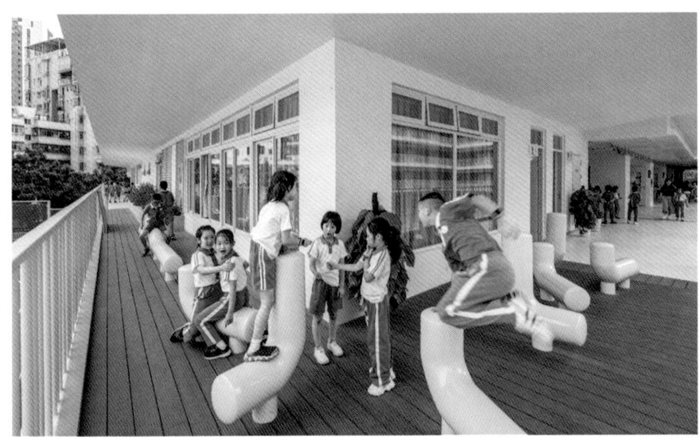
平台上的景观装置

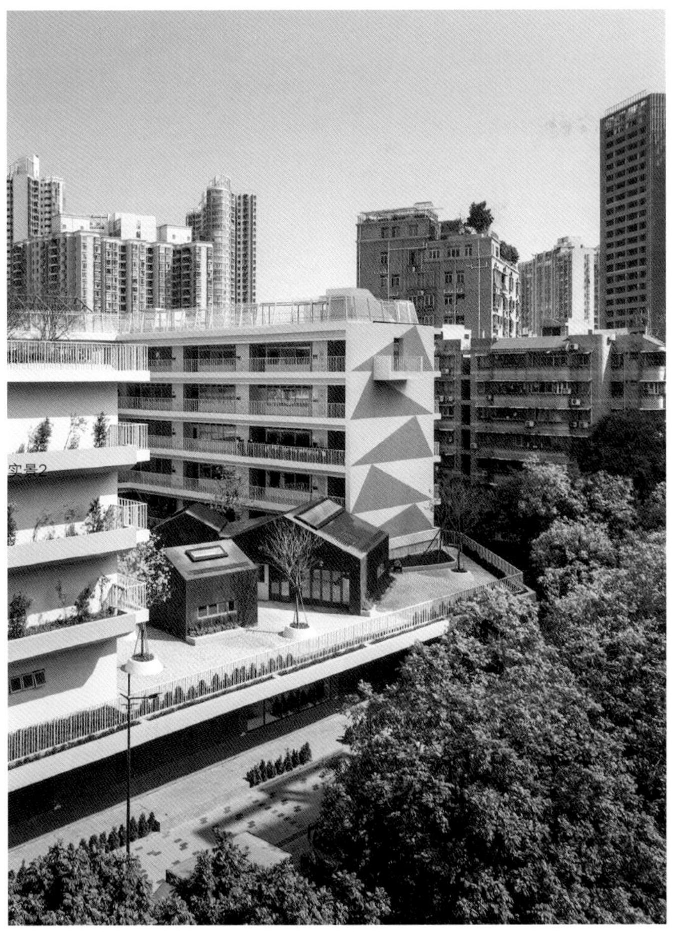
抬高的校园平台

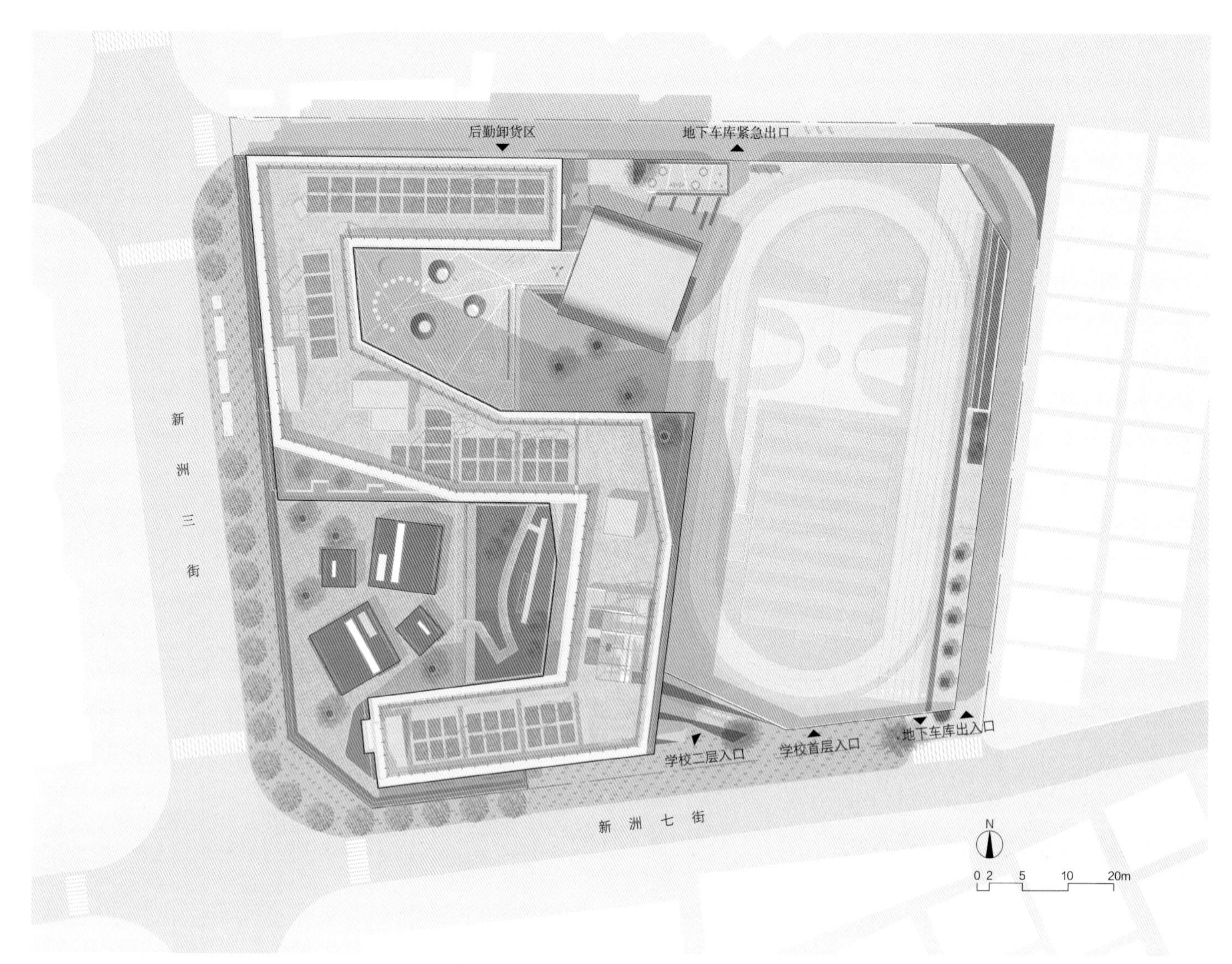
后勤卸货区
地下车库紧急出口
新
洲
三
街
学校二层入口
学校首层入口
地下车库出入口
新 洲 七 街
N
0 2 5 10 20m

总平面图

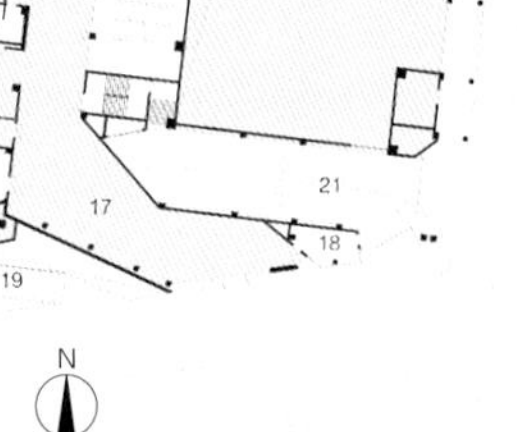
N
0 3 8 15 30m

1 厨房
2 教师食堂
3 卫生保健室
4 图书馆仓库
5 图书馆
6 社团活动室
7 大队部
8 德育展览室
9 展览长廊
10 校园电视台
11 准备室
12 多功能厅
13 架空层活动空间
14 风雨操场上空
15 室内游泳上空
16 总务
17 接送长廊
18 值班室
19 学校主入口
20 骑楼空间
21 车库出入口

首层平面图

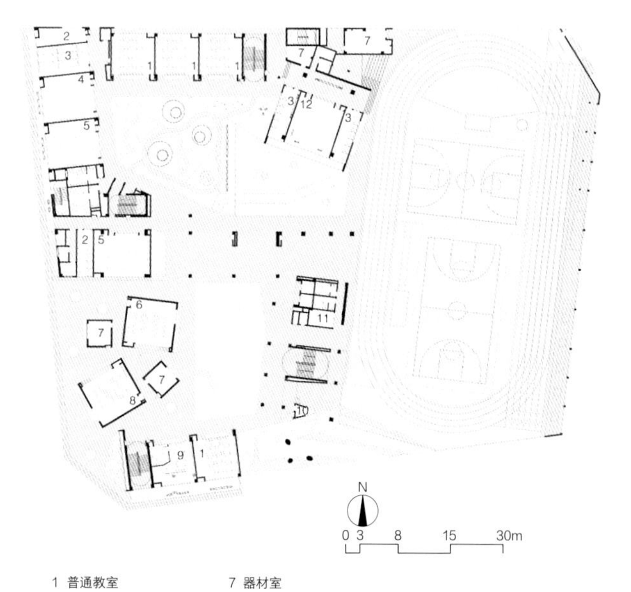
N
0 3 8 15 30m

1 普通教室
2 辅助用房
3 教师办公室
4 科学教室
5 美术教室
6 陶艺室
7 器材室
8 综合实践活动室
9 心理咨询室
10 值班室
11 广播室
12 器乐排练室

二层平面图

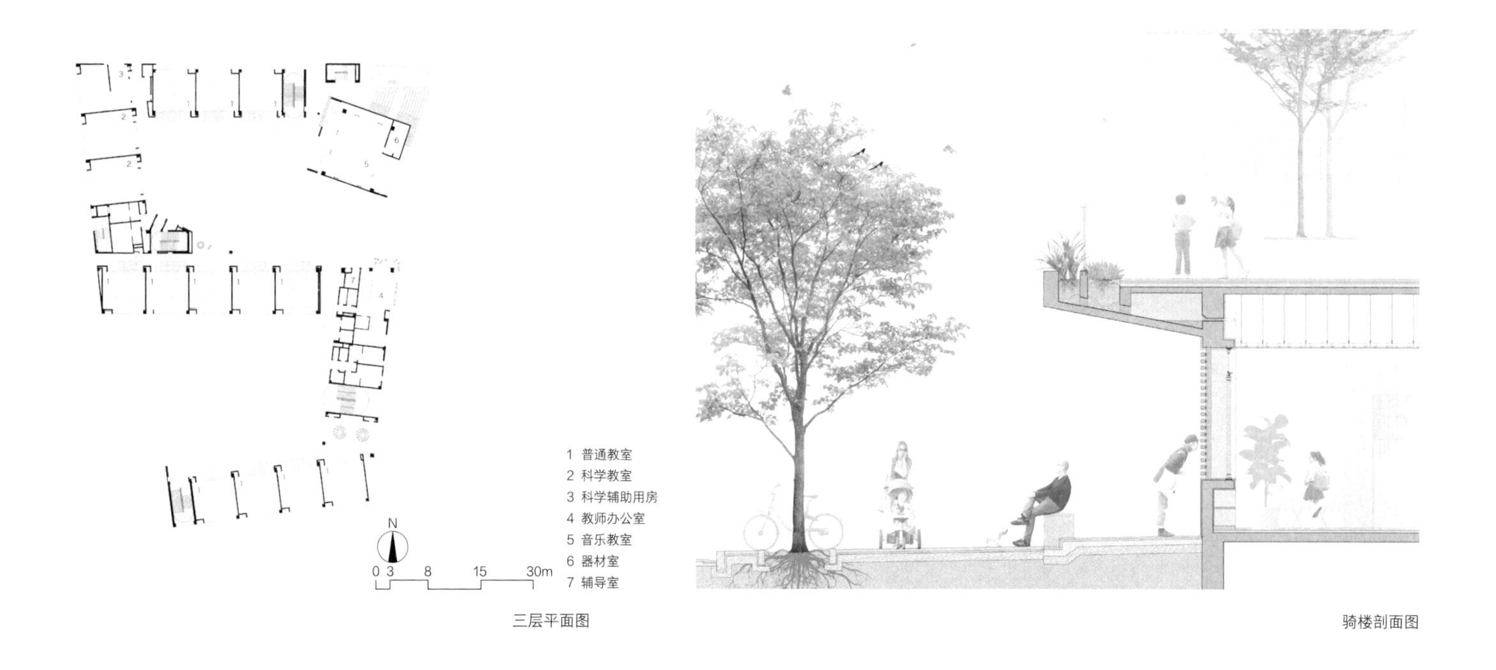
1 普通教室
2 科学教室
3 科学辅助用房
4 教师办公室
5 音乐教室
6 器材室
7 辅导室
N
0 3 8 15 30m

三层平面图

骑楼剖面图

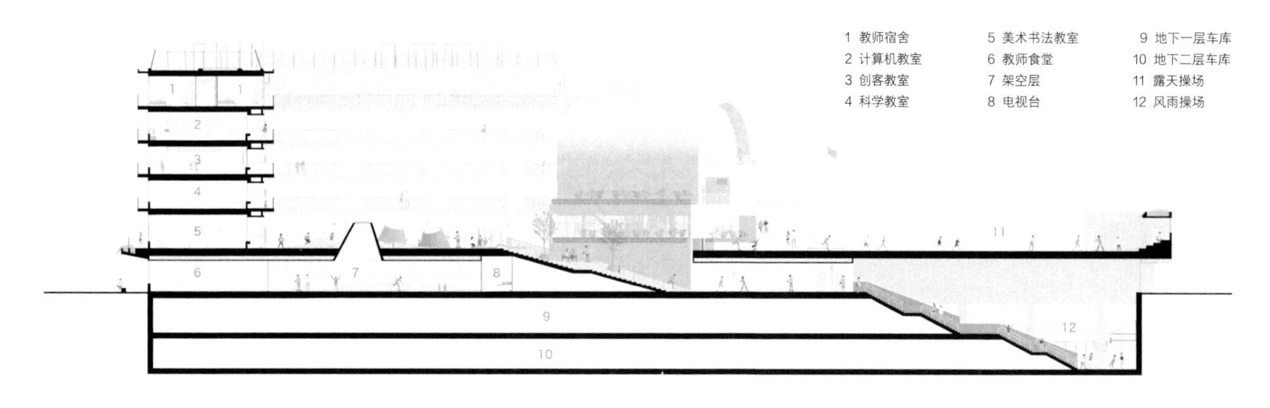
1 教师宿舍
2 计算机教室
3 创客教室
4 科学教室
5 美术书法教室
6 教师食堂
7 架空层
8 电视台
9 地下一层车库
10 地下二层车库
11 露天操场
12 风雨操场

北剖面图

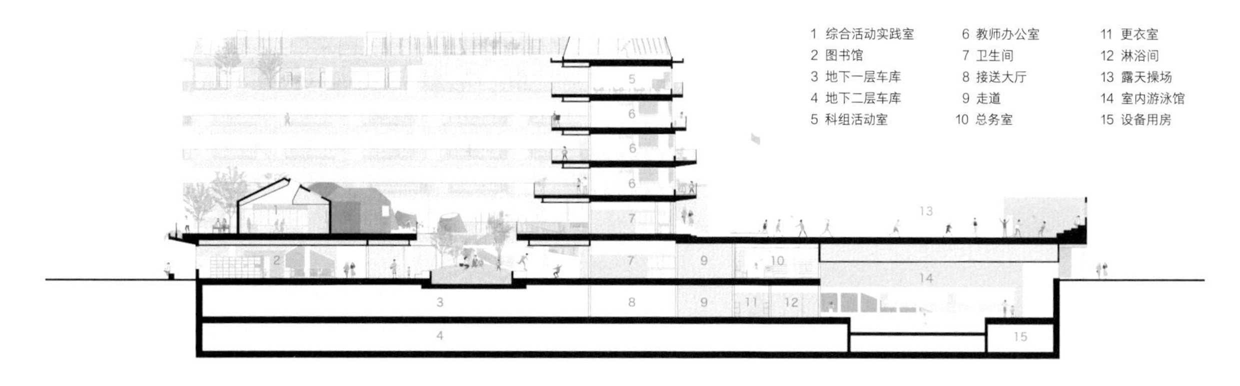
1 综合活动实践室
2 图书馆
3 地下一层车库
4 地下二层车库
5 科组活动室
6 教师办公室
7 卫生间
8 接送大厅
9 走道
10 总务室
11 更衣室
12 淋浴间
13 露天操场
14 室内游泳馆
15 设备用房

南剖面图

汉口城市展厅及幼儿园

扫码阅读更多内容

开发单位：武汉市万科房地产有限公司
设计单位：深圳一树建筑设计咨询有限公司
项目地点：湖北省武汉市
设计 / 建成时间：2019 年 / 2021 年

项目负责人：陈曦
主要设计人员：田笛，朱珠，林子雅，黄家杰，徐志维，翁策楷

获奖情况
2021 年 美国建筑师协会（AIA）上海北京分会建筑设计优秀奖

主要经济技术指标
用地面积：4000m^2
建筑面积：1940m^2

2019 年，建筑师收到一份委托，需要为武汉市汉口唐家墩设计一所标准的六班幼儿园。项目坐落于武汉汉口唐家墩，一大挑战在于如何以同一座空间架构在不同时段适应售楼处和幼儿园两个完全不同的功能主题并满足规范要求。委托方与建筑师协商，希望通过一座建筑适应两种用途的方式，来节约建造一座临时销售中心的成本，并避免后续拆除临时建筑所带来的环境干扰。通过研究，设计团队发现这个单体建筑任务被分解为一系列可以被售楼处功能和幼儿园功能置换使用的单元式空间。建筑师设想这座属于孩子们的飘浮着的微缩城市，也可以构成一系列令人们对未来家园充满期许的住宅原型展厅。

最终实现的建筑呈现为连成一片的“空”，这些连续展开的内部空间经过折叠而呈现在外部立面与屋顶形态上，使得建筑立面成为一系列高、矮、胖、瘦各不相同的小空间之集合，它们朝向不同的方位，将在不同的时间迎来不同的光线与阴影。建筑师期待着这些尖顶、平顶或是倒置屋顶的房间可以赋予孩子们对于空间形状的认知趣味，并结合着光线与外部植物的状态形成每一个班级独特的归属感，鼓励孩子们在这样互相连接的微型城市中成长、漫游、探索。

实景1

实景2

实景3

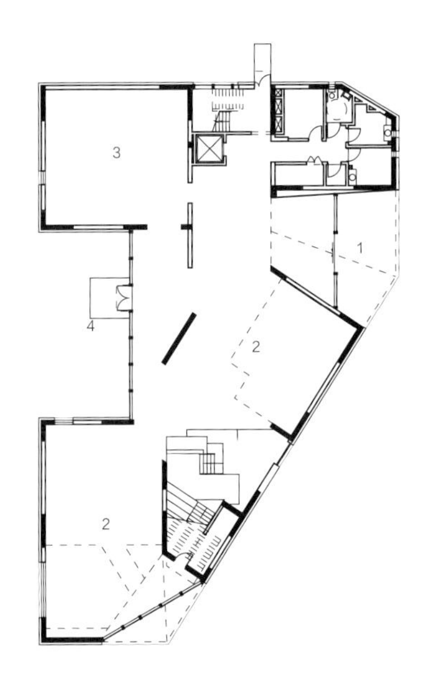

1 主入口
2 展厅
3 咖啡厅
4 儿童乐园

一层平面图（展厅）

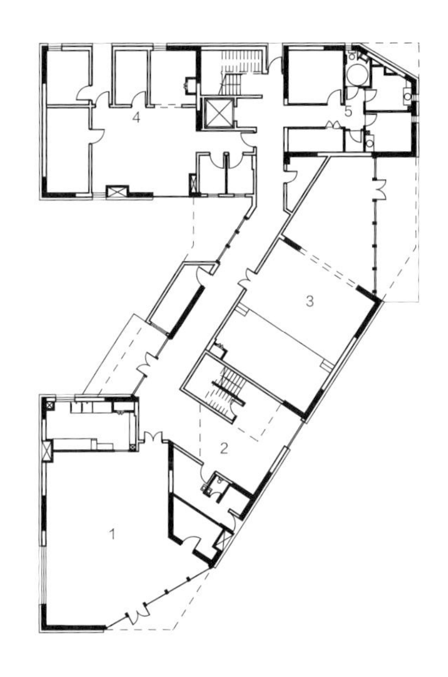

1 班级
2 大厅
3 多功能活动室
4 厨房
5 卫生间

一层平面图（幼儿园）

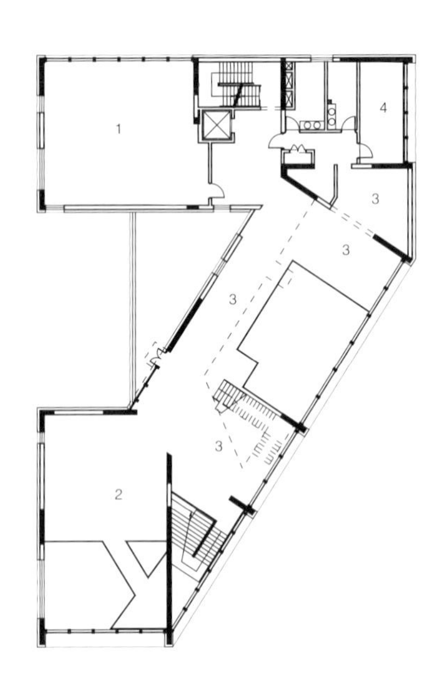

1 样板间
2 展厅
3 洽谈区
4 办公区域

二层平面图（展厅）

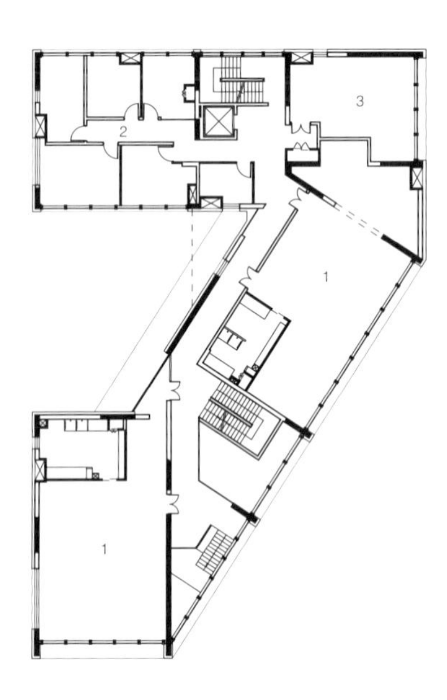

1 班级
2 办公区域
3 专业活动室

二层平面图（幼儿园）

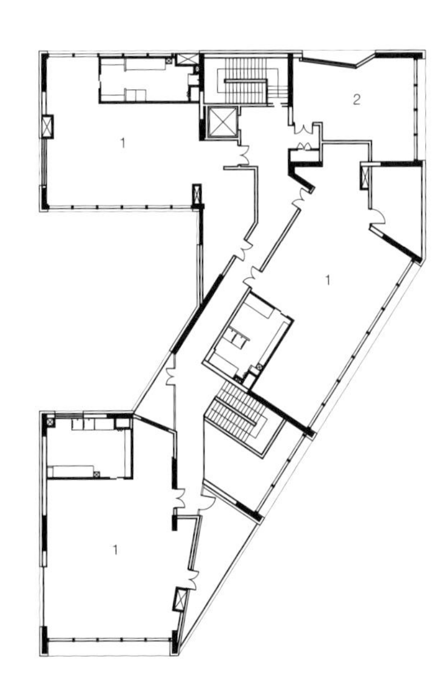

1 班级
2 专业活动室

三层平面图（展厅）

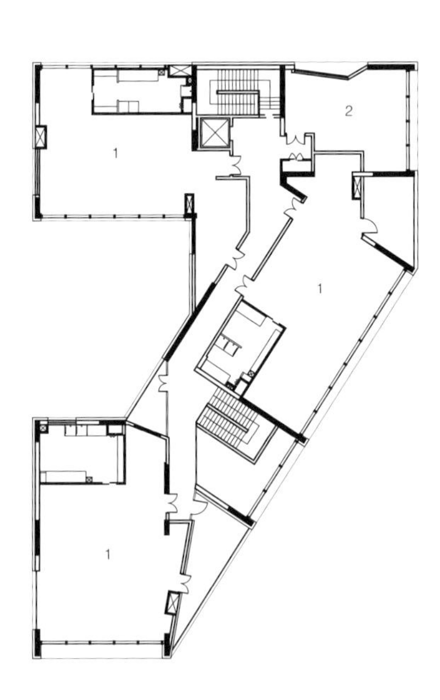

1 班级
2 专业活动室

三层平面图（幼儿园）

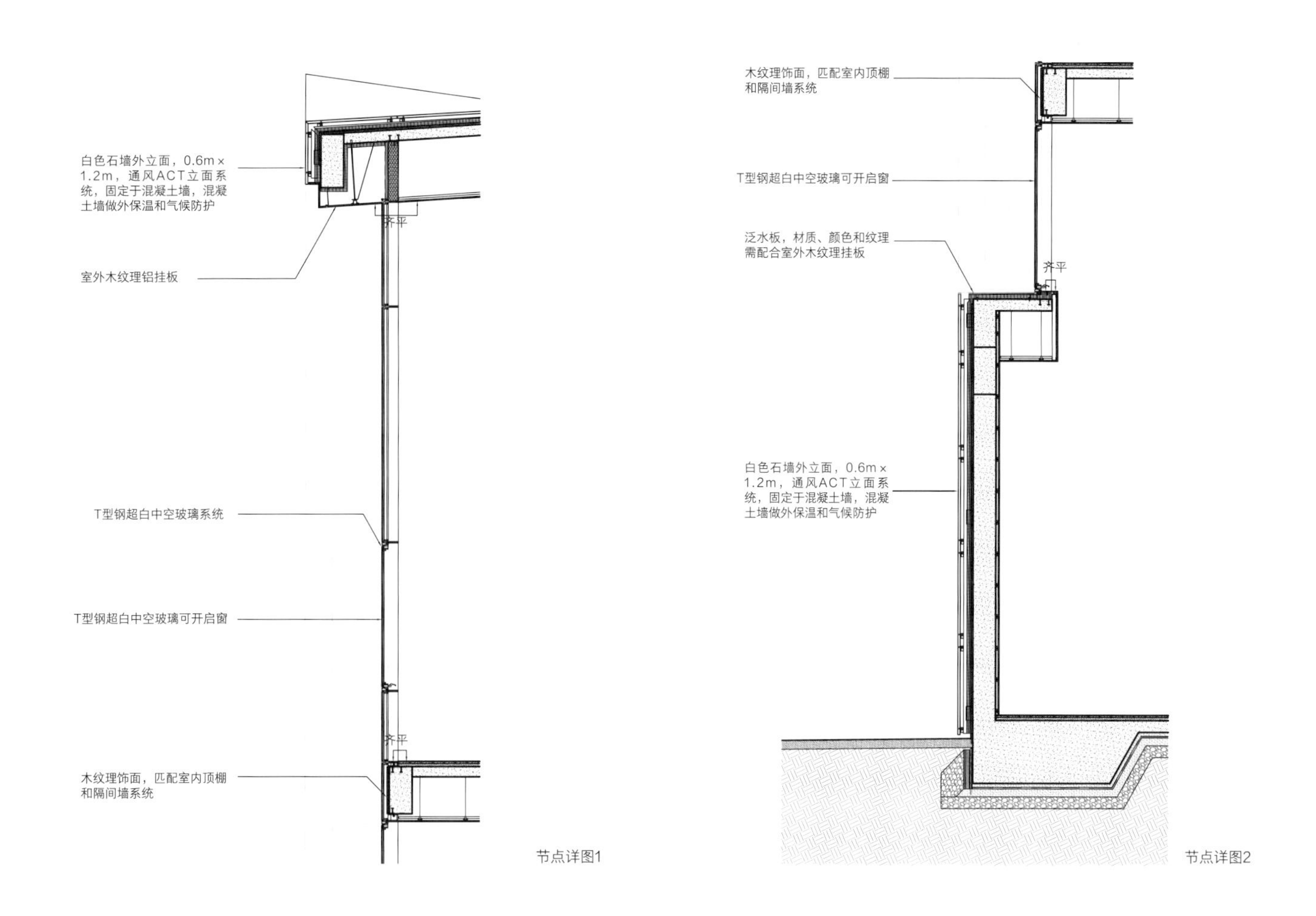
白色石墙外立面，0.6m×1.2m，通风ACT立面系统，固定于混凝土墙，混凝土墙做外保温和气候防护
齐平
室外木纹理铝挂板
T型钢超白中空玻璃系统
T型钢超白中空玻璃可开启窗
齐平
木纹理饰面，匹配室内顶棚和隔间墙系统
木纹理饰面，匹配室内顶棚和隔间墙系统
T型钢超白中空玻璃可开启窗
泛水板，材质、颜色和纹理需配合室外木纹理挂板
齐平
白色石墙外立面，0.6m×1.2m，通风ACT立面系统，固定于混凝土墙，混凝土墙做外保温和气候防护

节点详图1

节点详图2

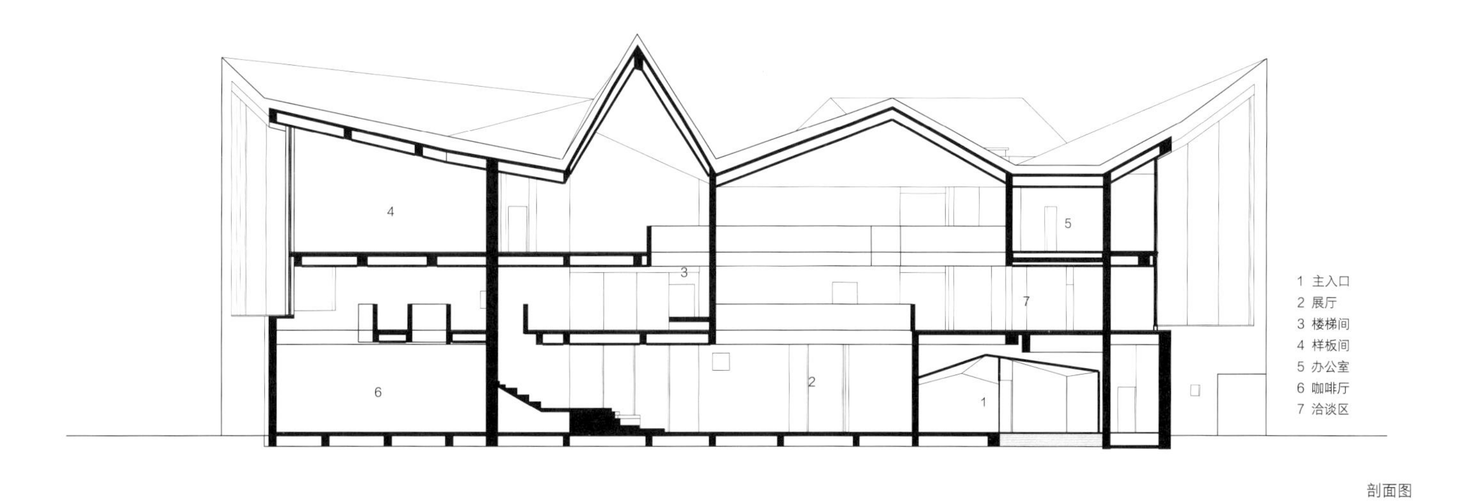
4
3
5
7
6
2
1
1 主入口
2 展厅
3 楼梯间
4 样板间
5 办公室
6 咖啡厅
7 洽谈区

剖面图

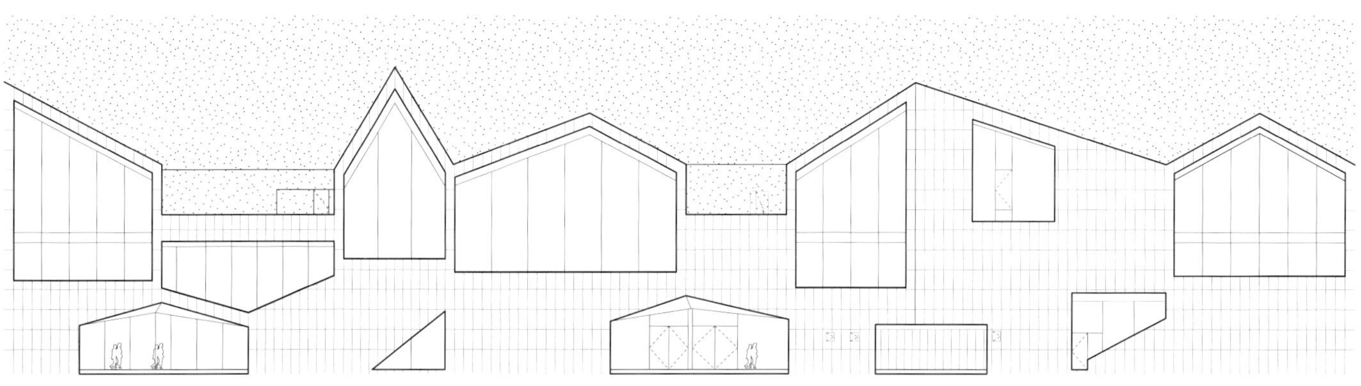

立面图

乐成四合院幼儿园

扫码阅读更多视频、图片内容

开发单位：乐成集团有限公司
设计单位：MAD建筑事务所
项目地点：北京市
设计 / 建成时间：2017 年 / 2020 年

项目负责人：马岩松，党群，早野洋介
主要设计人员：何威，傅昌瑞，肖莹，傅晓毅，陈竑宾，尹建峰，
赵孟，杨雪兵，Kazushi Miyamoto，Dmitry Seregin

获奖情况
2020 年 Architizer A+Awards 最佳“机构 - 幼儿园”奖，大众评审奖
2020 年 Architizer Fast Company 杂志最佳“地点 & 场所”奖

主要经济技术指标
基地面积：9275m^2
建筑面积：10778m^2

乐成四合院幼儿园位于北京一处养老社区旁，可容纳 390 位 1.5~6 岁学童。原址上有 1 座三进四合院、1 座 20 世纪 90 年代兴建的仿四合院及 1 栋现代 4 层建筑。

MAD 将原址上古四合院外的仿古四合院拆除，新建一处将四合院“捧在手心”，与四合院相望、连通的空间。新建空间以低矮平缓的姿态展开，环绕着四合院。古四合院严谨的布局秩序与新建空间的流动形成了鲜明的对比。

新建的 2 层“漂浮的屋顶”将原本各不相干的场地整合成一体。户外屋顶平台色彩斑斓，地形连绵起伏，吸引孩子们在此奔跑、互动。

“漂浮的屋顶”下方是开放布局的教学空间、图书馆、小剧场、室内运动场等。流动的空间布局提供了一种自由、共融的空间氛围，阳光通过整墙落地玻璃射进室内，温暖而明亮。

围绕着原址上的几棵老树设计 3 处庭院。庭院内的滑梯、楼梯让一、二层得以连通。庭院与四合院的院落空间呼应，既为教学空间提供了户外活动的延展空间，也有利于采光通风。

庭院

走廊

西北向鸟瞰新建屋顶和四合院

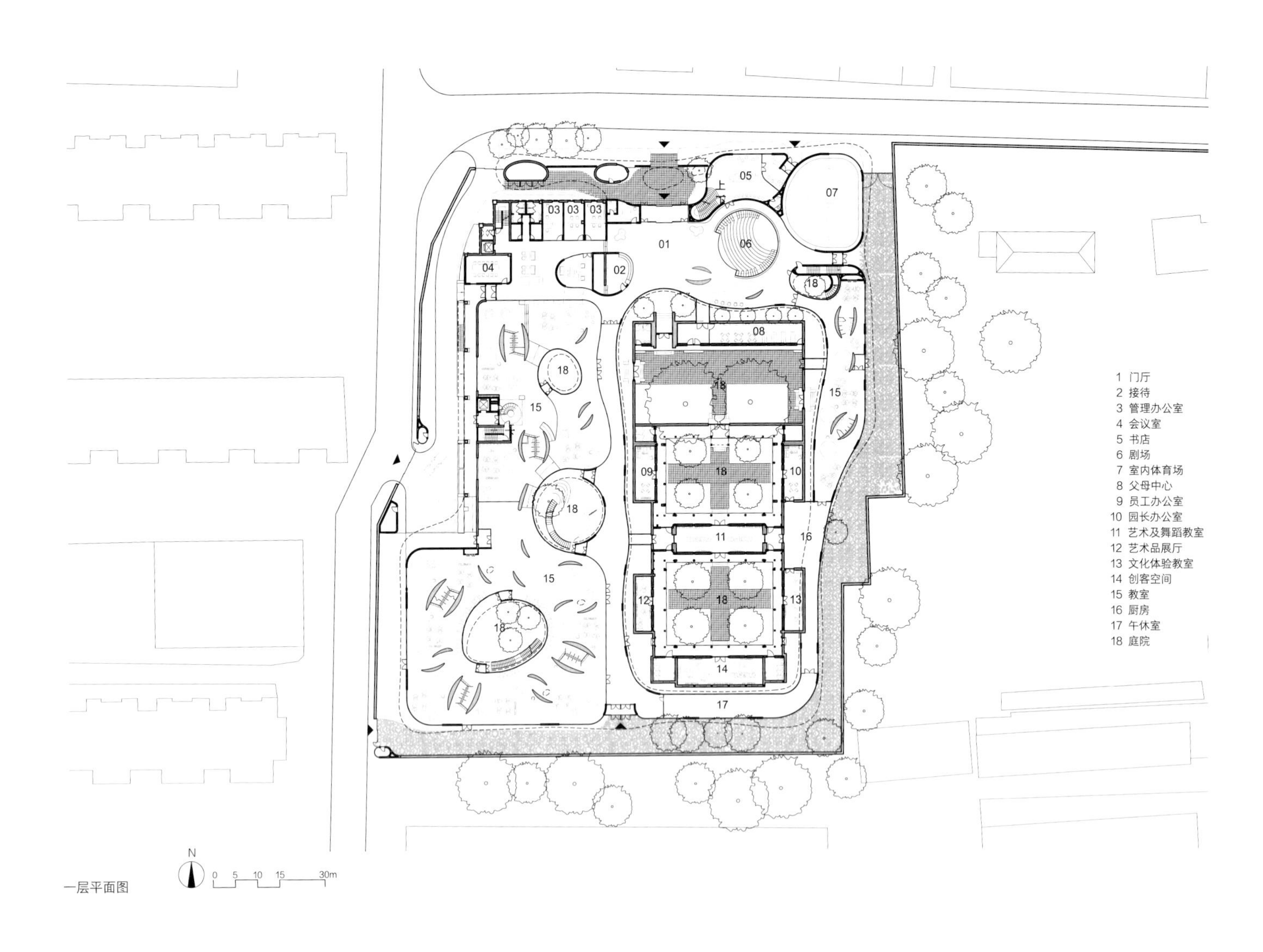
01
02
03
04
05
06
07
08
09
10
11
12
13
14
15
16
17
18
上
N
0 5 10 15 30m
1 门厅
2 接待
3 管理办公室
4 会议室
5 书店
6 剧场
7 室内体育场
8 父母中心
9 员工办公室
10 园长办公室
11 艺术及舞蹈教室
12 艺术品展厅
13 文化体验教室
14 创客空间
15 教室
16 厨房
17 午休室
18 庭院

一层平面图

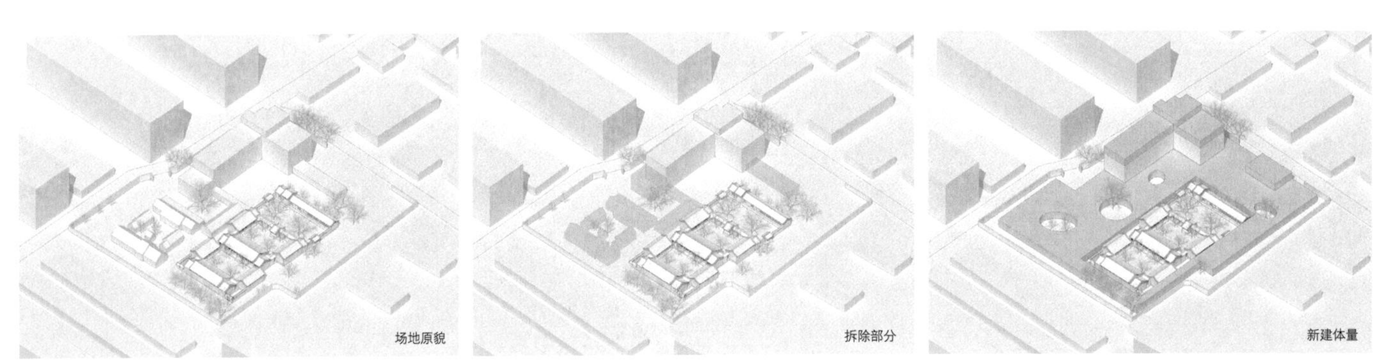
场地原貌
拆除部分
新建体量

设计示意图

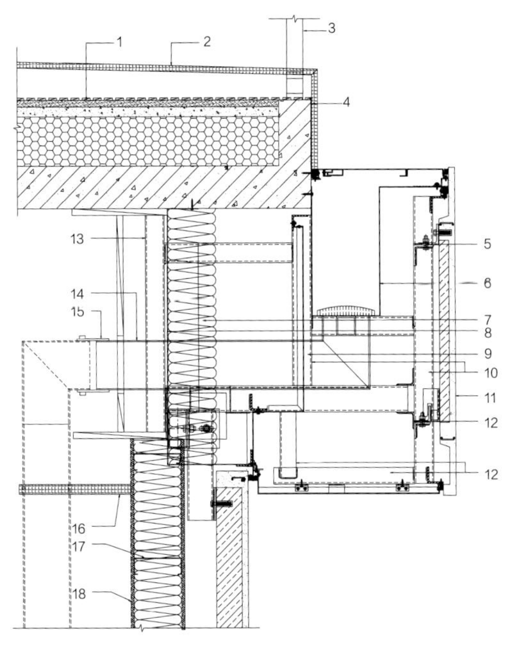

1 防水层
2 塑胶地板
3 栏杆
4 不锈钢板
5 L型63mm x 6mm 镀锌角钢
6 2mm 厚不锈钢排水槽
7 100mm 厚保温层
8 1.5mm 厚镀锌钢板
9 2mm 厚防水铝板
10 60mm x 60mm x 4mm 镀锌钢板
11 混凝土吊板
12 L型50mm x 5mm 镀锌角钢
13 100mm x 60mm x 4mm镀锌钢
14 不锈钢排水管
15 碳素钢铸件
16 室内吊顶
17 钢龙骨
18 水泥块

屋面檐口详图

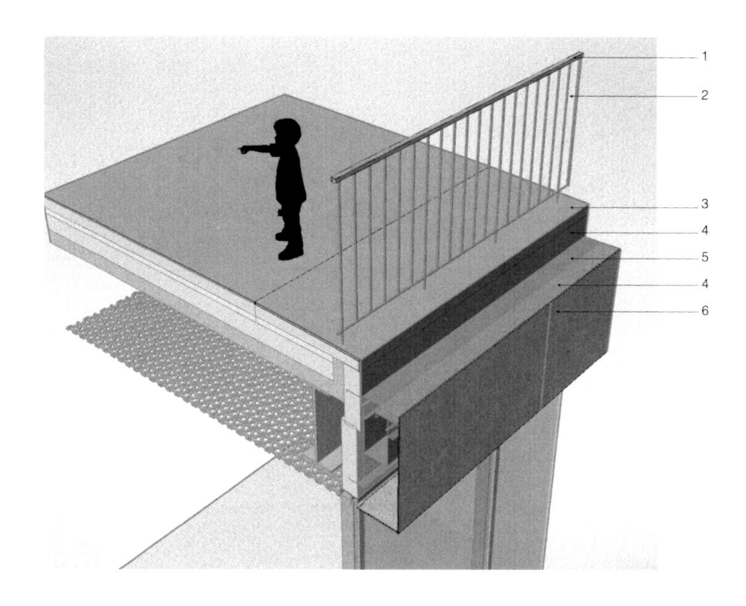

1 木扶手
2 栏杆
3 塑胶地板
4 不锈钢板
5 雨水箅子
6 木板

屋面檐口示意图

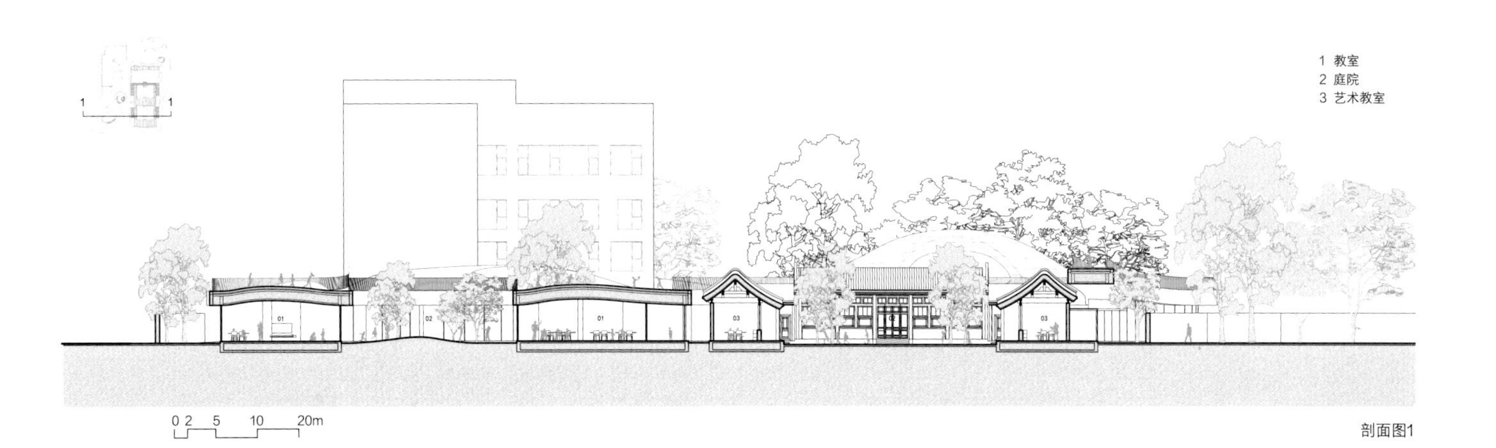
1 教室
2 庭院
3 艺术教室
0 2 5 10 20m

剖面图1

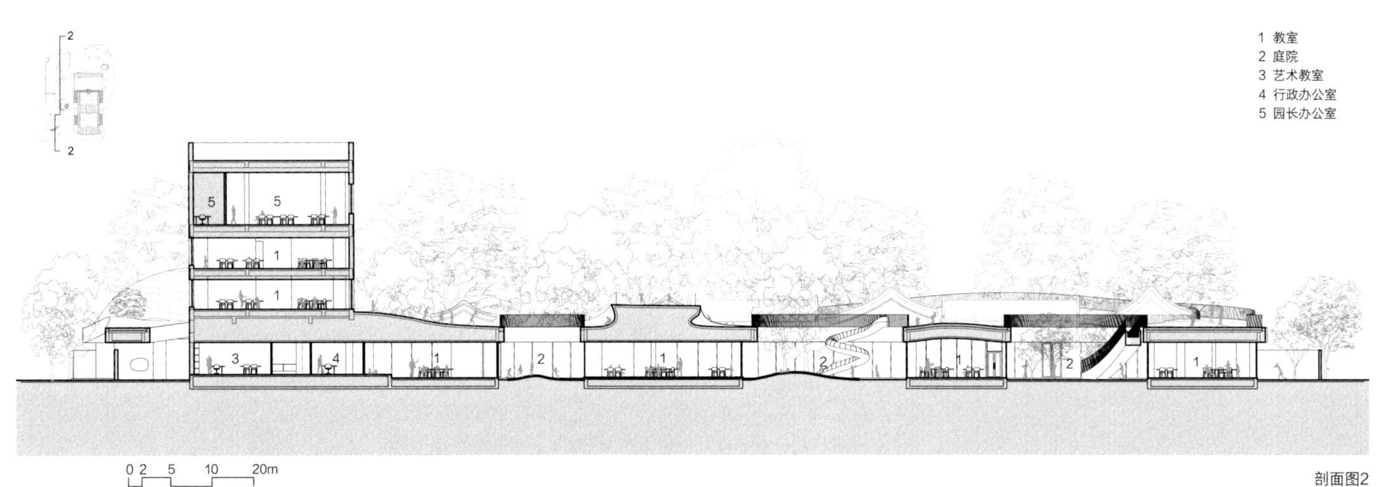
1 教室
2 庭院
3 艺术教室
4 行政办公室
5 园长办公室
0 2 5 10 20m

剖面图2

那和雅幼儿园

扫码阅读更多视频、图片内容

开发单位：鄂尔多斯东胜规划局建设局（2011 年）
　　　　　鄂尔多斯东胜教育局（2016 年）
设计单位：WEI建筑事务所
项目地点：内蒙古自治区鄂尔多斯市
设计 / 建成时间：2011 年 / 2020 年

项目负责人：魏娜
主要设计人员：Christopher Mahoney，檀松，杨添堡，吕婧超，杨伟明
施工图方：北京建工建筑设计研究院
施工方：内蒙古维邦建筑集团有限责任公司

主要经济技术指标
用地面积：8400m²
建筑面积：6800m²

那和雅幼儿园的建筑设计理念是让建筑空间参与教学。打破传统幼儿园教室空间与活动空间二元划分的空间等级，将幼儿园重构成一个以"院落社区"为基本单元，相互连接和配合的有机群体。不仅是将一个大结构体分解成一系列组合体的整合，更重要的是创造多种级别的空间和不同环境的相互渗透。这种相互交织的空间组织，包容和鼓励更多向的交流，为更多种形式的活动提供灵活的环境。

鄂尔多斯的气候在塑造内蒙古文化中起到非常重要的作用。WEI认为，建筑设计应该尊重并继承这种文化与环境的联系。在那和雅幼儿园的设计中，WEI引入了一种新的空间——半室内公共空间。在每个以"院落社区"为单元的独立建筑里，各个班级空间围绕着一个供孩子们活动的空间，这个开放空间通过巨大的天窗和通风的幕墙，构筑了一个介于室外和完全密封的室内之间的环境。

全园的公共建筑单元由开放空间和一个山坡组成，位于幼儿园入口处，紧邻城市公园，成为公园的延伸。山坡上有跑道、有看台，可以举办各种活动，同时它连接了整个建筑群体在各层的环形连廊。幼儿园相对独立又紧密联系的建筑有机群体，为孩子们提供了一个充满探索性的空间环境。

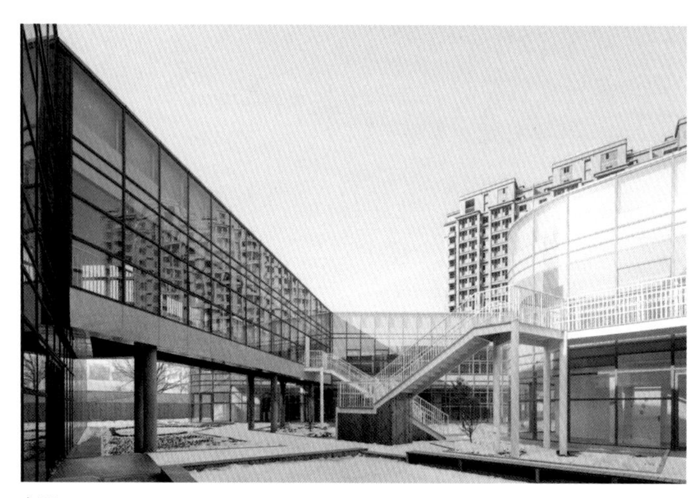

实景1

实景2

实景3

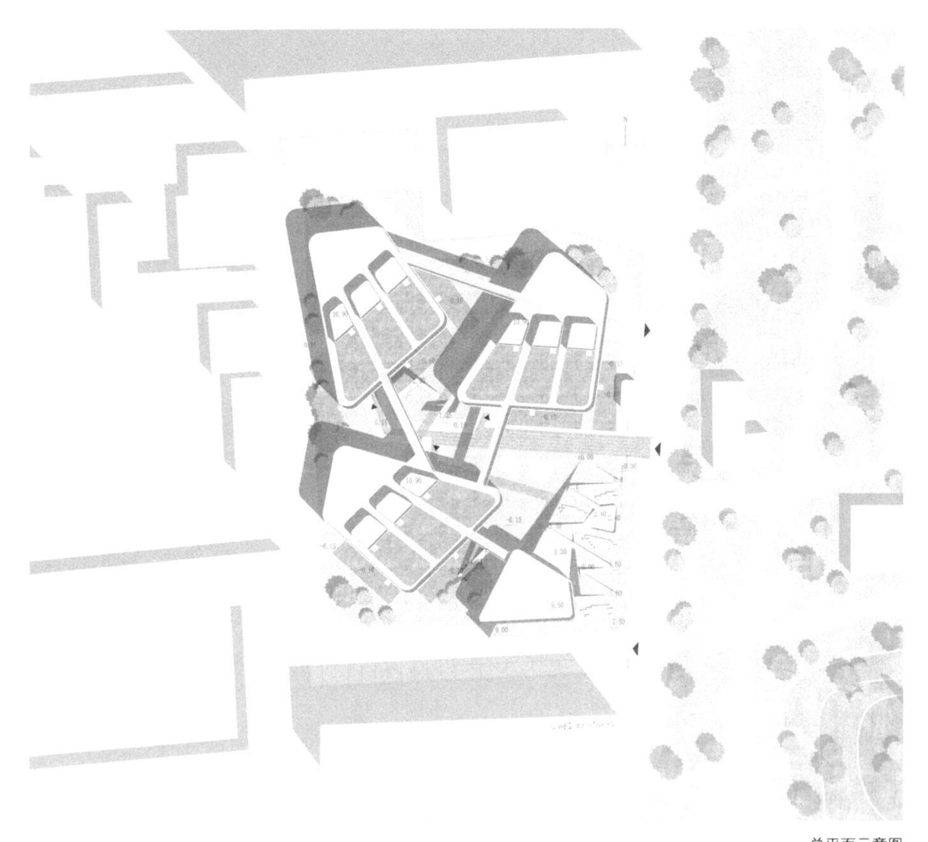

总平面示意图

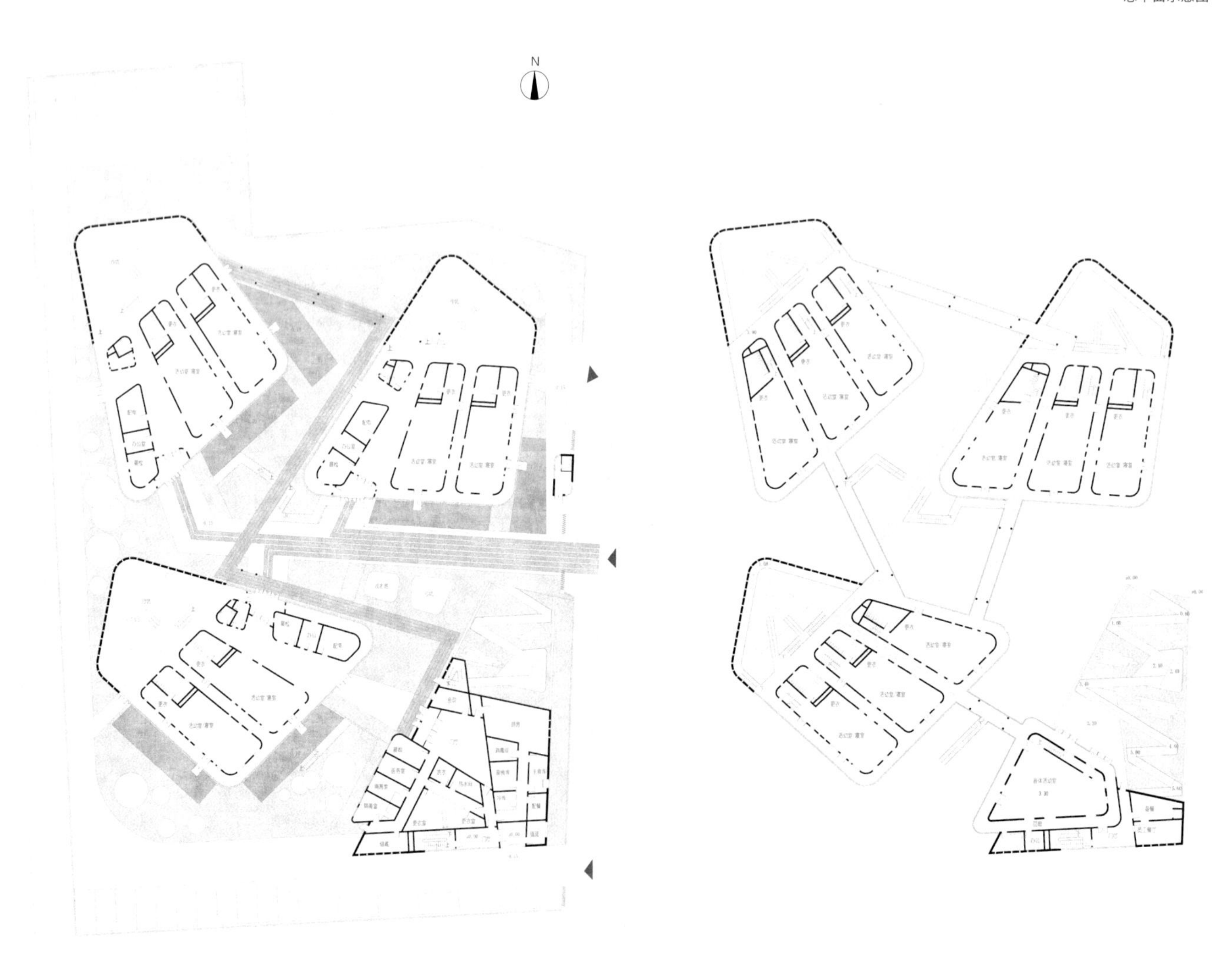

一层平面图

二层平面图

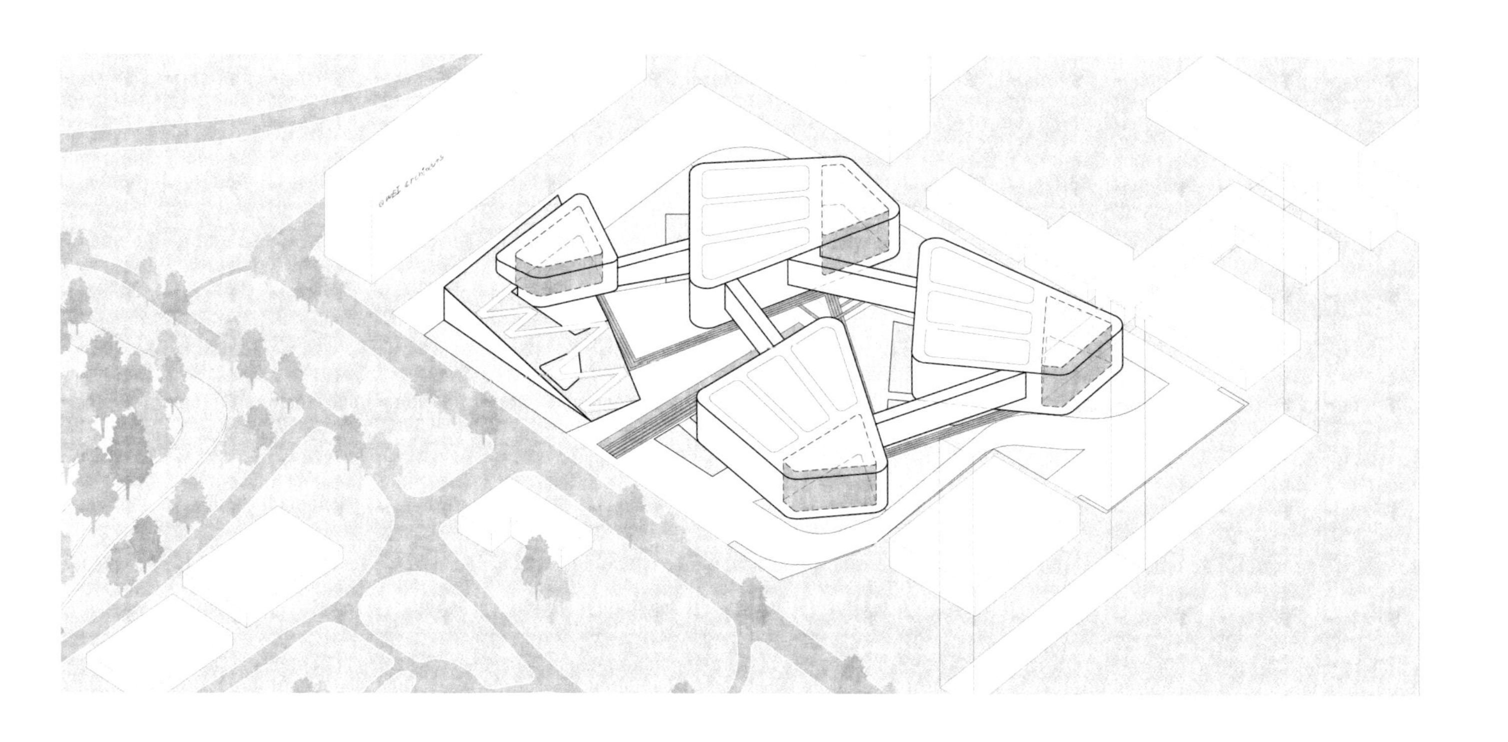

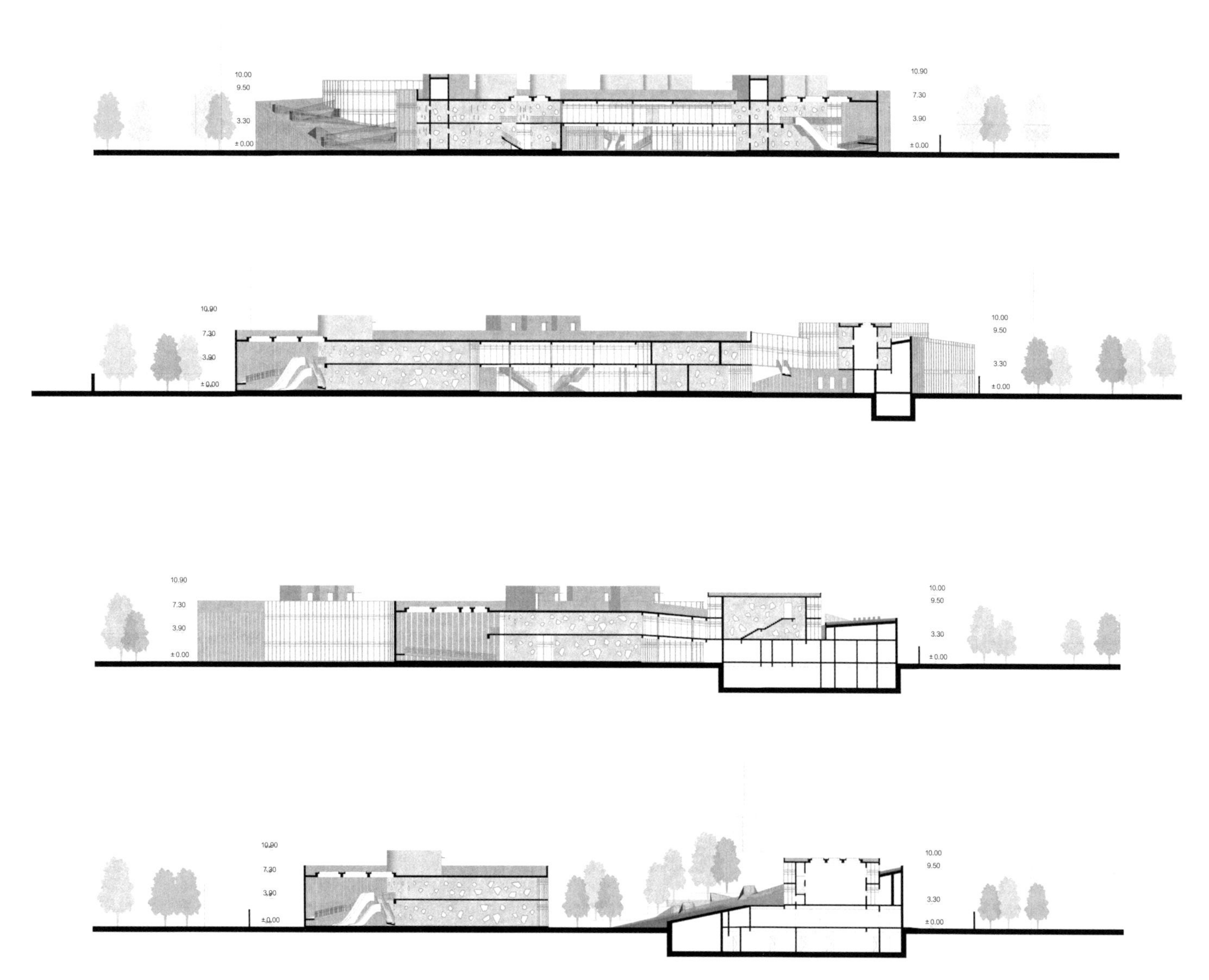
10.00
9.50
3.30
±0.00
10.90
7.30
3.90
±0.00
10.90
7.30
3.90
±0.00
10.00
9.50
3.30
±0.00
10.90
7.30
3.90
±0.00
10.00
9.50
3.30
±0.00
10.90
7.30
3.90
±0.00
10.00
9.50
3.30
±0.00

剖面图

深圳国际交流学院新校区

扫码阅读更多视频、图片内容

开发单位：深圳国际交流学院
设计单位：李晓东工作室
项目地点：广东省深圳市福田区
设计 / 建成时间：2015 年 / 2020 年

项目负责人：李晓东
主要设计人员：张思慧，王古恬，陈梓瑜，李乐，张晨阳

获奖情况
2021 年 美国建筑师协会（AIA）未来可持续奖
2021 年 美国建筑师协会（AIA）国际区域建筑表彰奖

主要经济技术指标

用地面积：21800m^2	建筑面积：102800m^2
容积率：4.72	建筑密度：84%
绿地率：30%	停车位：300 个

深圳当下的教育建筑设计，是通过对新时代更具开放性与包容性的教育需求和亚热带、高密度双重现实构成的地域本质的整合与汇聚。进而，通过这一差异性的建构确立深圳地区亚热带、高密度立体教育中心的身份认同。本案以此为线索展开对深圳国际交流学院的设计思考，通过对教育建筑生长与容纳本质的反思、建筑与城市和自然的共生关系、高密度建筑活力的形成、校园公共空间的营造、气候适应性等多个问题的探索，形成我们对于当下深圳教育建筑的现实回应。

深圳国际交流学院建筑用地面积 2.18 万平方米，建筑面积 10 万平方米，包括 8 层的教学楼、13 层宿舍楼以及 25 层教师公寓。在紧张的用地条件下，利用场地的高差，通过垂直、水平两个方向的组织空间，实现不同尺度空间之间的调和，同时最大化地利用基地现有条件实现建筑使用功能的拓展，满足学校对教学、生活、户外活动等不同空间功能的需求。进而，通过两个维度的空间线索，交错生成多种空间组合机制，创造更加丰富的校园空间形态。

实景1

实景2

实景3

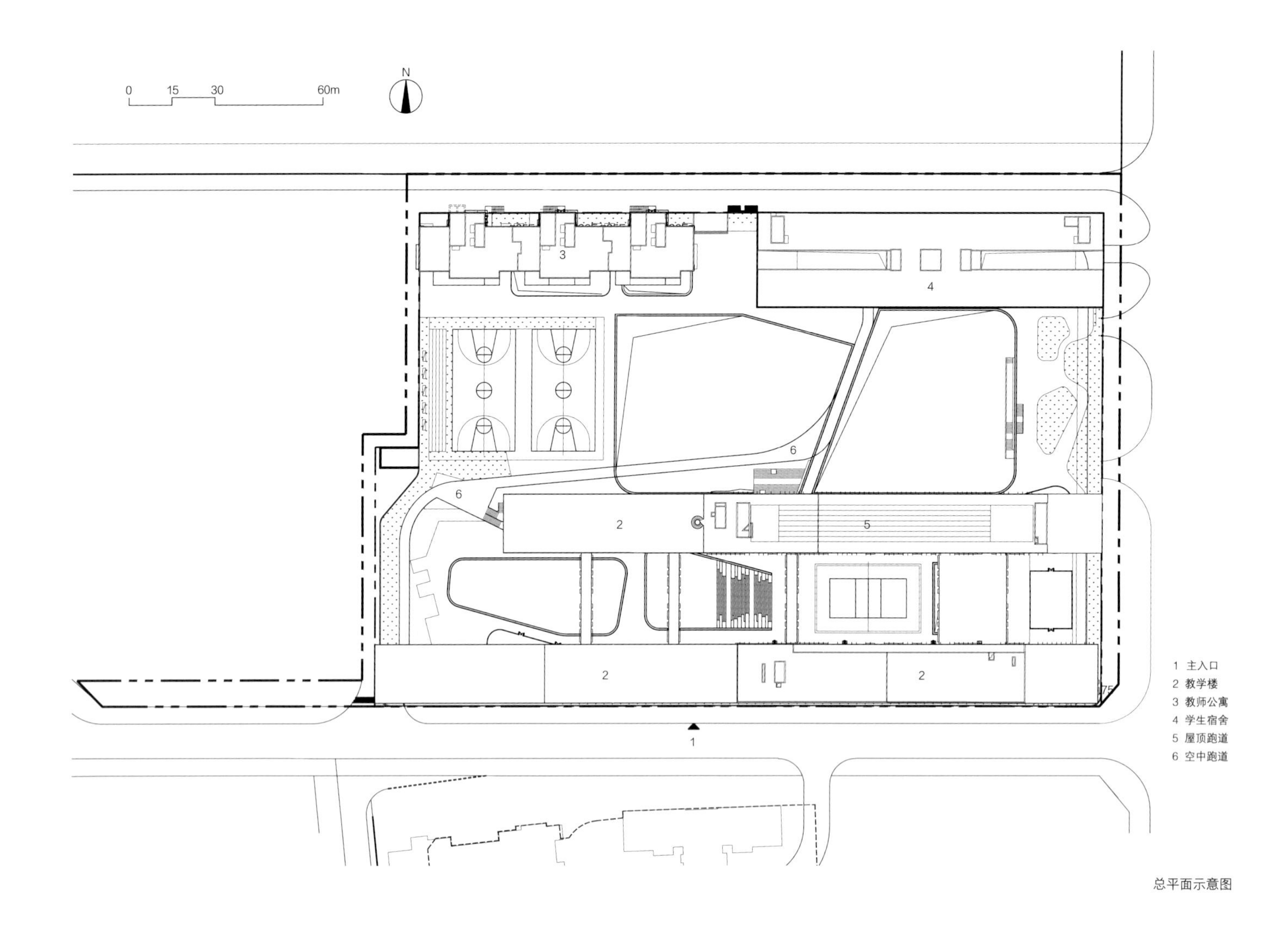

0 15 30 60m
N
1 主入口
2 教学楼
3 教师公寓
4 学生宿舍
5 屋顶跑道
6 空中跑道

总平面示意图

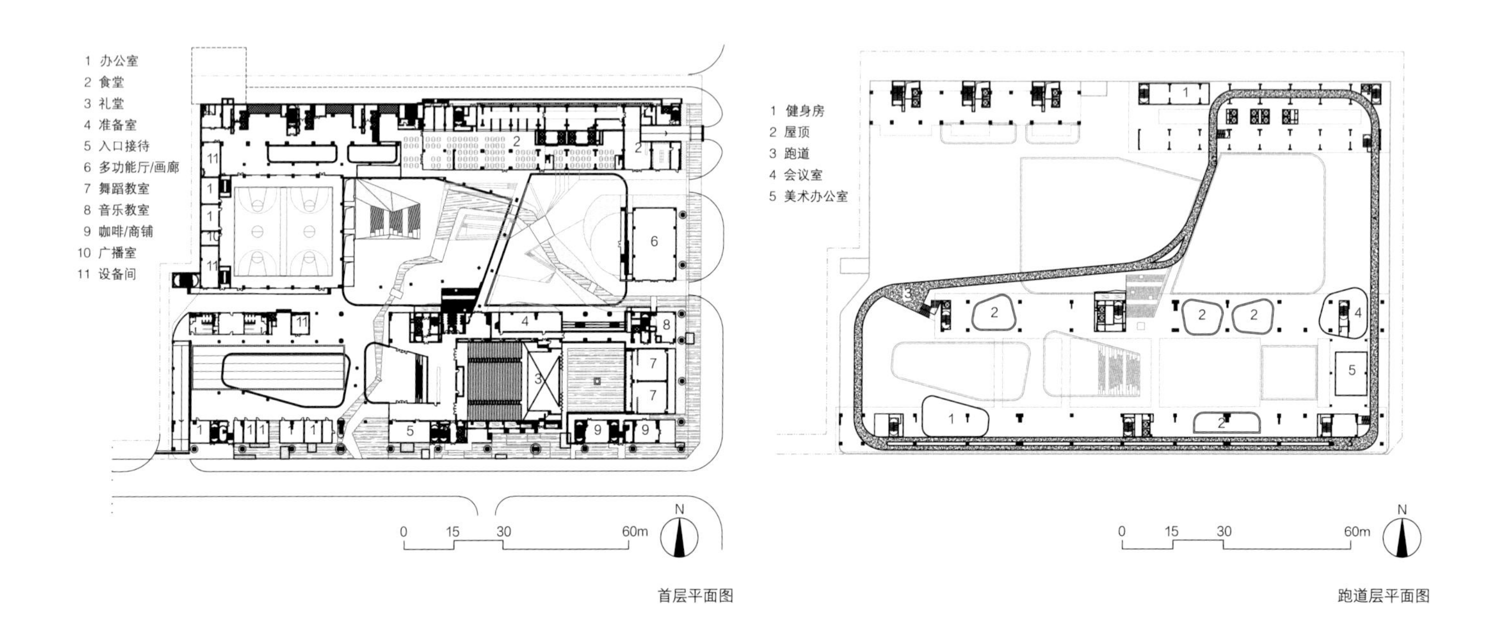

1 办公室
2 食堂
3 礼堂
4 准备室
5 入口接待
6 多功能厅/画廊
7 舞蹈教室
8 音乐教室
9 咖啡/商铺
10 广播室
11 设备间
1 健身房
2 屋顶
3 跑道
4 会议室
5 美术办公室
0 15 30 60m
N

首层平面图

跑道层平面图

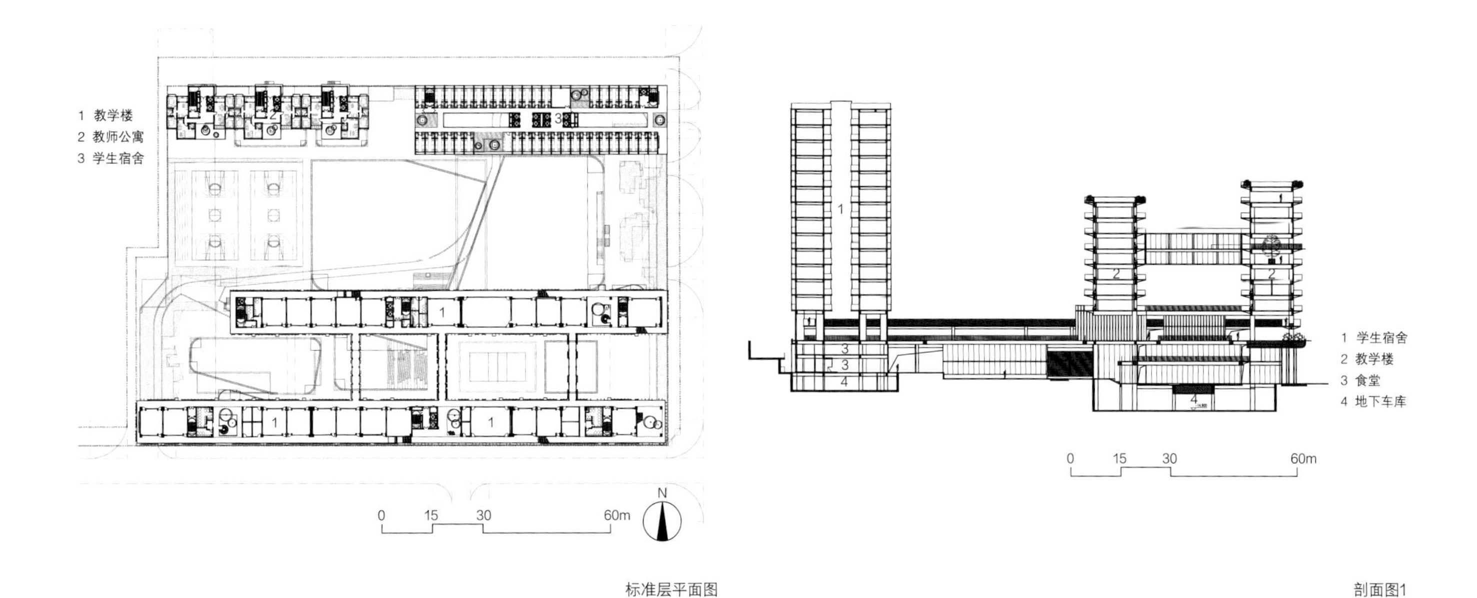
1 教学楼
2 教师公寓
3 学生宿舍
0 15 30 60m
N
1 学生宿舍
2 教学楼
3 食堂
4 地下车库
0 15 30 60m

标准层平面图

剖面图1

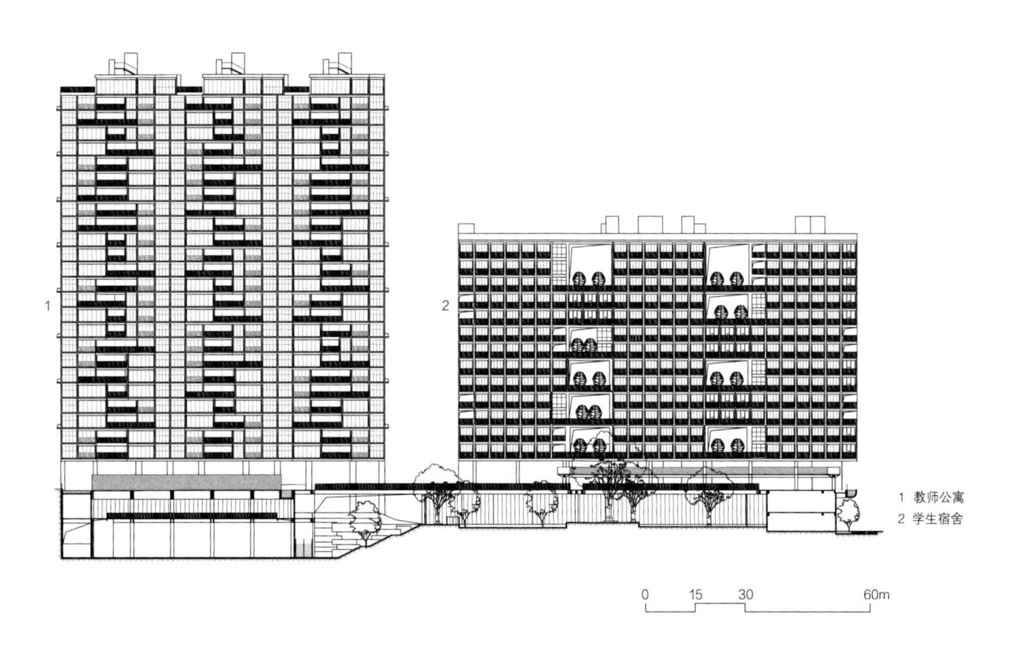
1
2
1 教师公寓
2 学生宿舍
0 15 30 60m

剖面图2

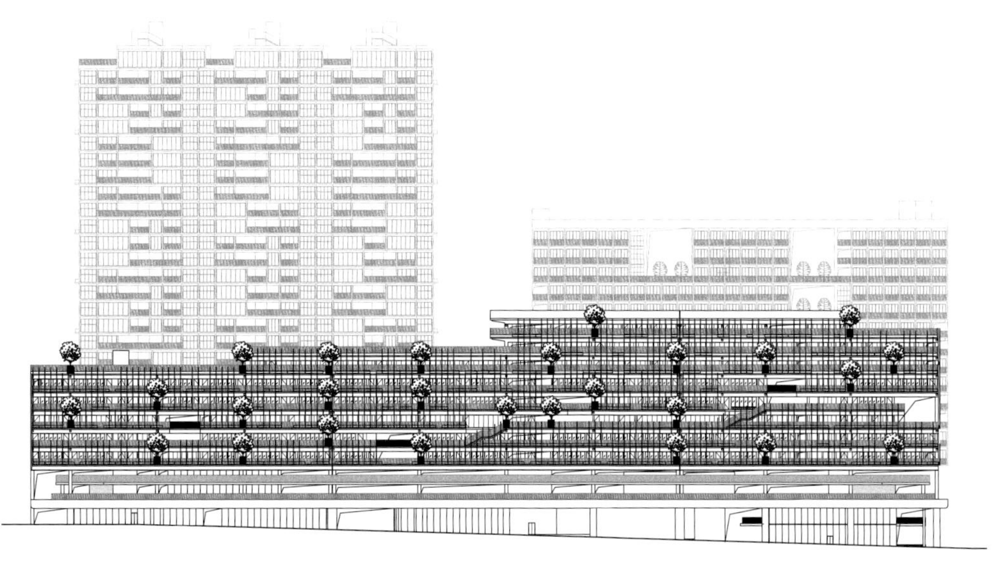
0 15 30 60m

立面图

深圳市坪山区锦龙学校

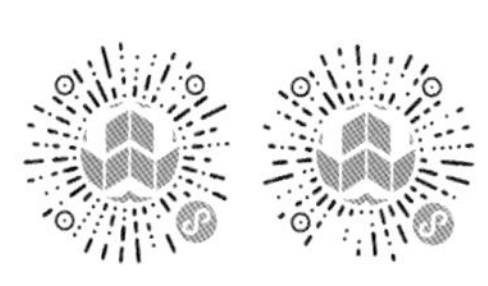

扫码阅读更多视频、图片内容

开发单位：深圳市坪山区建筑工务局
设计单位：Crossboundaries建筑事务所
项目地点：广东省深圳市坪山区
设计 / 建成时间：2018 年 / 2020 年

项目负责人：蓝冰可，董灏
主要设计人员：蓝冰可，董灏，高旸，甘力，侯京慧，David Eng，Silvia Campi，Eric Chen，王旭东

主要经济技术指标

用地面积：16172m^2
建筑面积：54465m^2
建筑密度：54%
停车位：100 个
绿地率：30%

深圳锦龙学校位于深圳坪山区，为缓解当地人口突增、学位紧张的压力，Crossboundaries 在实际场地面积仅约 1.6 万 m^2 的场地内，设计一所规模为 36 个班的公立小学，容积率接近于 2.5（一般学校建筑容积率为 1 左右）。从立项到交付使用，学校的设计、建造周期仅仅 13 个月。

整个学校项目约 75% 的工程是以装配式方式建设的，这极大地减少了现场产生的建筑垃圾，也减少了劳动力投入，且所用工期仅为常规施工的 1/2，节省了预算和时间。

在采用装配式结构的同时，Crossboundaries 依托以往的专业积累，打破了固有的思维模式，通过立体花园、多层通廊、趣味色彩等方式，破解了由于高密度带来的重复和压迫感，并强调了最大的灵活性和美感。

Crossboundaries 所设计的锦龙学校不仅引入了最大化的交流与互动空间，也提出了一个应对未来快速扩张的特大城市的远见。

中心活动区楼梯

教学楼半鸟瞰

宿舍楼社交活动区

高密度下的低密感

校园布局：整体校园从西向东呈现高一低一高的布局，西侧教学楼、中央综合体育区、东侧宿舍楼，通过这样的布局化解整体。

教学楼：三排教学楼中间一排微微折叠，不仅营造出错动的庭院体验，同时通过S形的走廊，可以最大化与南北两侧教学楼交流。

宿舍楼：装配式模块下的立体花园，每个白色的小盒子都是一个宿舍休息单元，错落的大盒子穿插其中，供各楼层的孩子休息、社交。

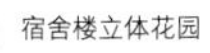
宿舍楼立体花园

教学楼立体花园

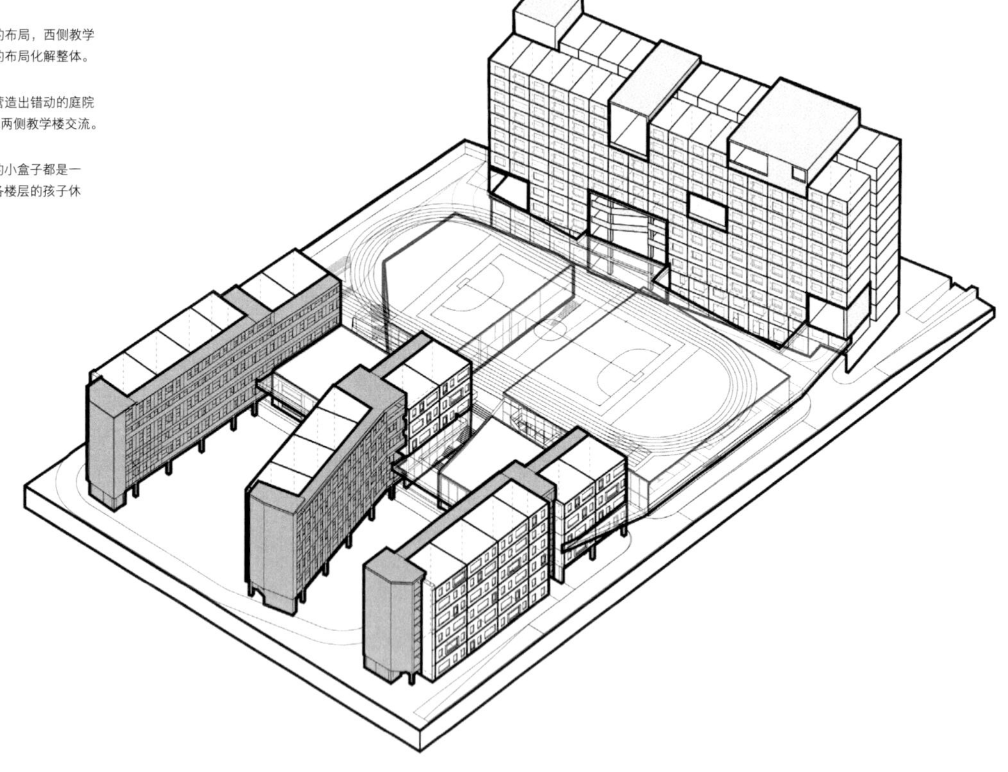

总体规划

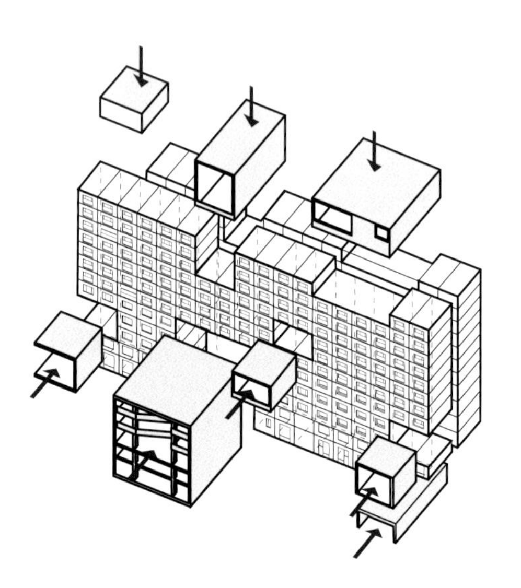

宿舍结构分析图

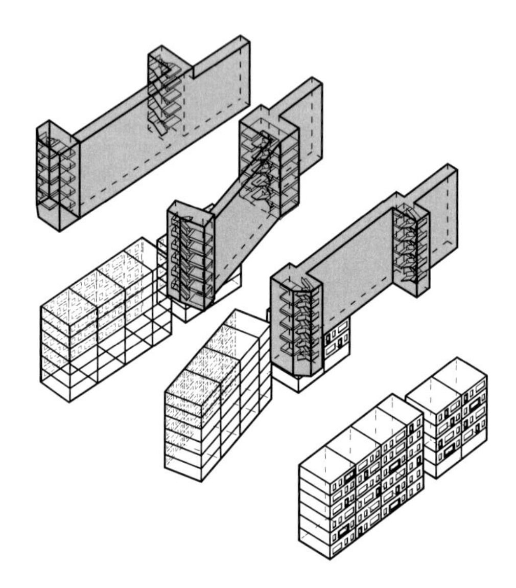

教室结构分析图

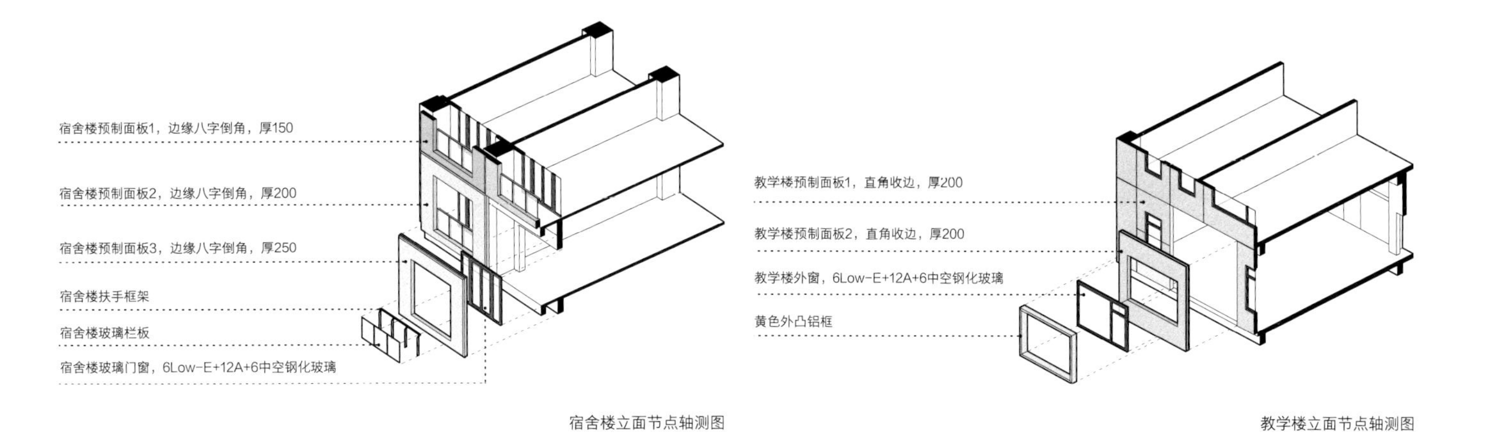
宿舍楼预制面板1，边缘八字倒角，厚150
宿舍楼预制面板2，边缘八字倒角，厚200
宿舍楼预制面板3，边缘八字倒角，厚250
宿舍楼扶手框架
宿舍楼玻璃栏板
宿舍楼玻璃门窗，6Low-E+12A+6中空钢化玻璃
教学楼预制面板1，直角收边，厚200
教学楼预制面板2，直角收边，厚200
教学楼外窗，6Low-E+12A+6中空钢化玻璃
黄色外凸铝框

宿舍楼立面节点轴测图

教学楼立面节点轴测图

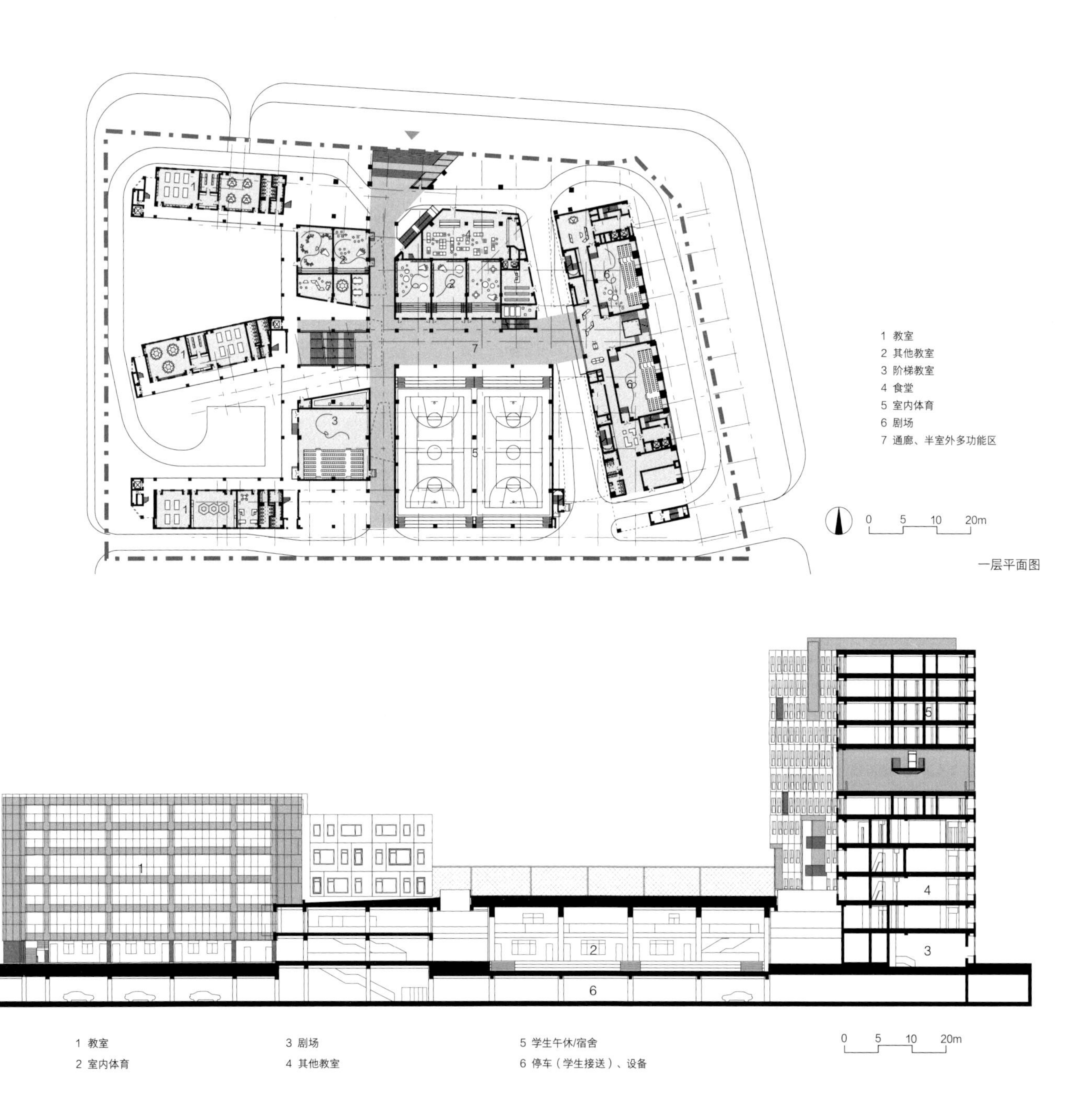
1 教室
2 其他教室
3 阶梯教室
4 食堂
5 室内体育
6 剧场
7 通廊、半室外多功能区
0 5 10 20m
1 教室
2 室内体育
3 剧场
4 其他教室
5 学生午休/宿舍
6 停车（学生接送）、设备
0 5 10 20m

一层平面图

剖面图

乌海市职业技能实训基地一期工程改造

扫码阅读更多内容

开发单位：乌海市城市建设投资集团有限公司
设计单位：内蒙古工大建筑设计有限责任公司
项目地点：内蒙古自治区乌海市
设计 / 建成时间：2013 年 / 2020 年

项目负责人：张鹏举
主要设计人员：曹景，李国保，张宇，张恒，魏新，申磊

获奖情况
2019~2020 年度 中国建筑学会建筑设计奖二等奖
2020 年 内蒙古自治区优秀工程勘察设计奖一等奖

主要经济技术指标
用地面积：34.57hm^2
建筑面积：10.10 万 m^2

项目由内蒙古乌海市废置的黄河化工厂改造而成，改造设计的核心在于营造一处具有记忆价值的特定场所，成为城市公共空间系统中特殊的组成部分。设计通过串联场景组织动线，让路径为感知而生；通过延续既有材质凸显表皮性格，让材质为表情而选；通过设置互动领域增加感知强度，让界面为行为而设；通过改变任务要求加强对既有空间和设施的充分利用，让痕迹为回忆而留。另外，在营造空间气质和建构场所秩序等方面采取了包围、铺陈、提纯、返真、游离等一系列面向体验的具体策略，并注重各策略的融合与自洽。

实景1

实景2

实景3

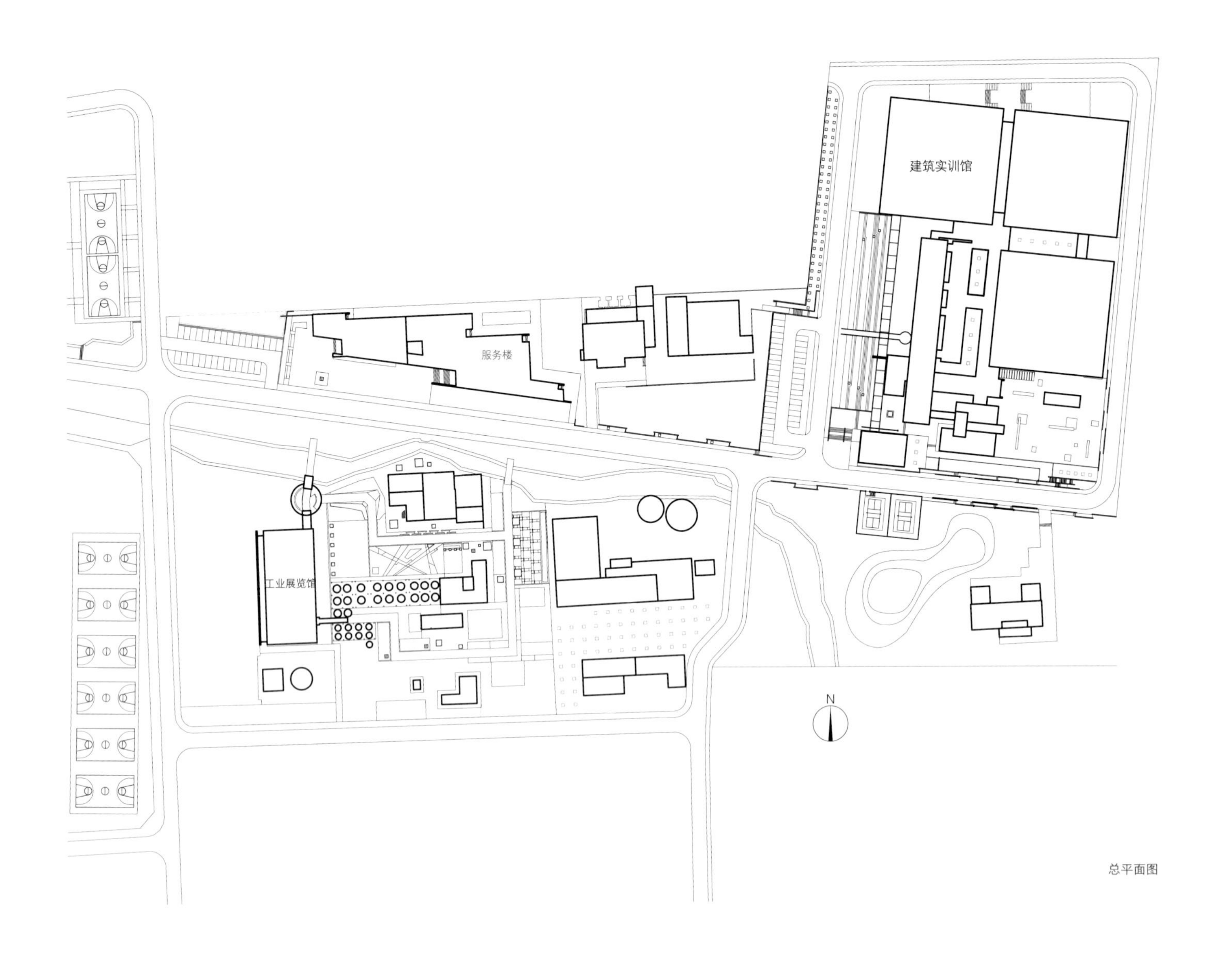
建筑实训馆
服务楼
工业展览馆
N

总平面图

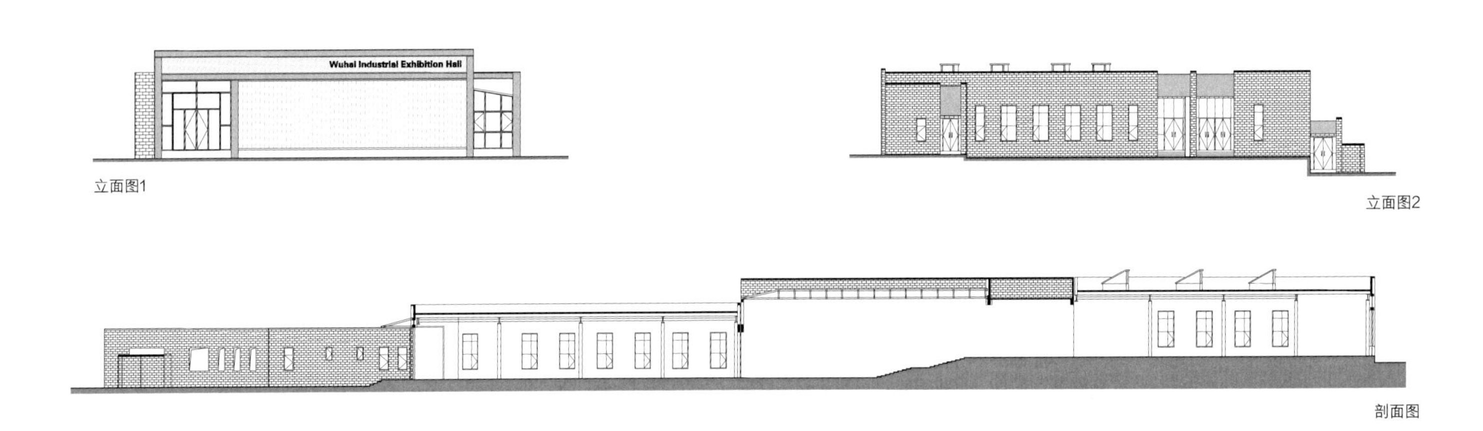
Wuhai Industrial Exhibition Hall

立面图1

立面图2

剖面图

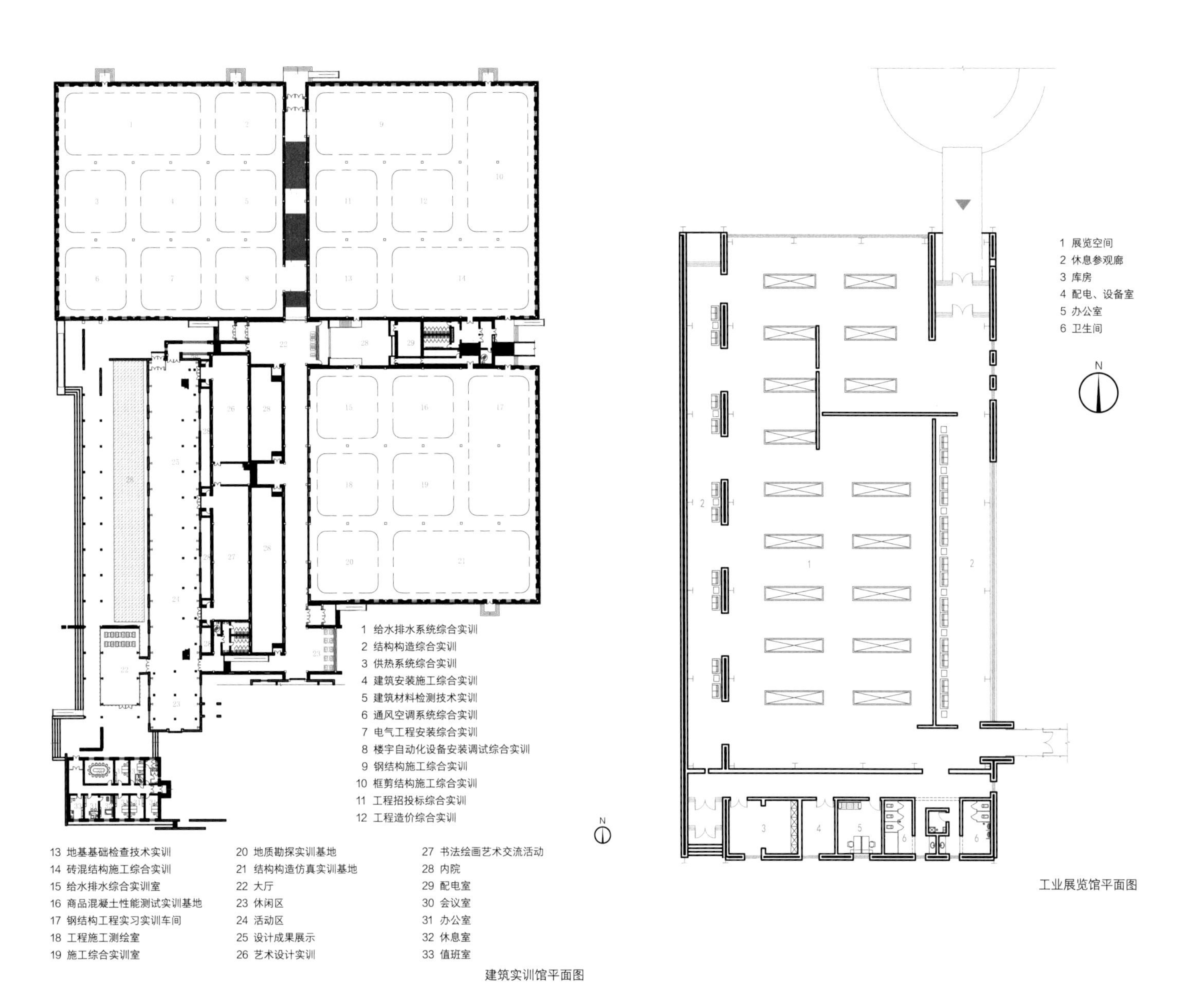
1 给水排水系统综合实训
2 结构构造综合实训
3 供热系统综合实训
4 建筑安装施工综合实训
5 建筑材料检测技术实训
6 通风空调系统综合实训
7 电气工程安装综合实训
8 楼宇自动化设备安装调试综合实训
9 钢结构施工综合实训
10 框剪结构施工综合实训
11 工程招投标综合实训
12 工程造价综合实训
13 地基基础检查技术实训
14 砖混结构施工综合实训
15 给水排水综合实训室
16 商品混凝土性能测试实训基地
17 钢结构工程实习实训车间
18 工程施工测绘室
19 施工综合实训室
20 地质勘探实训基地
21 结构构造仿真实训基地
22 大厅
23 休闲区
24 活动区
25 设计成果展示
26 艺术设计实训
27 书法绘画艺术交流活动
28 内院
29 配电室
30 会议室
31 办公室
32 休息室
33 值班室
1 展览空间
2 休息参观廊
3 库房
4 配电、设备室
5 办公室
6 卫生间
N

建筑实训馆平面图

工业展览馆平面图

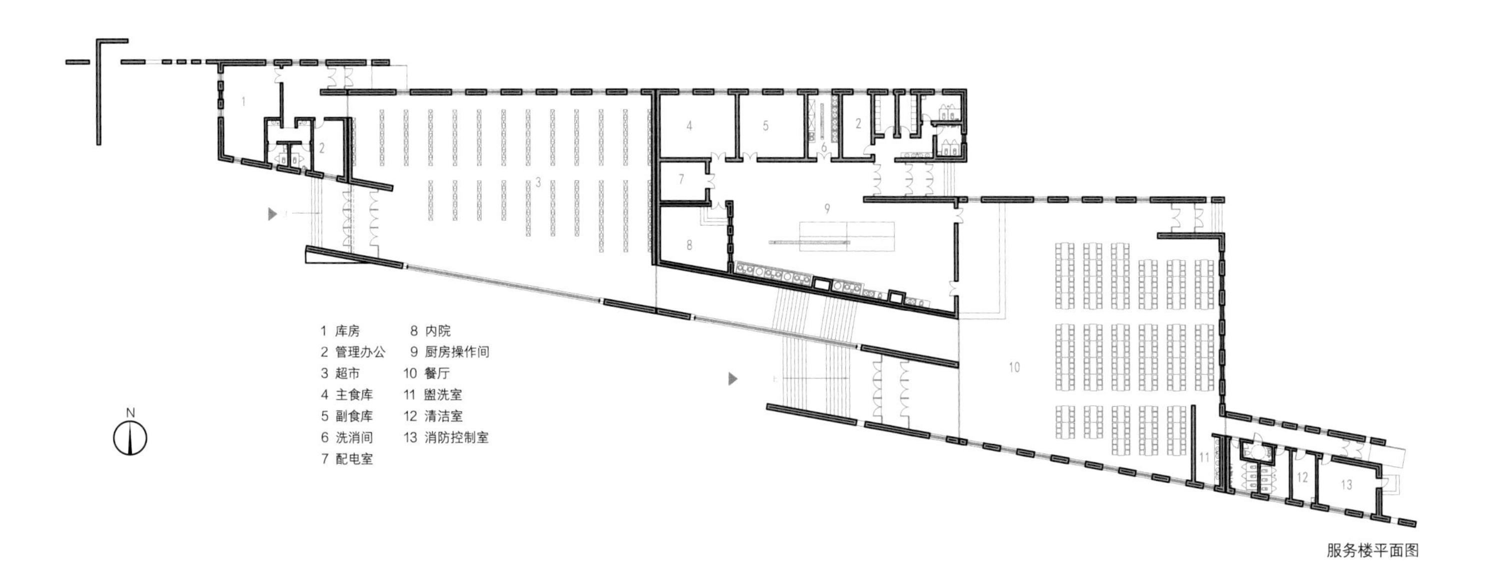
1 库房
2 管理办公
3 超市
4 主食库
5 副食库
6 洗消间
7 配电室
8 内院
9 厨房操作间
10 餐厅
11 盥洗室
12 清洁室
13 消防控制室
N

服务楼平面图

中科院量子信息与量子科技创新研究院一号科研楼

扫码阅读更多内容

开发单位：合肥量子信息与量子科技创新研究院暨 /
中科大高新园区建设有限公司 /
合肥市重点局工程建设管理局 /
中国科学院量子信息与量子科技创新研究院
设计单位：东南大学建筑设计研究院有限公司
项目地点：安徽省合肥市
设计 / 建成时间：2017 年 / 2020 年

项目负责人：王建国，王志刚
主要设计人员：王建国，王志刚，侯彦普，崔慧岳，石峻垚，穆勇

主要经济技术指标
用地面积：406950m^2
建筑面积：总建筑面积 308460m^2，其中一号科研楼 257200m^2
容积率：0.758
建筑密度：18.2%
绿地率：59.3%
停车位：1410 个

中科院量子信息与量子科技创新研究院项目是国家发展量子科技的重要战略部署，是安徽省科技创新“一号工程”，也是合肥综合性国家科学中心的核心工程之一。

项目基地位于合肥高新区王咀湖公园南侧科学园，规划为科研办公区和生活配套区，与中科大先进技术研究院、中科大新校区形成产、学、研的相互关系。规划设计从“量子纠缠效应”以及古代哲人的宇宙观和哲学思想中得到启发，以“自然之谐、科学之力、形态之序、活动之宜、均衡之美”为设计理念，希望建立一座满足科研体量的有机生态公园：科研办公区以相互波动交错的形体东西向水平延展，面向城市；利用建筑形体错动关系形成南北两个景观广场；生活配套区沿西侧高压廊道集中布置，尽可能将景观绿地纳入场地。

实景1

实景2

实景3

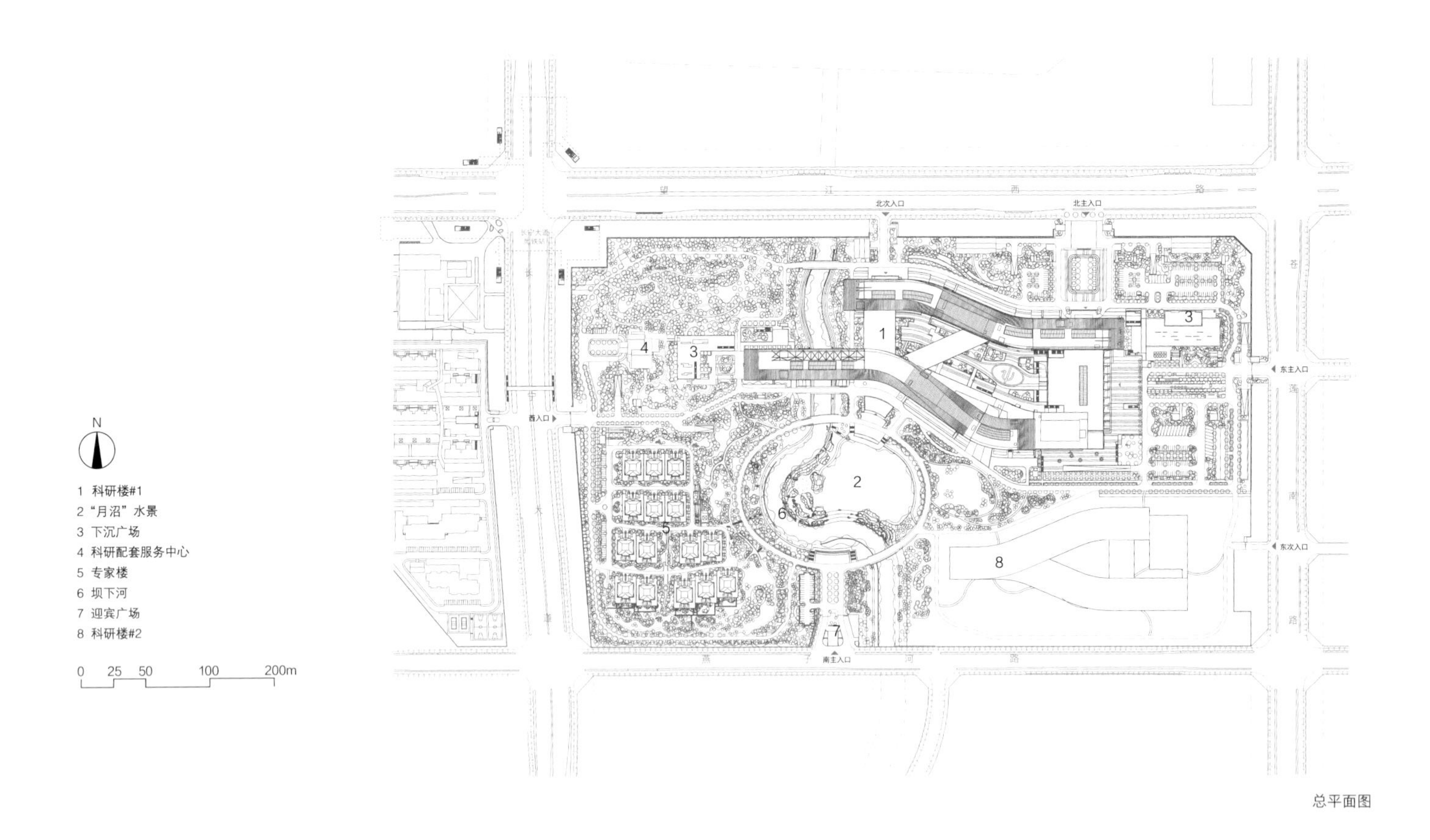
N
1 科研楼#1
2 “月沼” 水景
3 下沉广场
4 科研配套服务中心
5 专家楼
6 坝下河
7 迎宾广场
8 科研楼#2
0 25 50 100 200m
北次入口
北主入口
东主入口
东次入口
西入口
南主入口

总平面图

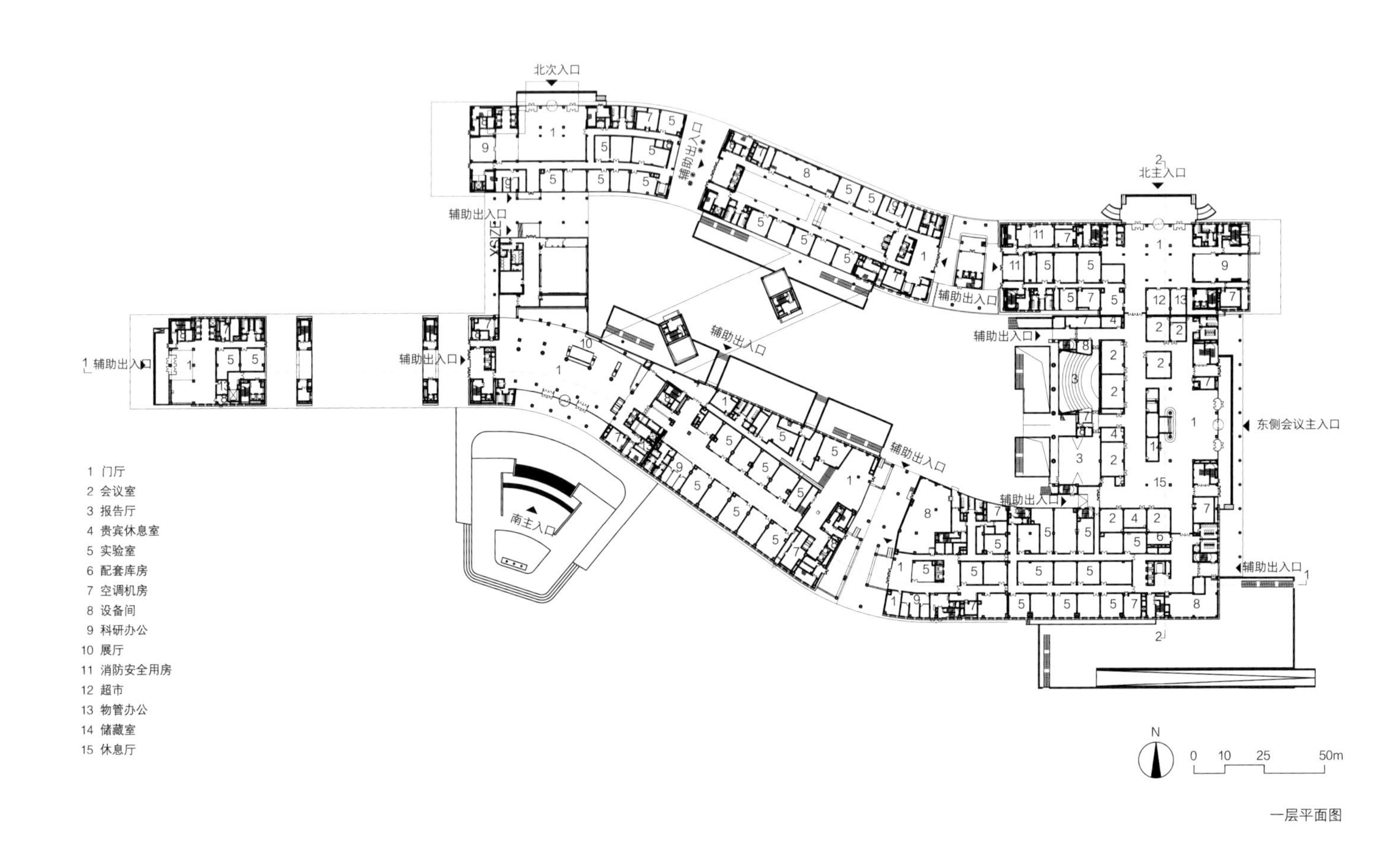
北次入口
北主入口
辅助出入口
东侧会议主入口
南主入口
1 门厅
2 会议室
3 报告厅
4 贵宾休息室
5 实验室
6 配套库房
7 空调机房
8 设备间
9 科研办公
10 展厅
11 消防安全用房
12 超市
13 物管办公
14 储藏室
15 休息厅
N
0 10 25 50m

一层平面图

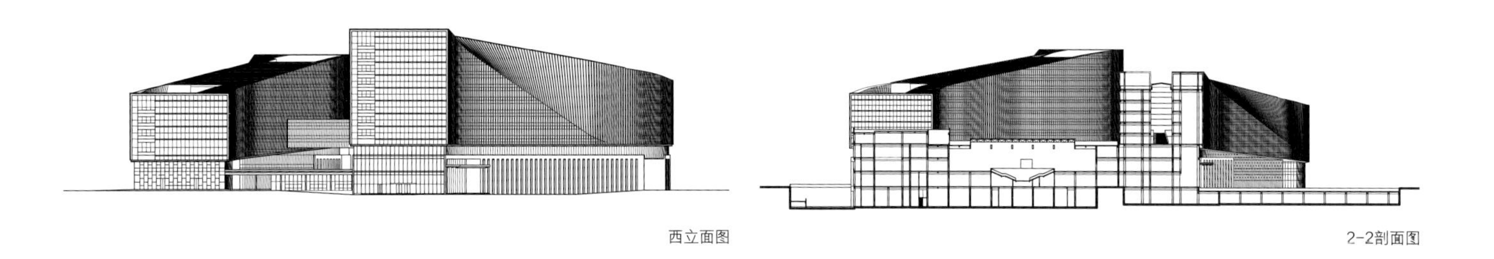

西立面图

2-2剖面图

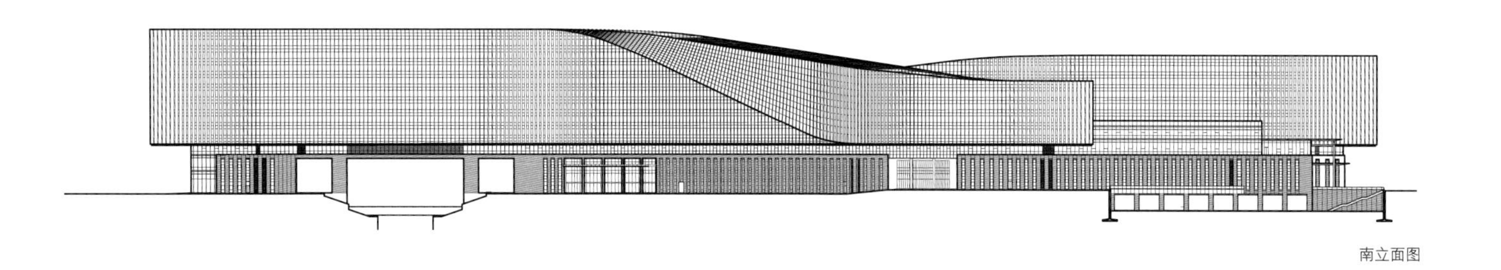

南立面图

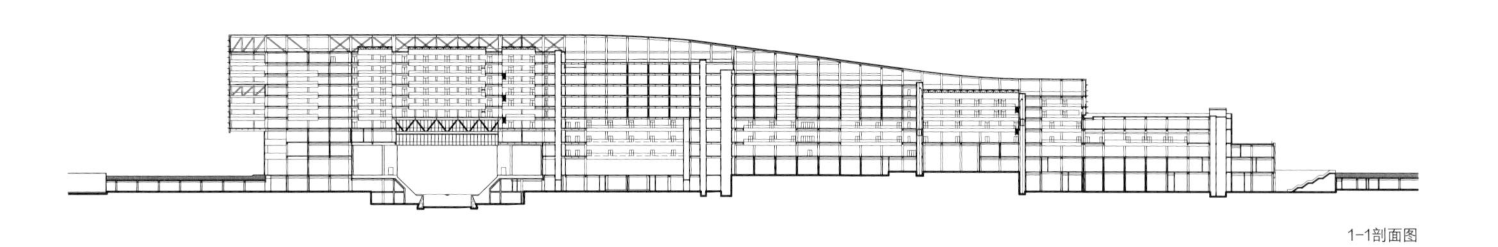

1-1剖面图

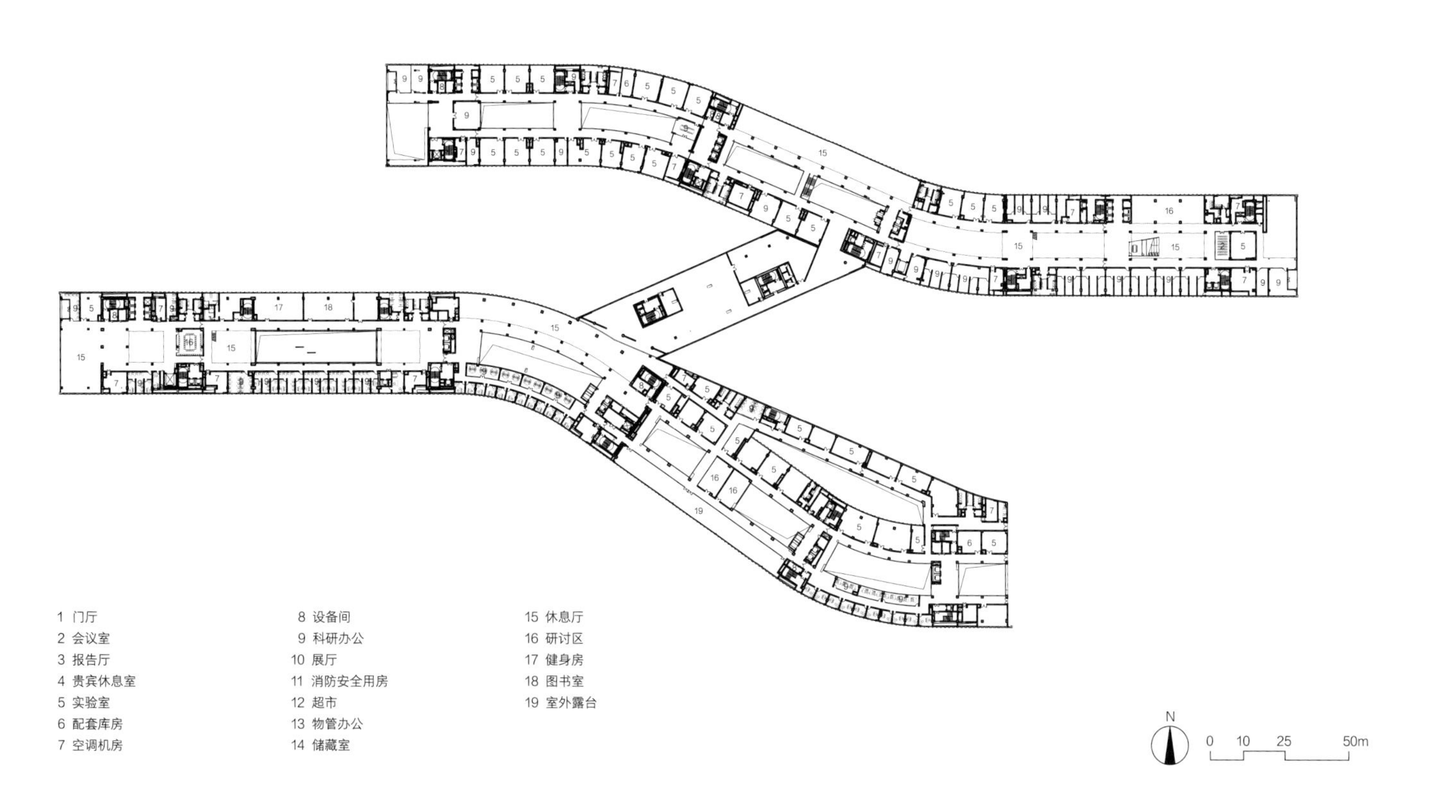
1 门厅
2 会议室
3 报告厅
4 贵宾休息室
5 实验室
6 配套库房
7 空调机房
8 设备间
9 科研办公
10 展厅
11 消防安全用房
12 超市
13 物管办公
14 储藏室
15 休息厅
16 研讨区
17 健身房
18 图书室
19 室外露台
N
0 10 25 50m

标准层：四层平面图

红岭实验小学

扫码阅读更多内容

开发单位：深圳市福田区建工署
设计单位：源计划建筑师事务所
项目地点：广东省深圳市福田区
设计 / 建成时间：2017 年 / 2019 年

项目负责人：何健翔，蒋滢
主要设计人员：董京宇，陈晓霖，吴一飞，张婉怡，王玥，黄城强，
曾维，何文康，蔡乐欢，彭伟森，何振中

获奖情况
2019 年 ArchDaily 年度最佳建筑奖

主要经济技术指标
用地面积：10062m^2
建筑面积：33721m^2
容积率：3.35

红岭实验小学位于福田中心区安托山地段，场地为采石场旧址，周边为正在建设当中的超高层居住区。作为深圳"新校园行动"的倡议性项目，红岭实验小学的设计尝试在诸多层面挑战现有城市校园的空间和建构定式，试图创建回应现实问题和地域气候特征的全新高密度校园范式。为了在 3.0 容积率左右的高密度环境中建立真正属于幼小群体的校园内部环境，建筑师在城市尺度上满占可用场地以抵御周遭的城市剧变，在内部构筑两个贯穿半地下层到顶层的生态内庭的"山谷"环境。在微观尺度上，结合学校的教学理念，建筑师创造了两两成对的"鼓形"平面教学单元作为有机校园环境中的单元细胞，以松散的状态分布于水平楼层板上，确保高密度建筑整体内部的良好采光与自然通风。

实景1

实景2

实景3

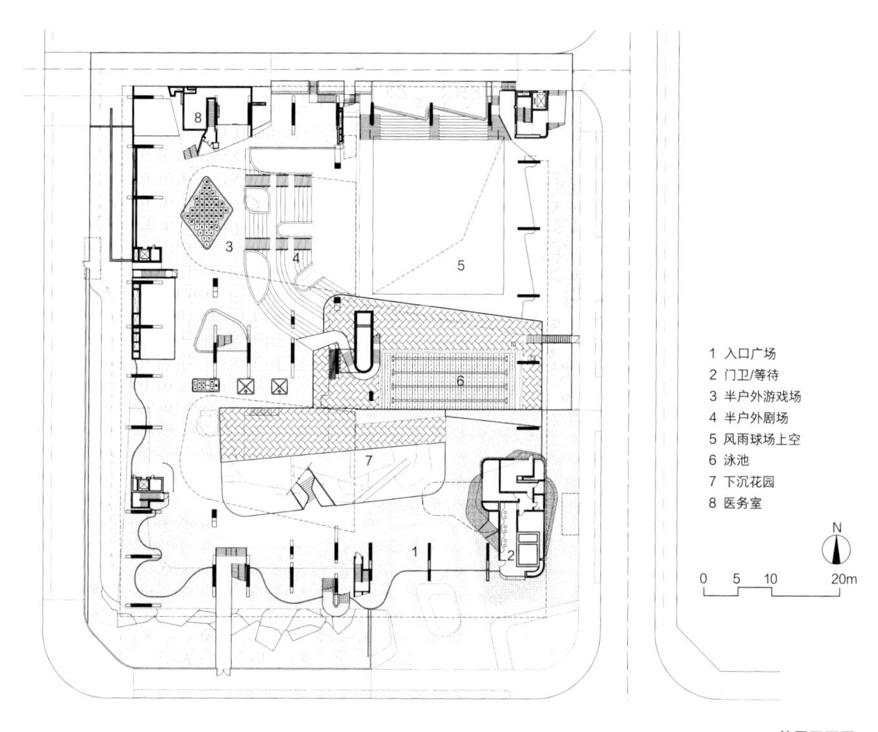
0 5 10 20m
N

1 入口广场
2 门卫/等待
3 半户外游戏场
4 半户外剧场
5 风雨球场上空
6 泳池
7 下沉花园
8 医务室

首层平面图

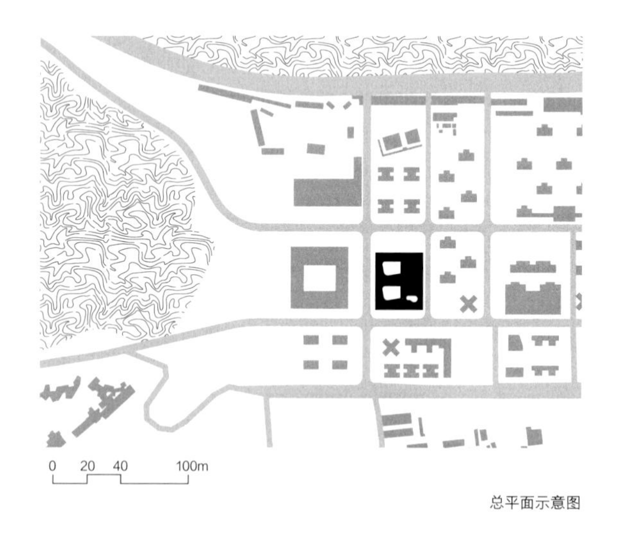
0 20 40 100m

总平面示意图

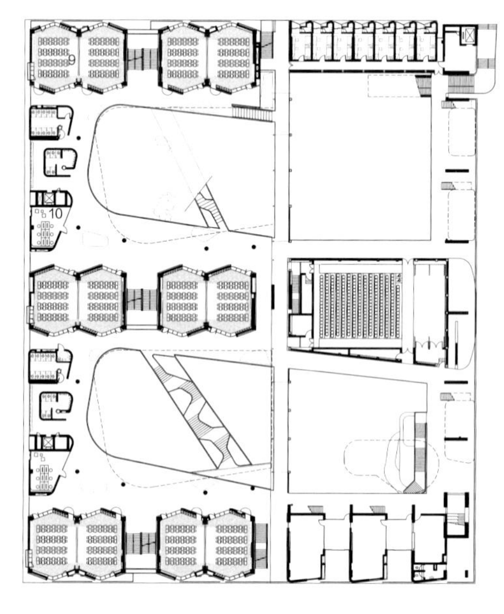

9 标准教学单元
10 教师办公室

二层平面图

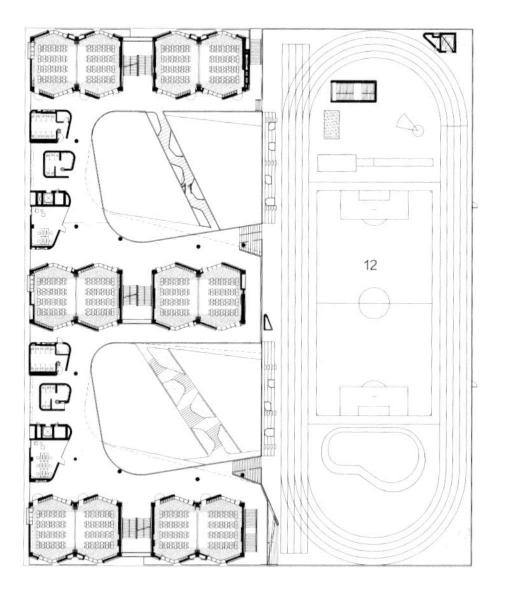

11 空中绿廊
12 户外运动场（200m环形跑道）

三层平面图

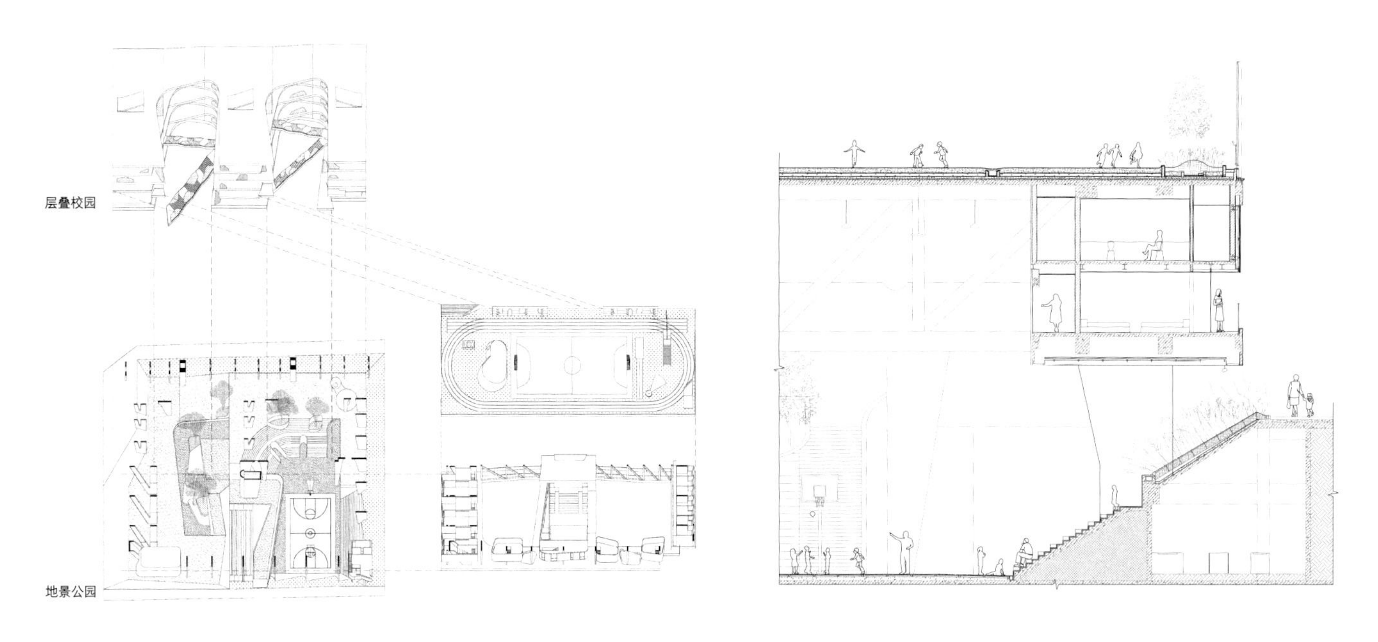
层叠校园
地景公园

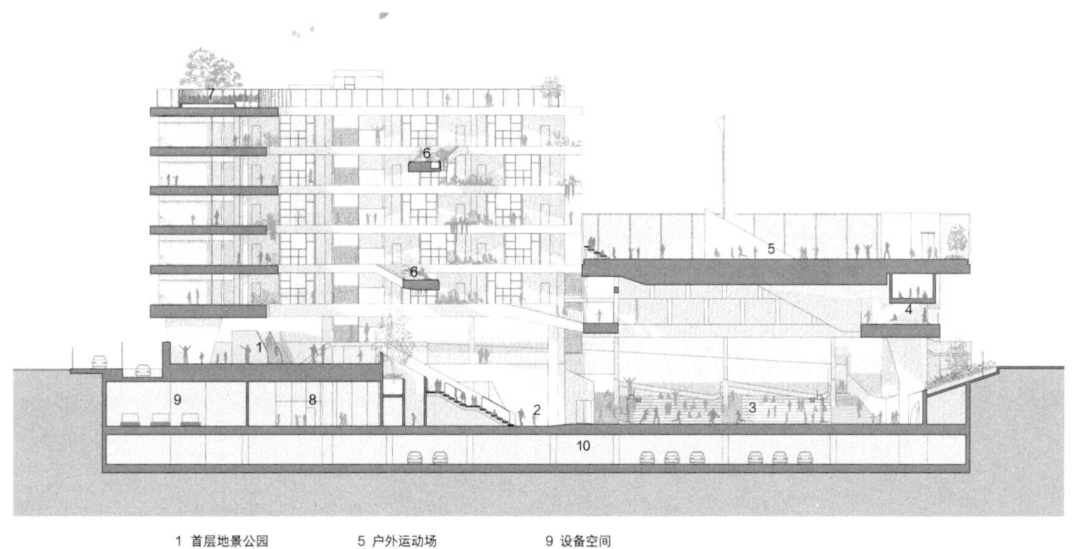

1 首层地景公园
2 半户外剧场
3 风雨球场
4 社团活动空间
5 户外运动场
6 空中绿廊
7 屋顶农场
8 架空活动空间
9 设备空间
10 地下车库

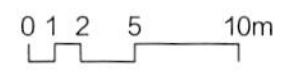
0 1 2 5 10m

A–A剖面图

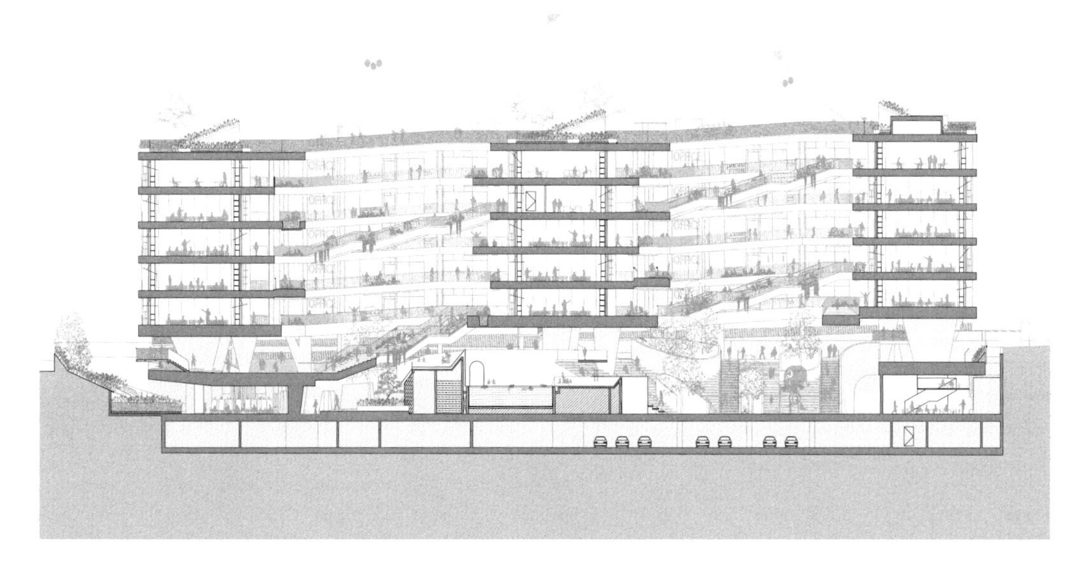

0 1 2 5 10m

B–B剖面图

龙华区教科院附属外国语学校

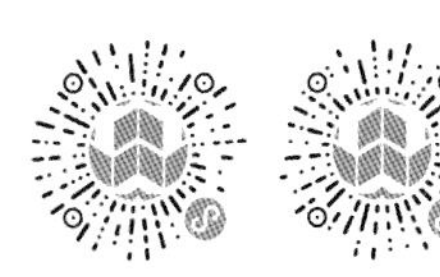

扫码阅读更多视频、图片内容

开发单位：深圳市龙华区教育局、前期办及工务署
设计单位：香港元远建筑科技发展有限公司 /
深圳市建筑设计研究院有限公司
项目地点：广东省深圳市龙华区
设计 / 建成时间：2019 年 / 2019 年

项目负责人：朱竞翔，廉大鹏，欧阳浩，朱俊
主要设计人员：朱竞翔，廉大鹏，韩国日，何英杰，刘鑫程，
王卫国，吴长华，张建军，赵百星，王鹏林

获奖情况
2020 年 WA 中国建筑奖 城市贡献奖入围奖

主要经济技术指标
用地面积：9550m^2　　建筑面积：5840m^2
建筑高度：10.6m　　建设周期：145 天
结构体系：轻型预制钢框架 + 剪力桁架结构

深圳市龙华区教科院附属外国语学校位于城中村外围，校园布局采用适应南方气候与高密度的邻里形态。学校集成了多种被动式节能策略：双廊及架空设计回应了深圳湿热的亚热带地区气候，走廊外侧悬挂遮阳板，进一步减少室内夏季湿热及飘雨问题；墙体采用模块化设计，整合了装修、保温、隔声、防火、防水和结构等功能，上下分段开设通风窗，与房间四角的门协同形成良好的对流换气通路。

学校的建设探索了 BIM 工程信息化，设计中综合考虑制造与建造，集成关键加工和施工技术，将工程周期从设计到完工压缩在 4.5 个月内，造价也节省约 25%。搭建现场几乎没有焊接和湿作业，保证了施工现场井然有序、洁净低噪，最大限度地降低对周边的干扰。

先进的建造技术帮助城市决策者和建设者以更多维的方式来提升土地利用效率，利用发展计划中尚未实现的时间空档改变空间的短期用途，提供灵活的城市运营可能。

校园俯视

内院场景

双走廊

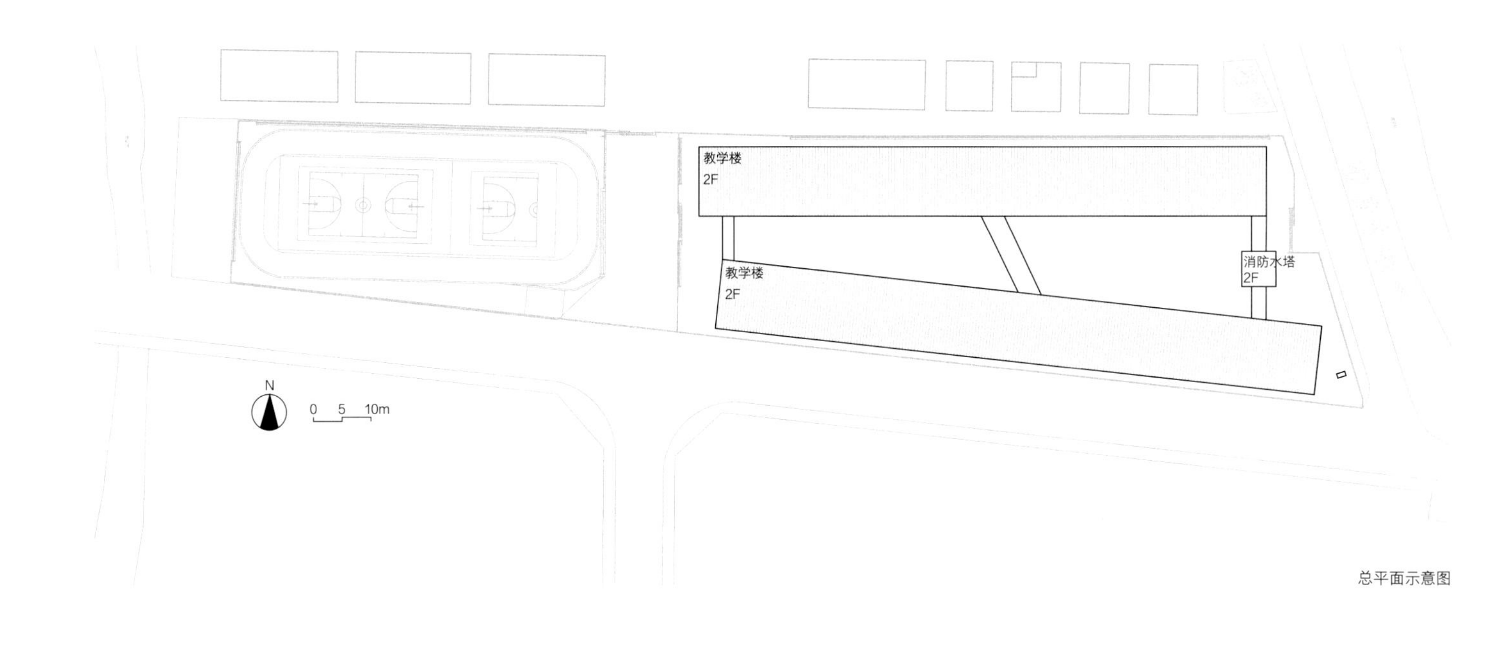

教学楼
2F
教学楼
2F
消防水塔
2F
N
0 5 10m

总平面示意图

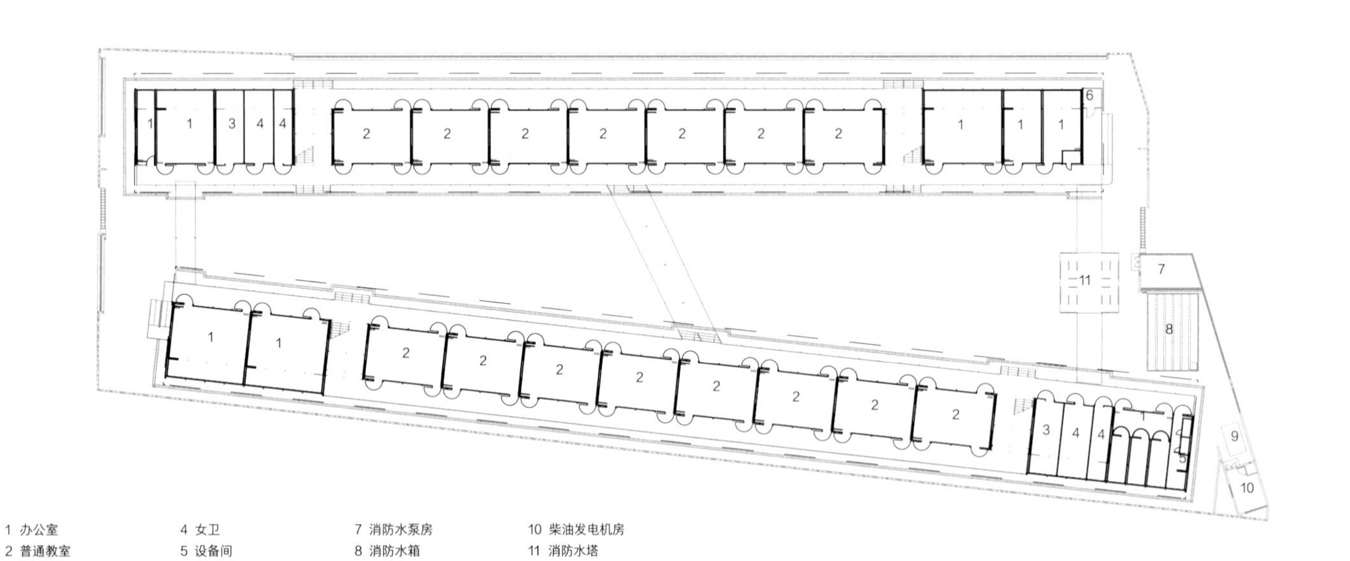

1 办公室
2 普通教室
3 男卫
4 女卫
5 设备间
6 无障碍卫生间
7 消防水泵房
8 消防水箱
9 变电站
10 柴油发电机房
11 消防水塔
12 会议室

首层平面示意图

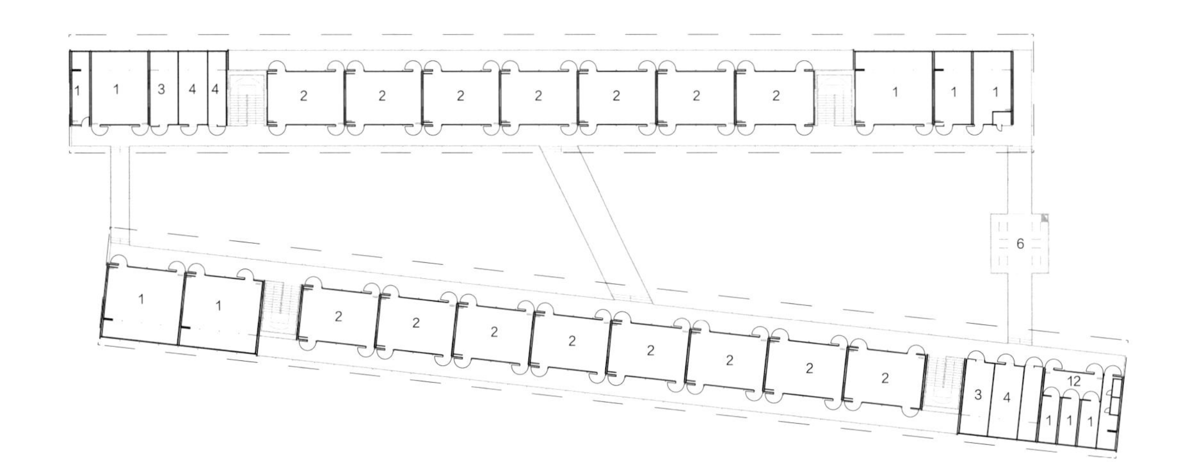

二层平面示意图

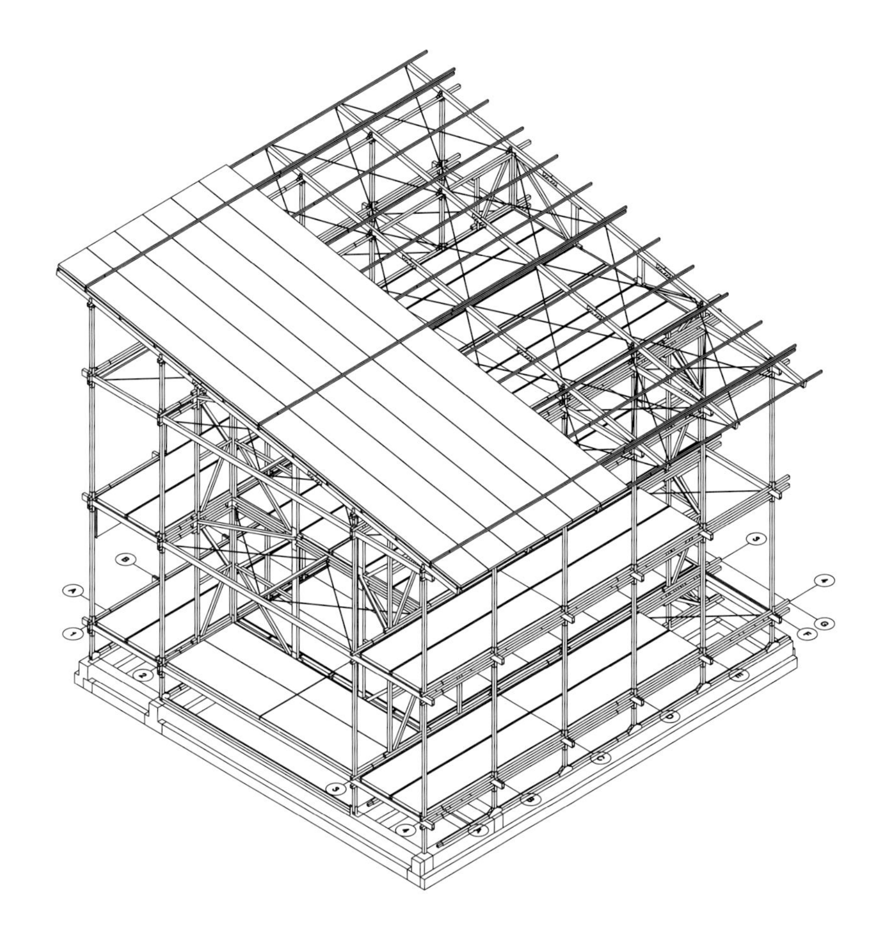

单元模型

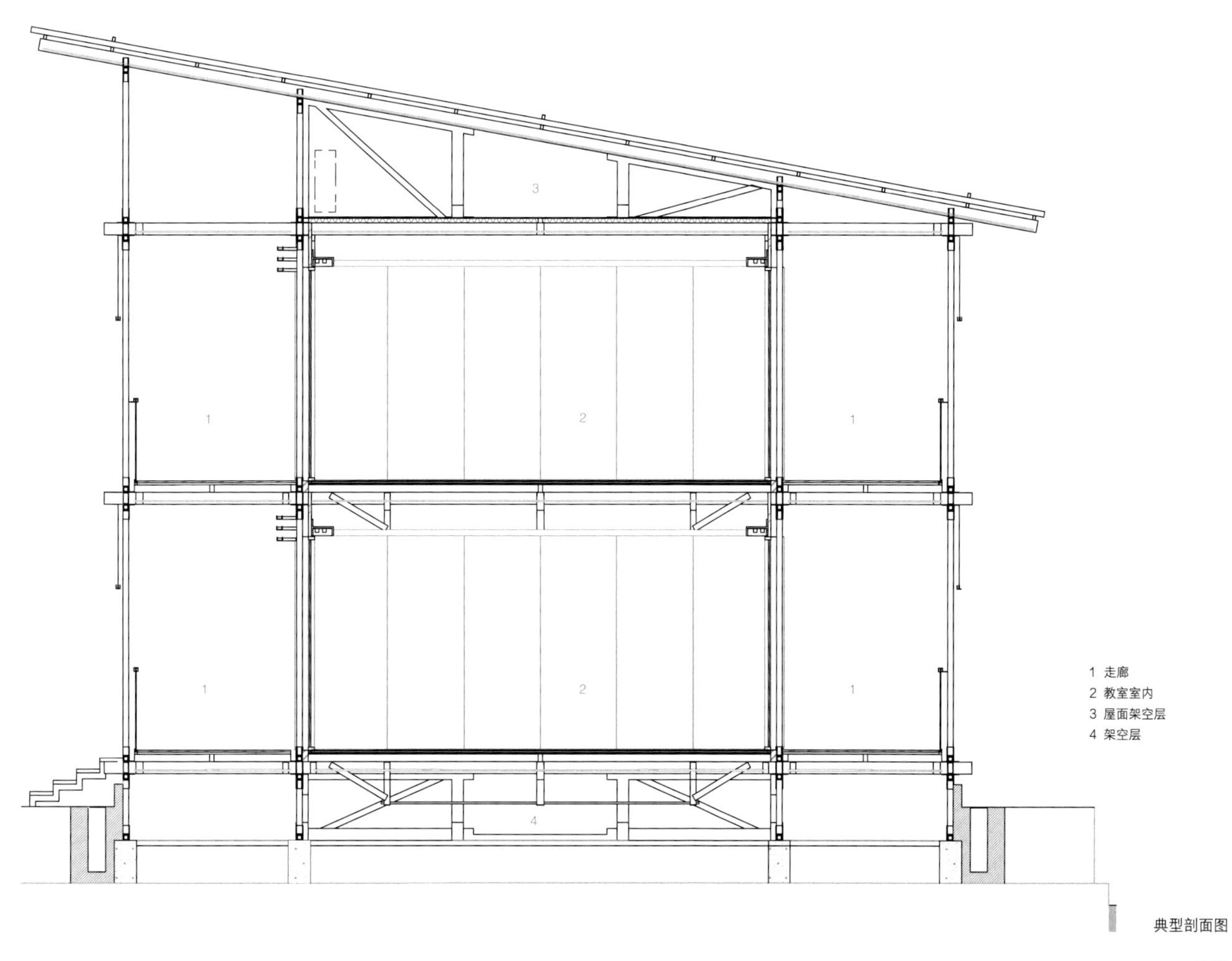
3
1
2
1
1
2
1
4

1 走廊
2 教室室内
3 屋面架空层
4 架空层

典型剖面图

小小部落

扫码阅读更多视频、图片内容

开发单位：融创东南区域集团 / 欢喜文旅
设计单位：个个世界 / 先进建筑实验室
合作单位：联合国人居署 WUC / 世界儿童运动（WoCC）/ 70 亿规划师联盟（7BU）
项目地点：浙江省湖州市德清县
设计 / 建成时间：2019 年 / 2019 年

项目负责人：穆威
主要设计人员：穆威，张迎春，叶致聪，武保荣，冯静钦，胡娅芬，周立，陈晨，李昆华，潘彦钧，谭若天

小小部落是由个个世界和融创东南区域集团合作的国际亲子建造主题乐园，项目位于湖州市德清县莫干溪谷，占地面积 20 亩（约 1.3 万 m^2）。小小部落践行了联合国第三次人居大会主张的“共建、共享、共生”理念，与传统文旅项目从设计到施工不同，小小部落由建筑师发起规划和设计，邀请城乡的亲子家庭共同参与部分公共建筑的设计和建造。

小小部落得到了联合国人居署、法国世界儿童运动（WoCC）和 70 亿规划师联盟（7BU）的现场支持，其中个个世界的 Parki City 互动式建造游戏和亲子建造课程会成为项目的永续活力：不断由社区和家庭在这里进行设计和建造，建筑因为用户的参与被赋予了教育和社交的形态，项目由用户不断定义和更新。

小小部落采用了个个世界研发的模块化木构体系，无论是亲子建造的 Parki 产品还是度假屋，均采用了由原木加工的高精度建造方式，零混凝土消耗，轻松地融入自然环境。

小小部落的三角屋由德国进口的 CLT 木板拼装而成，我们希望通过带有不同反射性能的屋面一改木屋之于公众的传统印象，环境会不断成为建筑的一部分，光线会左右建筑的呈现。

实景1

实景2

实景3

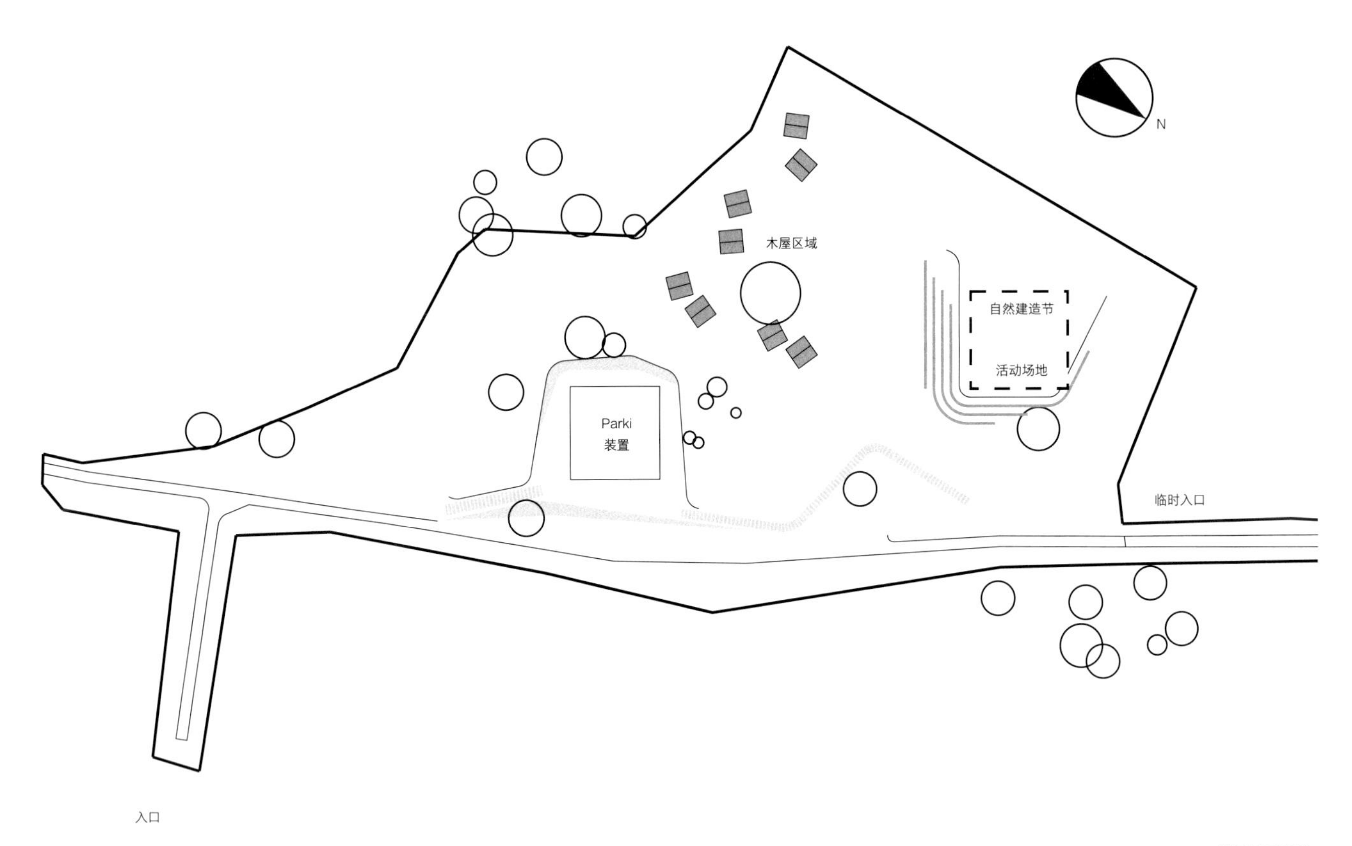

N
木屋区域
自然建造节
活动场地
Parki
装置
临时入口
入口

总平面示意图

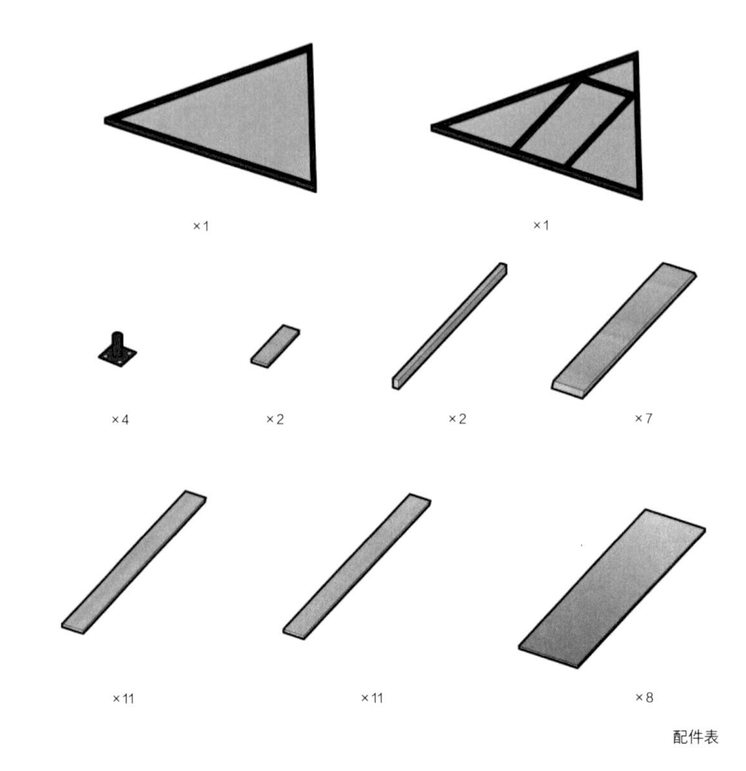

×1
×1
×4
×2
×2
×7
×11
×11
×8

配件表

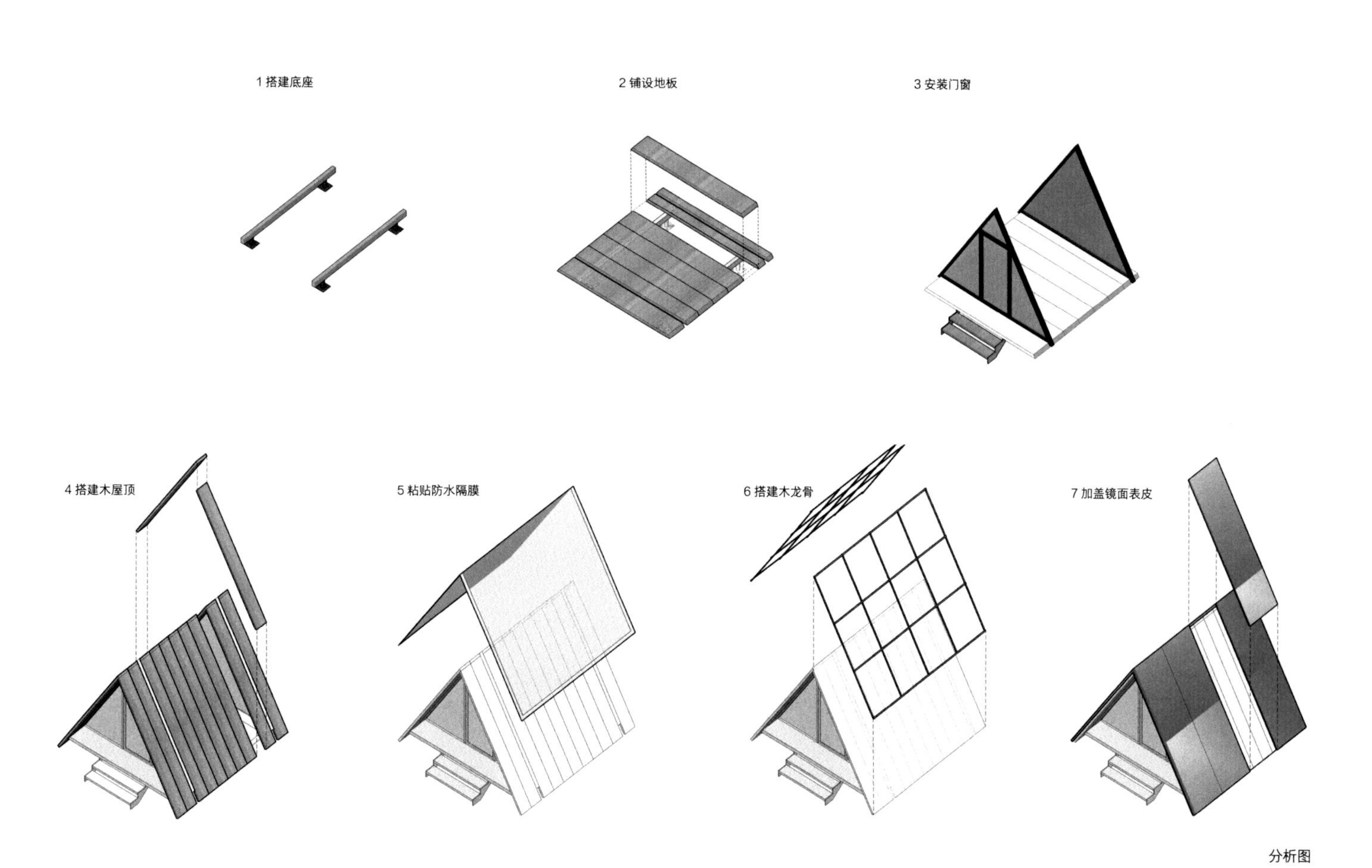
1 搭建底座
2 铺设地板
3 安装门窗
4 搭建木屋顶
5 粘贴防水隔膜
6 搭建木龙骨
7 加盖镜面表皮

分析图

中国美术学院良渚校区

扫码阅读更多视频、图片内容

开发单位：中国美术学院
设计单位：非常建筑事务所
项目地点：浙江省杭州市余杭区
设计 / 建成时间：2018 年 / 2019 年

主持建筑师：张永和，鲁力佳
主要设计人员：尹舜，梁小宁，黄舒怡，程艺石，王玥，龙彬，王文志，何泽林，师琦，李诗琪等

主要经济技术指标
用地面积：190000m^2　　建筑面积：180000m^2
建筑密度：35%　　停车位：295 个
绿地率：35%

在位于杭州的中国美术学院良渚校区，我们把主要的教学空间重新定义为开放、延绵的工坊。工坊是多功能的，除了作为常规课程的教室，还为学生提供了独自阅读写画或结伴搭建、讨论、展览的场所。同时，在工坊中，学生还可以看到校园中发生的种种课内、课外活动。宿舍就布置在工坊的上面，把学生的生活和学习融为一体，体现了“校园即社区”的理念。我们希望通过建筑向学生推介陶行知先生倡导的“生活即教育”的思想。

工坊出挑的拱顶

食堂二层室内

作为展览空间使用时的工坊

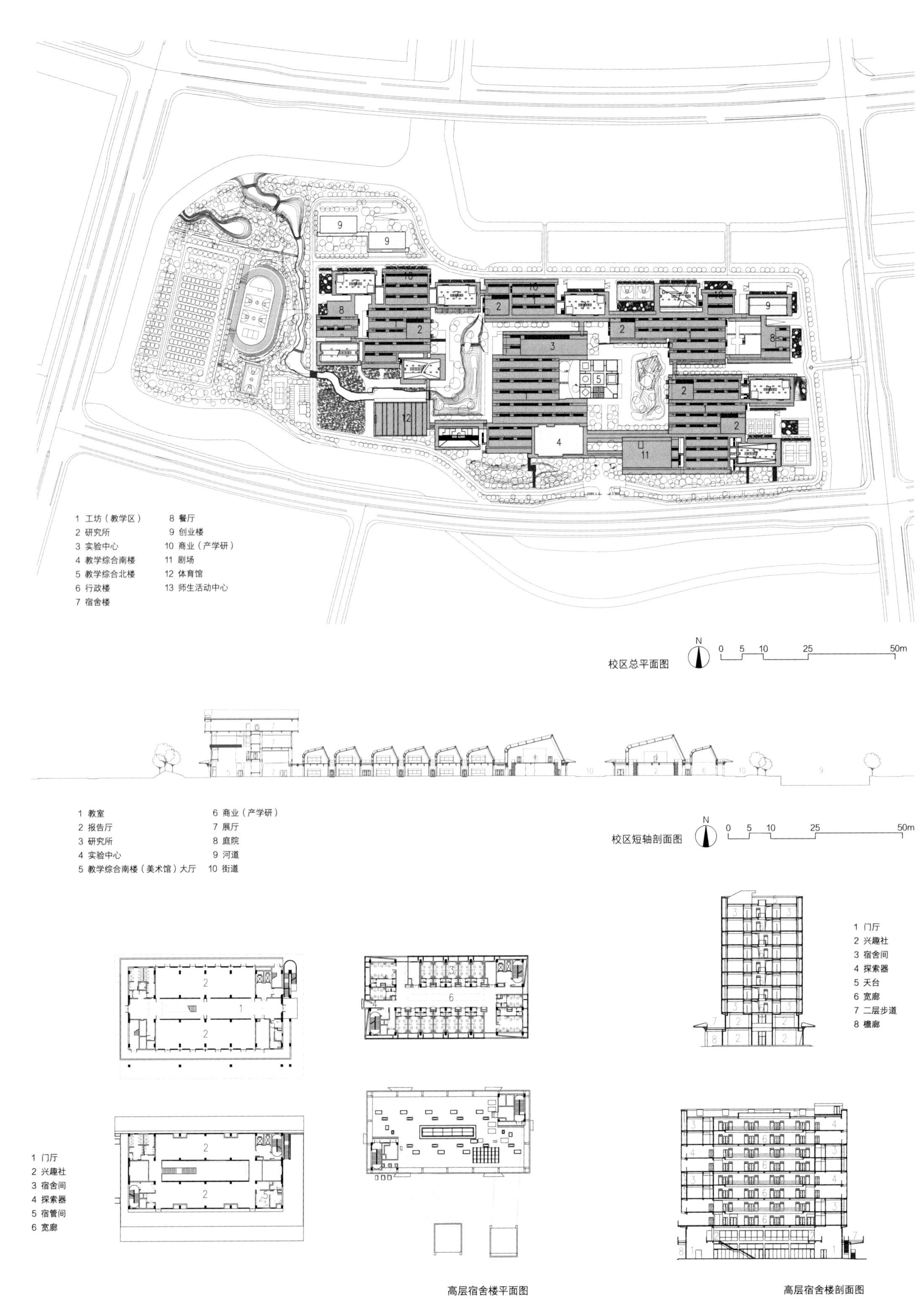
1 工坊（教学区）
2 研究所
3 实验中心
4 教学综合南楼
5 教学综合北楼
6 行政楼
7 宿舍楼
8 餐厅
9 创业楼
10 商业（产学研）
11 剧场
12 体育馆
13 师生活动中心
N
0 5 10 25 50m

校区总平面图

1 教室
2 报告厅
3 研究所
4 实验中心
5 教学综合南楼（美术馆）大厅
6 商业（产学研）
7 展厅
8 庭院
9 河道
10 街道
N
0 5 10 25 50m

校区短轴剖面图

1 门厅
2 兴趣社
3 宿舍间
4 探索器
5 宿管间
6 宽廊

高层宿舍楼平面图

1 门厅
2 兴趣社
3 宿舍间
4 探索器
5 天台
6 宽廊
7 二层步道
8 檐廊

高层宿舍楼剖面图

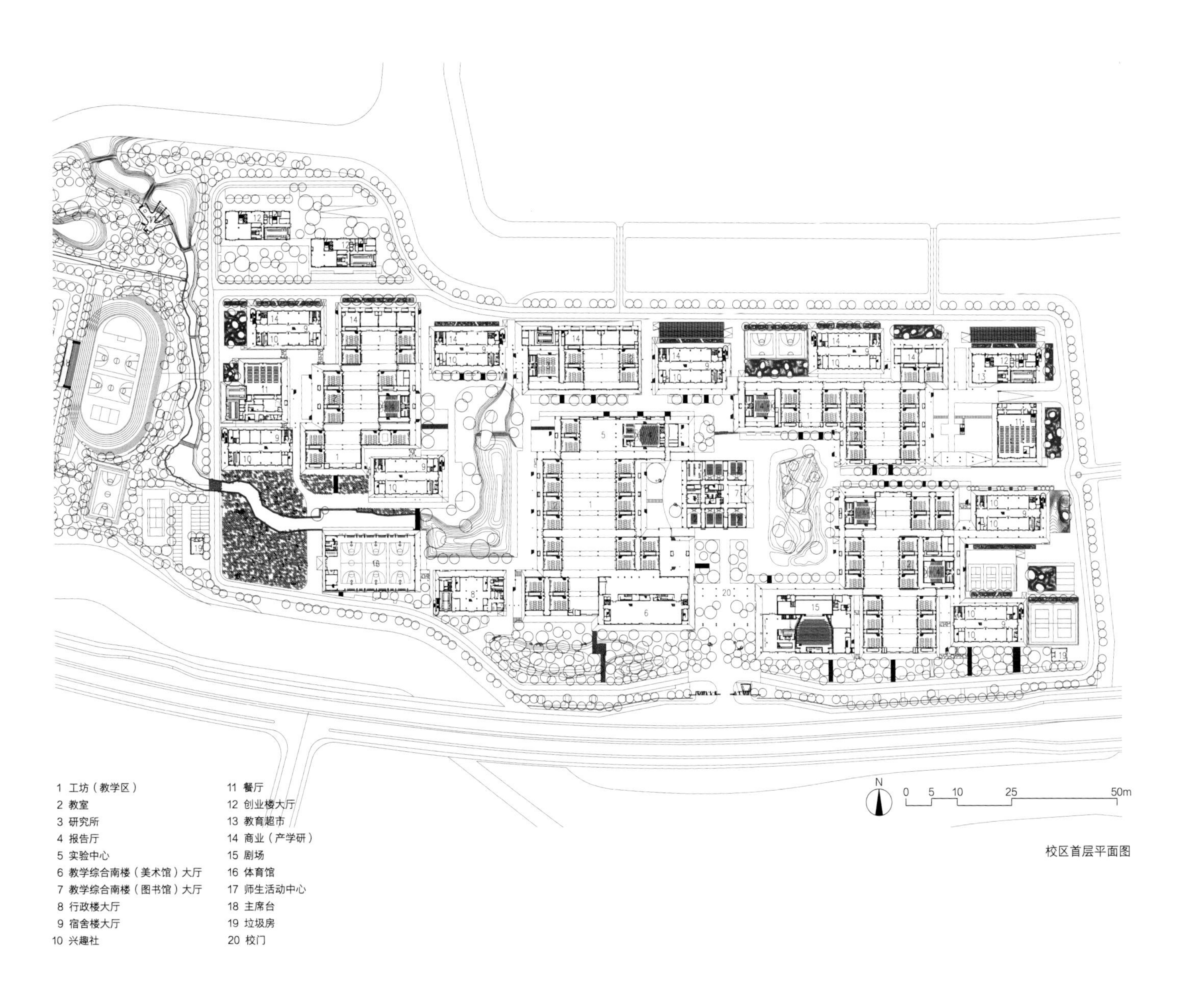
1 工坊（教学区）
2 教室
3 研究所
4 报告厅
5 实验中心
6 教学综合南楼（美术馆）大厅
7 教学综合南楼（图书馆）大厅
8 行政楼大厅
9 宿舍楼大厅
10 兴趣社
11 餐厅
12 创业楼大厅
13 教育超市
14 商业（产学研）
15 剧场
16 体育馆
17 师生活动中心
18 主席台
19 垃圾房
20 校门
N
0 5 10 25 50m

校区首层平面图

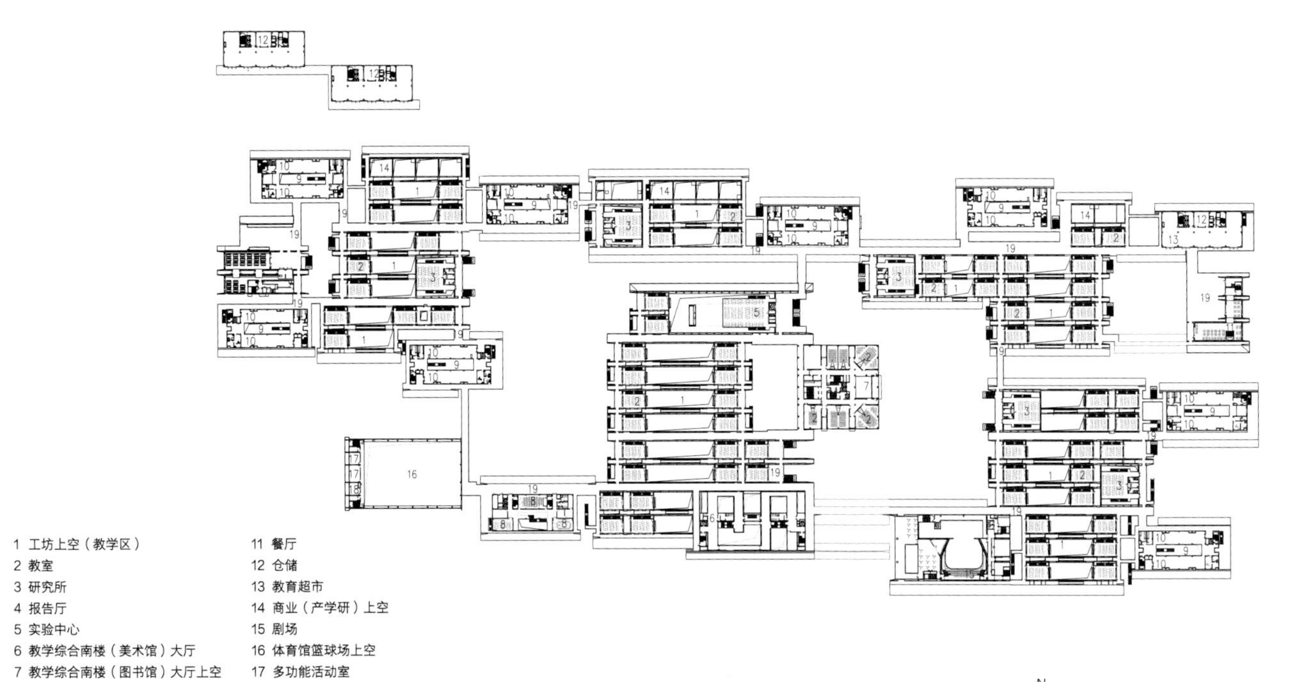
1 工坊上空（教学区）
2 教室
3 研究所
4 报告厅
5 实验中心
6 教学综合南楼（美术馆）大厅
7 教学综合南楼（图书馆）大厅上空
8 行政楼会议室
9 宿舍楼大厅上空
10 兴趣社
11 餐厅
12 仓储
13 教育超市
14 商业（产学研）上空
15 剧场
16 体育馆篮球场上空
17 多功能活动室
18 体育教研室
19 二层步道
N
0 5 10 25 50m

校区二层平面图

CONTEMPORARY
CHINESE ARCHITECTURE
RECORDS

当代中国建筑实录

文化

村振

大南坡村大队部改造

扫码阅读更多内容

开发单位：修武县美尚文化旅游投资有限公司
设计单位：场域建筑事务所
项目地点：河南省焦作市修武县大南坡村
设计 / 建成时间：2019 年 / 2021 年

项目负责人：梁井宇
主要设计人员：梁井宇，叶思宇，周源，吴璇旋，闫明永

主要经济技术指标

用地面积：4525m^2	建筑面积：2038m^2
容积率：0.45	建筑密度：36.3%
绿地率：12%	建筑占地面积：1646m^2

本项目是场域建筑事务所对一组 1980 年代砖木结构建筑群——修武县大南坡村大队部建筑群旧址的改造。原废弃建筑群由地形高差不同的 3 组院落组成。居中的院落为主院，紧邻的下沉院与主院之间有一层高差，高台院比主院地坪高约 1m。经过规划改造，主院作为访客进入建筑群的主入口，涵盖了大南坡艺术中心、茶室、方所乡村文化空间等；高台院则包括了社区营造中心和办公空间；下沉院主要由碧山工销社焦作店、本地食馆及戏台等空间组成。除茶室及本地食馆为部分新建外，其余均为旧建筑修缮改造。

改造完成后的建筑群具备吸引外来访客的多个空间，如展示本地风物的大南坡艺术中心、销售本地土特产及艺术商品的碧山工销社、供外来访客就餐的本地食馆等；与此同时，特别针对本村居民，提供了服务村民的社区营造空间，为当地“怀梆戏”艺术团成员和爱好者准备的排练室及戏台，和欢迎所有人学习、阅读及交往的空间——方所乡村文化中心。希望以此空间生产为契机，带动大南坡乡村文化的发展，形成本地村民与外来访客共同使用、生机勃勃的公共建筑群。

实景1

实景2

实景3

N
1F
6
1F
7
1F
3
2F
1F
5
2
2F
8
1F
4
1F
2F
1
0
5m

1 碧山工销社（焦作店）
2 方所乡村文化中心
3 地方戏排练室/地方戏展厅
4 大南坡本地食馆（新建建筑）
5 戏台（新建建筑）
6 大南坡艺术中心
7 茶室（新建建筑）
8 社区营造空间

总平面图

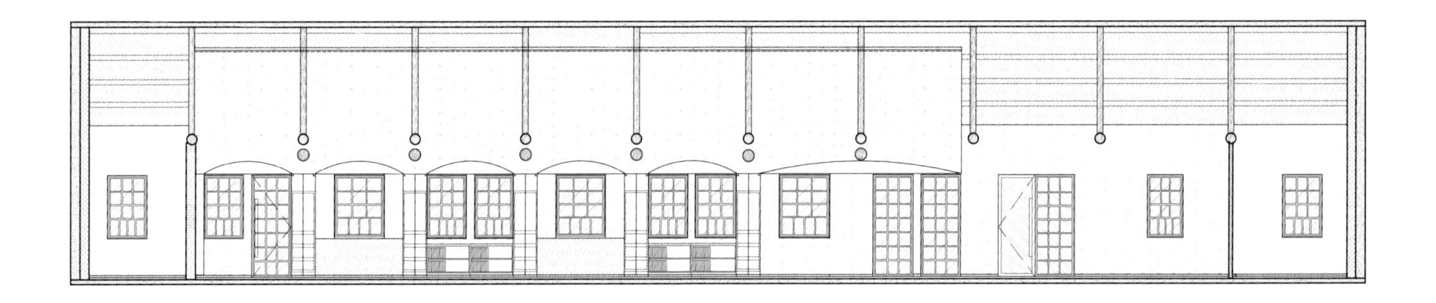

方所乡村文化内立面图

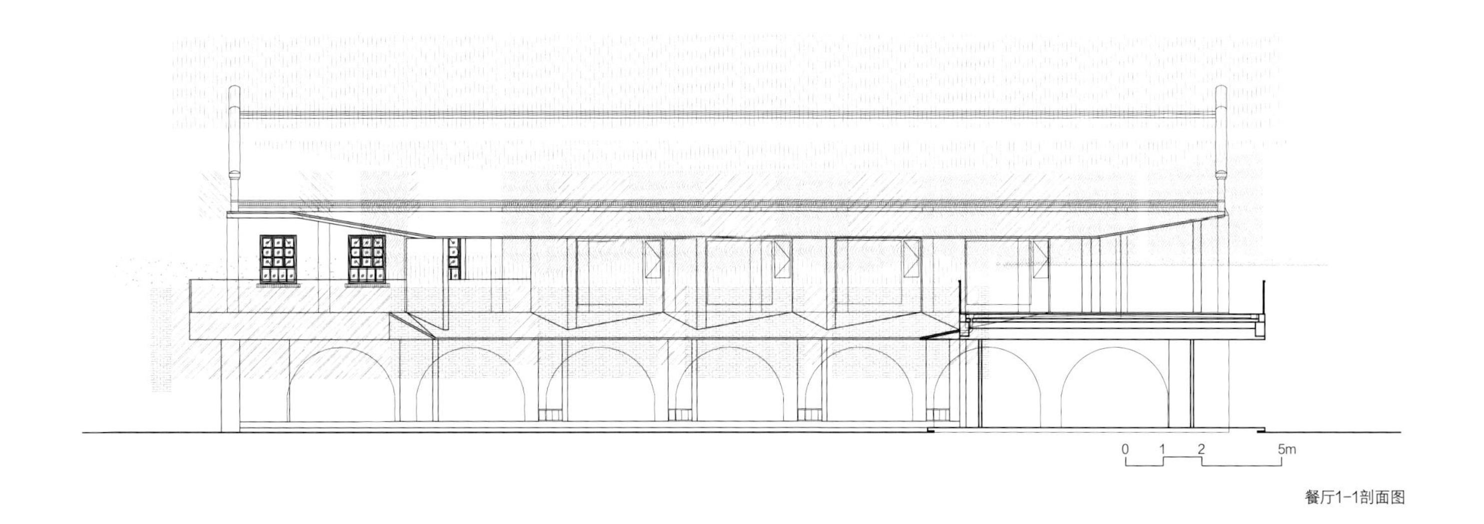
0 1 2 5m

餐厅1-1剖面图

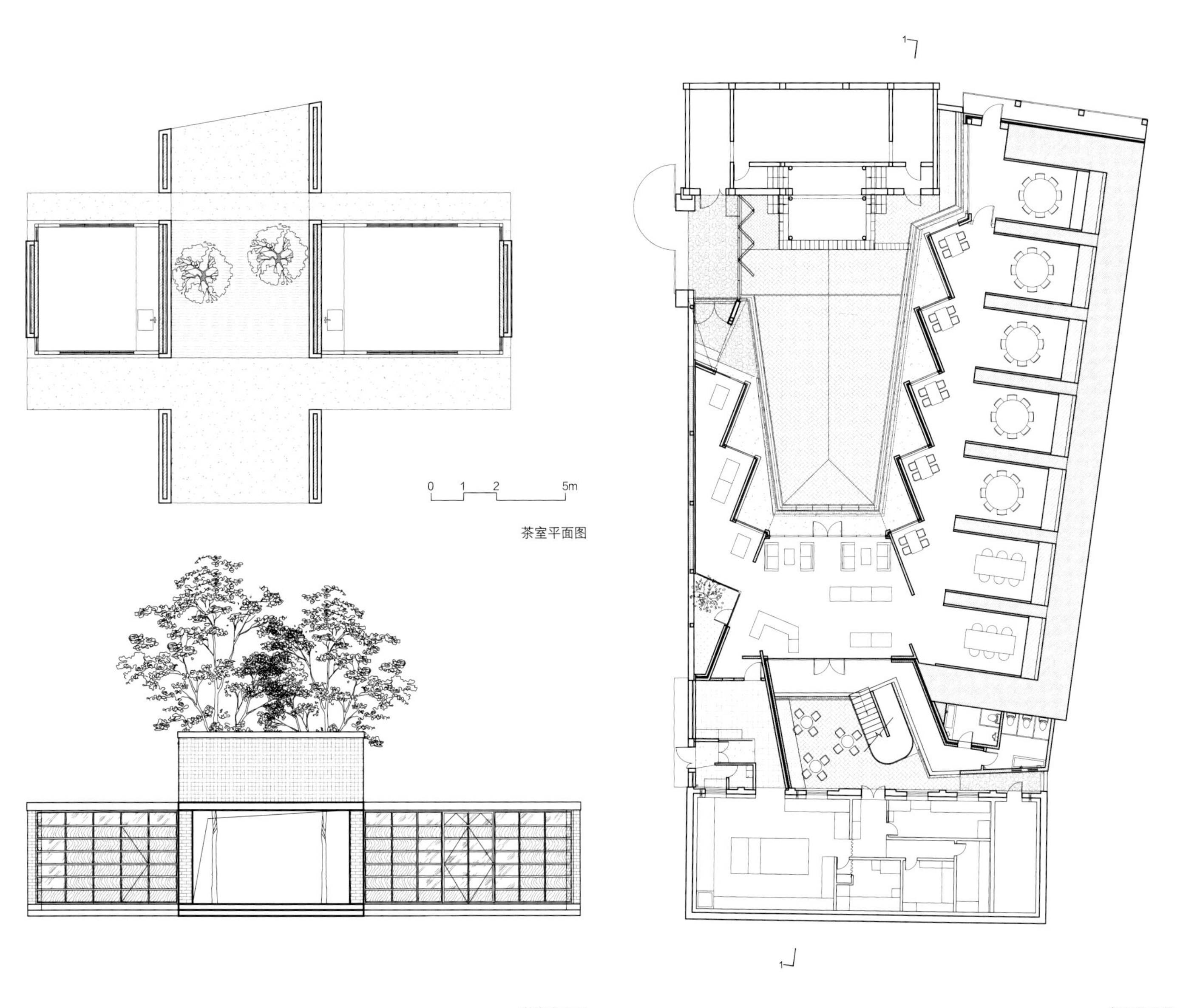
0 1 2 5m
1
1

茶室平面图

茶室立面图

餐厅平面图

江华瑶族水口镇如意村文化服务中心及特色工坊

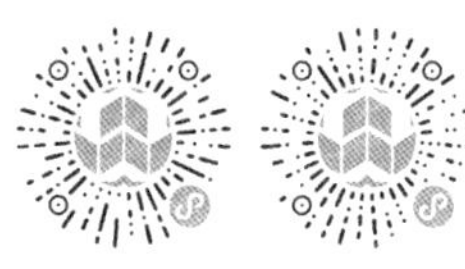
扫码阅读更多视频、图片内容

开发单位：江华瑶族自治县水口镇人民政府
设计单位：地方工作室 / 湖南大学设计研究院有限公司
项目地点：湖南省江华瑶族自治县
设计 / 建成时间：2019 年 / 2021 年

项目负责人：魏春雨，欧阳胜，任榕
主要设计人员：曹广，孟俊丞，朱赛男，陈行，谭茜，谢孜非，侯帅东，涂鑫，朱建华，邓远

获奖情况
2021 年 获如意社区村委会及全体村民赠送锦旗
受邀参与 Wienerberger 2024 砖筑奖 Brick Award'24

主要经济技术指标
用地面积：1835m^2　　建筑面积：2093m^2
容积率：0.81　　建筑密度：66.2%
绿地率：10%

本项目位于湖南省永州市江华瑶族自治县水口镇，是一处集村务办公、村民活动、图书阅览、文艺观演、当地文旅宣传及特色产品展示销售等于一体的小型乡镇文化综合体。

地方工作室一直致力于建筑地域类型学的研究，近几年也在进一步摸索建筑中传统与当代之间的关联性，尝试探寻“当代建筑地方化”与“地方建筑当代化”双重意义的相互转换。当地村民的红砖自建房受成本、技术、审美的制约，呈现出一种“直白”“真实”“普遍”的存在状态，自建房犹如随处生根发芽、自然生长的野草，有着顽强的生命力。基于此，设计选择让建筑跟当下村民自建房保持一致，同时挖掘出当地传统民居中的某些空间基因，并进行当代转译，让当地村民在身处“异样”或“陌生”的场所中能够感知到某种“熟悉”的气息，试图唤起村民对自建房的重新自我认知，这可能是一种具有“现实”与“普适”意义的设计引导。

东南向实景

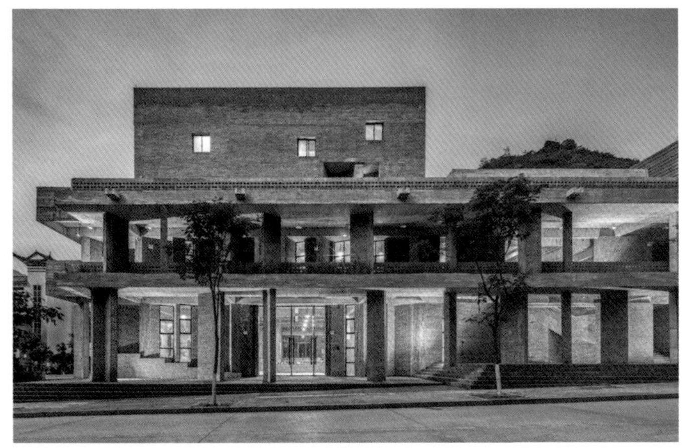
主入口立面局部夜景

天井与“堂屋”东侧看向西侧

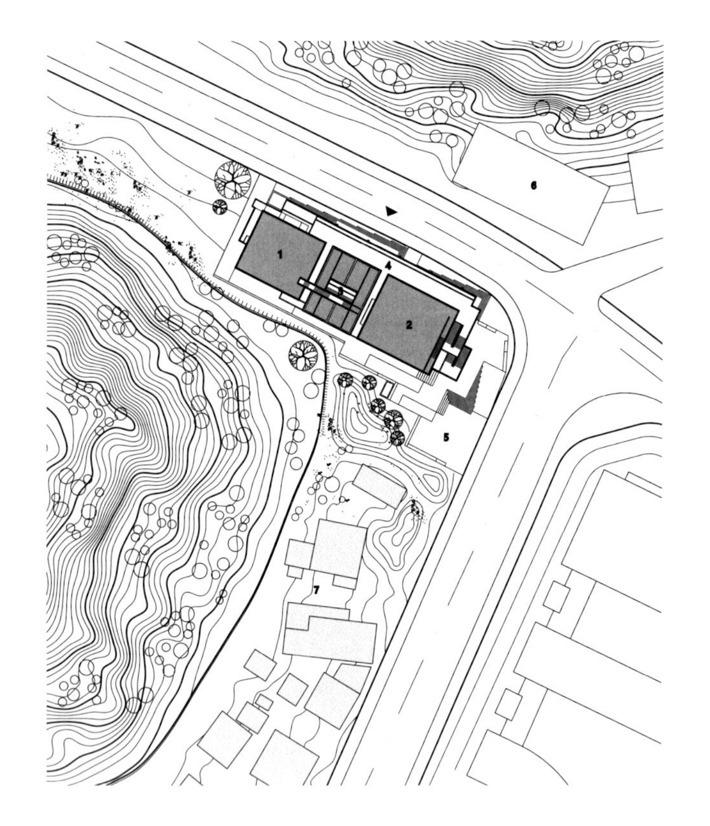
1
2
3
4
5
6
7

1 文化服务中心
2 特色工坊
3 中庭戏台
4 边廊
5 村民广场
6 安置房
7 自建房

总平面图

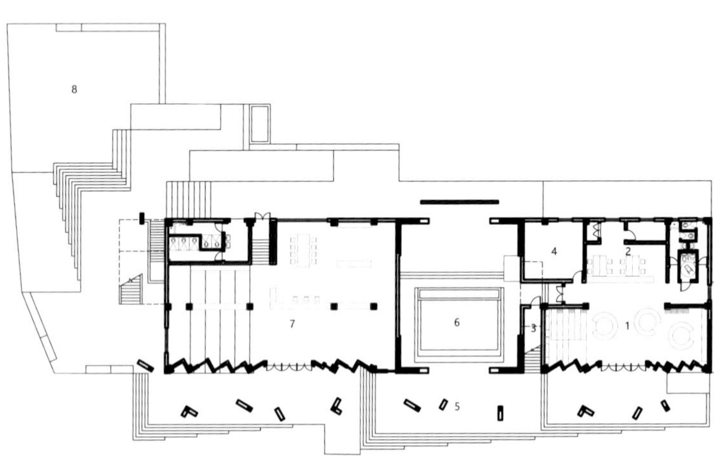
8
4
2
7
6
1
3
5

一层平面图

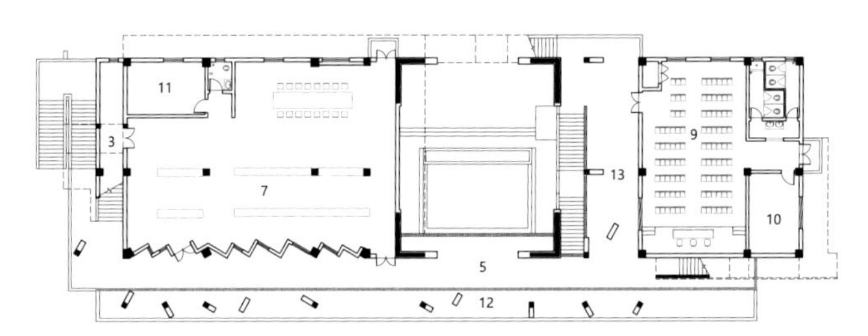
11
3
7
9
13
10
5
12

二层平面图

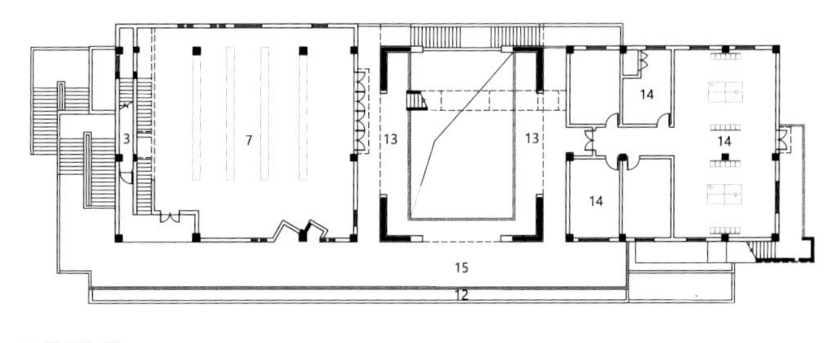
14
3
7
13
13
14
14
15
12

三层平面图

1 书屋
2 村部办公
3 储藏室
4 办公室
5 檐廊
6 中庭戏台
7 特色产品展示
8 村民广场
9 会议室
10 贵宾接待室
11 管理室
12 花池
13 边庭
14 活动室
15 边廊

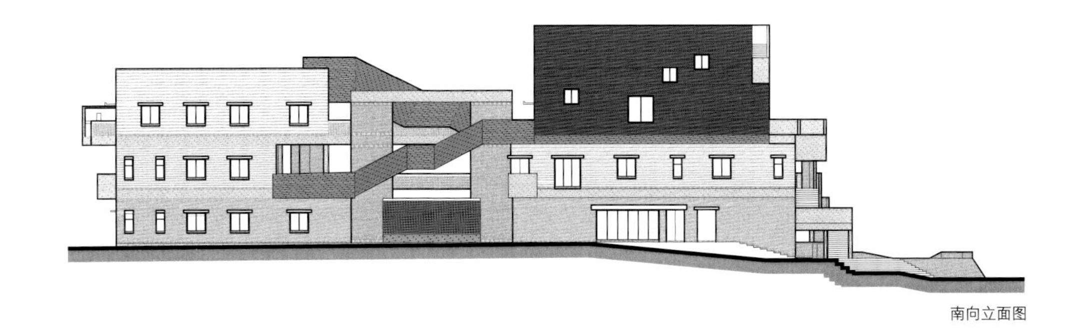

南向立面图

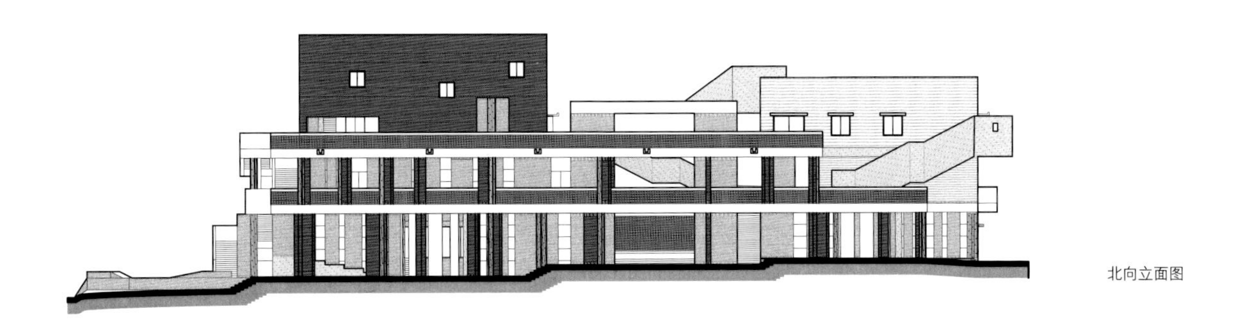

北向立面图

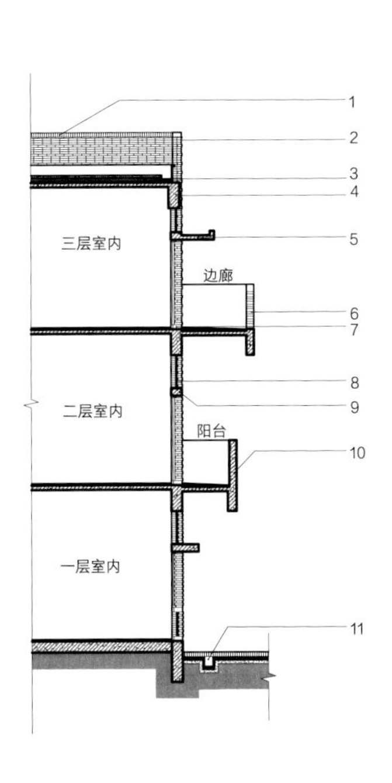
三层室内
边廊
二层室内
阳台
一层室内

1 115mm×53mm×240mm砖砌立铺压顶
2 凹凸240mm厚砖砌女儿墙
3 排水沟
4 切砖60mm砌筑包裹框架梁
5 雨篷
6 椭圆形孔洞水泥镂空砖栏板
7 115mm×53mm×240mm砖砌立铺压底
8 清水砖墙夹芯保温层
9 过梁
10 木纹清水混凝土栏板
11 暗沟

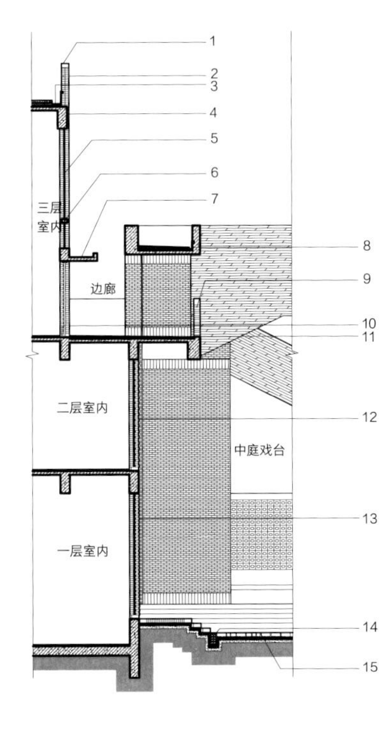
三层
室内
边廊
二层室内
中庭戏台
一层室内

1 115mm×53mm×240mm砖砌立铺压顶
2 无凹凸240mm厚砖砌女儿墙
3 排水沟
4 切砖60mm砌筑包裹框架梁
5 清水砖墙夹芯保温层
6 圈梁采用切砖包裹藏于墙体
7 雨篷
8 排水天沟
9 椭圆形孔洞水泥镂空砖栏板
10 115mm×53mm×240mm砖砌立铺压底
11 面层施工找100mm宽排水浅沟
12 二层凹凸砖砌外墙
13 一层凹凸砖砌外墙
14 ϕ30~50mm麻石碎块填满暗沟
15 砖砌铺地

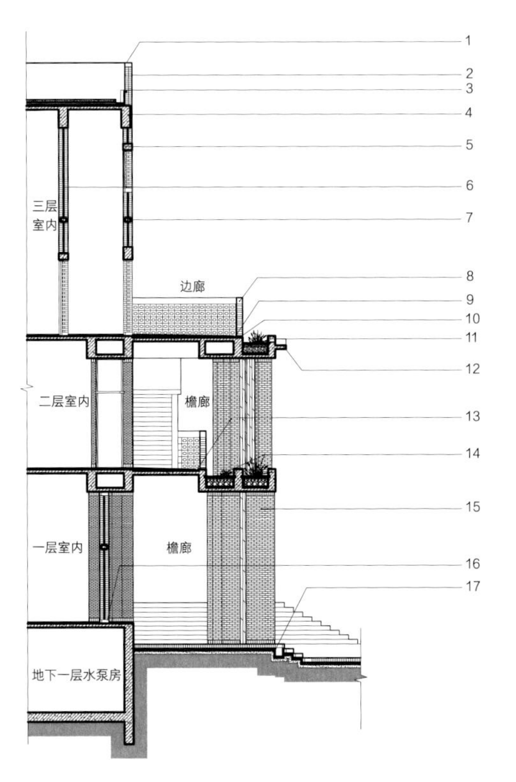
三层
室内
边廊
二层室内
檐廊
一层室内
檐廊
地下一层水泵房

1 115mm×53mm×240mm砖砌立铺压顶
2 无凹凸240mm厚砖砌女儿墙
3 排水沟
4 切砖60mm砌筑包裹框架梁
5 过梁
6 清水砖墙夹芯保温层
7 圈梁采用切砖包裹藏于墙体
8 椭圆形孔洞水泥镂空砖栏板
9 面层施工找100mm宽排水浅沟
10 ϕ50mm过水孔
11 预埋ϕ100mm溢水孔
12 混凝土排水口
13 面层施工找100mm宽排水浅沟
14 花池(种植芒草)
15 360mm厚砖砌折墙
16 115mm×53mm×240mm砖砌立铺压底
17 暗沟

节点详图

中粮南桥半岛文体中心与医疗服务站

扫码阅读更多内容

开发单位：中粮集团
设计单位：斯蒂文·霍尔建筑师事务所
项目地点：上海
设计 / 建成时间：2016 年 / 2021 年

主持建筑师：Steven Holl
主要设计人员：
Roberto Bannura（partner in charge）
Noah Yaffe（project advisor）
Xi Chen，Sihuan Jin（project architects）
Zhu Zhu（assistant project architect）
Wenying Sun，Ruoyu Wei，Dimitra Tsachrelia，Yuanchu Yi，Okki Berendschot，Pu Yun，Elise Riley，Lydia Liu，Tsung-Yen Hsieh，Shih-Hsueh Wang，Michael Haddy，Yi Ren，Xu Zhang，Lidong Sun，Peter Chang，Yuchun Lin，Peilu Chen，Hong Ching Lee（project team）

主要经济技术指标

文体中心	医疗服务站
用地面积：6043m^2	用地面积：1496m^2
建筑面积：8114m^2	建筑面积：1907m^2
容积率：0.98	容积率：0.87
建筑密度：30.6%	建筑密度：30.07%
绿地率：38.88%	绿地率：20.03%

上海中粮南桥半岛文体中心与医疗服务站的设计开始于 2016 年，旨在成为社会凝聚器，通过原有运河沿线的公园与公共空间促进周围新住宅居民的社区生活。尽管相邻的住宅千篇一律且密集，但此处的新建筑空间开放充满活力，吸引邻里居民来此休闲、参与社区文化活动。医疗服务站与文体中心是由灰白色混凝土浇筑而成，两栋建筑围合出一个中央公共空间，通过在混凝土结构上做减法塑造不同空间的建筑语言。

两栋新的公共建筑和场地景观通过“云与时间”的概念融合在一起。如时钟样式的圆形景观步道形成中央广场，如云状的建筑体多孔且开放。文体中心坐落于一个通透的玻璃基座上，内部的咖啡厅和娱乐游戏室从外可见。弯曲的坡道缓缓升至二层，延续了视觉的体验。

医疗服务站也是由景观曲线塑造而成。两栋建筑均有种植景天属植物的绿色屋顶，当从周边公寓俯瞰时，它更是与景观融合成为一体。

实景1

实景2

实景3

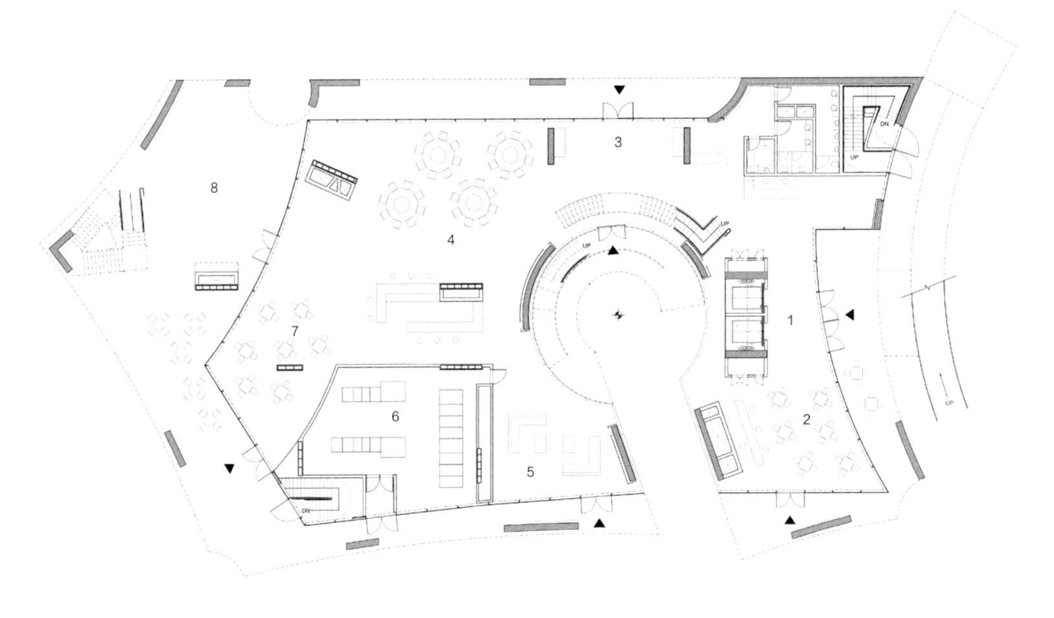
0 1 2 3 5 10m

1 入口大厅
2 咖啡区
3 展览空间
4 团体活动室
5 休息室
6 公共服务
7 棋牌室
8 廊道空间

文体中心一层平面图

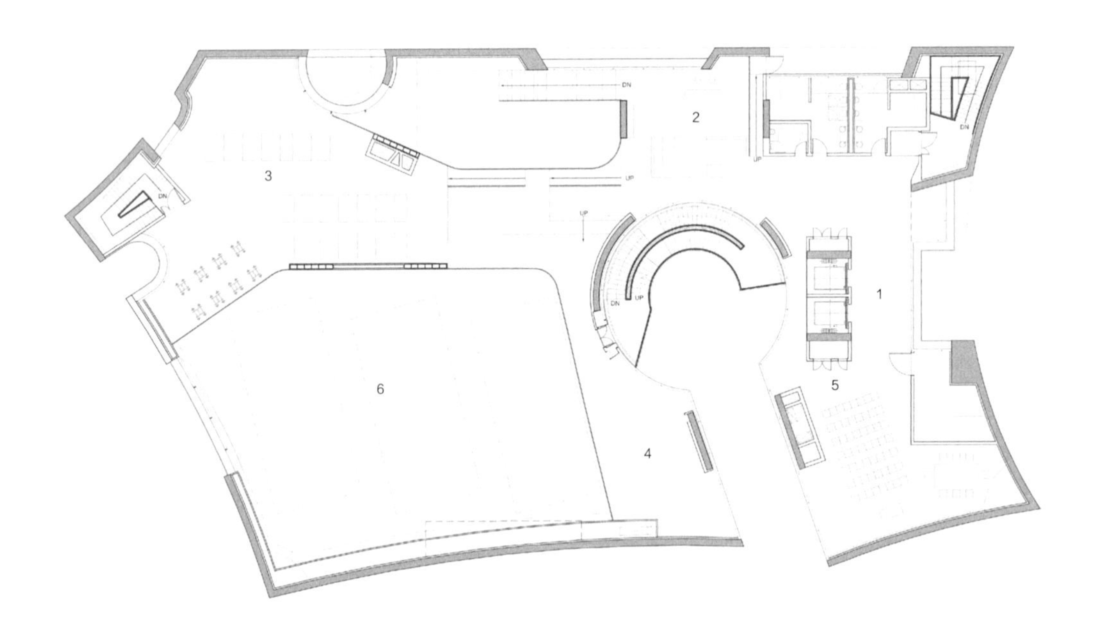

1 大厅
2 健身房接待
3 健身房
4 健身房休息室
5 社区教育
6 挑空区

文体中心四层平面图

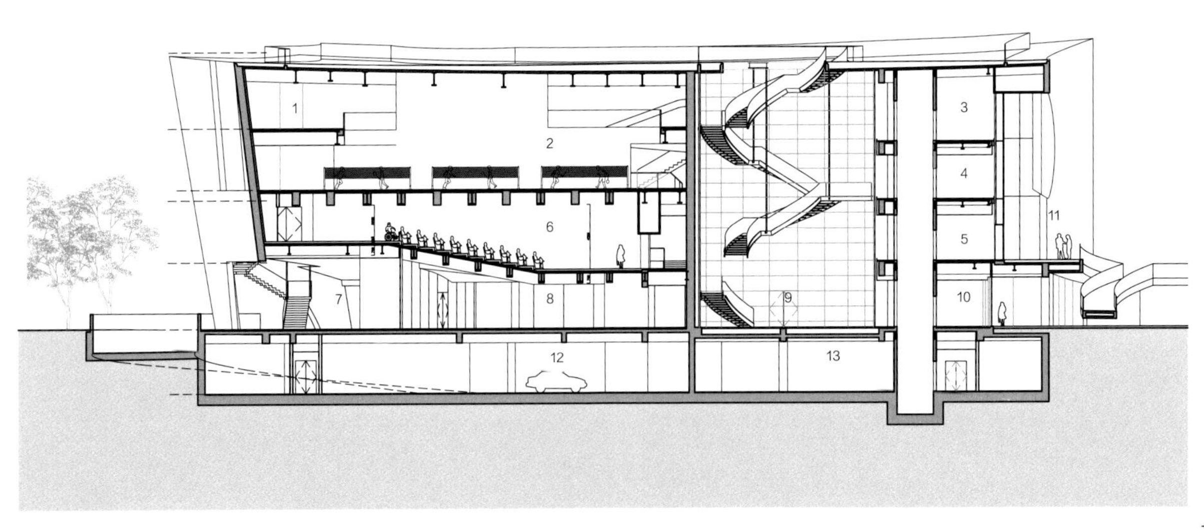

1、3 健身房
2 羽毛球场
4 管理室
5 上层大厅
6 礼堂
7 外廊空间
8 棋牌室
9 天井
10 人厅
11 电梯入口
12 停车场
13 公共服务

文体中心剖面图

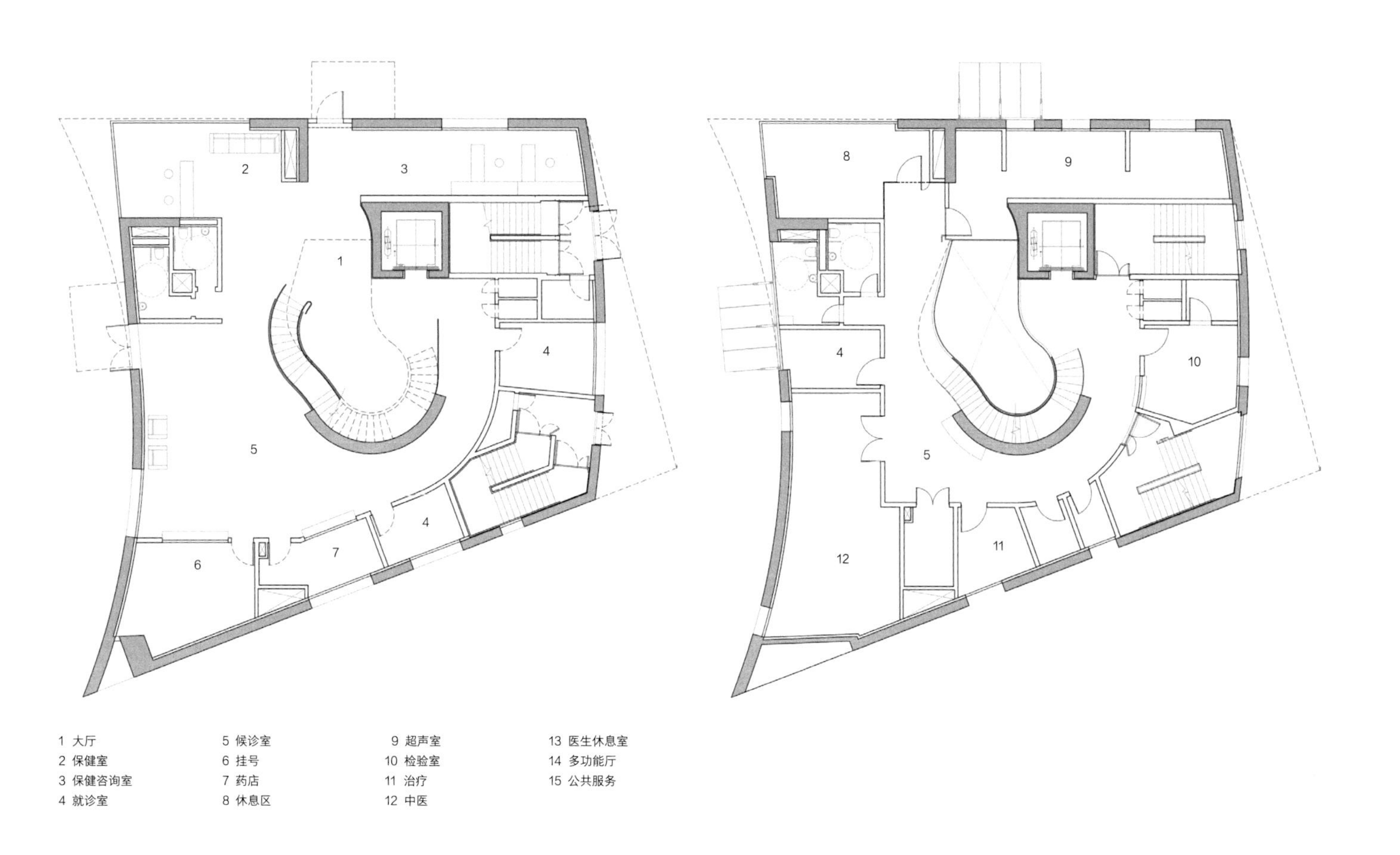
1
2
3
4
5
6
7
4
8
9
10
4
5
11
12
1 大厅
2 保健室
3 保健咨询室
4 就诊室
5 候诊室
6 挂号
7 药店
8 休息区
9 超声室
10 检验室
11 治疗
12 中医
13 医生休息室
14 多功能厅
15 公共服务

医疗服务站一层平面图

医疗服务站二层平面图

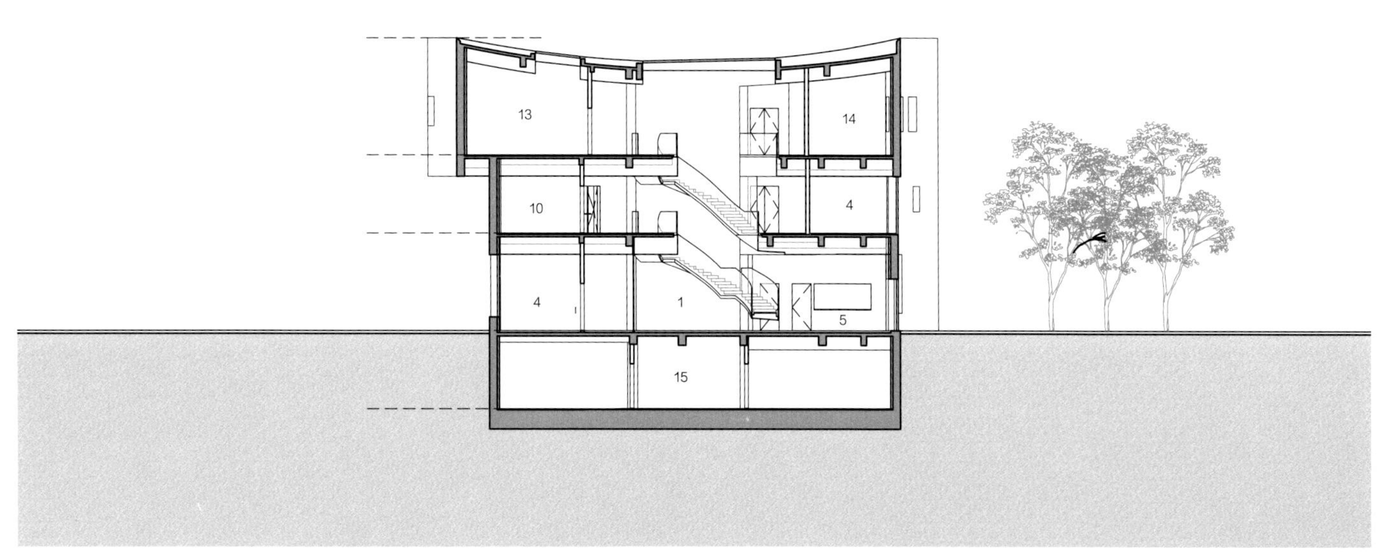
13
14
10
4
4
1
5
15

医疗服务站剖面图

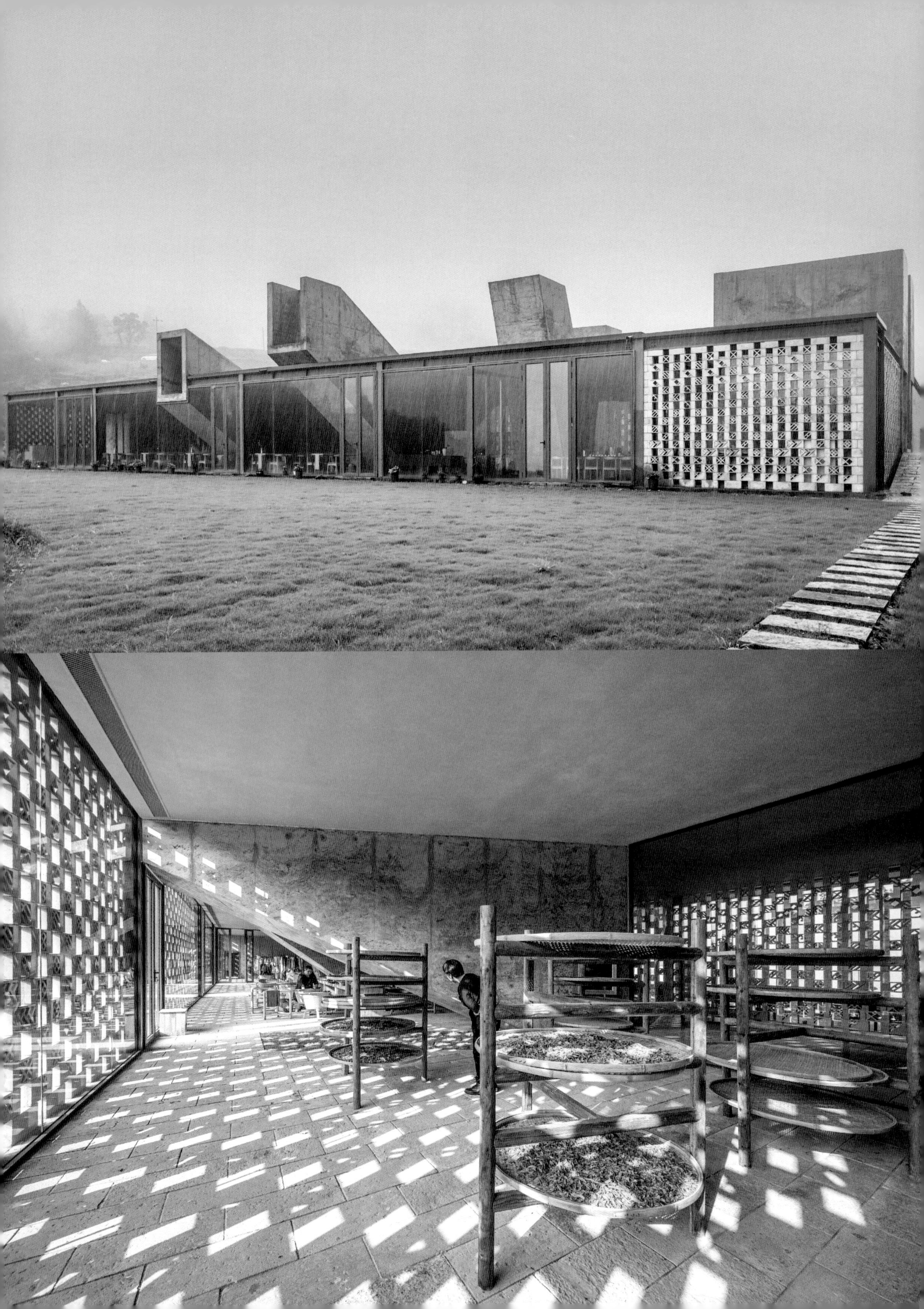

惠明茶工坊

扫码阅读更多视频、图片内容

开发单位：景宁畲族自治县环敕木山建设投资有限公司
设计单位：DnA建筑事务所
项目地点：浙江省丽水市景宁畲族自治县
设计 / 建成时间：2018 年 / 2020 年

项目负责人：徐甜甜

主要经济技术指标
用地面积：3785m^2
建筑面积：933m^2

由敕木山景区管委会主导建设的惠明茶工坊，作为景区游客服务配套设施以及周边村民日常的活动场所，展示传统惠明茶制作工艺，结合地方畲族文化以及禅茶文化，未来可以作为惠明寺的禅茶工坊空间。

建筑设计为 1 层的水平体量，呼应周围茶园梯田的层级，作为场地的方向标尺，由 3 条南北走向的平行空间构成：面向茶园的传统惠明茶制作工坊，面向东面远山的观景品茶空间，以及中间可以观看制茶流程的休闲开放廊道。制茶和品茶构成一个完整的茶文化闭环。中间的参观廊道对外开放，是村民和游客都可以自由进出的休息场所。采茶、制茶时节的传统惠明茶制作工艺流程展示和现场表演，是最直观的“劳作”展示内容。

工坊和茶室的东面墙体均采用镂空砌块墙，既能为工坊防晒遮阳，又可以分隔茶室和展廊，砌块的预制图案由畲族象形文字符号图案组成。纵深近 50m 的参观廊道采光，除了两端的出入口，还有 8 个采光光筒。经过光筒到达中间廊道的光线，不仅是空间的自然照明，也通过直射光线在空间中的规律展现出农耕劳作及万物生长的自然本质。8 个光筒的体量和高度，是由夏至不同时辰的光线决定的。

实景1

实景2

实景3

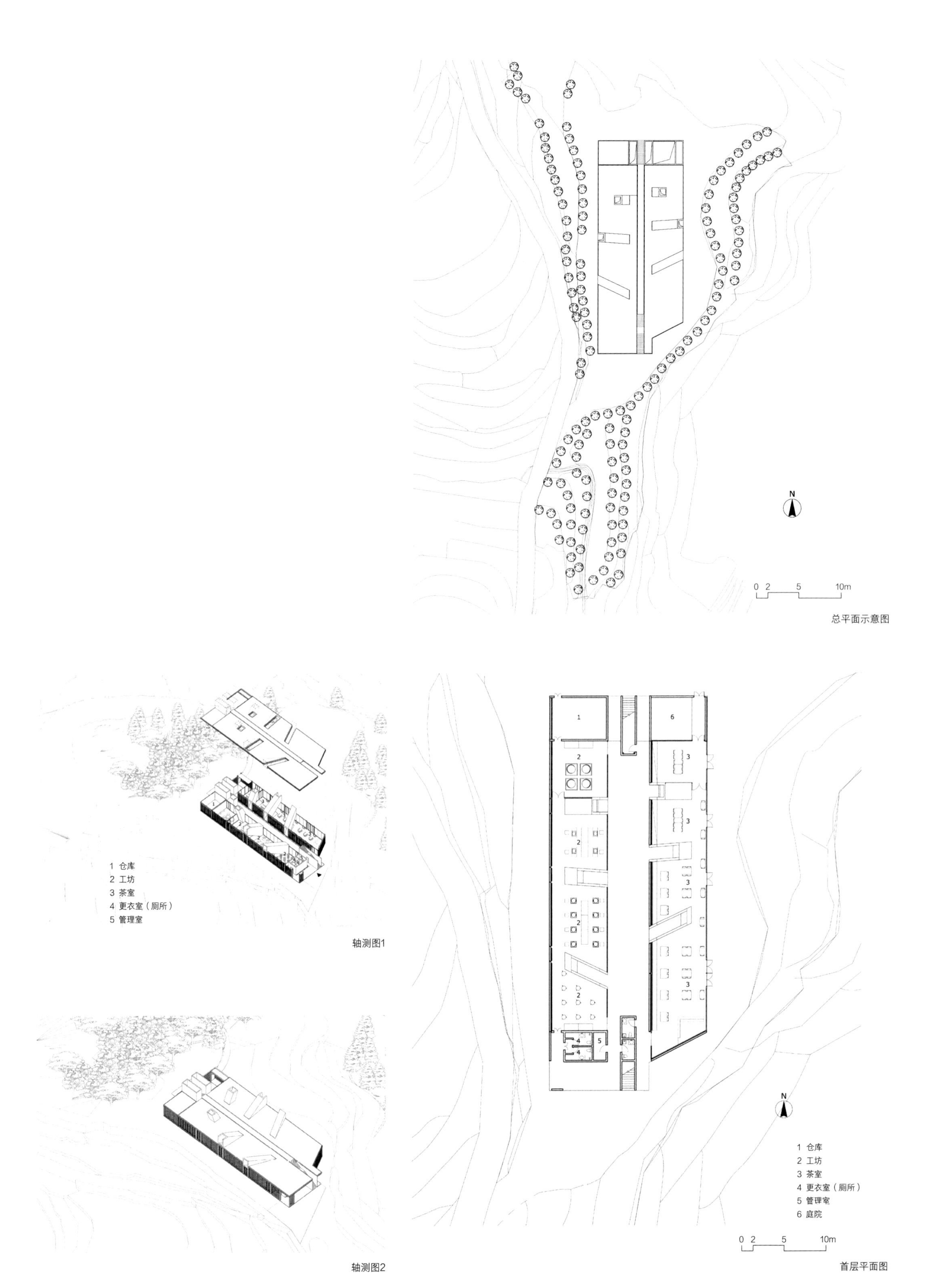

N
0 2 5 10m

总平面示意图

1 仓库
2 工坊
3 茶室
4 更衣室（厕所）
5 管理室

轴测图1

轴测图2

N
1 仓库
2 工坊
3 茶室
4 更衣室（厕所）
5 管理室
6 庭院
0 2 5 10m

首层平面图

1
2
3
4
5
6
7
8
立面
剖面
南立面图
立面
剖面
北立面图
立面
西立面图
剖面
立面
东立面图
剖面

光筒详图

砖墙分析

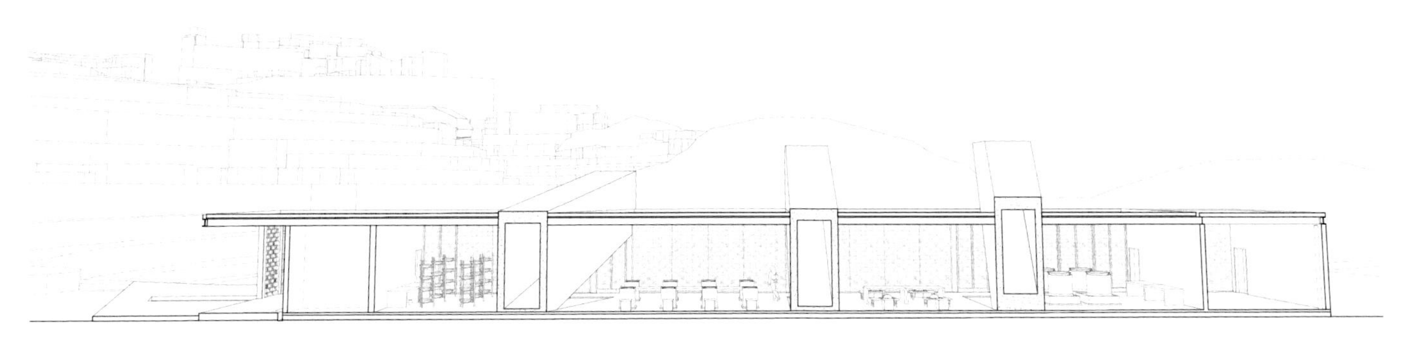

剖透视图

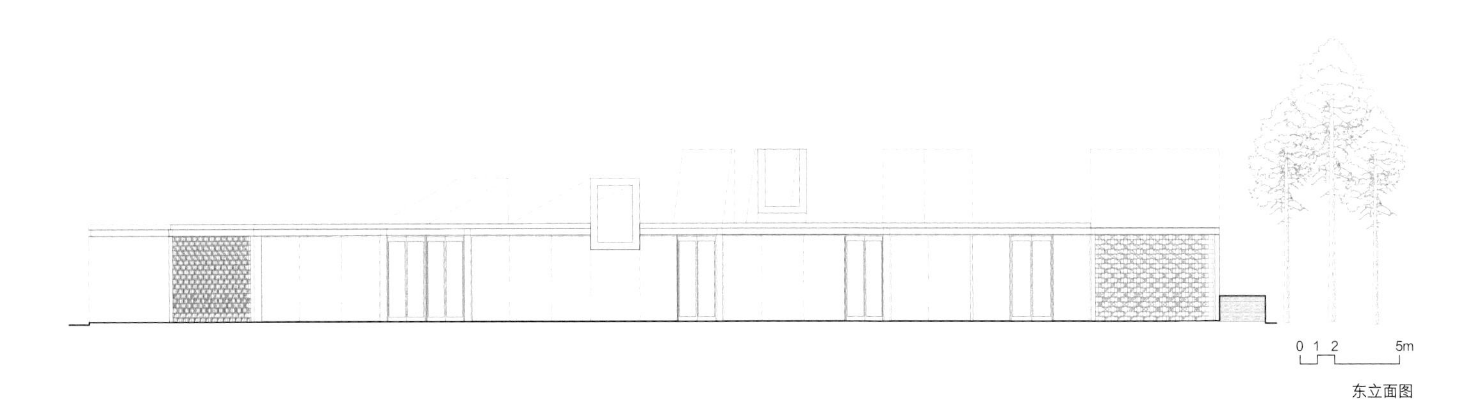
0 1 2 5m

东立面图

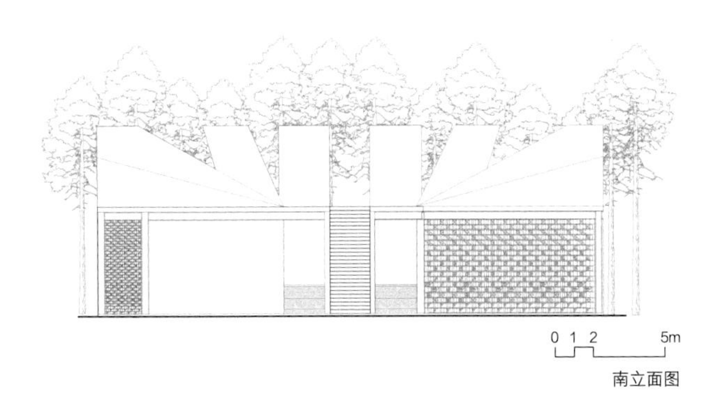
0 1 2 5m

南立面图

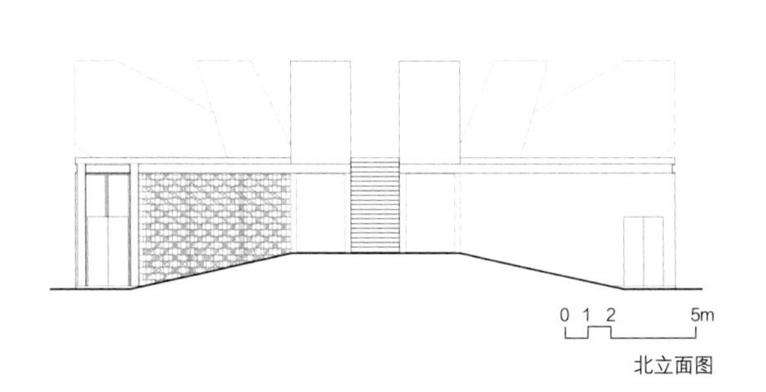
0 1 2 5m

北立面图

FORTY TWO

绿之丘 / 从即将被拆除的多层仓库到黄浦江岸的“空中花园”

扫码阅读更多视频、图片内容

开发单位：上海杨浦滨江投资开发有限公司 /
设计单位：同济大学建筑设计研究院（集团）有限公司
原作设计工作室
项目地点：上海市杨浦区杨树浦路 1500 号
设计 / 建成时间：2017 年 / 2019 年

项目负责人：章明，张姿，秦曙
主要设计人员：章明，张姿，秦曙，陶妮娜，陈波，罗锐，李雪峰，孙嘉龙，李晶晶，羊青园

获奖情况
2020 年 亚洲建筑师协会综合类建筑荣誉提名奖
2021 年 三联人文城市奖生态贡献奖（人与自然）
2019 年 上海市既有建筑绿色更新改造评定金奖

主要经济技术指标
用地面积：13702m^2　建筑面积：17500m^2
容积率：1.28　建筑密度：39.7%
停车位：100 个

项目位于黄浦江畔，伴随着黄浦江两岸的景观贯通工程，杨树浦路 1500 号原烟草公司机修仓库因横亘在规划道路之上，同时也阻碍了滨江景观的贯通，这座建筑的拆除似乎毋庸置疑。然而通过大胆的设想和仔细的求证，设计团队将乍看之下造成阻挡的巨大南北向建筑通过体量消减转化成为连接城市和江岸的桥梁；城市道路与建筑间看似不可调和的矛盾通过借用框架结构的特征得以解决。在盘活工业建筑和减量发展的大背景下，建筑师经过与城市规划部门和市政建设部门反复协商之后，实现了该建筑的保留和改造，使之成为一个集市政基础设施、公共绿地和公共配套服务于一体的城市滨江综合体。

实景1

实景2

实景3

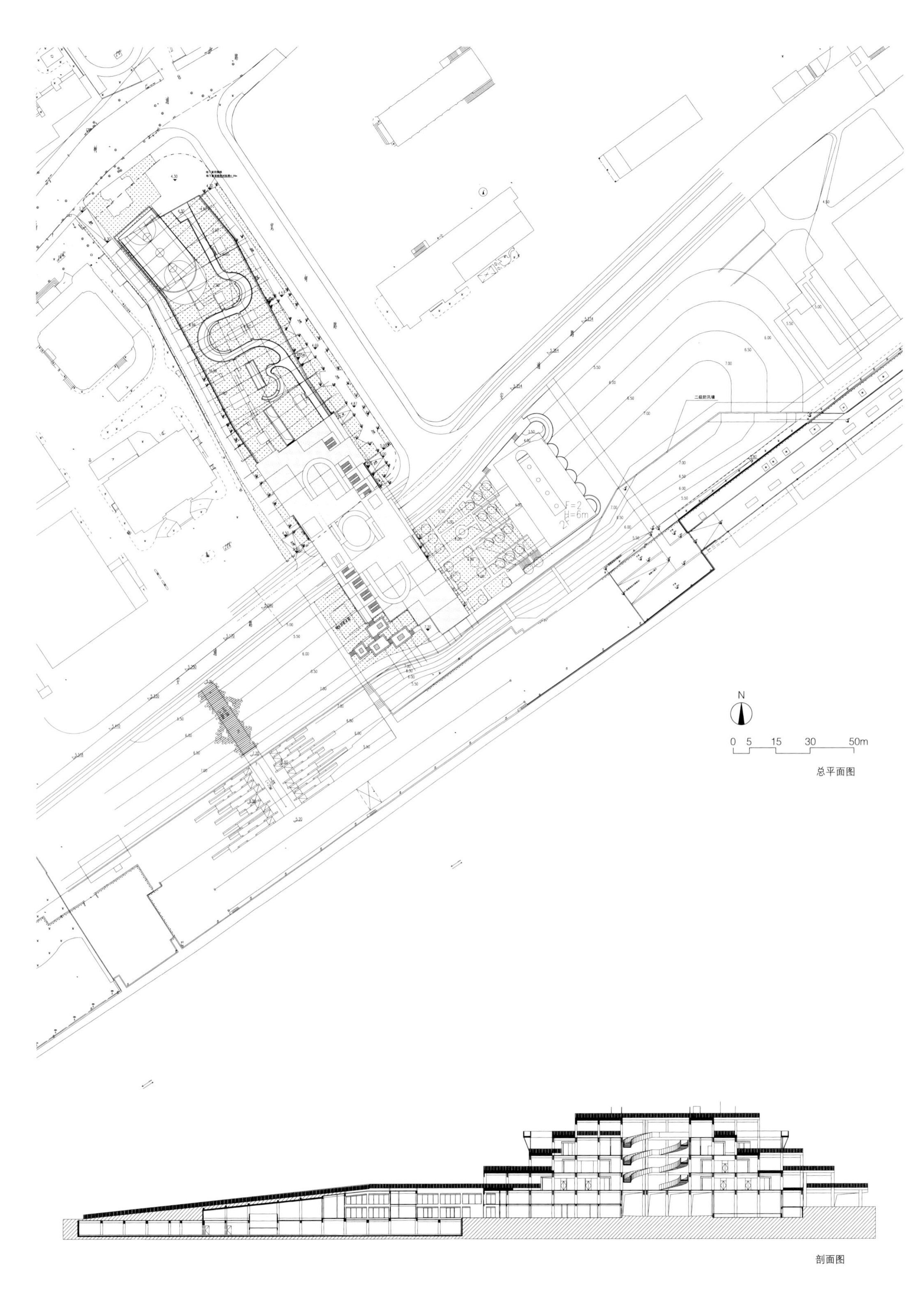
N
0 5 15 30 50m
二级防汛墙
F=2
H=6m

总平面图

剖面图

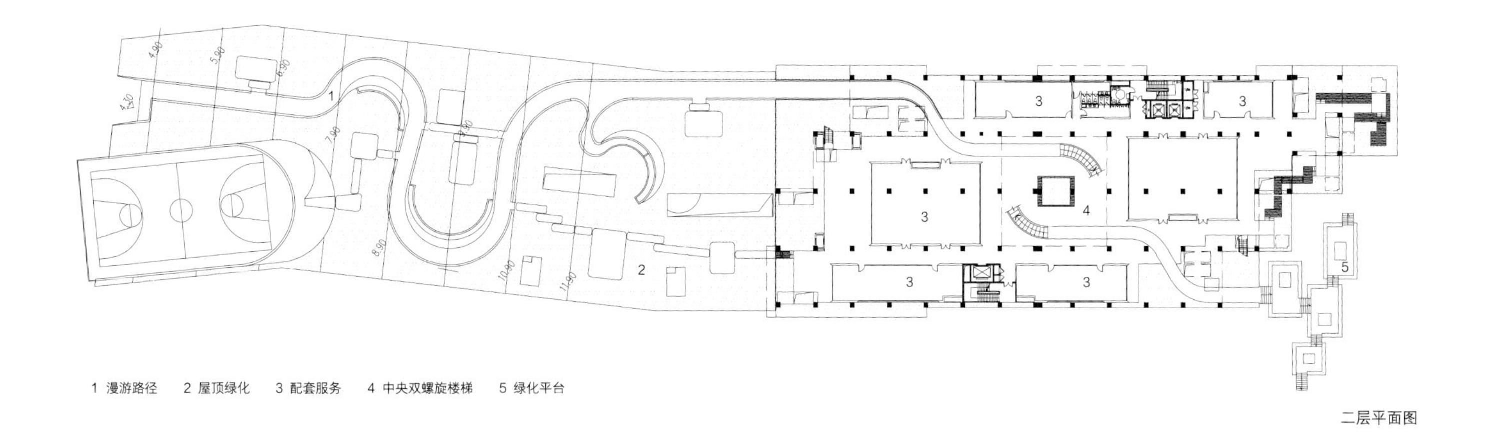

1
2
3
4
5

1 漫游路径　2 屋顶绿化　3 配套服务　4 中央双螺旋楼梯　5 绿化平台

二层平面图

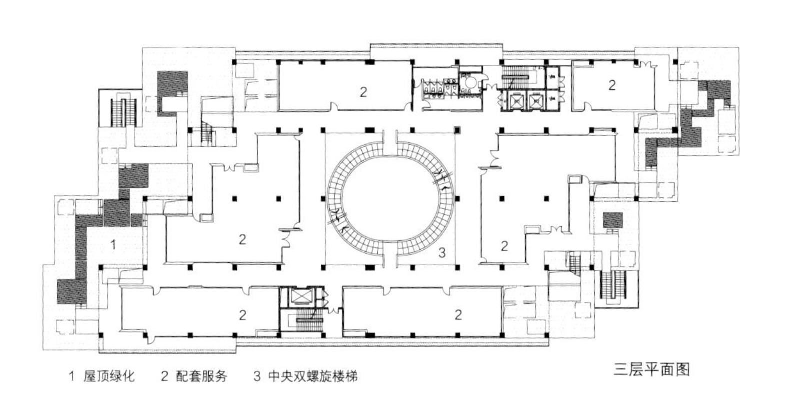

1 屋顶绿化　2 配套服务　3 中央双螺旋楼梯

三层平面图

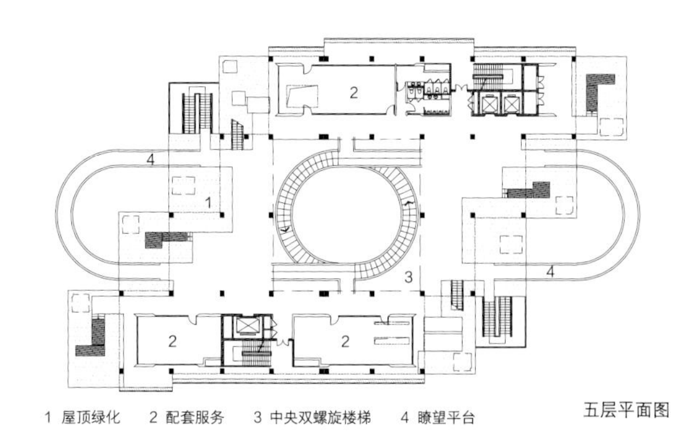

1 屋顶绿化　2 配套服务　3 中央双螺旋楼梯　4 瞭望平台

五层平面图

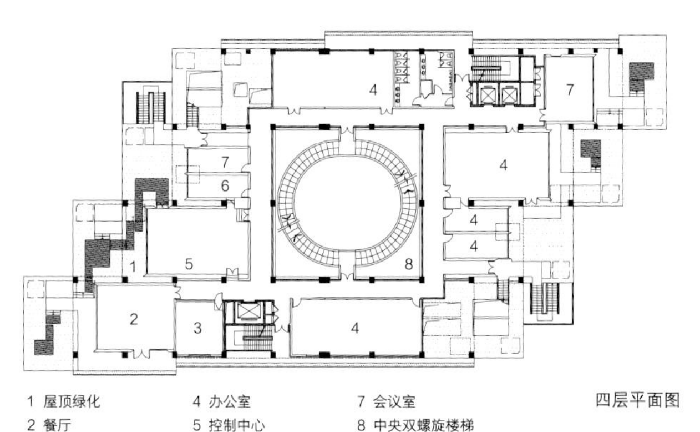

1 屋顶绿化　4 办公室　7 会议室
2 餐厅　5 控制中心　8 中央双螺旋楼梯
3 厨房　6 会候室

四层平面图

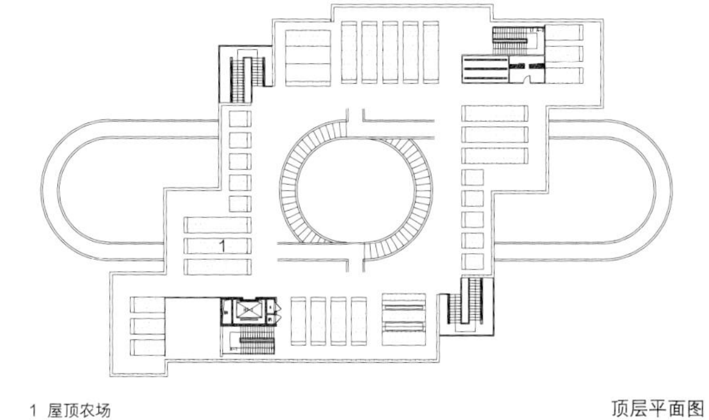

1 屋顶农场

顶层平面图

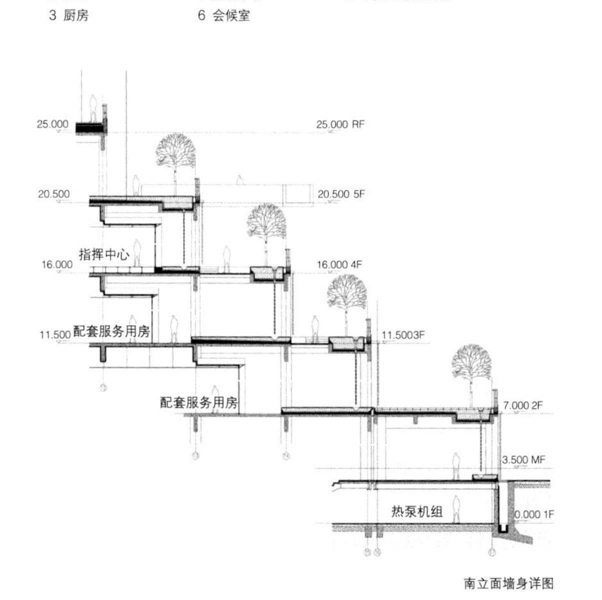

25.000
25.000 RF
20.500
20.500 5F
指挥中心
16.000
16.000 4F
11.500
配套服务用房
11.5003F
配套服务用房
7.000 2F
3.500 MF
热泵机组
0.000 1F

南立面墙身详图

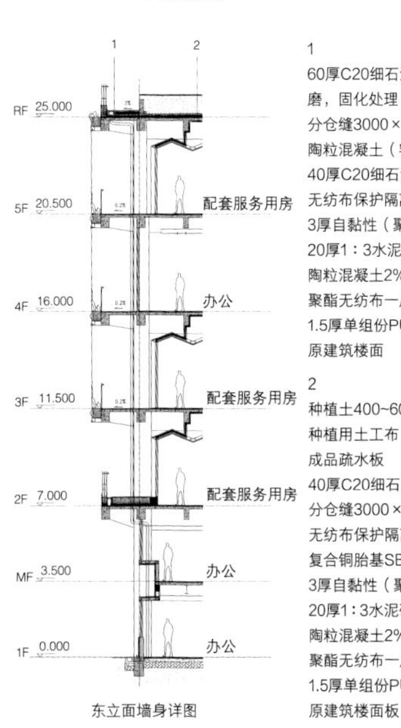

1
2
RF 25.000
5F 20.500
配套服务用房
4F 16.000
办公
3F 11.500
配套服务用房
2F 7.000
配套服务用房
MF 3.500
办公
1F 0.000
办公

东立面墙身详图

1
60厚C20细石混凝土内配@6@150双向钢筋，表面直磨，固化处理
分仓缝3000×3000，缝宽10，填聚苯板，建筑胶密封
陶粒混凝土（容重<700kg/m^3）（内置导水盲管）
40厚C20细石混凝土内配ϕ C6@150双向钢筋
无纺布保护隔离层一层
3厚自黏性（聚酯毡）改性沥青防水卷材两道
20厚1：3水泥砂浆找平
陶粒混凝土2%找坡（容重<700kg/m^3），最薄处30
聚酯无纺布一层
1.5厚单组份PU聚氨酯防水涂膜
原建筑楼面

2
种植土400~600厚
种植用土工布
成品疏水板
40厚C20细石混凝土内配6@150双向钢筋
分仓缝3000×3000，缝宽10，填聚苯板，建筑胶密封
无纺布保护隔离层一层
复合铜胎基SBS改性沥青根阻防水卷材
3厚自黏性（聚酯毡）改性沥青防水卷材两道
20厚1：3水泥砂浆找平
陶粒混凝土2%找坡（容重<700kg/m^3），最薄处30
聚酯无纺布一层
1.5厚单组份PU聚氨酯防水涂膜
原建筑楼面板

细部分析图

实景1

吴家场社区中心

开发单位：北京威凯建设发展有限责任公司
设计单位：方体空间工作室（Atelier Fronti）/
北京市建筑工程设计有限责任公司
项目地点：北京市海淀区莲花池西路莲熙嘉园内
设计 / 建成时间：2012 年 / 2019 年

项目负责人：王昀
主要设计人员：王昀，王汝峰，赵冠男，季克平，李峥言

主要经济技术指标

用地面积：2058m^2	建筑面积：1649m^2
容积率：0.8	绿地率：30%

本设计根据社区中心的使用需求，采用依功能进行分栋的处理手法，不同功能的房间聚合在一个大的通用空间的屋顶平台上。利用该平台将功能房间结合在一起，节约能源的同时，还构成了一个空中聚落。

实景1

实景2

实景3

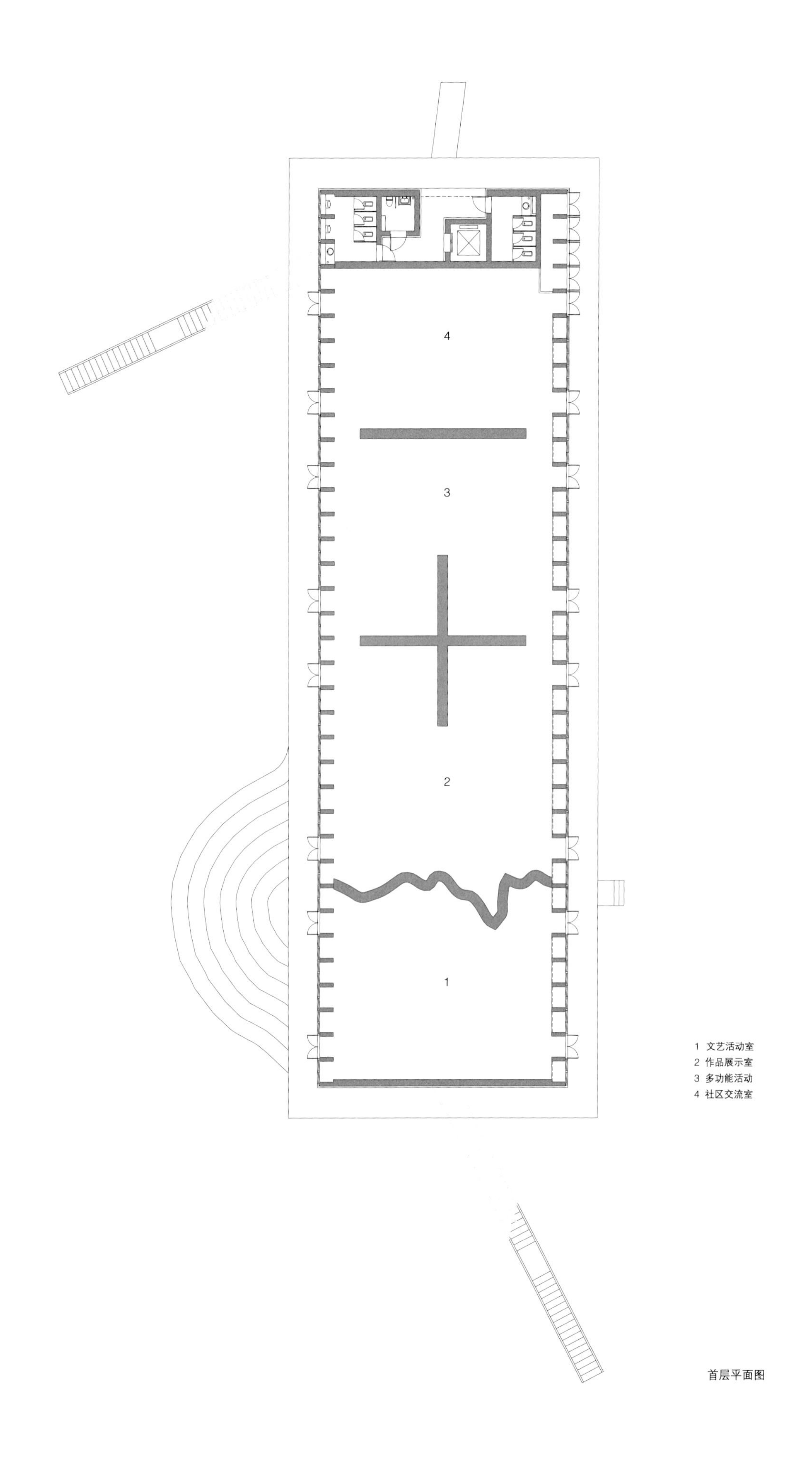
4
3
2
1
1 文艺活动室
2 作品展示室
3 多功能活动
4 社区交流室

首层平面图

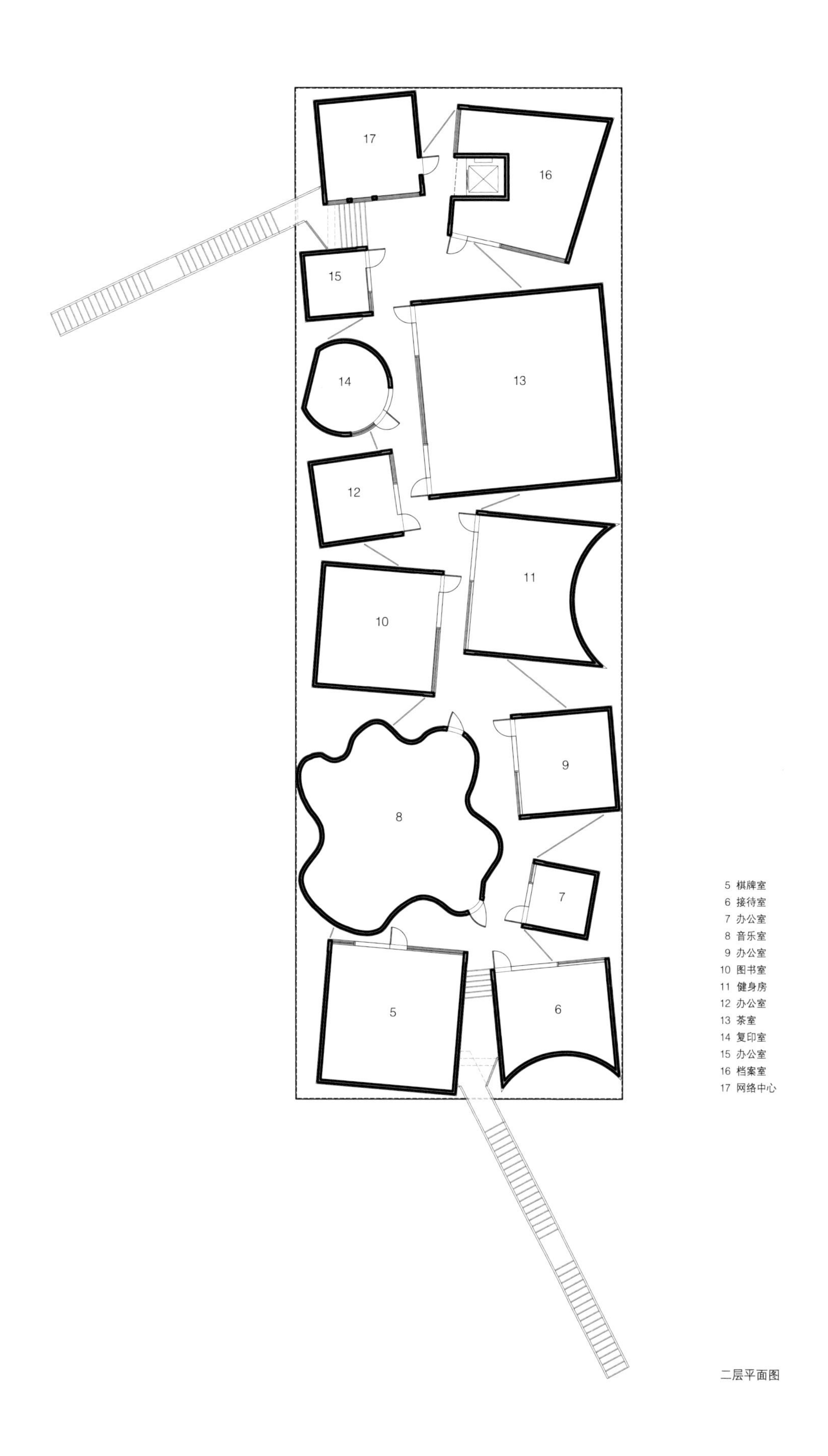
17
16
15
14
13
12
11
10
9
8
7
5
6
5 棋牌室
6 接待室
7 办公室
8 音乐室
9 办公室
10 图书室
11 健身房
12 办公室
13 茶室
14 复印室
15 办公室
16 档案室
17 网络中心

二层平面图

温江澄园

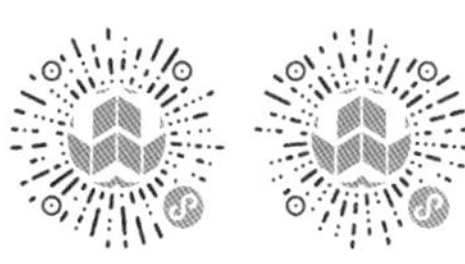
扫码阅读更多视频、图片内容

开发单位：成都超越实业有限公司 /
成都澄园书画艺术博物馆
设计单位：齐欣建筑工作室
项目地点：四川省成都市
设计 / 建成时间：2012 年 / 2019 年

项目负责人：齐欣
主要设计人员：齐欣，姜元，邓元彬，张磊，吴发军，舒寨民，杨静，田明勇，李熙，谭菲

主要经济技术指标
用地面积：13015m^2
建筑面积：30332m^2
建筑密度：37.15%
停车位：机动车位 167 个
绿地率：27.07%
非机动车位 306 个

澄园是个扩建项目，新建的部分相当于原有建筑面积的 20~30 倍。所谓原有建筑，就是澄园里散落着的一些亭、台、楼、阁。而设计着重考虑两个层面：建筑与城市之间的关系；建筑与园林之间的关系。

在当下中国的城市中，单体建筑总喜欢突出自我，致使城市景象变得相当凌乱；面对传统建筑，更多的回应只是简单地模拟老建筑，从而在相当程度上牺牲了建筑的功能需求，并造成极大的浪费。更令人遗憾的是，建筑完全丧失了当代性。

因此，澄园的设计有点像写毛笔字，一笔勾出了一个“己”字。弯头的一边托出博物馆，另一边则罩住了澄园。在城市一侧，建筑像一个墨盘，沉稳、肃静。街角处保留了原有的小树林，供市民们纳凉、歇息。在园林一侧，建筑展现出了一整片 24m 高的白墙，它既是澄园的院墙，也是一幅宣纸，把丰富多彩的中式园林衬托了出来。

老澄园的入口被完好地保留在了原有的位置上。游人们在穿越了一个昏暗而迷幻的世界后，会进入一个古色古香却又别开生面的天地。新、老建筑在这里相会，和睦共处，交相呼应。

实景1

实景2

实景3

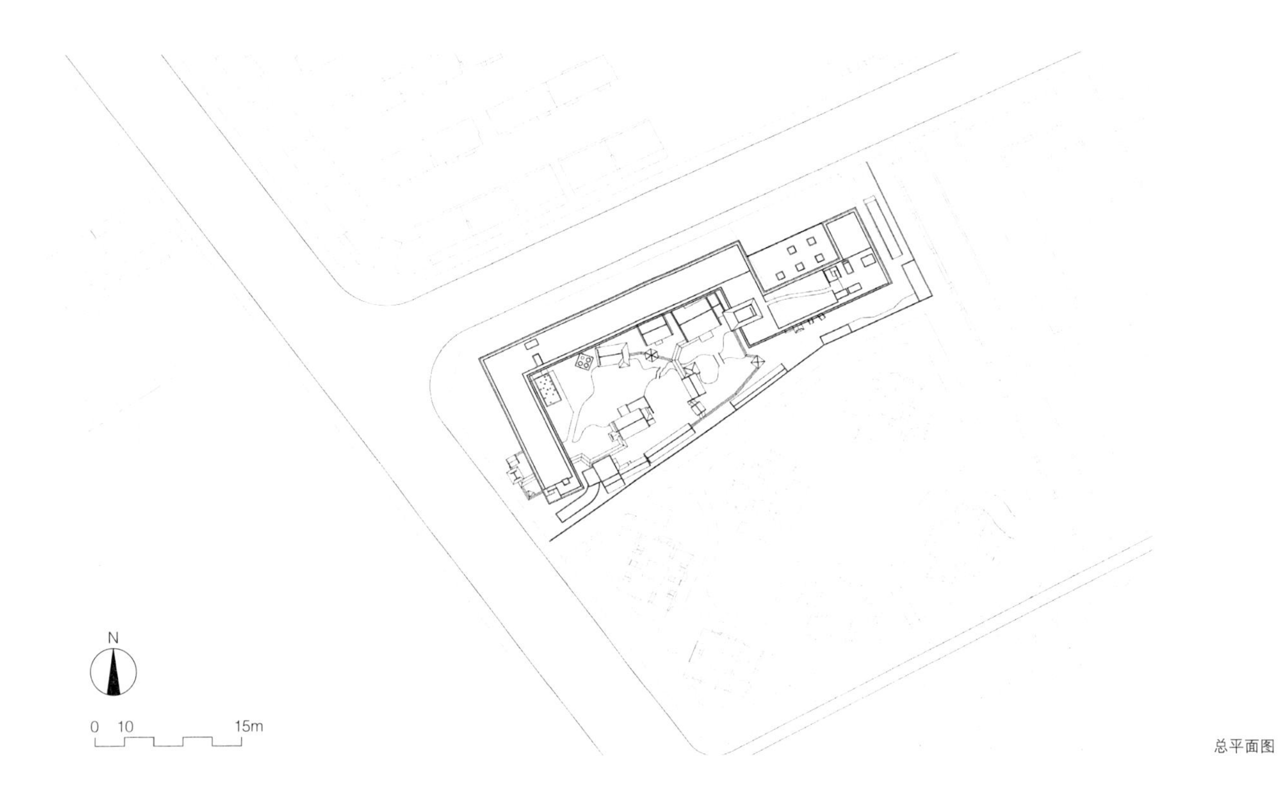
N
0 10 15m
总平面图

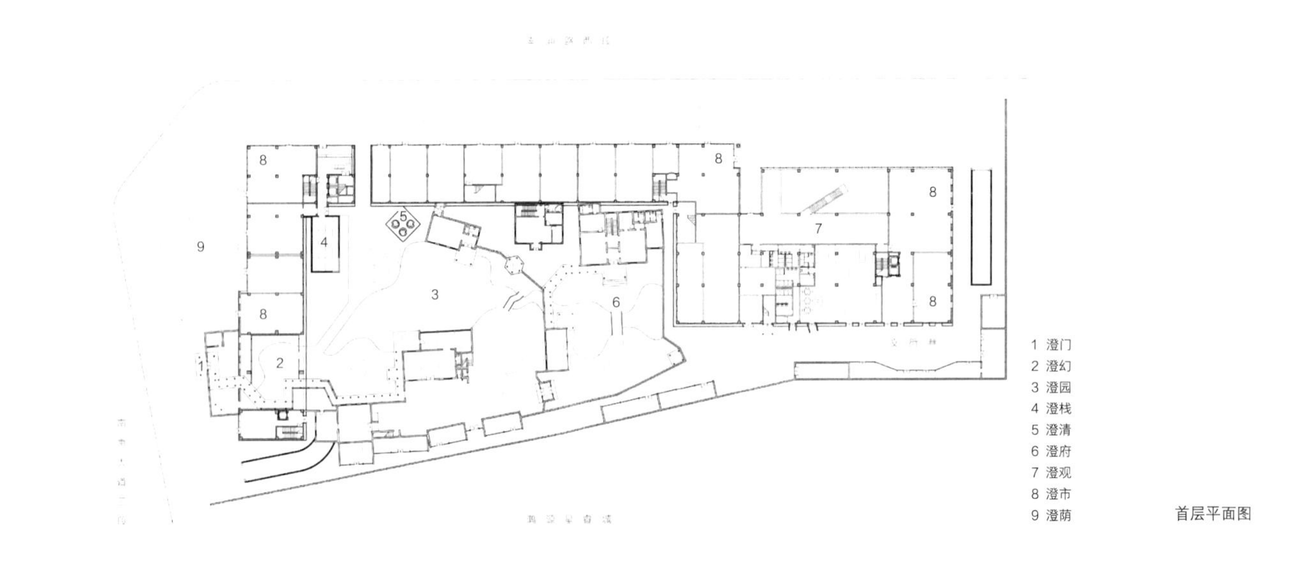
1 澄门
2 澄幻
3 澄园
4 澄栈
5 澄清
6 澄府
7 澄观
8 澄市
9 澄荫
首层平面图

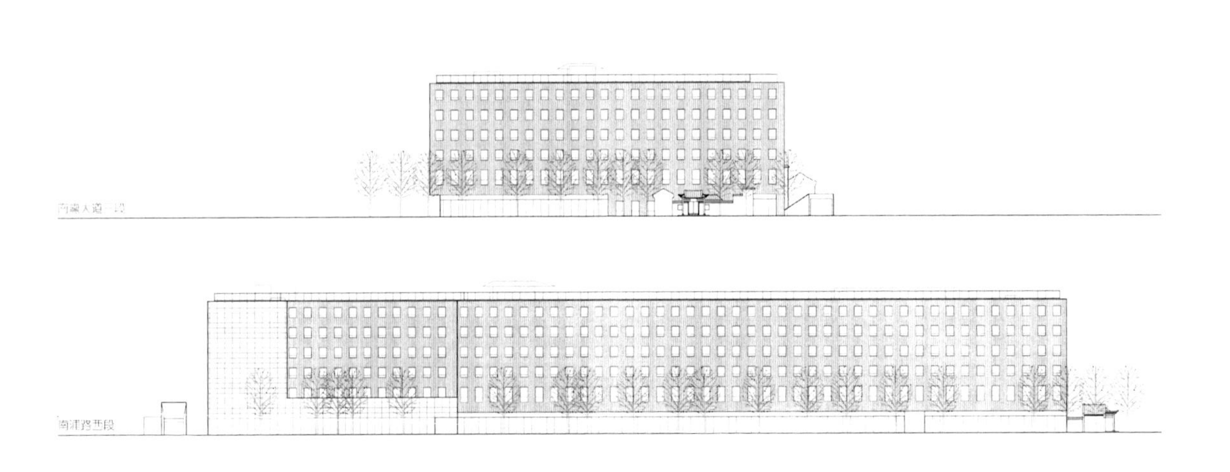
立面图

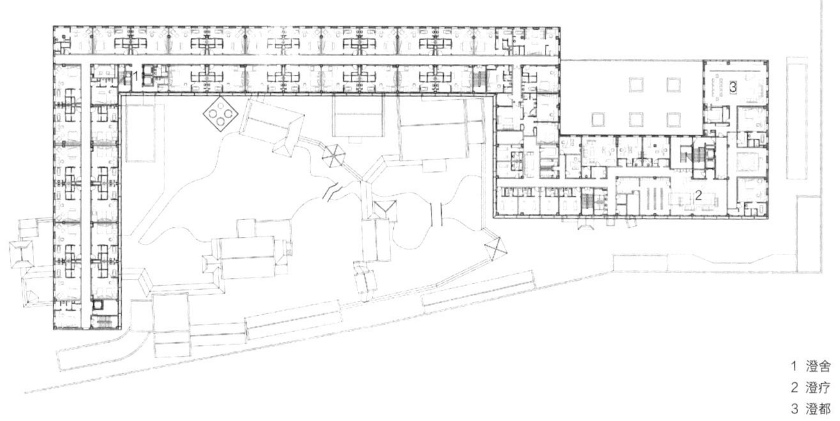

1 澄舍
2 澄疗
3 澄都

楼层平面图

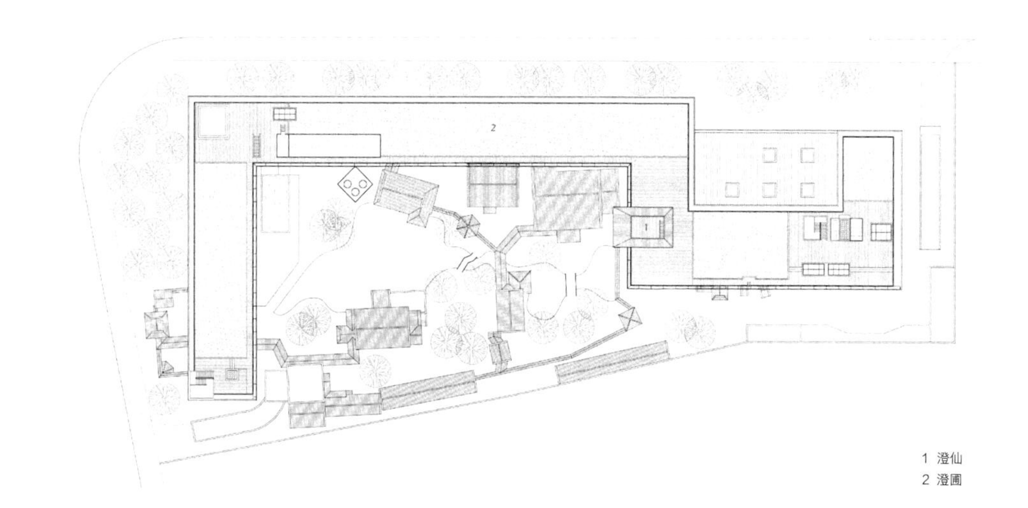

1 澄仙
2 澄圃

屋顶平面图

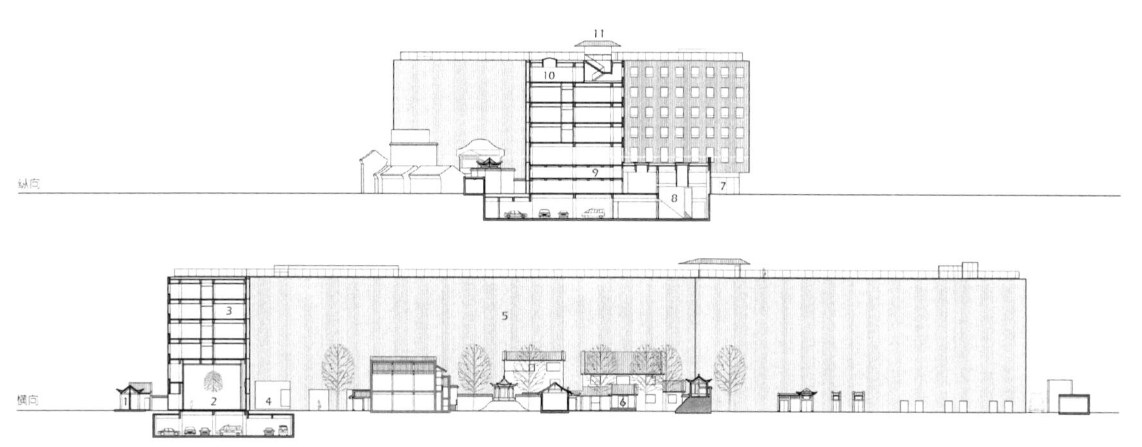

1 澄门 2 澄幻 3 澄舍 4 澄栈 5 澄墙 6 澄府 7 澄市 8 澄观 9 澄阅 10 澄疗 11 澄仙

剖面图

西侯度遗址圣火公园

扫码阅读更多内容

开发单位：芮城县政府
设计单位：URBANUS都市实践建筑设计事务所
项目地点：山西省运城市芮城县
设计 / 建成时间：2018 年 / 2019 年

主持建筑师：王辉
项目策划：李雅丽
主要设计人员：王坤，李永才，高子絮，汪蕾

获奖情况
2020 年 THE PLAN AWARD 景观类别设计大奖
2021 年 Blueprint Awards 最佳公共项目（公共集资项目）入围奖
2022 年 Architizer A+Awards 建筑 + 环境类别入围奖

主要经济技术指标
用地面积：11056m^2
建筑面积：980m^2

位于晋、陕、豫三省交界处的西侯度遗址是世界级考古点，但作为有人类最早使用火的证物的西侯度却鲜为人知。本次对西侯度“人疙瘩岭”上已有的圣火广场所进行的环境整治，是为了满足 2019 年第二次全国青年运动会在此举办采集圣火和火炬接力仪式的要求，并使之成为永久的文化遗产标记物。在不拆除原构筑物的前提下，改造设计用大地艺术的手法，以黄土高原自然地貌为原型，以原始、神秘、粗犷的场景设计，让圣火广场与自然环境融为一体，营造出在这岳渎相望之地体验历史、欣赏自然、冥想宇宙的新境界。极短的工期和恶劣的严寒条件倒逼出仿本地生土的 GRC 材料的创意性运用，工艺上将工厂预制和现场塑形相结合，外部有几何特征的挂板在工厂加工，山洞内部自然形态则用挂网塑形，使现代技术与手工艺完美结合，体现了建造的自然性。

鸟瞰

“一线天”

“一线天”夜景

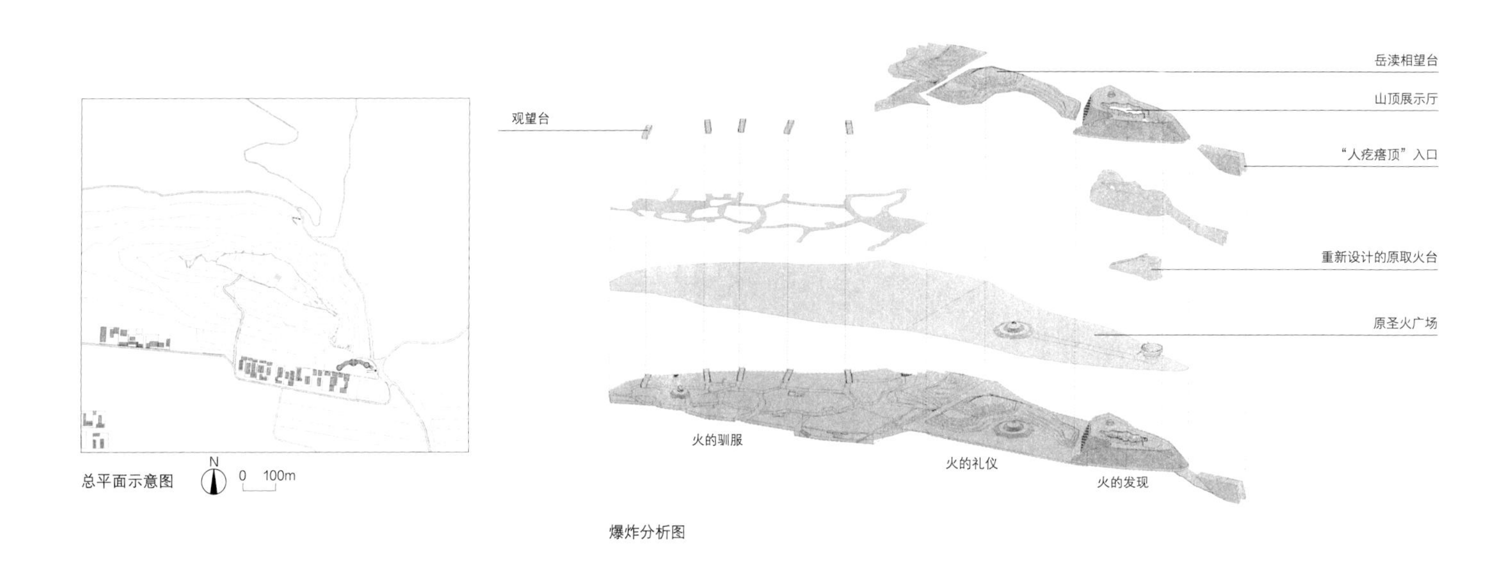
N
0 100m
观望台
岳渎相望台
山顶展示厅
“人疙瘩顶”入口
重新设计的原取火台
原圣火广场
火的驯服
火的礼仪
火的发现

总平面示意图

爆炸分析图

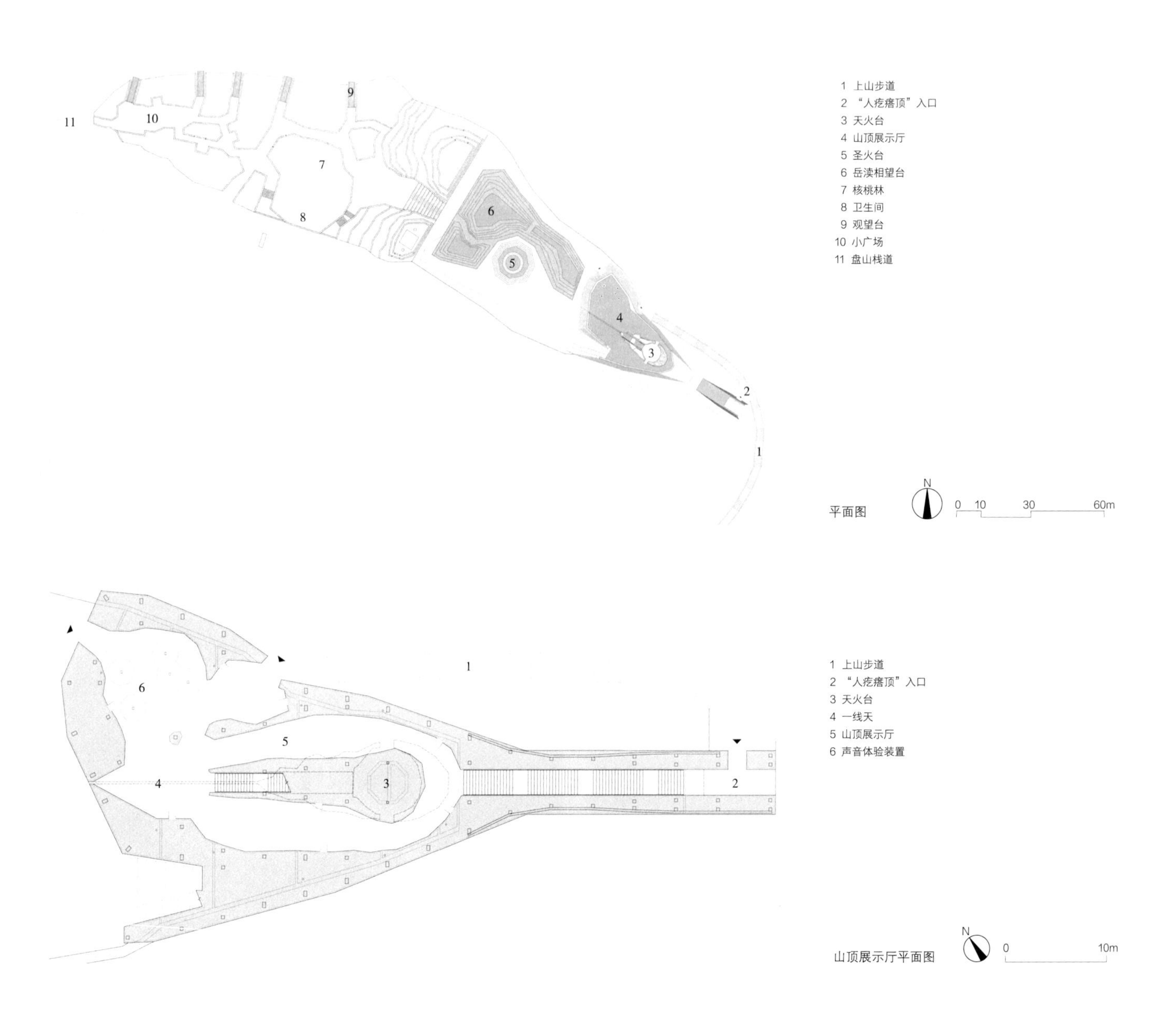
1 上山步道
2 “人疙瘩顶”入口
3 天火台
4 山顶展示厅
5 圣火台
6 岳渎相望台
7 核桃林
8 卫生间
9 观望台
10 小广场
11 盘山栈道
N
0 10 30 60m
1 上山步道
2 “人疙瘩顶”入口
3 天火台
4 一线天
5 山顶展示厅
6 声音体验装置
N
0 10m

平面图

山顶展示厅平面图

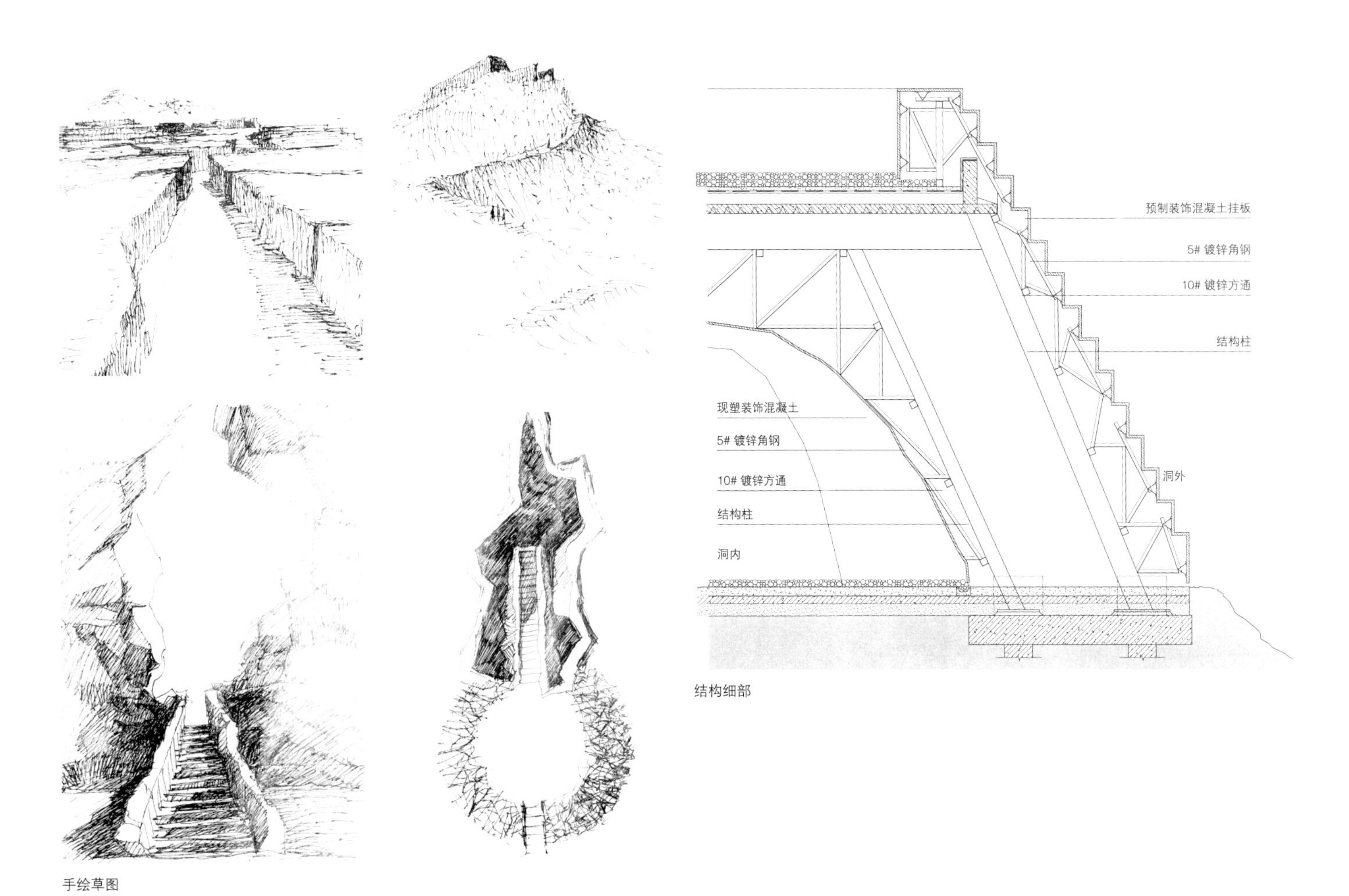
预制装饰混凝土挂板
5# 镀锌角钢
10# 镀锌方通
结构柱
现塑装饰混凝土
5# 镀锌角钢
10# 镀锌方通
结构柱
洞内
洞外

手绘草图

结构细部

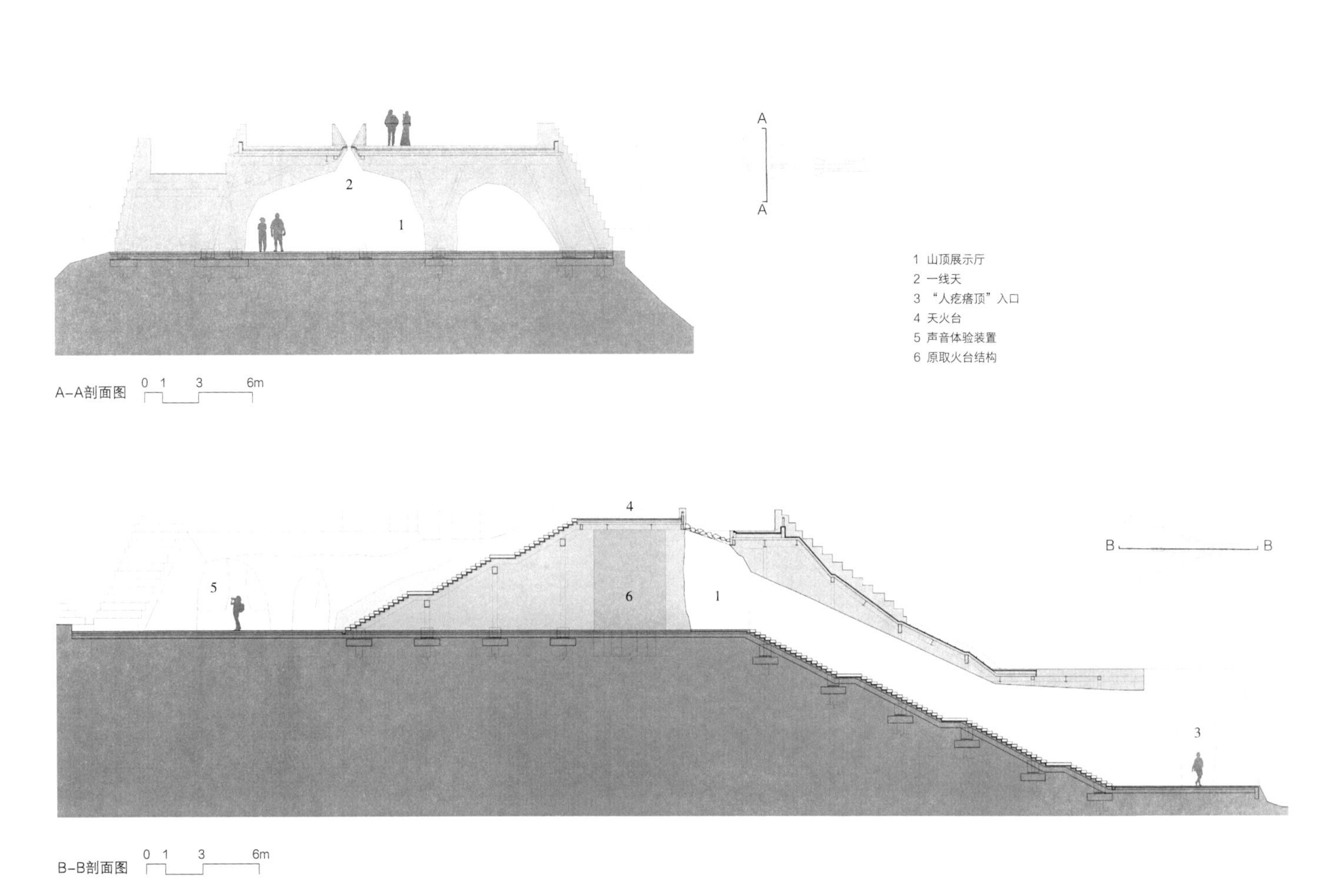
A
A
1
2
B
B
1
3
4
5
6
0 1 3 6m
0 1 3 6m

1 山顶展示厅
2 一线天
3 “人疙瘩顶”入口
4 天火台
5 声音体验装置
6 原取火台结构

A–A剖面图

B–B剖面图

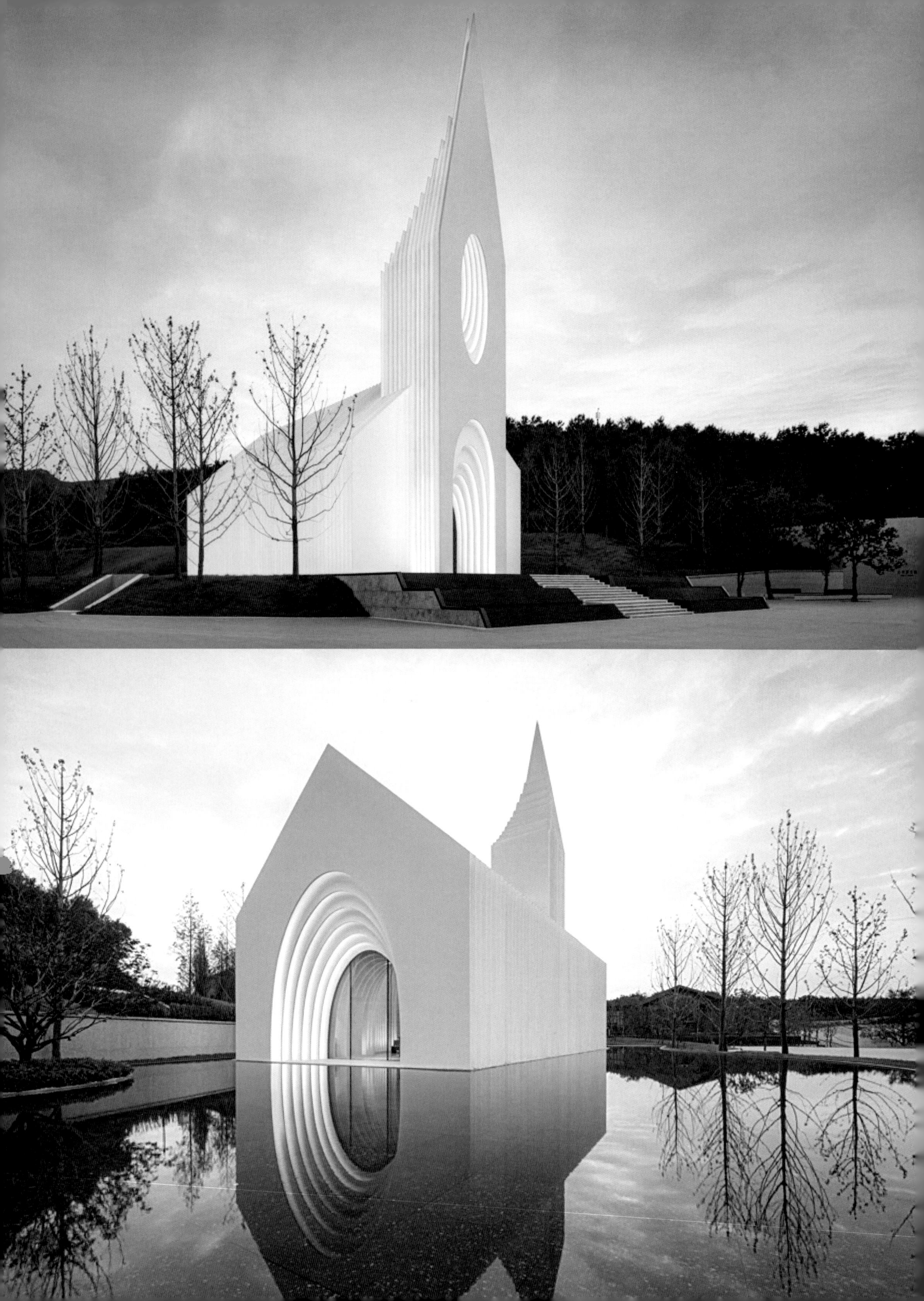

藏马山月空礼堂

扫码阅读更多视频、图片内容

开发单位：融创中国控股有限公司
设计单位：BUZZ庄子玉工作室
项目地点：山东省青岛市
设计 / 建成时间：2019 年 / 2021 年

项目负责人：庄子玉，喻凡石，Fabian Wieser，李娜
主要设计人员：星梦钊，宋佳琳，刘盈（实习），刘毅，陈冬冬，董威宏，陈玉冰，陈阵东，田迪，宋若祎，周楠（实习），孟令蔚（实习）

获奖情况
2017 年 Architizer A+Awards 文化类大奖

主要经济技术指标
用地面积：770m^2
首层面积：190m^2
地下层面积：251m^2

月空礼堂旨在打造一个既尊重过去又能面向未来、既具有宗教体验又面向世俗感触的空间容器。一方面我们回溯历史中的建筑关联原型，并试图同与之关联的相关记忆产生呼应；另一方面我们从中寻求一种无时效（timeless）的当代性甚至是未来感。建筑试图通过平面和剖面关系，将这种二元关系并置甚至融合。

该设计通过对数百个乡野传统教堂的空间及立面形象的抽取，共同勾勒出了一个符合认知意义通感的体量轮廓（切片）系列，以相对纯粹的体量展露出与此命题相关的原型和体验层面的关联，以及与其相关的核心议题：神性与仪式感。

礼堂的室内空间是一个柔软的流动的腔体，尝试以环抱的形态给人们某种安宁和庇护的感受，与几何化的外部轮廓，形成了有趣的疏离。礼堂 60 个各自独立又连续渐变的“切片”，可以被视为 60 个独立的剖面，与传统平面叙述功能的理念相左。每部分切片以相对纯粹且现代的方式得以呈现，使礼堂的外部会根据观察者的角度变化而呈现出不同的效果。

实景1

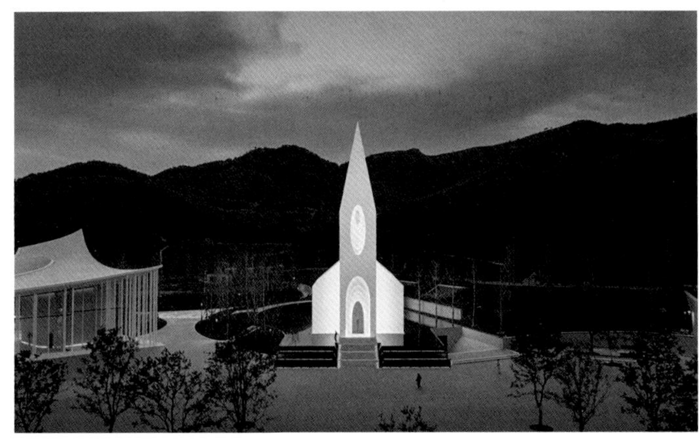

实景2

实景3

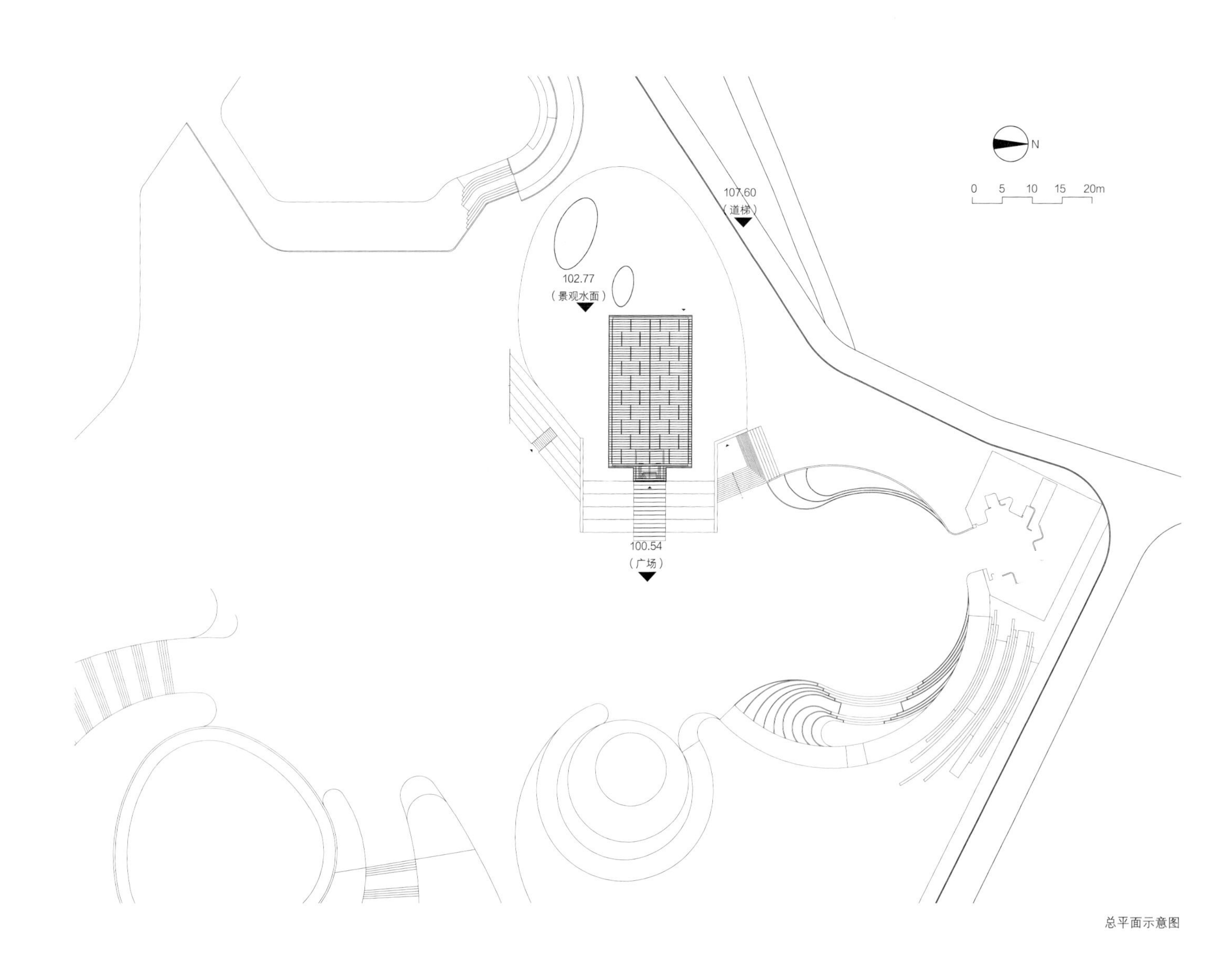
N
0 5 10 15 20m
107.60
（道梯）
102.77
（景观水面）
100.54
（广场）

总平面示意图

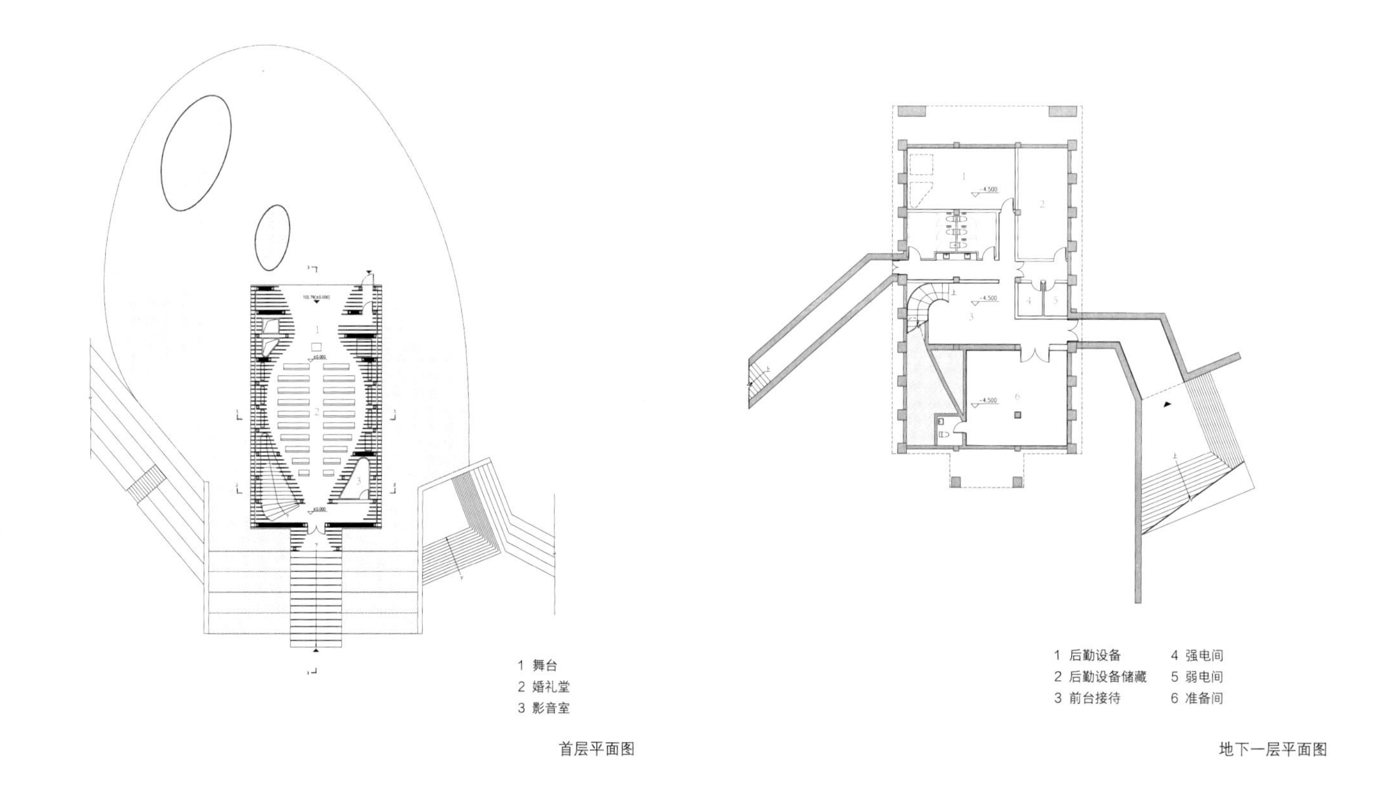

1 舞台
2 婚礼堂
3 影音室

首层平面图

1 后勤设备
2 后勤设备储藏
3 前台接待
4 强电间
5 弱电间
6 准备间

地下一层平面图

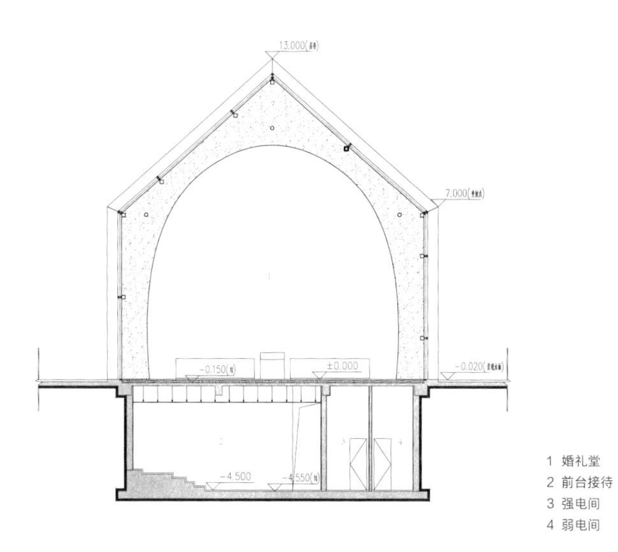
1 婚礼堂
2 前台接待
3 强电间
4 弱电间

剖面图1

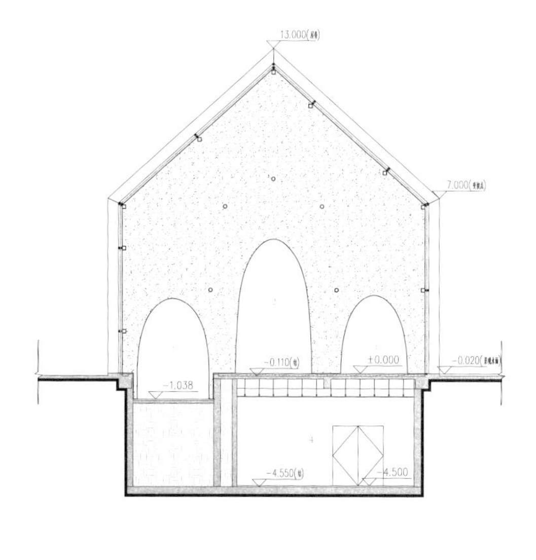

1 楼梯间
2 婚礼堂
3 影音室
4 准备间

剖面图2

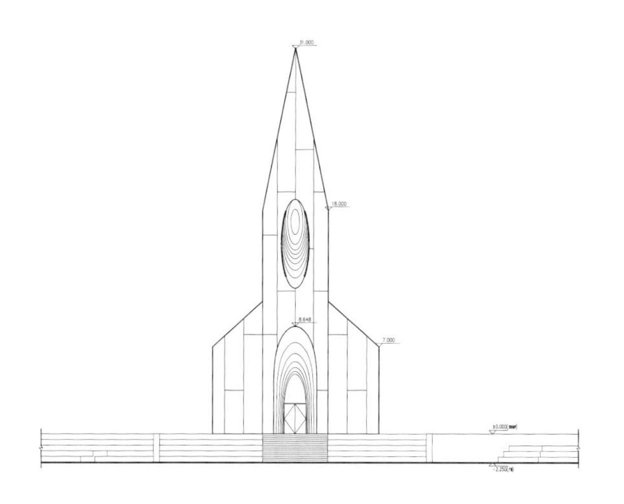

东立面图

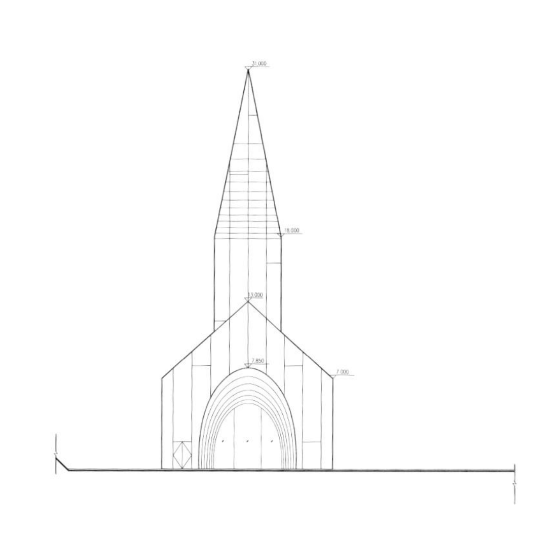

西立面图

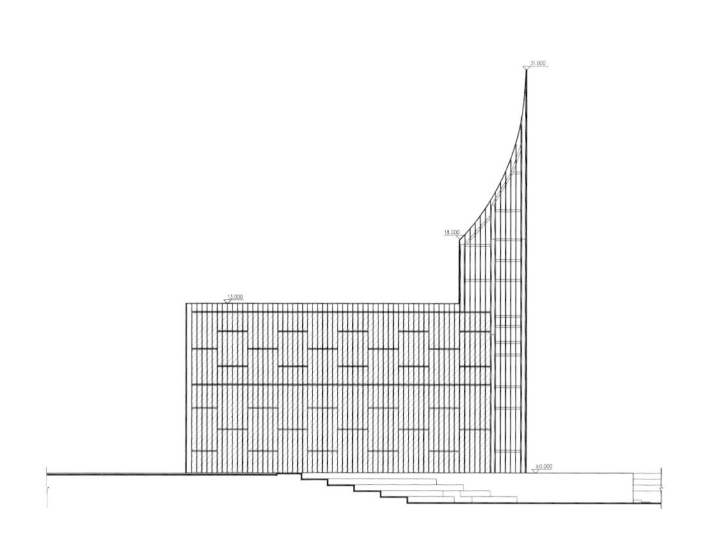

剖面图3

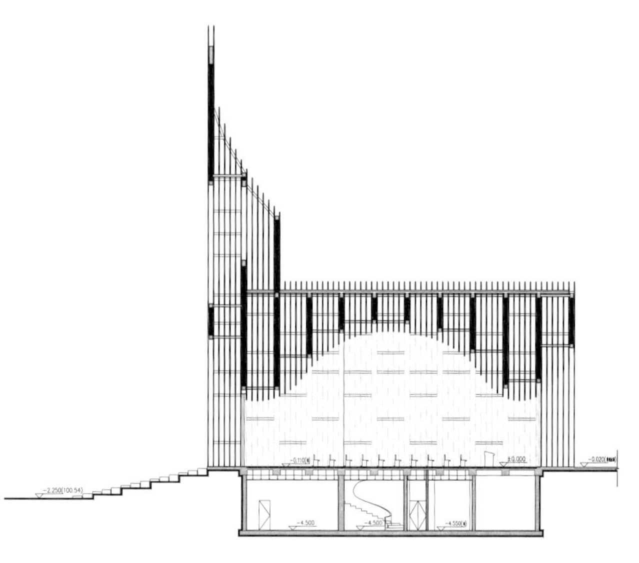

剖面图4

商业服务

东山肉菜市场改造

扫码阅读更多内容

开发单位：广州盛高投资有限公司
设计单位：上海交通大学奥默默工作室
项目地点：广东省广州市越秀区龟岗大马路
设计 / 建成时间：2020 年 / 2021 年

项目负责人：张海翱，徐航
主要设计人员：渠基建，杨格，潘文琪，肖宁菲，刘静茹，钱琨，王唯亚

获奖情况
2021 年 美国建筑师协会（AIA）上海卓越设计奖

主要经济技术指标
用地面积：500m^2
建筑面积：400m^2

在广州新河浦历史文化街区城市更新项目中，东山肉菜市场的“建筑—室内—景观”一体化设计充满对城市日常生活的考量。基于在城市微更新领域丰富的项目经验和学术思考，挖掘文化底色、塑造日常性、厘清空间脉络、打造激活点、提炼地域元素等设计策略在项目中得到应用，力求改善空间品质、再塑新河浦历史文化街区。

设计沿着整个片区的交通流线，赋予其一条五彩的、流动的、灵动的“彩色走廊”，在重要空间节点，包括建筑入口、院落出入口、廊道，使用了覆盖全部路线的彩色荫蔽系统。入口处增加醒目雨篷，采用广州传统缓顶宽檐建筑形态。基于对传统冷巷空间的研究，设计对市场内部通道顶部采光进行调整，优化原先杂乱的内部空间。使用膜结构、鱼鳞网等现代材料，这些看起来更为时尚、简约、充满视觉冲击力的几何图形，漂浮在传统的空间里，让诗意成为真实。

东山肉菜市场

沿街立面

骑楼廊道内部

膜结构建成效果

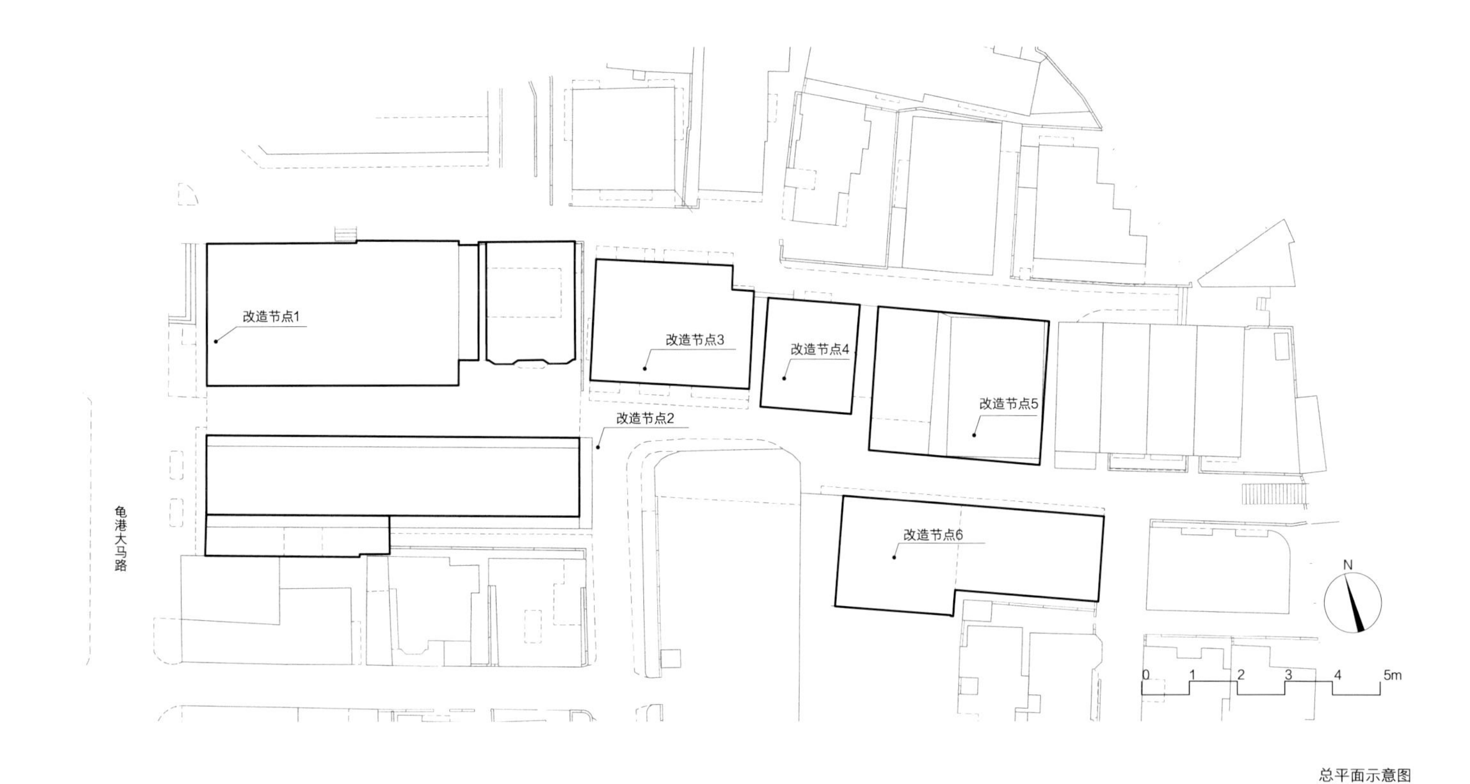
改造节点1
改造节点2
改造节点3
改造节点4
改造节点5
改造节点6
龟港大马路
N
0
1
2
3
4
5m

总平面示意图

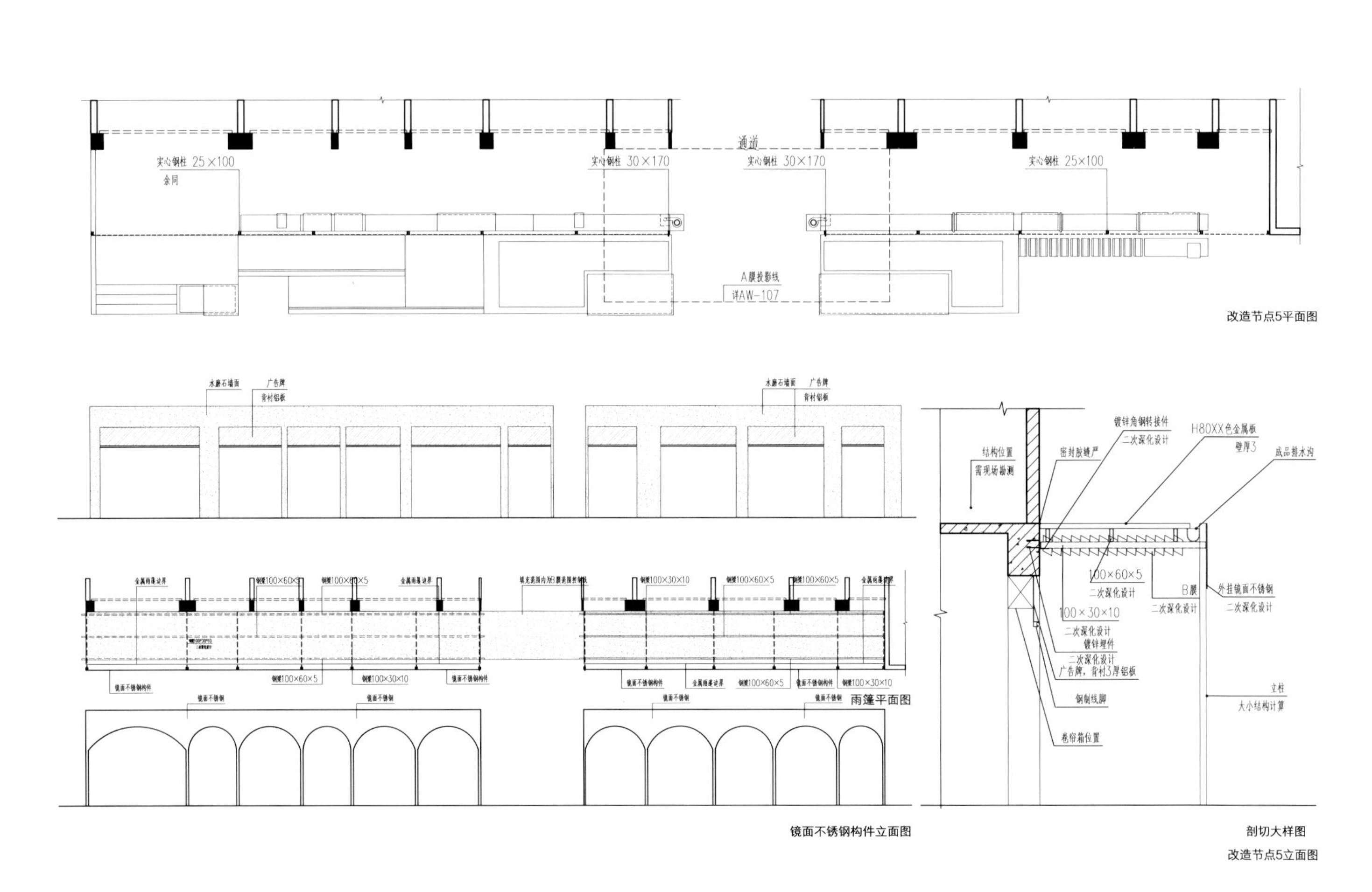
通道
实心钢柱 25×100
余同
实心钢柱 30×170
实心钢柱 30×170
实心钢柱 25×100
A膜投影线
详AW-107
雨篷平面图
结构位置
需现场勘测
镀锌角钢转接件
二次深化设计
密封胶嵌严
H80XX色金属板
壁厚3
成品排水沟
100×60×5
二次深化设计
100×30×10
B膜
二次深化设计
外挂镜面不锈钢
二次深化设计
二次深化设计
镀锌埋件
二次深化设计
广告牌，背衬3厚铝板
钢制线脚
卷帘箱位置
立柱
大小结构计算

改造节点5平面图

镜面不锈钢构件立面图

剖切大样图

改造节点5立面图

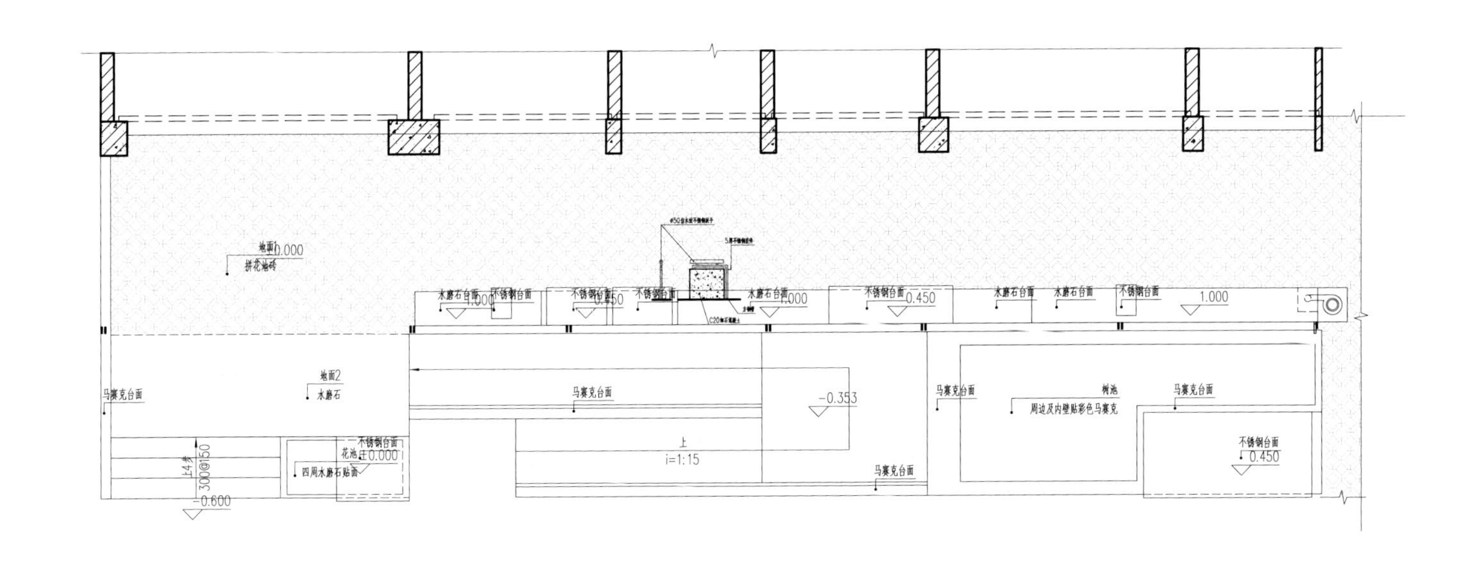

地面1 ±0.000
拼花地砖
水磨石台面
不锈钢台面
0.450
1.000
地面2
水磨石
马赛克台面
-0.353
上
i=1:15
树池
周边及内壁贴彩色马赛克
不锈钢台面
花池±0.000
四周水磨石贴面
-0.600

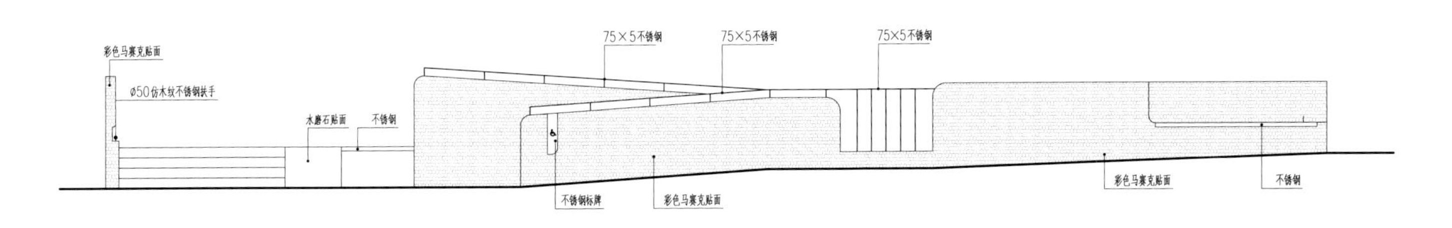

彩色马赛克贴面
ø50仿木纹不锈钢扶手
水磨石贴面
不锈钢
75×5不锈钢
75×5不锈钢
75×5不锈钢
不锈钢标牌
彩色马赛克贴面
彩色马赛克贴面
不锈钢

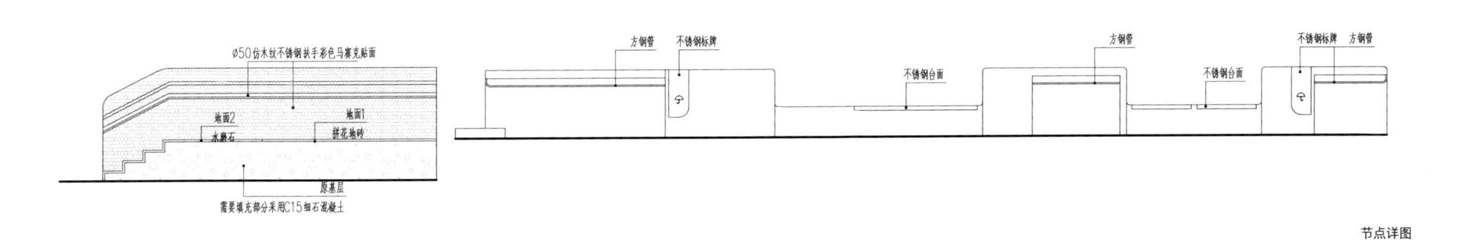

ø50仿木纹不锈钢扶手彩色马赛克贴面
地面2
水磨石
地面1
拼花地砖
原基层
需要填充部分采用C15细石混凝土
方钢管
不锈钢标牌
不锈钢台面
方钢管
不锈钢台面
不锈钢标牌
方钢管

节点详图

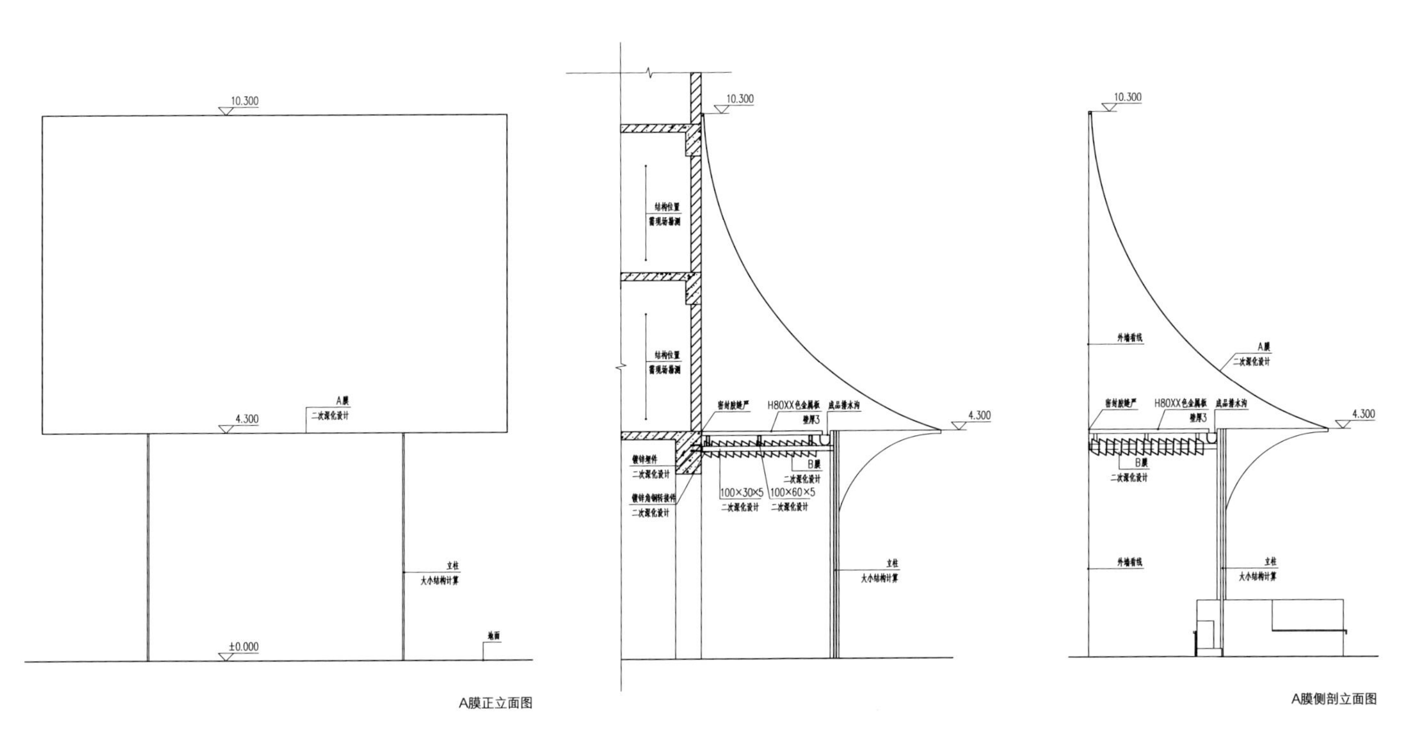

10.300
4.300
±0.000
A膜
二次深化设计
支柱
大小结构计算
地面
成品排水沟
100×30×5
100×60×5
B膜
10.300
4.300

A膜正立面图

A膜侧剖立面图

上海朱家角游客服务中心

扫码阅读更多内容

开发单位：上海市青浦区朱家角镇人民政府
设计单位：无样建筑工作室
上海城乡建筑设计院有限公司
项目地点：上海市青浦区课植园路 555 号
设计 / 建成时间：2020 年 / 2021 年

项目负责人：冯路
主要设计人员：冯路，李传琛，朱文来，朱贝宝，高益

主要经济技术指标
用地面积：8011m^2 建筑面积：1781m^2
建筑密度：13.6% 停车位：39 个
绿地率：17.17%

项目位于朱家角古镇历史文化风貌区的西北角，处在古镇与新镇的交界之处。虽然名义上属于古镇风貌区之内，但实际上与古镇脱离，且被其他新建项目所隔开。用地原本是停车场，四周空旷，邻近街区也都是新建筑。因此，与其说要融入古镇，还不如说需要创造一种新的场所性，与地方历史有所关联，直面郊区新城常见的无地方性特征，为场所特征重新建立作出贡献。

建筑采用深灰色金属坡顶，但与传统双坡有所不同。新建筑体量较大，屋顶通过变形处理，减小了建筑的尺度感。底层主要用于游客服务，外墙以落地玻璃窗为主，透明表皮使建筑具有一种开放的公共性。二层外墙采用胶合木构架，它形成了具有识别性的建筑外观，与古镇常见的木门窗和板墙展开对话。

建筑出挑形成了一个入口空间，在略显空旷的场地上，给人留下与身体有关的深刻体验。通透的木构架结合镜面不锈钢，外部街道景观被映射到建筑界面上，构成建筑与城市的一个交接点。

实景1

实景2

实景3

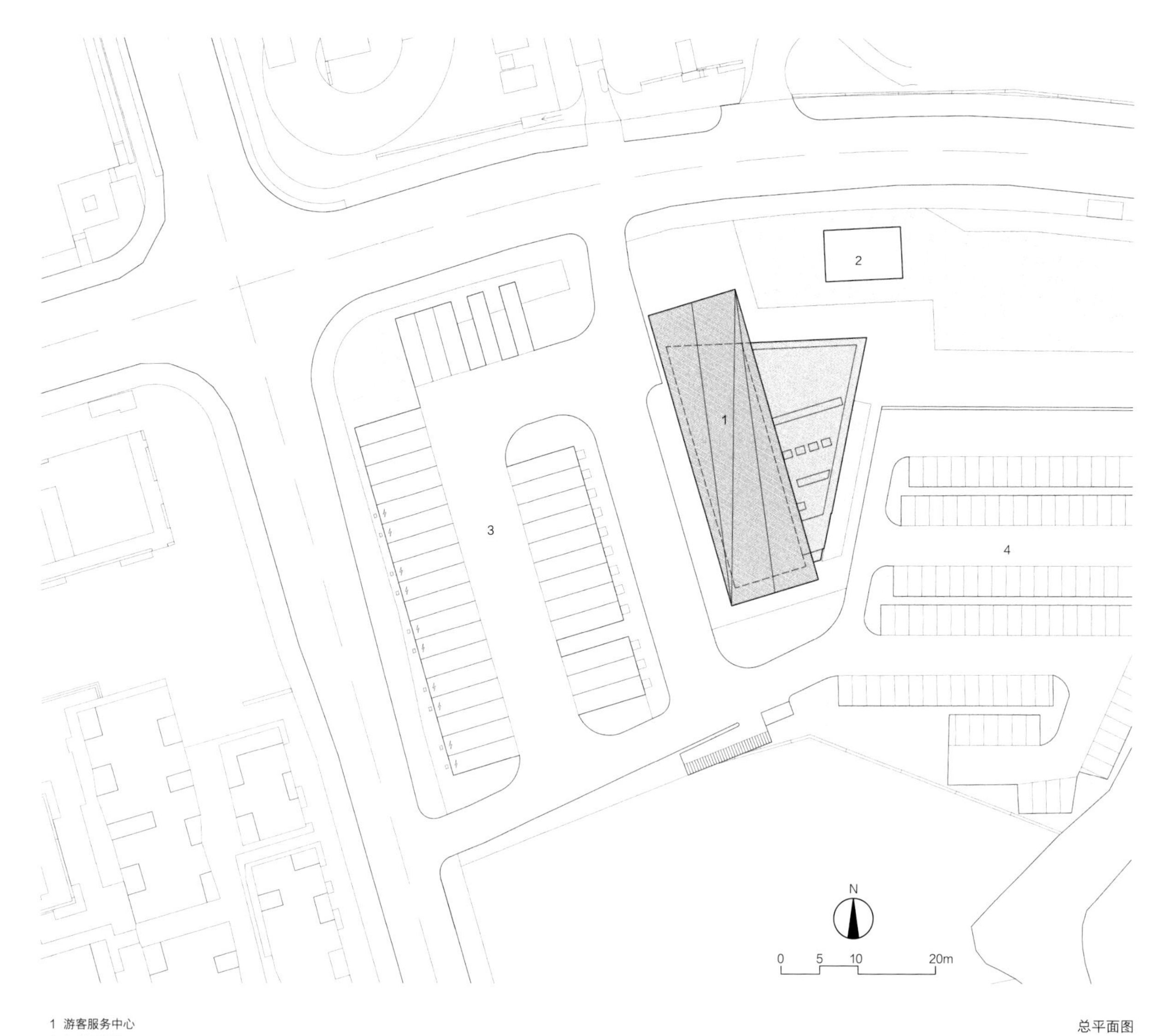

1
2
3
4
N
0
5
10
20m

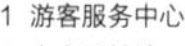
1 游客服务中心
2 电力开关站
3 大巴车停车场
4 小汽车停车场

总平面图

区域总平面图

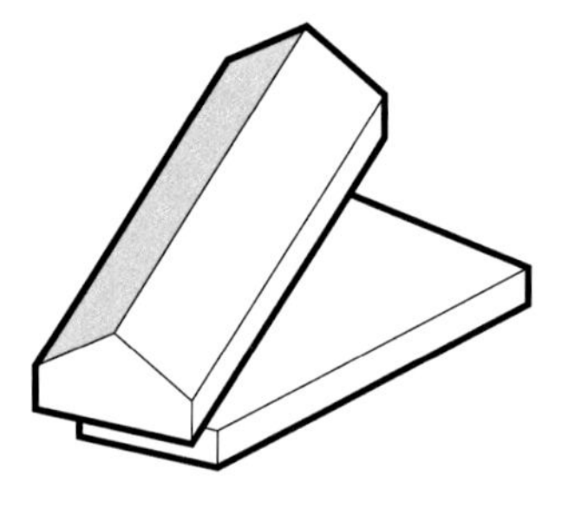

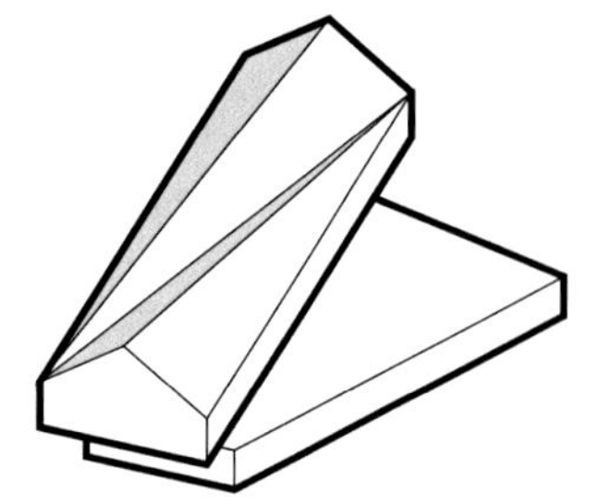

体块生成

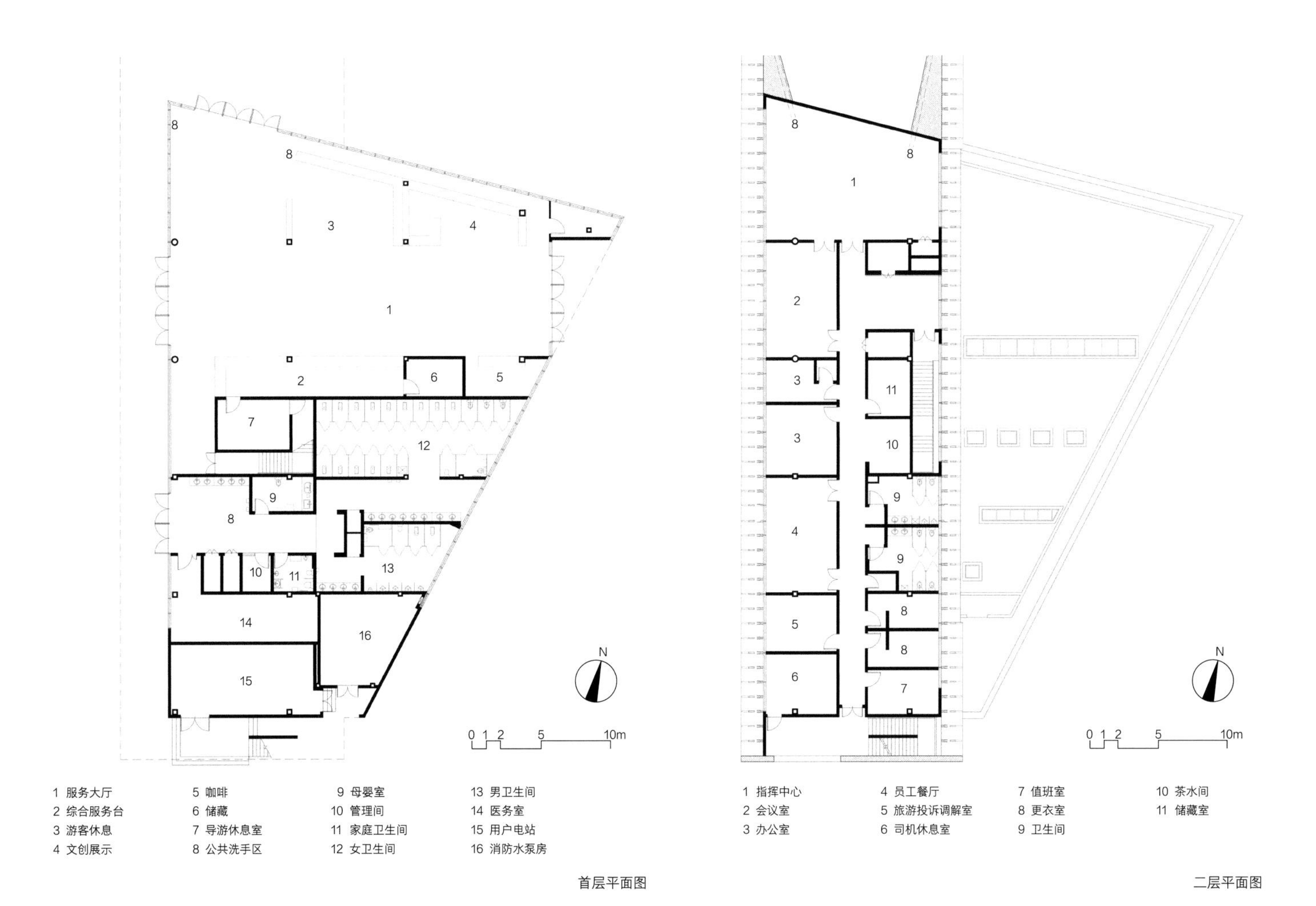
N
0 1 2 5 10m
1 服务大厅
2 综合服务台
3 游客休息
4 文创展示
5 咖啡
6 储藏
7 导游休息室
8 公共洗手区
9 母婴室
10 管理间
11 家庭卫生间
12 女卫生间
13 男卫生间
14 医务室
15 用户电站
16 消防水泵房
N
0 1 2 5 10m
1 指挥中心
2 会议室
3 办公室
4 员工餐厅
5 旅游投诉调解室
6 司机休息室
7 值班室
8 更衣室
9 卫生间
10 茶水间
11 储藏室

首层平面图

二层平面图

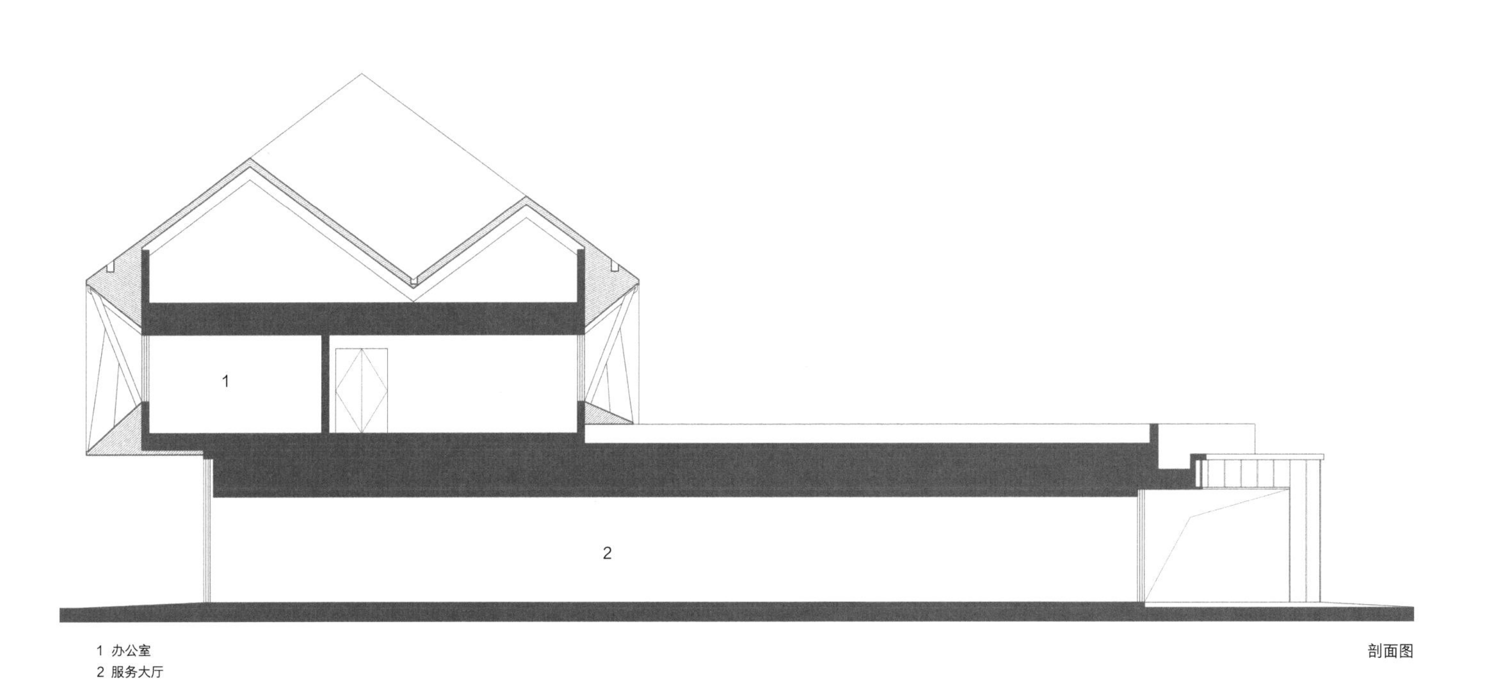
1 办公室
2 服务大厅

剖面图

延安游客服务中心及配套用房

扫码阅读更多视频、图片内容

开发单位：延安旅游（集团）有限公司
设计单位：清华大学建筑设计研究院有限公司
项目地点：陕西省延安市
设计 / 建成时间：2017 年 / 2020 年

项目负责人：庄惟敏，唐鸿骏，李匡
主要设计人员：庄惟敏，唐鸿骏，李匡，张翼，许腾飞，周易，陈蓉子，杨霄，侯青燕，刘杰

获奖情况
2021 年 亚洲建筑师协会荣誉提名奖
2021 年 教育部优秀勘察设计建筑设计一等奖
2021 年 教育部优秀勘察设计园林景观与生态环境设计一等奖

主要经济技术指标
用地面积：47165m^2　　建筑面积：36810m^2
容积率：0.49　　建筑高度：18.95m
绿化率：33.7%　　停车位：423 个

项目位于陕西省延安市城市核心区，同时也是城市最重要的旅游景区。景区内宝塔始建于唐代，自建成起历经千余年逐渐成为延安的标志性建筑，是重要的文化遗产。

设计任务是在该用地设计延安游客服务中心，为游客提供旅游服务、咨询、展览及停车等功能。接到设计任务时，场地内原有建筑已被拆除，场地已基本平整完毕，满目疮痍，周边范围内还有众多历史遗迹需要保护。

设计以生态安全为核心，首先针对滑塌的边坡、山体栈道两侧岩石和垮塌窑洞等进行加固修复，做好地质灾害治理、排洪及水土保持，在此基础上进行系统性的生态修复，塑造有地域归属感的活力空间。对场地内有价值的建筑遗存进行保留与修缮，并设计游览路线串联这些重要节点。通过地景化的处理，将建筑嵌入山水之间，层层退台的建筑屋面上形成开放的绿地和广场，体量消隐并与周边环境融为一体。建筑选用当地传统建材黄砂岩，采用传统工法密缝砌筑，使当地传统技艺得到传承和保护，产生良好的社会效益。景观设计探索人与环境的和谐相处，建筑材料选用当地乡土物料，局部运用遗留的废弃黄沙岩，体现在地性。

实景1

实景2

实景3

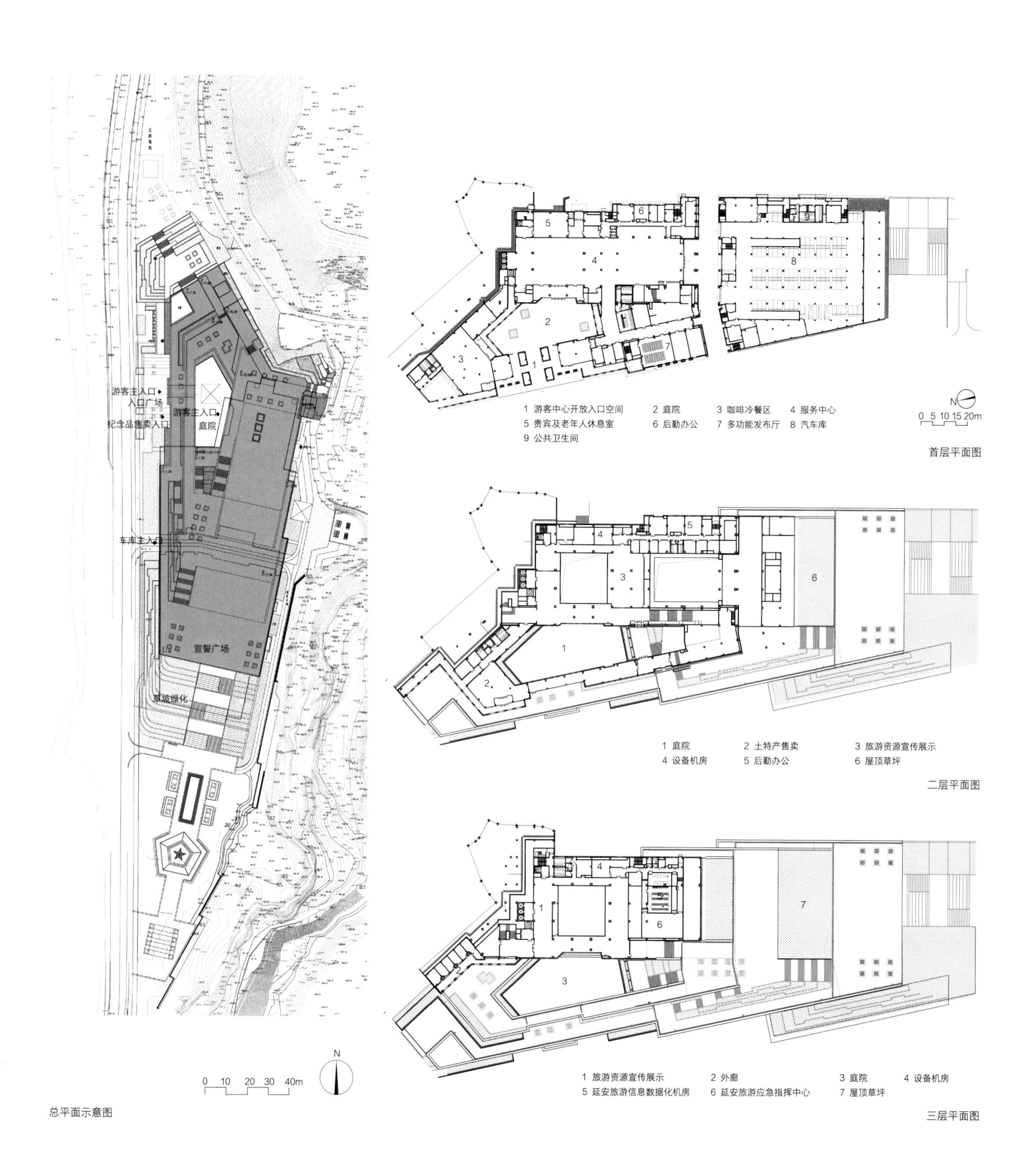

游客主入口
入口广场
游客主入口
庭院
纪念品售卖入口
车库主入口
宣誓广场
草坡绿化
0 10 20 30 40m
N
1 游客中心开放入口空间
2 庭院
3 咖啡冷餐区
4 服务中心
5 贵宾及老年人休息室
6 后勤办公
7 多功能发布厅
8 汽车库
9 公共卫生间
N
0 5 10 15 20m
1 庭院
2 土特产售卖
3 旅游资源宣传展示
4 设备机房
5 后勤办公
6 屋顶草坪
1 旅游资源宣传展示
2 外廊
3 庭院
4 设备机房
5 延安旅游信息数据化机房
6 延安旅游应急指挥中心
7 屋顶草坪

总平面示意图

首层平面图

二层平面图

三层平面图

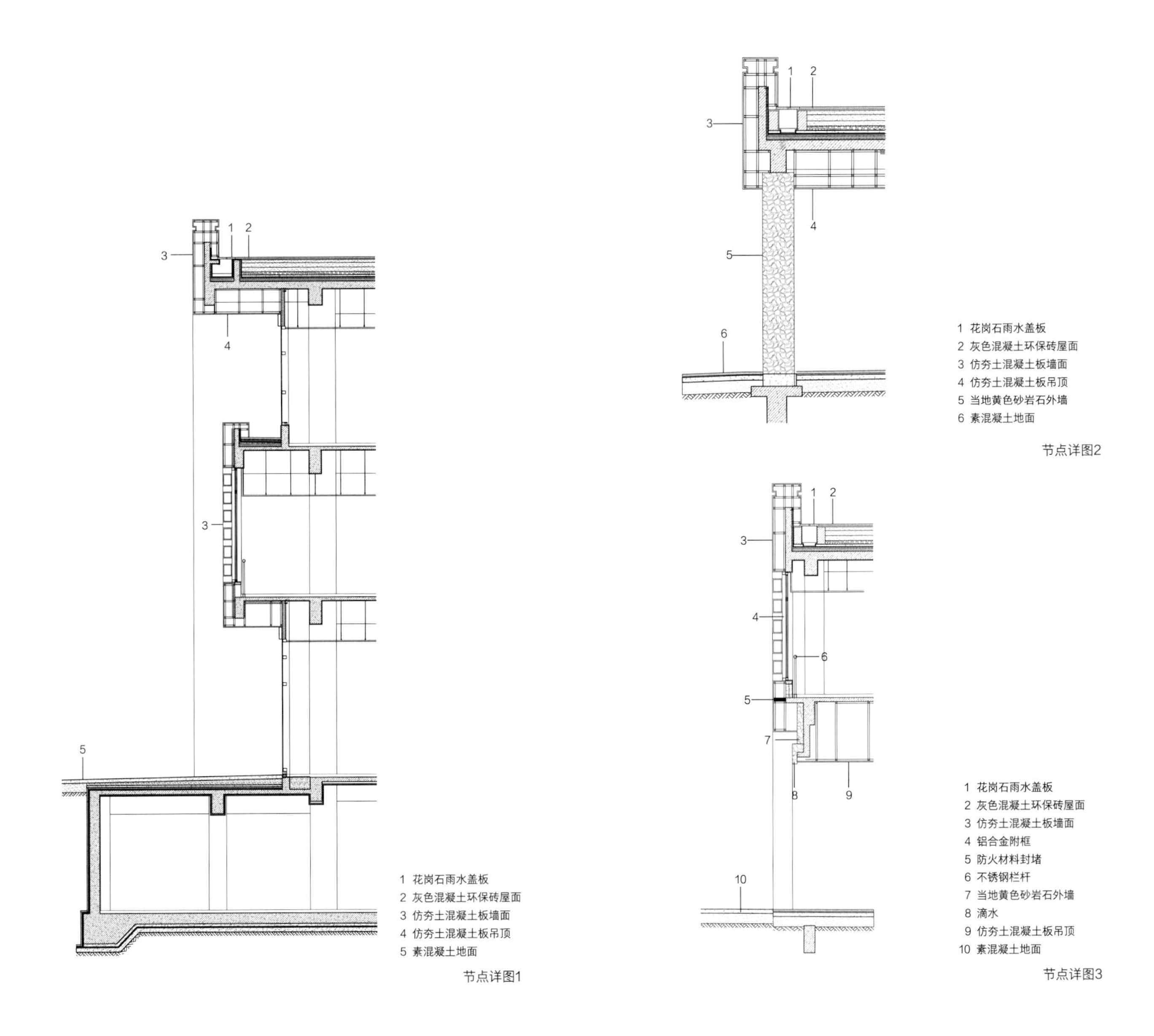
1 花岗石雨水盖板
2 灰色混凝土环保砖屋面
3 仿夯土混凝土板墙面
4 仿夯土混凝土板吊顶
5 素混凝土地面
1 花岗石雨水盖板
2 灰色混凝土环保砖屋面
3 仿夯土混凝土板墙面
4 仿夯土混凝土板吊顶
5 当地黄色砂岩石外墙
6 素混凝土地面
1 花岗石雨水盖板
2 灰色混凝土环保砖屋面
3 仿夯土混凝土板墙面
4 铝合金附框
5 防火材料封堵
6 不锈钢栏杆
7 当地黄色砂岩石外墙
8 滴水
9 仿夯土混凝土板吊顶
10 素混凝土地面

节点详图1

节点详图2

节点详图3

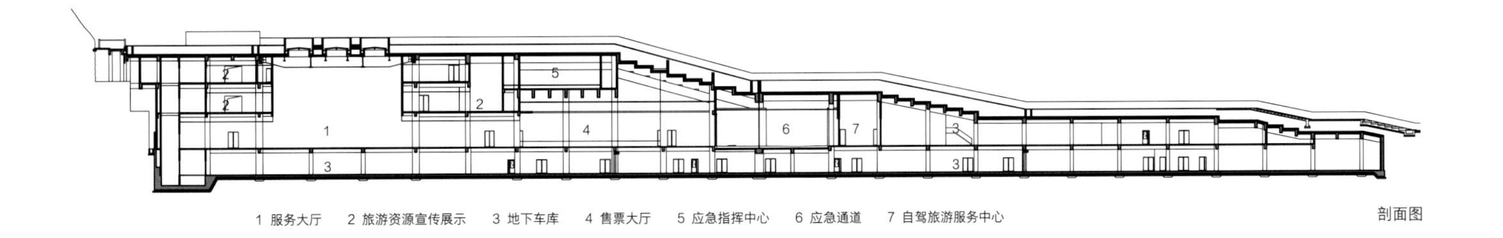
1 服务大厅 2 旅游资源宣传展示 3 地下车库 4 售票大厅 5 应急指挥中心 6 应急通道 7 自驾旅游服务中心

剖面图

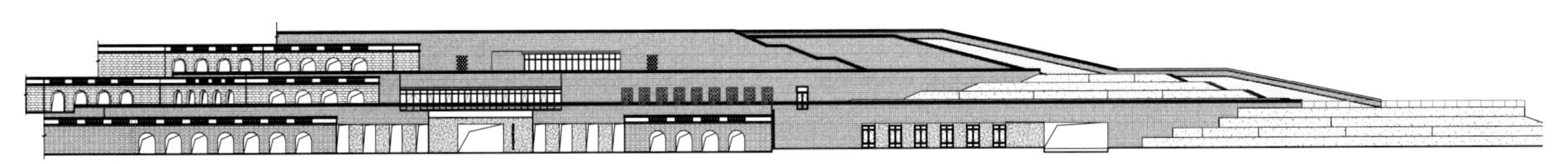

立面图

CONTEMPORARY
CHINESE ARCHITECTURE
RECORDS

当代中国建筑实录

休闲娱乐

福州茶馆
桥廊 / 上海三联书店 · 黄山桃源店
无想山秋湖驿站
江心洲排涝泵站配套用房
南粤古驿道梅岭驿站
徐汇滨江公共开放空间C建筑（水岸汇）
浙水村自然书屋

边园 / 杨树浦六厂滨江公共空间更新
九峰村乡村客厅
杉木觉醒 / 溧阳杨湾驿站
先锋厦地水田书店
永嘉路口袋广场
云庐酒店瑜伽亭及泳池

福州茶馆

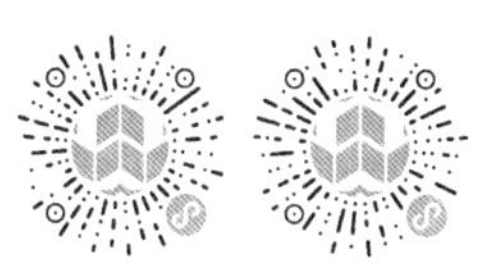
扫码阅读更多视频、图片内容

开发单位：阳光城集团福建大区
设计单位：如恩设计研究室
项目地点：福建省福州市
建成时间：2021 年

项目负责人：郭锡恩，胡如珊
资深主持设计师：Scott Hsu
主要设计人员：Jorik Bais，李奕男，胡云清，黄永福，James Beadnall，Ivana Li，Jesper Evertsson，杜尚芳，郑冰苗，蒋征玲，金洙诺，Ath Supornchai，辛海鸥，黄惠子，张妍，吴震海

获奖情况
2021 年 亚洲最具影响力设计大奖（DFA）金奖
2021 年 THE PLAN AWARD 设计大奖 服务业项目类别 特别荣誉大奖
2021 年 A&D 设计大奖 最佳古迹改造类别 金奖

主要经济技术指标
占地面积：1800m^2

福州茶馆的设计灵感源于约翰·汤姆森镜头里的福州金山寺。如恩以福州的历史文化作为画笔，将这座茶馆描绘成了一件城市文物。清朝古宅的木结构被静置在新建筑之内，成为茶馆的点睛之笔。近年来，城市的快速发展逐渐侵蚀着传统文化与文化认同。在此背景下，福州茶馆的设计不失为一例独特的历史传承。

茶馆被设想为休憩于岩石之上的房屋，连绵山丘般的铜制屋顶高架于夯筑混凝土墙体之上。设计所采用的主要材料为夯筑混凝土，既是对当地传统土楼民居的现代致敬，也强调了原始的凝重感。光线从天井窗投射到内部结构深处，照亮了这座弥足珍贵的清代古宅。身处于此，观者环绕在历史之间，赏鉴精湛的木雕工艺。

实景1

实景2

实景3

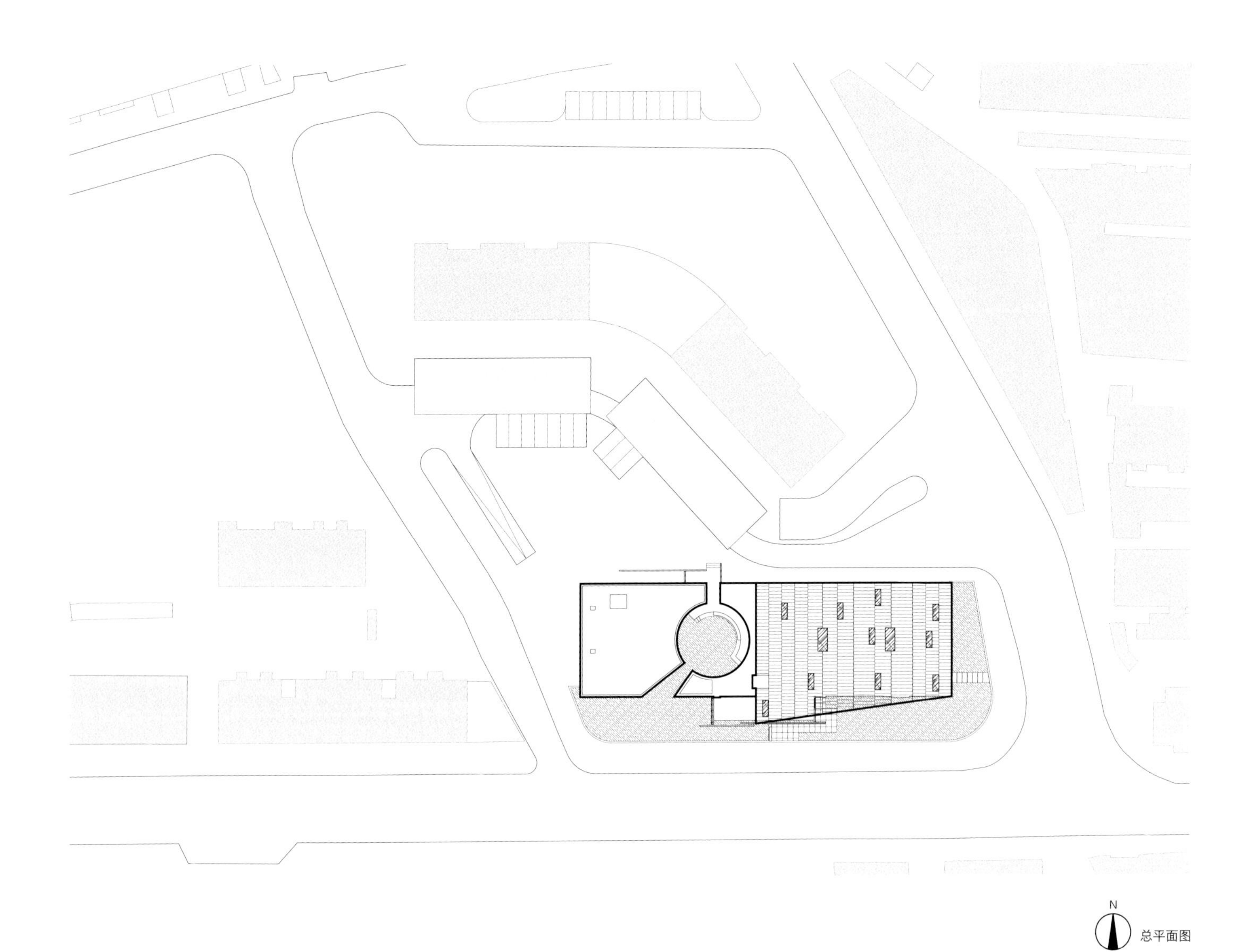
N

总平面图

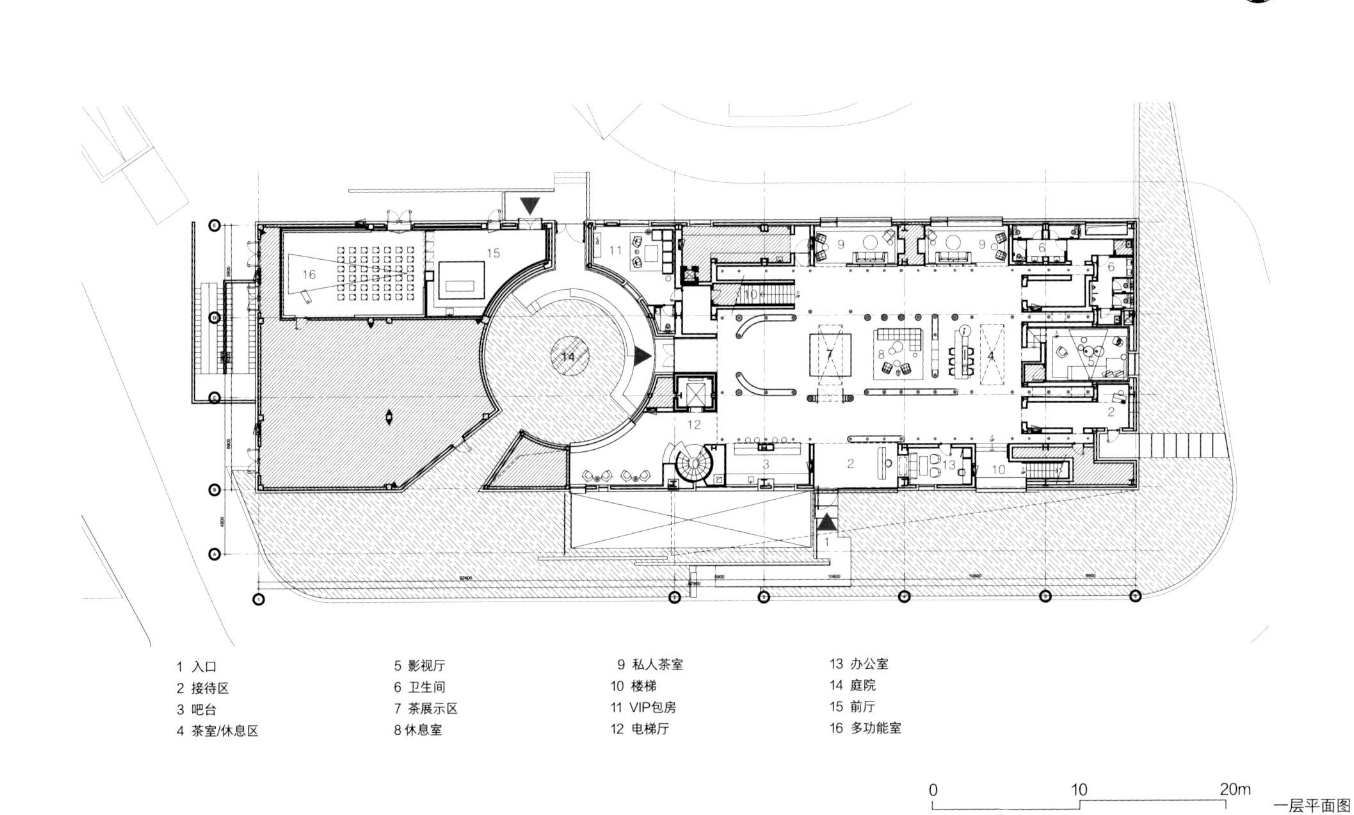
1 入口
2 接待区
3 吧台
4 茶室/休息区
5 影视厅
6 卫生间
7 茶展示区
8 休息室
9 私人茶室
10 楼梯
11 VIP包房
12 电梯厅
13 办公室
14 庭院
15 前厅
16 多功能室
0
10
20m

一层平面图

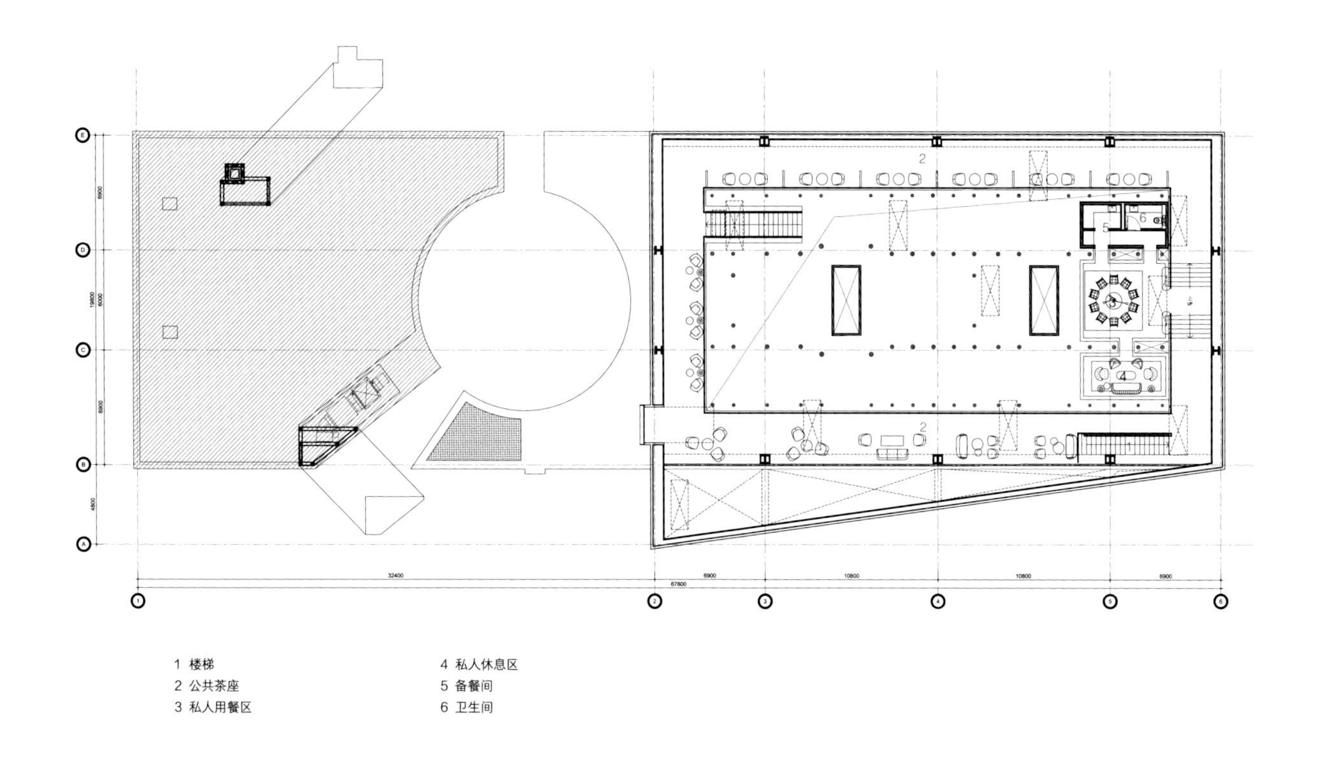

1 楼梯
2 公共茶座
3 私人用餐区
4 私人休息区
5 备餐间
6 卫生间

二层平面图

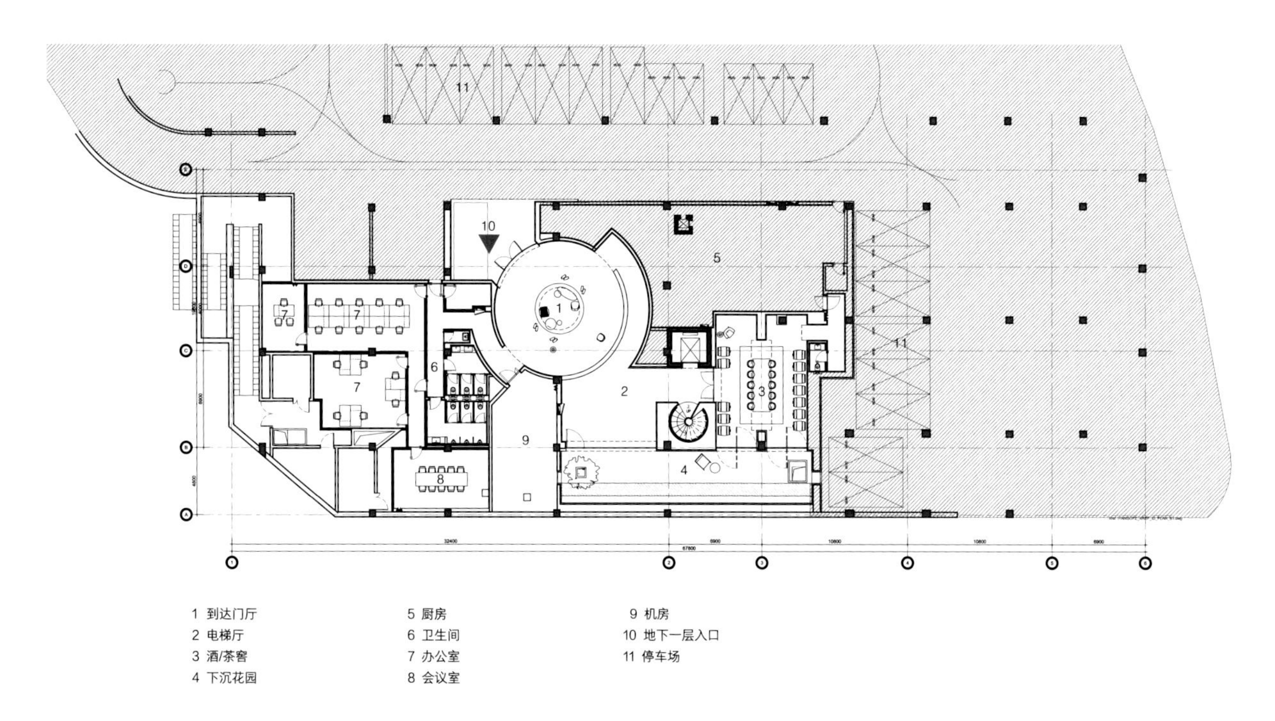

1 到达门厅
2 电梯厅
3 酒/茶窖
4 下沉花园
5 厨房
6 卫生间
7 办公室
8 会议室
9 机房
10 地下一层入口
11 停车场

负一层平面图

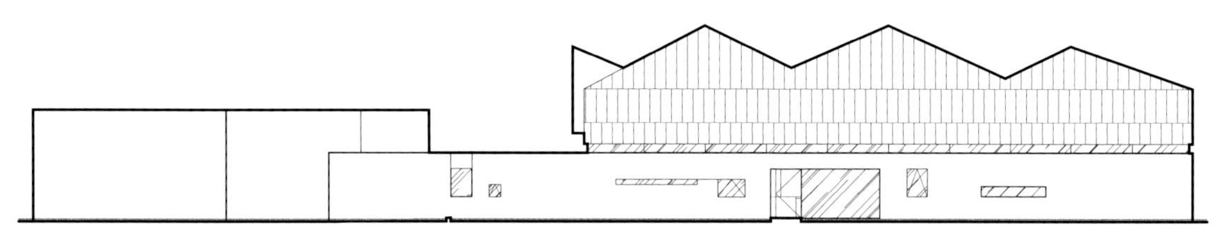

立面图

桥廊 / 上海三联书店 · 黄山桃源店

扫码阅读更多内容

开发单位：祁门皖农旅游投资发展有限公司
设计单位：来建筑设计工作室
项目地点：安徽省黄山市祁门县闪里镇
设计 / 建成时间：2020 年 / 2021 年

项目负责人：马岛
主要设计人员：马岛，陈运，唐铭

获奖情况
2022 年 ArchDaily 年度建筑大奖

主要经济技术指标
用地面积：74.2m^2
建筑面积：141.7m^2
容积率：1.9

乡村旅游是乡村振兴最直接的杠杆，除了住宿类的业态，文化旅游往往能够给乡村的多样性和特色性提供多种可能。而一个新书店的落座，无疑会给一个村子的经济文化提供新的契机。安徽祁门桃源村距离徽州核心文化区约有 100km 的距离，是一个在交通和经济上并无太大的优势的普通的皖南古村落。新书店由该村一个已经被荒废了的村宅重新复建而来。建筑占地 70m^2，2 层高。在这样一个巷窄墙高的徽州古村落里，虽然是原址复建，但作为书店，需要以一种新的姿态进行演绎。

整个建筑其实是一个自我表述的思考推演过程，有趣的是，竖向平面上的曲板弯叠无意中在墙面上完成了对于周围民居马头墙的正负互换。它并不遁形于村落之中，却似村中久违的新居。

“三联书店”作为来自于上海的“文化之光”，在当下碎片化、互联网化的语境中，让人们身体进入完整而连贯的场地，并赋予书香手卷之感，促成了一次新的引领。乡村需要当代书店的引领，实体书店同时需要沁润乡村的在场感。

村民的小孩在阅览书籍

一层面向院落和巷道打开的动势空间

从一层与二层的连接空间看向村路

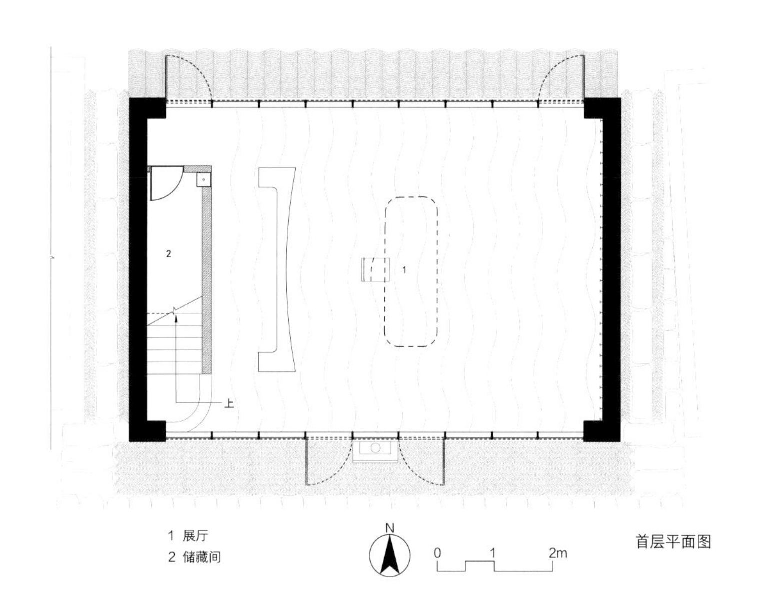
2
1
上
N
0
1
2m

1 展厅
2 储藏间

首层平面图

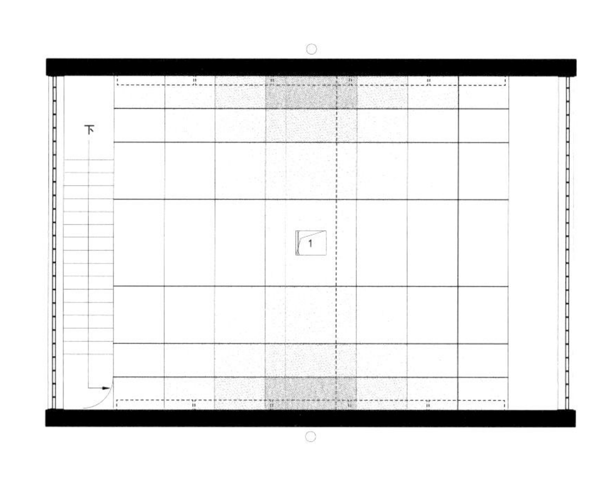
下
1

1 阅览室

二层平面图

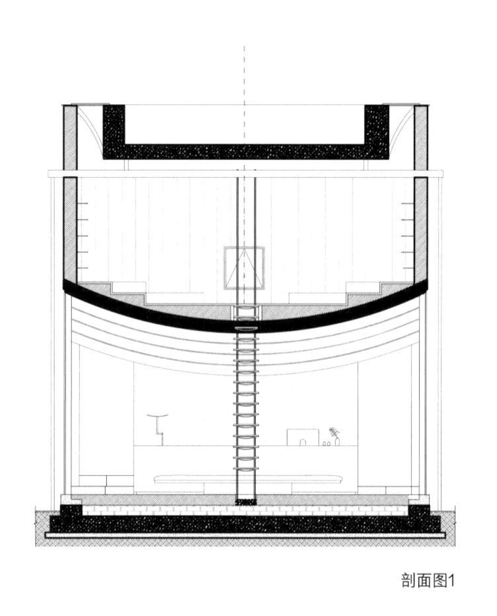

剖面图1

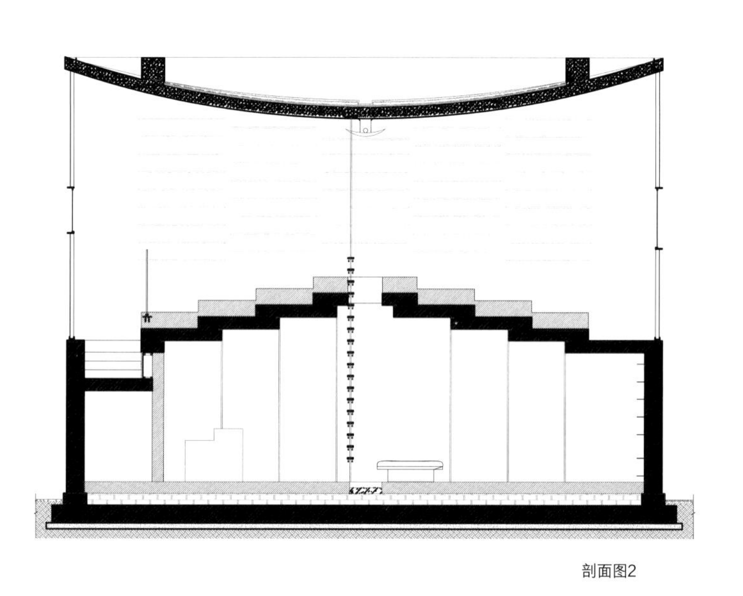

剖面图2

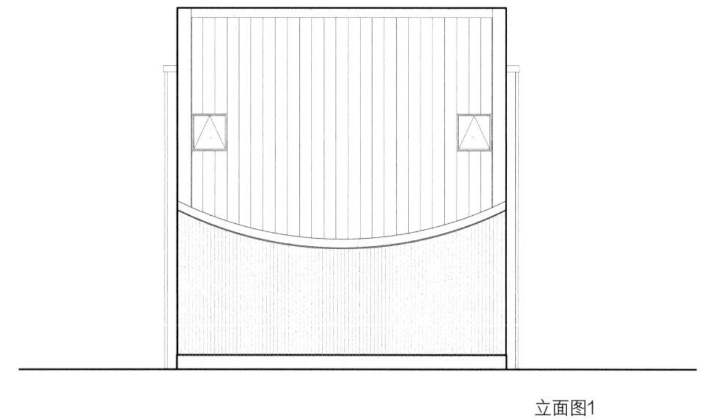

立面图1

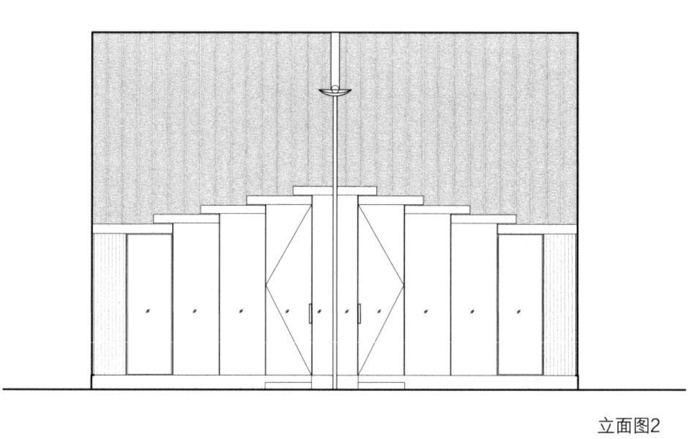

立面图2

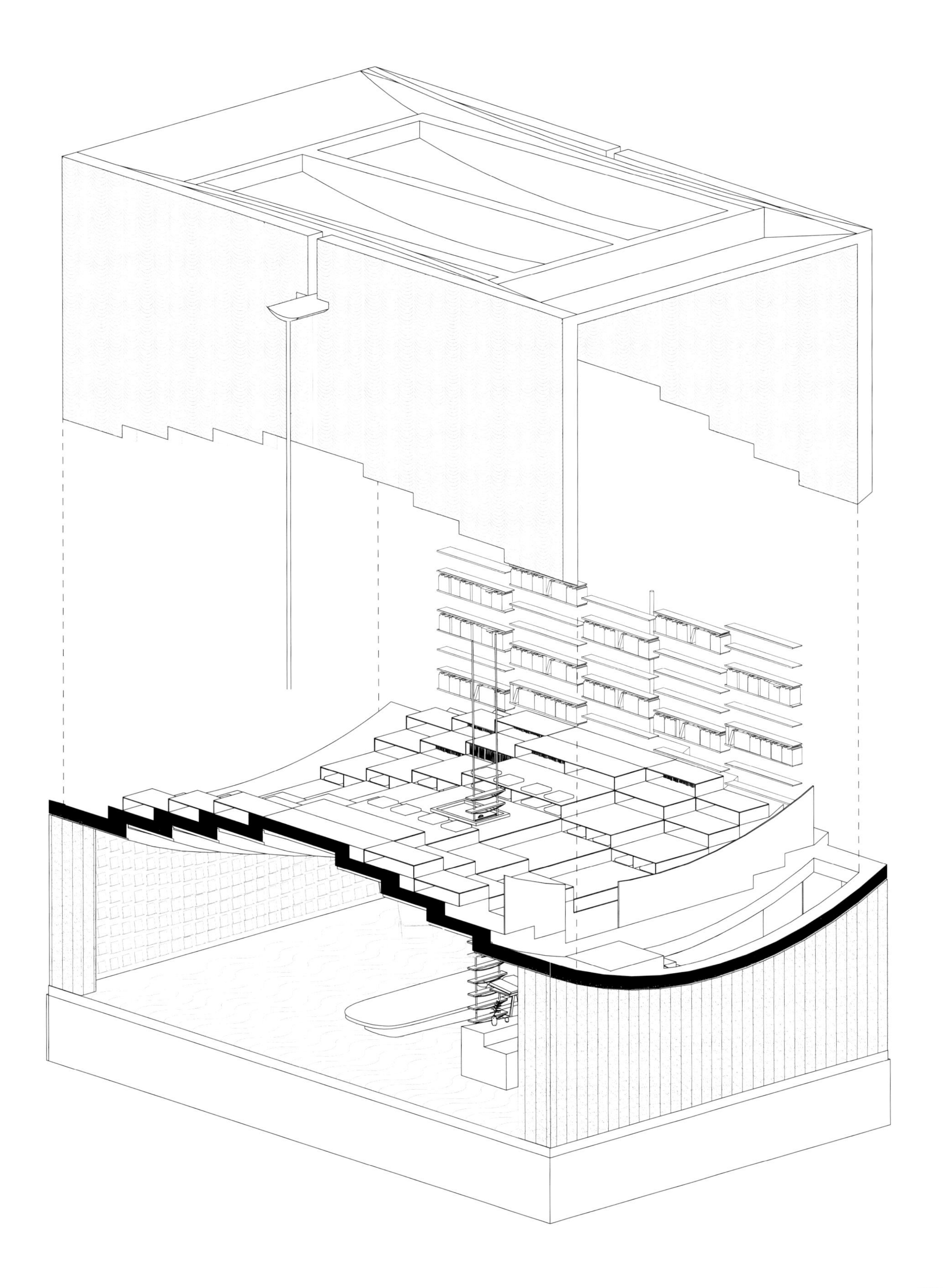

轴测图

无想山秋湖驿站

扫码阅读更多视频、图片内容

开发单位：南京无想山文化旅游发展有限公司
设计单位：米思建筑设计事务所
项目地点：江苏省南京市溧水区
设计 / 建成时间：2020 年 / 2021 年

项目主创：吴子夜
主要设计人员：吴子夜，倪思媛，周苏宁，唐涛，彭彬，辛宇（实习）
施工图设计：江苏省建工设计研究院有限公司
施工图团队：庄昉，陈娟，陈凯，樊浩亮，王锴辉，张震宇，吴亚军，戴政卿

主要经济技术指标

用地面积：2338m^2	建筑面积：997m^2
容积率：0.42	建筑密度：27.9%
绿地率：28.1%	停车位：7 个

建筑位于南京市溧水区无想山国家森林公园，场地植被丰茂，一侧是环山道路和高耸的水杉林，一侧是竹林密布的连绵山峦，使用功能为游客驿站。

建筑以合院为原型，由两个角部翘起的 L 形坡屋面所统领，互相交错咬合，并在内院螺旋转折为檐廊，最终形成了带有传统山林前后层叠意向的屋面体量，与环境更好地融合在一起。

在这种形体关系的处理下，建筑的立面消失了，游客对于建筑的感知转变为顺应地形的景观台地和延展飘浮的层叠屋顶。同时，“天窗”作为一个指引空间趋向的要素被引入设计中。

延展的空间削弱了体量感，屋檐和台地的缝隙“限定视野”，让使用者把感受聚焦在自然的绿意上。最终建筑成为一个带有传统氛围感受和现代空间体验的驿站，矗立在山林之中，并和自然交织在一起。

实景1

实景2

实景3

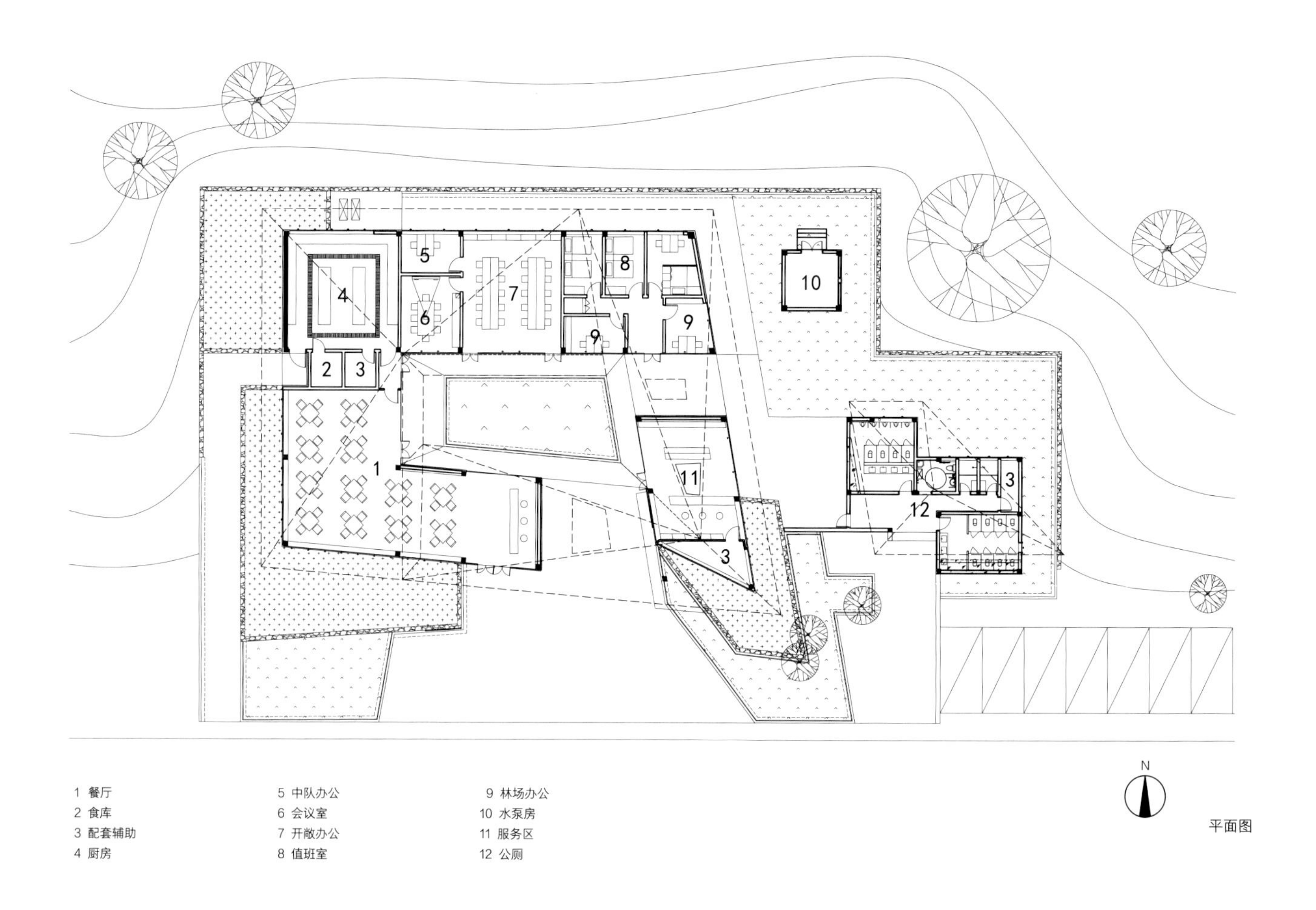
1 餐厅
2 食库
3 配套辅助
4 厨房
5 中队办公
6 会议室
7 开敞办公
8 值班室
9 林场办公
10 水泵房
11 服务区
12 公厕
N

平面图

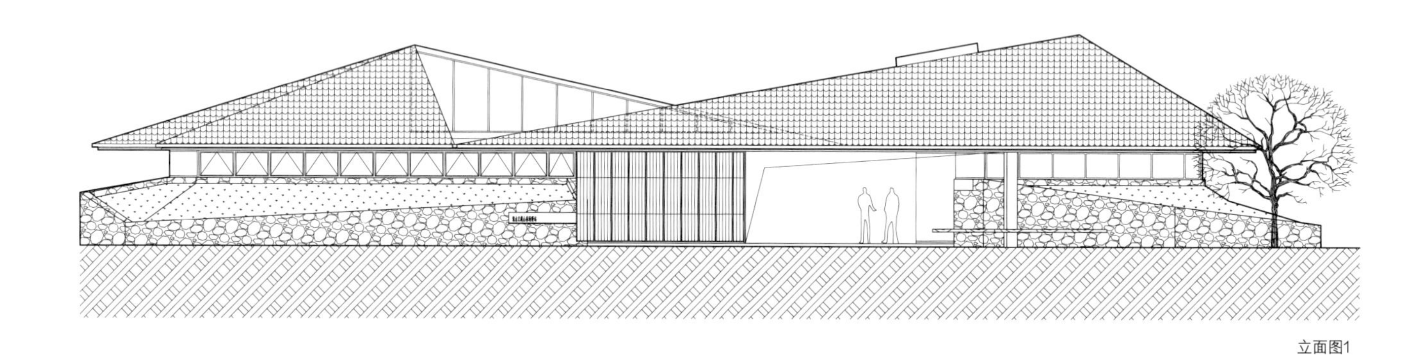

立面图1

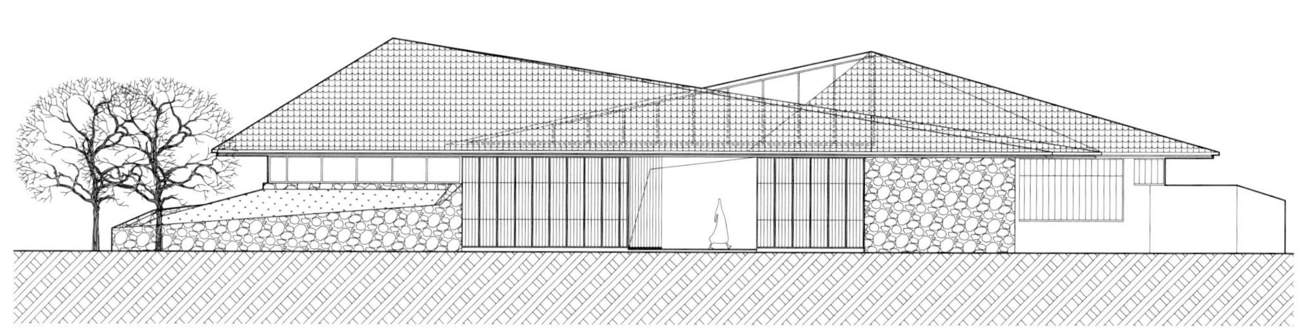

立面图2

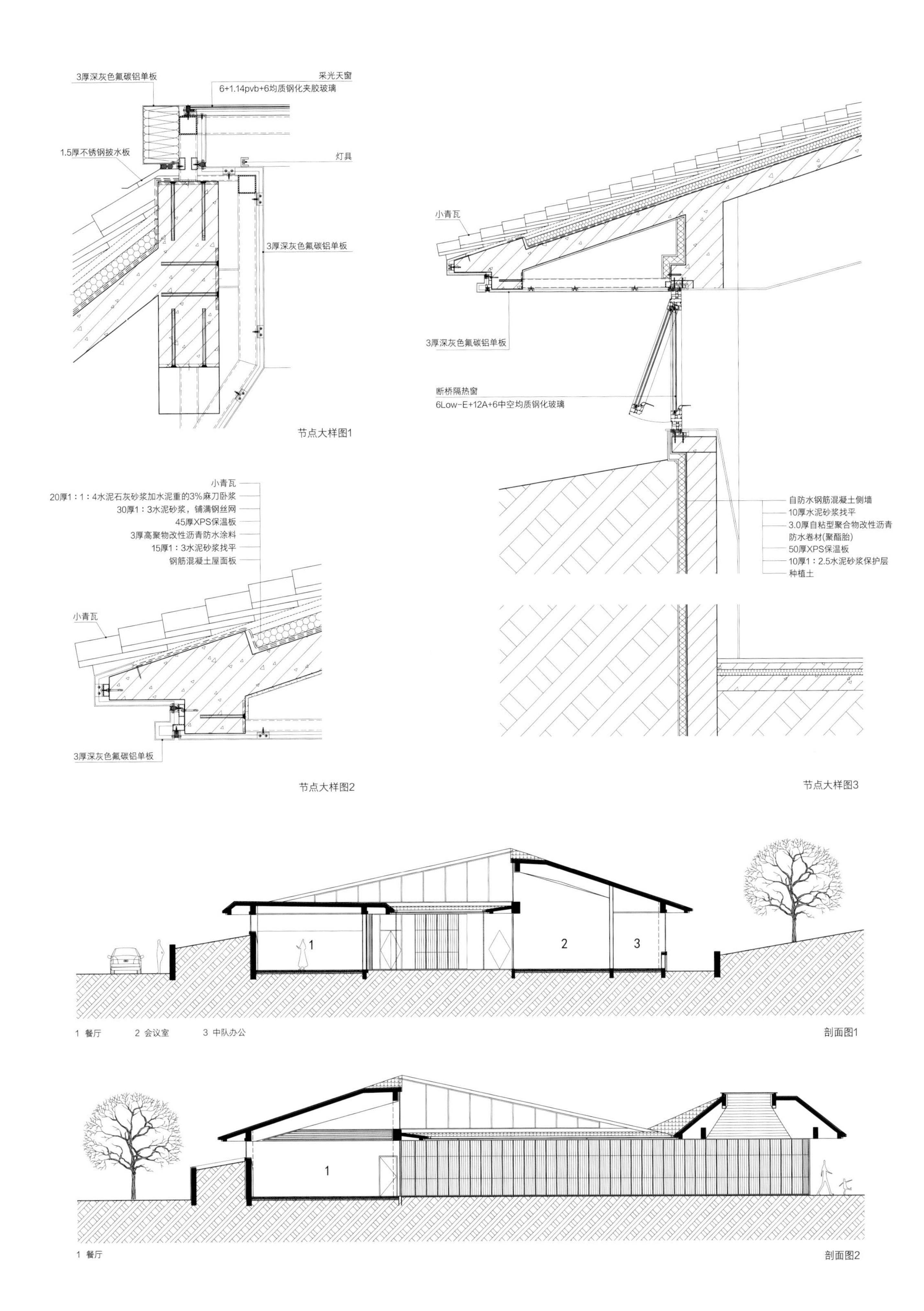
3厚深灰色氟碳铝单板
采光天窗
6+1.14pvb+6均质钢化夹胶玻璃
1.5厚不锈钢披水板
灯具
3厚深灰色氟碳铝单板
小青瓦
3厚深灰色氟碳铝单板
断桥隔热窗
6Low-E+12A+6中空均质钢化玻璃
小青瓦
20厚1：1：4水泥石灰砂浆加水泥重的3%麻刀卧浆
30厚1：3水泥砂浆，铺满钢丝网
45厚XPS保温板
3厚高聚物改性沥青防水涂料
15厚1：3水泥砂浆找平
钢筋混凝土屋面板
小青瓦
3厚深灰色氟碳铝单板
自防水钢筋混凝土侧墙
10厚水泥砂浆找平
3.0厚自粘型聚合物改性沥青
防水卷材(聚酯胎)
50厚XPS保温板
10厚1：2.5水泥砂浆保护层
种植土
1
2
3
1
1 餐厅　2 会议室　3 中队办公
1 餐厅

节点大样图1

节点大样图2

节点大样图3

剖面图1

剖面图2

江心洲排涝泵站配套用房

扫码阅读更多视频、图片内容

开发单位：中新南京生态科技岛投资发展有限公司
设计单位：东南大学建筑设计研究院有限公司
建筑技术与艺术（ATA）工作室
项目地点：江苏省南京市建邺区江心洲
设计 / 建成时间：2017 年 / 2020 年

项目负责人：李竹
主要设计人员：殷玥，杨梓轩，袁晶晶，夏仕洋，葛启龙，姚文超，袁星，孙逊，鲍迎春，许东晟

获奖情况
2021 年 第十五届江苏省土木建筑学会建筑创作奖（公建类）一等奖

主要经济技术指标
用地面积：4587~6880m^2
建筑面积：375~618m^2

城市基础设施这种类型化的建筑，长期以来都被限定在仅满足生产需求的最低标准上，是否能通过复合化的利用来挖掘此类设施的公共空间价值是建筑师值得探索的目标。

江心洲排涝泵站，在水平向将泵站管理用房的出入口和公共卫生间的出入口东西分置，实现了内外使用流线的互不干扰。在竖向上通过对建筑地景化的处理，化解了泵站与长江堤岸间的高差，建筑屋面被用作与江堤路相通的公共活动场地，再通过坡道、大台阶等方式对屋顶进行二次抬升，形成高于江堤的远眺视野，平时神秘的泵站内场也成为可供市民观察的科普场所。而利用坡道、大台阶的下部空间来设置水吧、自助售卖、图书漂流站、交互式人工智能等功能，最终让封闭的城市基础设施也成为鼓励公共活动的开放性场所。

实景1

实景2

实景3

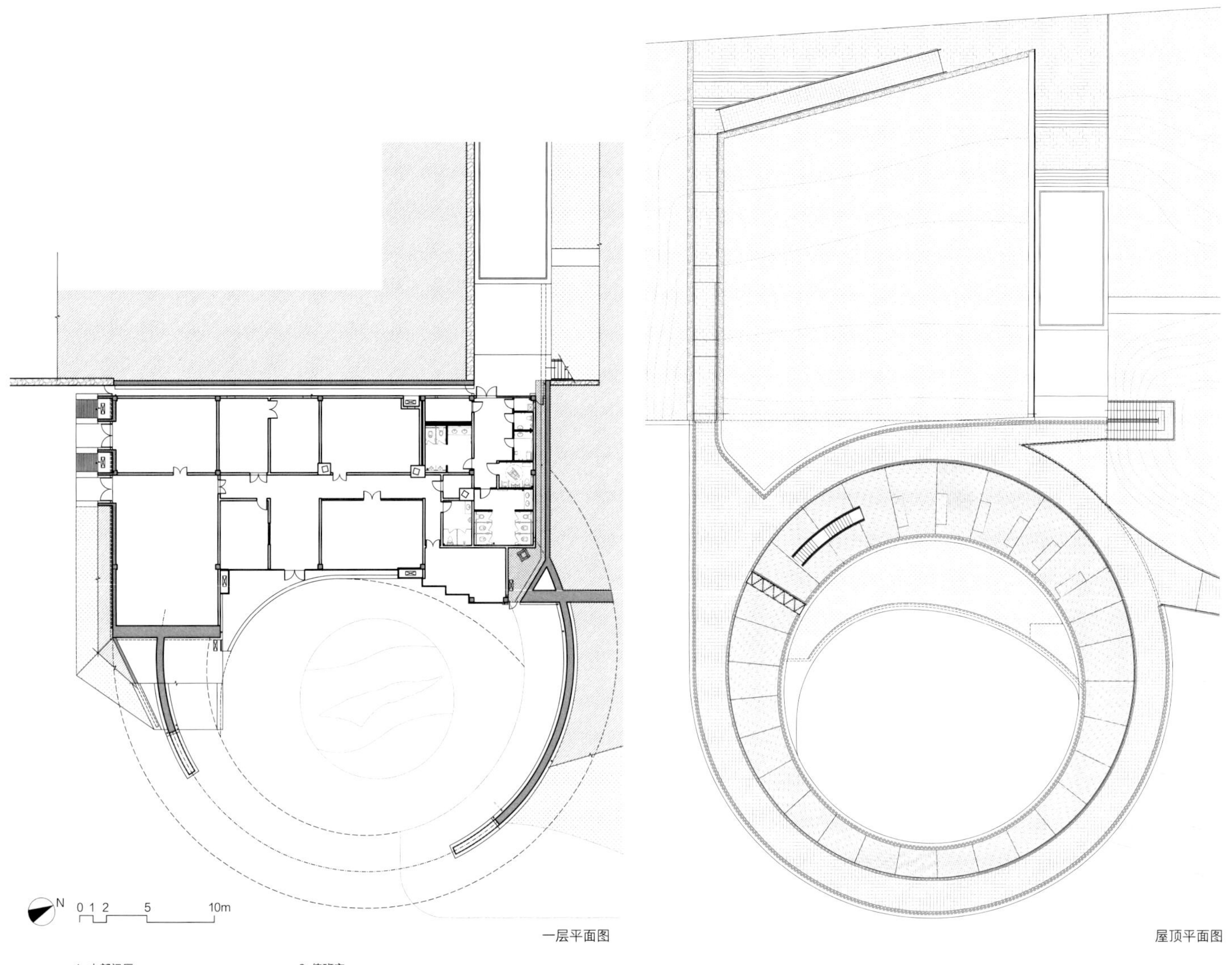
N
0 1 2
5
10m

一层平面图　　屋顶平面图

1 内部门厅
2 0.4kV低压开关室
3 10kV高压开关室
4 电容器间
5 监控中心
6 值班室
7 管理用房
8 公共卫生间门厅
9 女卫生间
10 男卫生间

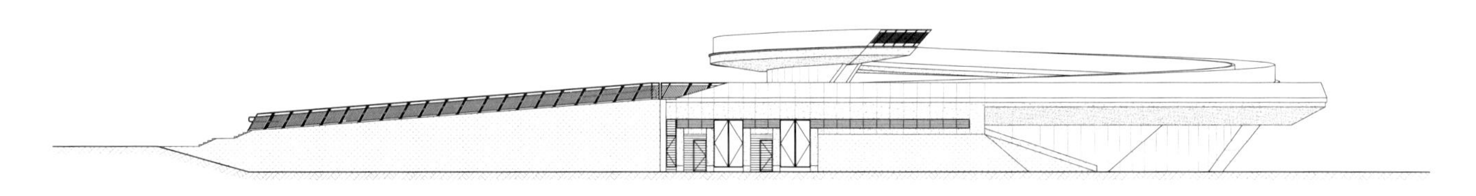

立面图1

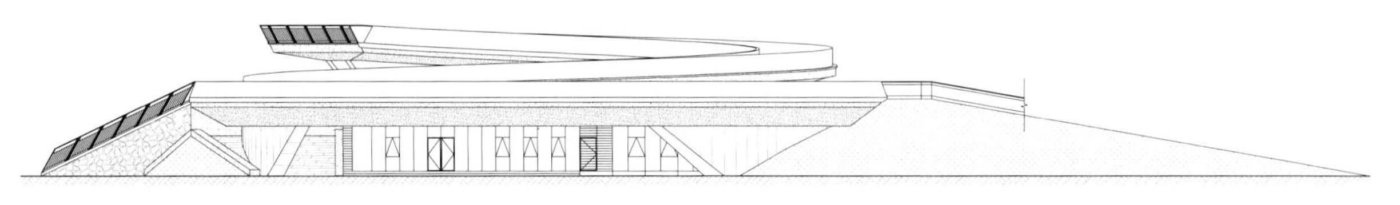

立面图2

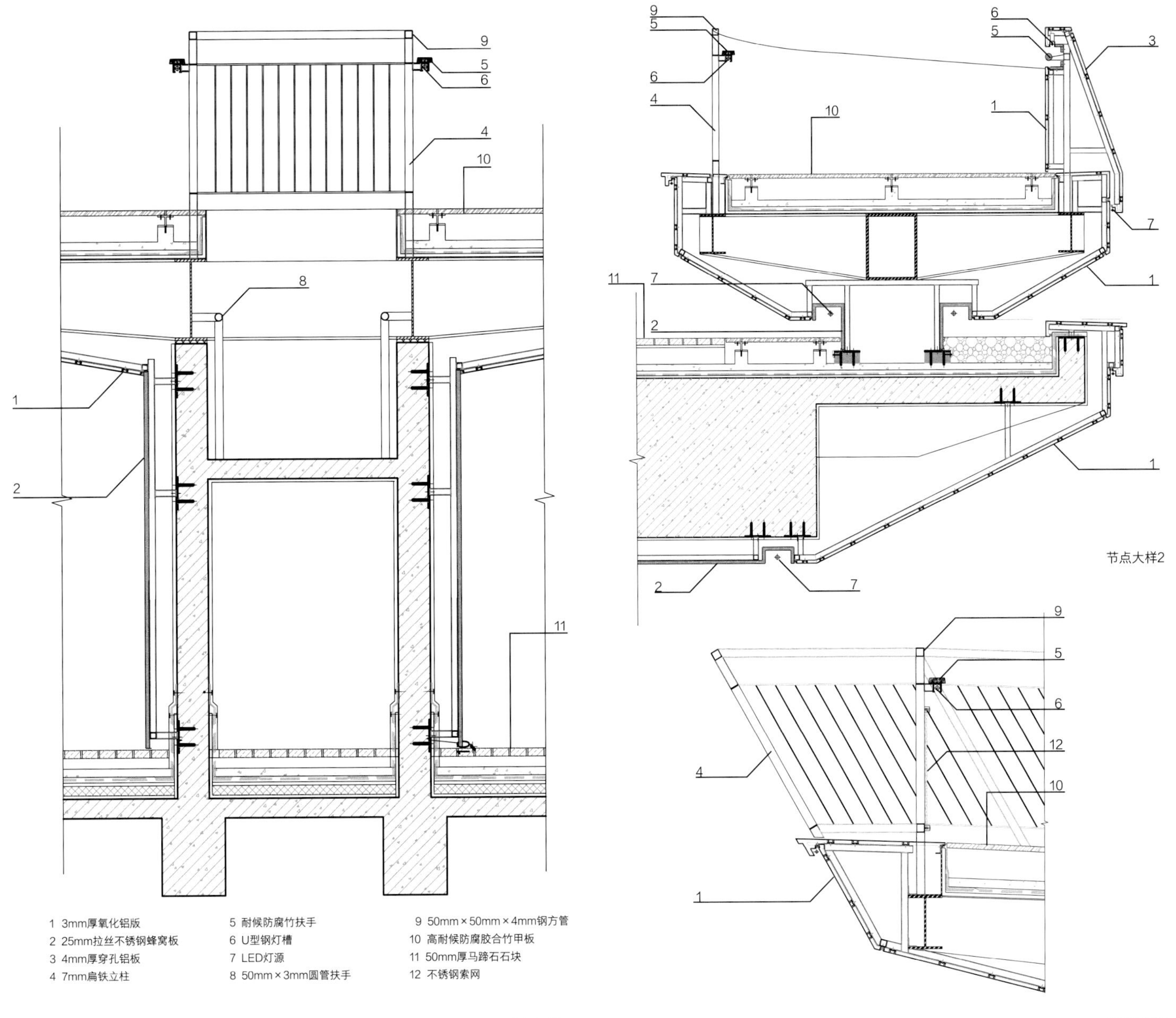
1 3mm厚氧化铝版
2 25mm拉丝不锈钢蜂窝板
3 4mm厚穿孔铝板
4 7mm扁铁立柱
5 耐候防腐竹扶手
6 U型钢灯槽
7 LED灯源
8 50mm×3mm圆管扶手
9 50mm×50mm×4mm钢方管
10 高耐候防腐胶合竹甲板
11 50mm厚马蹄石石块
12 不锈钢索网

节点大样2

节点大样1

节点大样3

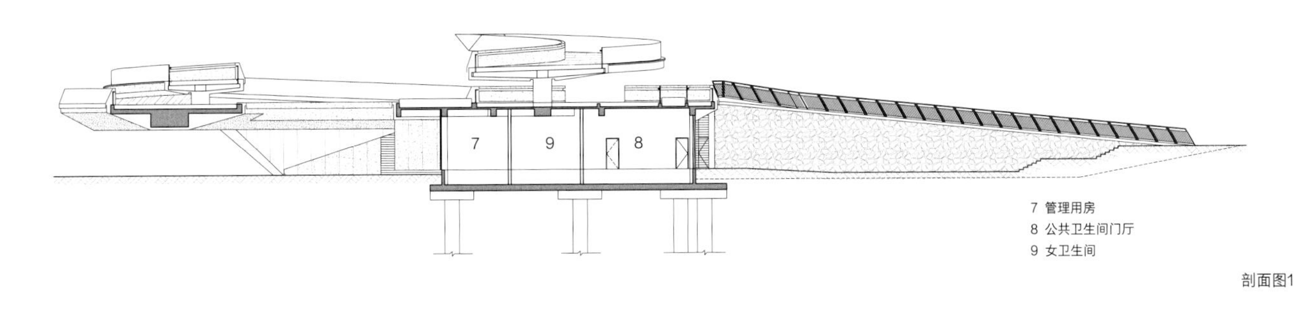
7 管理用房
8 公共卫生间门厅
9 女卫生间

剖面图1

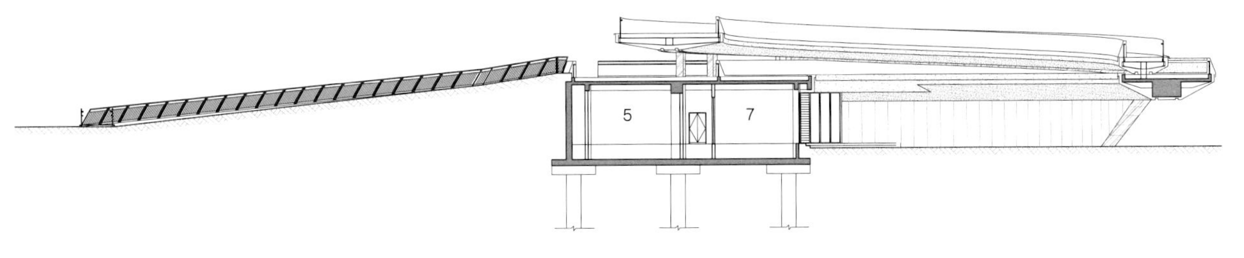
5 监控中心
7 管理用房

剖面图2

南粤古驿道梅岭驿站

扫码阅读更多视频、图片内容

开发单位：南雄市政府
设计单位：广东省建筑设计研究院有限公司
项目地点：广东省韶关市南雄梅岭古村停车场
设计 / 建成时间：2018 年 / 2020 年

项目负责人：陈雄，黄俊华，郭其轶
主要设计人员：陈雄，黄俊华，郭其轶，李珊珊，许尧强，龚锦鸿，陈进于，金少雄，曾祥，戴力

获奖情况
2021 年 广东省优秀工程勘察设计奖传统（岭南）建筑 一等奖
2021 年 首届广东省“三师”专业志愿者服务（勘察设计）优秀项目
2019 年 广东省注册建筑师协会第九届广东省建筑设计奖建筑方案奖公建类一等奖

主要经济技术指标
用地面积：10627m^2　　建筑面积：515m^2
建筑密度：4.0%　　绿地率：30.2%

本项目位于广东省韶关南雄市梅岭古村村头，正对梅关景区停车场牌坊，是南粤古驿道修复与活化的项目之一。团队经过多次现场勘查选址，起初考虑选在现有民房后面的树林，不用拆建；再次去现场感觉位置太过隐蔽而改为拆除现有民房商铺，驿站规划商铺返还给原村民经营；最终确定在现有民房之前的景区停车场兴建驿站，选择不拆迁民房从而减少扰民。

本项目承担古驿道管理、综合服务、交通换乘等功能，兼顾了对游客服务的小商铺和对梅关景区的游客中心功能。同时设计了大面积的灰空间，为周边居民提供舒适的交流空间，重塑村头文化。

梅岭古村四周的山脉延绵不绝，古村的建筑沿着山脚布置，随着山势缓慢上升。设计团队保持对自然谦虚、内敛的态度，通过对乡土建筑语境与传统建筑的转译，采用现代单元式的设计手法，以等差模数制为组合逻辑，以钢结构为骨架，结合当地传统的青砖、灰瓦、原木等材料，在梅岭古村村头设计了一座“有用”的、具有民居聚落形态特色的、与自然相融的钢木单元式建筑。结构设计秉承随形建构理念，考虑当地的运输条件和施工水平，采用模块化、小件化结构逻辑，提高现场施工的可操作性和便捷性。

希望这座驿站能让人们感受到建筑是自然的一部分，感受到阳光、清风、山林的气息，唤起人们对自然的感知。

实景1

实景2

实景3

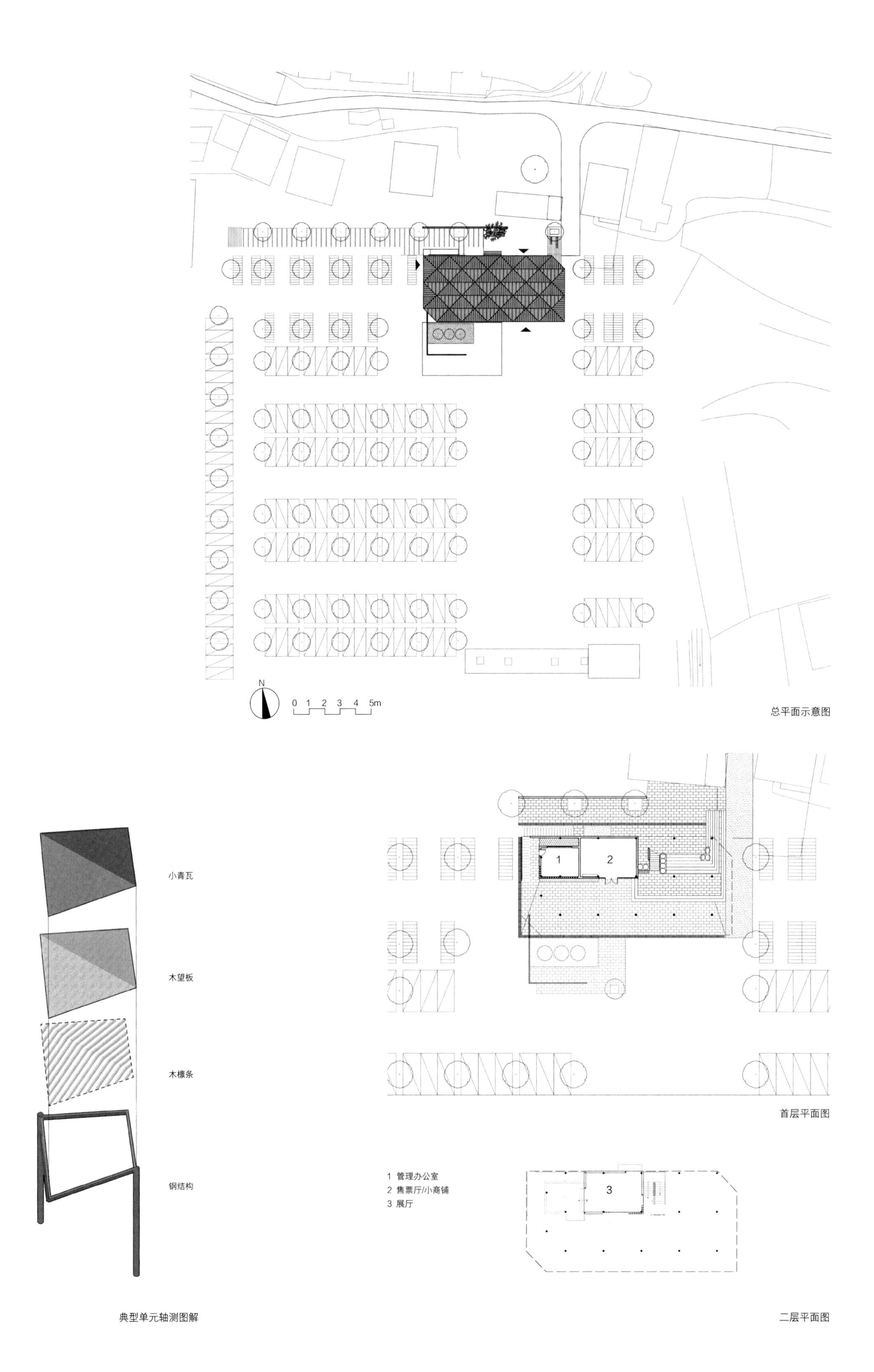
N
0 1 2 3 4 5m
小青瓦
木望板
木檩条
钢结构
1
2
3
1 管理办公室
2 售票厅/小商铺
3 展厅

总平面示意图

首层平面图

典型单元轴测图解

二层平面图

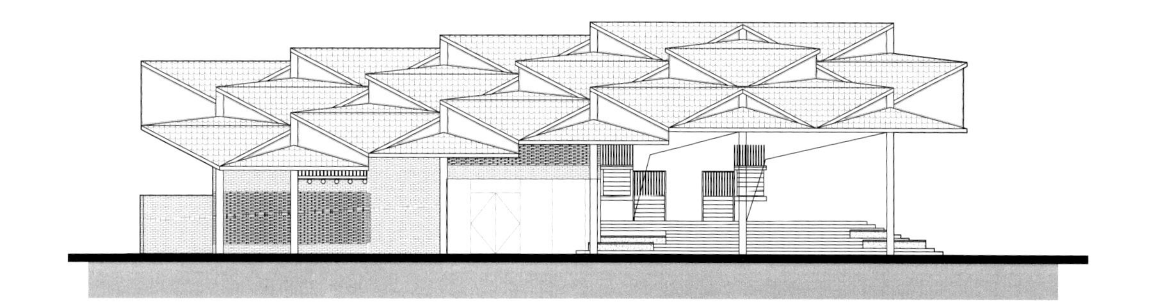

南立面图

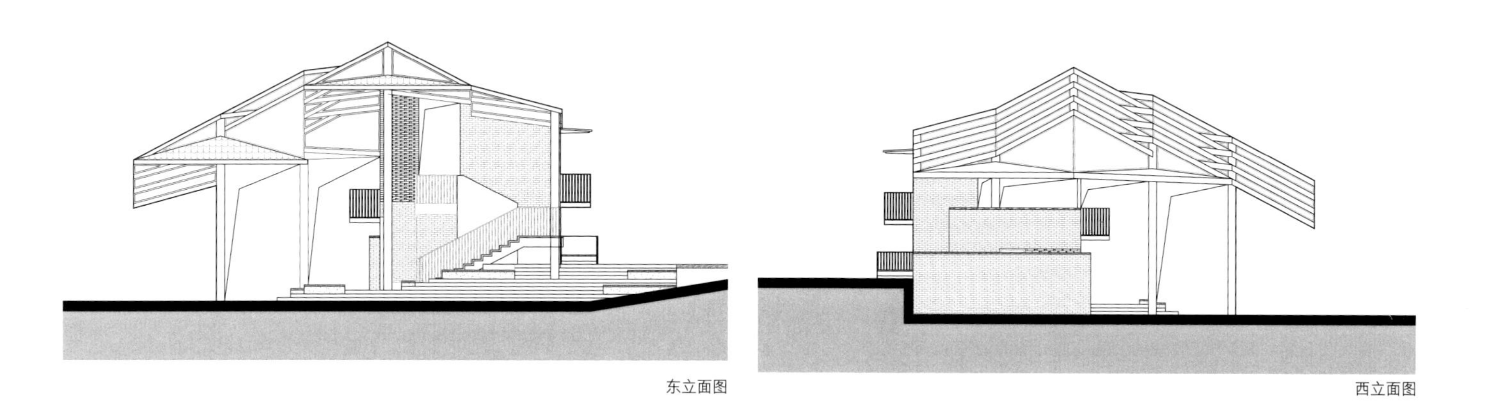

东立面图

西立面图

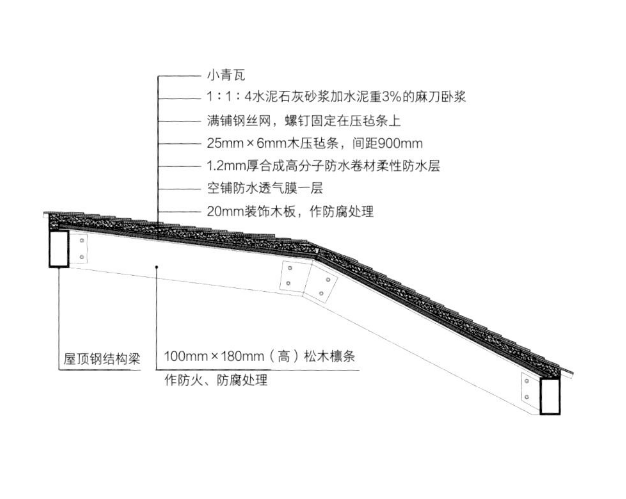

小青瓦
1：1：4水泥石灰砂浆加水泥重3%的麻刀卧浆
满铺钢丝网，螺钉固定在压毡条上
25mm×6mm木压毡条，间距900mm
1.2mm厚合成高分子防水卷材柔性防水层
空铺防水透气膜一层
20mm装饰木板，作防腐处理
屋顶钢结构梁
100mm×180mm（高）松木檩条
作防火、防腐处理

模块瓦面剖面图

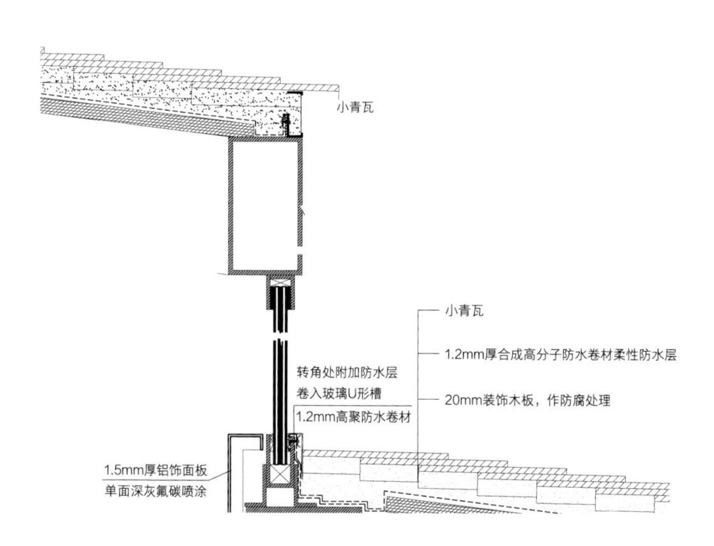

小青瓦
小青瓦
1.2mm厚合成高分子防水卷材柔性防水层
转角处附加防水层
卷入玻璃U形槽
20mm装饰木板，作防腐处理
1.2mm高聚防水卷材
1.5mm厚铝饰面板
单面深灰氟碳喷涂

节点详图

徐汇滨江公共开放空间C建筑（水岸汇）

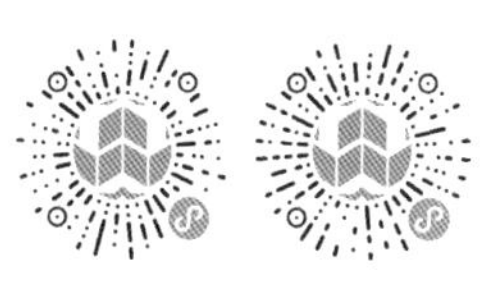

扫码阅读更多视频、图片内容

开发单位：上海西岸开发（集团）有限公司
设计单位：梓耘斋建筑 TM Stuido
项目地点：上海市徐汇区龙腾大道 2900 号
设计 / 建成时间：2020 年 / 2020 年

项目负责人：童明
主要设计人员：童明，黄潇颖，任广，杨柳新，谢超

主要经济技术指标
用地面积：1494m^2
建筑面积：332m^2

项目位于上海徐汇区龙腾大道 2900 号，是徐汇滨江公共开放空间提升及“水岸汇”公共服务的一环，以“如何柔化场地现有的硬性阻隔使其更好地贴合市民的日常生活场景”为设计介入的首要目标与指导思想，意在为徐汇滨江再添一处充满日常生活气息的公共场所。

项目在保持防汛标高的前提下，破除了场地东侧局部的封闭围栏，并对场地进行了整体抬高，以串联不同高差上的临江步道和场地流线，解决原有单一出入口的可达性问题。建筑两侧原有的狭窄通道也被调整合并为东侧面向江面的敞廊，继而对既有空间实现再分配设计，让室内外之间的半开放过渡空间更为高效，并适应市民的日常公共生活方式。项目还最大程度地利用了既有建筑的结构与外侧骨架，结合徐汇滨江现有的城市风貌，以一种抽象的、去符号化的手法更换了建筑的外表皮，使项目更具辨识度，以吸引周边的来访者，并赋予场地以久违的空间活力。

面江敞廊内的取景框

面江敞廊、活动挡板与公共桌凳

面江敞廊与立面表皮

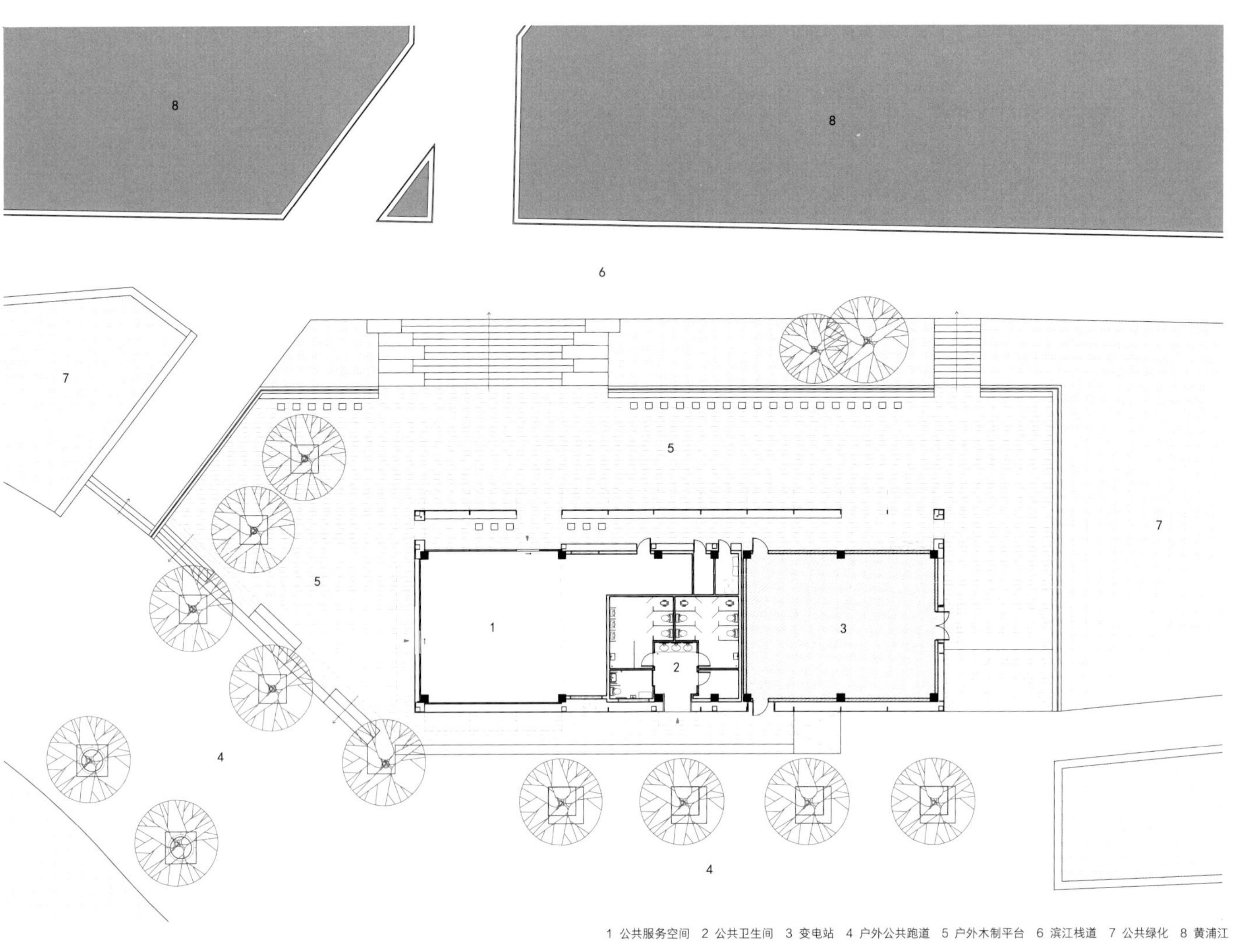

1 公共服务空间 2 公共卫生间 3 变电站 4 户外公共跑道 5 户外木制平台 6 滨江栈道 7 公共绿化 8 黄浦江

基地平面图

1 公共服务空间 2 面江敞廊 3 后勤空间 4 通道平台 5 公共卫生间前厅 6 女卫生间 7 男卫生间 8 无障碍卫生间 9 管理室 10 变电站

项目平面图

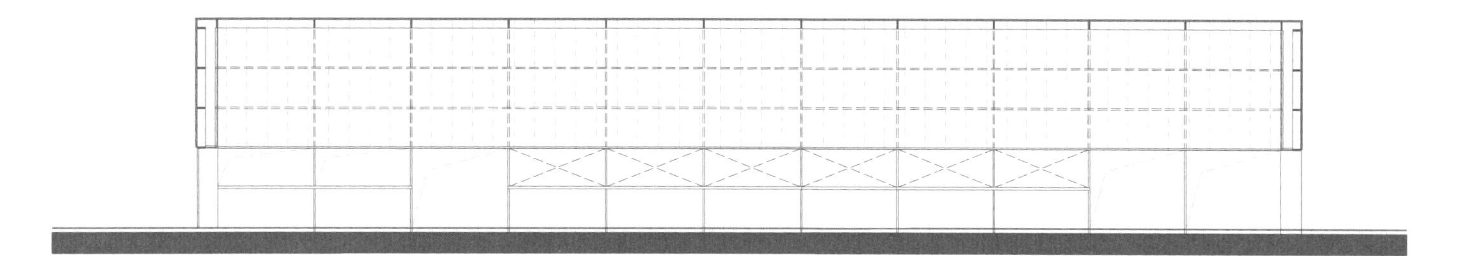

1-1剖面图

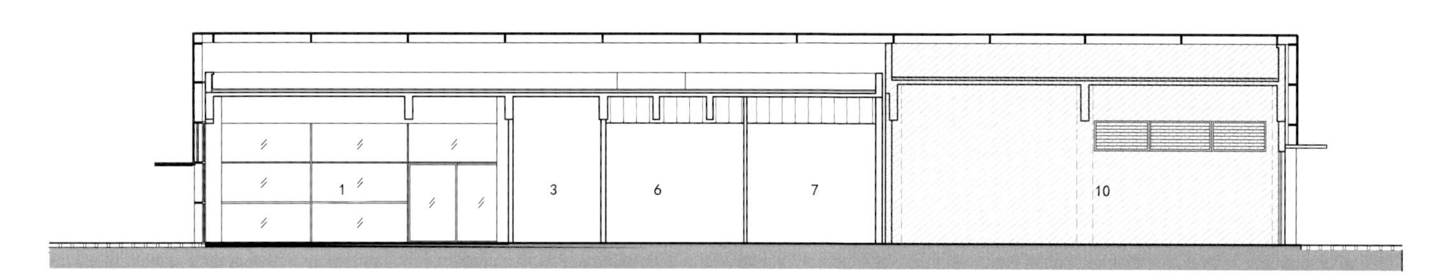
1
3
6
7
10

1 公共服务空间 3 后勤空间 6 女卫生间 7 男卫生间 10 变电站

2-2剖面图

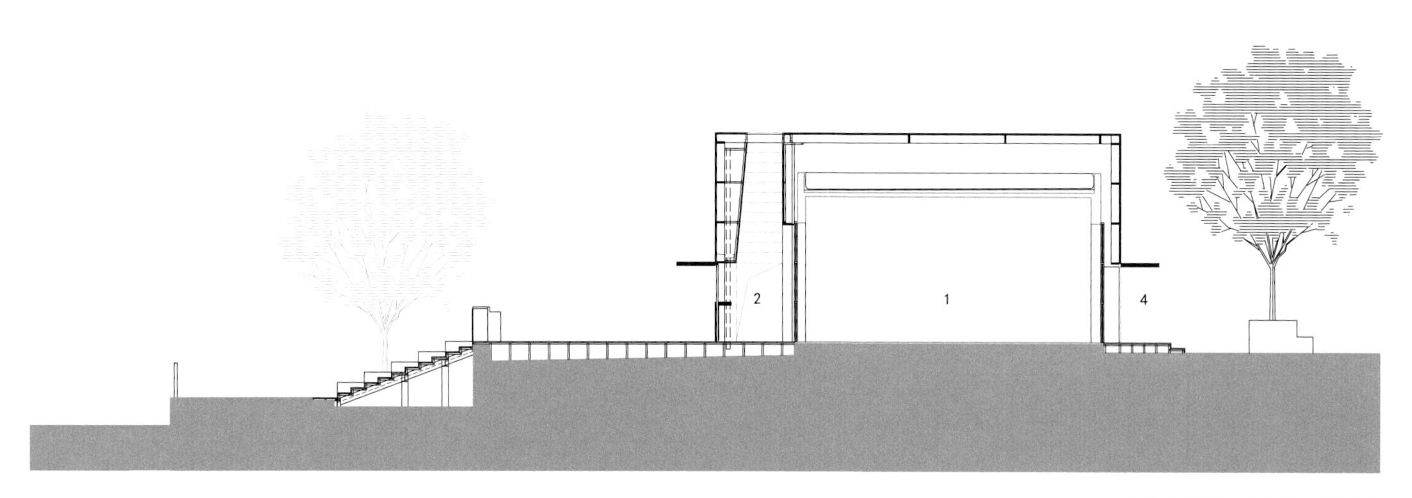
2
1
4

1 公共服务空间 2 面江敞廊 4 通道平台

3-3剖面图

浙水村自然书屋

扫码阅读更多内容

开发单位：山西省陵川县六泉乡浙水村委会
设计单位：罗宇杰（北京）建筑设计有限公司
项目地点：山西省陵川县六泉乡浙水村
设计 / 建成时间：2019 年 / 2020 年

项目负责人：罗宇杰
主要设计人员：罗宇杰，黄尚万

获奖情况
2021 年 德国 DtEA 设计教育奖（DESIGN THAT EDUCATES AWARDS）建筑类别最终大奖

主要经济技术指标
建筑面积：154m^2

浙水村位于山西太行山腹地，这里山岩林立，村庄和地形紧密结合，很多房屋都是依山傍石而建。浙水自然书屋借鉴了当地这一传统建造状态，将建筑嵌生于山岩上，书架既是结构柱网体系，也是盛放书籍的搁架，同时还设有可以坐靠的区域。所有的基础都是轻型基础，对土地最少程度地自然破坏。因为考虑到尽可能地节省材料，所有的木料都采用非常薄的料，柱子是 4cm 厚的木板，梁是 2.5cm 厚的木板，每一个结构部件彼此经过连接才能形成稳定的结构体系，柱梁之间的空隙填充上玻璃砖，既是内外的分隔，也是支撑受力体。屋顶两层板材，一层横向铺设，另一层纵向铺设，所有的部件整体通过合力达到一个结构的完整体，它们既是结构，也是围护、采光窗。

实景1

实景2

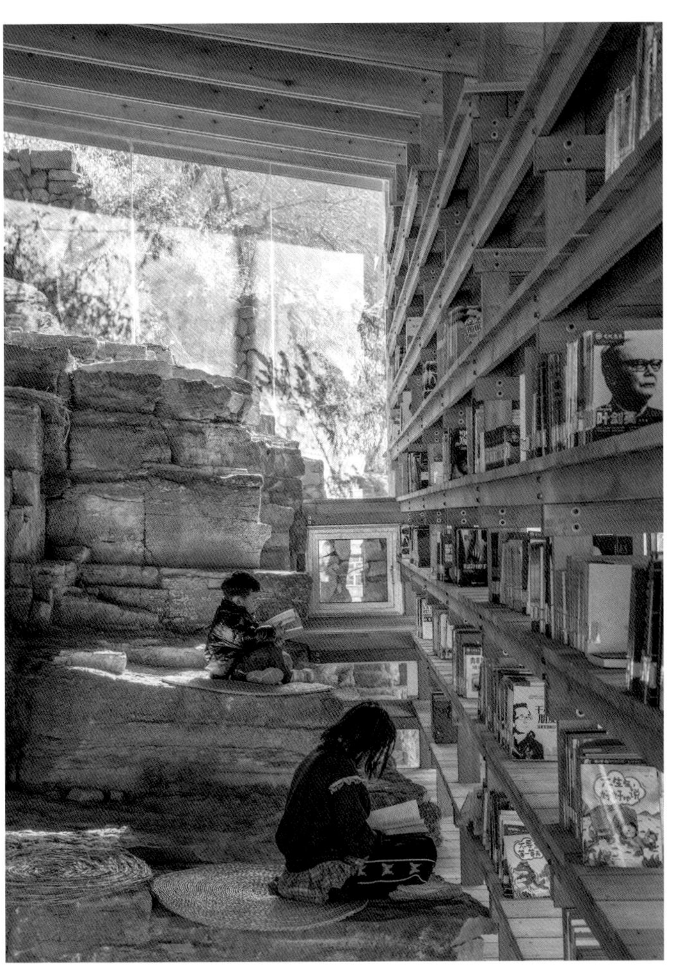

实景3

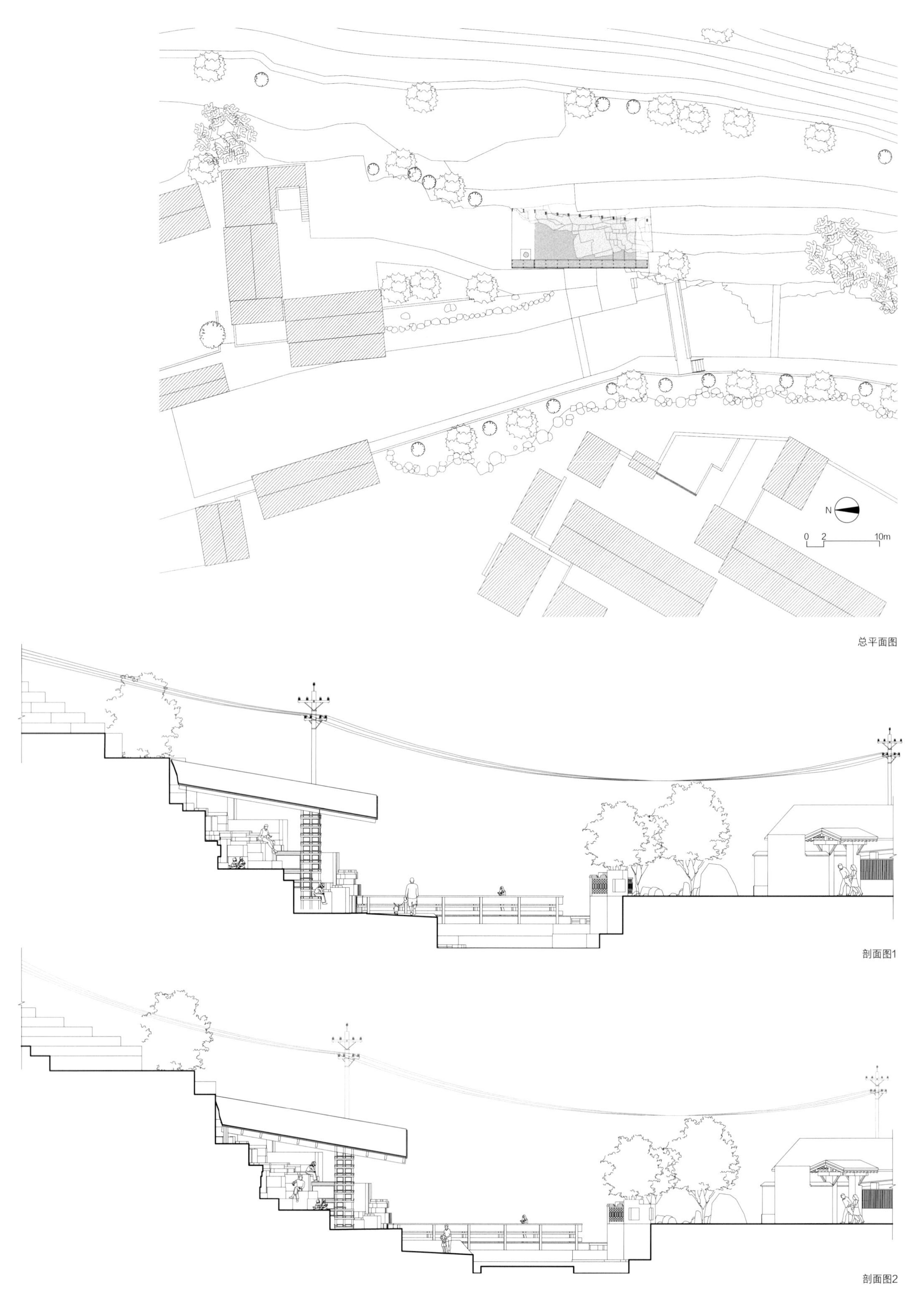
N
0
2
10m

总平面图

剖面图1

剖面图2

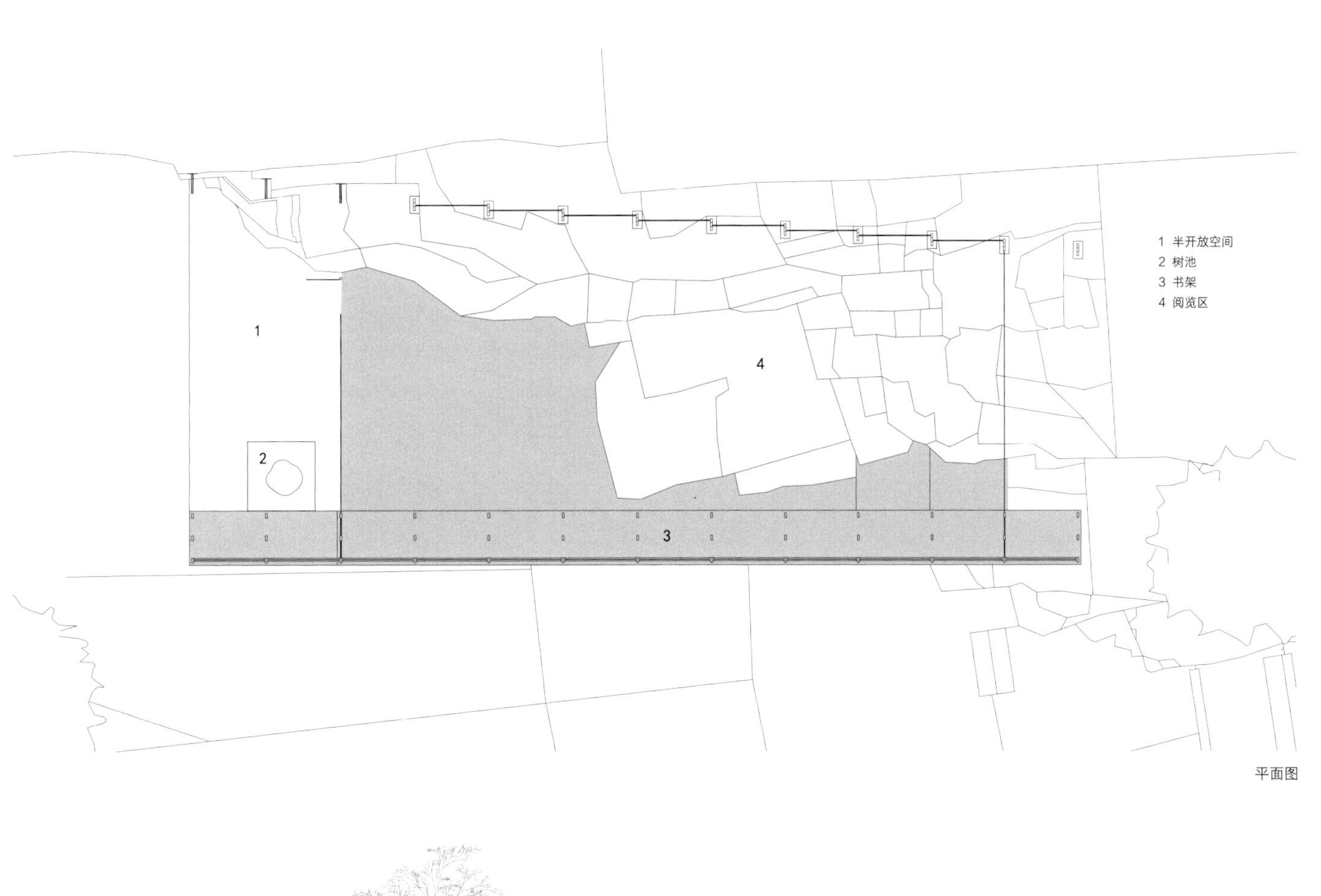
1 半开放空间
2 树池
3 书架
4 阅览区
1
2
3
4
平面图

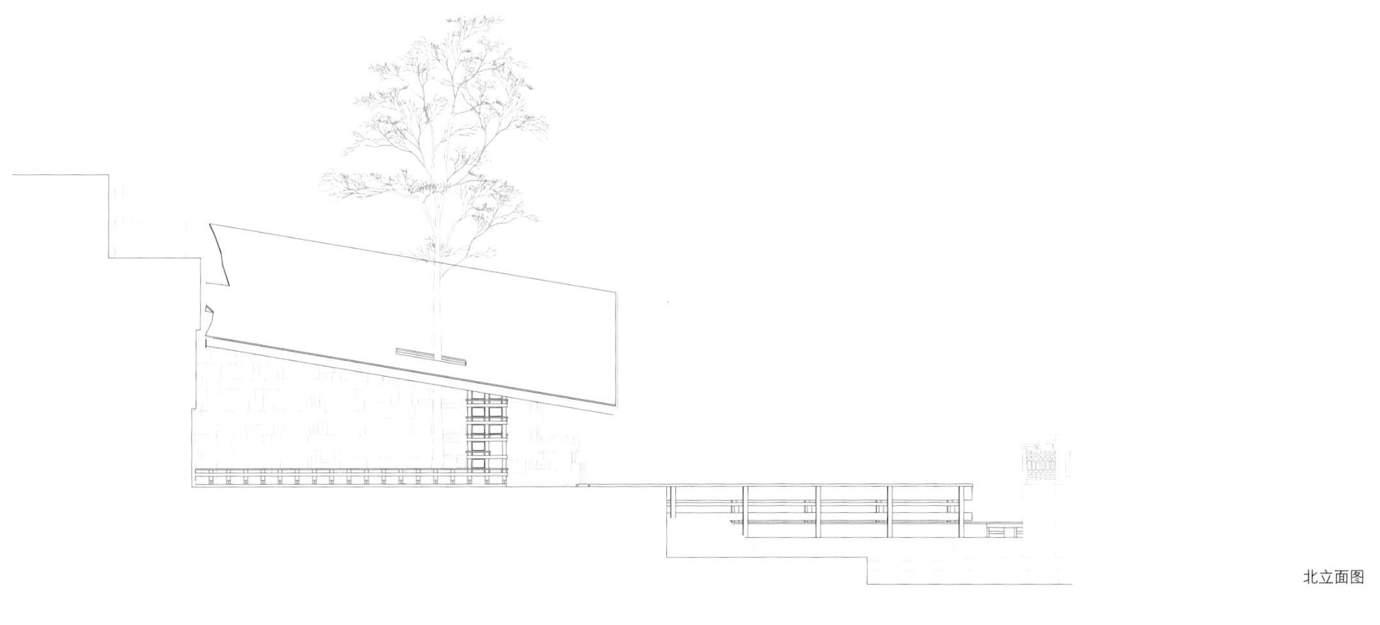
北立面图

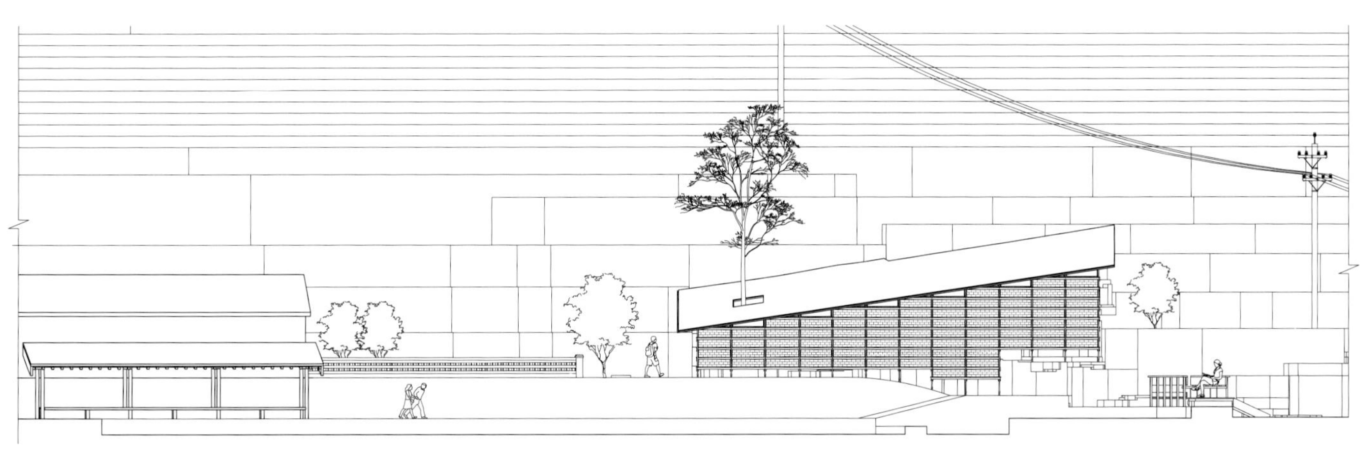
西立面图

边园 / 杨树浦六厂滨江公共空间更新

扫码阅读更多视频、图片内容

开发单位：上海杨浦滨江投资开发有限公司
设计单位：大舍建筑设计事务所
项目地点：上海市杨浦区杨树浦路 2524 号
设计 / 建成时间：2018 年 / 2019 年

项目负责人：柳亦春，沈雯，陈晓艺
规划设计：上海致正建筑设计有限公司 Atelier Z /
刘宇扬建筑设计顾问（上海）有限公司 /
大舍建筑设计事务所
项目协调团队：张斌，王惟捷，王佳绮，郭怡妦
合作设计：和作结构建筑研究所

主要经济技术指标
用地面积：5450m²　　建筑面积：268m²

这片场地原本是为运送生产煤气的原料而设的煤炭卸载码头。沿着长长的混凝土墙体，草籽落入覆盖着煤块和尘土的缝隙，长成参天大树，与墙体合而为一。边园以这坚实的墙体作为基座继续建造，将跨越防汛墙和码头缝隙，穿越荒野的树的坡道连桥，一个腾空的长廊，一处可以闲坐的亭，都附着在墙上。墙内落地的檐廊对着有荒废感的花园，墙外挑空的高廊看江，失去卸煤功能的空旷码头被打磨成光滑的旱冰场。

地面、墙体与介入的结构物一同形成新的整体，超越单纯的景观性，褪去工业时代上海的一处能量供给源的身份，仍然试着以一个微小的局部去描述今天的上海。也因新的整体与公共活动的产生，让黄浦江从工业运输航道回归了上海人的日常生活。

实景1

实景2

实景3

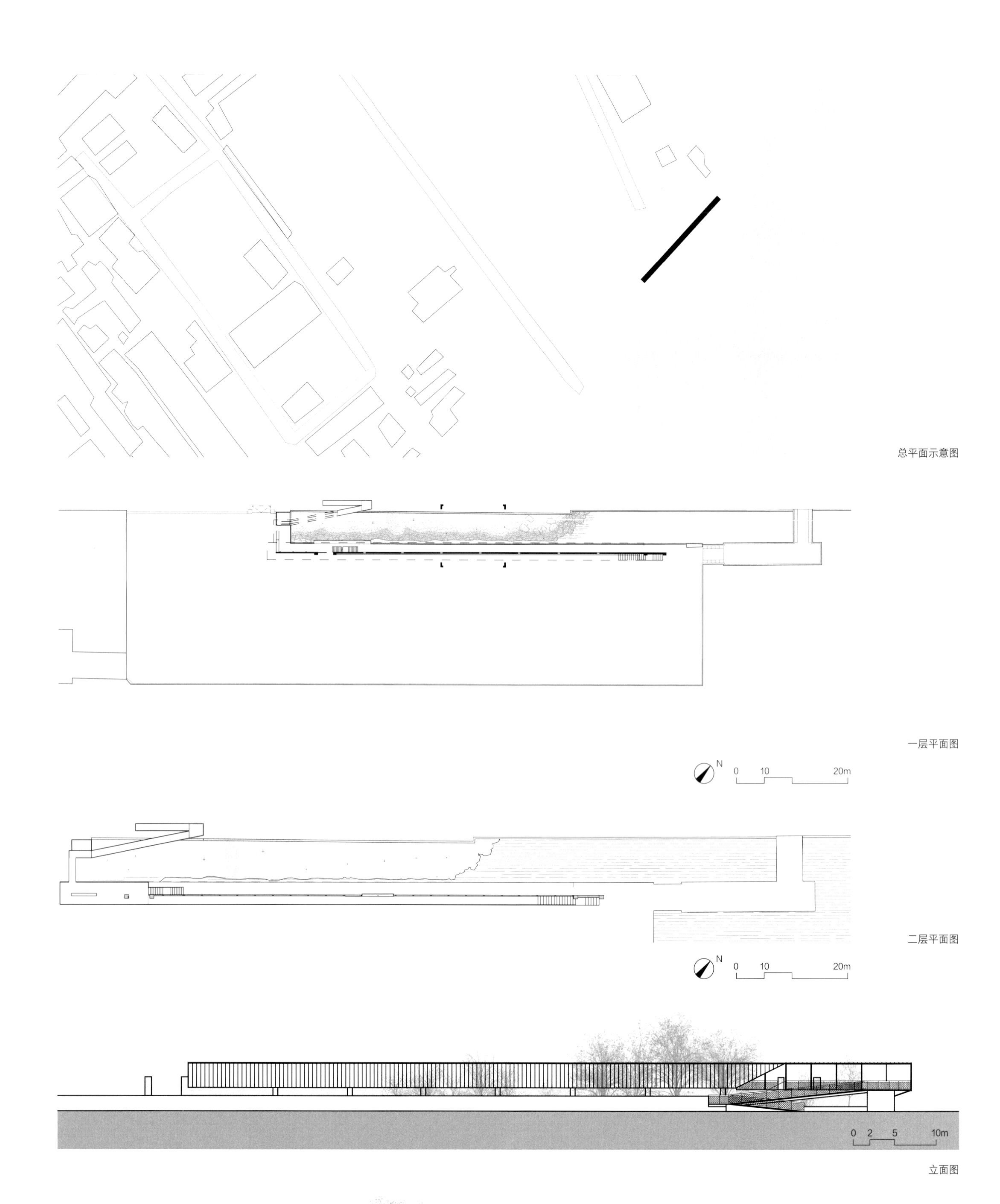
N
0 10 20m
N
0 10 20m
0 2 5 10m
0 2 5 10m

总平面示意图

一层平面图

二层平面图

立面图

立面图

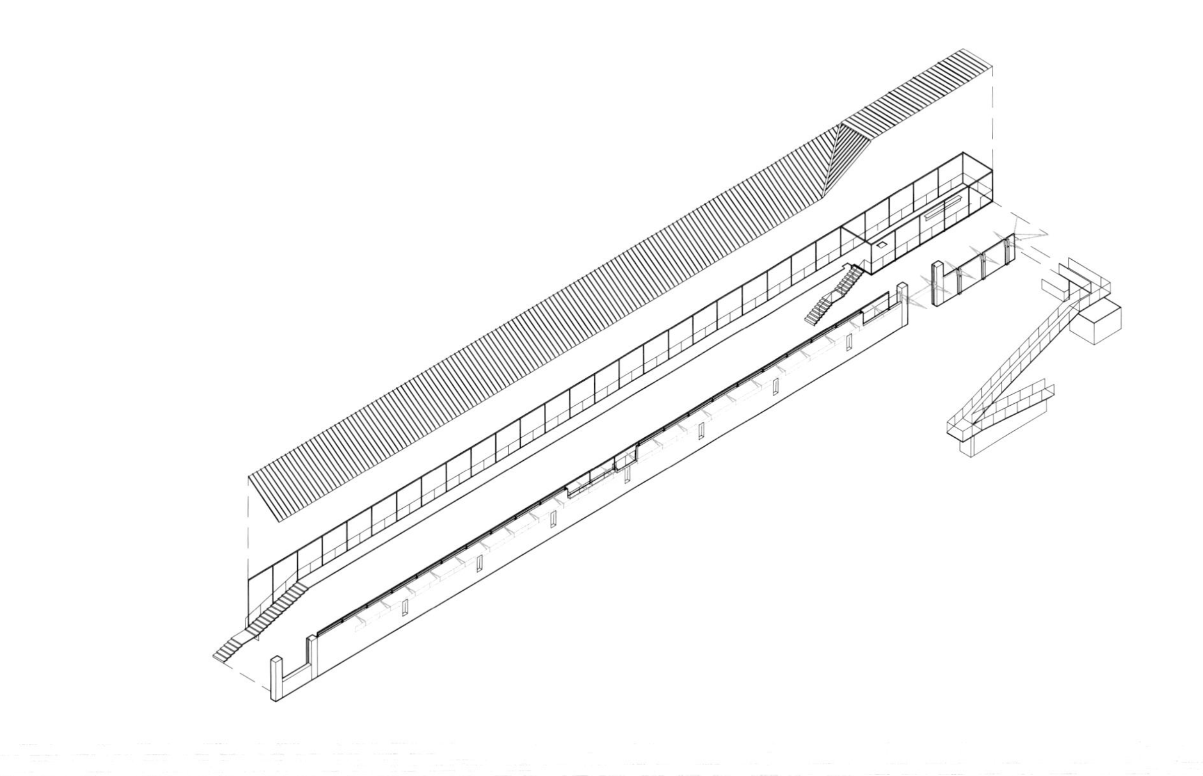

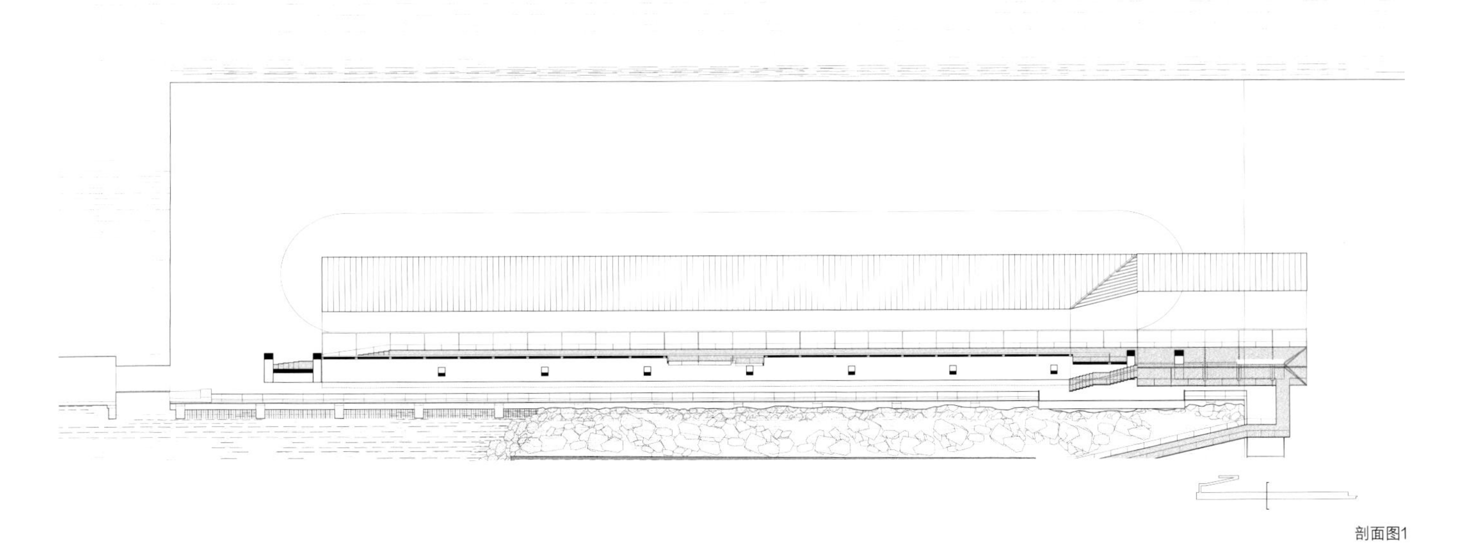

剖面图1

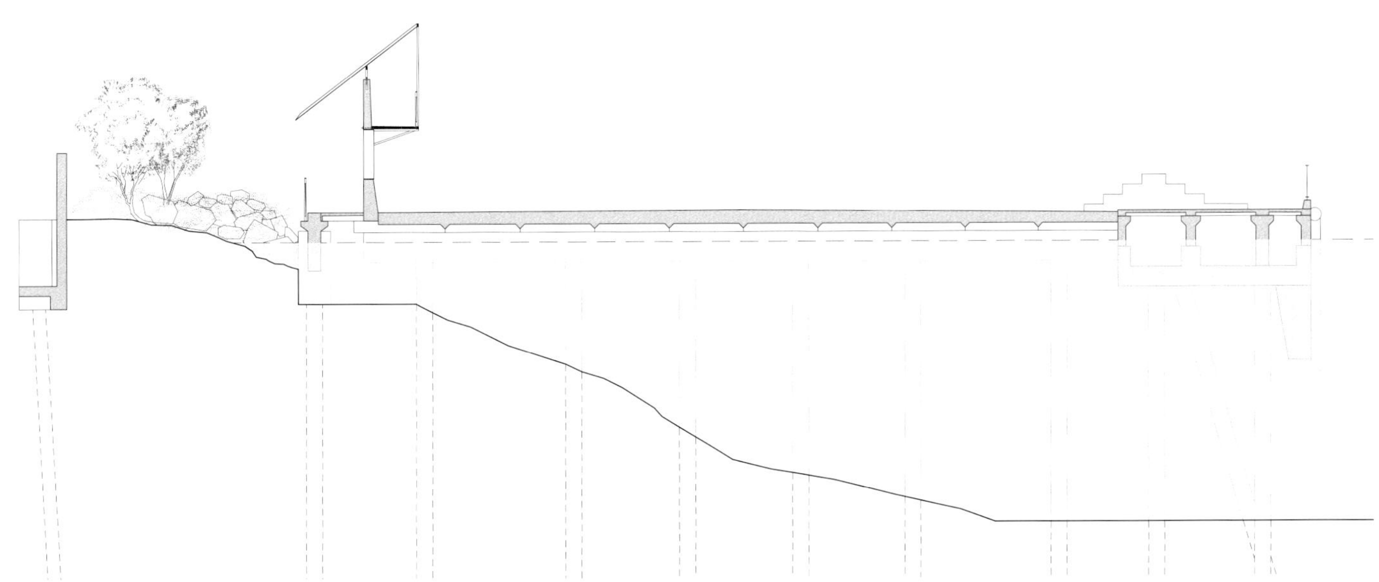

剖面图2

九峰村乡村客厅

扫码阅读更多内容

开发单位：福州市晋安金融投资有限公司
设计单位：中国建筑设计研究院有限公司 乡土创作中心
项目地点：福建省福州市晋安区寿山乡
设计 / 建成时间：2018 年 / 2019 年

项目负责人：郭海鞍
总指导：崔愷
主要设计人员：向刚，刘海静，范思哲，何蓉，刘慧君，孟杰

获奖情况
2019~2020 年度 中国建筑学会建筑设计奖 乡村建筑二等奖

主要经济技术指标
用地面积：1200m^2　　建筑面积：756m^2
容积率：0.63　　建筑密度：39.7%
绿地率：45%

本项目是九峰村乡村客厅，位于福州的“后花园”北峰之上，四面环山，中有溪流，环境优美，风景如画。很多福州人在周末来此嬉戏驻留，观山望水，置身于大自然的怀抱。村中有很多老房子，但是这些房子大多不受村民的喜爱，其中有一处老宅，主人有三个儿子，纷纷成家，在老宅边上盖起了小洋楼，老宅已经越来越荒废。于是，经过沟通和协商，设计团队利用这间已经多处变形的老宅子为九峰村建设一座乡村客厅。

为了让更多的村民认识到老宅的价值和魅力，设计团队对原有老屋采取了保留和加固的态度，只是在宅子后面接续了现代舒适的卫生间。对于破损的砖柱，采取了“偷梁换柱”的方法，先支住屋架，然后拆掉旧的柱子，重新砌筑新的柱子。对于弯曲的木梁和地板，采取了加大密度的方法，将木梁增加了一倍，进行调直和加固处理。老墙基本不改变，保持了福州民居特有的开敞模式。整个改造的核心目的在于创造一个大体量的“会客厅”，能够接待来客、开会、培训或者喝茶小聚。然而原本的老宅没有这样的空间。为了不遮挡老宅，设计团队选择了在离入口最远的两间前面设计了一个大空间，为了降低造价同时施工简便，竹结构成了优选。

航拍

外景

屋内

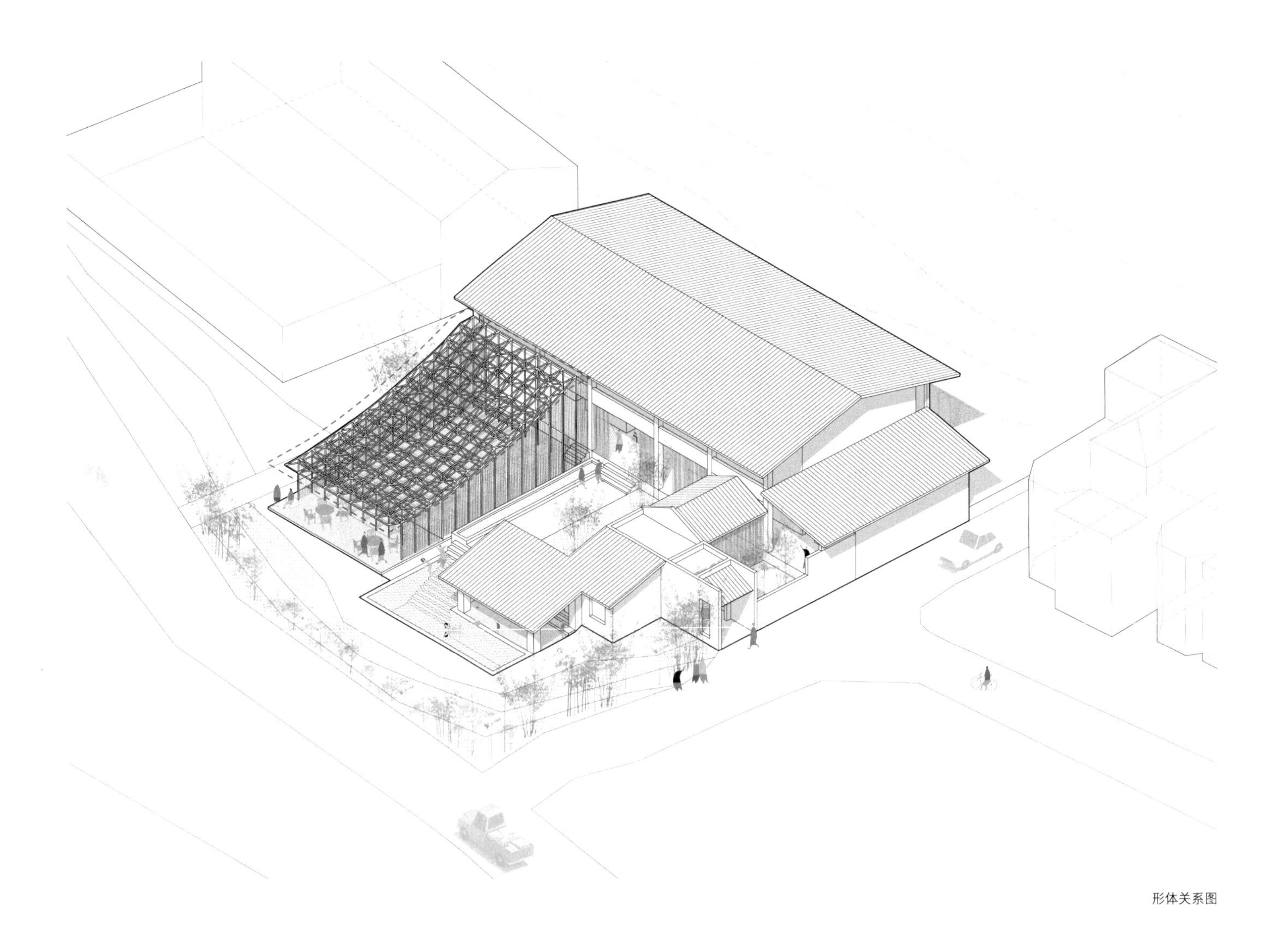

形体关系图

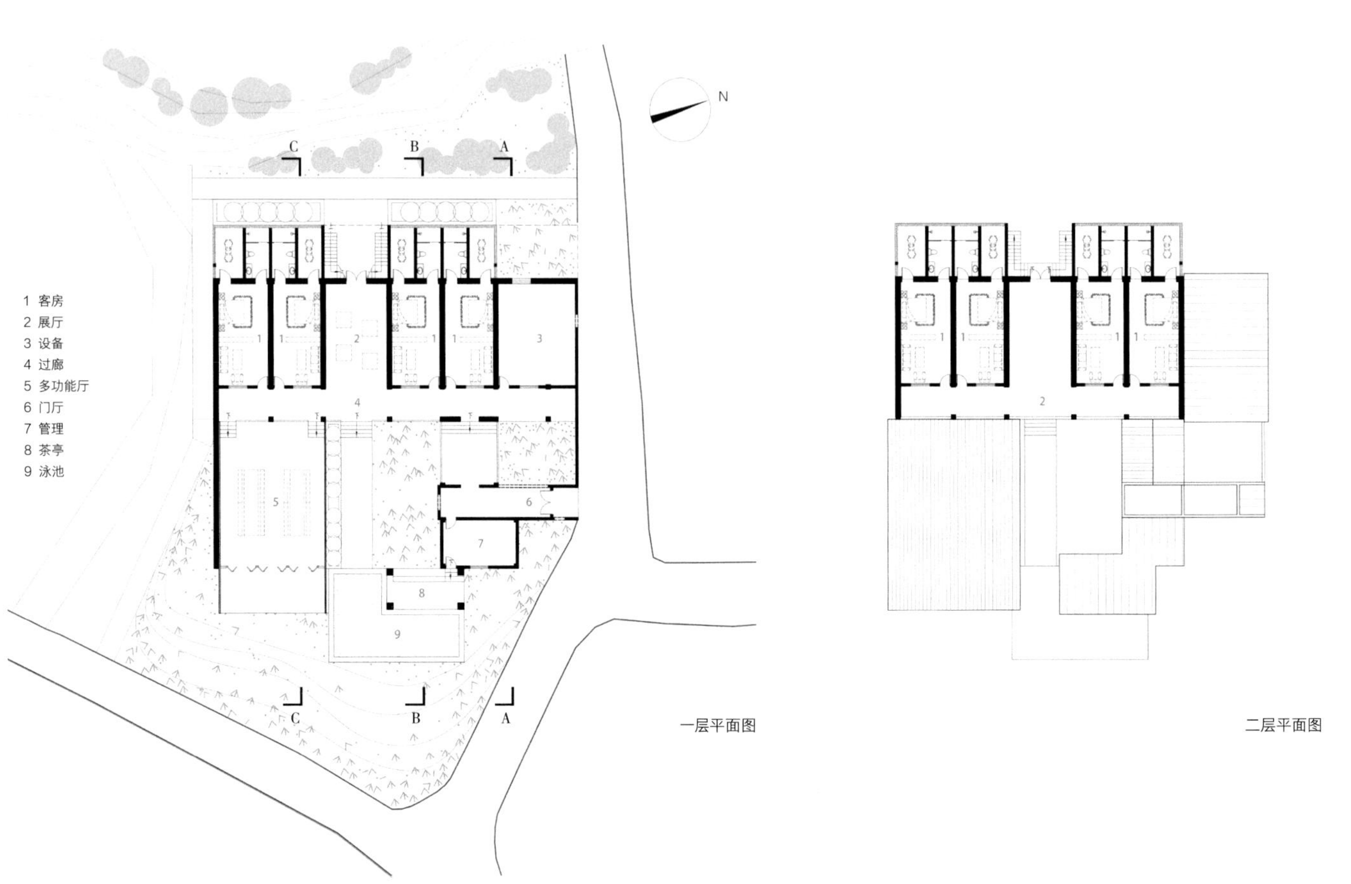

N
C
B
A
1 客房
2 展厅
3 设备
4 过廊
5 多功能厅
6 门厅
7 管理
8 茶亭
9 泳池
1
2
3
4
5
6
7
8
9
C
B
A

一层平面图

二层平面图

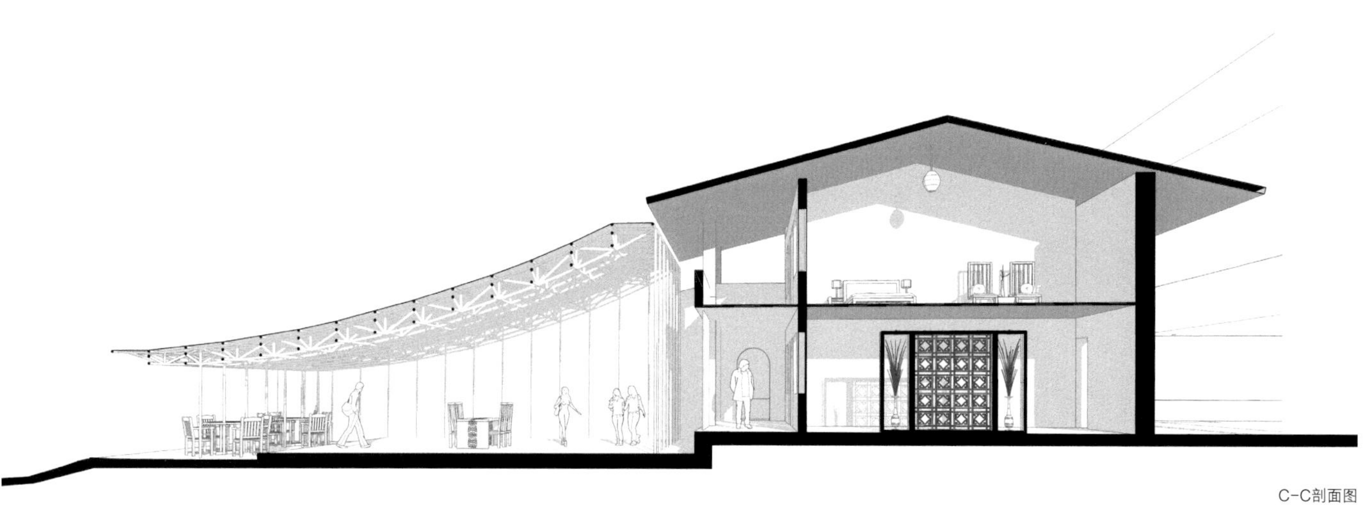

C–C剖面图

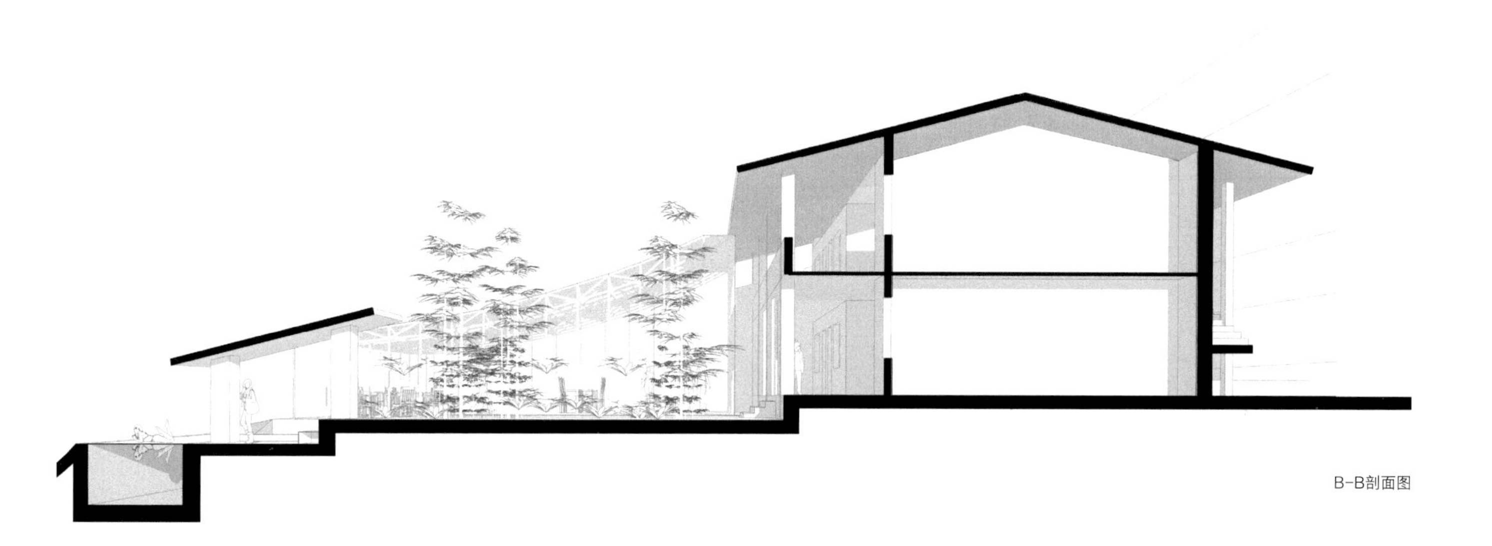

B–B剖面图

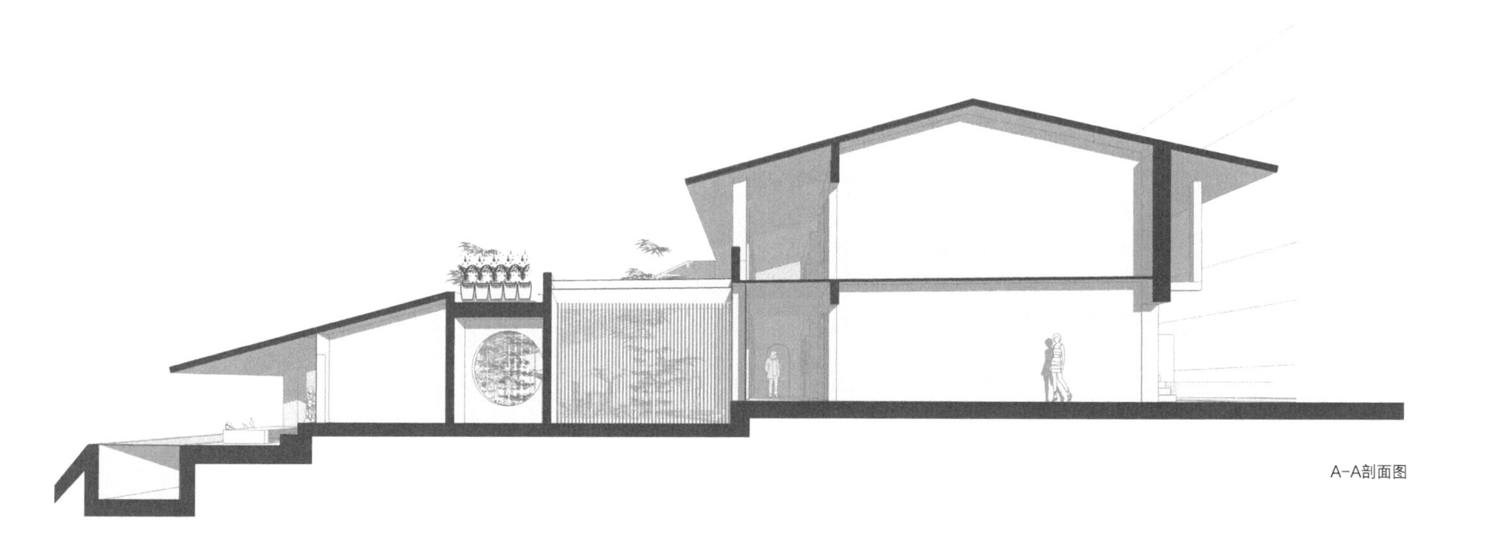

A–A剖面图

杉木觉醒 / 溧阳杨湾驿站

扫码阅读更多内容

开发单位：溧阳市城市建设发展集团 /
　　　　　溧阳市交通建设发展有限公司
设计单位：原地（北京）建筑设计有限公司
项目地点：江苏省溧阳市
设计 / 建成时间：2017 年 / 2019 年

项目负责人：李冀
项目建筑师：梅可嘉
主要设计人员：李冀，梅可嘉，王静，廉辉，王昕俞，王树毓，李俊林
工程设计配合：中筑天和建筑设计有限公司
工程设计团队：商玮玲，文岩，王东明，王强，黄娟，赵杰

业主负责人：王岚炳，赵云，钱勋杰，陈明忠
施工单位：江苏五星建设集团有限公司
施工单位负责人：史峰

这个被称为杨湾驿站的游客服务中心，由久已废弃的一片林场宿舍用地改造而成。整个建筑群落包含多组螺旋形的木屋，以及一间顶部直线造型的小礼堂，为游客提供不同尺度的休憩、餐饮、交流聚会、庆典活动及辅助服务功能。

几年前建筑师初次从城里辗转到达现场时，林场院里人去楼空，留下一堆堆工人从附近山林中采下的杉木堆放在院内空地上。

建筑师与工匠们紧密配合，希望借助当代技术，将老杉木在现场原地重组，直接在林间竖立起来，再通过特制的顶部钢圈梁组合成受力整体，树木之间的间隙嵌入玻璃和聚碳酸酯板，形成指向天空的螺旋阵列，洒下通透的光影。

一组生长于森林中的建筑，它们本身就是一座座重生的内在森林。

实景1

实景2

实景3

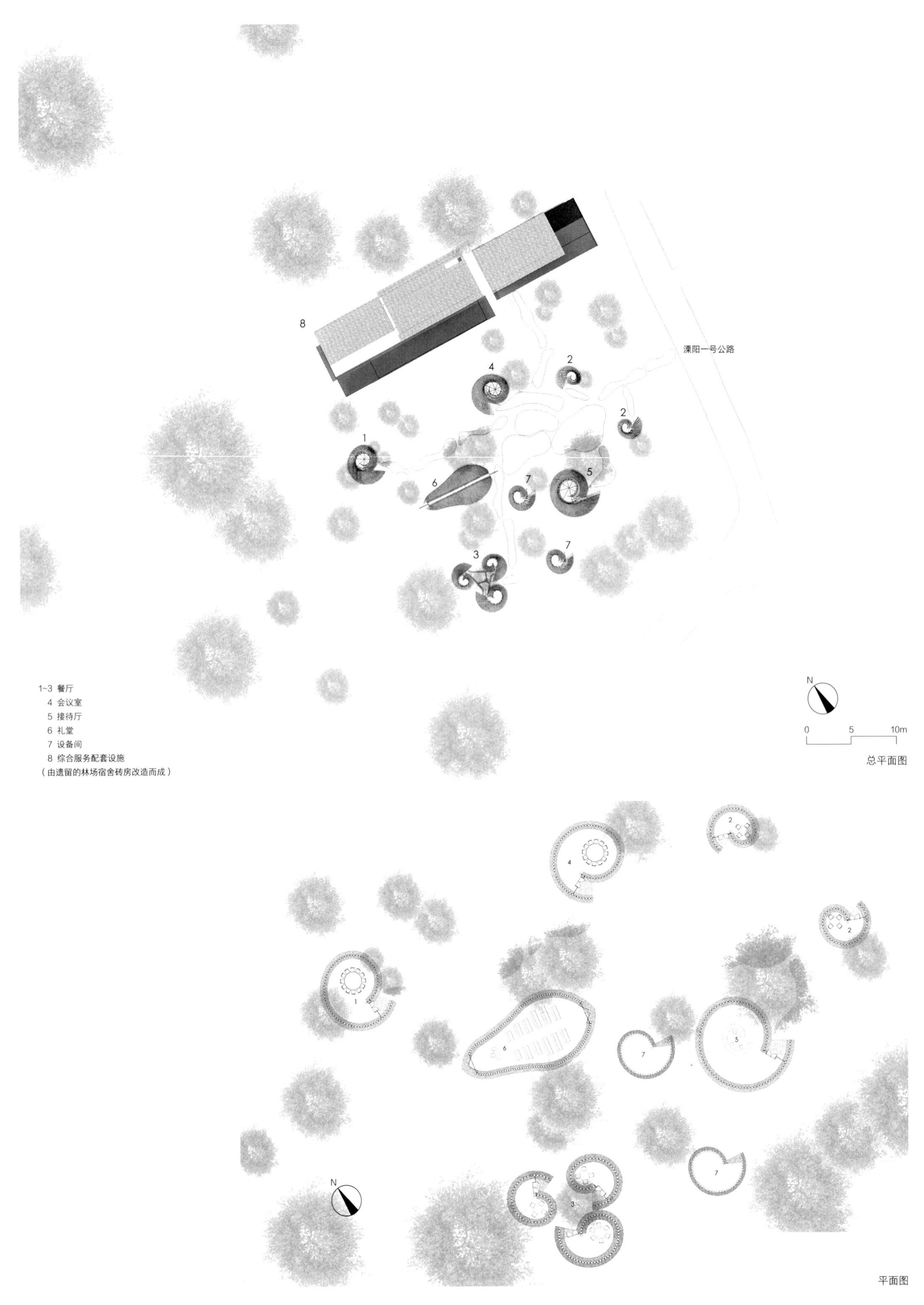
8
溧阳一号公路
1~3 餐厅
4 会议室
5 接待厅
6 礼堂
7 设备间
8 综合服务配套设施
（由遗留的林场宿舍砖房改造而成）
N
0
5
10m

总平面图

平面图

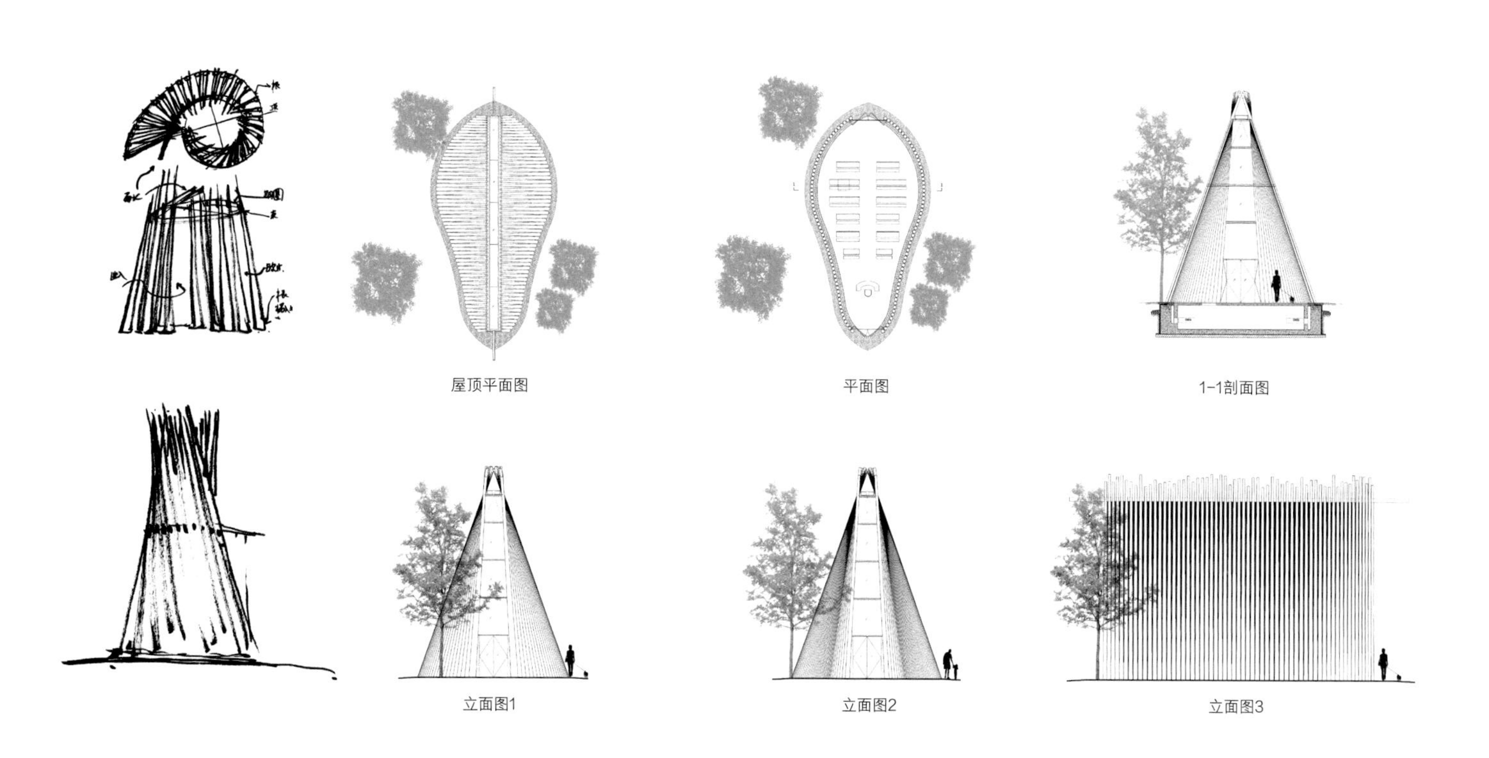
屋顶平面图
平面图
1-1剖面图
立面图1
立面图2
立面图3

立面图

先锋厦地水田书店

扫码阅读更多内容

开发单位：先锋书店
设计单位：迹・建筑事务所（TAO）
项目地点：福建省屏南县厦地村
设计 / 建成时间：2019 年 / 2019 年

项目负责人：华黎
主要设计人员：华黎，栗若昕，翟冬媛，程相举

获奖情况
2020 年 Dezeen Awards 中国十大建筑

主要经济技术指标
用地面积：500m^2
建筑面积：397m^2

先锋厦地水田书店位于福建屏南厦地古村村落北侧，前身是一座荒废已久的当地民居，仅保留着三面完整的夯土老墙和残破的院墙。基于对场地历史以及村落整体景观的尊重，新建部分隐匿于老墙之内。老墙包裹了混凝土和钢结构建造的新建筑，形成当代与传统的对话。

在内部，两面折线形的混凝土墙成为新的结构主体，两层楼板由此向两翼悬挑展开，在角部与夯土墙衔接，使老墙结构稳定，边缘处则与老墙脱开让光从天窗进入内部。土墙与混凝土墙之间形成封闭内向的书店陈列空间，两面混凝土墙之间界定了内部尺度最大的空间——小剧场，成为在狭小空间之后意外发现的惊喜。最西端的悬挑体量成为从老墙的包裹中唯一的溢出部分，形成三面向外的咖啡厅空间，在此感受村落和水田风景。在建筑最中心，一根钢柱穿透混凝土结构并支撑起一个伞形屋顶，其位置和形式暗示了已消失的老宅屋顶，伞下的遮蔽空间提供了阴凉和远眺的场所。伞形屋面结构悬挑，荷载经主梁传递至唯一的钢柱，使重力汇集于房子的形心。四角的槽钢将屋顶拉住以保持其侧向稳定，雨水通过槽钢流到向内倾斜的混凝土屋面再流回中心，变成另一种形式的四水归堂。

光从顶部天窗进入，穿过折线形楼板与夯土墙之间的缝隙，在某些时刻，充分描绘夯土墙的沧桑。 混凝土以屏南本地碳化松木为模板，木纹混凝土粗野而细腻，与古老斑驳的夯土墙形成新材与旧物的对话。

书店全景

屋顶夹层平台与伞形结构

楼板与夯土墙之间的缝隙

0 10 20 50m
N
总平面图

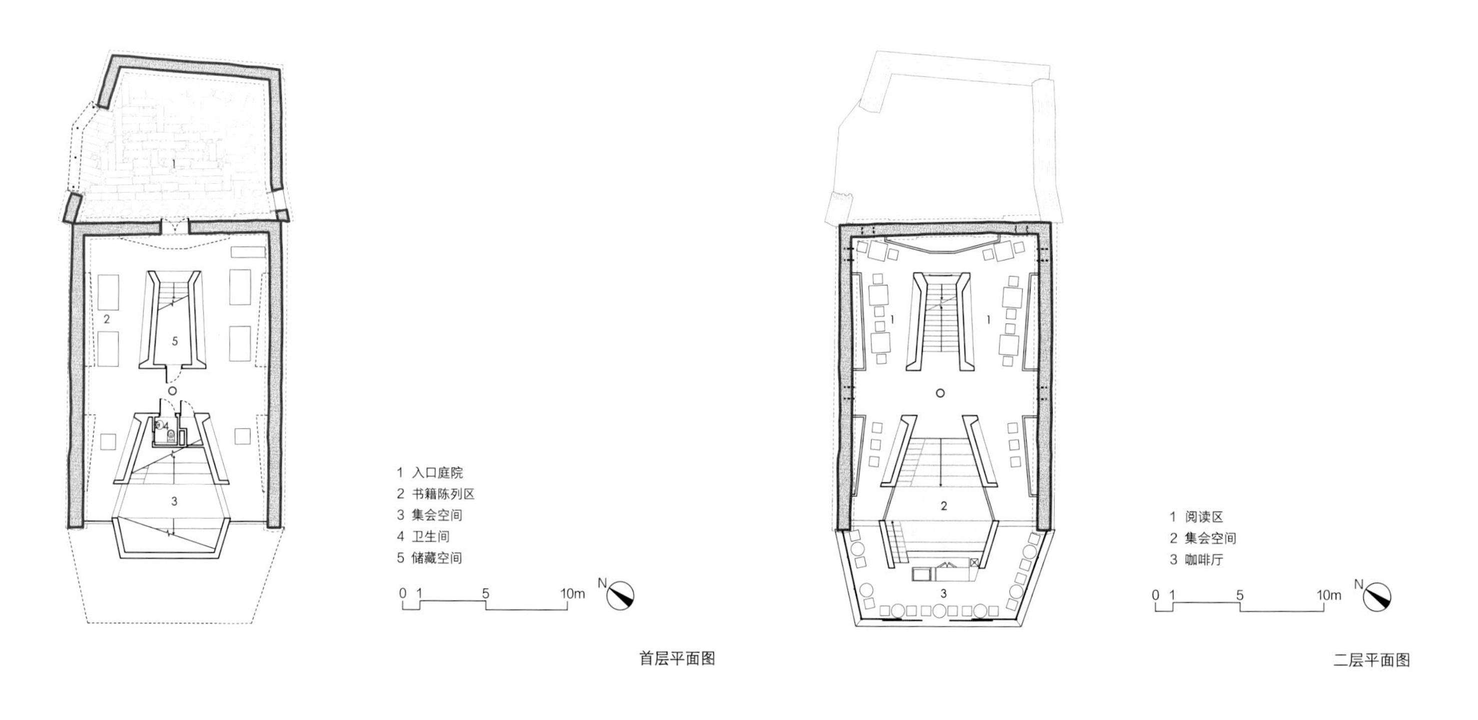
1
2
5
4
3
1 入口庭院
2 书籍陈列区
3 集会空间
4 卫生间
5 储藏空间
0 1 5 10m
N
1
1
2
3
1 阅读区
2 集会空间
3 咖啡厅
0 1 5 10m
N
首层平面图

二层平面图

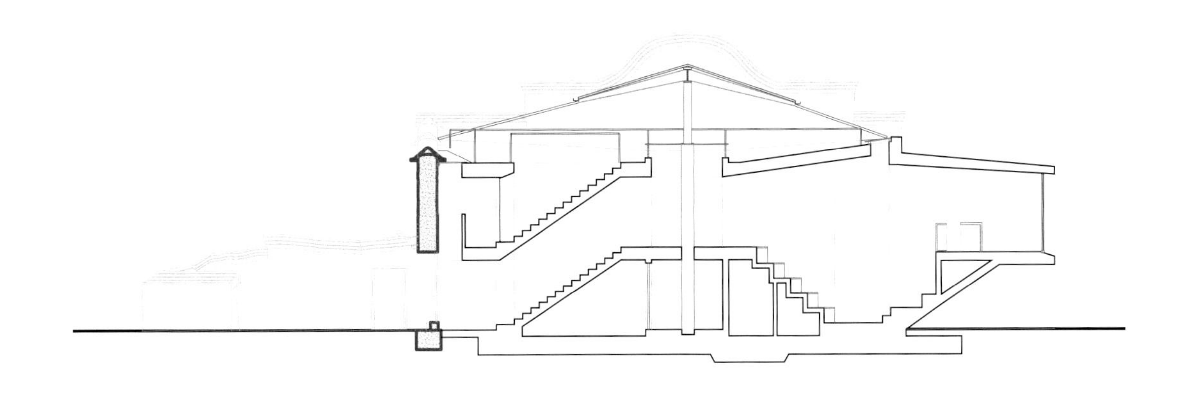

0 1 5 10m

长剖面图

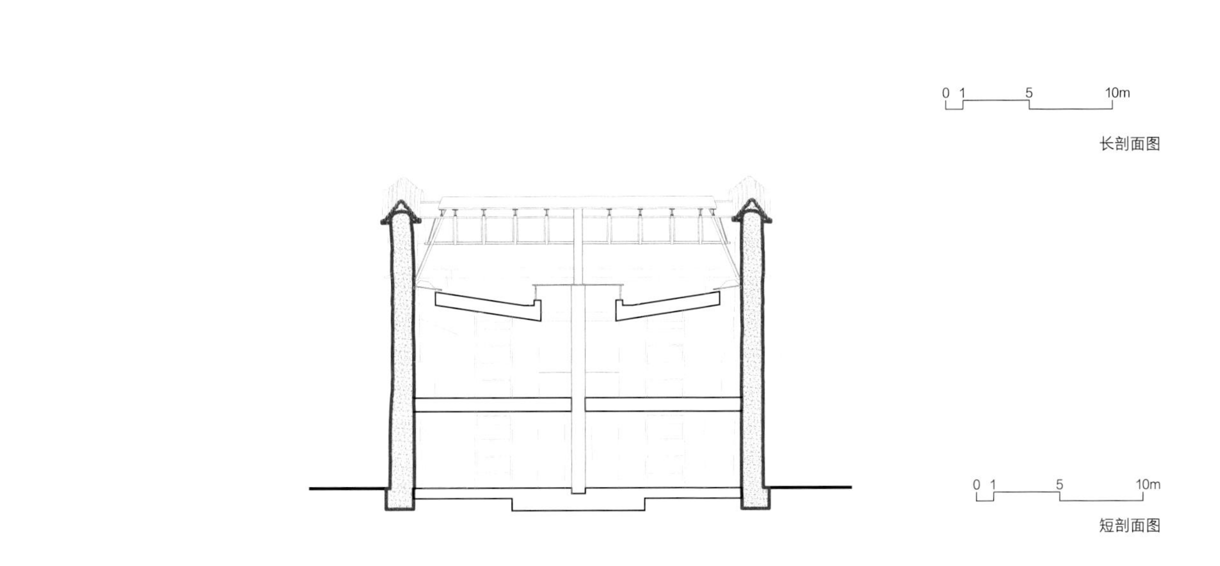

0 1 5 10m

短剖面图

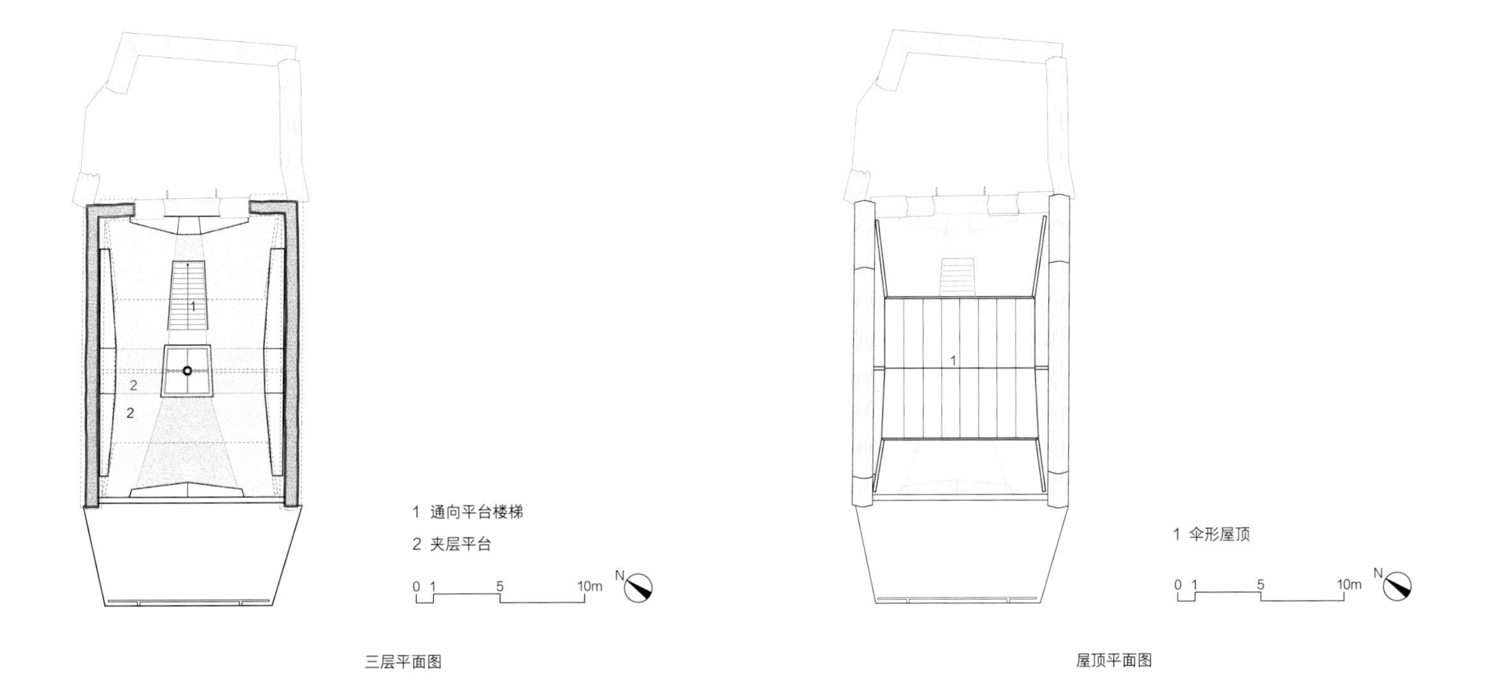

1
2
2
1 通向平台楼梯
2 夹层平台
0 1 5 10m
N
1
1 伞形屋顶
0 1 5 10m
N

三层平面图

屋顶平面图

永嘉路口袋广场

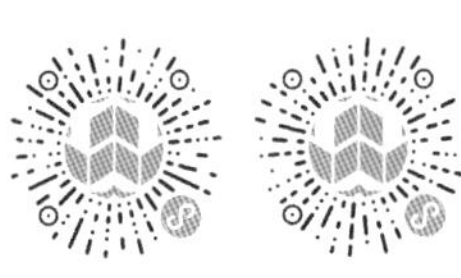
扫码阅读更多视频、图片内容

开发单位：上海市徐汇区建设和交通委员会 /
徐汇天平路街道办事处
设计单位：阿科米星建筑设计事务所
项目地点：上海市徐汇区
设计 / 建成时间：2017 年 / 2019 年

项目负责人：庄慎，任皓，唐煜，朱捷
主要设计人员：李立德，丁心慧，尹济东，陈弘邦，
卢穗娟（实习），邱鑫（实习）

获奖情况
2021 年 亚洲建筑师协会建筑奖社会与文化建筑类金奖
2021 年 亚洲建筑师协会建筑奖社会责任奖特别奖
2021 年 THE PLAN AWARD 公共建筑类金奖

主要经济技术指标
用地面积：773m^2 建筑面积：155m^2
容积率：0.2

口袋广场基地位于永嘉路中段，周边分布众多老住宅区，街道尺度宜人，绿树浓密，沿街多为生活配套小商业，生活氛围浓郁。借中心城区道路改造的契机，政府部门决意拆除原用地内存在消防隐患的两排旧里，将其改造为服务于周边居民的城市公共空间。拆除老建筑后的用地大致呈长方形，沿街宽约 18m，纵深约 40m，与街道几乎垂直，东、南、西三面均被住宅围合，空间呈口袋状。

设计主要引进钢木结构的开敞围廊，廊下设有座位，中间广场为旱地喷泉，塑造出宜静宜动的空间氛围和多样的空间使用可能。广场尽头的一端设有便民服务站，和市民的日常生活息息相关。

砖红色的铺地和嫩绿色的钢柱，与街道、住宅积极融合在一起，形成来往行人和居民眼中熟悉的风景。

实景1

实景2

实景3

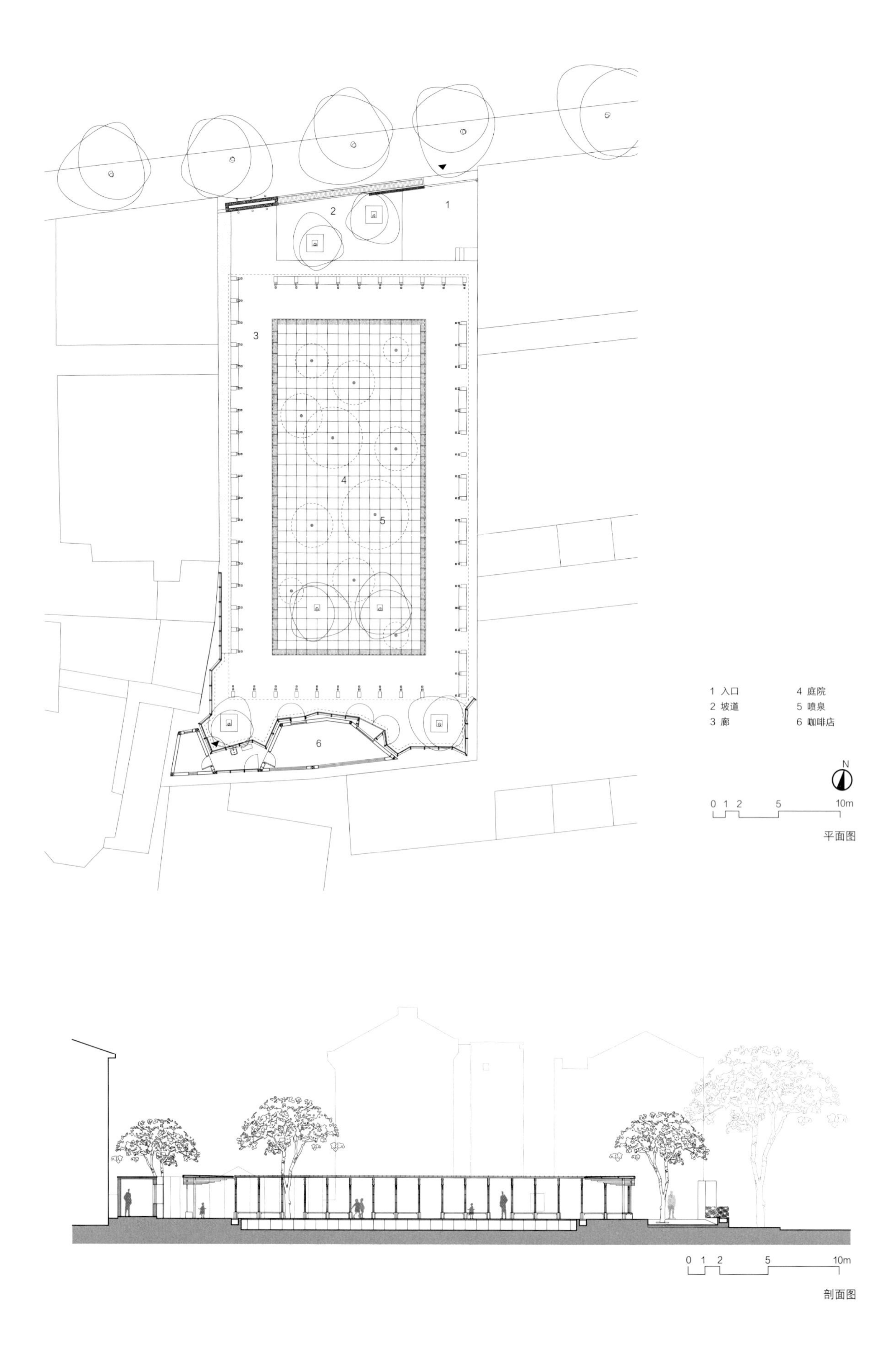
1
2
3
4
5
6
1 入口
2 坡道
3 廊
4 庭院
5 喷泉
6 咖啡店
N
0 1 2 5 10m
0 1 2 5 10m

平面图

剖面图

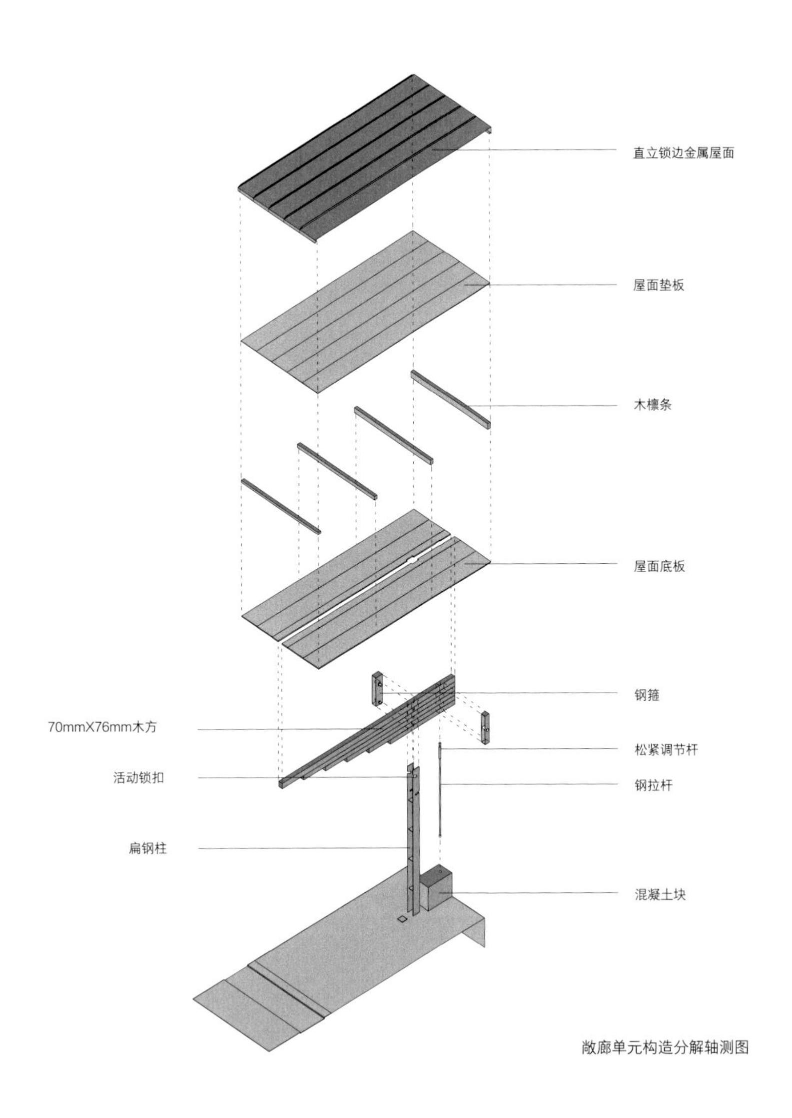
直立锁边金属屋面
屋面垫板
木檩条
屋面底板
钢箍
70mmX76mm木方
松紧调节杆
活动锁扣
钢拉杆
扁钢柱
混凝土块

敞廊单元构造分解轴测图

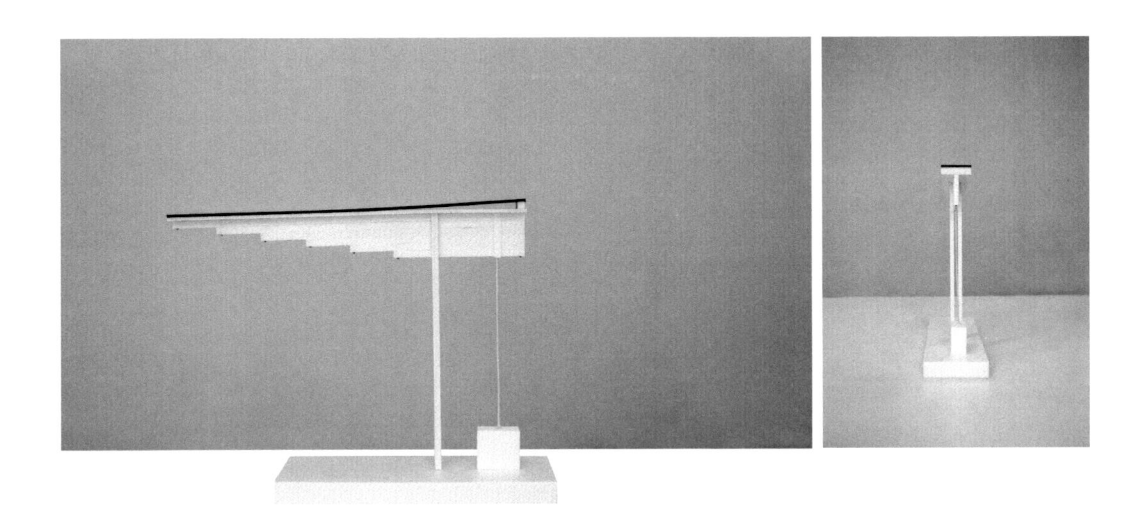

敞廊单元构造模型

云庐酒店瑜伽亭及泳池

扫码阅读更多视频、图片内容

开发单位：阳朔喜岳云庐旅游度假有限公司
设计单位：刘宇扬建筑设计顾问（上海）有限公司
项目地点：广西壮族自治区桂林市阳朔县兴坪镇杨家村
设计 / 建成时间：2017 年 / 2019 年

项目负责人：刘宇扬、王珏
主要设计人员：刘宇扬，王珏，陈薇伊，赖逸宁，管佳颖，邓文君，周晨妍

获奖情况
2020 年 WA 中国建筑奖 设计实验奖入围奖
2019 年 亚洲建筑师协会建筑奖度假建筑类金奖
2019 年 Dezeen Awards 年度最佳酒店建筑奖

主要经济技术指标
用地面积：828m^2　　建筑面积：192m^2
容积率：0.23　　建筑密度：23.2%
绿地率：31%

这是一次关乎环境、身体与心灵的建构体验。

项目位于云庐酒店所在的杨家村背后的山脚下的一个台地上。通过对场地进行最少量的平整和对周边植被及景观视野的最大保留，设计将一组近乎等比例、等面积的泳池和瑜伽亭平行并置于场地当中，形成整个酒店空间序列的制高点。

泳池占地范围同瑜伽亭相当。地势低处为无边界泳池，高处是镜面浅水池。低池深而近路，可望村、望树、望石。高池浅而近亭，可观山、观云、观星。

瑜伽亭以极简的方式向自然与经典致敬。通过一组弧线钢板墙和 A 形钢柱支撑起一片 24m×8m 的水平屋檐。一圈近 50m 周长的抗紫外线半透明的布帘替代了常规的玻璃门窗。夹于硅孔砂吸声板和抛光水磨石之中，127g/m^2 的轻质半透明布帘形成若即若离的边界空间，完整捕捉了从前村到后山的全景叙事。

实景1

实景2

实景3

1 瑜伽亭
2 淋浴间
3 储藏间
4 按摩池
5 休息区
6 泳池
7 观景石
8 竹丛
N
0 4 8 16m
总平面图

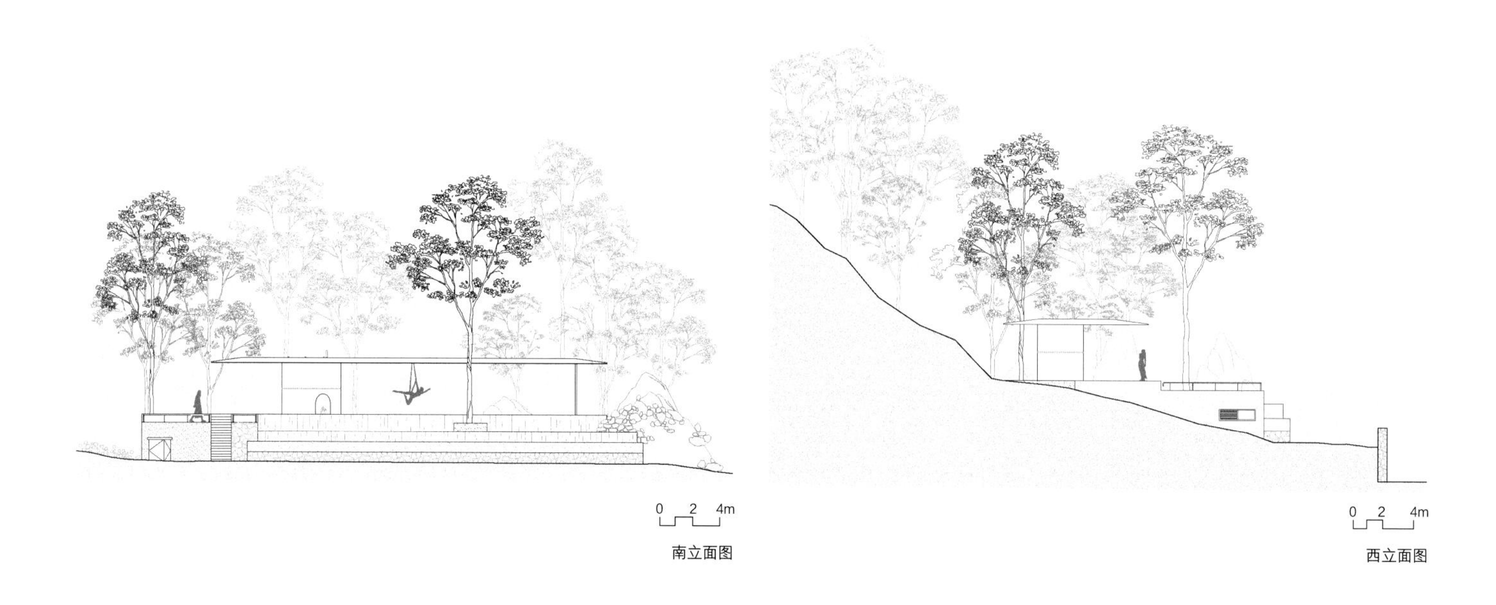
0 2 4m
0 2 4m
南立面图

西立面图

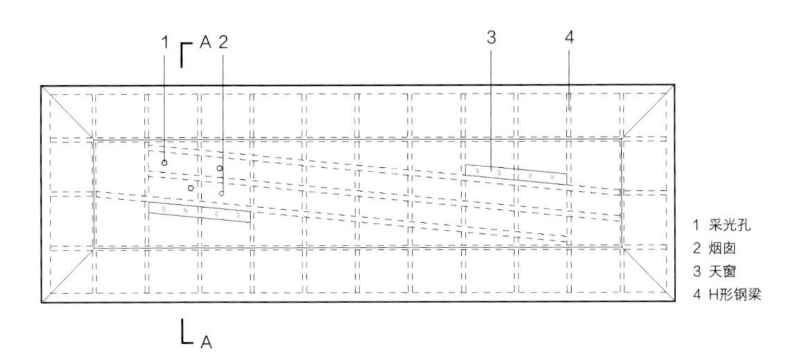
1
A 2
3
4
A

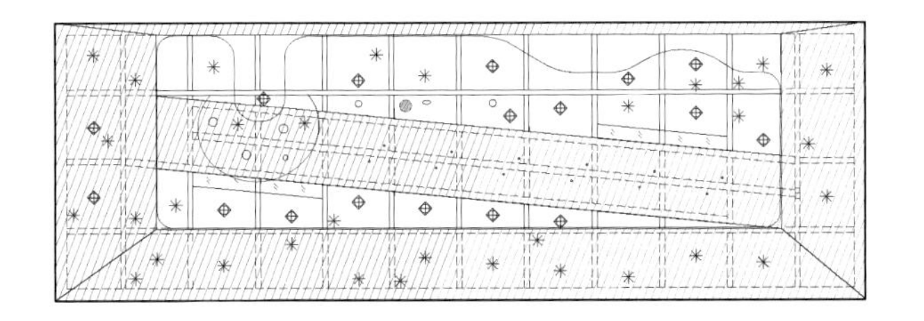

1 采光孔
2 烟囱
3 天窗
4 H形钢梁

屋顶及顶棚平面图

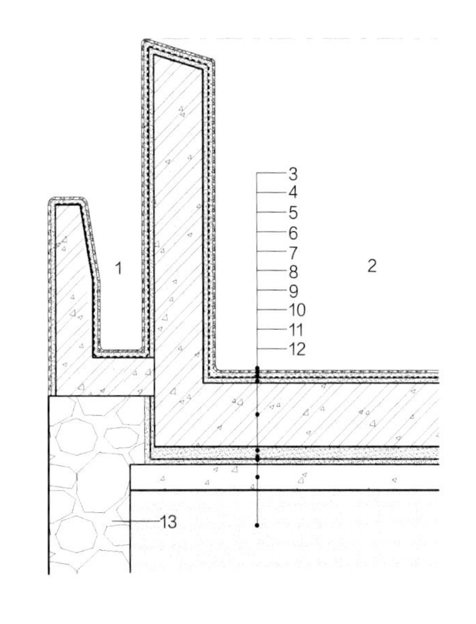
1
2
3
4
5
6
7
8
9
10
11
12
13

1 排水沟
2 泳池
3 水洗石面层
4 水泥砂浆结合层
5 防水涂层
6 水泥砂浆找平层
7 钢筋混凝土池结构
8 细石混凝土
9 水泥砂浆
10 沥青防水卷层
11 混凝土垫层
12 素土夯实
13 毛石砌筑

排水沟剖面详图

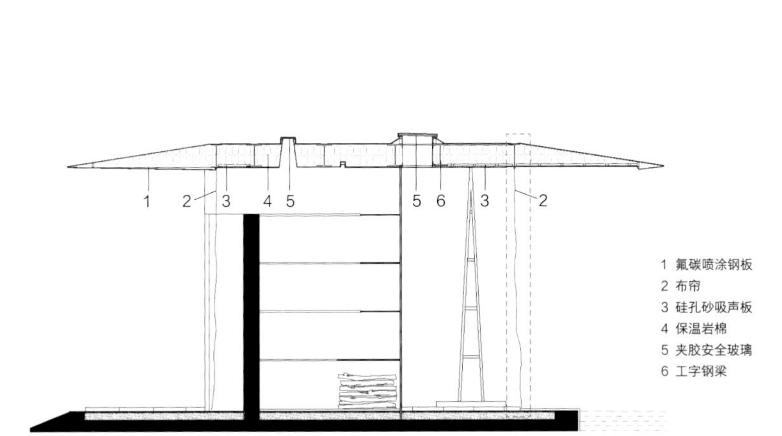
1
2
3
4
5
5
6
3
2

1 氟碳喷涂钢板
2 布帘
3 硅孔砂吸声板
4 保温岩棉
5 夹胶安全玻璃
6 工字钢梁

A-A 顶棚剖面图

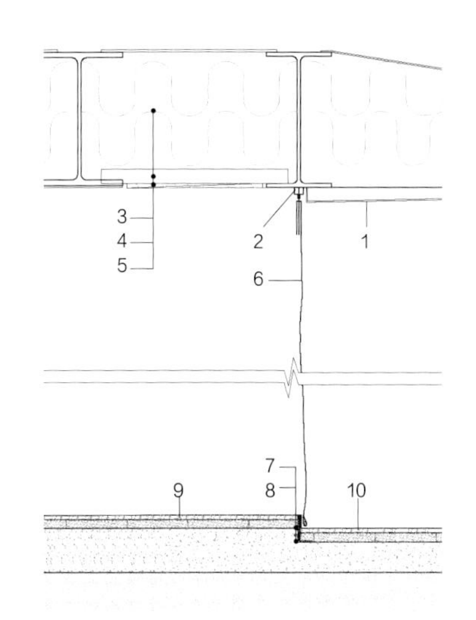
3
4
5
2
1
6
7
8
9
10

1 氟碳喷涂钢板
2 窗帘轨道
3 保温岩棉
4 龙骨
5 硅孔砂吸音板
6 布帘
7 扁钢
8 金属固定件
9 水洗石面层
10 水磨石面层

窗帘轨道剖面图

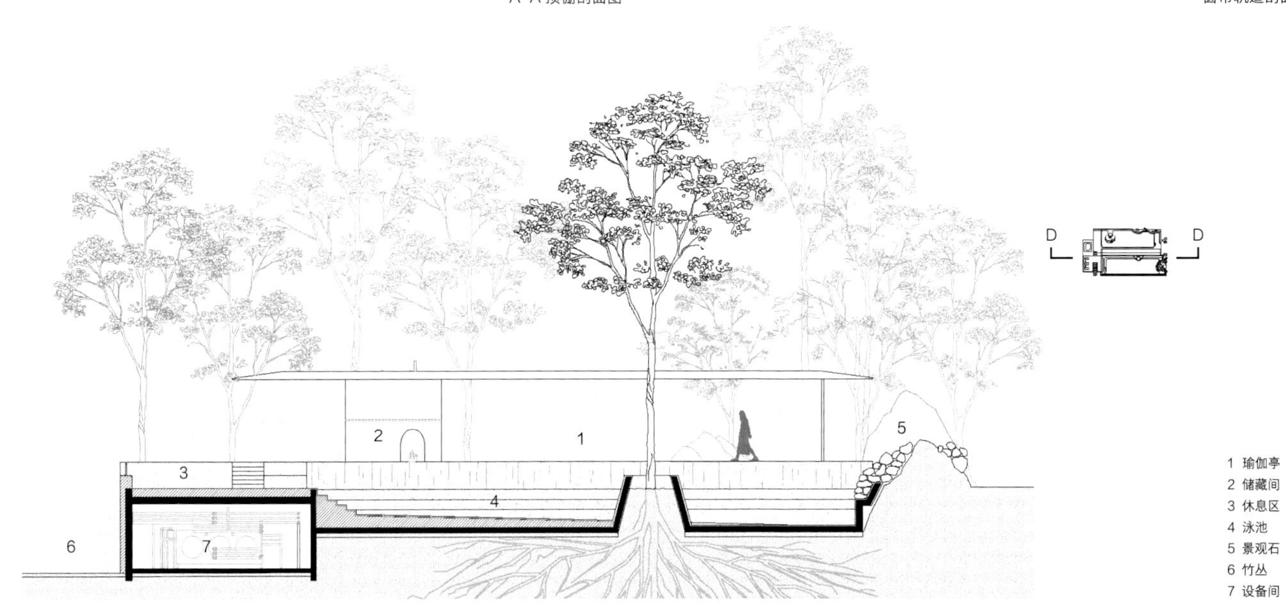
D
D
1
2
3
4
5
6
7

1 瑜伽亭
2 储藏间
3 休息区
4 泳池
5 景观石
6 竹丛
7 设备间

D-D 剖面图

CONTEMPORARY
CHINESE ARCHITECTURE
RECORDS

当代中国建筑实录

餐饮

汤山星空餐厅

扫码阅读更多内容

开发单位：南京汤山建设投资发展有限公司
设计单位：深圳市建筑设计研究总院有限公司
合作单位：东南大学建筑设计研究院有限公司
项目地点：江苏省南京市
设计 / 建成时间：2017 年 / 2020 年

项目负责人：孟建民
主要设计人员：杨旭，李优，章骁，吴命
施工图设计团队：廉大鹏，吴长华，赵百星，侯学凡，李扬，刘贺兵，黄跃

获奖情况
2019 年 广东省建筑设计奖建筑方案奖公建类二等奖

主要经济技术指标

用地面积：6336m^2	建筑密度：18.9%
建筑面积：2121m^2	绿地率：53.1%
容积率：0.33	停车位：8 个

在汤山矿坑公园生态修复和集群设计的背景下，设计从以下几个方面探讨景区服务性建筑介入场地和城市的可能性：①据场地关系设置一个凸出山体的标志物，使场域具有清晰的辨识度；②呼应场地的内在轴线与群落关系，将空间关系明晰化，为场地寻找中心感；③将建筑依据功能划分为三个体量，以减小尺度压迫感；④通过体块的错动与悬空，呼应场域的态势；⑤结合公园规划，创造丰富的体验路径。

餐厅的设计根植于场址地貌，既作为公园的一处空间节点供游人休憩，也成为城市景观的一部分，在巨大的矿坑宕口背景之下，唤起人们对于汤山片区的场所记忆。

公园入口夜景

室内餐厅

公园入口夜景

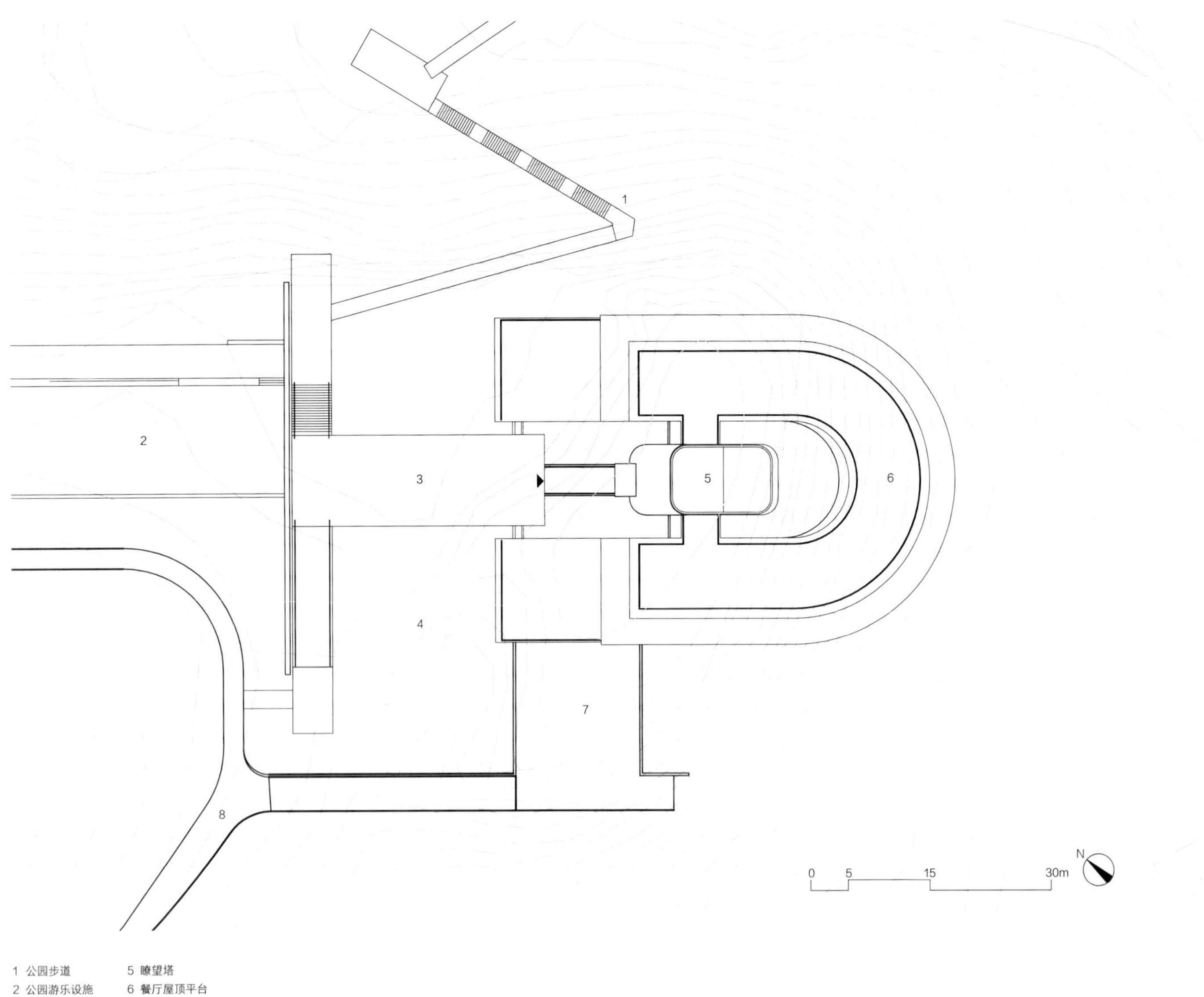
1
2
3
4
5
6
7
8
N
0
5
15
30m

1 公园步道
2 公园游乐设施
3 餐厅入口平台
4 入口草坪
5 瞭望塔
6 餐厅屋顶平台
7 后勤停车场
8 公园车行道

总平面图

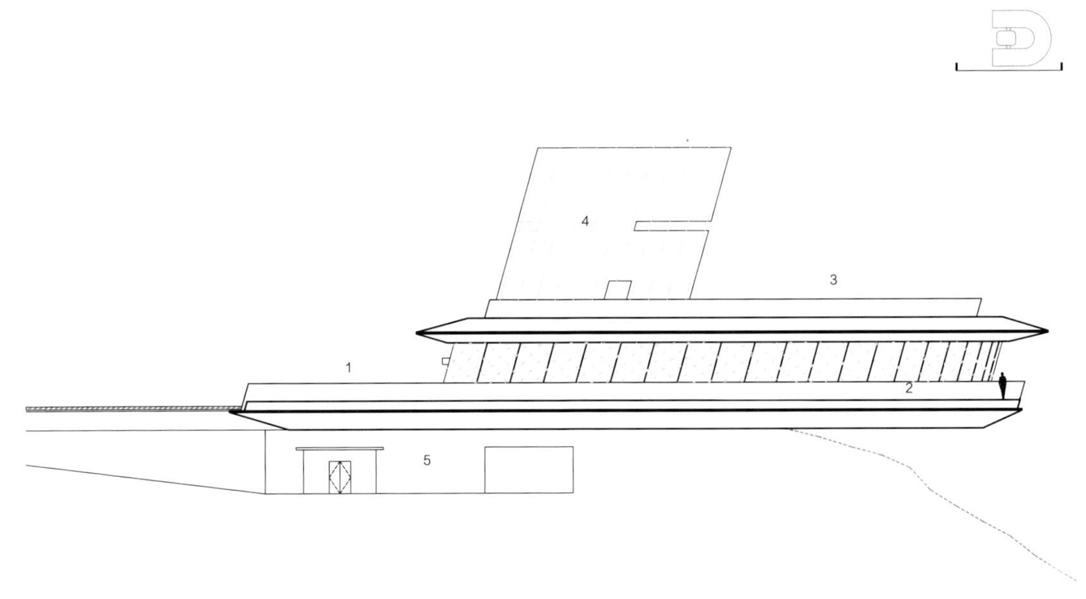
4
3
1
2
5

立面图

1 主入口 2 外廊 3 屋顶平台 4 瞭望平台 5 后勤入口

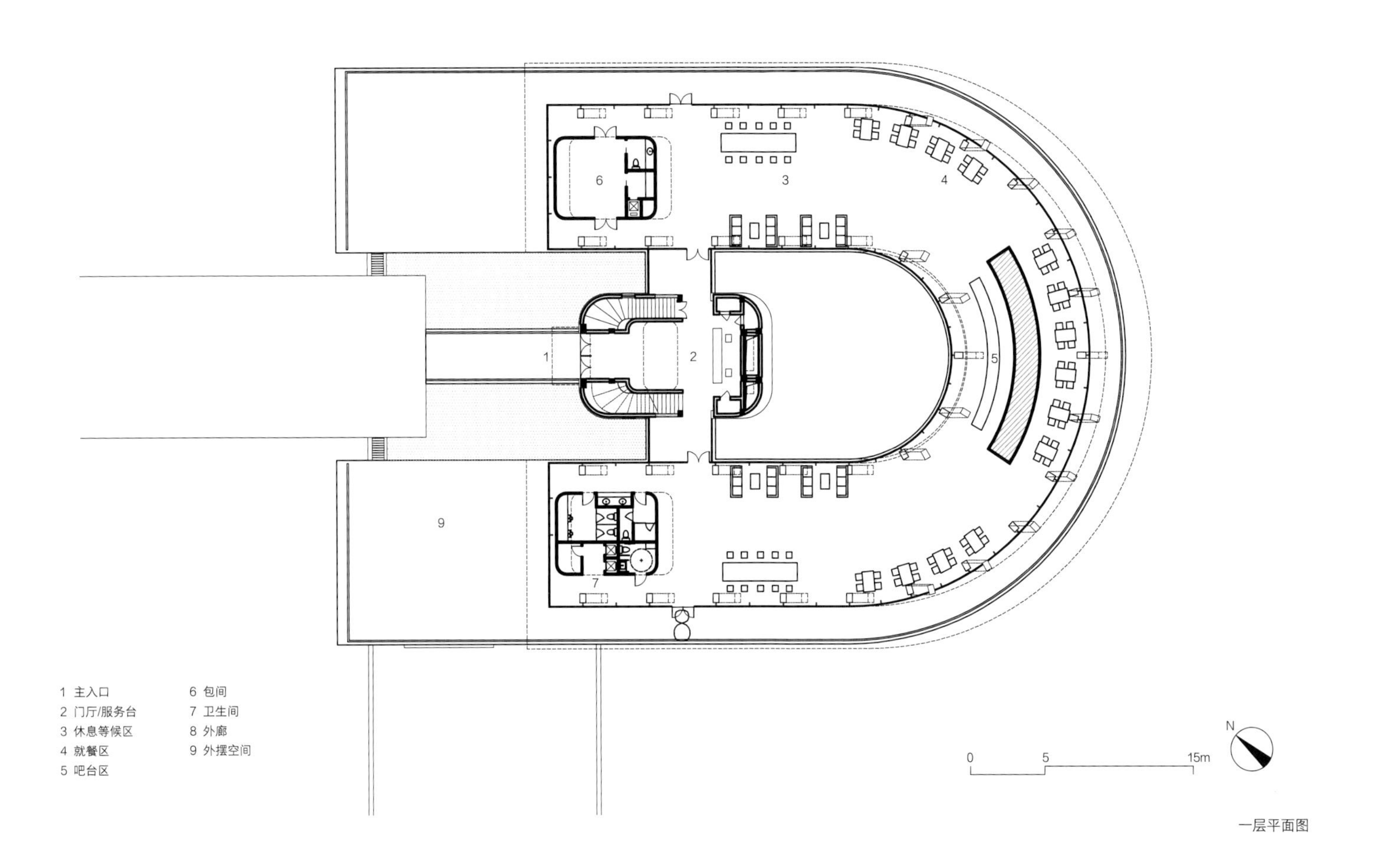
1 主入口
2 门厅/服务台
3 休息等候区
4 就餐区
5 吧台区
6 包间
7 卫生间
8 外廊
9 外摆空间
N
0
5
15m

一层平面图

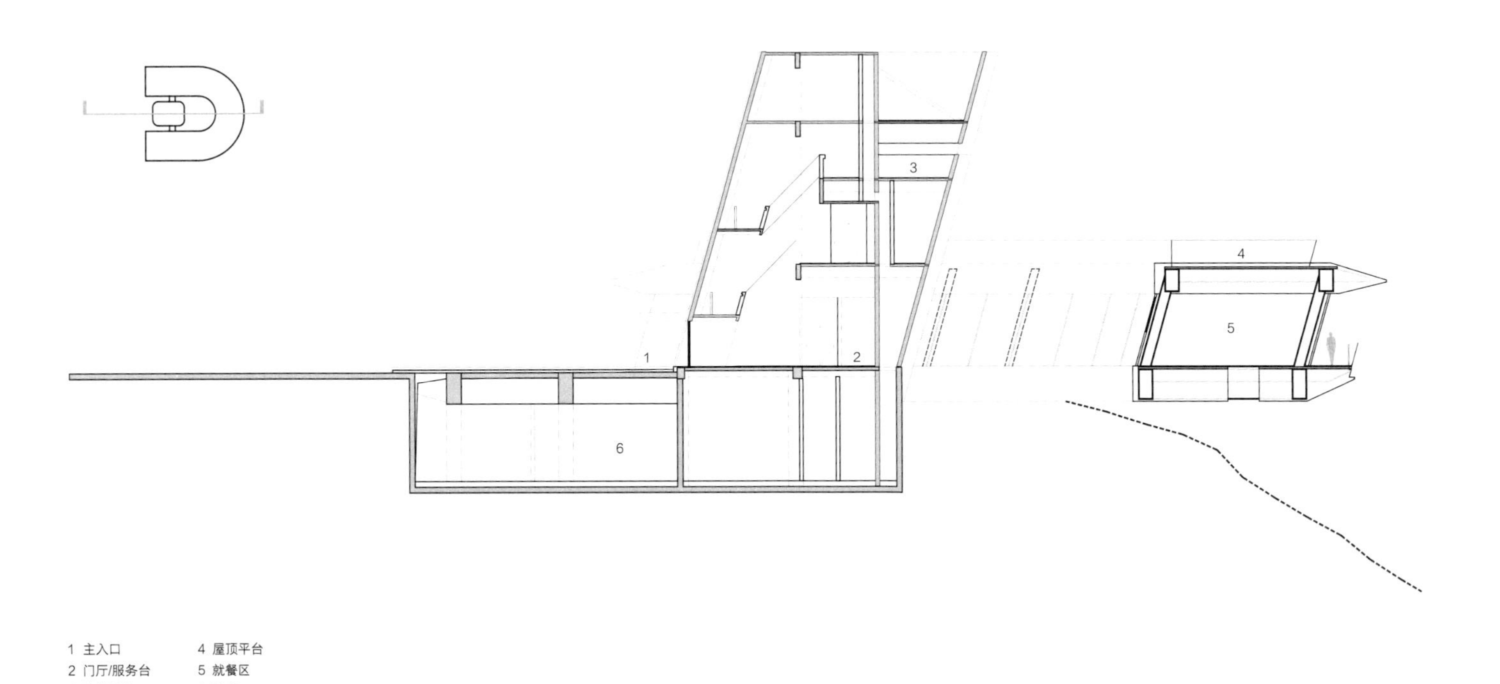
1 主入口
2 门厅/服务台
3 瞭望平台
4 屋顶平台
5 就餐区
6 厨房

剖面图

冰贝 / 冰雪大世界冰火锅餐厅

扫码阅读更多视频、图片内容

开发单位：哈尔滨冰雪大世界有限公司
设计单位：哈尔滨工业大学建筑学院国际冰雪创新研究中心
项目地点：黑龙江省哈尔滨市
设计 / 建成时间：2019 年 / 2019 年

项目负责人：罗鹏
主要设计人员：罗鹏，杨烁永，刘永鑫，聂雨馨，张睿南，王轩宇，武岳，刘秀明，陈加丰，黄俊凯

主要经济技术指标
用地面积：3900m^2
建筑面积：554m^2
最大跨度：13m

本项目是中国首座实际应用于经营的复杂曲面复合冰壳建筑。基地位于哈尔滨冰雪大世界园区内，建筑功能为冰火锅餐厅。本项目综合利用数字集成化设计方法，针对冰雪建筑的特殊性，探讨建筑形态与环境、功能、结构、施工多方面的有机统一，应用多项专利技术针对冰壳建筑的气候适应性、结构安全性、内部空间环境控制和美学要求等问题，在冰壳建筑找形、结构优化、施工方法、艺术表现等方面进行了综合创新。

形体设计方面，综合考虑太阳辐射、室内通风和功能需求等因素，结合性能模拟对建筑朝向、通风口大小与开洞位置等进行多目标优化；结构方面，通过建筑与结构的协同设计，实现性能优化与艺术表达的有机统一；材料方面，采用纸浆纤维复合加强冰，在保留冰雪建筑美学特征的基础上，大幅度提升材料性能；施工方法方面，首创以充气肋为模板单元，解决了施工过程气囊难以监测的问题，降低了施工难度，有利于室内设施与冰壳的交叉施工。通过设计与建造技术的综合创新，形成了形态优美、结构合理、具有较强适候性的复杂曲面复合冰壳建筑空间。

实景1

实景2

实景3

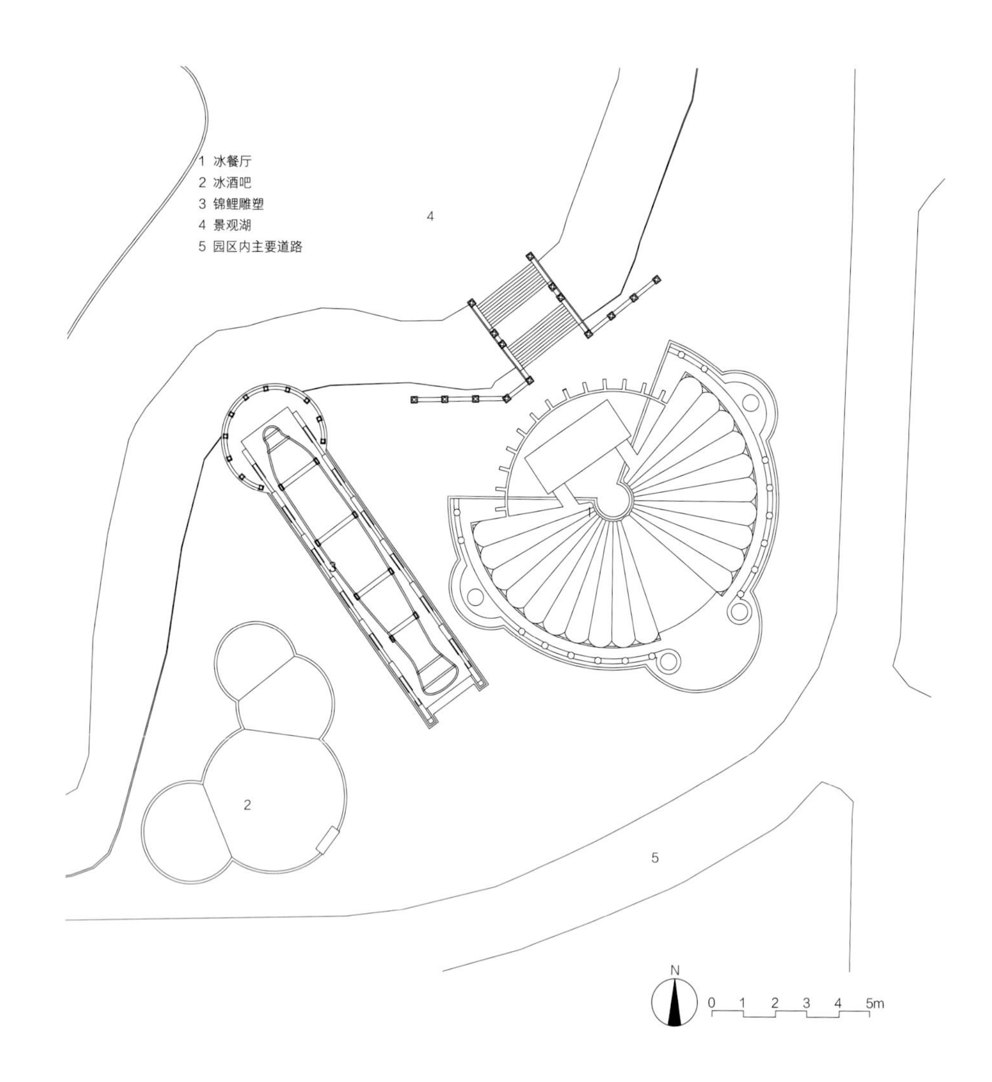
1 冰餐厅
2 冰酒吧
3 锦鲤雕塑
4 景观湖
5 园区内主要道路
4
3
2
5
N
0 1 2 3 4 5m

总平面示意图

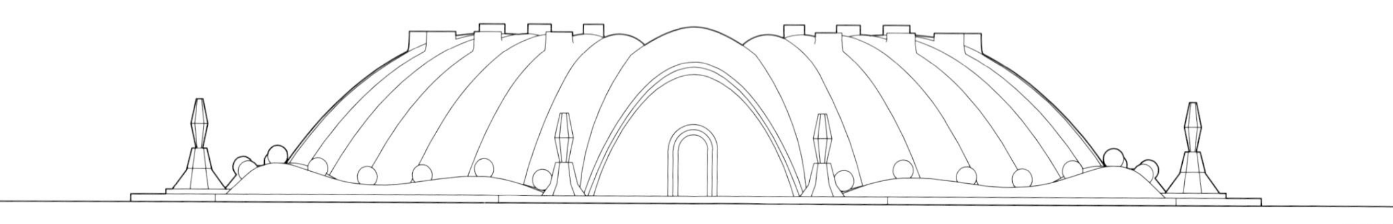

正立面图

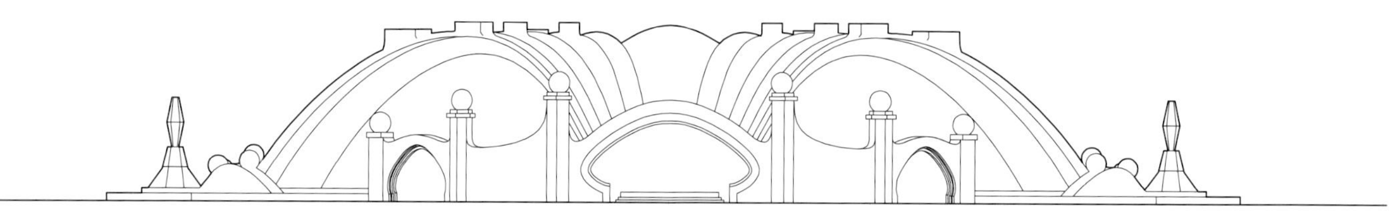

背立面图

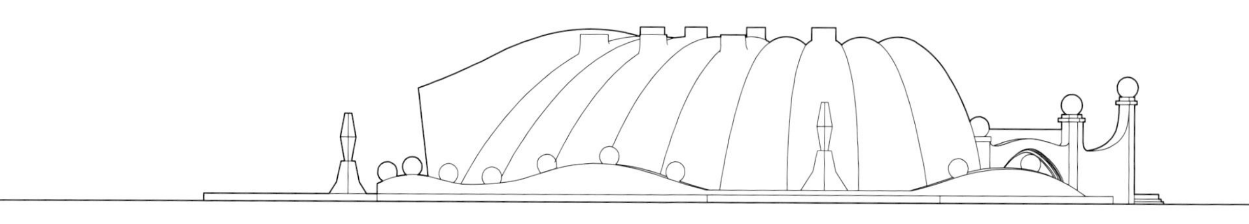

侧立面图

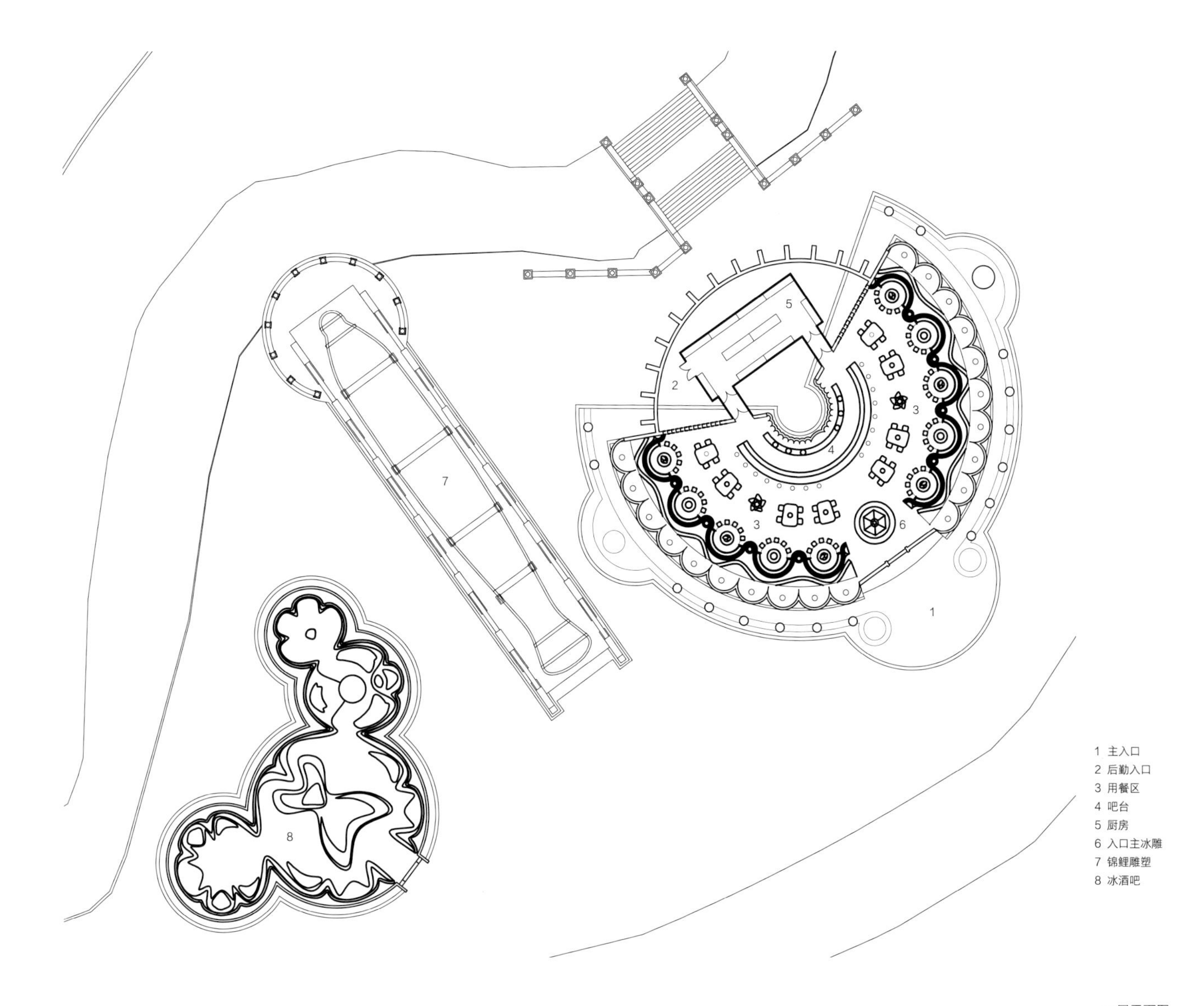
1
2
3
4
5
6
7
8
1 主入口
2 后勤入口
3 用餐区
4 吧台
5 厨房
6 入口主冰雕
7 锦鲤雕塑
8 冰酒吧

一层平面图

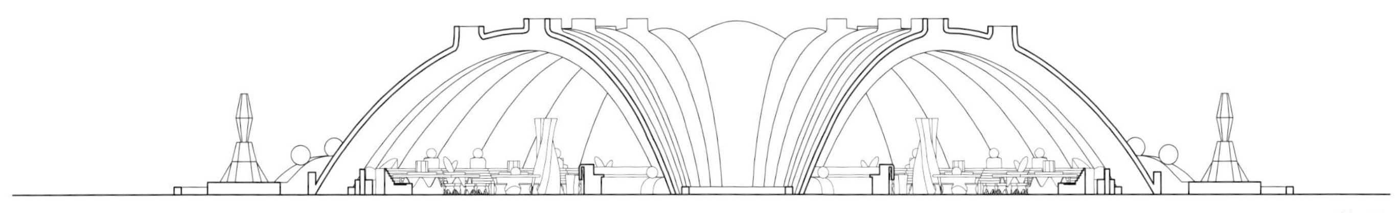

剖面图1

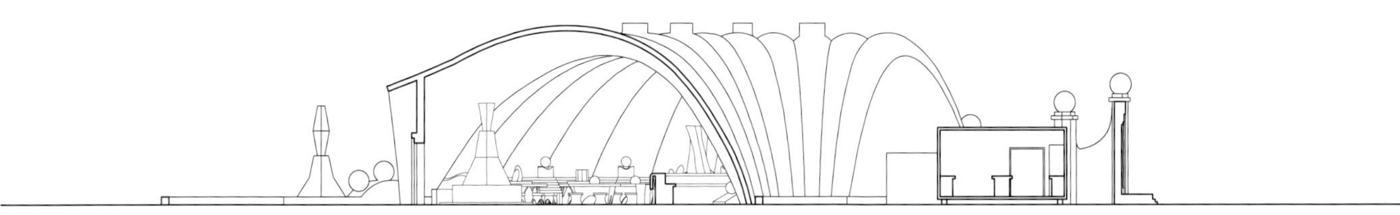

剖面图2

CONTEMPORARY
CHINESE ARCHITECTURE
RECORDS

当代中国建筑实录

旅馆民宿

不是居 · 林 / 疗愈系度假酒店
犬舍
汤山温泉小屋
多慢®桃花坞
山脚下的空间漫游 / 沂蒙 · 云舍
泰安东西门村活化更新
汤山云夕博物纪温泉酒店
瞻院

不是居 · 林 / 疗愈系度假酒店

扫码阅读更多内容

开发单位：浙江风马牛长乐文化旅游有限公司
设计单位：TAOA陶磊建筑事务所
项目地点：浙江省杭州市
设计 / 建成时间：2018 年 / 2021 年

项目负责人：陶磊
主要设计人员：陶磊，陈真，陶冶，段振强，袁琳娜，孙朗，石彤，戴韵怡

获奖情况：
2021 年 ArchDaily 年度最佳建筑

主要经济技术指标
建筑面积：1255m^2

这是在杭州郊区山林里的一个休闲度假服务空间，设计是从具体的环境开始的，我们首先要思考的是做一个什么样的空间装置可以和这片山林对话，可以更好地顺应地形并融入这片自然，场地的特殊条件决定了建筑的特殊性。

规划用地呈现为角部相连的两个矩形，跨过山谷小溪处宽度不足3m。这个建筑蝶状的外形，正是将两个矩形用地的角部相连的结果，用服务空间将两片山坡场地相连，并顺应山坡的等高线，建筑内部的功能被不同标高的地面所划分。蝶状形态也可被理解为切入建筑内部的两个最大边长的 V 形切口，分别朝向山谷的两个远方，将自然景观引入内部，环抱自然。建筑的另外两侧分别嵌入山体之中，架空的蝶状建筑的下方仍然保留了溪水和山路的通道。为了将部分树木保留在室内，竖向结构被设计成"柱院"，结构意义上是柱子，空间意义上是保留了一棵树的"微院"。屋面是一个台阶状的坡屋顶，可作为小型演出的森林剧场，室内空间被这个大坡屋顶统一起来，并因为不同地面标高的变化而富有节奏。

通过建造这样的一个空间，我们希望让每一个使用者放空身心，处在一个最放松的状态，希望看到的世界跟平常是不一样的，可以看到这个世界有一种特殊的韵律。

实景1

实景2

实景3

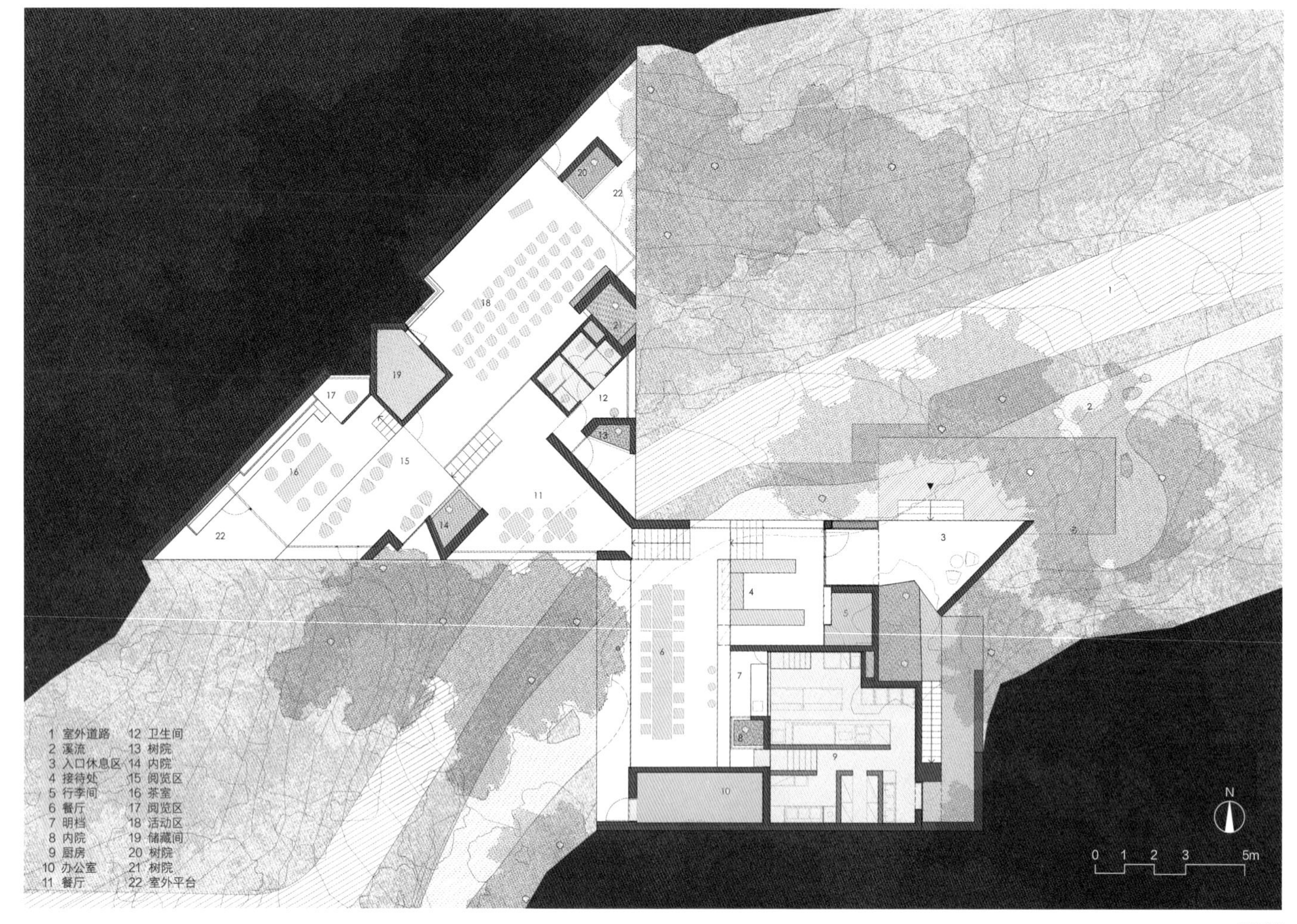
1 室外道路
2 溪流
3 入口休息区
4 接待处
5 行李间
6 餐厅
7 明档
8 内院
9 厨房
10 办公室
11 餐厅
12 卫生间
13 树院
14 内院
15 阅览区
16 茶室
17 阅览区
18 活动区
19 储藏间
20 树院
21 树院
22 室外平台
N
0 1 2 3 5m

平面图

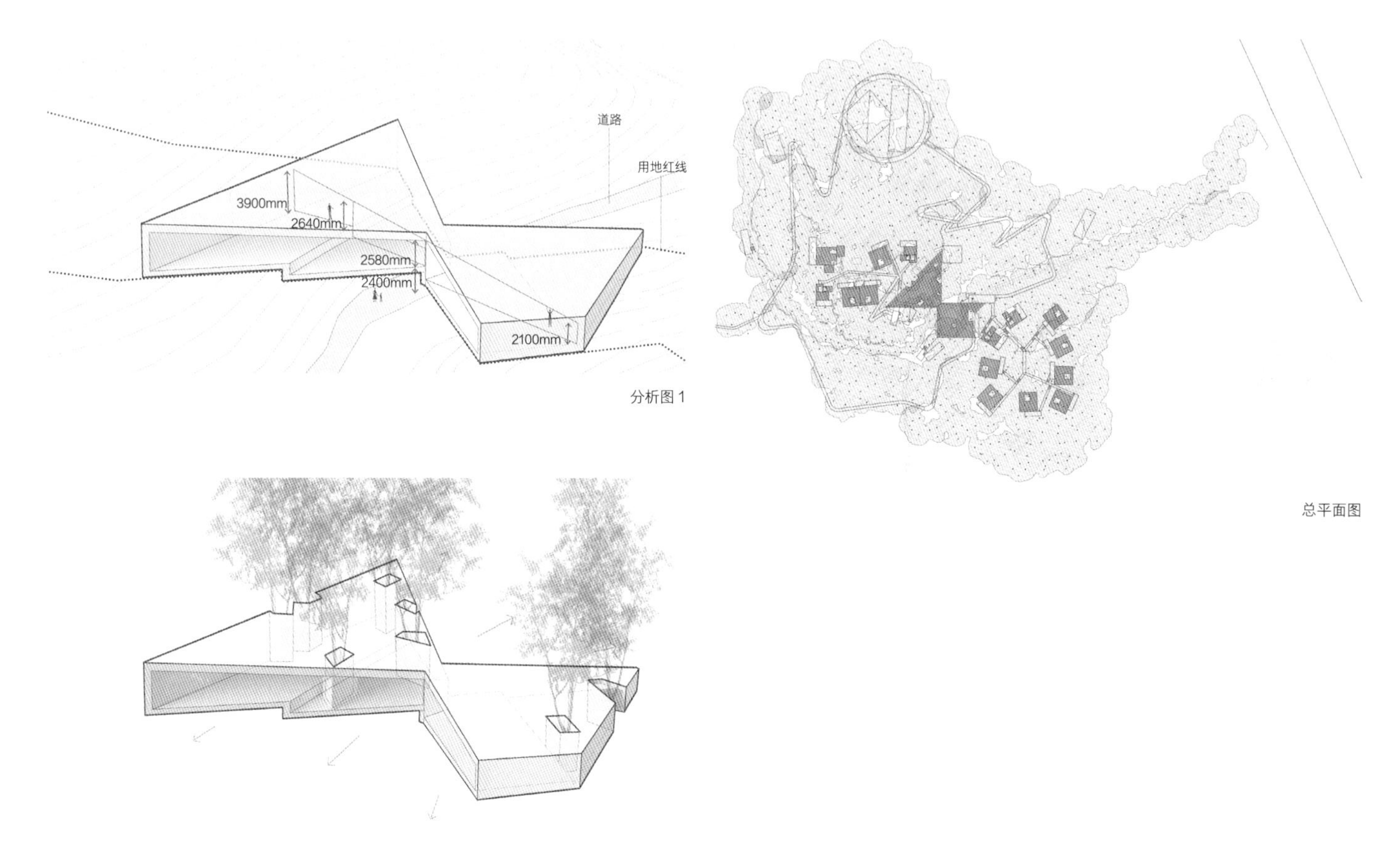
道路
用地红线
3900mm
2640mm
2580mm
2400mm
2100mm

分析图 1

总平面图

分析图 2

0 1 2 3 5m

立面图

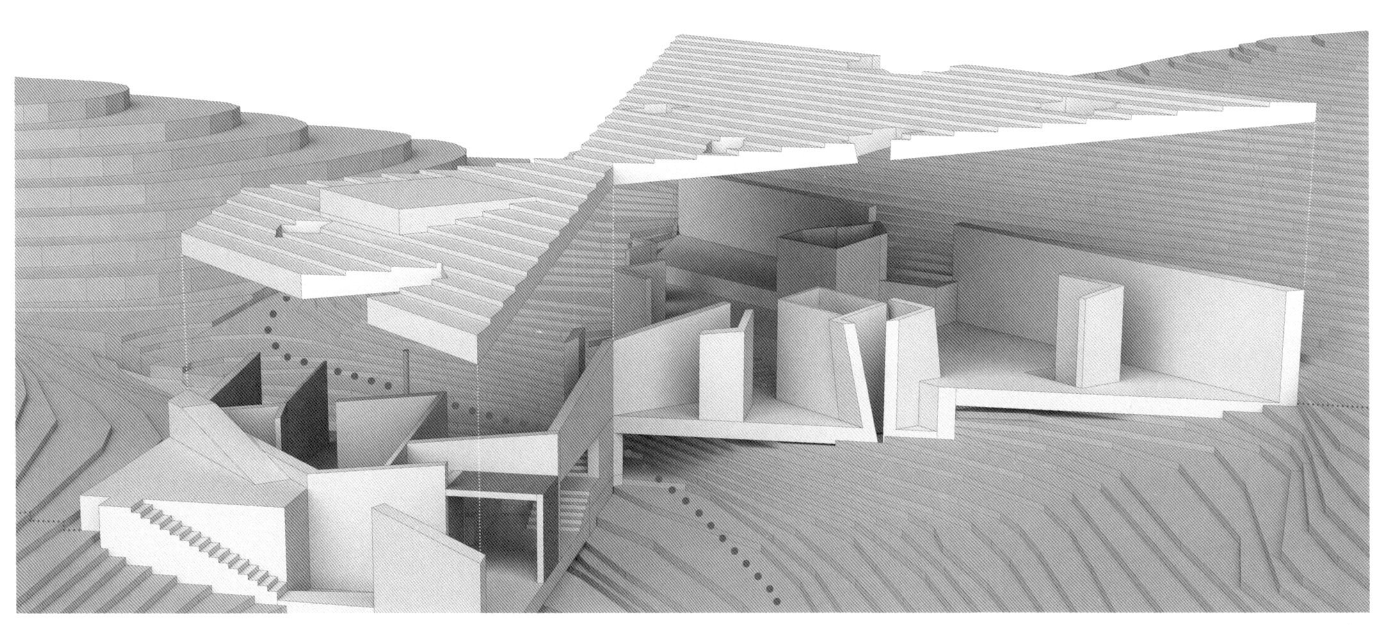

模型

犬舍

扫码阅读更多内容

开发单位：秦皇岛阿那亚房地产开发有限公司
设计单位：上海高目建筑设计咨询有限公司
项目地点：河北省秦皇岛市
设计 / 建成时间：2018 年 / 2021 年

项目负责人：张佳晶
主要设计人员：徐文斌，张启成，徐聪

获奖情况
2019 年 全国勘察设计协会优秀住宅设计二等奖
2018 年 上海勘察设计协会优秀住宅设计一等奖
2018 年 WA 建筑奖居住贡献奖佳作奖

主要经济技术指标
用地面积：4800m^2
总建筑面积：4682m^2
地上建筑面积：2116m^2
地下建筑面积：2566m^2

自从阿那亚最南端这个三角形“边角料”地块被定位成宠物酒店之后，建筑师和业主关于人和狗的思考就从未停止过。除了要考虑人的因素外还要考虑狗的一些行为习惯：比如陌生的狗见面会打闹，容易随地小便、吠叫、掉毛等。打闹是首先要考虑的负面因素，要减少酒店内部狗们相遇的概率和次数，设计初期就否定了传统廊式酒店的构成方式，而是采用独立式的单体“垒积木”的方式，通过拉开、堆叠、斜屋面、叠级让出楼梯空间等手段作为生成逻辑，由互不干扰的独立进出这个出发点求解建筑造型，使得交通、结构、建筑三位一体。基地是三角形的轮廓，同样，为了回避狗和狗的对视，设计将客房的主要朝向面向朝外的三边，次要朝向对内围合，内部的表情则以实墙和设备空间为主，这样非平行布局、开窗较少的内院加强了一个方向上的透视感，也成为建成后最引人入胜的重要视角。

犬舍这种特殊的使用模式，造就了特殊的建筑形式，确实也丰富了以人为本的“建筑”这个概念的内涵与外延。

实景1

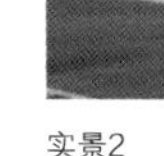
实景2

实景3

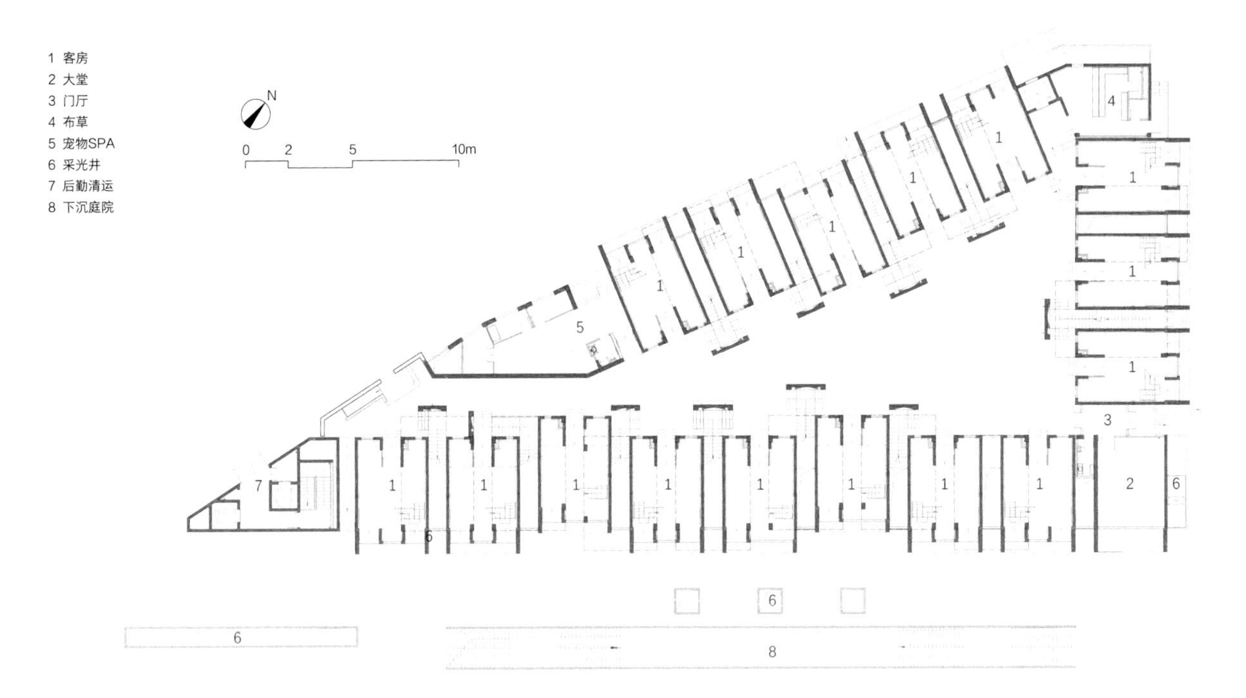
1 客房
2 大堂
3 门厅
4 布草
5 宠物SPA
6 采光井
7 后勤清运
8 下沉庭院
N
0 2 5 10m

首层平面图

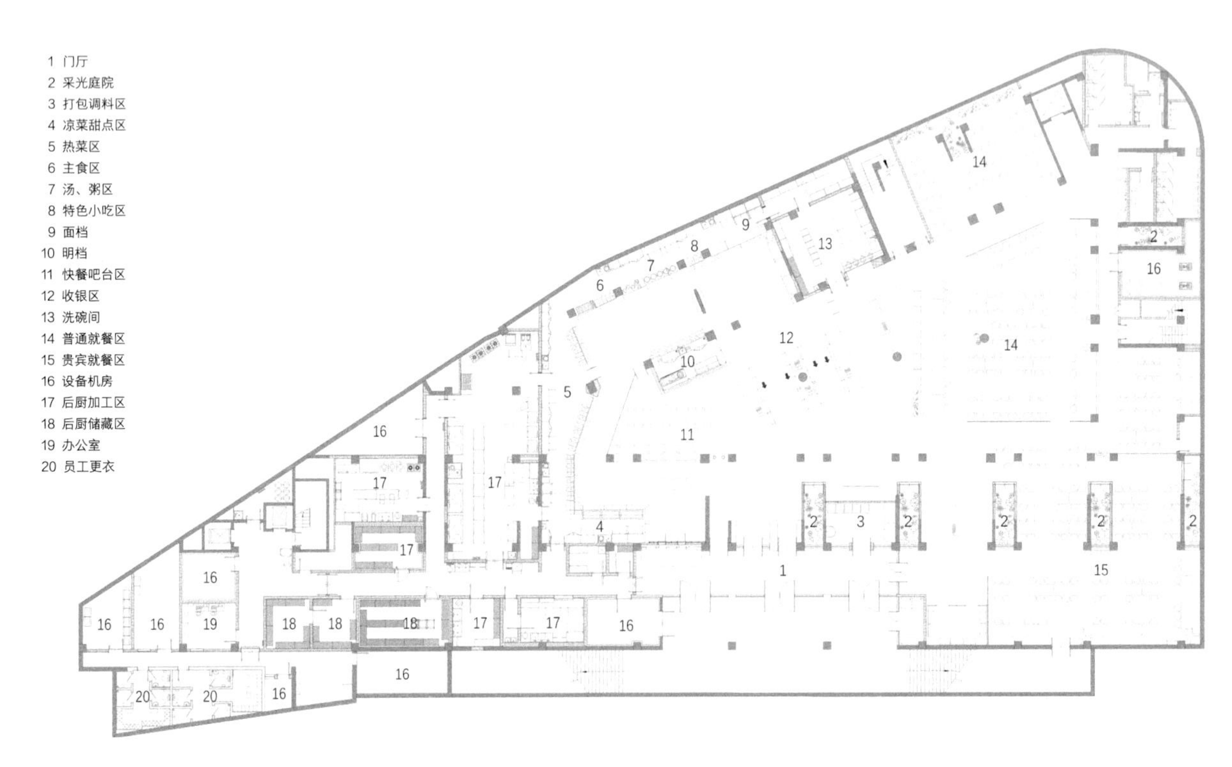
1 门厅
2 采光庭院
3 打包调料区
4 凉菜甜点区
5 热菜区
6 主食区
7 汤、粥区
8 特色小吃区
9 面档
10 明档
11 快餐吧台区
12 收银区
13 洗碗间
14 普通就餐区
15 贵宾就餐区
16 设备机房
17 后厨加工区
18 后厨储藏区
19 办公室
20 员工更衣

地下一层平面图

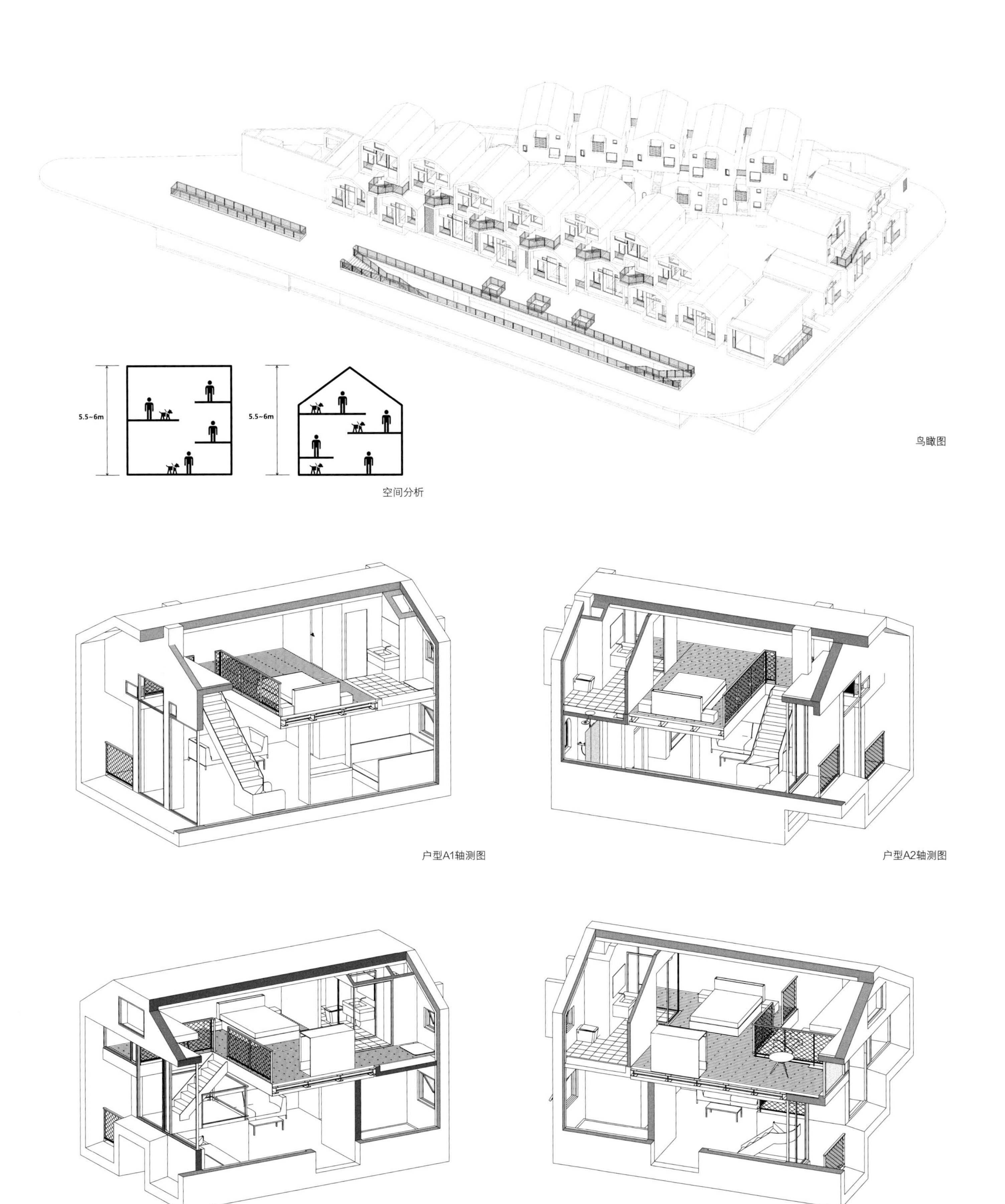
5.5~6m
5.5~6m

鸟瞰图

空间分析

户型A1轴测图

户型A2轴测图

户型B1轴测图

户型B2轴测图

汤山温泉小屋

扫码阅读更多视频、图片内容

开发单位：汤山御景伴山园
设计单位：MONOARCHI 度向建筑设计事务所
项目地点：江苏省南京市
设计 / 建成时间：2018 年 / 2021 年

项目负责人：王克明，宋小超
主要设计人员：王克明，宋小超，高雪莹，卢笑，高一宁，
Alvin Pranata，陈麒羽，Sam Tang

主要经济技术指标
用地面积：$5000m^2$
建筑面积：$270m^2$

度向建筑在南京汤山的东南一隅完成了 4 座温泉小屋，这片占地 $5000m^2$ 的山地一侧巨石成阵，在山坡茂密树林中如同孤岛般存在。根据现场的地貌特征，建筑师选择了 4 个最具特色的位置放置小屋，由隐匿在树林深处，逐步过渡到石阵之中。

设计方案中保留了自然环境的原始地貌和植被，同时考虑建筑与周边环境的互动关系，因小屋坐落的位置不同，怀揣对大自然的敬畏，产生了两类截然不同的趣味形态。穿越过不算茂密的灌木，场地的栈道便绕开了丛林与乱石，也会偶遇孤立的树木奇石，索性开洞跨越过去，小径崎岖蜿蜒，如同叶子脉络一般将 4 栋独立的小屋并联在一起。

实景1

实景2

实景3

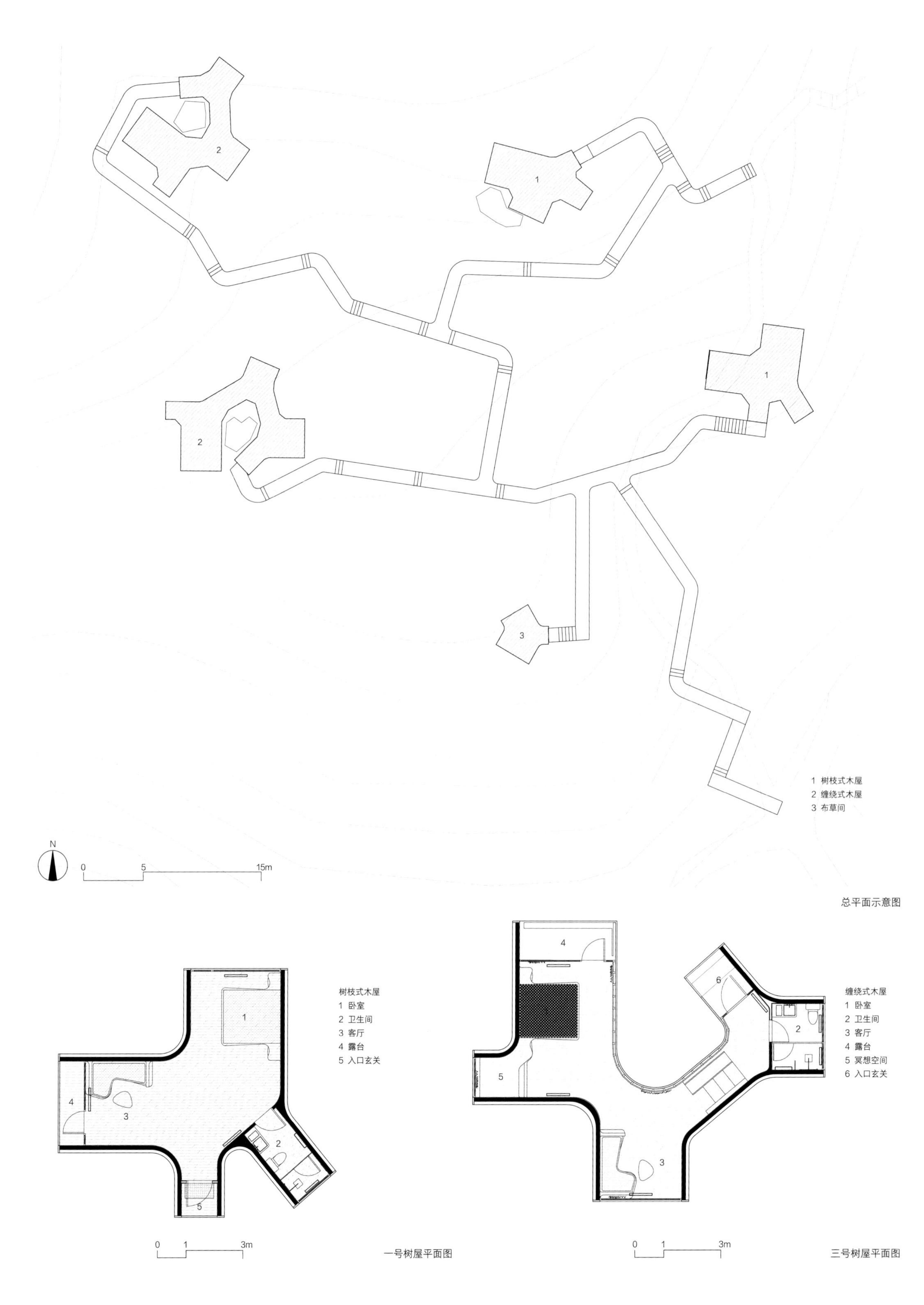
2
1
2
1
3
1 树枝式木屋
2 缠绕式木屋
3 布草间
N
0
5
15m
总平面示意图
4
1
3
2
5
树枝式木屋
1 卧室
2 卫生间
3 客厅
4 露台
5 入口玄关
0
1
3m
一号树屋平面图
4
6
1
2
5
3
缠绕式木屋
1 卧室
2 卫生间
3 客厅
4 露台
5 冥想空间
6 入口玄关
0
1
3m
三号树屋平面图

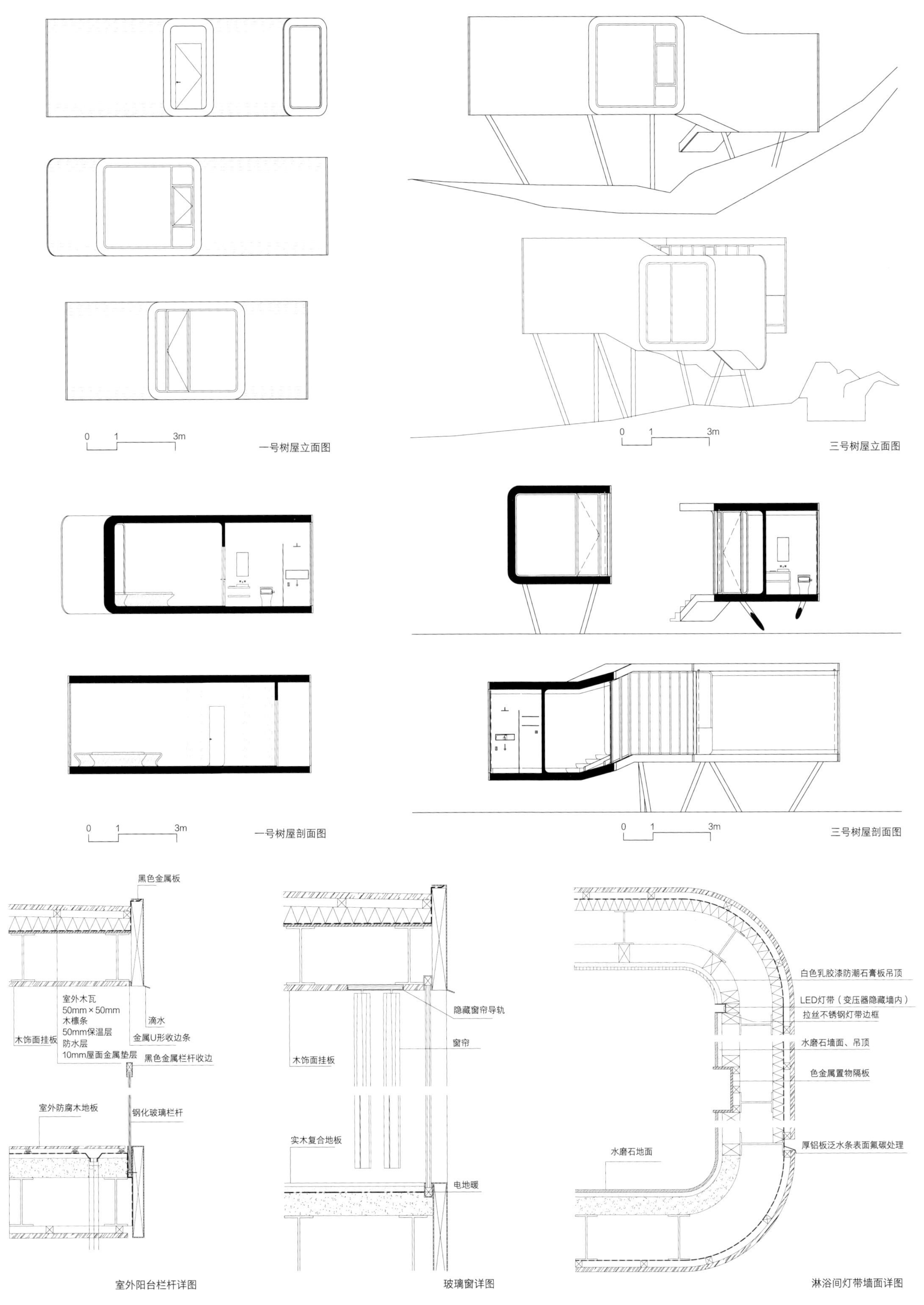

0
1
3m
一号树屋立面图
0
1
3m
三号树屋立面图
0
1
3m
一号树屋剖面图
0
1
3m
三号树屋剖面图
黑色金属板
室外木瓦
50mm×50mm
木檩条
50mm保温层
防水层
10mm屋面金属垫层
滴水
金属U形收边条
木饰面挂板
黑色金属栏杆收边
室外防腐木地板
钢化玻璃栏杆
室外阳台栏杆详图
隐藏窗帘导轨
窗帘
木饰面挂板
实木复合地板
电地暖
玻璃窗详图
白色乳胶漆防潮石膏板吊顶
LED灯带（变压器隐藏墙内）
拉丝不锈钢灯带边框
水磨石墙面、吊顶
色金属置物隔板
厚铝板泛水条表面氟碳处理
水磨石地面
淋浴间灯带墙面详图

多慢®桃花坞

扫码阅读更多视频、图片内容

开发单位：地意田园
设计单位：马达思班建筑设计事务所
项目地点：北京市平谷区
设计 / 建成时间：2020 年

项目负责人：马清运
主要设计人员：李鸿志，Ken，张涛，金莉萍，张雄伟

主要经济技术指标
用地面积：880m^2　　建筑面积：765m^2
容积率：0.87　　建筑密度：0.72

桃花坞以桃园种植为特色，以田园风光和生态环境为基础，在农业、生态、科技、文化领域做深度挖掘，探索现代农业、休闲文旅、田园社区相融合的模式，构建“三产融合、三生并重”的田园综合体。

桃花坞规划包括公共活动区、民宿群、提升体验区 3 个区域：

①公共活动区主要建设生态桃园种植区及休闲采摘区，以及教堂、礼堂、食堂、门庭、客庭、会仓的“三堂两庭一会”项目；

②民宿群以村内闲置民居改造为主要核心，将全村 21 栋旧屋进行改造，同时建设鞍子园项目，搭载一个全新的环保装配式建筑群落；

③提升体验区包括户外音乐演出平台、休闲观景平台 2 个生态平台以及 1 个高端会员中心。

实景1

实景2

实景3

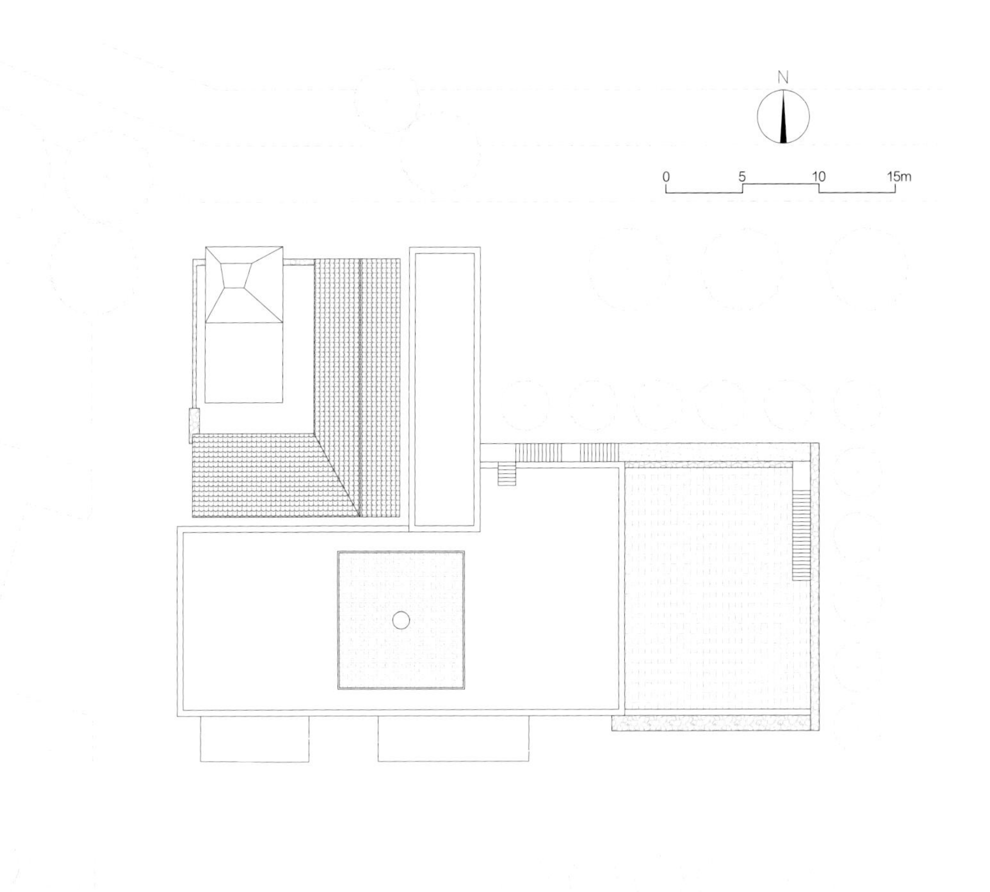
N
0
5
10
15m

总平面示意图

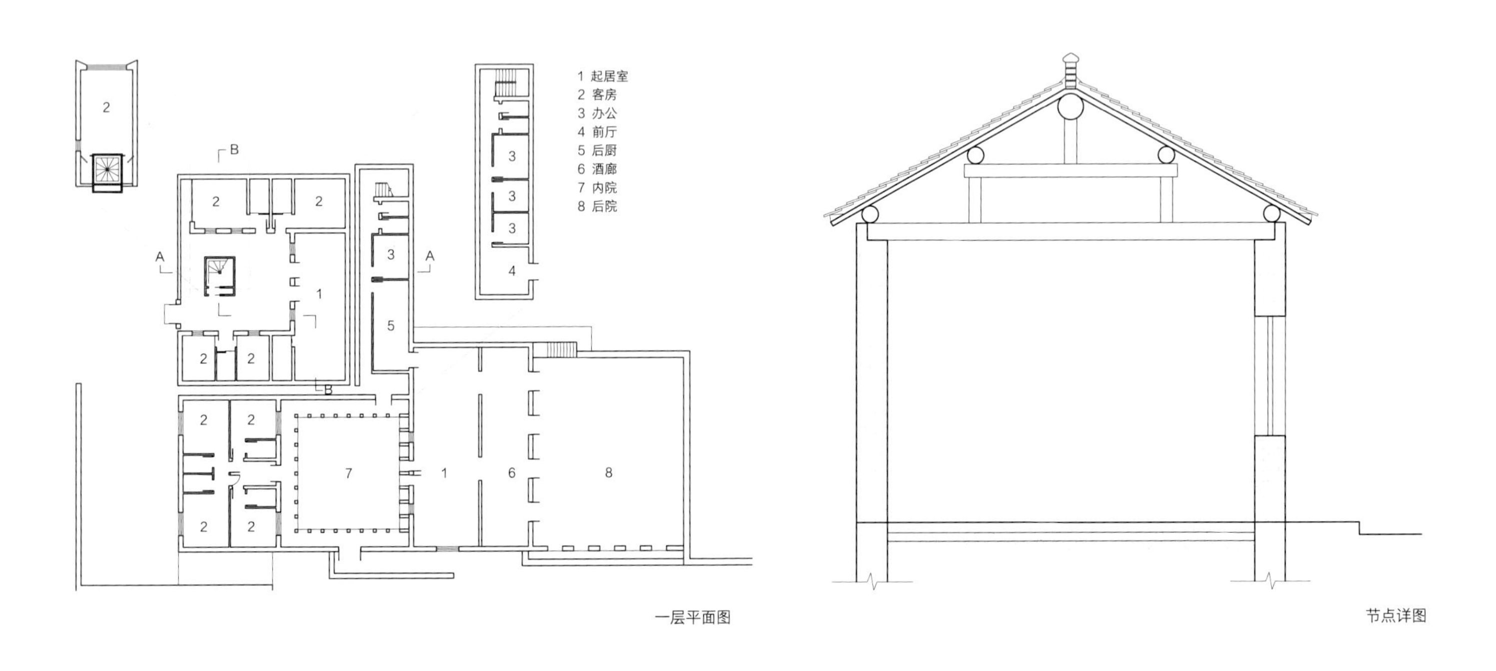
1 起居室
2 客房
3 办公
4 前厅
5 后厨
6 酒廊
7 内院
8 后院
A
B

一层平面图

节点详图

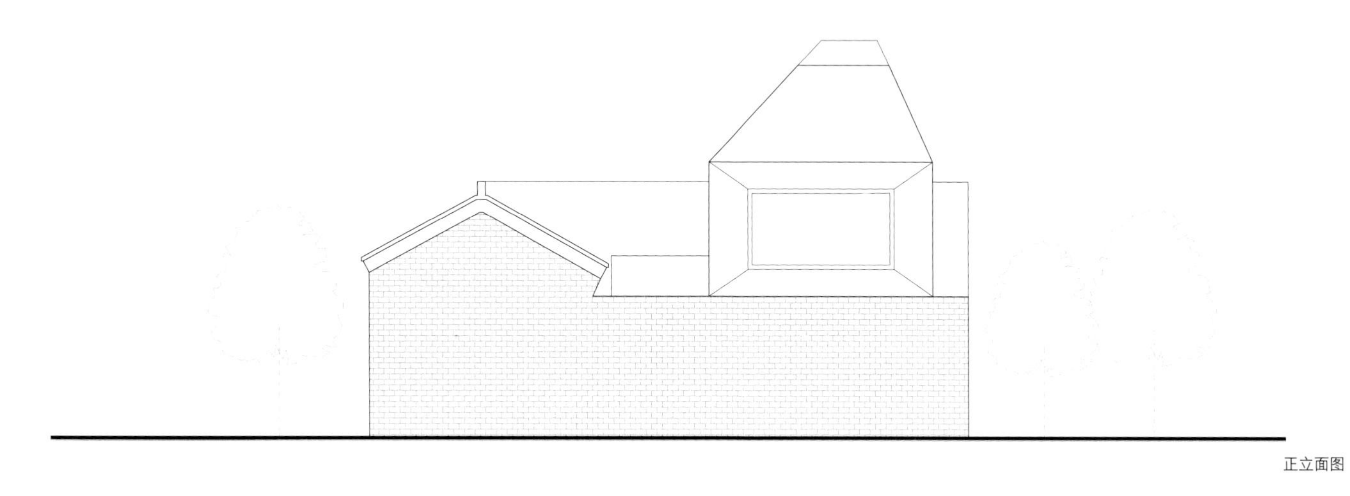

正立面图

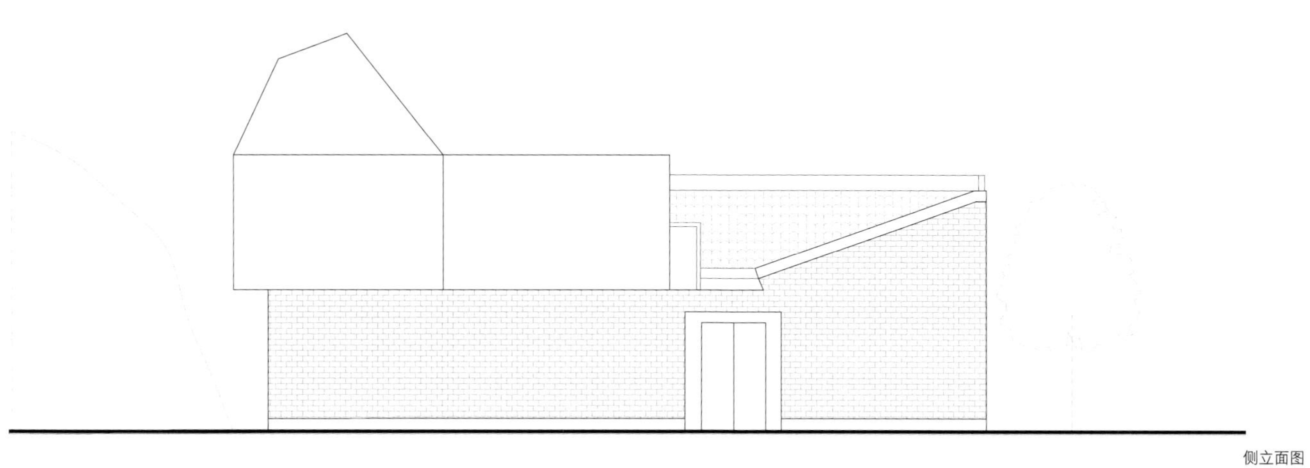

侧立面图

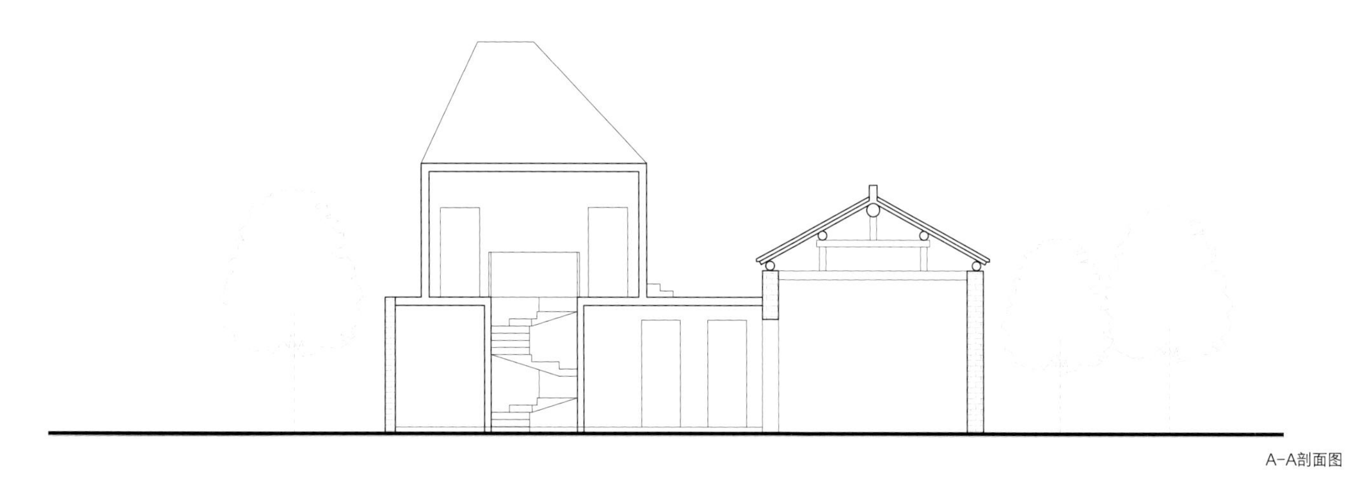

A-A剖面图

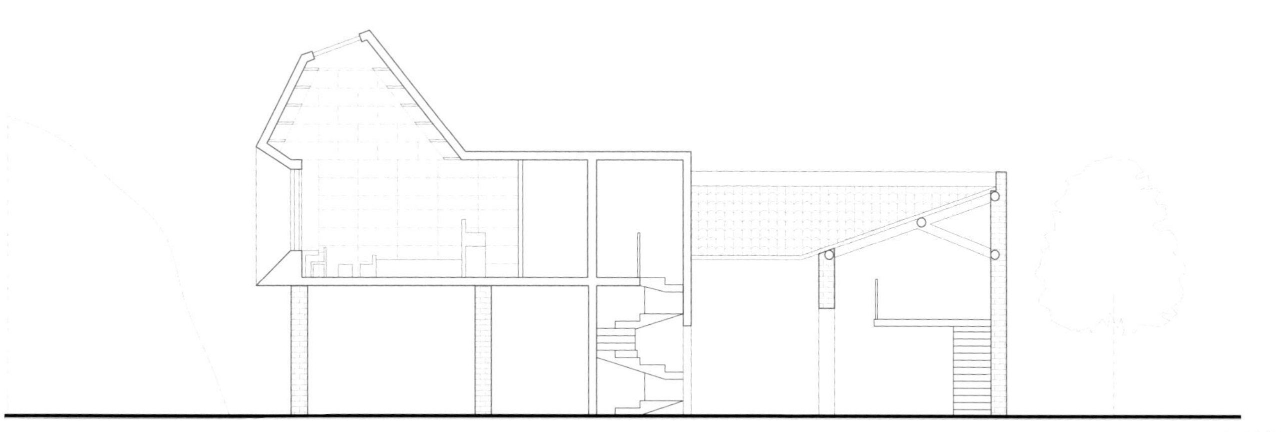

B-B剖面图

山脚下的空间漫游 / 沂蒙 · 云舍

扫码阅读更多视频、图片内容

开发单位：山东云舍旅游开发有限公司
设计单位：灰空间建筑事务所
项目地点：山东省临沂市蒙阴县
设计 / 建成时间：2019 年 / 2020 年

项目负责人：刘漠烟，苏鹏
主要设计人员：刘漠烟，苏鹏，应世蛟，琚安琪，赵柏乔，武星，叶官欣，张凯

主要经济技术指标
用地面积：1406m^2
建筑面积：1233m^2
容积率：0.88
停车位：10 个

项目位于山东沂蒙山区，距 5A 级云蒙景区入口约 1km，场地南侧即通向云蒙景区的必经之道。云蒙山峰峦叠翠，常年云雾缭绕，景区门外是非常典型的沿道路生长的北方村落建筑群，项目即坐落其中。因靠近云蒙景区的特殊地理位置，设计师在设计之初即与投资运营方探讨，将设计任务定义为一个“命题作文”——即以“云”作为整体意象，贯穿从建筑设计到室内硬装、软装设计，直至运营的全过程。

建筑师将类比建筑学的方法贯彻整个设计过程，并通过建筑形体、流线架构、空间体验以及材料构造等建筑语言转译形成独特、可被感知的空间氛围，意图在建筑多层面上建立起物质与意义之间的联系，而这些联系的叠加，最终使建筑获得与其所在的熟悉场所和氛围之间的陌生感，也能因此唤起人们对更新的场所和氛围的感知与意识。

实景1

实景2

实景3

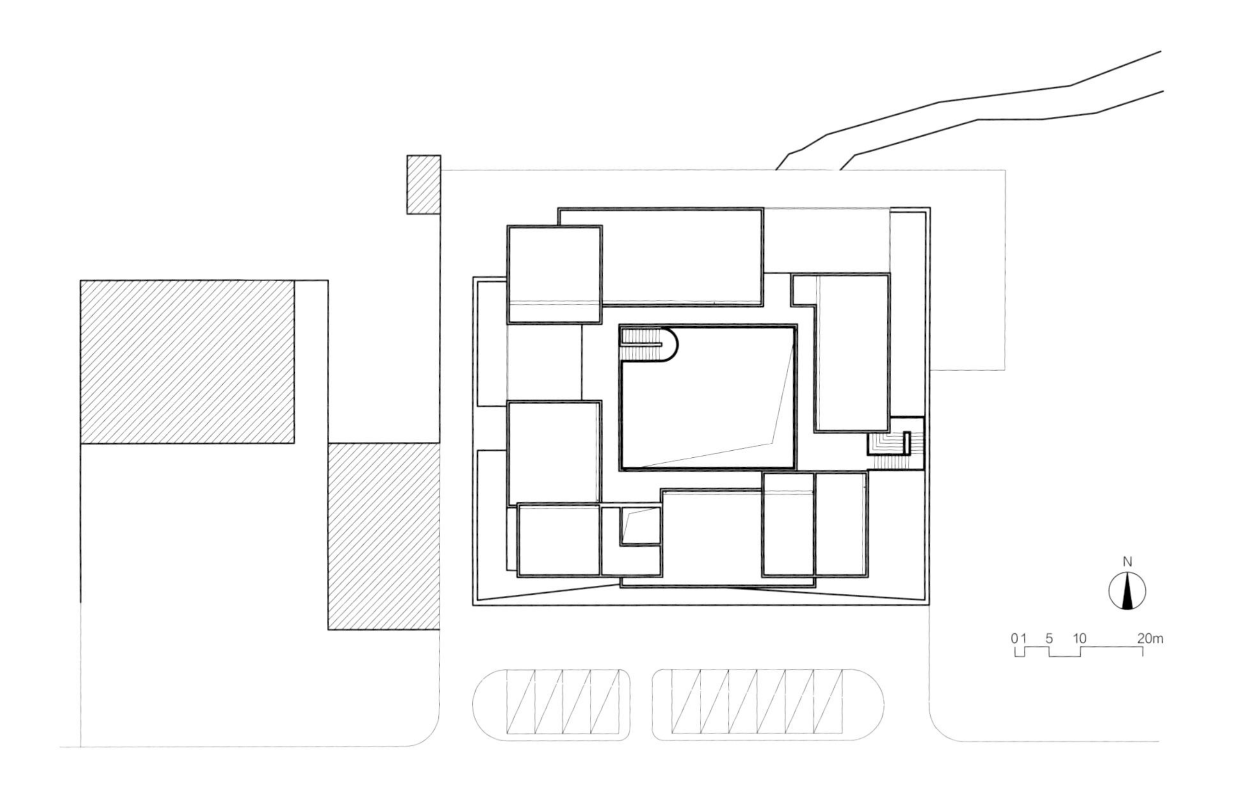
N
0 1 5 10 20m

总平面示意图

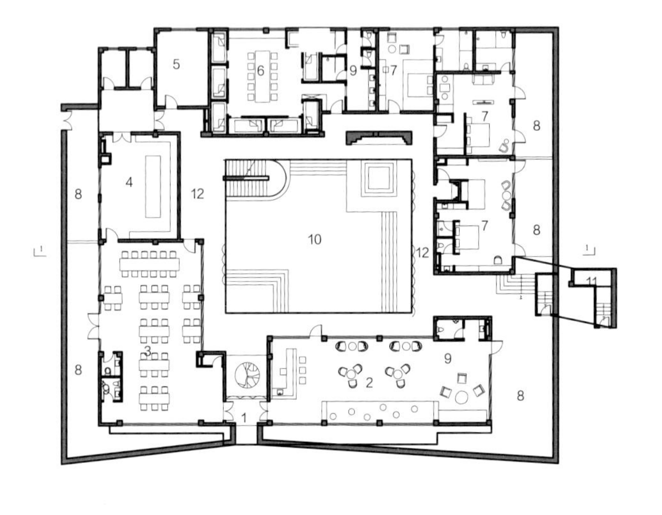

一层平面图

二层平面图

1 主入口门厅
2 接待大厅
3 餐厅
4 厨房
5 布草间
6 青年旅舍
7 客房
8 庭院
9 公共卫生间
10 水池
11 水池设备间
12 走廊
13 屋顶露台
14 天井

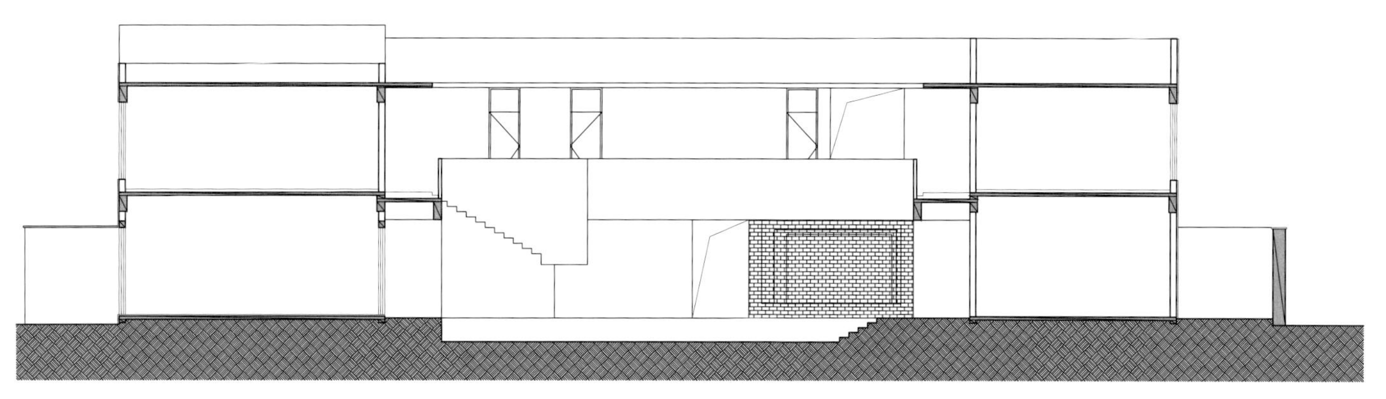

1-1剖面图

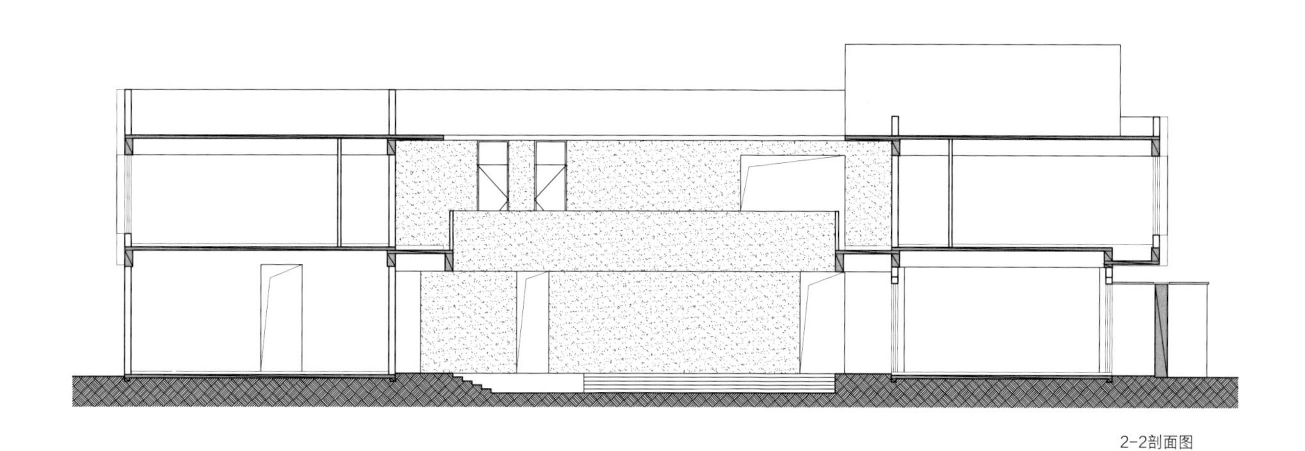

2-2剖面图

底部平面图

顶部平面图

顶部节点图

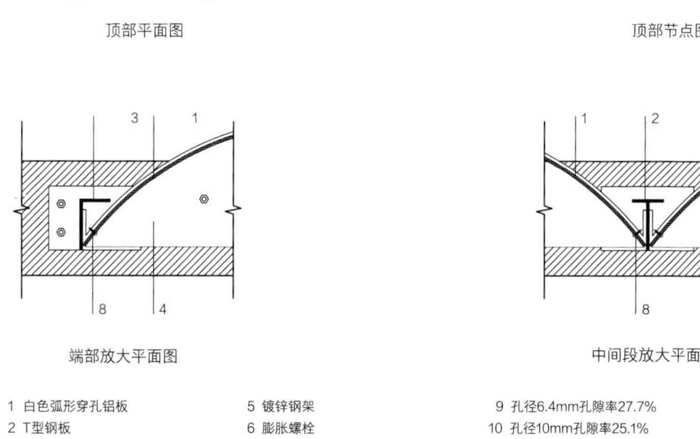

端部放大平面图

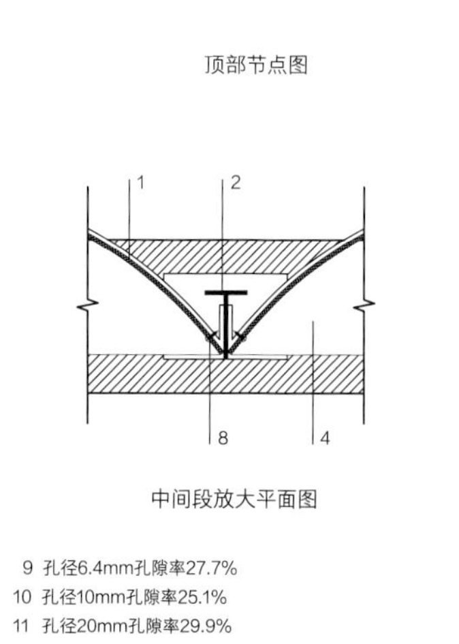

中间段放大平面图

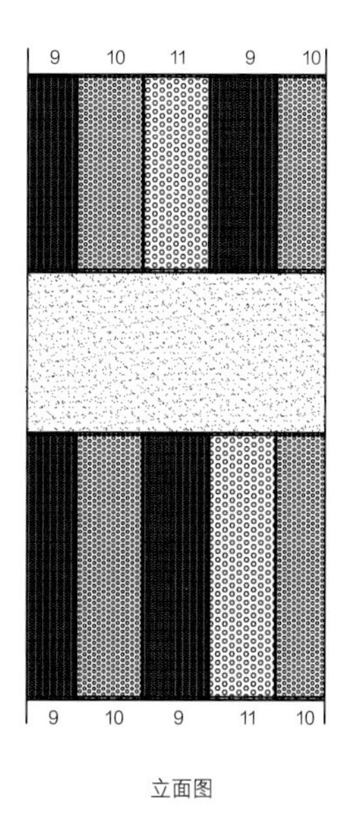

9 10 11 9 10
9 10 9 11 10

立面图

1 白色弧形穿孔铝板
2 T型钢板
3 L型钢板
4 白色铝板
5 镀锌钢架
6 膨胀螺栓
7 密封胶
8 自攻螺栓
9 孔径6.4mm孔隙率27.7%
10 孔径10mm孔隙率25.1%
11 孔径20mm孔隙率29.9%

墙面节点详图

泰安东西门村活化更新

扫码阅读更多视频、图片内容

开发单位：鲁商朴宿（泰安）文化旅游发展有限公司
设计单位：line+建筑事务所 / gad
项目地点：山东省泰安市东西门村
设计 / 建成时间：2019 年 / 2020 年

项目负责人：孟凡浩
主要设计人员
建筑：陶涛，朱敏，胥昊，张尔佳，黄广伟，袁栋，李三见，谢宇庭，郝军，徐天驹，涂单
室内：祝骏，金鑫，邓皓，张思思，邱丽珉，胡晋玮，周昕怡，张宁，王丽婕
景观：李上阳，金剑波，池晓媚，苏陈娟

获奖情况
2021 年 Dezeen Awards 设计大奖室内设计酒店类
2021 年 加拿大 AZ 设计大奖优胜奖
2020 年 美国建筑师协会（AIA）上海卓越设计奖

主要经济技术指标
建筑面积：3591m^2

东西门村隶属于山东省泰安市，位于泰山余脉九女峰脚下，四面环山，峰峦层叠，卧藏于神龙大峡谷，是典型的北方山区村落。之前因交通闭塞、土地贫瘠等问题沦为省级贫困村。12 座破败的石屋，一些残存的石头墙，几座曾经被用作猪圈的生产用房，构成了村落改造的初始条件。在赋予废弃的结构以新的生命力之时，更大的设计挑战在于如何通过存量建筑为乡村盘活新的资源，从而可持续地为乡村带来发展机遇。为此，我们提出双线并行的设计策略：一是针灸式改造，在保持宅基地边界不变的情况下，修复激活存量建筑空间和原有生态环境；二是利用少量的集体建设用地指标打造一组具备媒体引流效应的公共建筑，从而激发流量效应，实现村落的新生。

东西门村的活化更新，是一个根源复杂，集社会、资源、环境问题的多维度过程，涵盖从前期策划和规划、新空间的生成，到后期的产业导入和运营。该项目是典型的国有资本与当地政府合作，并在建筑设计的主导和组织下，与特定的社会语境和政策执行相结合，以设计推动乡村振兴的模式创新，为乡村赋能。

旧毛石的再利用

十二号院与环境融合，与自然对话

八号院建筑框架灵活地围绕被保留的古树展开

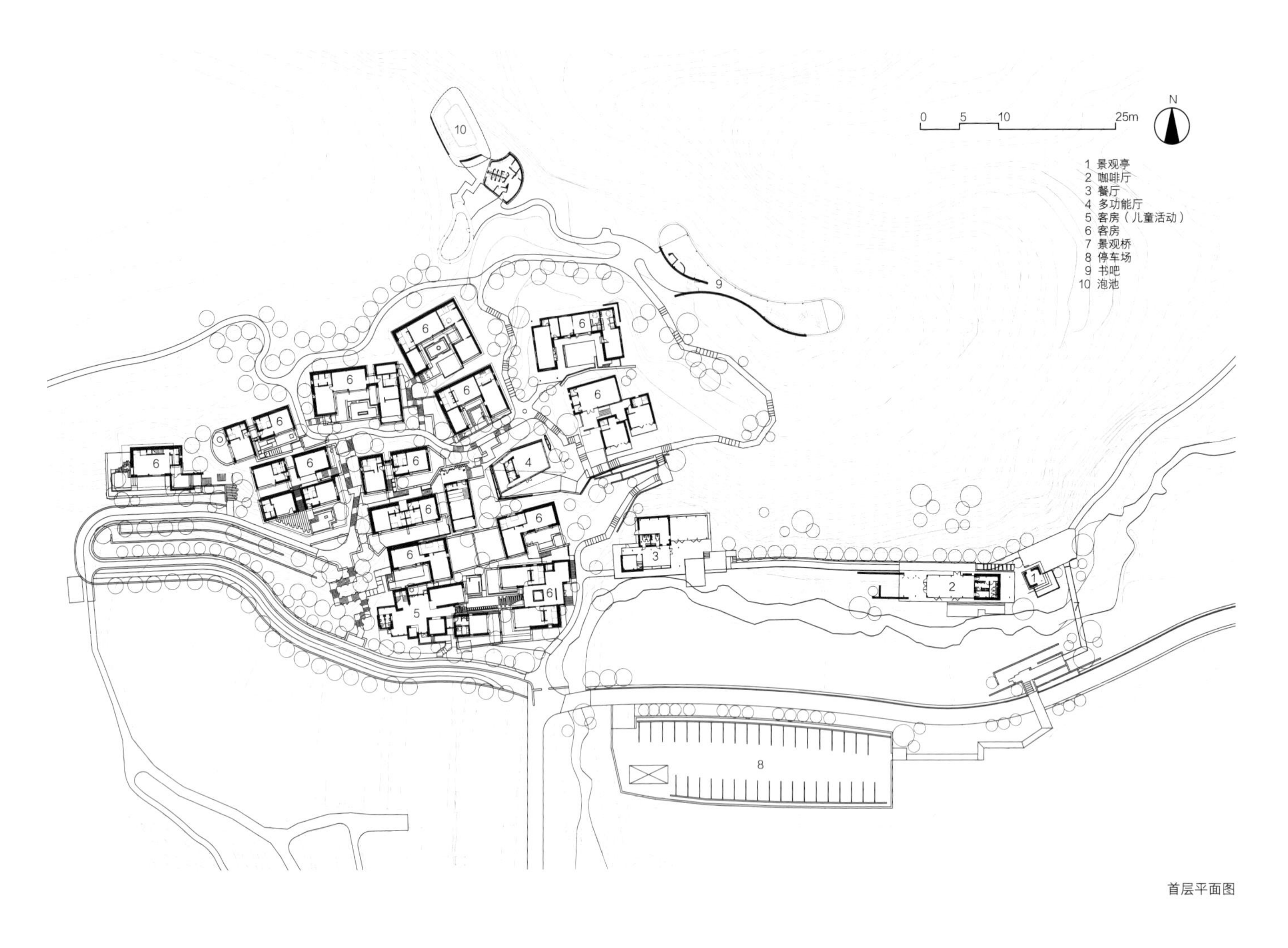
0
5
10
25m
N
1 景观亭
2 咖啡厅
3 餐厅
4 多功能厅
5 客房（儿童活动）
6 客房
7 景观桥
8 停车场
9 书吧
10 泡池

首层平面图

户型平面图（粗黑线为毛石保留部分）

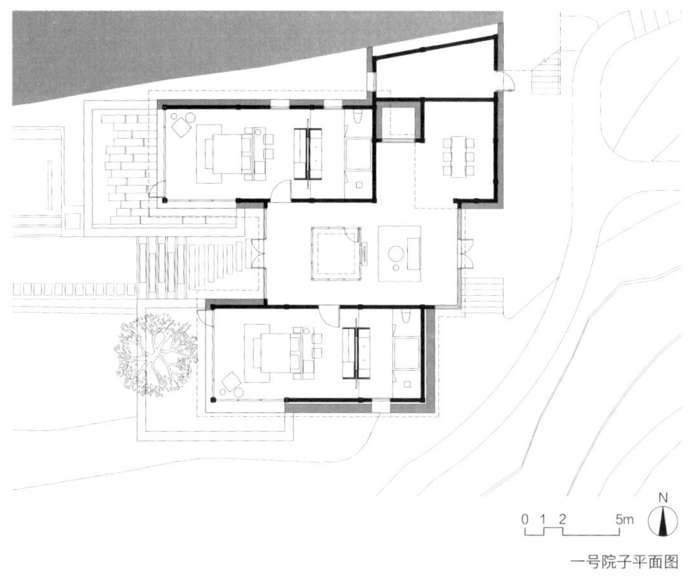
0 1 2 5m
N
一号院子平面图

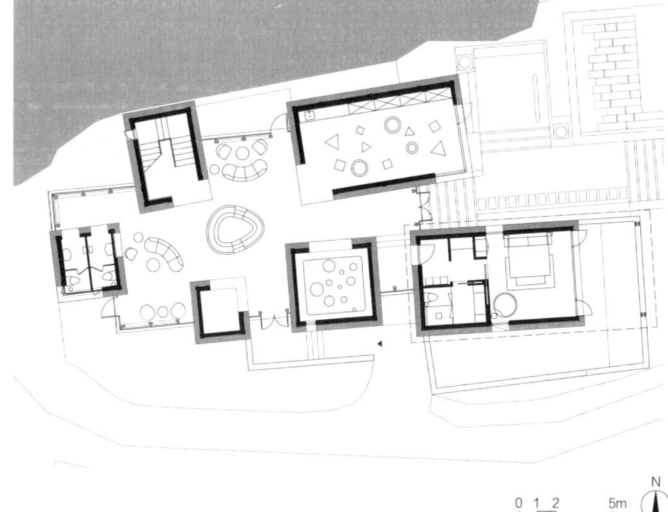
0 1 2 5m
N
三号院子平面图

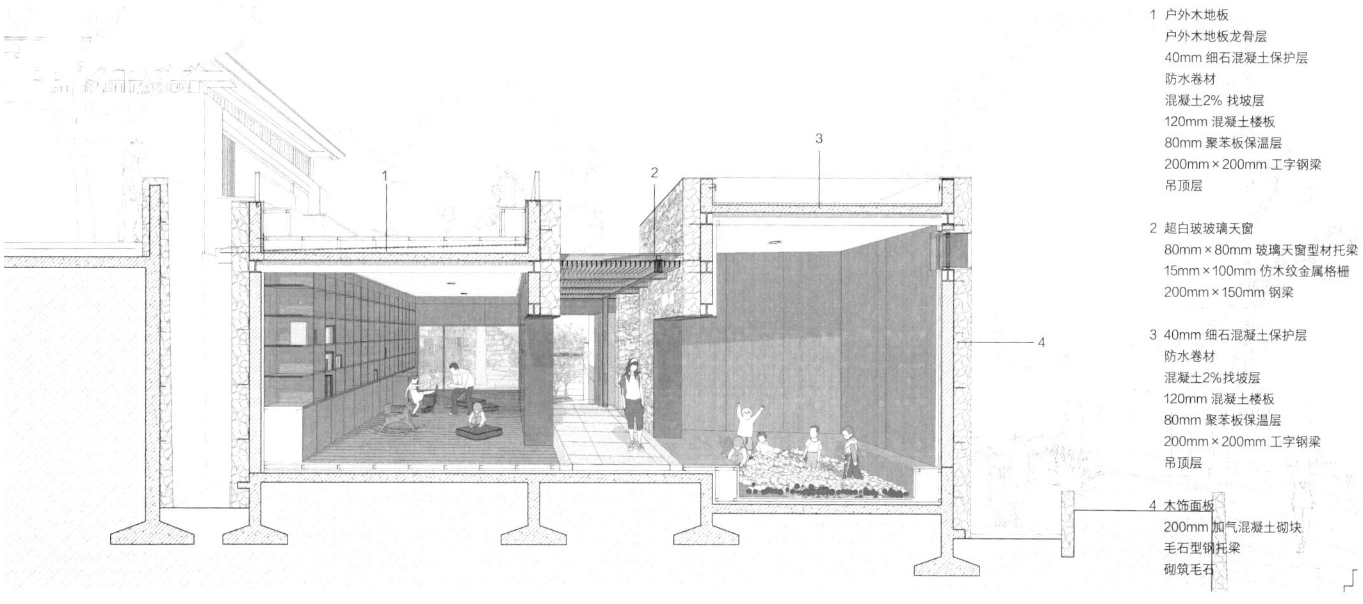
1
2
3
4

1 户外木地板
户外木地板龙骨层
40mm 细石混凝土保护层
防水卷材
混凝土2% 找坡层
120mm 混凝土楼板
80mm 聚苯板保温层
200mm×200mm 工字钢梁
吊顶层

2 超白玻玻璃天窗
80mm×80mm 玻璃天窗型材托梁
15mm×100mm 仿木纹金属格栅
200mm×150mm 钢梁

3 40mm 细石混凝土保护层
防水卷材
混凝土2%找坡层
120mm 混凝土楼板
80mm 聚苯板保温层
200mm×200mm 工字钢梁
吊顶层

4 木饰面板
200mm 加气混凝土砌块
毛石型钢托梁
砌筑毛石

三号院子剖透视分析

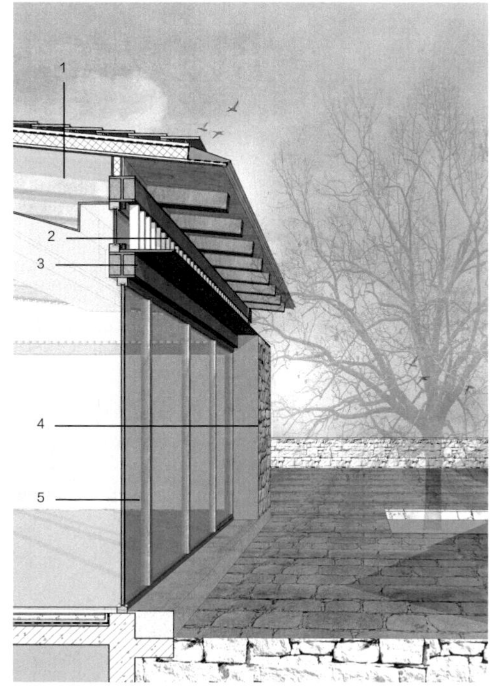
1
2
3
4
5

1
2
3

1 石板瓦屋面
30mm×30mm木挂瓦条
1.5mm配高密度聚乙烯膜自粘橡胶化
沥青防水卷材（自愈型）两道
30mm×30mm木顺水条
8mm砂浆硬化层
轻钢龙骨+聚苯颗粒加气混凝土填实
20mm木望板
钢木檩条

2 木格栅30mm×70mm，中心间距120mm
Low-E玻璃高窗

3 工字钢氟碳漆表面嵌装饰木条

4 10mm钢板包边

5 Low-E中空玻璃窗

6 木饰面板
200mm加气混凝土砌块
20mm防水砂浆
80mm聚苯板保温层
砌筑毛石

标准墙身大样

汤山云夕博物纪温泉酒店

扫码阅读更多视频、图片内容

开发单位：南京汤山建设投资发展有限公司
设计单位：张雷联合建筑事务所
项目地点：江苏省南京市江宁区汤山镇
设计 / 建成时间：2017 年 / 2020 年

项目负责人：张雷，戚威
主要设计人员
建筑：王亮，金海波
室内：马海依，杜月，刘平，朱文健，黄荣
景观：赵敏，姜志远，陈隽隽
施工图单位：南京大学建筑规划设计研究院有限公司

主要经济技术指标
用地面积：$47900m^2$　　建筑面积：$5500m^2$

建筑与环境融合的场所精神以及空间的纪念性是建筑学一直以来关注的核心范畴，来自对环境、空间、功能、结构等现实问题的朴素解决。

云夕博物纪温泉酒店位于南京汤山直立人遗址博物馆西南侧，基地是一处废弃的采石宕口。用地形整理、基础开挖的石料加上著名的汤山白水泥建造一个温泉酒店，是从在地物质性开始的可持续空间探索，以汤山地质公园的大地史和南京猿人的人类史为线索，云夕博物纪温泉酒店的建筑空间通过 3 条轴线消失于自然，营造了未来废墟般的当代性历史场所。从汤山直立人神秘的人类起源，到云夕博物纪温泉酒店浪漫的基本建筑原型空间，时间对空间的连接和修复润物无声、永不停息。

宕口中的石头聚落

主入口门廊

白石头、白水泥建筑

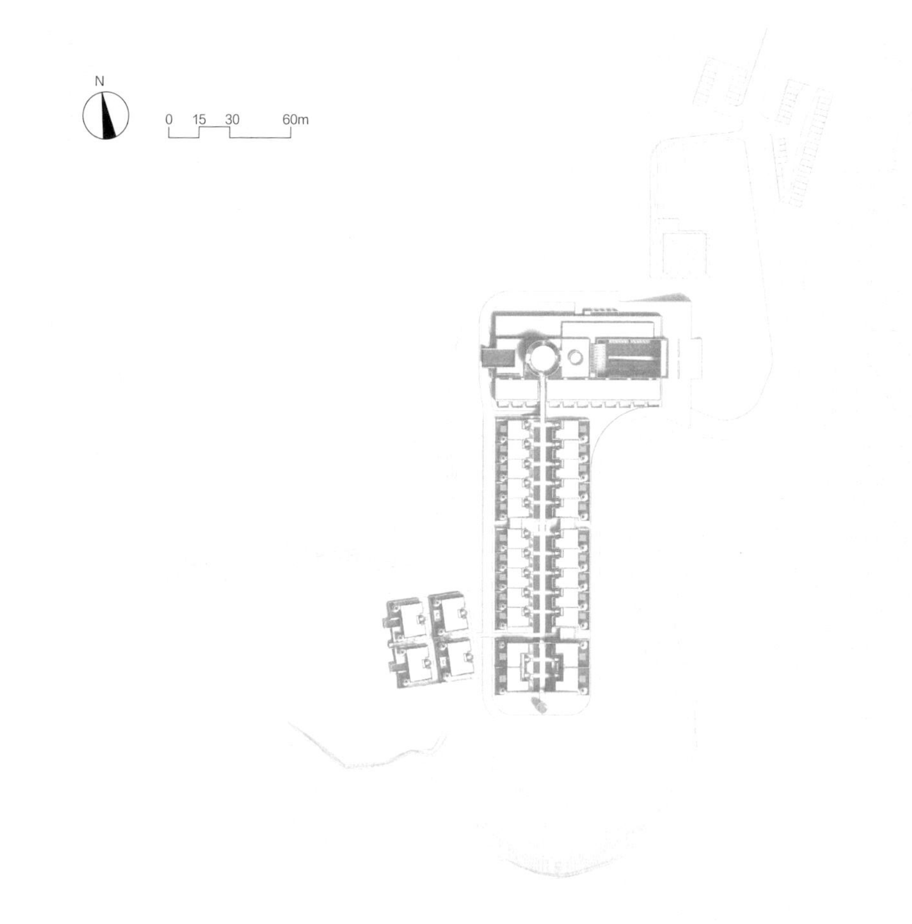
N
0 15 30 60m

总平面图

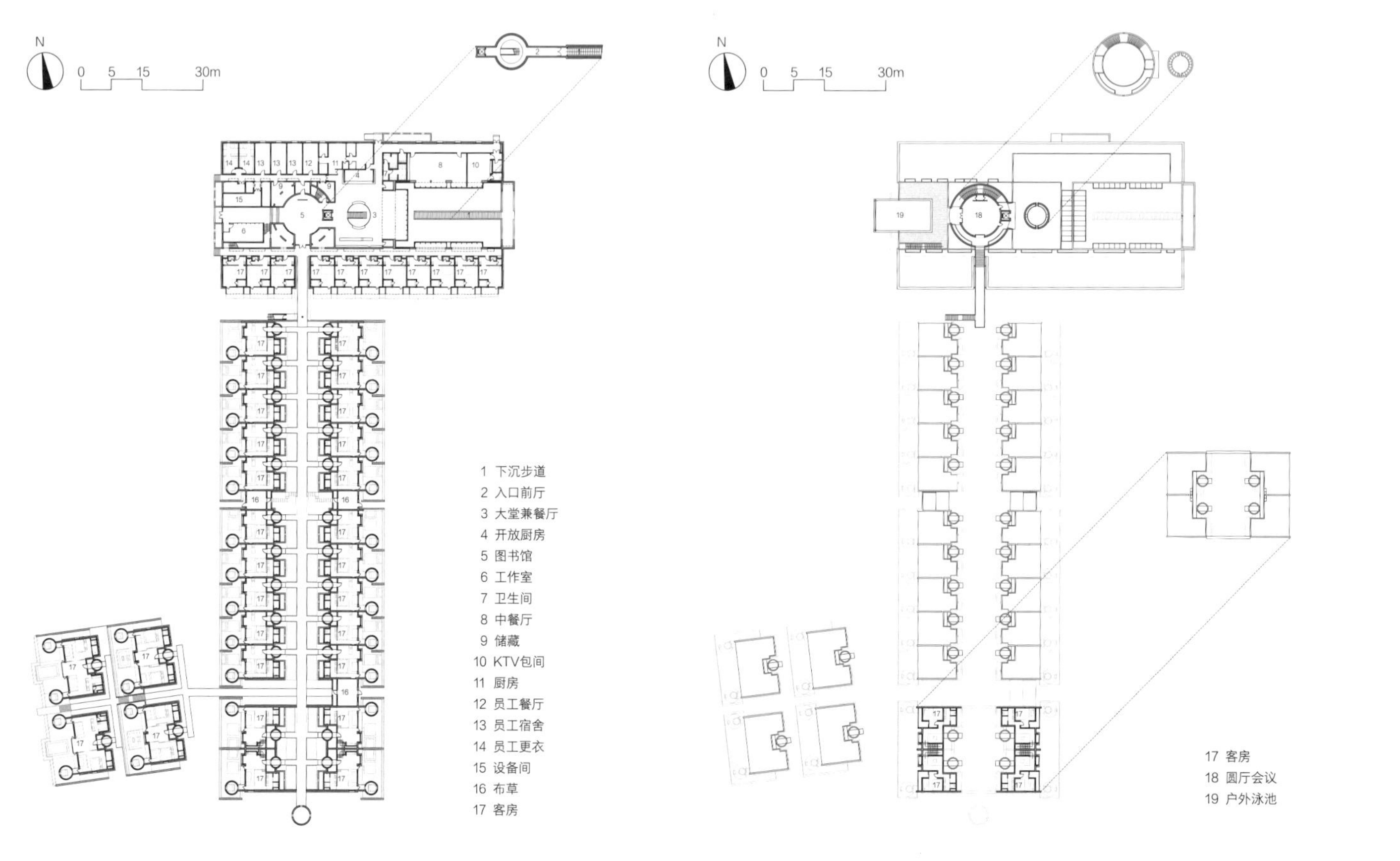
N
0 5 15 30m
1 下沉步道
2 入口前厅
3 大堂兼餐厅
4 开放厨房
5 图书馆
6 工作室
7 卫生间
8 中餐厅
9 储藏
10 KTV包间
11 厨房
12 员工餐厅
13 员工宿舍
14 员工更衣
15 设备间
16 布草
17 客房
N
0 5 15 30m
17 客房
18 圆厅会议
19 户外泳池

一层平面图

二层平面图

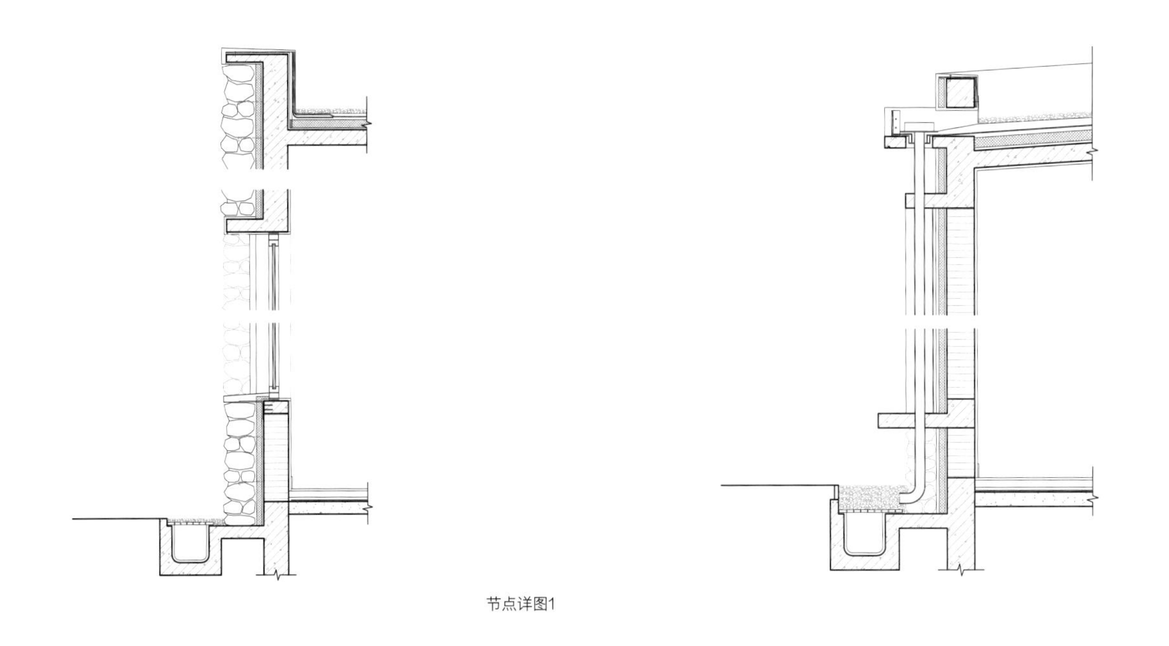

节点详图1

节点详图2

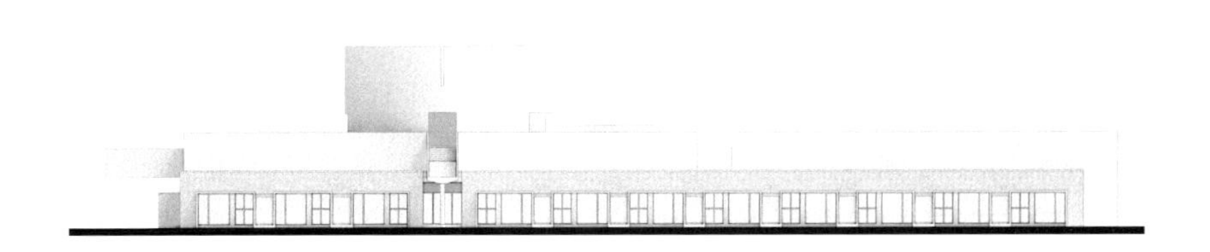

立面图

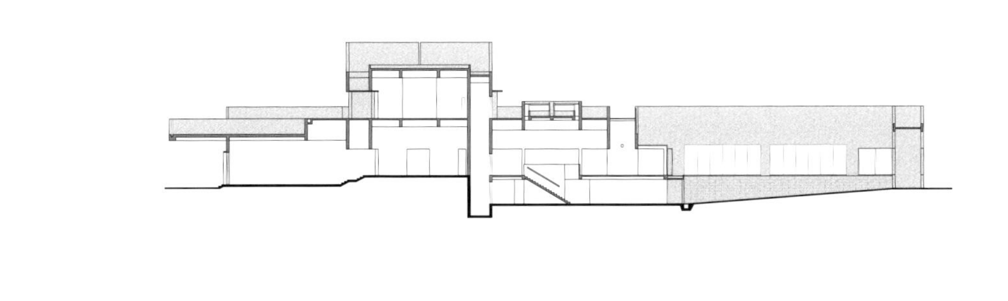

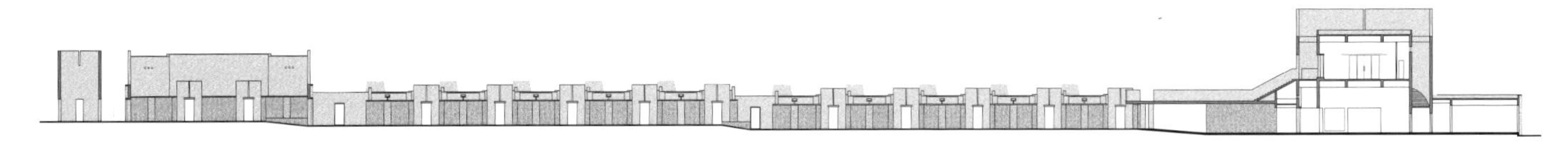

剖面图

瞻院

扫码阅读更多内容

开发单位：大隐于世精品民宿
设计单位：微建筑工作室
项目地点：北京市延庆区
设计 / 建成时间：2018 年 / 2019 年

项目负责人：戴海飞，张燕平
主要设计人员：戴海飞，张燕平，齐玥

主要经济技术指标
用地面积：365m^2　　建筑面积：270m^2
容积率：0.74　　建筑密度：49%
绿地率：3%

本项目是位于北京延庆后黑龙庙村的一栋民宿。项目所在地是很普通的京郊村庄，最独特的风景是北边的海坨山和南边的官厅水库。

我们是从“看”这个行为出发来做这个设计的。我们把民宿理解成城市向农村回望的一个场所。我们期望人们站在天台可以越过后面的院子直接观赏到北面的海坨山，所以把房子北边的体量稍稍抬起，遮挡后面的院子，在视觉上拉近人与山之间的距离，同样的方式也用在南面的体量，所以得到了一个两端翘中间低的弧形屋面。我们在房子里加了 5 个庭院，希望人们能通过庭院看到天空，同时让光线进入房间，形成向内的空间。我们在公共区域东面的红砖墙上开了一些不规律的小洞，让从这里经过的村民能够通过这些小窗看到里面城市来的客人们的一些活动，期望这两个群体在视线上有一些接触，相互了解各自的生活状态。

实景1

实景2

实景3

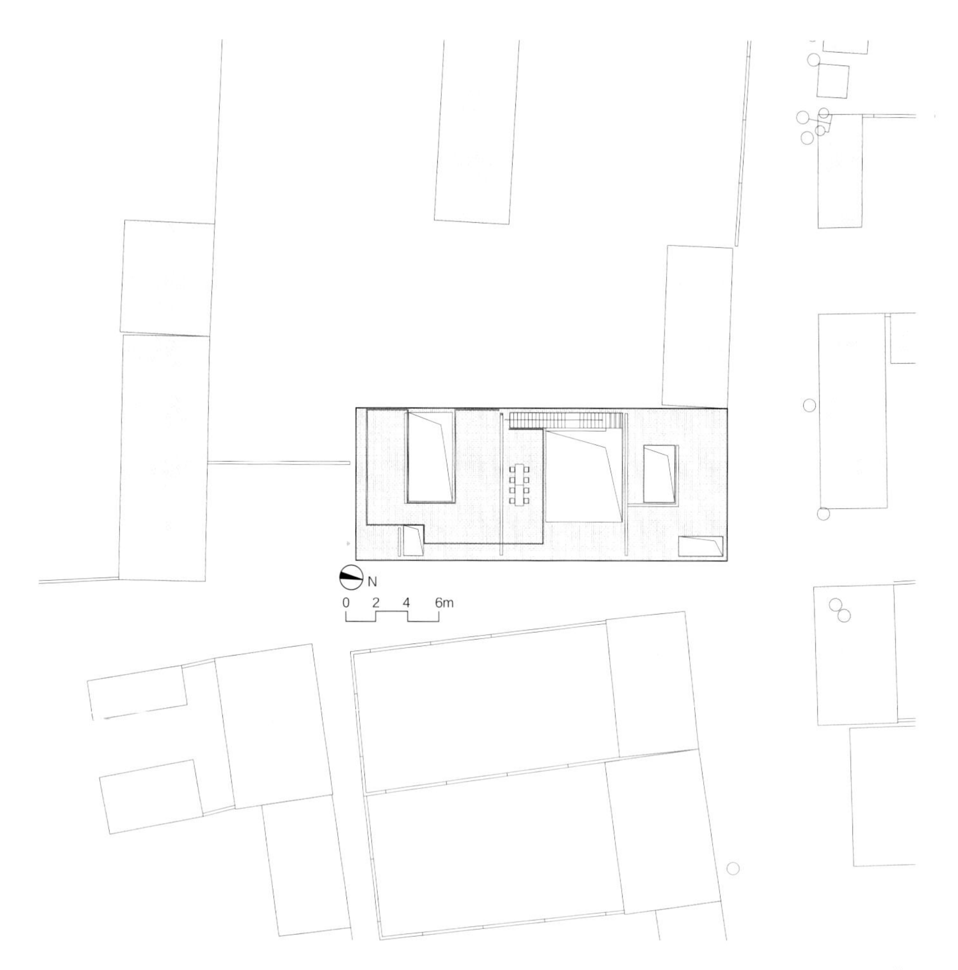
N
0 2 4 6m

总平面示意图

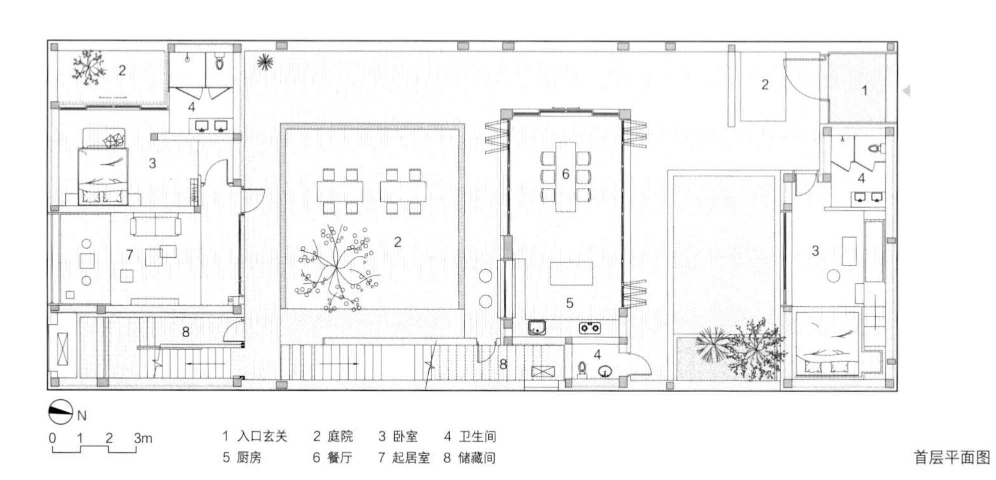
N
0 1 2 3m
1 入口玄关 2 庭院 3 卧室 4 卫生间
5 厨房 6 餐厅 7 起居室 8 储藏间

首层平面图

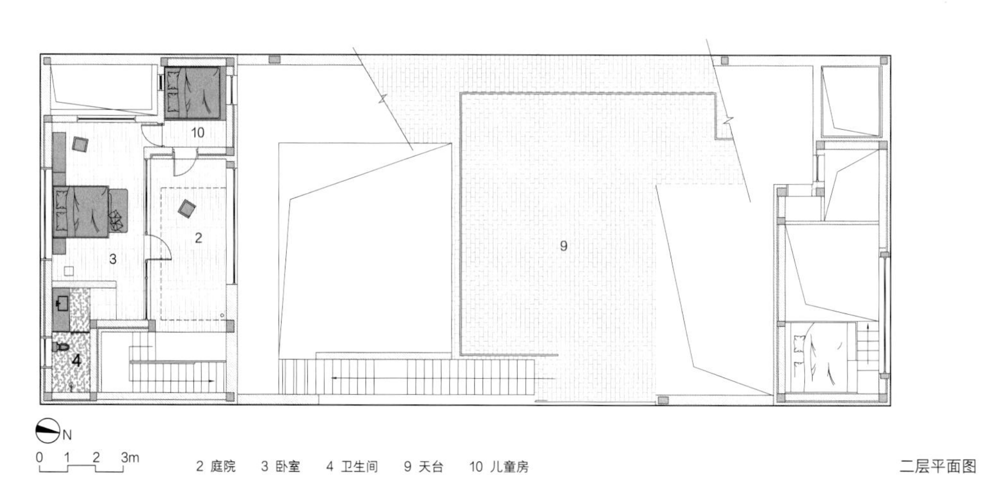
N
0 1 2 3m
2 庭院 3 卧室 4 卫生间 9 天台 10 儿童房

二层平面图

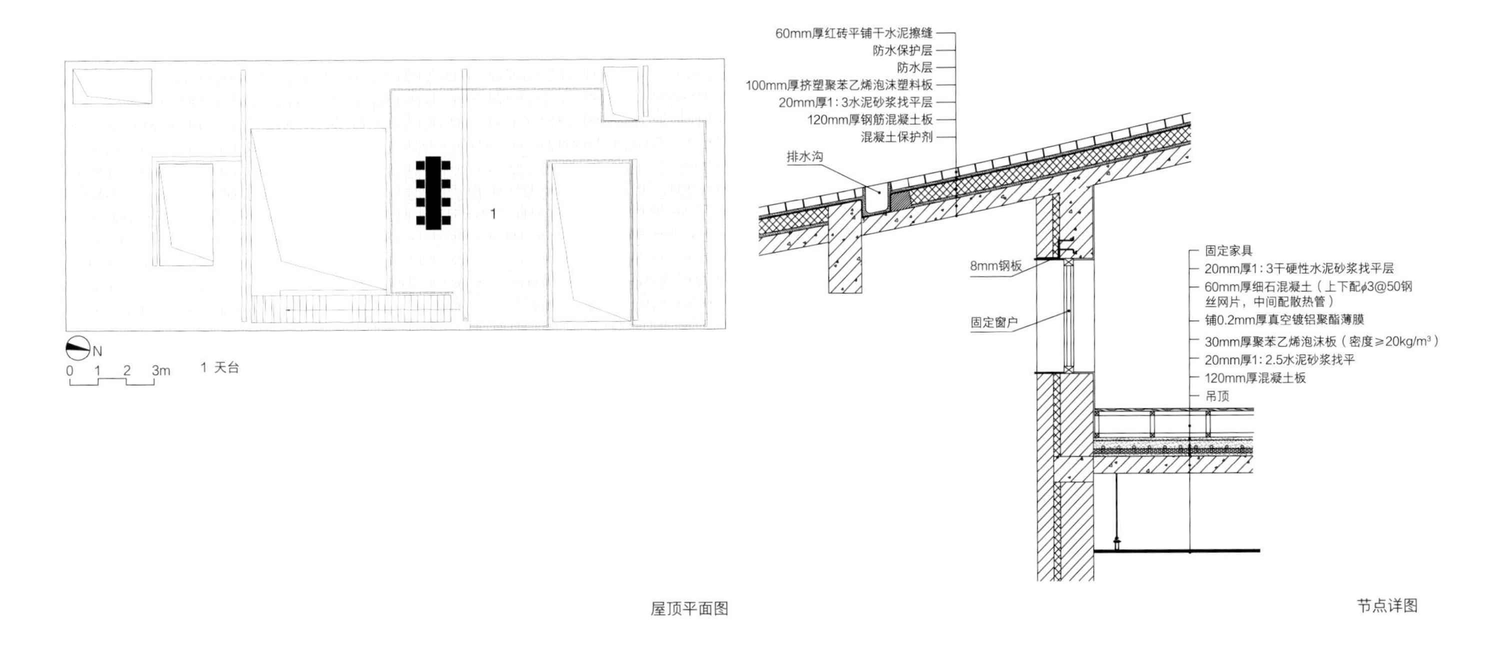
1
N
0 1 2 3m
1 天台
60mm厚红砖平铺干水泥擦缝
防水保护层
防水层
100mm厚挤塑聚苯乙烯泡沫塑料板
20mm厚1:3水泥砂浆找平层
120mm厚钢筋混凝土板
混凝土保护剂
排水沟
8mm钢板
固定窗户
固定家具
20mm厚1:3干硬性水泥砂浆找平层
60mm厚细石混凝土（上下配ϕ3@50钢丝网片，中间配散热管）
铺0.2mm厚真空镀铝聚酯薄膜
30mm厚聚苯乙烯泡沫板（密度≥20kg/m³）
20mm厚1:2.5水泥砂浆找平
120mm厚混凝土板
吊顶

屋顶平面图

节点详图

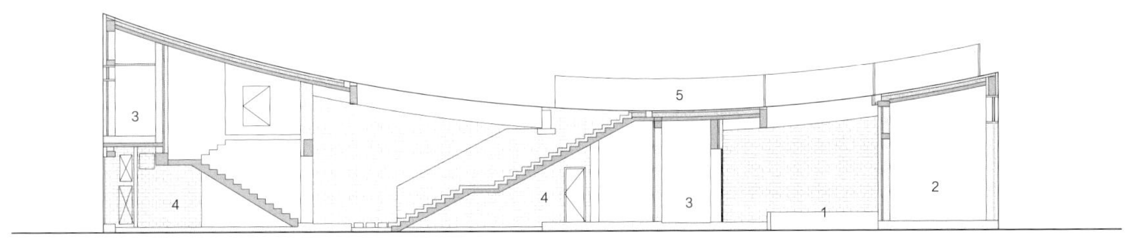
5
3
4
4
3
1
2

1 庭院 2 卧室 3 卫生间 4 储藏间 5 天台

剖面图1

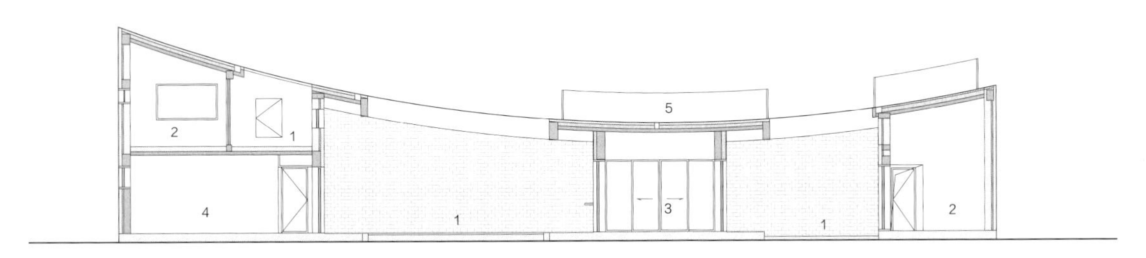
5
2
1
4
1
3
1
2

1 庭院 2 卧室 3 餐厅 4 起居室 5 天台

剖面图2

CONTEMPORARY
CHINESE ARCHITECTURE
RECORDS
当代中国建筑实录

体育

冰丝带 / 北京冬奥会国家速滑馆
雪游龙 / 北京冬奥会国家雪车雪橇中心
五棵松冰上运动中心
南方科技大学体育馆

冰丝带 / 北京冬奥会国家速滑馆

扫码阅读更多视频、图片内容

开发单位：北京国家速滑馆经营有限责任公司
设计单位：北京市建筑设计研究院有限公司（初步设计、施工图）
项目地点：北京市朝阳区
设计 / 建成时间：2017 年 / 2021 年

项目负责人：郑方

获奖情况
2019 年 第十三届第二批中国钢结构金奖
2020 年 第十一届“创新杯”建筑信息模型（BIM）应用大赛一等奖
2021 年 中国建筑防水协会科学技术奖 技术进步奖一等奖

主要经济技术指标

用地面积：166000m^2	建筑面积：126000m^2
容积率：0.17	建筑密度：20.4%
绿地率：26.9%	停车位：1100 个
建筑高度：33.8m（最高点）	看台座席：12060 个

国家速滑馆（冰丝带）的设计概念来源于针对冰上场馆的可持续发展策略，包括 3 个相互关联的系统性目标：①建立集约的冰场空间以控制建筑体积，实现节能运行；②采用高性能的钢索结构、轻质屋面、幕墙体系以节约用材；③使用可再生能源，降低温室气体排放等。这些目标由数字几何建构、超大跨度索网找形与模拟、自由曲面幕墙拟合、金属单元柔性屋面等创新技术支持，实现动感轻盈的建筑效果、轻质高效的结构体系和绿色节能技术的统一，建立面向可持续发展的冰上场馆技术与设计体系。从数字模型开始，三维信息持续贯穿于设计计算、工艺构造、模拟实验、生产制造、现场安装、健康监测和运行维护等全过程。

实景1

实景2

实景3

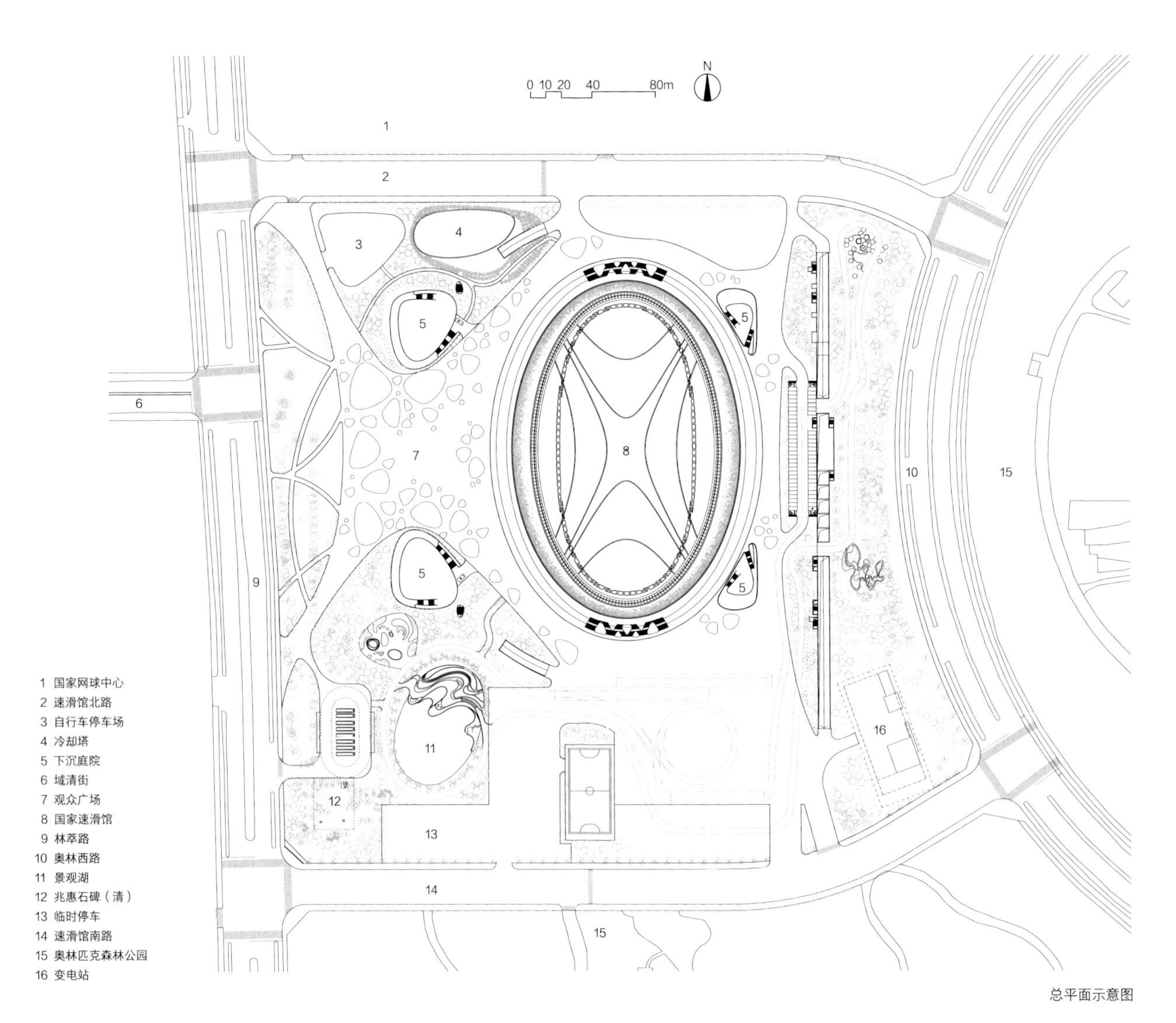
0 10 20 40 80m
N
1 国家网球中心
2 速滑馆北路
3 自行车停车场
4 冷却塔
5 下沉庭院
6 域清街
7 观众广场
8 国家速滑馆
9 林萃路
10 奥林西路
11 景观湖
12 兆惠石碑（清）
13 临时停车
14 速滑馆南路
15 奥林匹克森林公园
16 变电站
总平面示意图

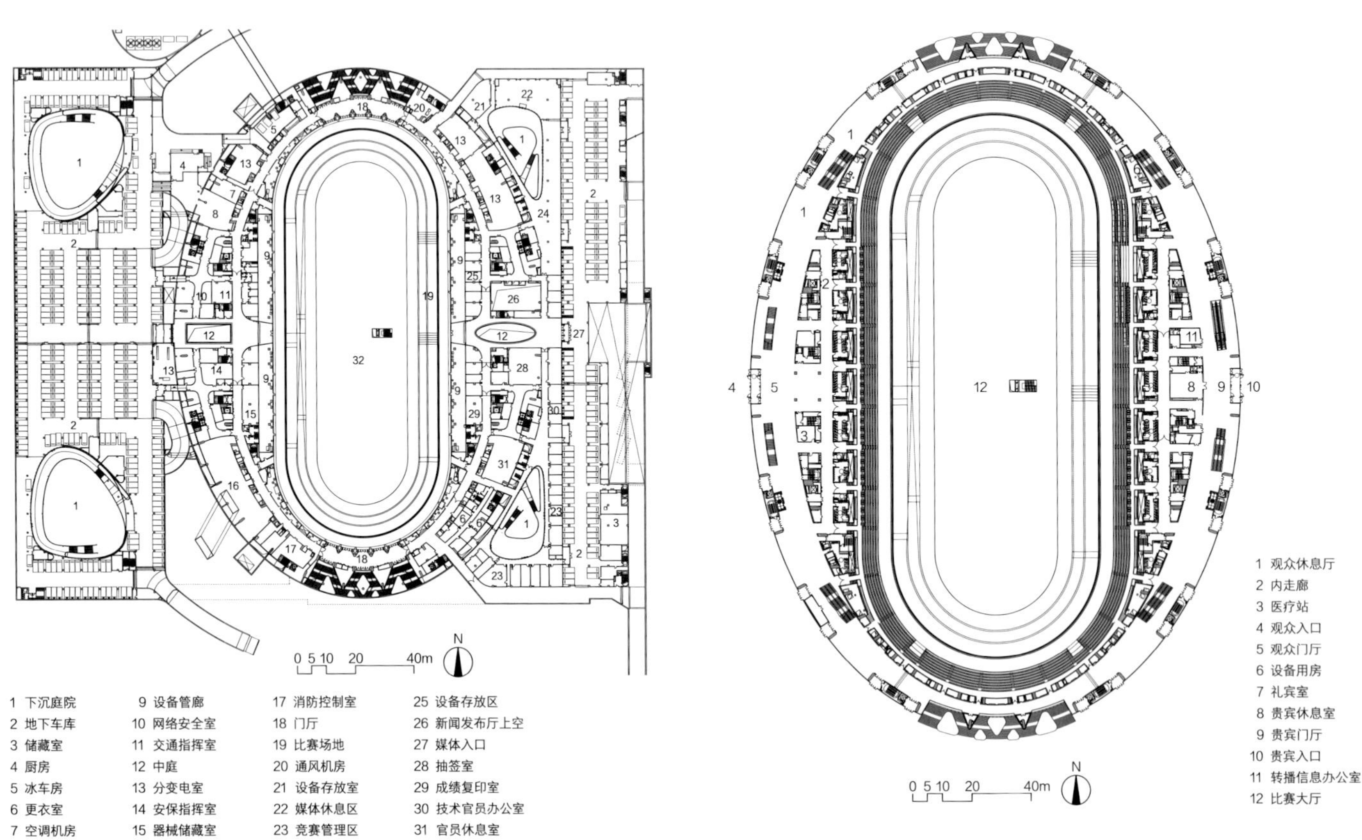
0 5 10 20 40m
N
1 下沉庭院
2 地下车库
3 储藏室
4 厨房
5 冰车房
6 更衣室
7 空调机房
8 餐厅
9 设备管廊
10 网络安全室
11 交通指挥室
12 中庭
13 分变电室
14 安保指挥室
15 器械储藏室
16 主变电室
17 消防控制室
18 门厅
19 比赛场地
20 通风机房
21 设备存放室
22 媒体休息区
23 竞赛管理区
24 摄影记者区
25 设备存放区
26 新闻发布厅上空
27 媒体入口
28 抽签室
29 成绩复印室
30 技术官员办公室
31 官员休息室
32 内场
0 5 10 20 40m
N
1 观众休息厅
2 内走廊
3 医疗站
4 观众入口
5 观众门厅
6 设备用房
7 礼宾室
8 贵宾休息室
9 贵宾门厅
10 贵宾入口
11 转播信息办公室
12 比赛大厅
地下一层平面图

首层平面图

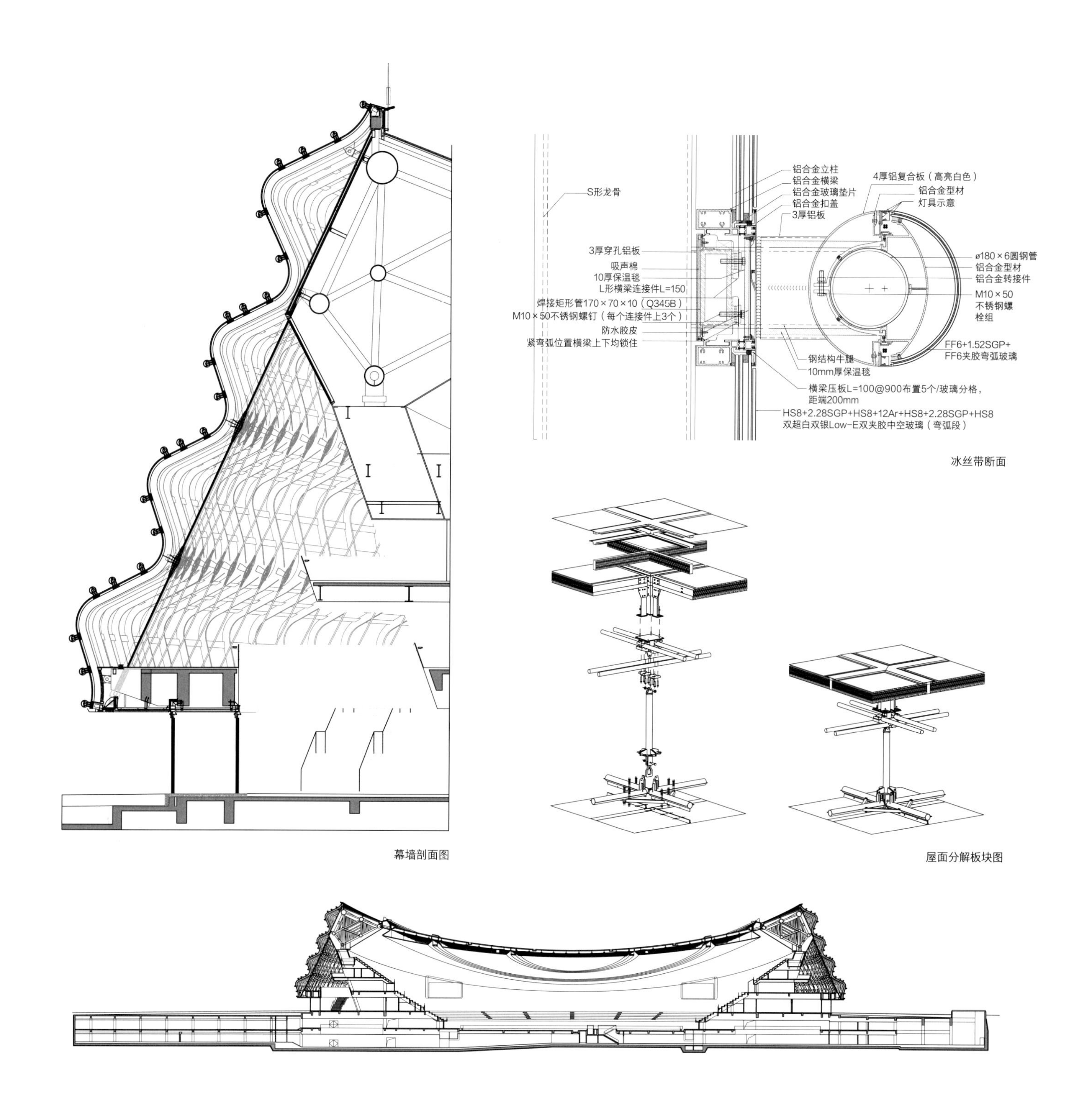
S形龙骨
铝合金立柱
铝合金横梁
铝合金玻璃垫片
铝合金扣盖
3厚铝板
4厚铝复合板（高亮白色）
铝合金型材
灯具示意
3厚穿孔铝板
吸声棉
10厚保温毯
L形横梁连接件L=150
焊接矩形管170×70×10（Q345B）
M10×50不锈钢螺钉（每个连接件上3个）
防水胶皮
紧弯弧位置横梁上下均锁住
ø180×6圆钢管
铝合金型材
铝合金转接件
M10×50
不锈钢螺
栓组
FF6+1.52SGP+
FF6夹胶弯弧玻璃
钢结构牛腿
10mm厚保温毯
横梁压板L=100@900布置5个/玻璃分格，
距端200mm
HS8+2.28SGP+HS8+12Ar+HS8+2.28SGP+HS8
双超白双银Low-E双夹胶中空玻璃（弯弧段）

冰丝带断面

幕墙剖面图

屋面分解板块图

剖面图1

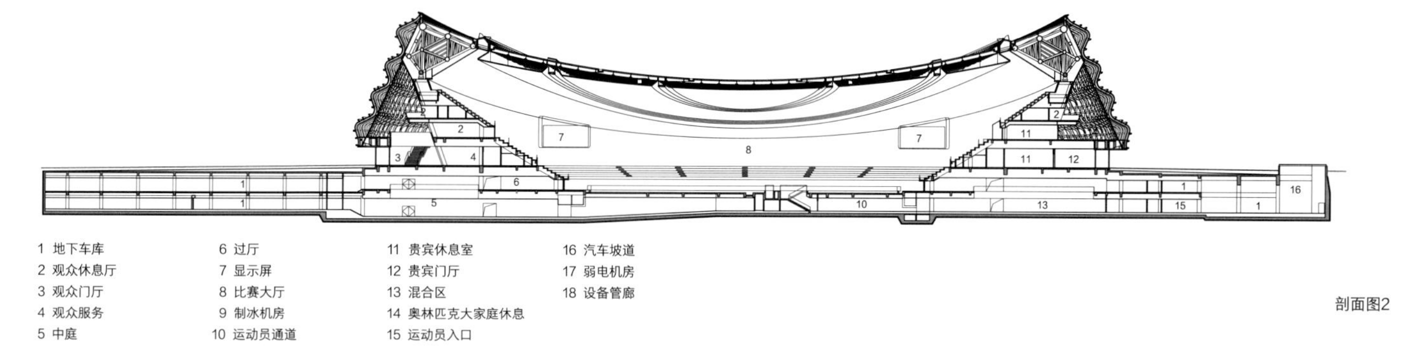
1 地下车库
2 观众休息厅
3 观众门厅
4 观众服务
5 中庭
6 过厅
7 显示屏
8 比赛大厅
9 制冰机房
10 运动员通道
11 贵宾休息室
12 贵宾门厅
13 混合区
14 奥林匹克大家庭休息
15 运动员入口
16 汽车坡道
17 弱电机房
18 设备管廊

剖面图2

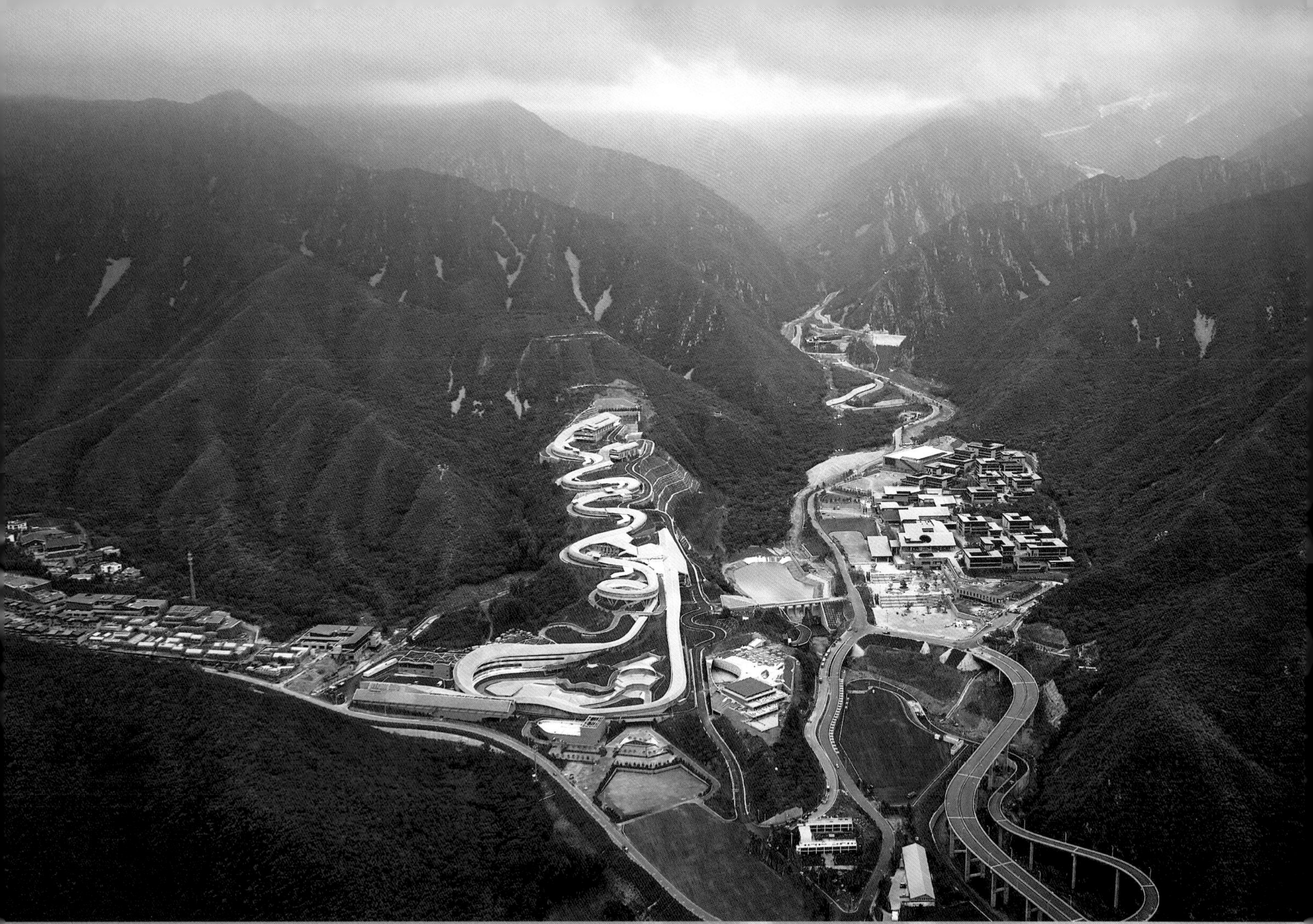
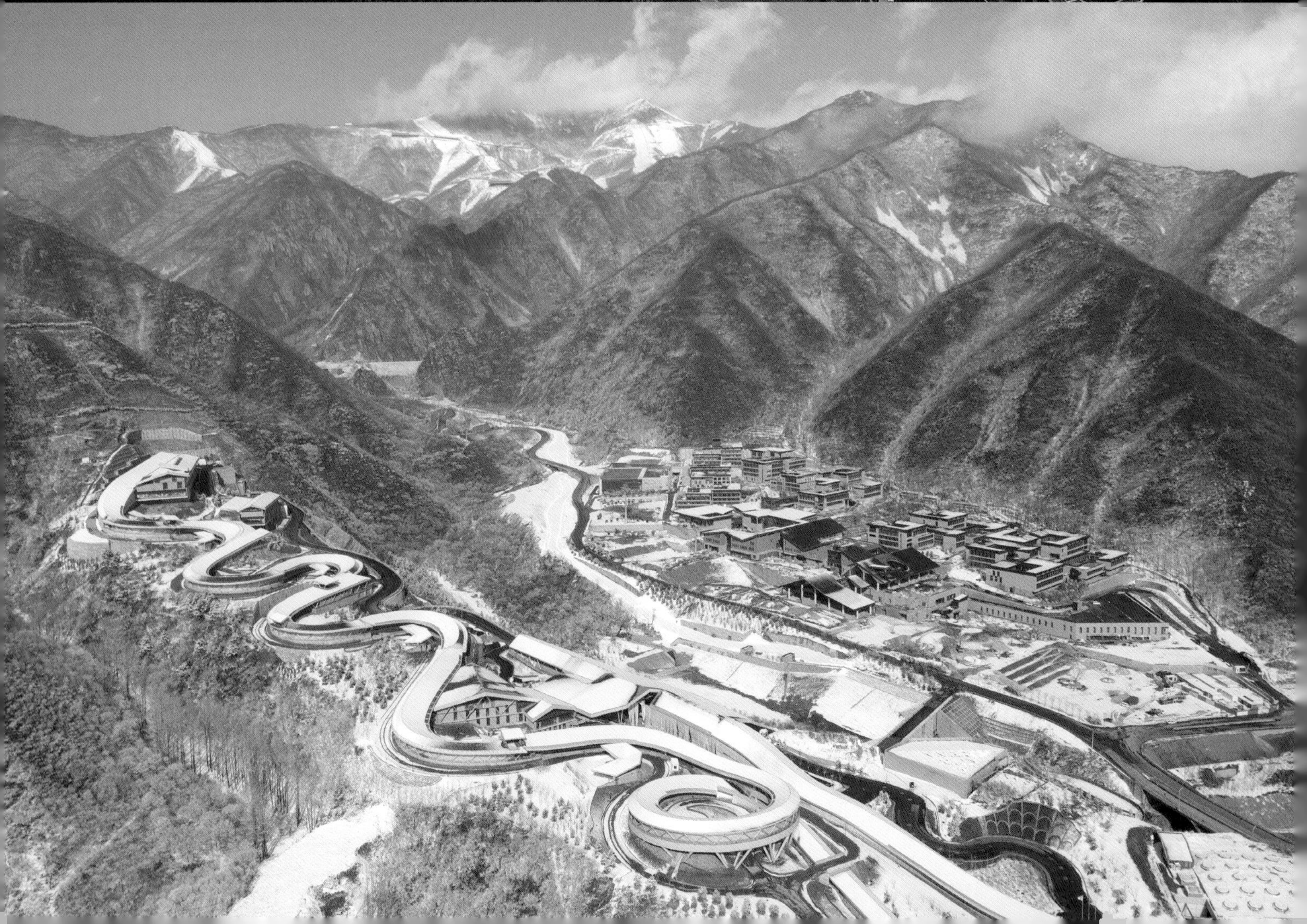

雪游龙 / 北京冬奥会国家雪车雪橇中心

扫码阅读更多视频、图片内容

开发单位：北京北控京奥建设有限公司
设计单位：中国建筑设计研究院有限公司
项目地点：北京市延庆区
设计 / 建成时间：2017 年 / 2021 年

项目负责人：李兴钢，邱涧冰，张玉婷
主要设计人员
建筑：张玉婷，刘紫骐　　总图：高治
结构：任庆英，刘文斑　　机电：申静，祝秀娟，王旭
室内：曹阳　　景观：关午军，史丽秀
照明：丁志强

主要经济技术指标
用地面积：166400m²　　建筑面积：105073m²
绿地率：15%　　停车位：197 个

国家雪车雪橇中心是北京 2022 年冬奥会雪车、钢架雪车、雪橇项目比赛场地。位于北京 2022 年冬奥会延庆赛区南区，赛道全长 1975m，垂直落差超过 121m，共有 16 个弧度、坡度不同的弯道，场馆以赛道为主干，与出发区、结束区等核心功能区紧密结合，从北至南、由高到低依次布置于赛道两侧。观众主广场位于南侧赛道所形成的围合区域，利用天然地形形成观众看台。

国家雪车雪橇中心开启多个国内首创，打造可持续的冬奥样板工程，拥有超大尺度的 360° 螺旋弯道。研发“地形气候保护系统”，有效保护赛道冰面免于受到各种气候因素影响，确保赛事高质量进行，并最大限度降级能源消耗。赛道的成型得力于喷射混凝土浇筑工艺的研发，并通过中国喷射手们的毫米级施工精度，一次性完成赛道混凝土喷射。中国第一条具备世界领先水平的雪车雪橇赛道横空出世。

赛道

出发区2外景

俯瞰雪车雪橇屋顶步道

轴测图

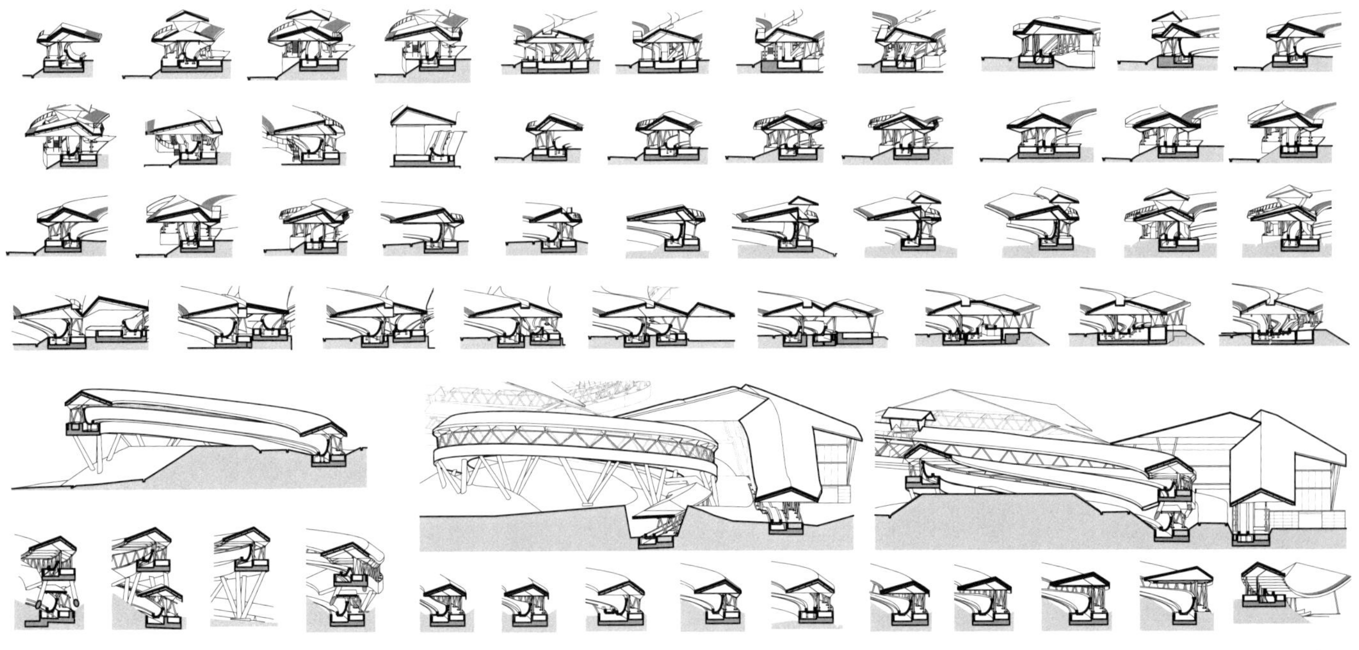
剖面图

1
2
3
4
5
6
7
8
9
1 出发区1
2 出发区2
3 出发区3
4 螺旋弯
5 运营及后勤综合区
6 训练道冰屋及团队车库
7 观众主场区
8 制冷机房
9 结束区
0
20
50
100m
N

五棵松冰上运动中心

扫码阅读更多内容

开发单位：北京五棵松文化体育中心有限公司
设计单位：北京市建筑设计研究院有限公司 朱小地工作室
项目地点：北京市海淀区复兴路 69 号
设计 / 建成时间：2017 年 / 2020 年

项目负责人：朱小地
主要设计人员：朱小地，汪大炜，朱勇，张哲鹏，孙彦亮，章礽然，张昕，韩双，景阳，刘雯静

获奖情况
2019 年 中国建筑工程钢结构金奖

主要经济技术指标
用地面积：$17000m^2$ 建筑面积：$38960m^2$
建筑密度：78% 停车位：118 个
绿地率：35%

人类喜好运动并从运动中获得快乐源于天性。从这个意义上说，体育场馆既是运动竞技的空间，也是表达情感的圣殿。而且对于场景的体验是在人们进入场馆之前，对建筑的理解从外部就已经开始了。

五棵松冰上运动中心是 2022 年冬奥会的冰球比赛训练场馆，项目紧邻长安街，位于北京五棵松文化体育中心的东南角，建筑面积 $38960m^2$。建筑造型如同一片片飘落的“冰菱花”聚合而成的冰雪纹理形象，将冰雪纹理的幕墙符号与形式同构的建筑结构在空间中相互交织透叠，由此唤起冰雪运动的象征意义，点燃人们对冬奥会、对冰雪运动的热情与期盼。

本项目已获得中国绿色建筑三星设计标识，并按超低能耗标准设计和建造，是目前全国最大体量的超低能耗体育场馆。

实景1

实景2

实景3

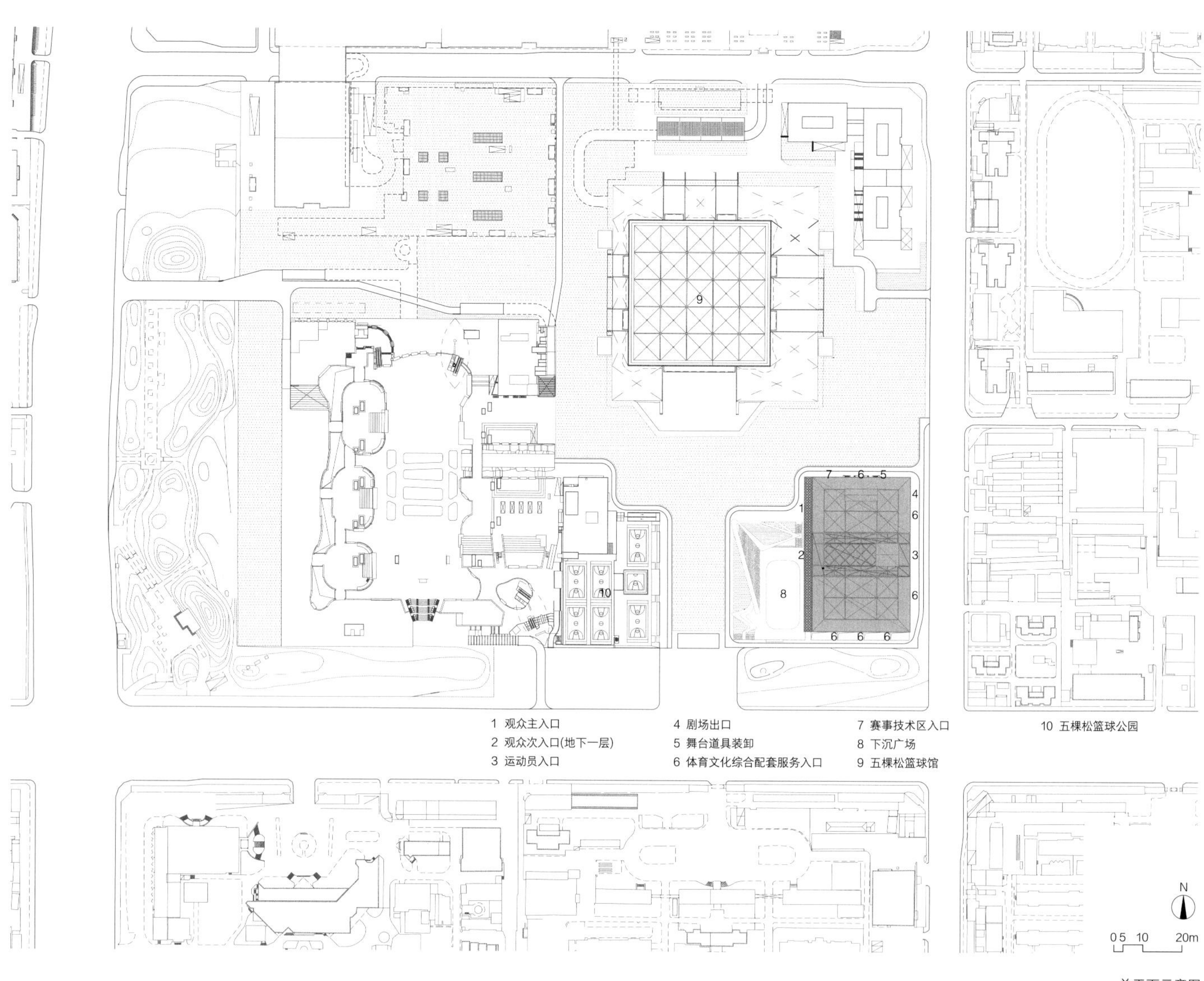
1 观众主入口
2 观众次入口(地下一层)
3 运动员入口
4 剧场出口
5 舞台道具装卸
6 体育文化综合配套服务入口
7 赛事技术区入口
8 下沉广场
9 五棵松篮球馆
10 五棵松篮球公园
N
0 5 10 20m

总平面示意图

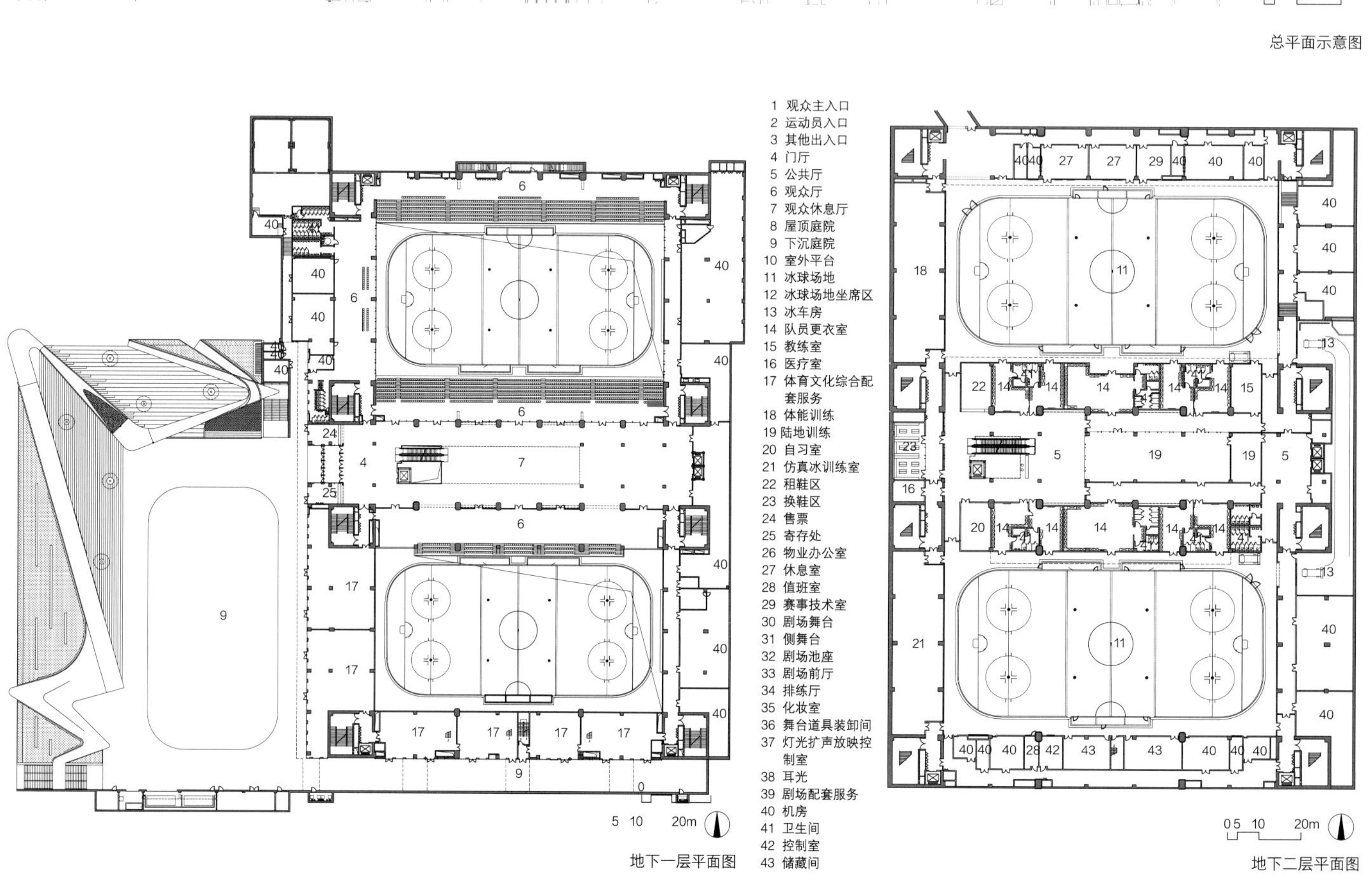
1 观众主入口
2 运动员入口
3 其他出入口
4 门厅
5 公共厅
6 观众厅
7 观众休息厅
8 屋顶庭院
9 下沉庭院
10 室外平台
11 冰球场地
12 冰球场地坐席区
13 冰车房
14 队员更衣室
15 教练室
16 医疗室
17 体育文化综合配套服务
18 体能训练
19 陆地训练
20 自习室
21 仿真冰训练室
22 租鞋区
23 换鞋区
24 售票
25 寄存处
26 物业办公室
27 休息室
28 值班室
29 赛事技术室
30 剧场舞台
31 侧舞台
32 剧场池座
33 剧场前厅
34 排练厅
35 化妆室
36 舞台道具装卸间
37 灯光扩声放映控制室
38 耳光
39 剧场配套服务
40 机房
41 卫生间
42 控制室
43 储藏间
0 5 10 20m

地下一层平面图

地下二层平面图

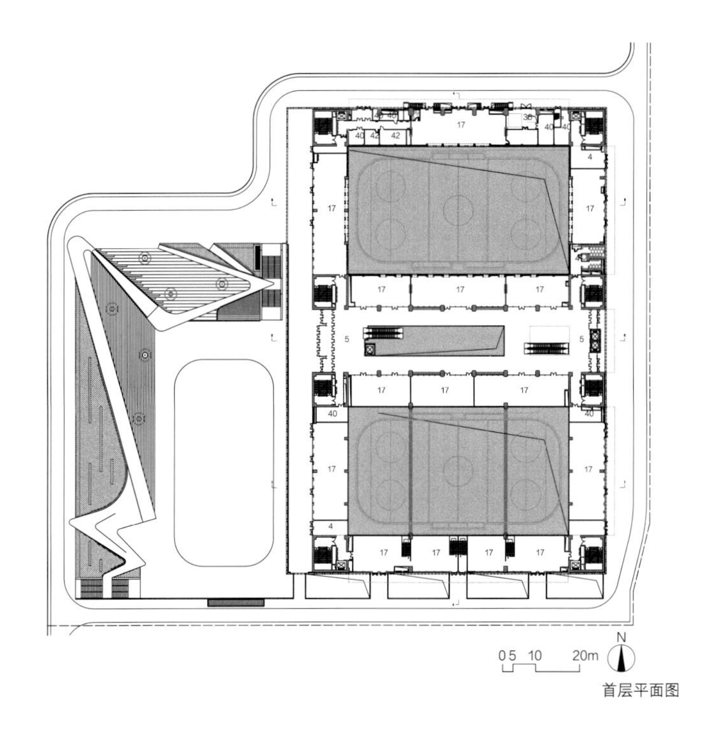
0 5 10 20m
N

首层平面图

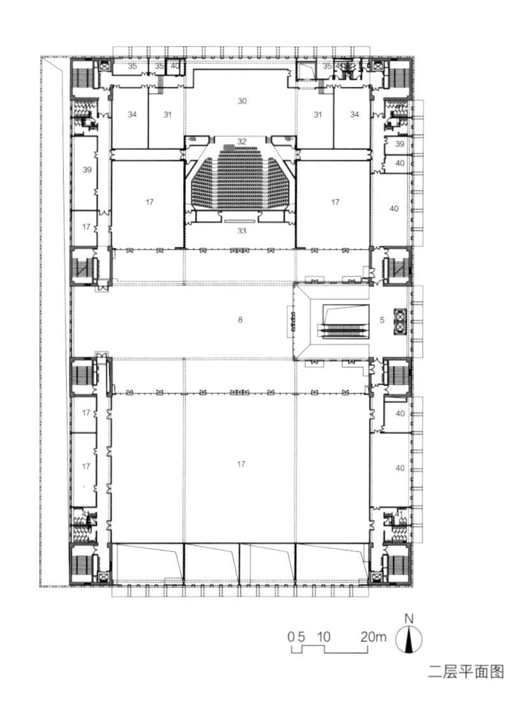
0 5 10 20m
N

二层平面图

东西立面示意图

南北立面示意图

立面构成基本单元

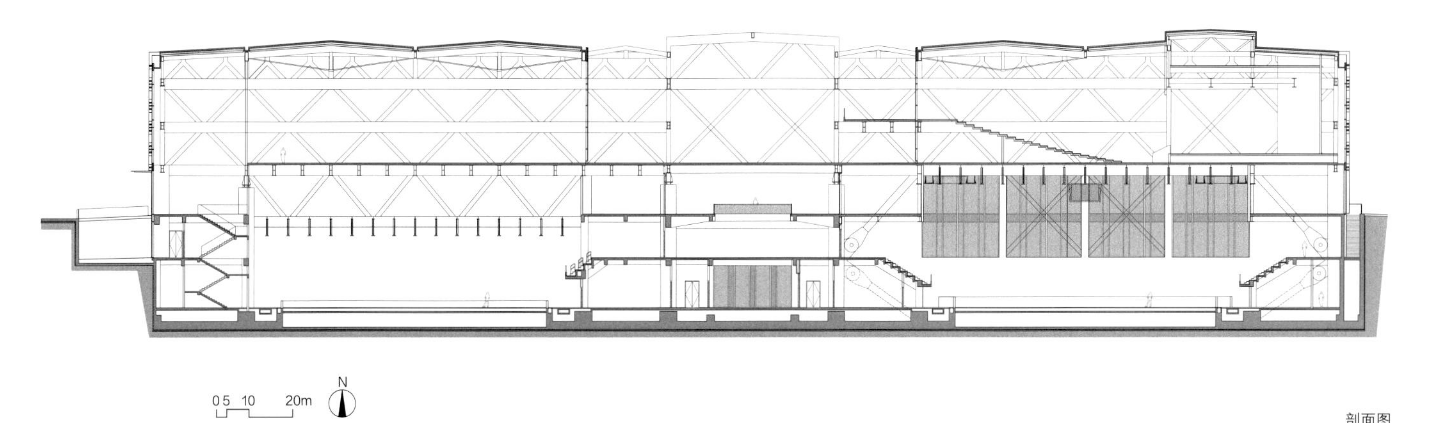
0 5 10 20m
N

剖面图

南方科技大学体育馆

扫码阅读更多内容

建设单位：南方科技大学 / 深圳市建筑工务署
设计单位：URBANUS都市实践建筑设计事务所
项目地点：广东省深圳市南山区西丽镇南方科技大学
设计 / 建成时间：2010 年 / 2019 年

项目负责人：孟岩
2010~2014 年
项目总经理：张长文；项目经理：林怡琳；项目建筑师：周娅琳
项目组：熊嘉伟，胡志高，陈兰生，艾芸，孔倩珺 /
黄艺宏（景观）/ 姚殿斌（技术总监）/ 吴凡（实习生）
2016 年重启后
项目总经理：林怡琳，姜玲；项目经理：姜轻舟
项目建筑师：游东和（建筑）/ 魏志姣（景观）
项目组：谢盛奋，申晨，陈雪松（建筑）/ 王金，唐伟军，
李聪毅，高宇峰（景观）/ 韩珂，刘雨浓，马子千，罗盘，张城，
吴子仪，张明莹（实习生）
施工图合作单位：深圳建筑科学研究院

主要经济技术指标
用地面积：7000m^2　　建筑面积：9735m^2

项目位于深圳市南山区南方科技大学校区。建筑依山而建，水平伸展，其硕大的屋盖沿一块巨岩的山体滑下，悬在半空；基座为操场看台，体育馆与运动场结合为一个整体。主体采用混凝土框架加钢结构屋盖，开放性的各类体育空间围绕着大跨度主赛场空间逐级展开。为降低对原来山体和植被的破坏，设计顺应山势消解原本巨大的建筑体量；受环境启发，借助多级活动平台、坡道、悬桥及登山步道等，将不同标高的室内外空间组织成跑步线路。这些非传统定义的体育场所与周边山体一起构成了泛体育空间体系，打破了封闭场馆的使用局限，吸引学生们来此运动和社交。

实景1

实景2

润杨体育馆
RUNYANG GYMNASIUM

实景3

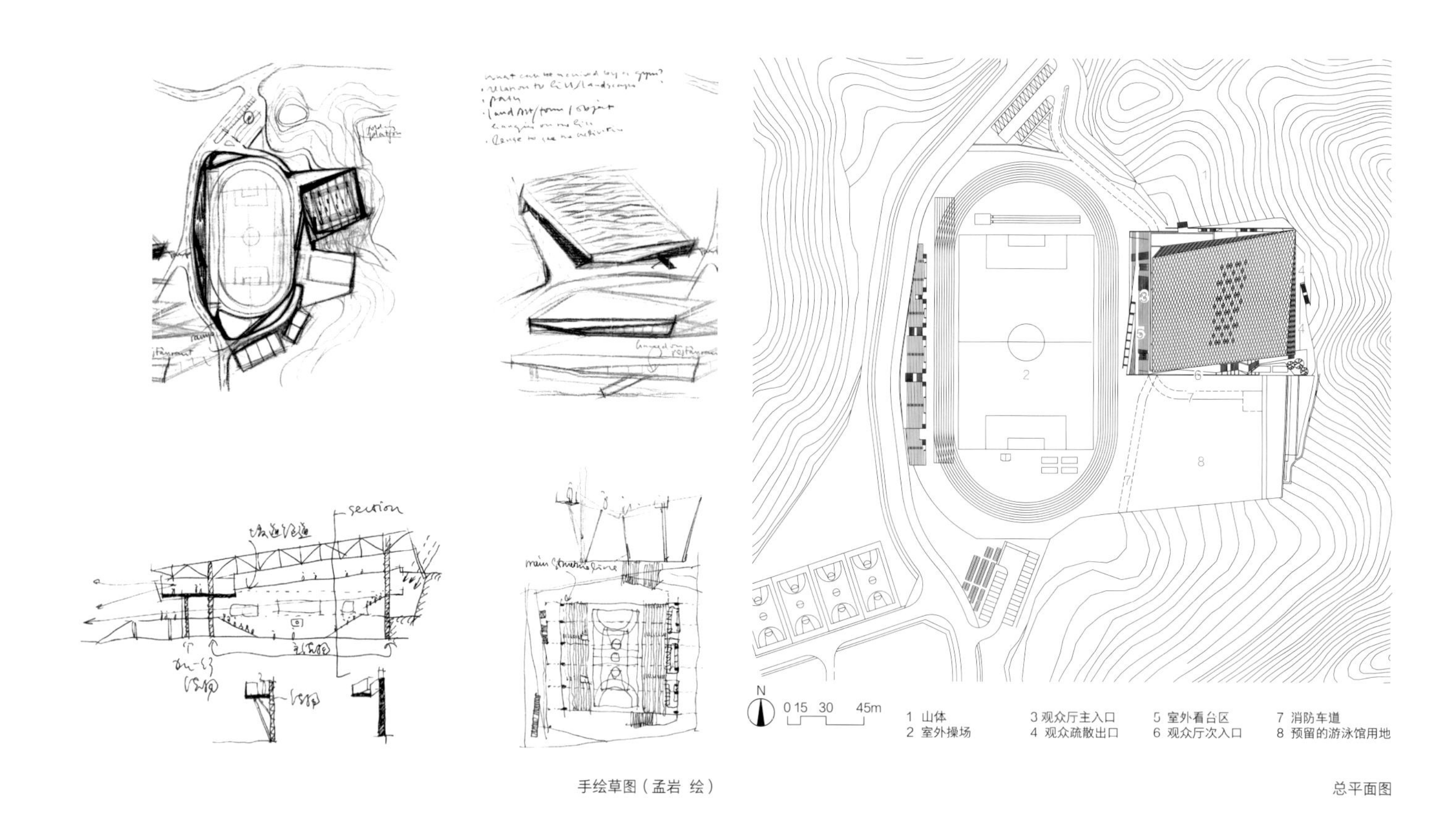
section
main structure line
0 15 30 45m
1 山体
2 室外操场
3 观众厅主入口
4 观众疏散出口
5 室外看台区
6 观众厅次入口
7 消防车道
8 预留的游泳馆用地

手绘草图（孟岩 绘）

总平面图

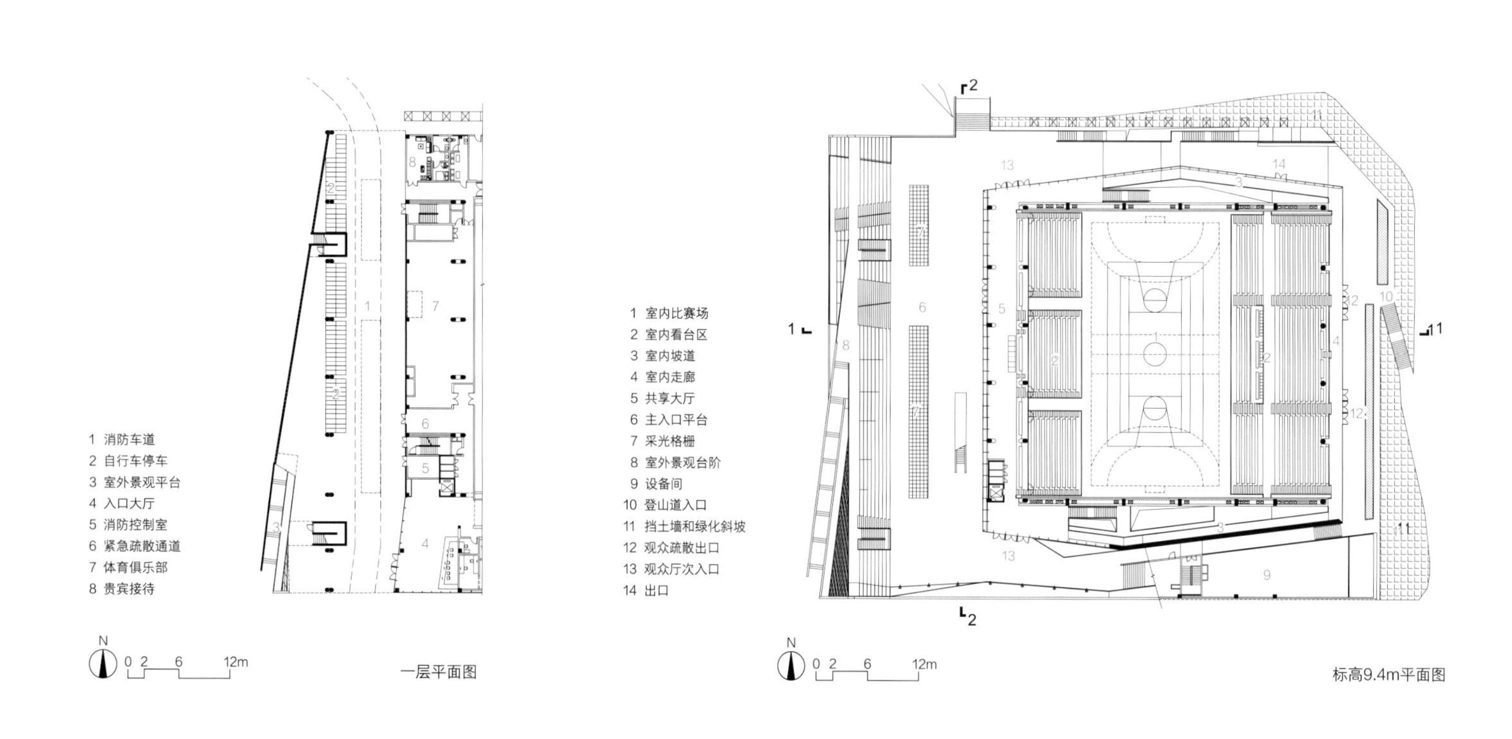
1 消防车道
2 自行车停车
3 室外景观平台
4 入口大厅
5 消防控制室
6 紧急疏散通道
7 体育俱乐部
8 贵宾接待
0 2 6 12m
1 室内比赛场
2 室内看台区
3 室内坡道
4 室内走廊
5 共享大厅
6 主入口平台
7 采光格栅
8 室外景观台阶
9 设备间
10 登山道入口
11 挡土墙和绿化斜坡
12 观众疏散出口
13 观众厅次入口
14 出口
0 2 6 12m

一层平面图

标高9.4m平面图

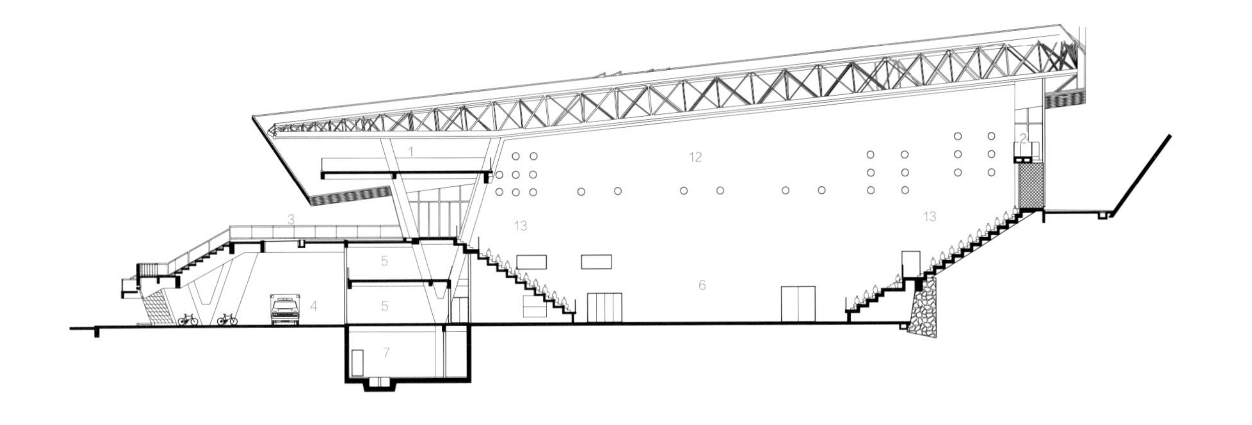

1-1剖面图

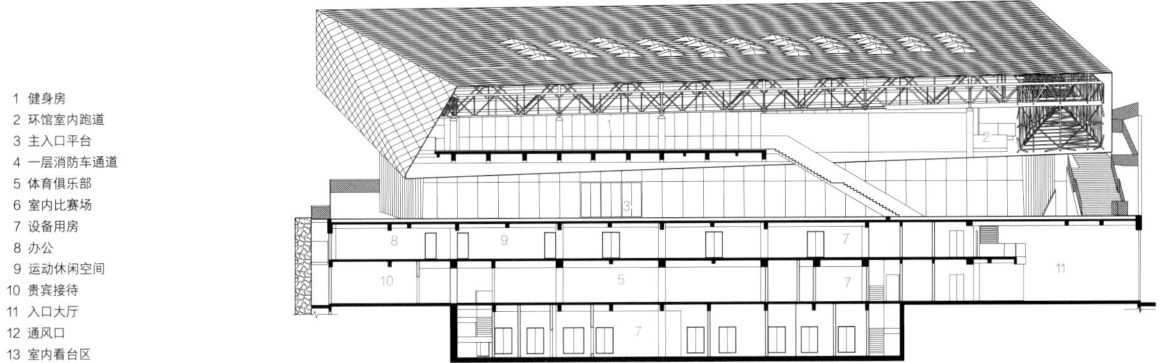

1 健身房
2 环馆室内跑道
3 主入口平台
4 一层消防车通道
5 体育俱乐部
6 室内比赛场
7 设备用房
8 办公
9 运动休闲空间
10 贵宾接待
11 入口大厅
12 通风口
13 室内看台区

0 2 6 12m

2-2剖面图

1 室内比赛场
2 室内看台区
3 环馆室内跑道
4 健身房
5 卫生间
6 屋顶幕墙底部
7 室外绿化
8 出口

0 2 6 12m

标高12.8m平面图

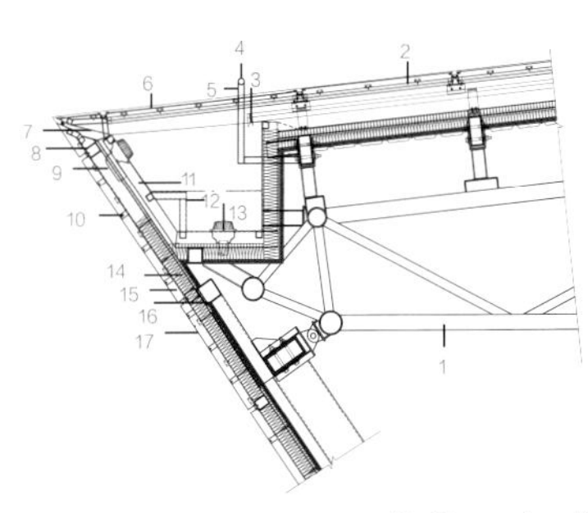

1 主体结构
2 由外往内：装饰板层：3mm氟碳喷涂铝单板，支撑檩条：50mmx4mm铝方管，防水屋面板：1mm原色垂纹铝镁锰合金屋面板，第二道防水层：三元乙丙卷材，垫层：小肋板，保温层：120mm厚岩棉，吸声层：30mm厚吸声玻璃棉，防尘层：无纺布，底板层：原色瓦楞镀铝锌钢底板
3 檐口铝合金滴水片带泡沫密封条
4 ϕ50mm × 2mm不锈钢管
5 ϕ50mm × 5mm不锈钢管
6 金属拉伸网
7 三元乙丙卷材（局部双层）
8 100mm × 80mm × 5mm镀锌钢通
9 120mm × 120mm × 8mm 镀锌钢通（@2000 C/C）
10 60mm × 40mm × 3mm加强筋（@400 C/C）
11 120mm × 80mm × 5mm镀锌钢通（@1200 C/C）
12 2.0mm厚不锈钢成型天沟板，支持结构
13 50mm × 4mm的钢方通网固定在方通上，间距600mm
14 虹吸排水管道
15 150mm × 80mm × 5mm钢方通
16 3mm氟碳喷涂铝单板
17 150mm × 150mm × 10mm镀锌钢通（间距@3000mm）
由外往内：装饰板层：3mm氟碳喷涂铝单板，100mm × 80mm × 5mm钢方通，2mm厚三元乙丙卷材（局部双层），1mm镀锌钢板，保温层：120mm厚岩棉，吸声层：30mm厚吸声玻璃棉

屋面详图

CONTEMPORARY
CHINESE ARCHITECTURE
RECORDS

当代中国建筑实录

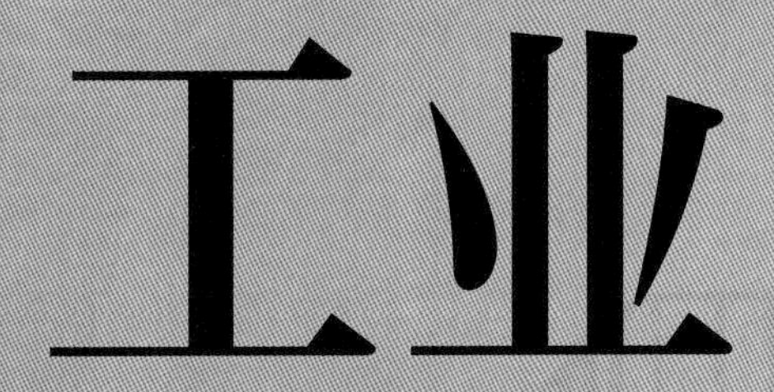

工业

悬崖上起伏屋顶 / 食品共享工厂

坪山阳台 / 深圳坪山河南布净水厂上部建筑

游园山舍 / 普利斐特生产基地一期组团一体化改造

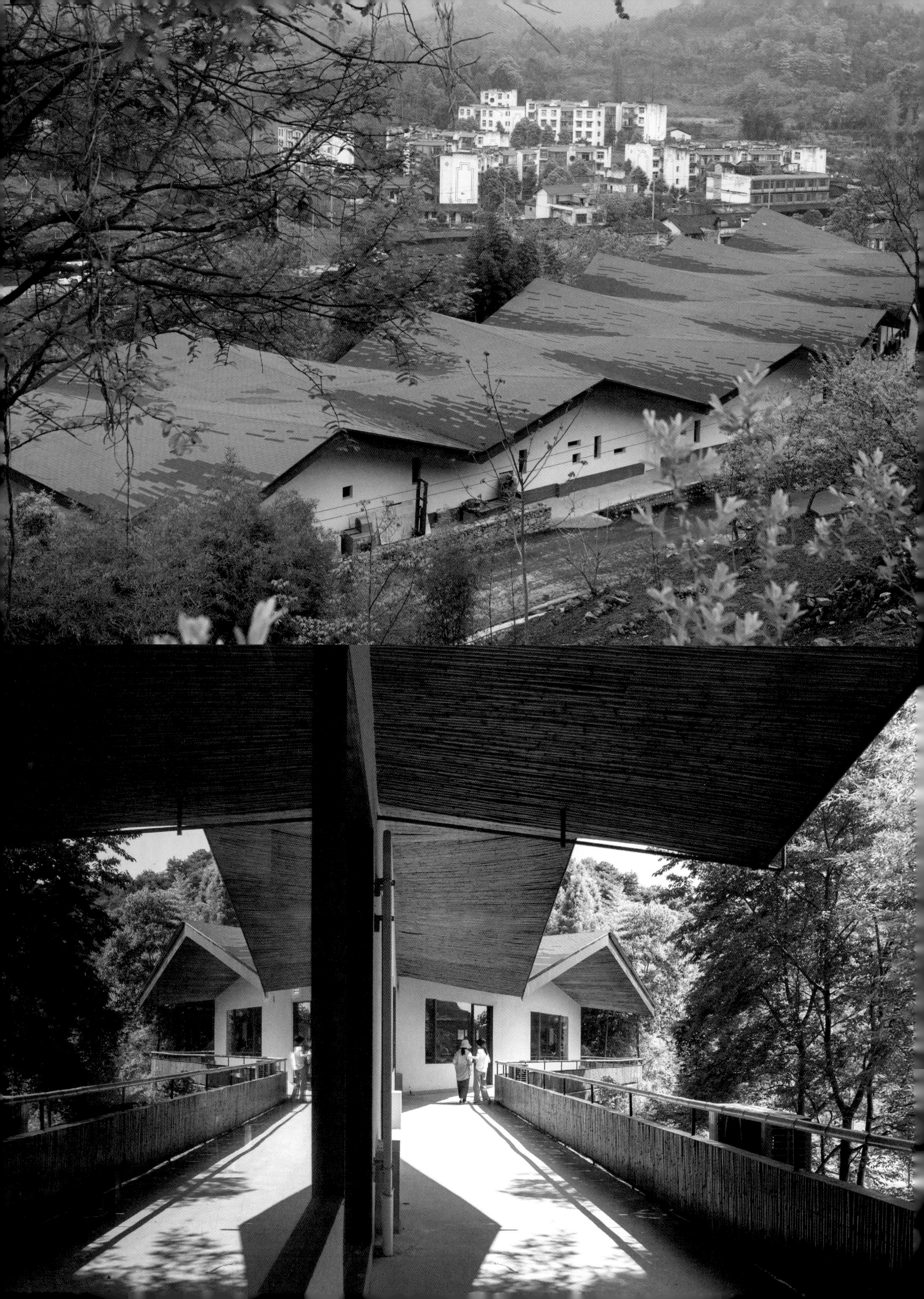

悬崖上起伏屋顶 / 食品共享工厂

扫码阅读更多内容

开发单位：彭州市金城社区
　　　　　成都金谷风农业有限责任公司
设计单位：时地建筑工作室
项目地点：四川省彭州市
设计 / 建成时间：2019 年 / 2021 年

项目负责人：李烨
主要设计人员：曾宪明，孙鹏，张寻，杨丽君

主要经济技术指标
用地面积：1540m^2
建筑面积：1104m^2

项目选址于半山腰，遥望主干道。场地前身是村小学，后学校改制搬迁到镇上，废弃空间被用作鸡棚。地段呈南北狭长走向，场地的西边是陡峭的山坡，因多年滑坡，渐渐形成了崖壁。在面向远山的端头设置一处公共活动空间，工厂生产的序列沿着场地线性延伸展开，沿陡坡景观一侧设置大玻璃窗，使自然光照进原本工厂式的“黑匣子”，除了大量节省人工照明之外，也为工人带来工作时的幸福感。结合场地折线，建筑师沿建筑布置一圈参观廊道，村民和游客可以零距离了解食品生产的全过程。

设计提取山峦之形作为灵感元素，结合曲折的平面，用抽象的手法演绎“峰峦”的悠远磅礴和灵性趣意，使工厂的建筑形态与远山融为一体。屋顶上的瓦片做了深色和浅色的像素化处理，营造出一种阴影，强化这种“跳跃动感”的屋檐形态。

实景1

实景2

实景3

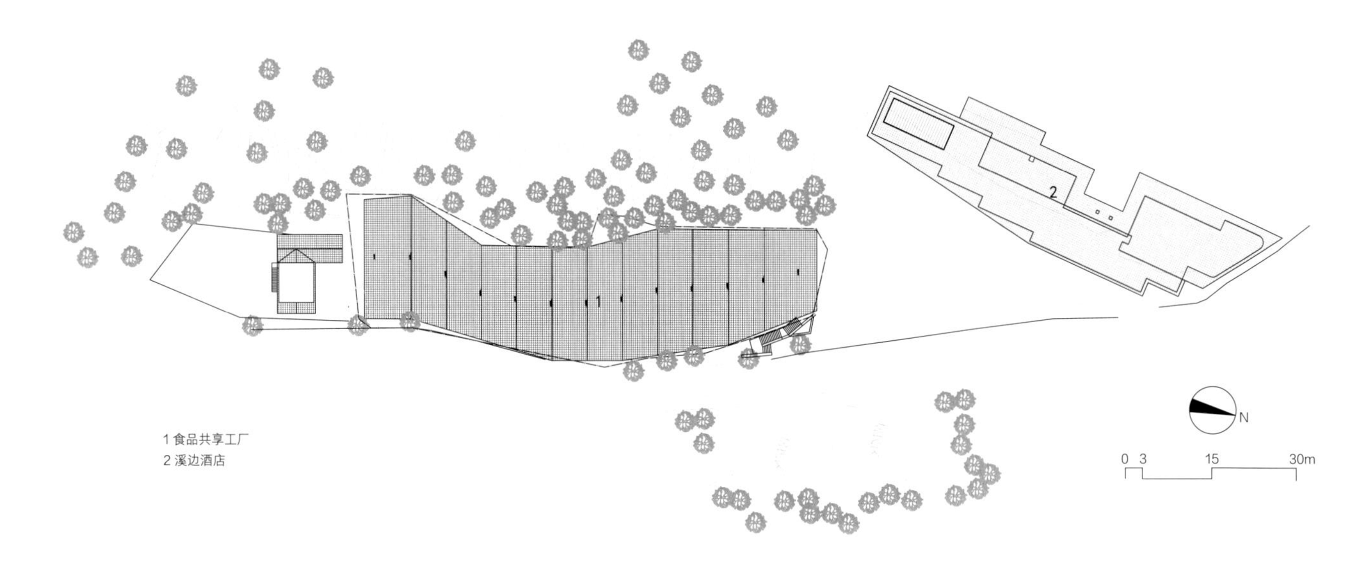
1 食品共享工厂
2 溪边酒店
0 3 15 30m
N

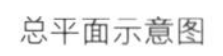
总平面示意图

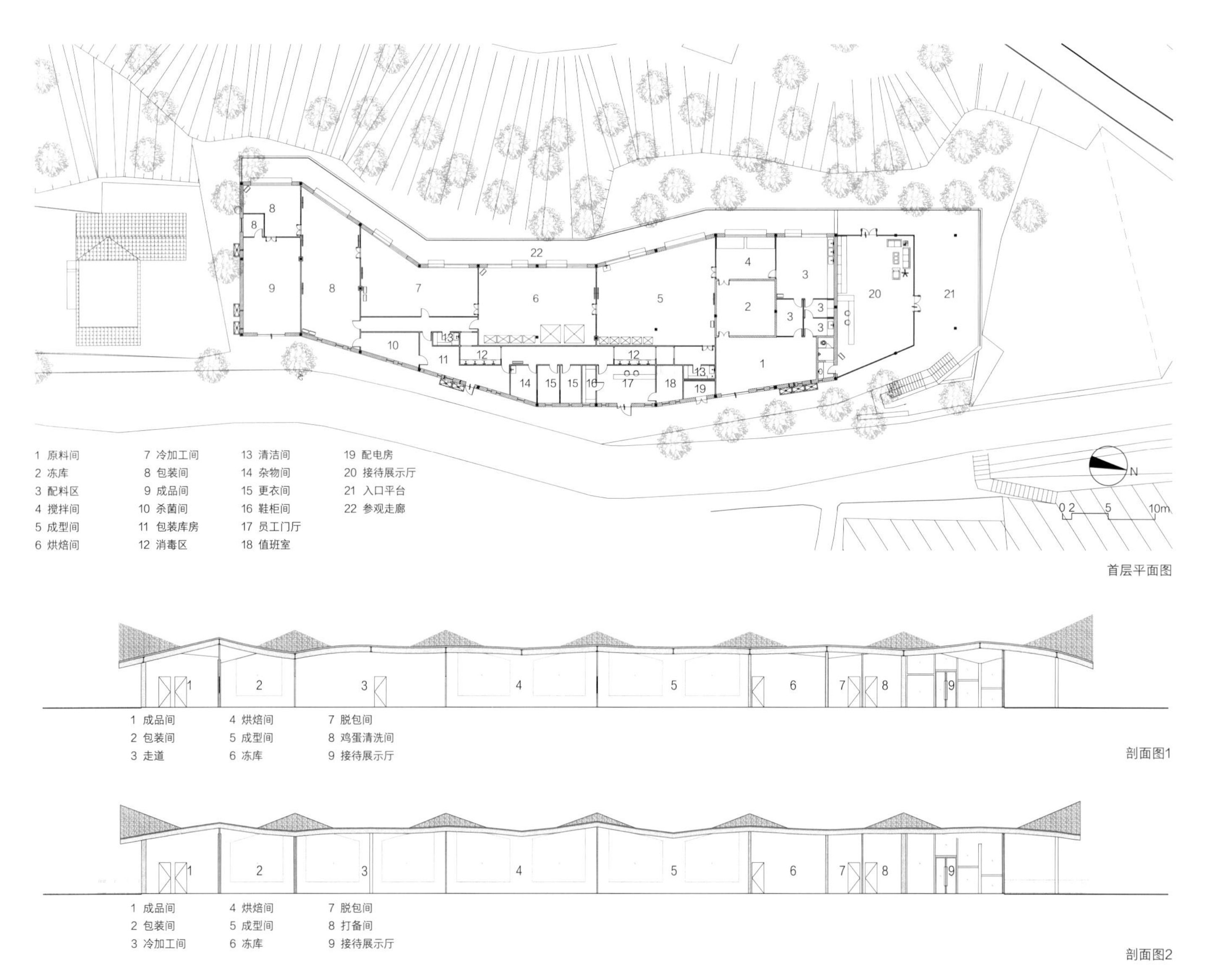
1 原料间
2 冻库
3 配料区
4 搅拌间
5 成型间
6 烘焙间
7 冷加工间
8 包装间
9 成品间
10 杀菌间
11 包装库房
12 消毒区
13 清洁间
14 杂物间
15 更衣间
16 鞋柜间
17 员工门厅
18 值班室
19 配电房
20 接待展示厅
21 入口平台
22 参观走廊
0 2 5 10m
N

首层平面图

1 成品间
2 包装间
3 走道
4 烘焙间
5 成型间
6 冻库
7 脱包间
8 鸡蛋清洗间
9 接待展示厅

剖面图1

1 成品间
2 包装间
3 冷加工间
4 烘焙间
5 成型间
6 冻库
7 脱包间
8 打备间
9 接待展示厅

剖面图2

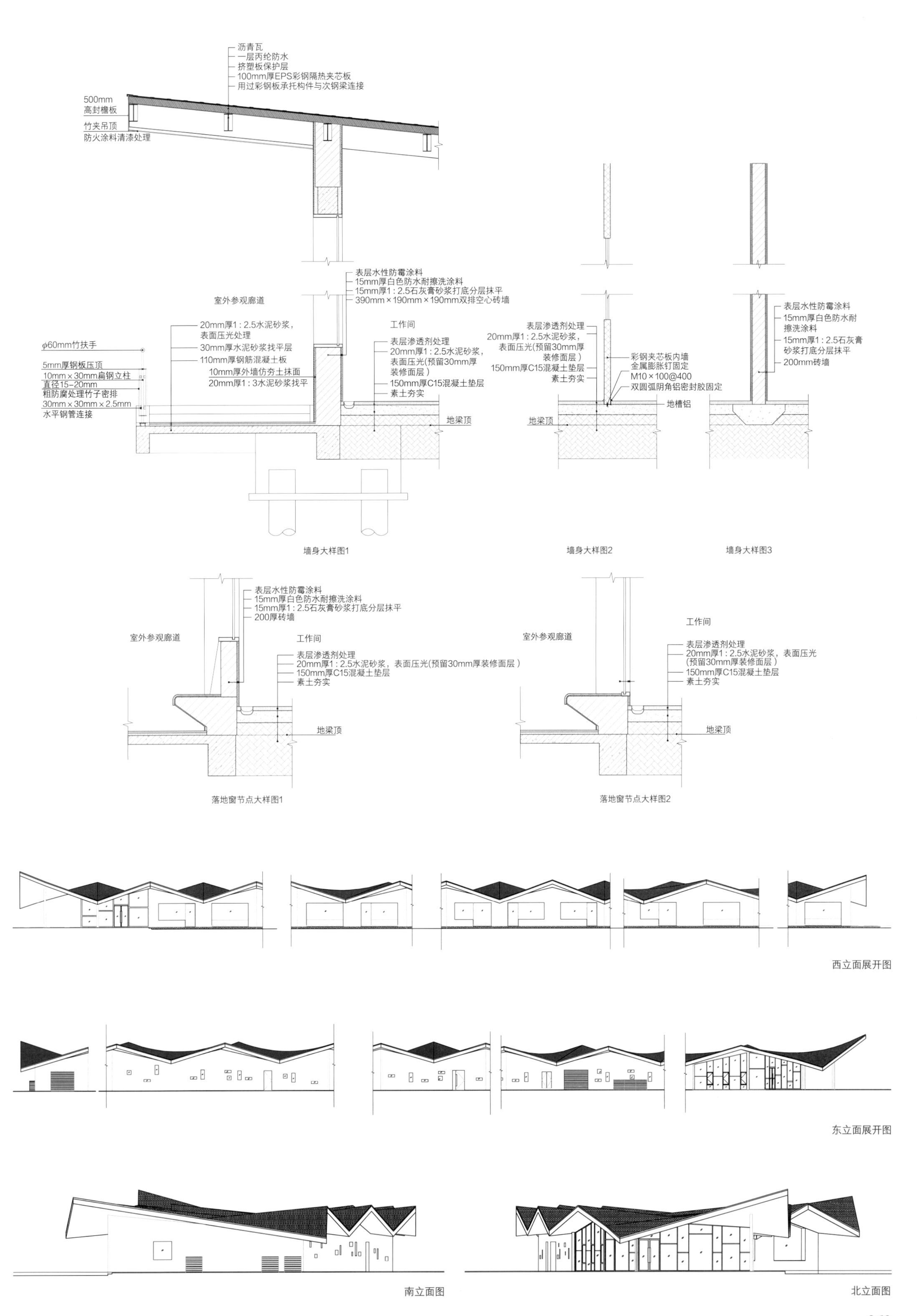

沥青瓦
一层丙纶防水
挤塑板保护层
100mm厚EPS彩钢隔热夹芯板
用过彩钢板承托构件与次钢梁连接
500mm
高封檐板
竹夹吊顶
防火涂料清漆处理
表层水性防霉涂料
15mm厚白色防水耐擦洗涂料
15mm厚1：2.5石灰膏砂浆打底分层抹平
390mm×190mm×190mm双排空心砖墙
室外参观廊道
20mm厚1：2.5水泥砂浆，
表面压光处理
30mm厚水泥砂浆找平层
110mm厚钢筋混凝土板
10mm厚外墙仿夯土抹面
20mm厚1：3水泥砂浆找平
工作间
表层渗透剂处理
20mm厚1：2.5水泥砂浆，
表面压光(预留30mm厚
装修面层)
150mm厚C15混凝土垫层
素土夯实
地梁顶
φ60mm竹扶手
5mm厚钢板压顶
10mm×30mm扁钢立柱
直径15~20mm
粗防腐处理竹子密排
30mm×30mm×2.5mm
水平钢管连接
表层渗透剂处理
20mm厚1：2.5水泥砂浆，
表面压光(预留30mm厚
装修面层)
150mm厚C15混凝土垫层
素土夯实
彩钢夹芯板内墙
金属膨胀钉固定
M10×100@400
双圆弧阴角铝密封胶固定
地槽铝
地梁顶
表层水性防霉涂料
15mm厚白色防水耐
擦洗涂料
15mm厚1：2.5石灰膏
砂浆打底分层抹平
200mm砖墙
表层水性防霉涂料
15mm厚白色防水耐擦洗涂料
15mm厚1：2.5石灰膏砂浆打底分层抹平
200厚砖墙
室外参观廊道
工作间
表层渗透剂处理
20mm厚1：2.5水泥砂浆，表面压光(预留30mm厚装修面层)
150mm厚C15混凝土垫层
素土夯实
地梁顶
工作间
室外参观廊道
表层渗透剂处理
20mm厚1：2.5水泥砂浆，表面压光
(预留30mm厚装修面层)
150mm厚C15混凝土垫层
素土夯实
地梁顶

墙身大样图1

墙身大样图2

墙身大样图3

落地窗节点大样图1

落地窗节点大样图2

西立面展开图

东立面展开图

南立面图

北立面图

坪山阳台 / 深圳坪山河南布净水厂上部建筑

扫码阅读更多视频、图片内容

开发单位：深圳市坪山区水务局
设计单位：南沙原创建筑设计工作室
项目地点：广东省深圳市坪山区
设计 / 建成时间：2017 年 / 2019 年

项目负责人：刘珩
主要设计人员：刘珩，黄杰斌，何欣杰，张诗晗，连晨，卢青松，
常雪石（实习）

获奖情况
2020 年 Dezeen Awards 基础设施类入围项目长名单
2020~2021 年度 坪山河干流综合整治及水质提升工程 国家优质工程奖

主要经济技术指标
用地面积：9500m²
建筑面积：首层办公面积 1200m²　二层展览和公共配套面积 280m²
二层平台面积 920m²　屋顶平台面积 1280m²

坪山阳台是一次超越传统建筑学定义的设计实践。项目位于城市社区和坪山河之间的地下净水厂，原本只是一座工程学意义上的水基础设施建筑，考虑其功能特质、潜在的开放性以及所处场地的特殊性，以设计介入使之成为一个既是功能性建筑又具有地域气候特点的巨构公共空间。一条南北方向贯穿建筑的公共步道，直接由北侧的公园绿地延伸至办公管理用房的屋顶，联系南侧地面水景广场和坪山河。办公空间屋顶之上，以钢结构建构起一个与办公空间等大的大阶梯屋顶活动平面，平台由多个不同维度的折面拼合而成，与单层平房屋顶空间相互交织，形成丰富多义的连续性体验空间；它们与湖面及周边山水景观相呼应，成为眺望城市和休憩的公众活动场所。

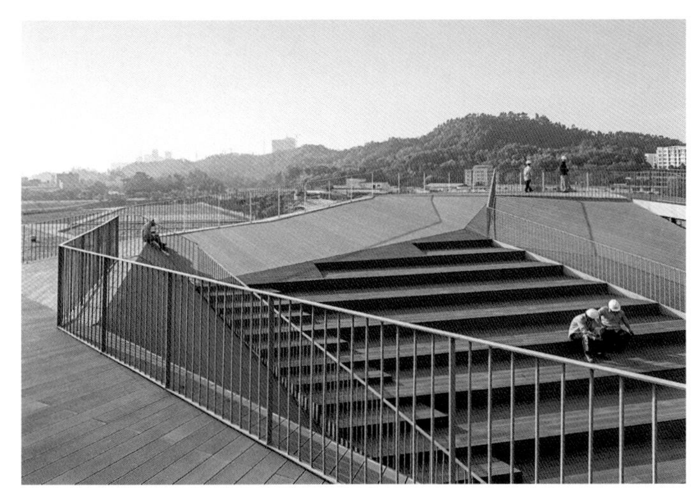

实景1

实景2

实景3

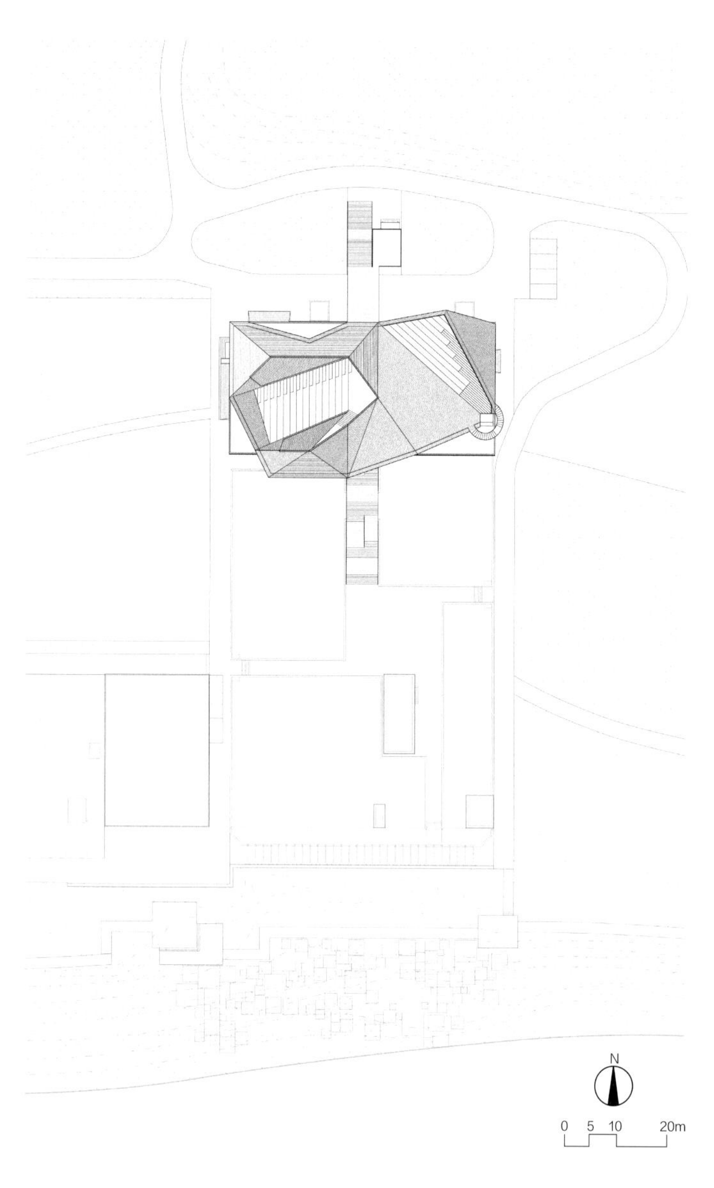
N
0 5 10 20m

总平面示意图

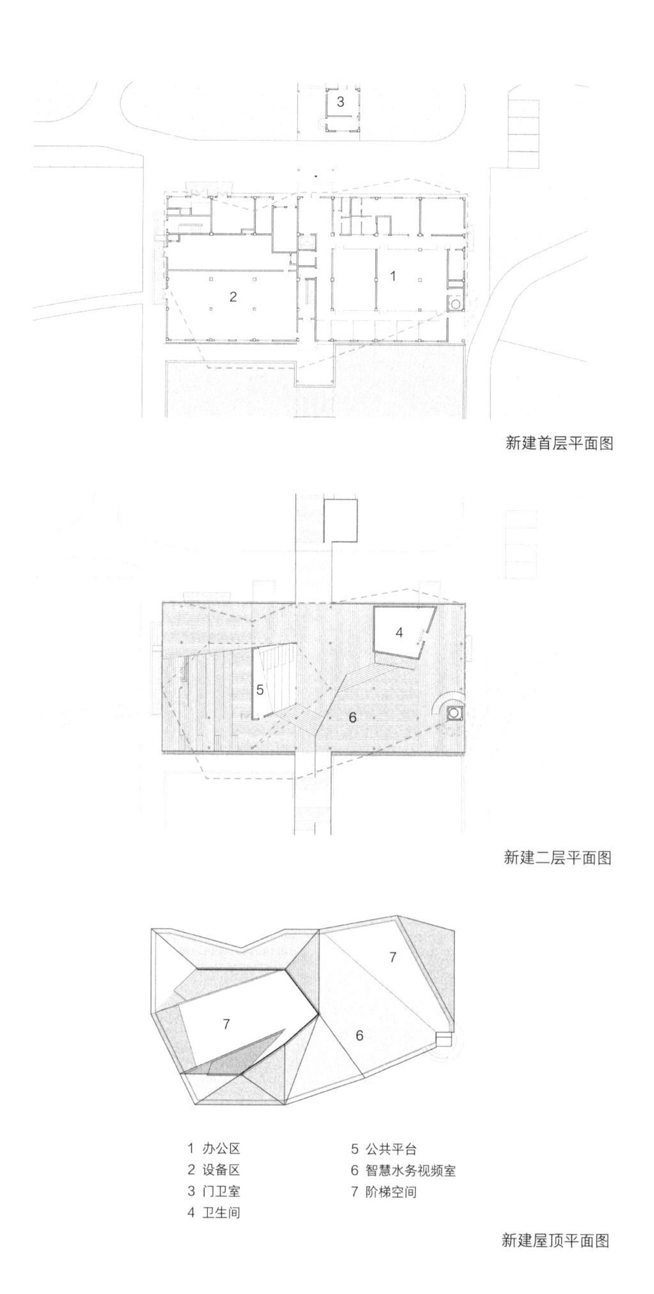
1
2
3
4
5
6
7
1 办公区
2 设备区
3 门卫室
4 卫生间
5 公共平台
6 智慧水务视频室
7 阶梯空间

新建首层平面图

新建二层平面图

新建屋顶平面图

槽钢扶手
塑木铺地
栏杆扶手藏光灯
圆钢栏杆
次龙骨
局部塑木盖板可开启
扁钢
主龙骨
折面排水空间
塑木
排水沟
L形钢板
钢板混凝土楼板
排水管
金属排水管

屋顶檐口大样图

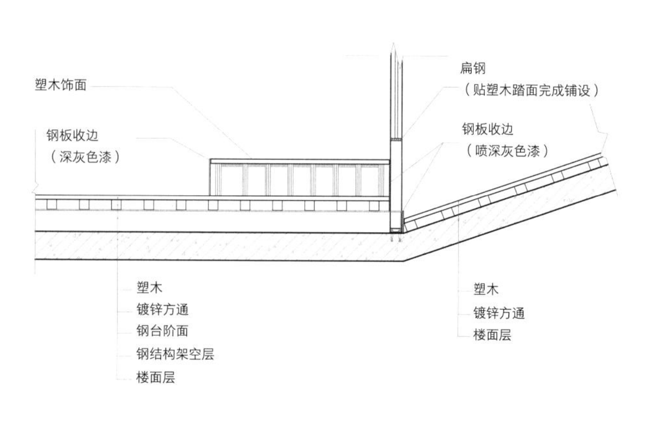
塑木饰面
扁钢
（贴塑木踏面完成铺设）
钢板收边
（深灰色漆）
钢板收边
（喷深灰色漆）
塑木
镀锌方通
钢台阶面
钢结构架空层
楼面层
塑木
镀锌方通
楼面层

屋顶台阶大样图

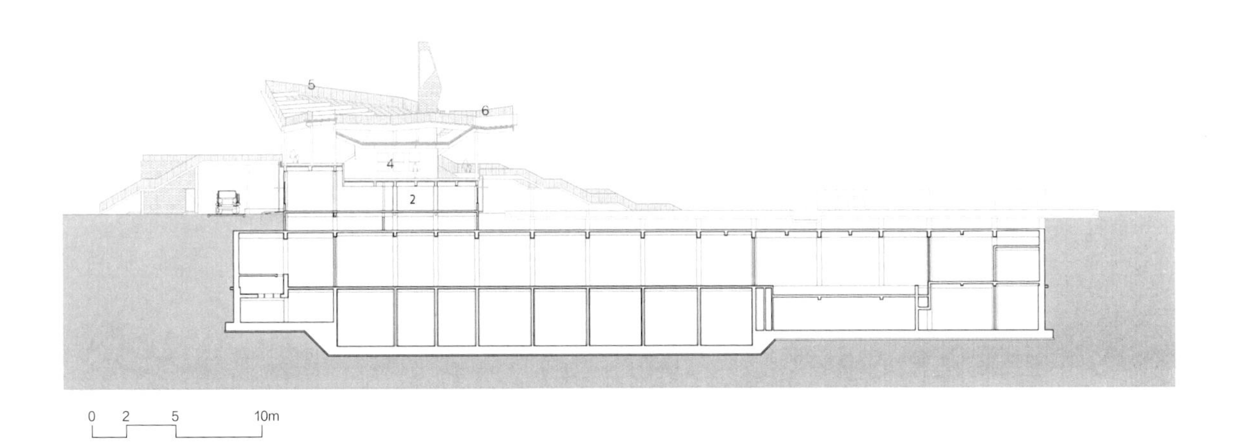
5
6
4
2
0
2
5
10m

剖面图1

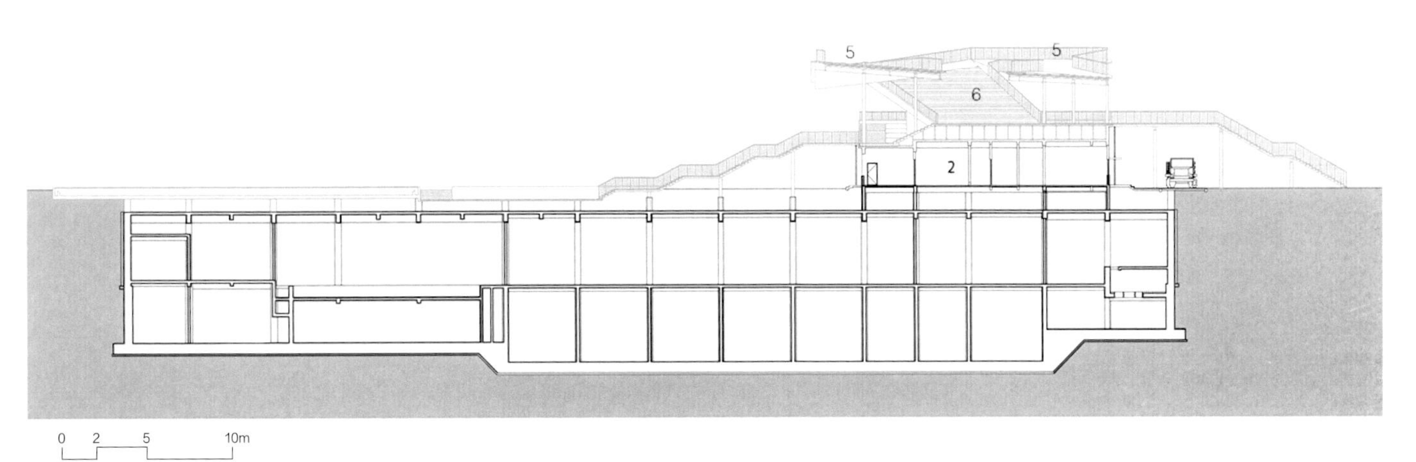
5
5
6
2
0
2
5
10m

剖面图2

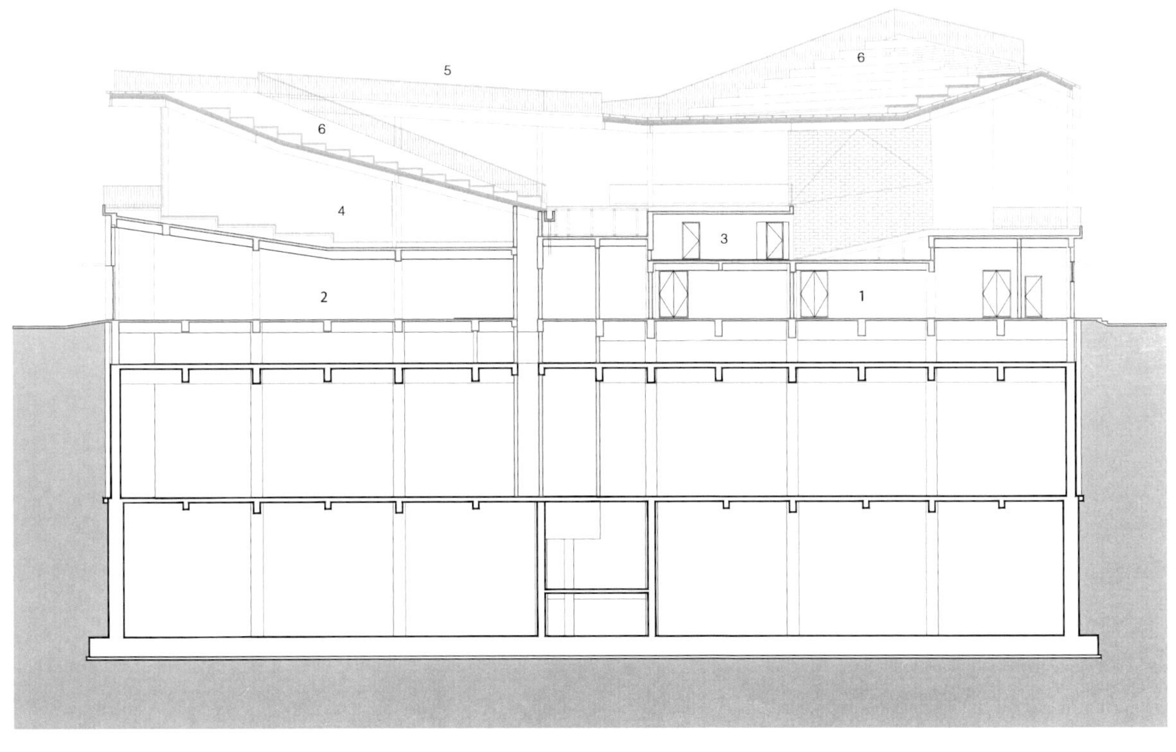
5
6
6
4
3
2
1
0
2
5m

1 办公区
2 设备区
3 卫生区
4 智慧水务视频室
5 公共平台
6 阶梯空间
7 原地下净水站

剖面图3

游园山舍 / 普利斐特生产基地一期组团一体化改造

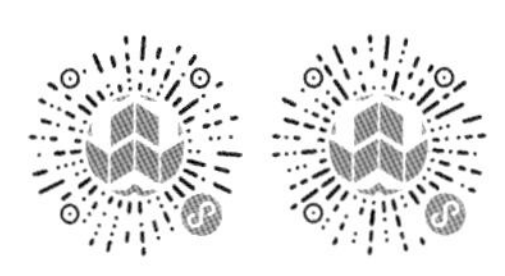
扫码阅读更多视频、图片内容

开发单位：浙江普利斐特汽车科技有限公司
设计单位：line+建筑事务所
项目地点：浙江省海宁市
设计 / 建成时间：2019 年 / 2019 年

项目负责人：朱培栋
主要设计人员
建筑：朱培栋，孙啸宇
室内：金煜庭，刘甲
景观：李上阳，金剑波，苏陈娟

获奖情况
2019~2020 年 中国建筑学会建筑设计奖 工业建筑专项三等奖
2021 年 WAF 世界建筑节高度荣誉奖
2020 年 ArchDaily 中国年度十佳建筑

主要经济技术指标
用地面积：20716m^2　　建筑面积：26004m^2
容积率：1.26　　建筑密度：49.6%
绿地率：15%　　停车位：24 个

工厂毗邻钱塘江畔，在大尺度自然江面和背后的田园文化之间，面对西方舶来的枯燥、机械的工业生产场景，改造设计尝试以一种更具本土叙事语境的传统聚落图景以及新兴技术的整合来回应当代工业文明对传统农耕文明的冲击。设计围绕人的行为方式，通过“流线重构”和“动线的可视化”打造似游园般的空间体验，重塑“山舍”生活的集体记忆。在建筑技术上，以简洁的当代工业材料（U 形玻璃、耐候钢板、白色瓦楞钢板）、可控成本和工期的装配式建造演绎现代化工厂。屋顶铺有光伏太阳能板，为工厂补充能源供给。红色栈道既是景观元素，也是光伏板安装和检修的马道，与车间的疏散楼梯、跨越水池的小径覆以统一的耐候钢板，进一步构成串联所有图景要素的核心线索。

东南鸟瞰——与周边形成差异化的产业园区

夜晚的内院U玻立面

曲桥与栈道

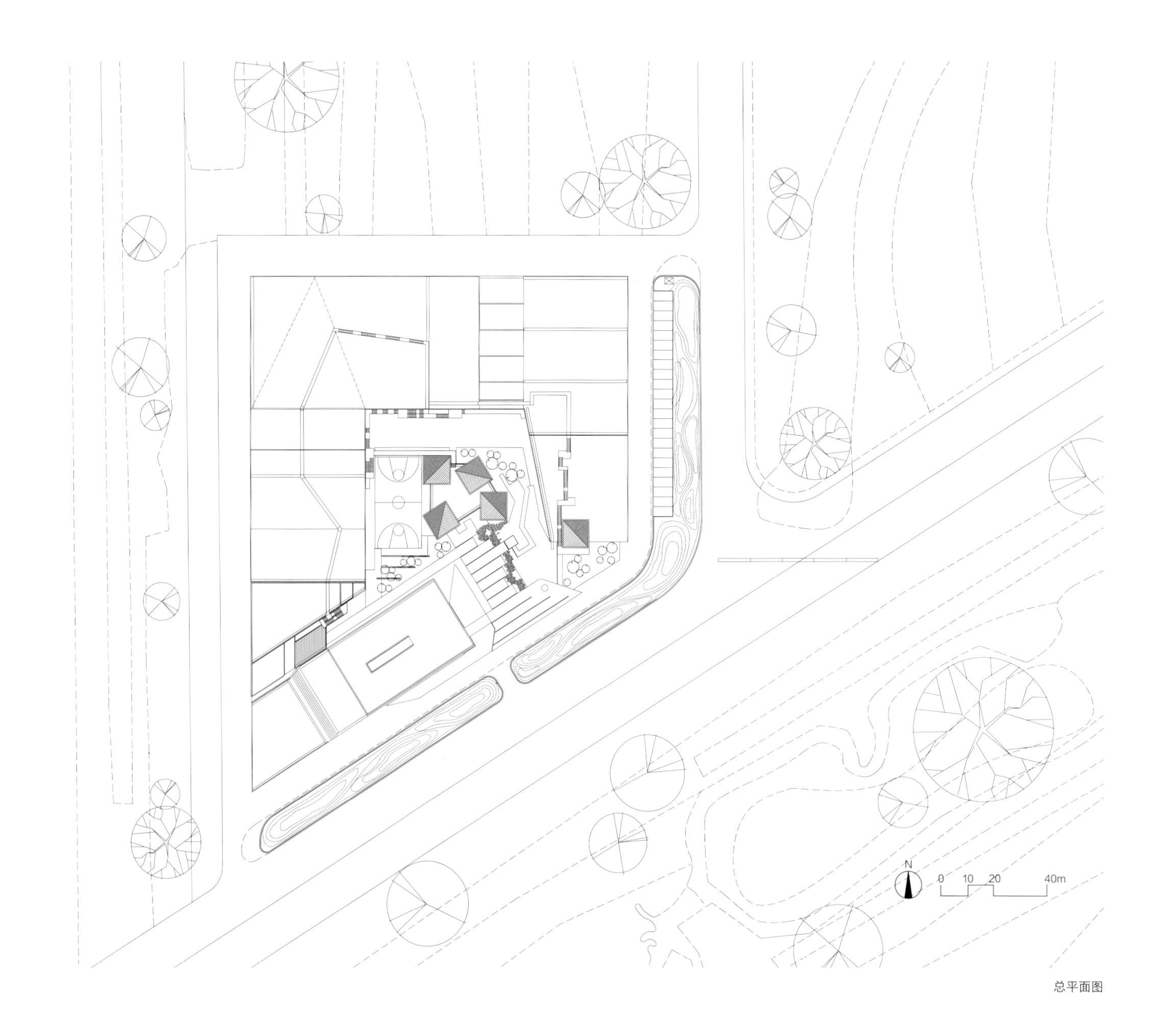
N
0 10 20 40m
总平面图

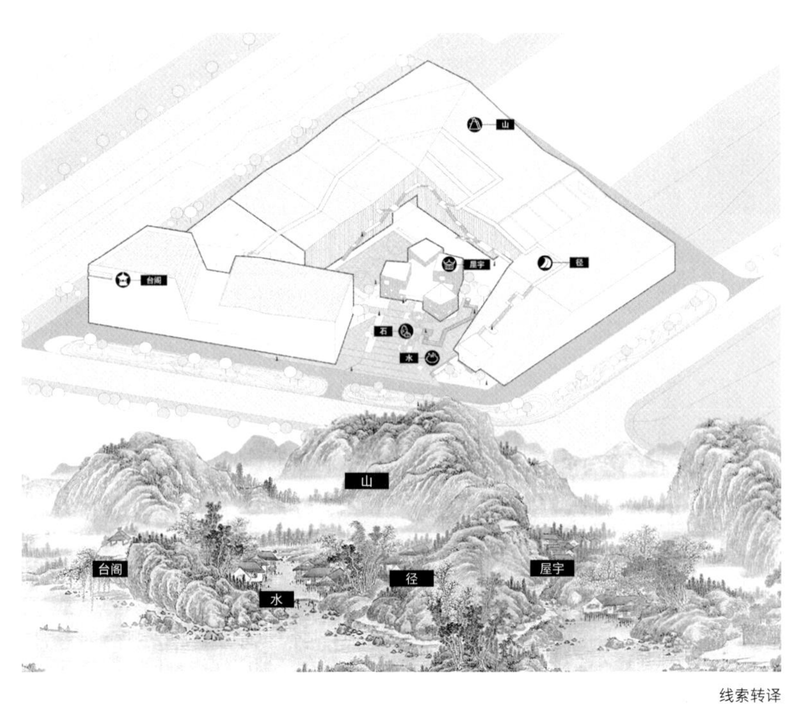
山
台阁
屋宇
径
石
水
山
台阁
水
径
屋宇
线索转译

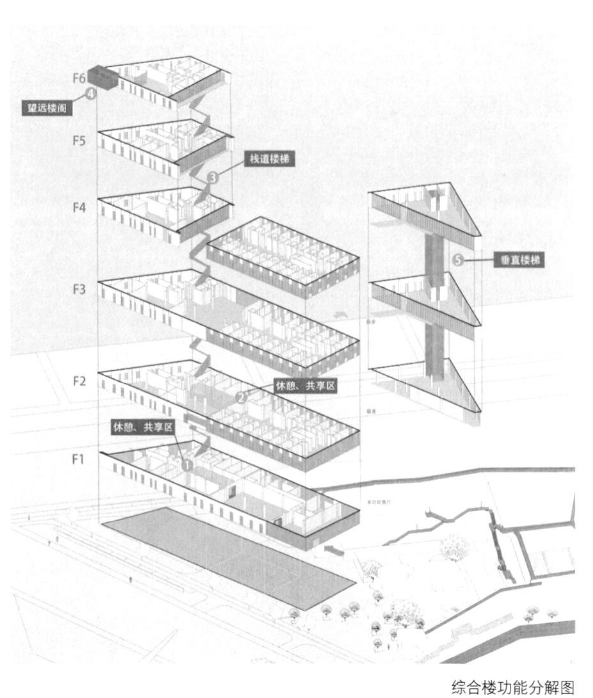
F6
望远楼阁
F5
栈道楼梯
F4
垂直楼梯
F3
F2
休憩、共享区
休憩、共享区
F1
综合楼功能分解图

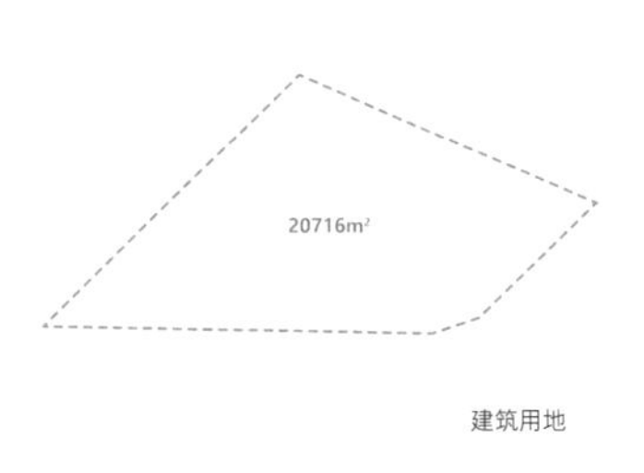
20716m²

建筑用地

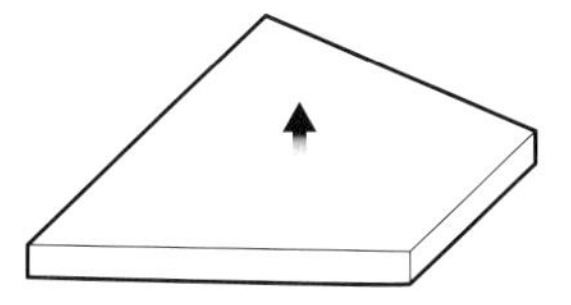

根据容量得到建筑基本体量

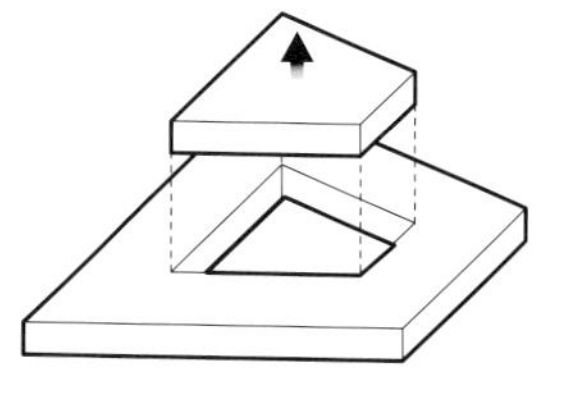

内部切割得到最大庭院空间

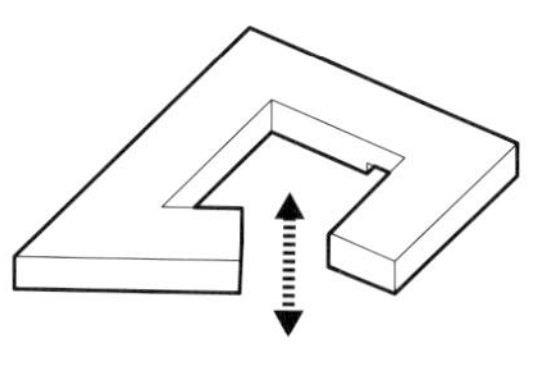

切割体量连通内部与外部

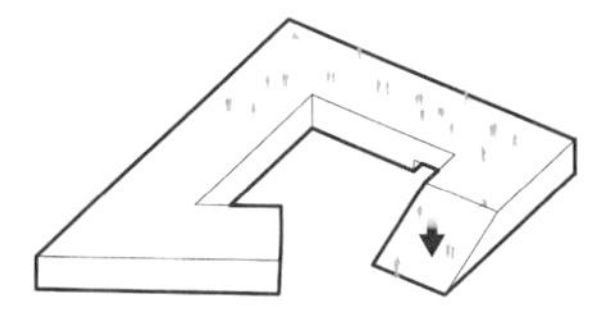

将人的活动延伸至建筑屋面

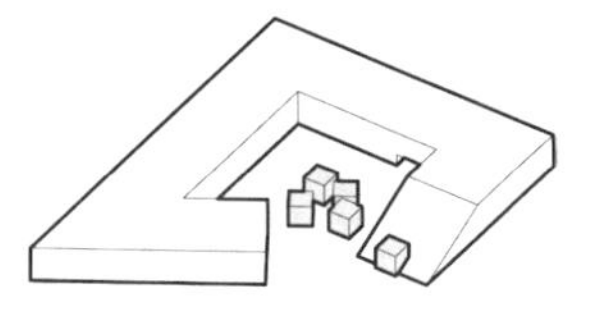

加入小型体量呼应传统聚落

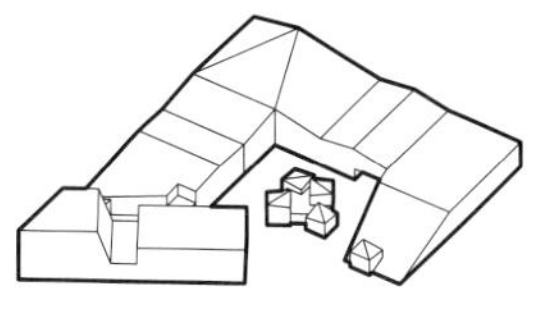

深化形体形成山势起伏

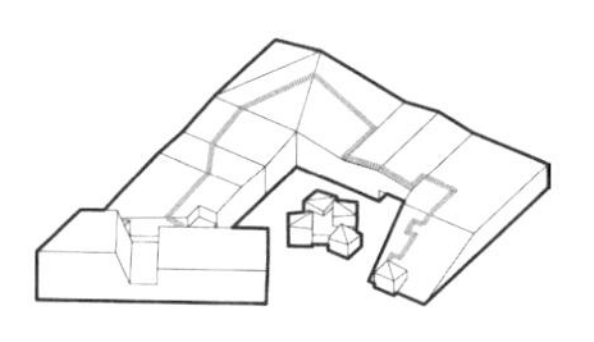

增添“登山”路径

形体生成图

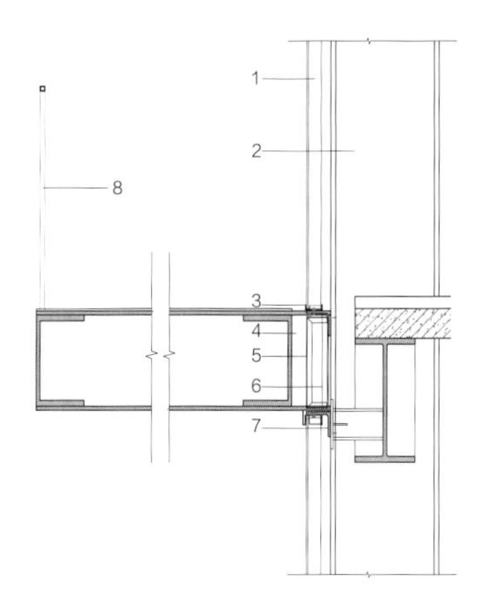

1 U形钢化玻璃330mm×60mm×7mm
2 钢结构柱
3 铝合金卡件（衬PVC缓冲垫）
4 钢楼梯结构H400mm×300mm×12mm×16mm
5 2.5mm 铝单板
6 角钢40mm×25mm×4mm
7 角钢100mm×100mm×10mm通长
8 方钢栏杆

工厂外墙钢楼梯与U形玻璃交接节点详图

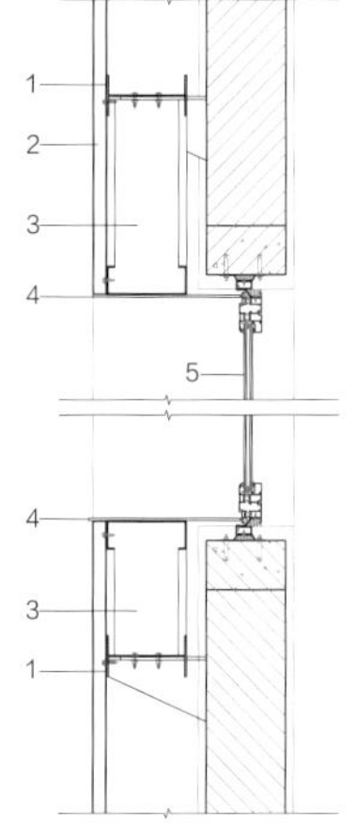

1 墙面钢龙骨
2 0.6mmV35-125-750 镀锌压型彩钢板（穿孔）
3 C型钢200mm×70mm×20mm×3mm
4 6mm 钢板表面氟碳喷涂
5 6Low-E+12A+6双钢化中空玻璃

餐厅外墙穿孔板与铝合金窗交接节点图

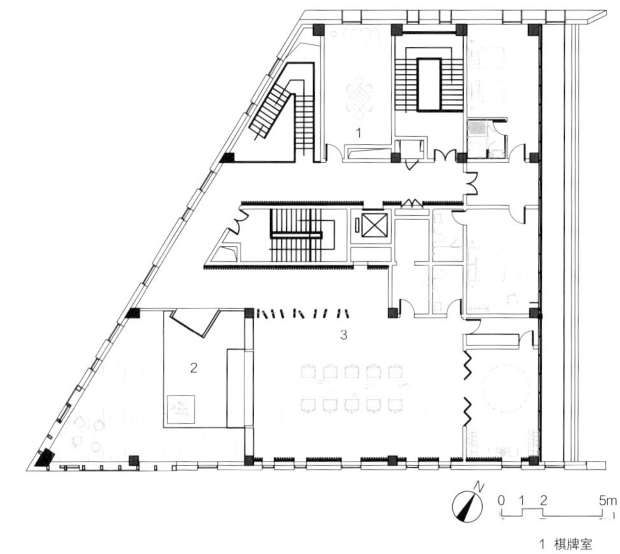
N
0 1 2 5m

1 棋牌室
2 屋顶花园
3 会议室

综合楼六层平面图

N
0 1 2 5m

餐厅一层平面图

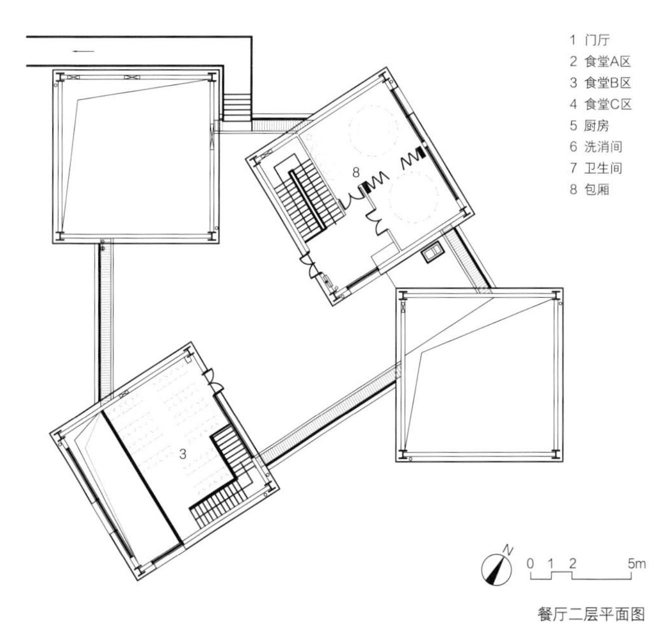
N
0 1 2 5m

1 门厅
2 食堂A区
3 食堂B区
4 食堂C区
5 厨房
6 洗消间
7 卫生间
8 包厢

餐厅二层平面图

CONTEMPORARY
CHINESE ARCHITECTURE
RECORDS

当代中国建筑实录

居住

北京冬奥村（冬残奥村）

扫码阅读更多视频、图片内容

开发单位：北京城市副中心投资建设集团有限公司
设计单位：北京市建筑设计研究院有限公司
项目地点：北京市朝阳区奥体文化商务园区内
设计 / 建成时间：2017 年 / 2021 年

项目负责人：邵韦平，刘宇光
主要设计人员：郝亚兰，吴晶晶，李晓旭，王健，吕娟，周万俊，杜丰收，杨明，崔婧，徐楠

获奖情况
2022 年 冬奥项目北京市优秀工程
2021 年 第十四届第二批钢结构金奖
2020 年 第十一届创新杯建筑信息模型 BIM 应用大赛工程全生命周期 BIM 应用一等奖

主要经济技术指标

用地面积：59400m^2	建筑面积：329000m^2
容积率：3.1	建筑密度：35%
绿地率：20%	停车位：3307 个

北京冬奥村位于奥体文化商务园区，占地面积约 5.94hm^2，建筑面积约 33 万 m^2。赛时为运动员及随队官员提供包括运动员公寓、健身中心、娱乐中心、综合诊所、居民服务中心等生活、娱乐和休闲场所。冬奥会赛时可提供 2338 张床位，冬残奥会赛时可提供 1040 张床位。

北京冬奥村的设计概念源自传统的院落形制，通过围合和开放的变化，形成私密与共享巧妙结合的院落居住空间；通过打造三轴、两环、多界面的丰富格局，呈现现代合院大气稳重的空间气质，创造出新时代的院落空间。

北京冬奥村以人的需求为出发点，运用装配式钢结构、科技、绿色、健康、无障碍、超低能耗、可持续、智慧等设计理念打造出了面向未来的智慧人居环境。

实景1

实景2

实景3

1
2
3
4
N
0 15 30 120m

1 奥体中心　2 冬奥村居住区　3 冬奥村广场区　4 冬奥村运行区

总平面图

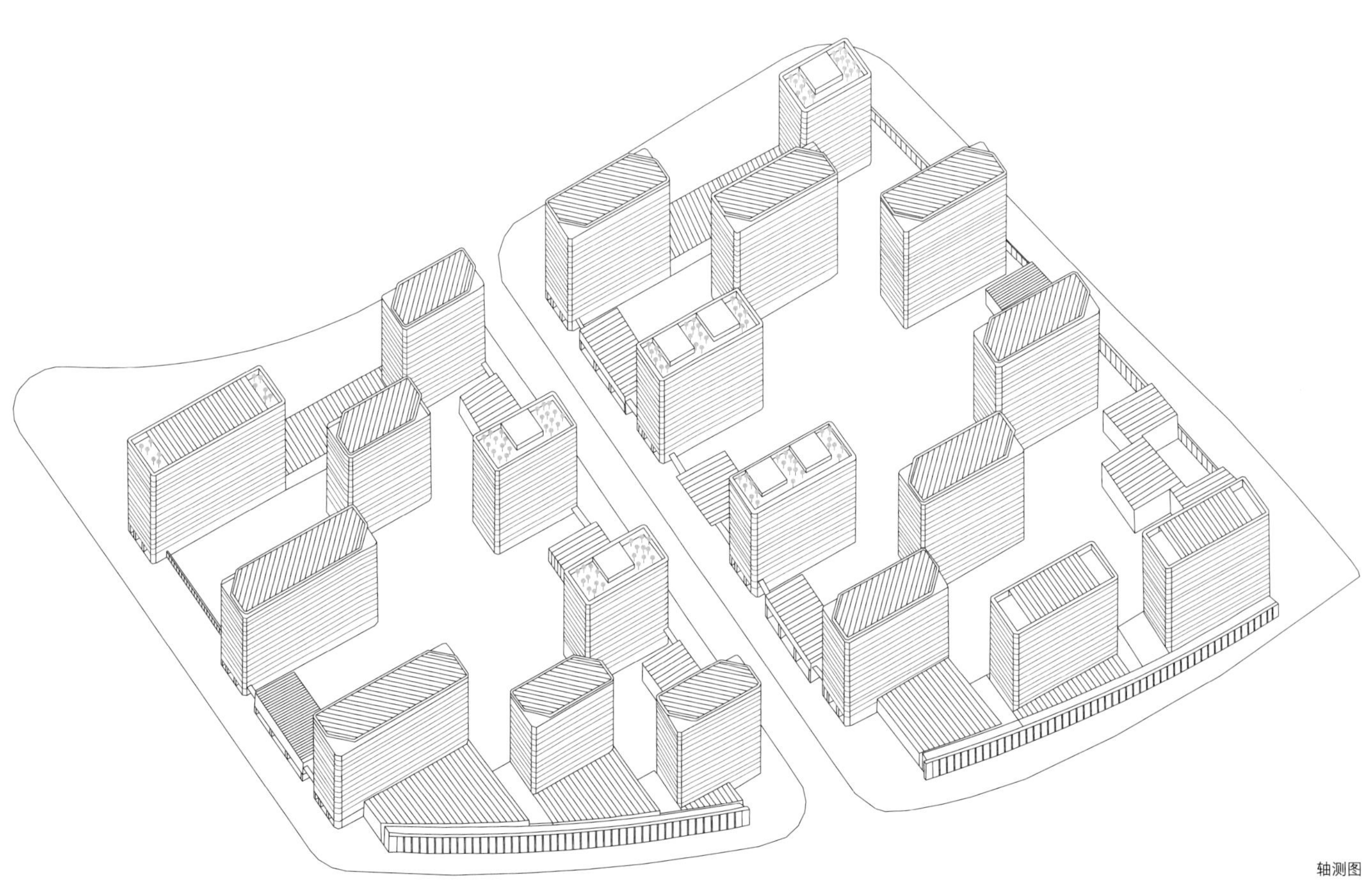

轴测图

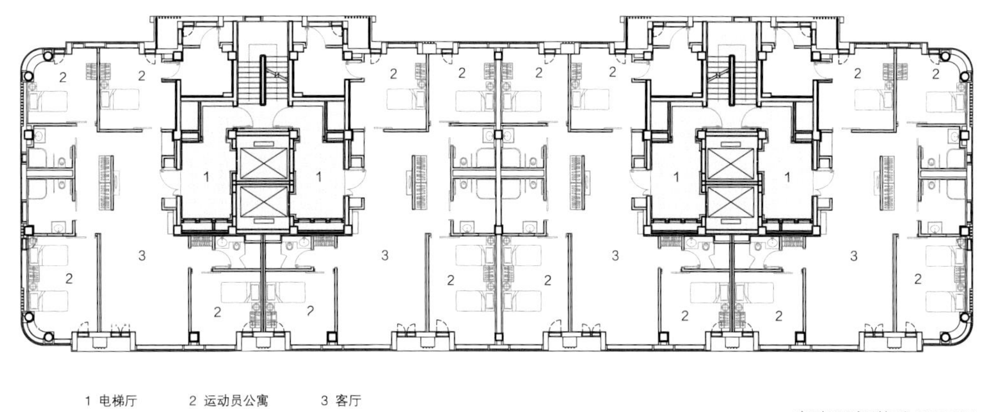
1 电梯厅
2 运动员公寓
3 客厅

赛时190户型标准层平面图

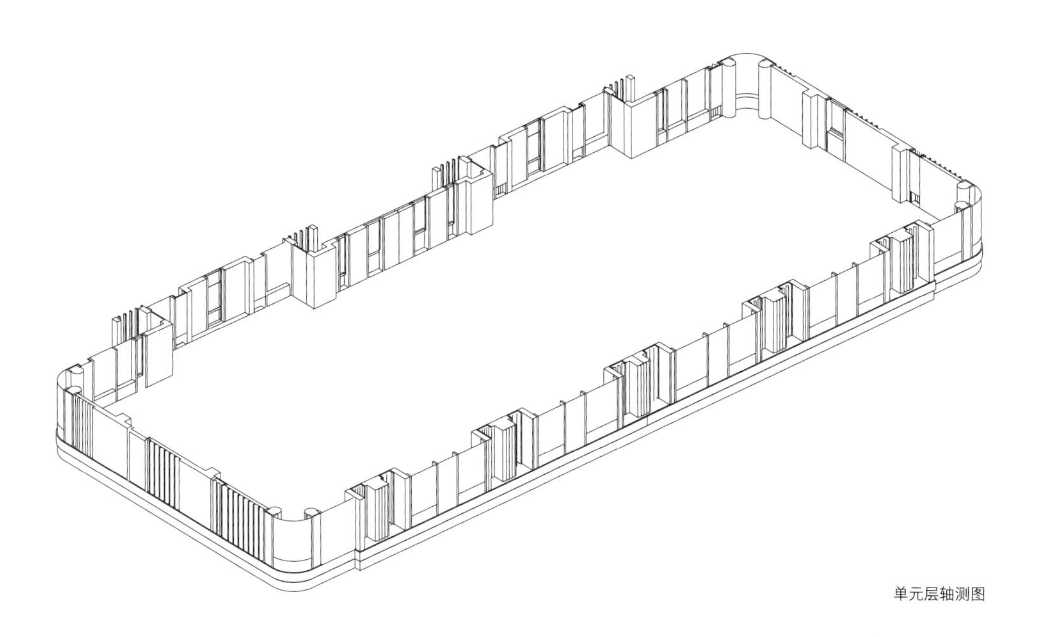

单元层轴测图

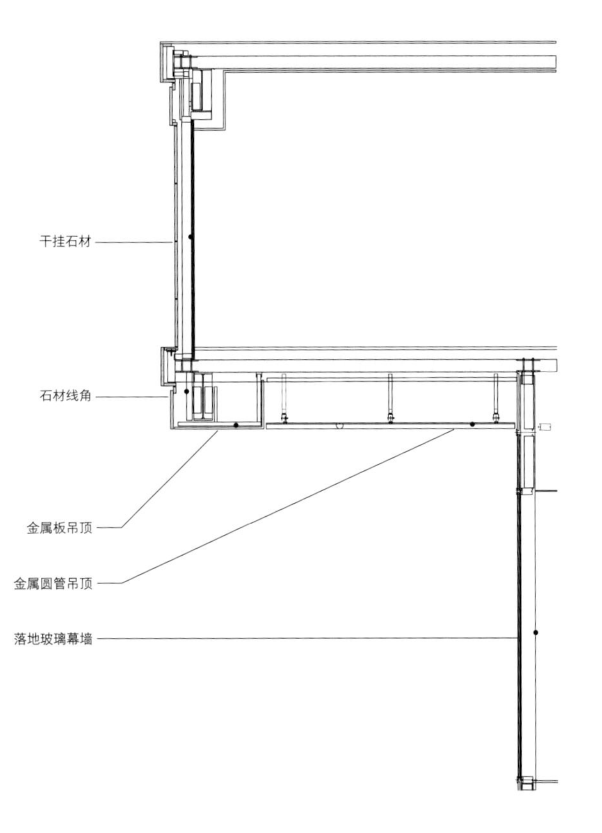
干挂石材
石材线角
金属板吊顶
金属圆管吊顶
落地玻璃幕墙

标准层铝板幕墙剖面图

顶部模型

北京航空航天大学沙河校区学生宿舍、研究生宿舍、食堂

扫码阅读更多内容

开发单位：北京航空航天大学
设计单位：北京市建筑设计研究院有限公司 叶依谦工作室
项目地点：北京市昌平区
设计 / 建成时间：2019 年 / 2021 年

项目负责人：叶依谦，陈震宇，霍建军，从振
主要设计人员：叶依谦，陈震宇，霍建军，从振，陈禹豪，齐玉芳，孔维婧，李飏飏，万千，刘恒志

主要经济技术指标
用地面积：58670m²　　总建筑面积：148012m²
地上建筑面积：83183m²　　地下建筑面积：64829m²
建筑密度：18.9%　　绿地率：44%（校园统一核算）
停车位：428 个

本项目位于北京航空航天大学沙河校区西北角，包含 5 栋学生宿舍和 1 栋学生食堂。为满足学生校园生活的丰富性和多样化需求，设计团队提出了建设以学生生活为核心的“书院式学生社区”理念，将居住、餐饮、学习、社交、生活功能场景融为一体。

方案结合地上院落、广场、下沉庭院、檐廊等空间，串联起大学生创新中心、学习研讨、社团活动、公共服务、体育健身、餐饮休闲等功能，形成地上地下互动、连续的多层次公共活动空间，使建筑成为学习生活和社交活动的空间载体。

居住模式上，设计团队提出了单元式、模块化理念，即每栋宿舍建筑均划分为 3 个居住模块，其中嵌入卧室、卫生间、淋浴间、自习室、晾晒区等功能；平面采用 7.2m 柱跨灵活划分为 2 间硕士生或 3 间博士生宿舍，实现了主体结构、主要配套服务设施均不改变条件下的灵活转换，以适应不同时期学校不同阶段学生的住宿需求。

食堂引入“商业街”模式，在建筑中布置多业态的就餐空间，并且在非就餐时段可作为学生自习、社团活动的多功能场所。

宿舍下沉庭院内景

宿舍庭院内景

食堂南立面

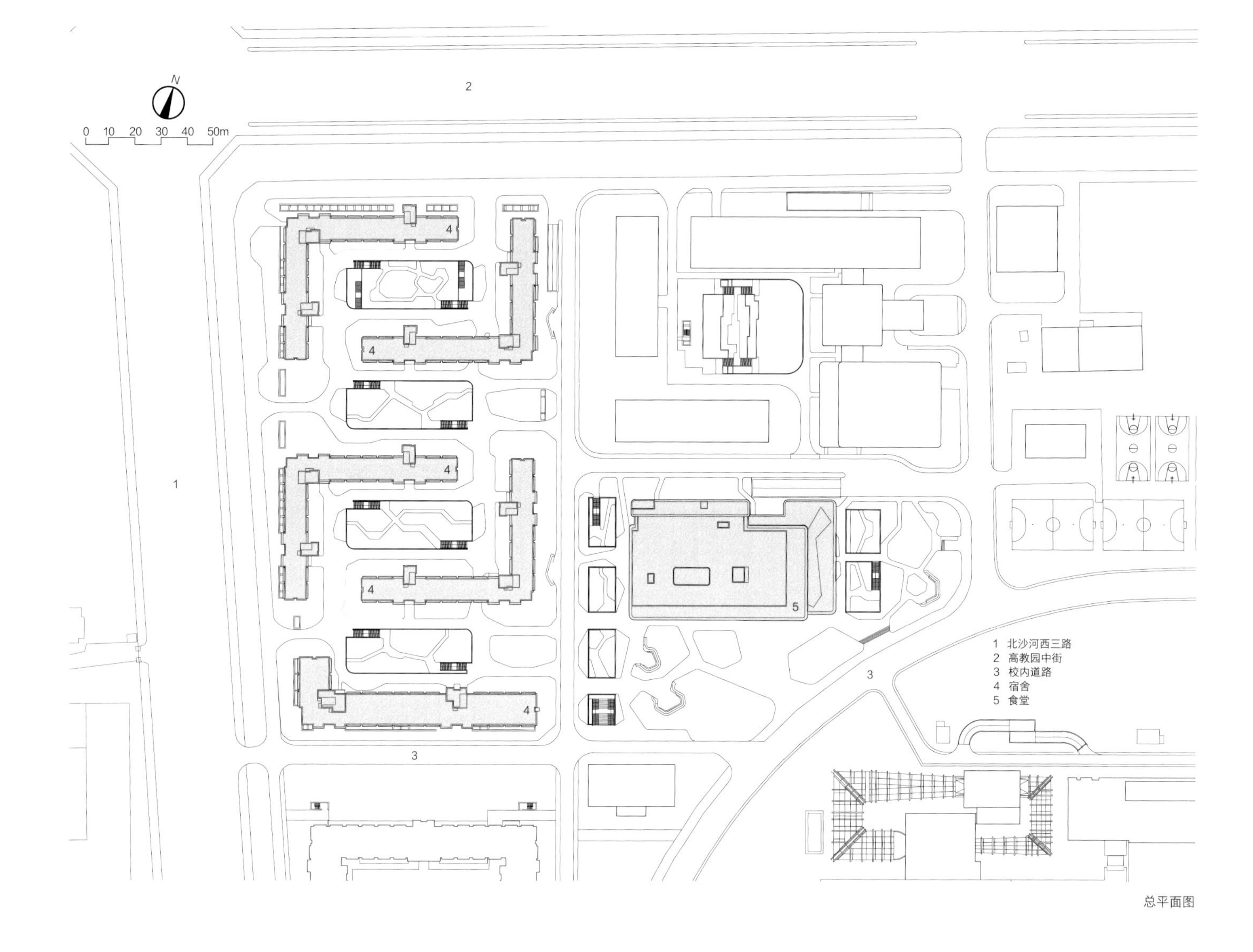
N
0 10 20 30 40 50m
1 北沙河西三路
2 高教园中街
3 校内道路
4 宿舍
5 食堂

总平面图

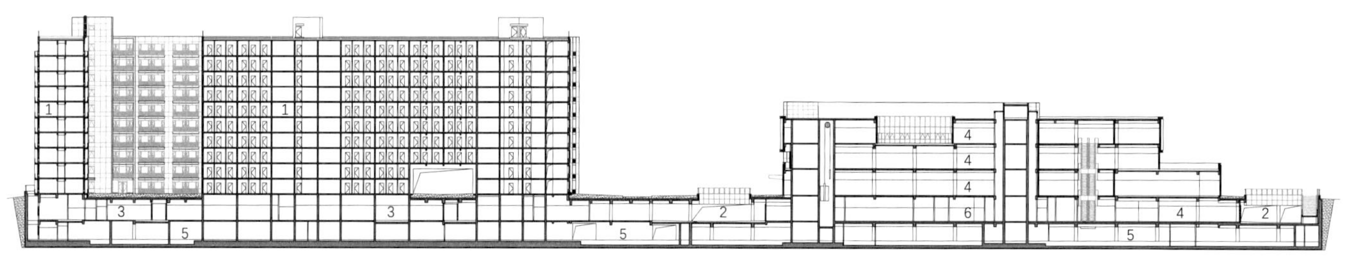

1 宿舍 2 下沉庭院 3 自习室、研讨室 4 食堂 5 机动车库 6 中央加工厨房

剖面图1

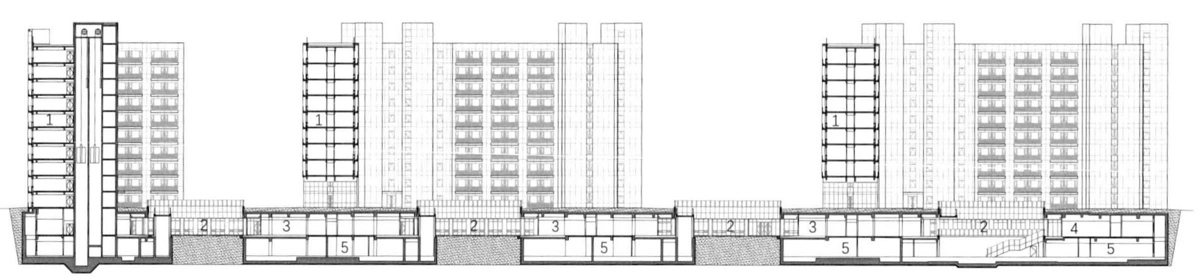

1 宿舍 2 下沉庭院 3 自习室、研讨室 4 图书阅览 5 机动车库

剖面图2

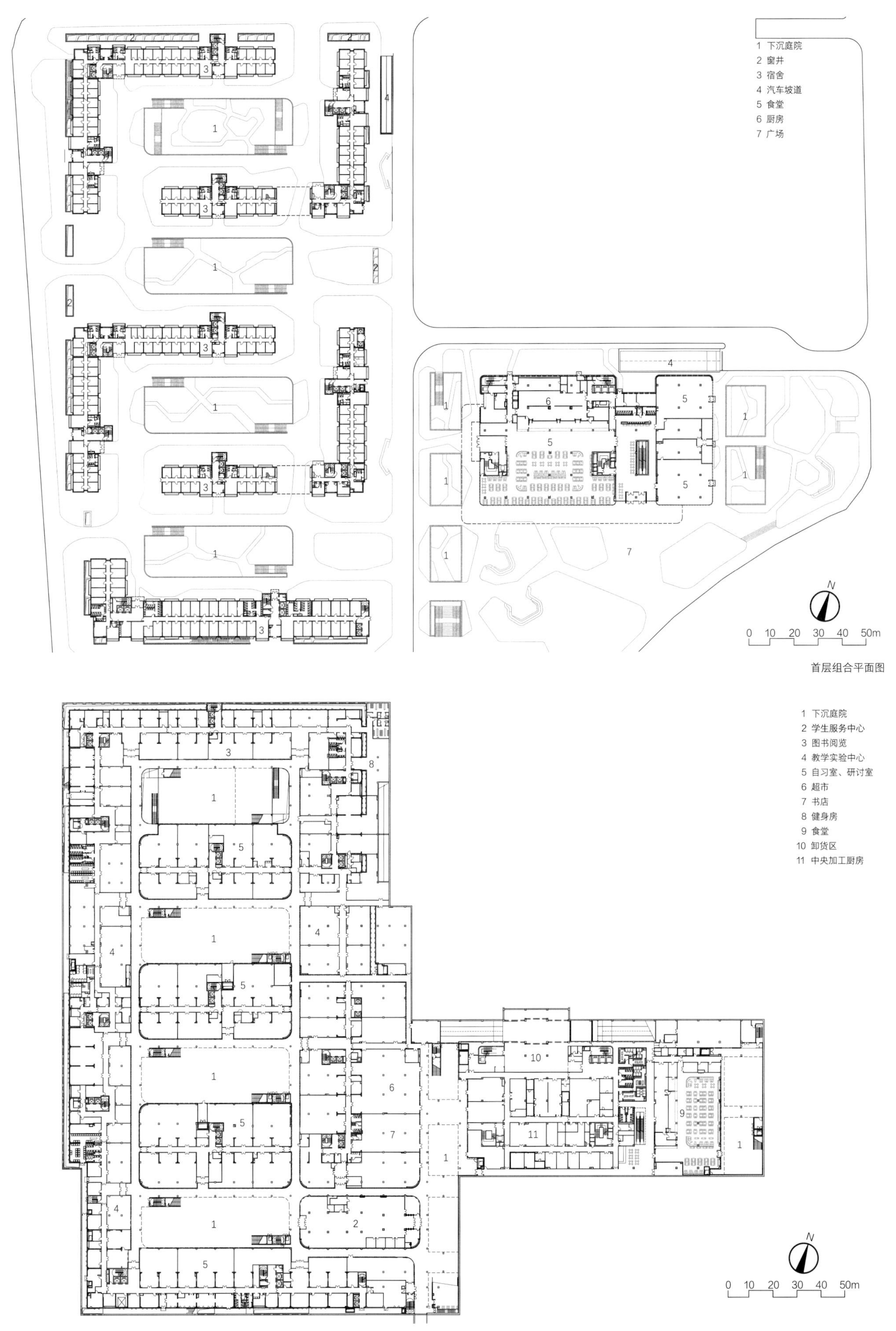
1 下沉庭院
2 窗井
3 宿舍
4 汽车坡道
5 食堂
6 厨房
7 广场
0 10 20 30 40 50m
1 下沉庭院
2 学生服务中心
3 图书阅览
4 教学实验中心
5 自习室、研讨室
6 超市
7 书店
8 健身房
9 食堂
10 卸货区
11 中央加工厨房
0 10 20 30 40 50m

首层组合平面图

地下一层组合平面图

七舍合院

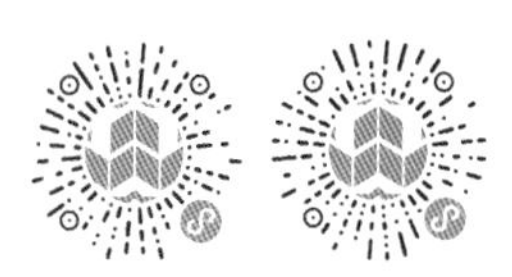

扫码阅读更多视频、图片内容

开发单位：私人
设计单位：建筑营设计工作室
项目地点：北京市
设计 / 建成时间：2017 年 / 2020 年

项目负责人：韩文强，李晓明，王同辉

获奖情况
2020 年 Architizer A+Awards 评委特别奖和大众评选奖
2020 年 Dezeen Awards 奖
2020 年 欧洲杰出建筑师论坛大奖 Leaf Awards 奖

主要经济技术指标
用地面积：650m^2　　建筑面积：500m^2
容积率：0.77　　停车位：2 个

项目位于北京旧城四合院胡同街区内，院子里共包含 7 间坡屋顶房屋，是三进四合院的基本格局。原始建筑破坏比较严重，已无法居住使用。怎样在保持旧的传统四合院建筑格局的条件下，满足当代使用需求，并实现一种适合于当代人生活方式的新体验？设计团队在最大化保留与修复旧建筑的同时，植入“游廊”这一传统建筑元素，作为本次改造中最为可见的附加物，将原本相互分离的七间房屋连接成为一个整体，它既是路径通道，又重新划分了庭院层次，并制造出观赏与游走的乐趣，从而塑造了一种与传统文化密切相关的可观、可居、可游的新的当代生活方式。旧建筑的空间、形式与材料被赋予新的使用，并产生独特的当代生活场景，让新与旧相互依存、缠绕而最终获得共生。

一进院

二进院

入口

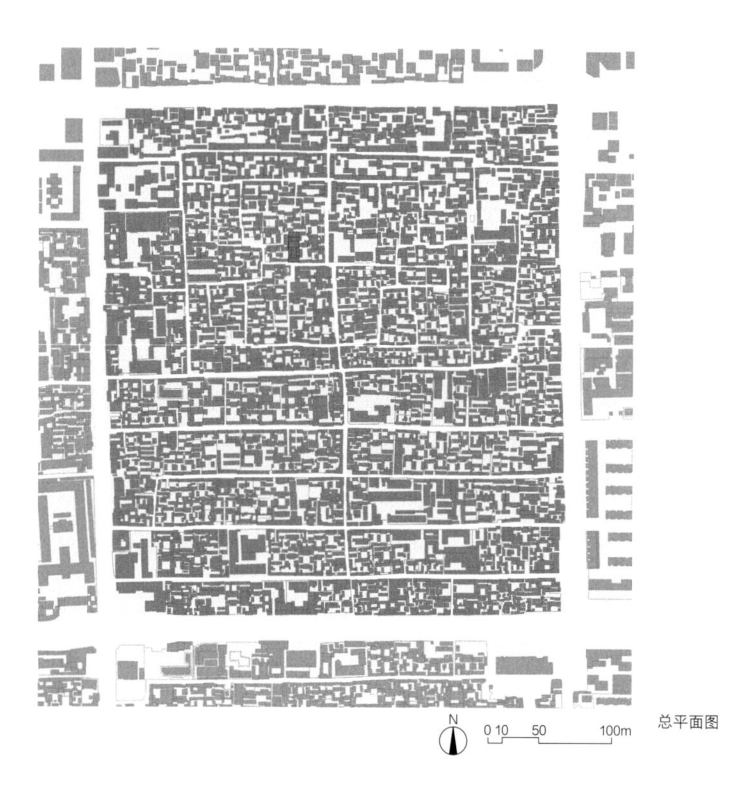
N
0 10 50 100m

总平面图

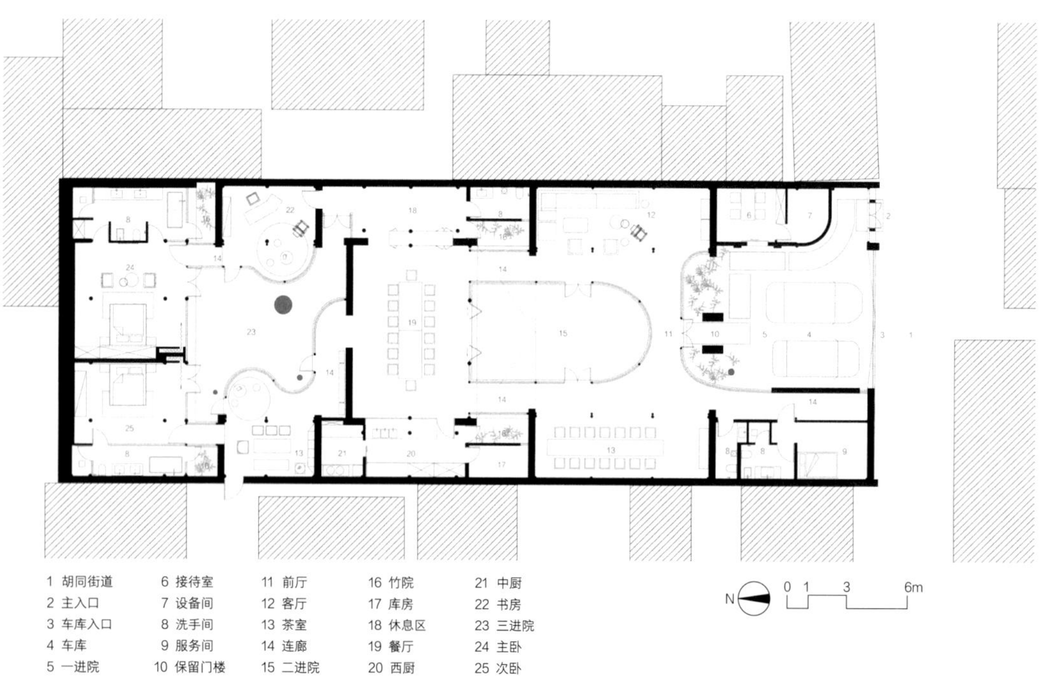
1 胡同街道
2 主入口
3 车库入口
4 车库
5 一进院
6 接待室
7 设备间
8 洗手间
9 服务间
10 保留门楼
11 前厅
12 客厅
13 茶室
14 连廊
15 二进院
16 竹院
17 库房
18 休息区
19 餐厅
20 西厨
21 中厨
22 书房
23 三进院
24 主卧
25 次卧
N
0 1 3 6m

平面图

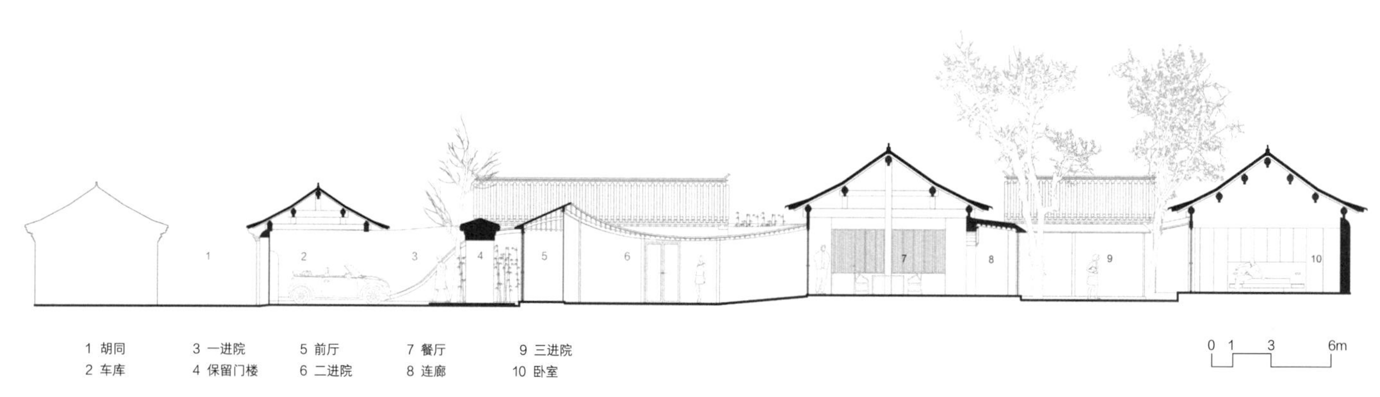
1 胡同
2 车库
3 一进院
4 保留门楼
5 前厅
6 二进院
7 餐厅
8 连廊
9 三进院
10 卧室
0 1 3 6m

剖面图

A 连廊屋面做法
-40mmx100mm竹钢次梁
-10mm竹钢望板
-50mm挤塑苯板保温层
-20mm1:2.5水泥砂浆找平层
-卷材防水层
-20mm聚合物砂浆结合层
-20mm聚合物砂浆

B 室内地面做法
-37mmx48mmx240mm灰砖
-20mm厚1：3干硬性水泥砂浆结合层，表面撒水泥粉
-1.5mm厚聚氨酯防水层或2mm厚聚合物水泥基防水涂料
-1：3水泥砂浆或最薄处30mm厚C20细石混凝土找坡层抹平
-水泥浆1道(内掺建筑胶)
-素土夯实

1. 80mmx120mm竹钢主梁
2. 灯带
3. ϕ60mm竹钢结构柱
4. 6mm+6mm弧形夹胶超白钢化玻璃
5. 雨水箅子

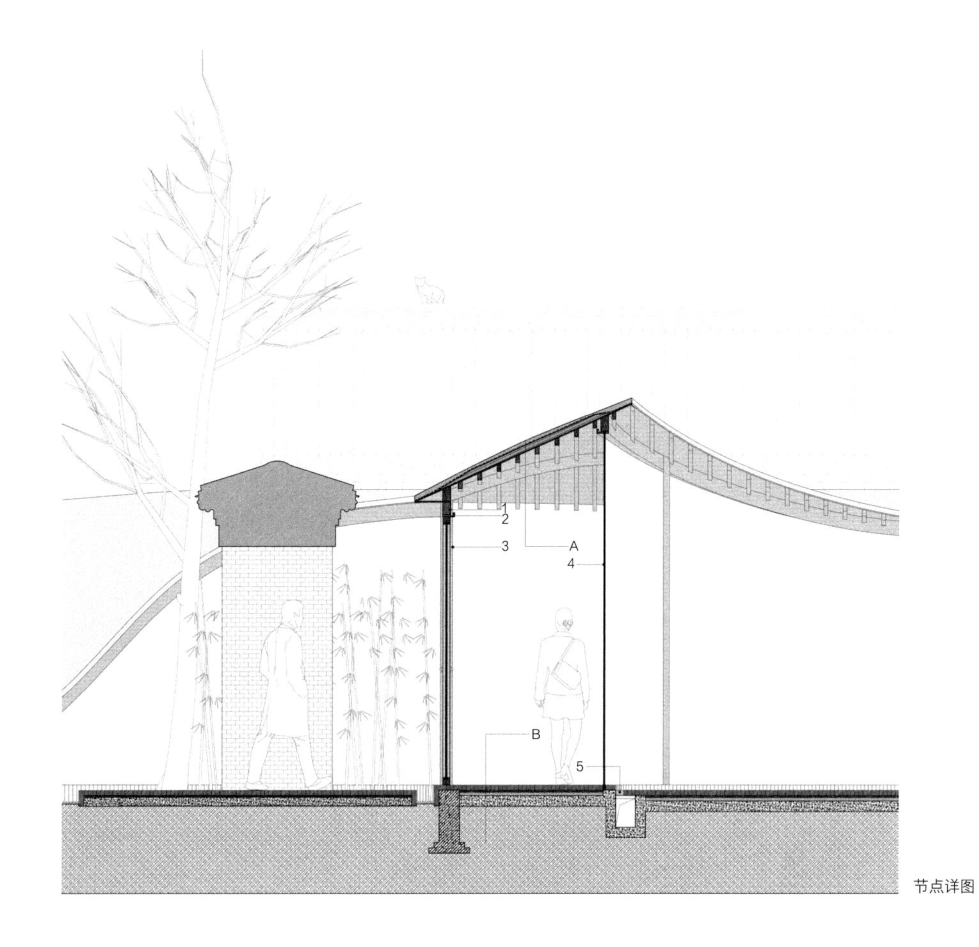

1
2
3
A
4
B
5

节点详图

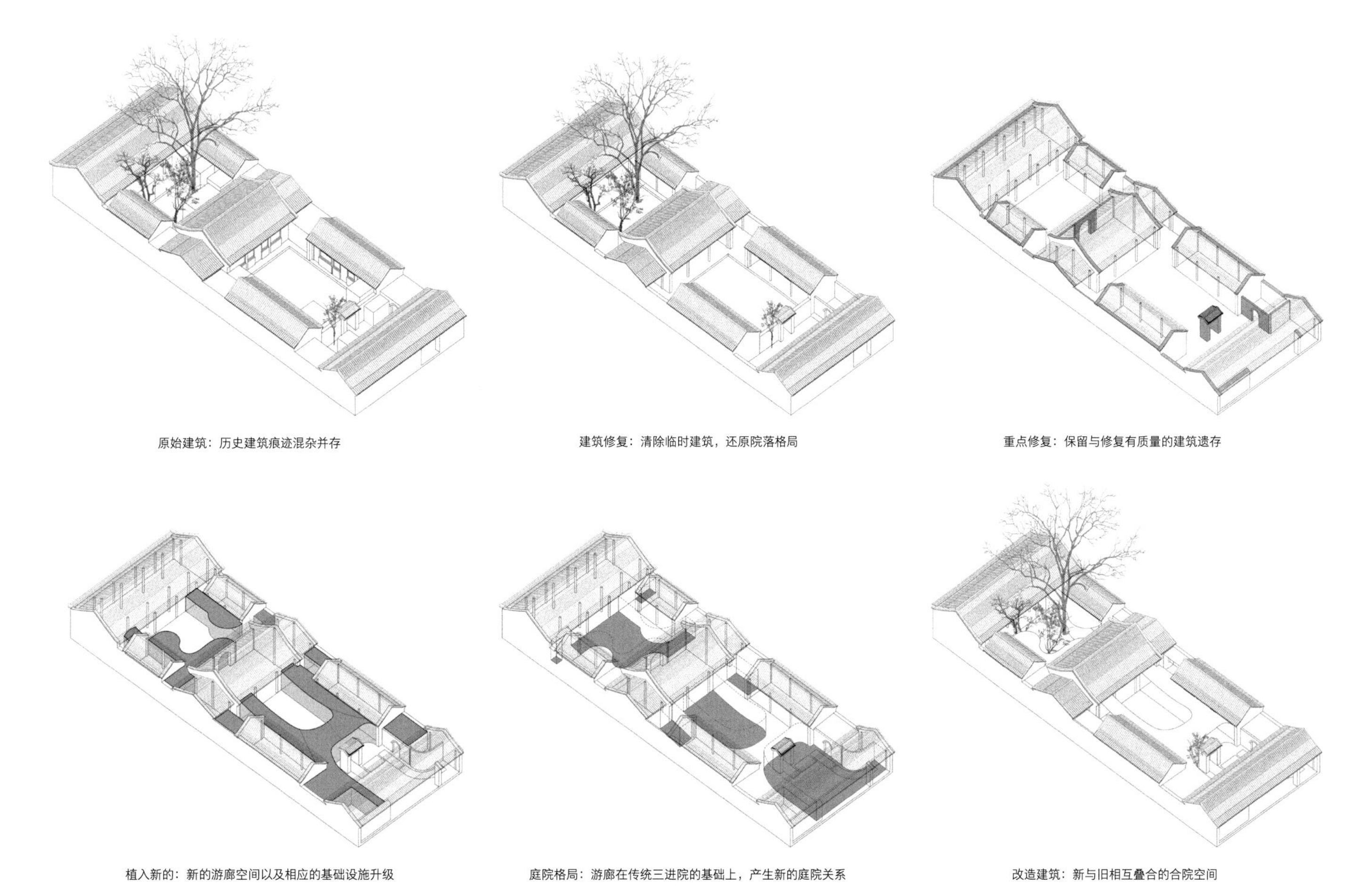

原始建筑：历史建筑痕迹混杂并存

建筑修复：清除临时建筑，还原院落格局

重点修复：保留与修复有质量的建筑遗存

植入新的：新的游廊空间以及相应的基础设施升级

庭院格局：游廊在传统三进院的基础上，产生新的庭院关系

改造建筑：新与旧相互叠合的合院空间

分析图

现代蒙古包体系（几何/移动）

扫码阅读更多视频、图片内容

开发单位：阁尔工作室
设计单位：阁尔工作室
项目地点：内蒙古自治区呼和浩特市
设计 / 建成时间：2020 年 / 2020 年

项目负责人：扎拉根白尔
主要设计人员：呼和哈达，塔拉

主要经济技术指标
几何蒙古包建筑面积：35m^2
移动蒙古包建筑面积：14~38m^2

几何蒙古包：随着社会发展，传统蒙古包作为草原住居的承载者，已经无法满足现代生活需求，其空间的单一性和物理性能急需改善和发展。几何蒙古包是为探索当代草原住居而设计的轻质装配式建筑体系，由原型设计、体系设计和系统设计三个板块组成。原型设计——几何分解与重构传统蒙古包绳索体系，形成了一个几何化、模块化的单体建筑原型。体系设计——对建筑原型进行拓展、重组，解放传统蒙古包的空间单一性，获得更多元、更开放的建筑空间。系统设计——设计中植入新型材料与能源系统，提升了空间的密闭性、保温性及能源性等物理属性。

移动蒙古包：作品在传统蒙古包的形态特征和建造属性的基础上，采取了一系列设计策略：在空间上，将传统蒙古包的圆形空间分割成两个半圆空间，并在中间植入可伸缩的矩形空间，将传统蒙古包的单一空间转译成可变化、可放大的丰富空间；在结构上，矩形空间的伸缩连接件，传承了传统蒙古包哈那的伸缩特性；在材料上，选用轻型的银色不锈钢和弹性幻彩布，在刚性材料和柔性材料之间有机结合，呼应了传统蒙古包的材料逻辑；在移动性上，采用轻型材料并引入电机、万向轮等机械元素，从而减轻了移动负荷，提高了操作精准度和便捷性。

作品与使用者产生诸多关联，满足不同的使用需求并提供不同的空间体验，是在当代环境下，对蒙古包新的可能性的探索。

实景1（几何蒙古包）

实景2（移动蒙古包）

实景3（移动蒙古包）

1
2
3
1 门房
2 办公室
3 移动蒙古包
N

拓展示意图

总平面图

立面图1

立面图2

立面图3

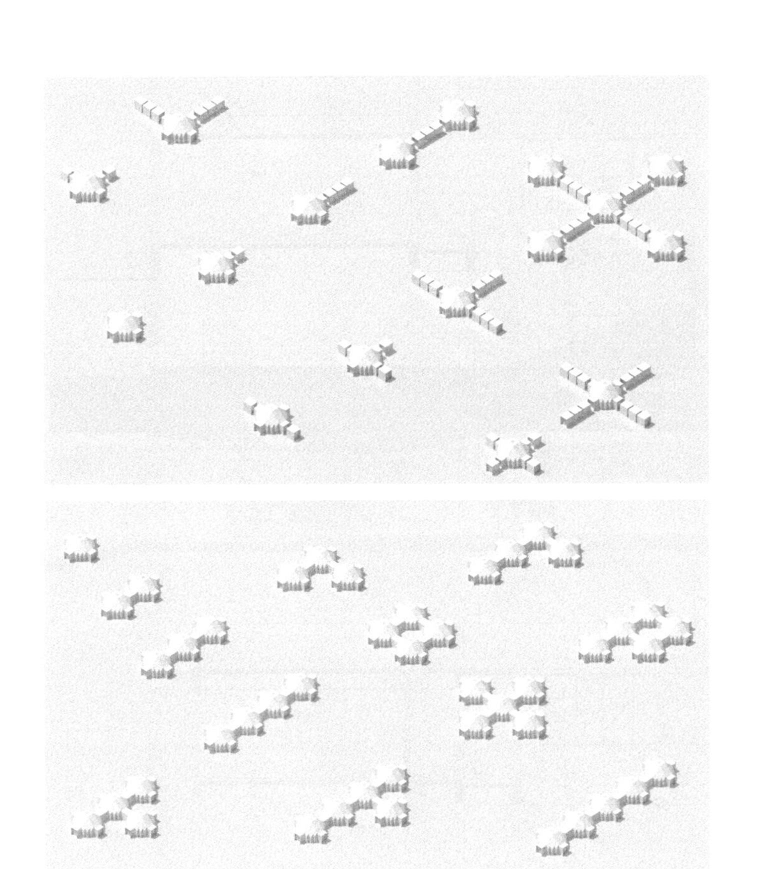
拓展示意图

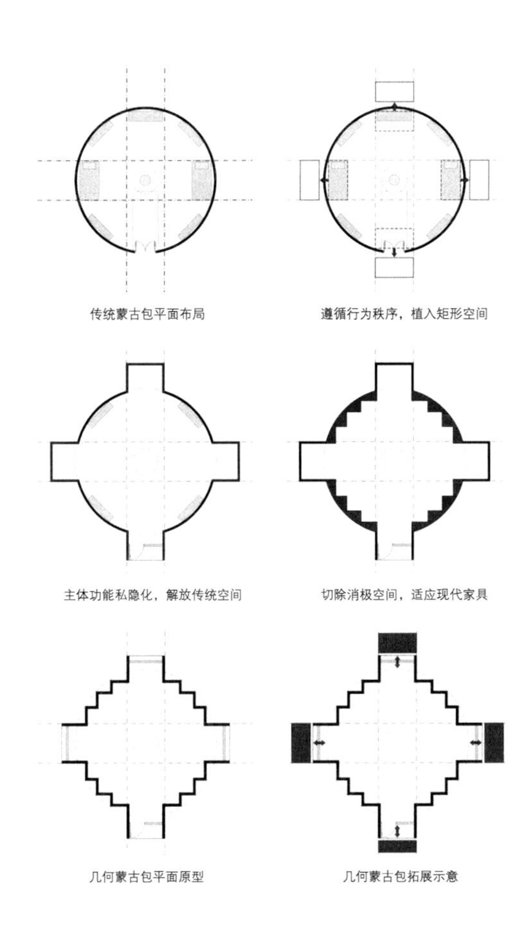
传统蒙古包平面布局
遵循行为秩序，植入矩形空间
主体功能私隐化，解放传统空间
切除消极空间，适应现代家具
几何蒙古包平面原型
几何蒙古包拓展示意
平面逻辑

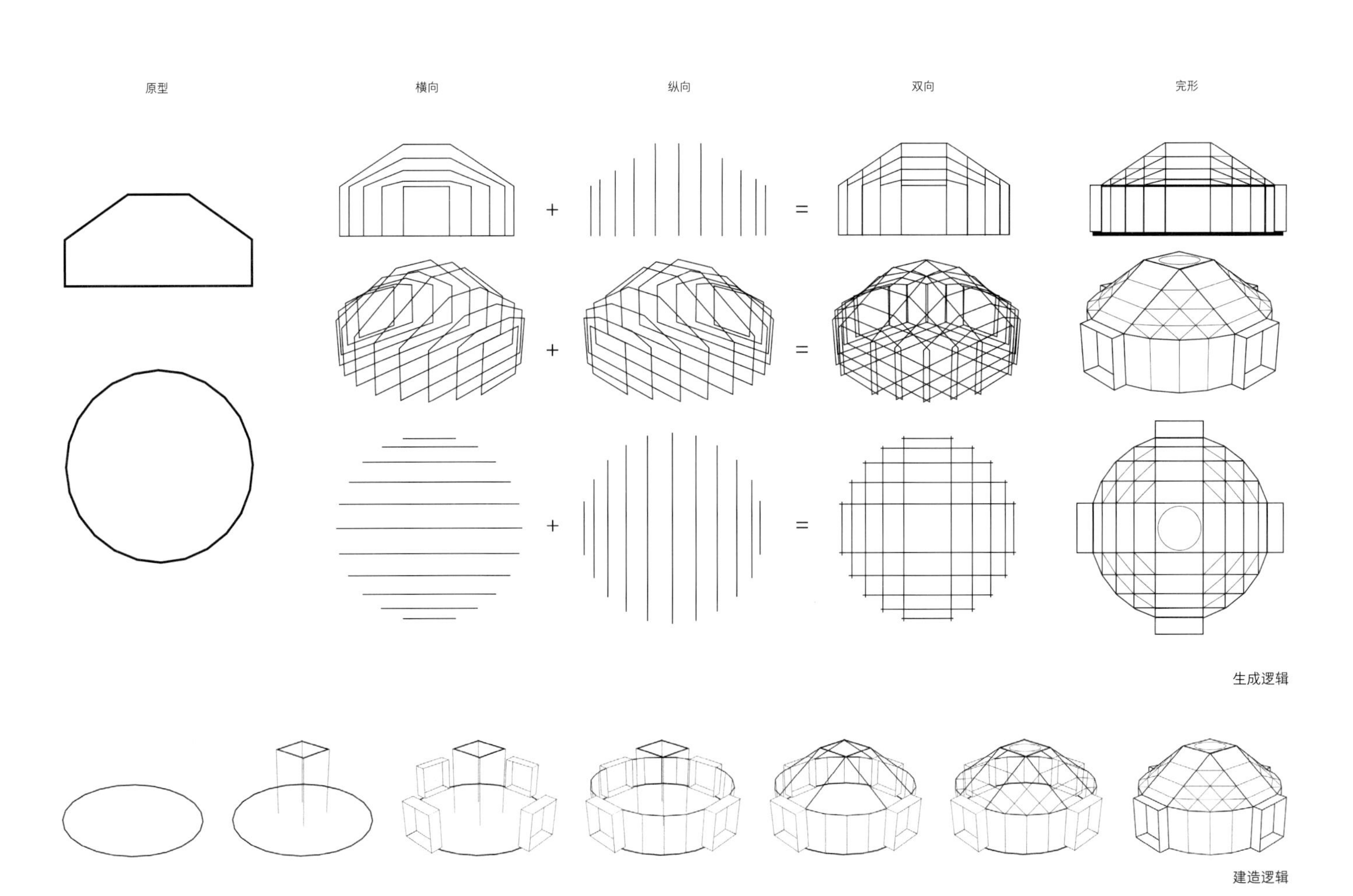
原型
横向
纵向
双向
完形
生成逻辑

建造逻辑

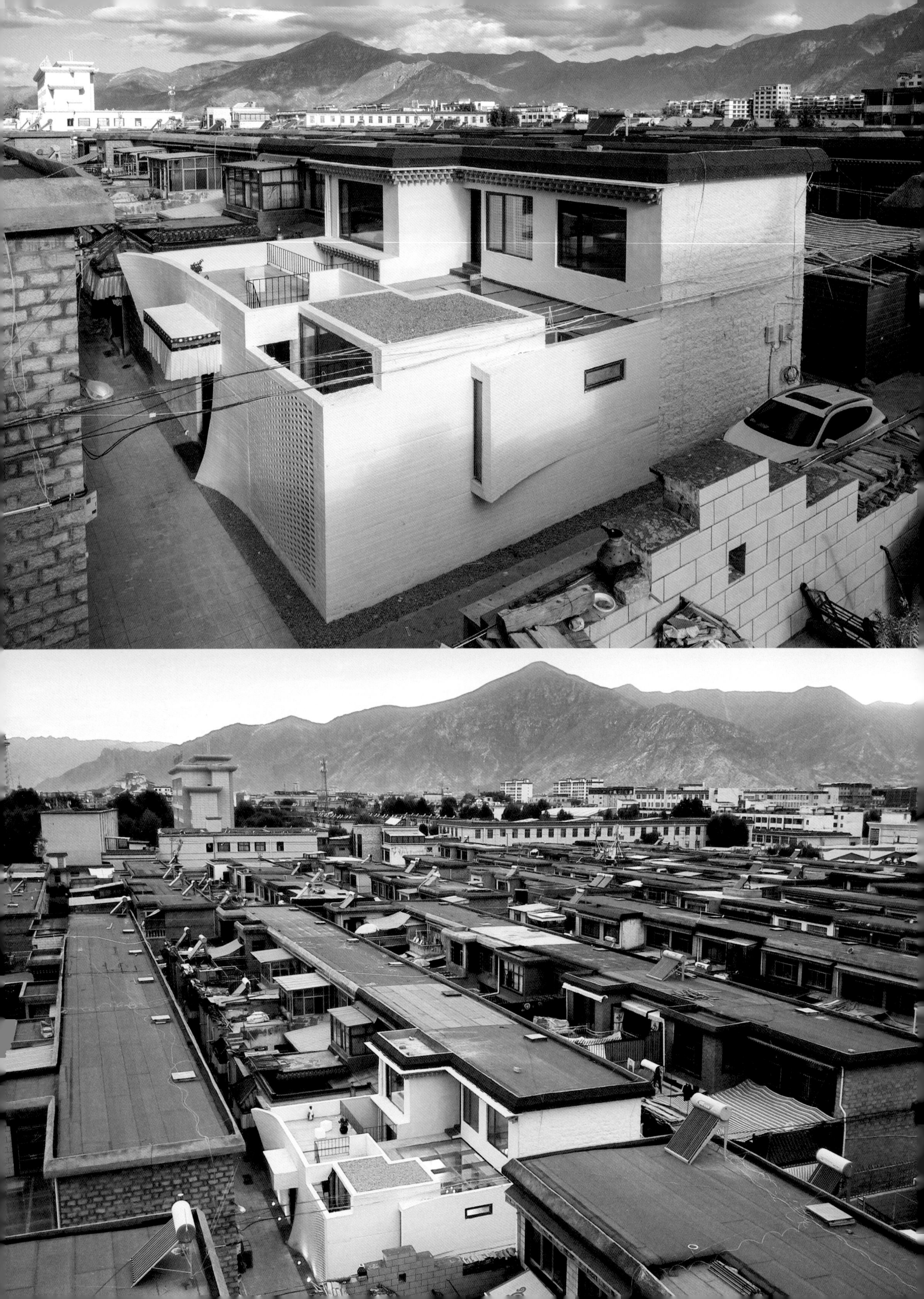

高海拔的家

扫码阅读更多内容

开发单位：上海东方卫视梦想改造家栏目组
设计单位：hyperSity建筑事务所
项目地点：西藏自治区拉萨市
设计 / 建成时间：2019 年

项目负责人：史洋
主要设计人员：黎少君，吕阳，滕璐

主要经济技术指标
用地面积：154m^2
建筑面积：320m^2

位于拉萨市城关区东部的一处藏族聚居区，由政府于 1990 年代统一修建的一楼一底（2 层楼房与 1 个前院格局）。房主之前在北京接受的大学教育，很大程度上更适应现代的生活方式，要求老房子在室内设施功能方面有所改善，符合现代化生活功能性需求并兼顾传统精神生活。

拉萨被誉为“日光之城”，阳光对于一家人居住行为而言是非常重要的元素。但是光并不意味着无限制的光，而是一种被控制的光，被设计过的光。传统的藏族起居空间里，对光的控制体现在“冬室”和“夏室”的区别。开窗规律为下层窗小，利于保暖，故为“冬室”，上层窗大，利于通风，故为“夏室”。一层外墙很少开大型窗户，这样形成的传统藏式的院落往往是一种内向型的空间，并通过高高厚厚的院墙营造私密、肃穆、威严的气质。但新式的厨房以及厕所等空间，很多不得不在外墙开一些小型的功能性洞口。因此在新的设计中，在保持外墙私密的前提下，通过撕裂几处裂缝，来为室内的空间提供采光与通风，满足功能性的同时，将外墙的界面处理得更加柔化与模糊。

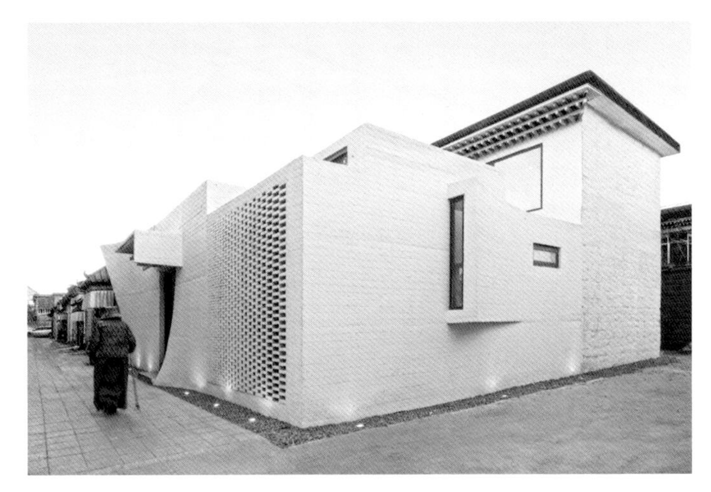

实景1

实景2

实景3

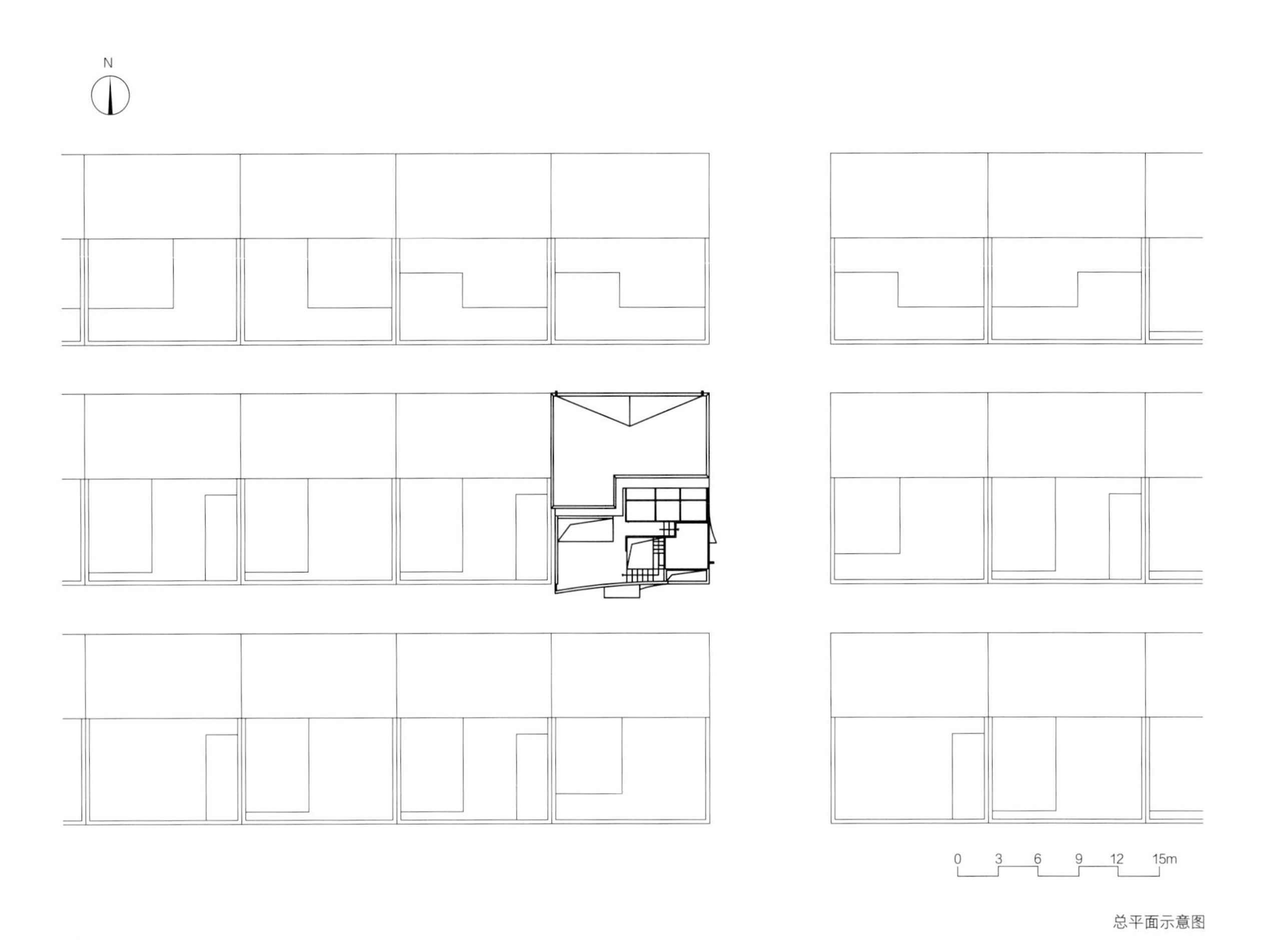
N
0 3 6 9 12 15m
总平面示意图

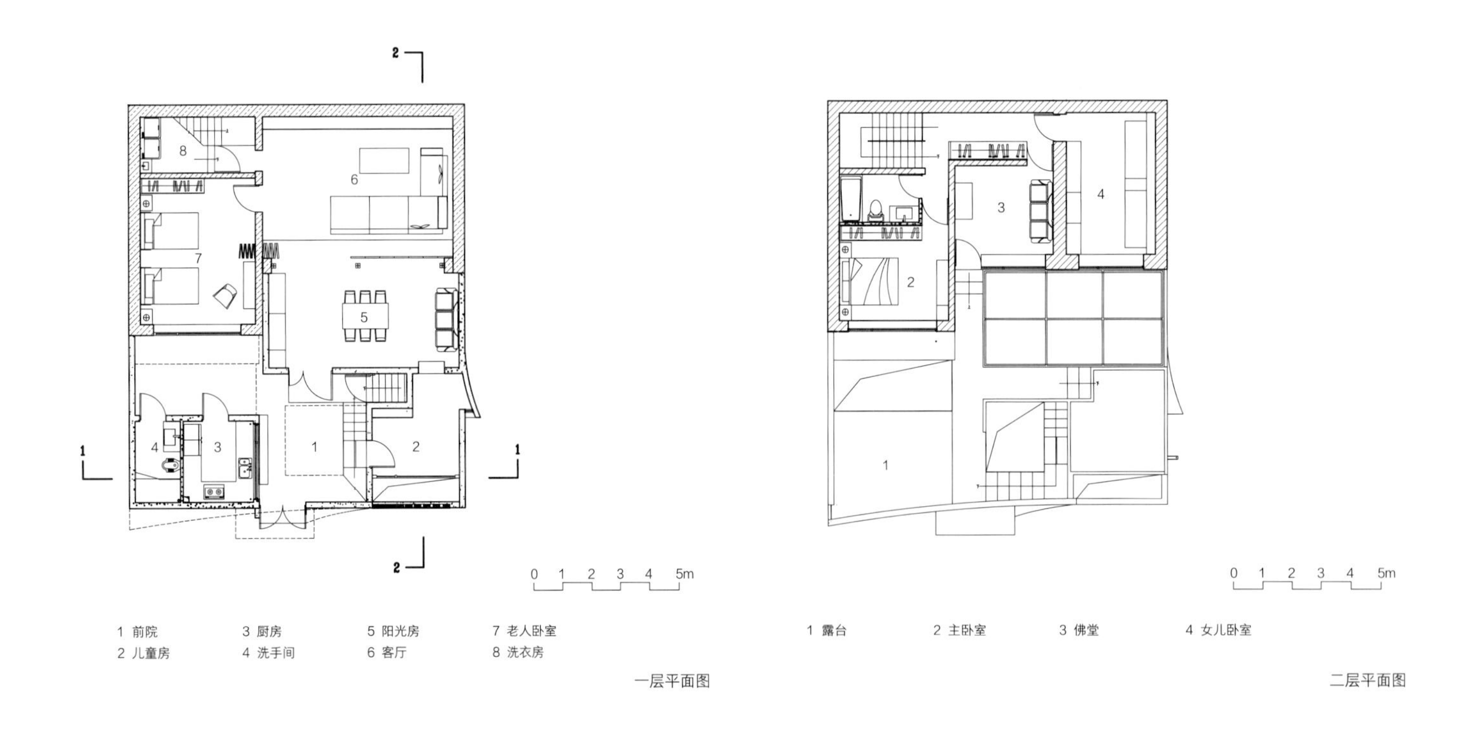
1 前院
2 儿童房
3 厨房
4 洗手间
5 阳光房
6 客厅
7 老人卧室
8 洗衣房
1 露台
2 主卧室
3 佛堂
4 女儿卧室
0 1 2 3 4 5m
一层平面图

二层平面图

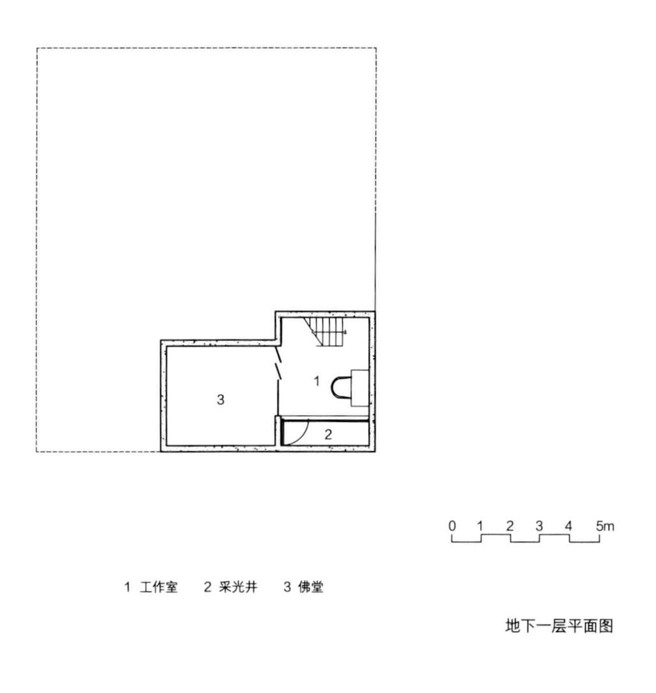

1
2
3
0 1 2 3 4 5m

1 工作室　2 采光井　3 佛堂

地下一层平面图

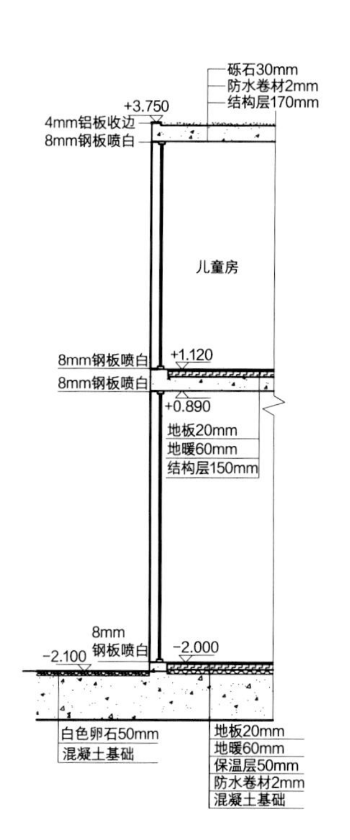

砾石30mm
防水卷材2mm
结构层170mm
+3.750
4mm铝板收边
8mm钢板喷白
儿童房
8mm钢板喷白
+1.120
8mm钢板喷白
+0.890
地板20mm
地暖60mm
结构层150mm
8mm
钢板喷白
-2.100
-2.000
白色卵石50mm
混凝土基础
地板20mm
地暖60mm
保温层50mm
防水卷材2mm
混凝土基础

节点详图

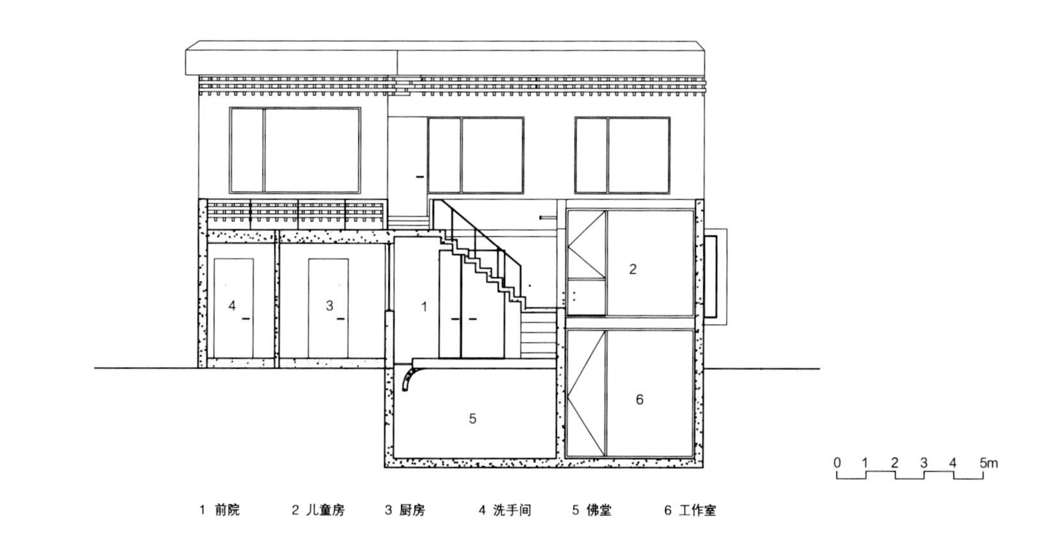

1
2
3
4
5
6
0 1 2 3 4 5m

1 前院　2 儿童房　3 厨房　4 洗手间　5 佛堂　6 工作室

1-1剖面图

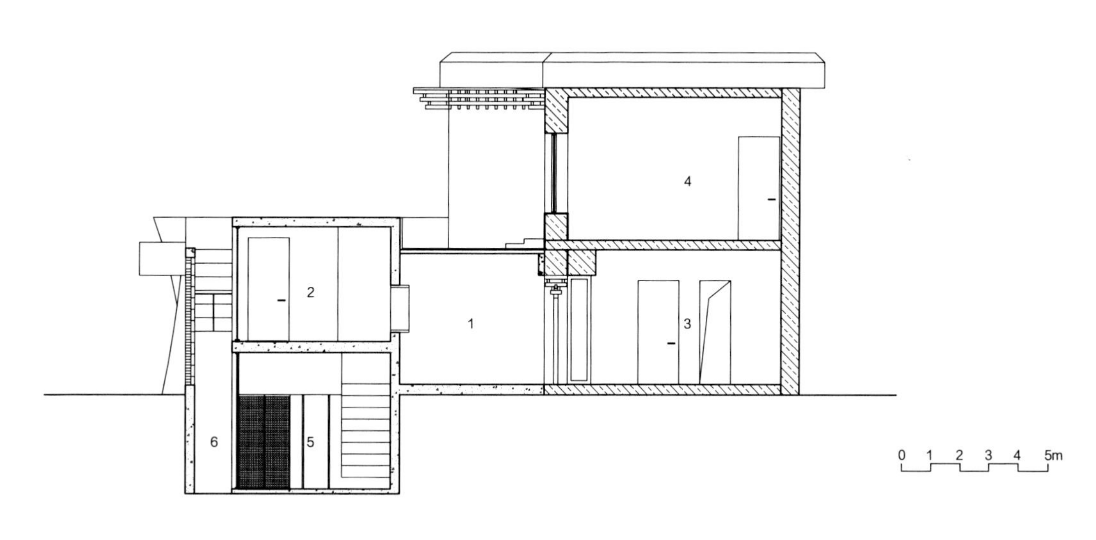

1
2
3
4
5
6
0 1 2 3 4 5m

1 阳光房　2 儿童房　3 客厅　4 女儿卧室　5 工作室　6 天井

2-2剖面图

CONTEMPORARY
CHINESE ARCHITECTURE
RECORDS

当代中国建筑实录

办公

海南生态智慧新城数字市政厅
重庆两江协同创新区创新Σ空间
杭州化纤厂旧址改造
顺德柴油机厂二期更新改造
SMOORE总部工业园改造
苏州高新区“太湖云谷”数字产业园
天目里综合艺术园区
陈溪乡乡邻中心
钛媒体“折叠公园”/ 北京团河派出所旧址改造

海南生态智慧新城数字市政厅

扫码阅读更多内容

开发单位：海南生态软件园
设计单位：清华大学建筑设计研究院有限公司 素朴建筑工作室 / 北京清华同衡规划设计研究院有限公司
项目地点：海南省澄迈县
设计 / 建成时间：2017 年 / 2021 年

项目负责人：宋晔皓，陈晓娟
建筑设计团队：解丹，褚英男，孙菁芬，于昊惟，夏雨妍，黄致昊
工程设计团队
建筑：温雅宸，王林健
结构：龚政，孙晓彦
电气：杨莉，王鹏，李高楼
给水排水：林玉权，田英，解英
暖通：张玥，孙玉武，王司空
照明设计团队：清华大学建筑学院张昕工作室
景观深化及施工图团队：广州普邦园林股份有限公司

主要经济技术指标
建筑面积：10980m^2

项目基于展览和文创办公的综合开放性功能，从热带地区气候策略出发，引入自然景观台地，以及一系列高低贯通的院落、室外中庭和冷巷体系，与不同建筑功能空间体块相互嵌合设计，借鉴东方园林庭院系统的抽象原型，塑造步移景异、曲径通幽的立体园林空间。

①建筑主体色彩——红土的红色。

②景观意向——梯田样的自由的大地景观，覆盖首层的部分展览交流空间，有利于植物生长，塑造了面向城市外部的公共休闲公园。

③材料选择——传统工法垒砌的本地岩石。建筑立面遮阳也受本地火山岩砌筑房屋上的光的缝隙的启发。

鸟瞰图（陈溯 摄）

东入口台阶通往半室外中庭（陈溯 摄）

半室外中庭（陈溯 摄）

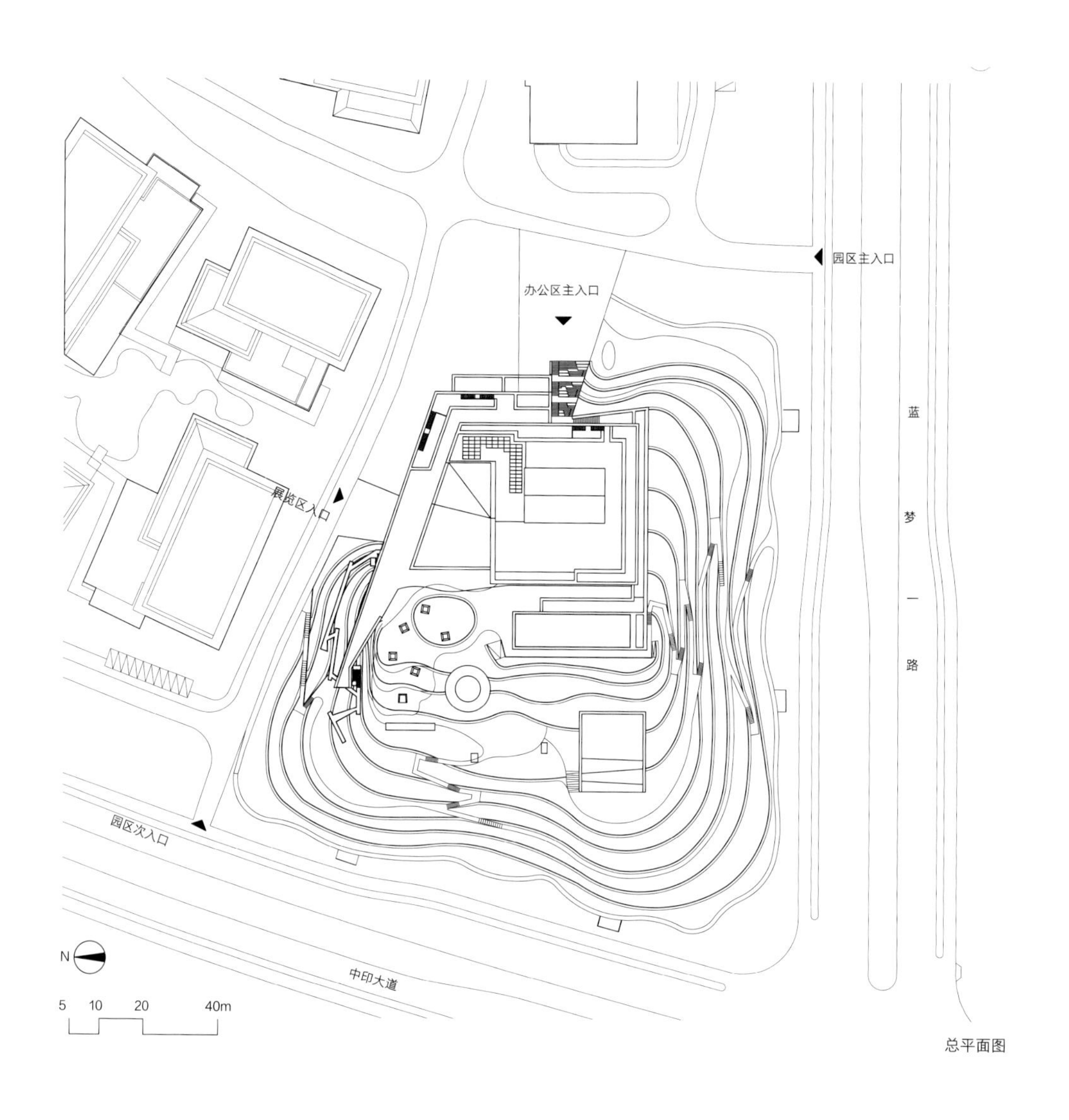
园区主入口
办公区主入口
展览区入口
园区次入口
蓝
梦
一
路
中印大道
N
5
10
20
40m
总平面图

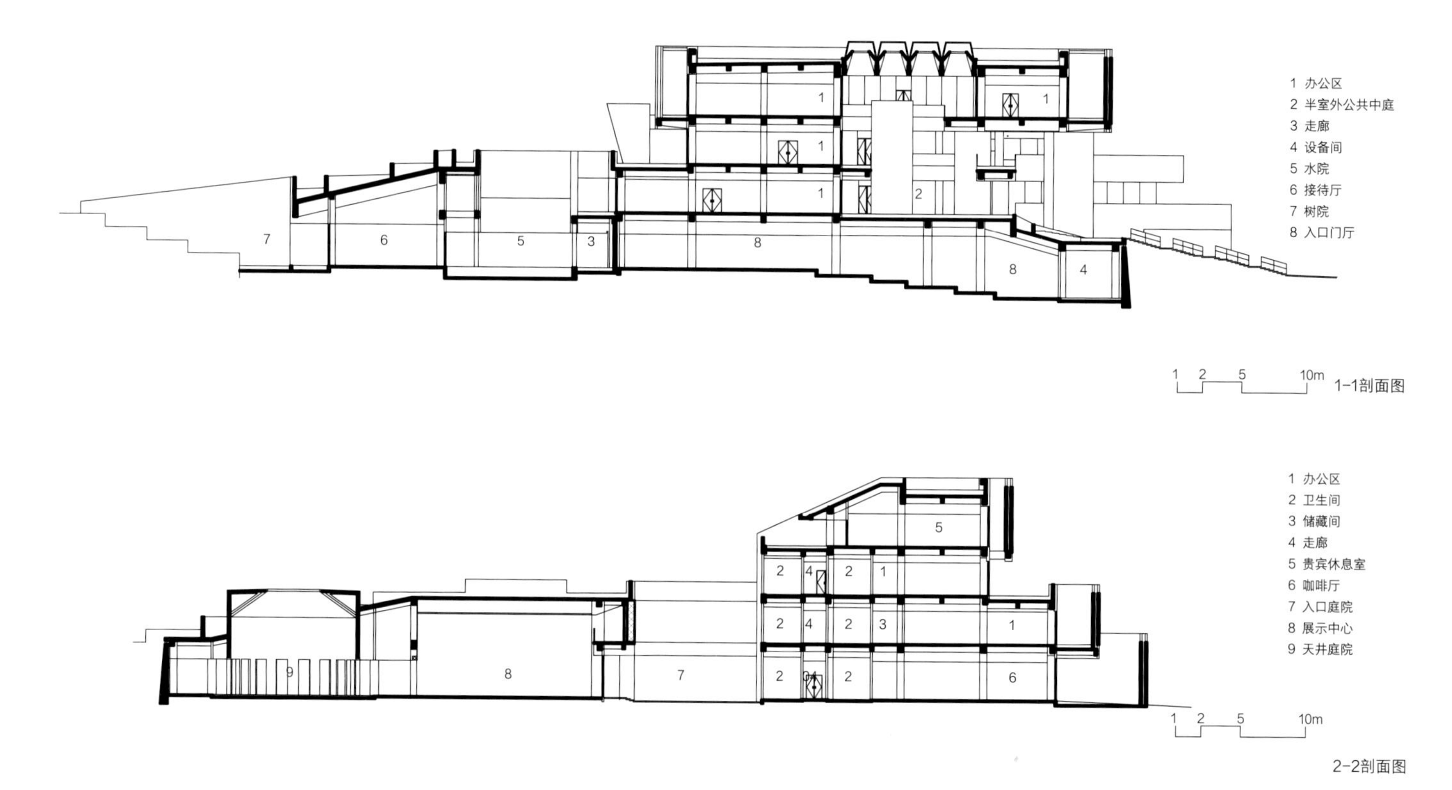
1 办公区
2 半室外公共中庭
3 走廊
4 设备间
5 水院
6 接待厅
7 树院
8 入口门厅
1
2
5
10m
1 办公区
2 卫生间
3 储藏间
4 走廊
5 贵宾休息室
6 咖啡厅
7 入口庭院
8 展示中心
9 天井庭院
1
2
5
10m
1-1剖面图

2-2剖面图

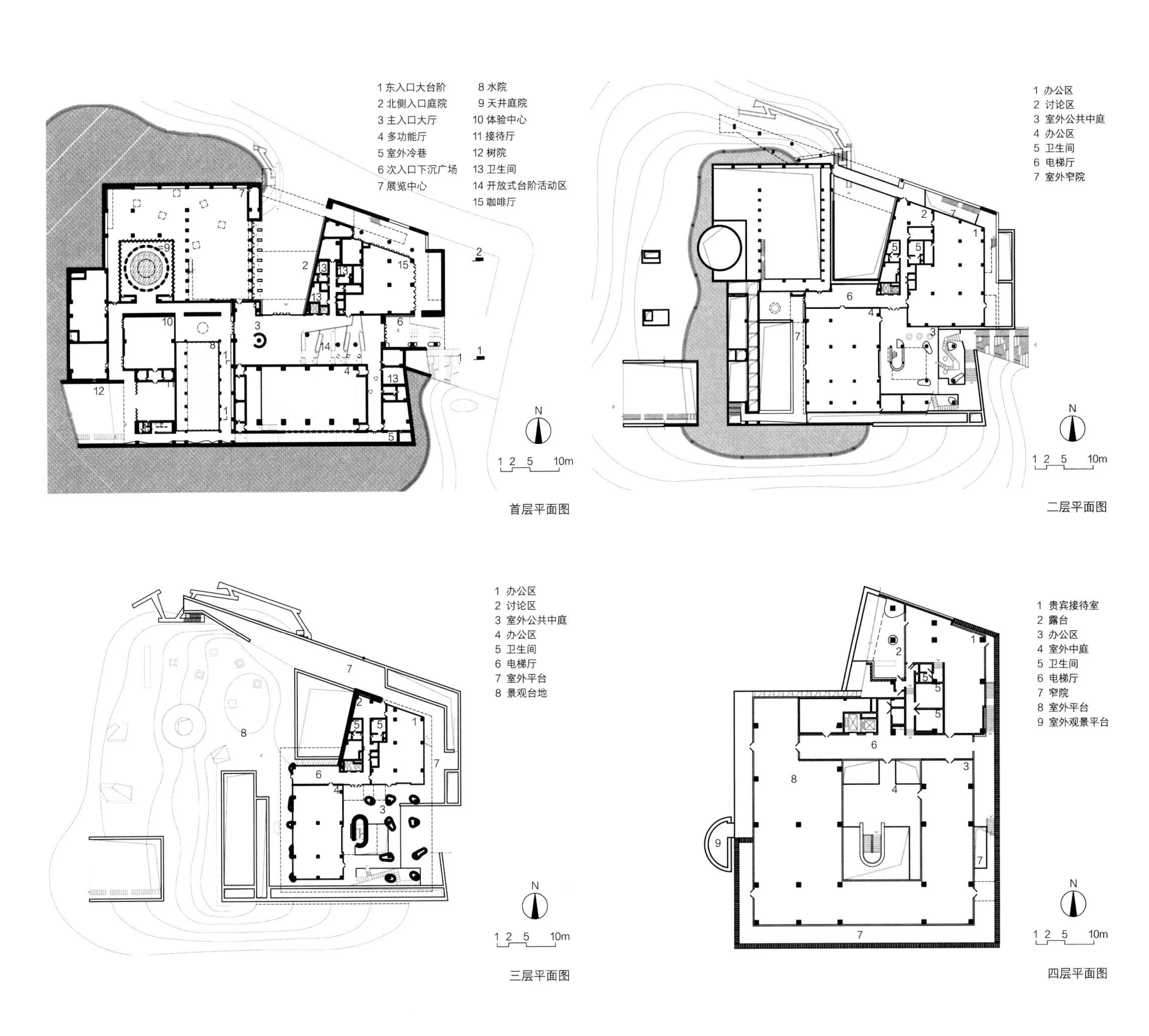

1 东入口大台阶
2 北侧入口庭院
3 主入口大厅
4 多功能厅
5 室外冷巷
6 次入口下沉广场
7 展览中心
8 水院
9 天井庭院
10 体验中心
11 接待厅
12 树院
13 卫生间
14 开放式台阶活动区
15 咖啡厅
1 办公区
2 讨论区
3 室外公共中庭
4 办公区
5 卫生间
6 电梯厅
7 室外窄院
1 办公区
2 讨论区
3 室外公共中庭
4 办公区
5 卫生间
6 电梯厅
7 室外平台
8 景观台地
1 贵宾接待室
2 露台
3 办公区
4 室外中庭
5 卫生间
6 电梯厅
7 窄院
8 室外平台
9 室外观景平台

首层平面图

二层平面图

三层平面图

四层平面图

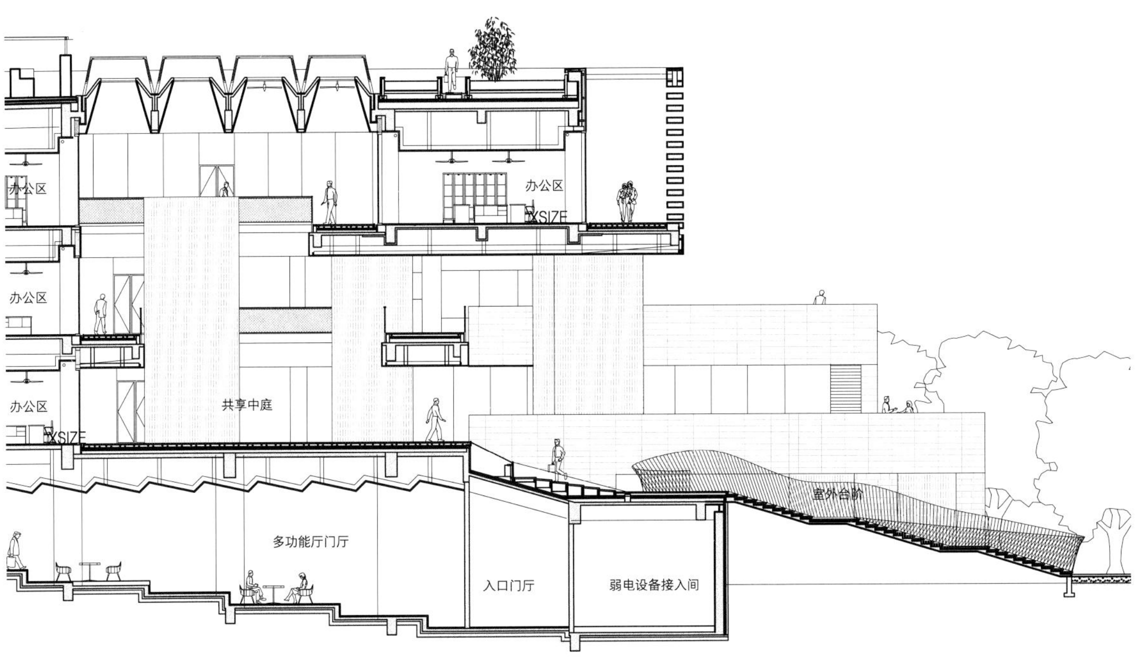

办公区
办公区
办公区
办公区
共享中庭
多功能厅门厅
入口门厅
弱电设备接入间
室外台阶

节点剖面图

重庆两江协同创新区创新Σ空间

扫码阅读更多内容

开发单位：重庆两江协同创新区建设投资发展有限公司
设计单位：上海都设营造建筑设计事务所有限公司
项目地点：重庆市两江新区
设计 / 建成时间：2019 年 / 2020 年

项目负责人：凌克戈
主要设计人员：凌克戈，胡威，丁天齐，李知临，谢欣准

获奖情况
2021 年“Pro+Award 普罗奖商办建筑”金奖
2021 年 上海建筑学会创作奖优秀奖

主要经济技术指标

用地面积：16490m^2	建筑面积：3671m^2
容积率：0.22	建筑密度：11%
绿地率：50.3%	停车位：30 个

重庆是座山城，尊重山地就是尊重“重庆文脉”。本项目从一开始就摒弃传统的削峰填谷处理方式，而是以山地作为营造元素，采用“顺势营造”的设计理念，通过与山地共融的方式来探索空间和体验的新可能。

项目位于两江新区创新区，为新区建设指挥中心提供办公、餐饮、展示等功能。基地位于局部制高点，东面临湖，三面俯瞰新区全景，景观资源绝佳。东侧是主要道路，南侧、西侧为次要道路，用地几何形态狭长，场地落差高达 20 多米。建筑的餐饮服务、办公、展厅三个功能组团根据功能属性，沿山势标高错位布置，最大限度减少土方调整，同时每个功能组团景观视野互不遮挡，下一层的屋顶同时也是上一层的平台。

建筑师希望呈现纯粹而低调的建筑特质，而不去过分炫耀立面，在材料选择和立面把控上有克制地展开设计。这是一次积极而有意义的山地建筑探索，在当下浮躁的建筑环境下，让建筑回归“空间”这一本质。

实景1

实景2

实景3

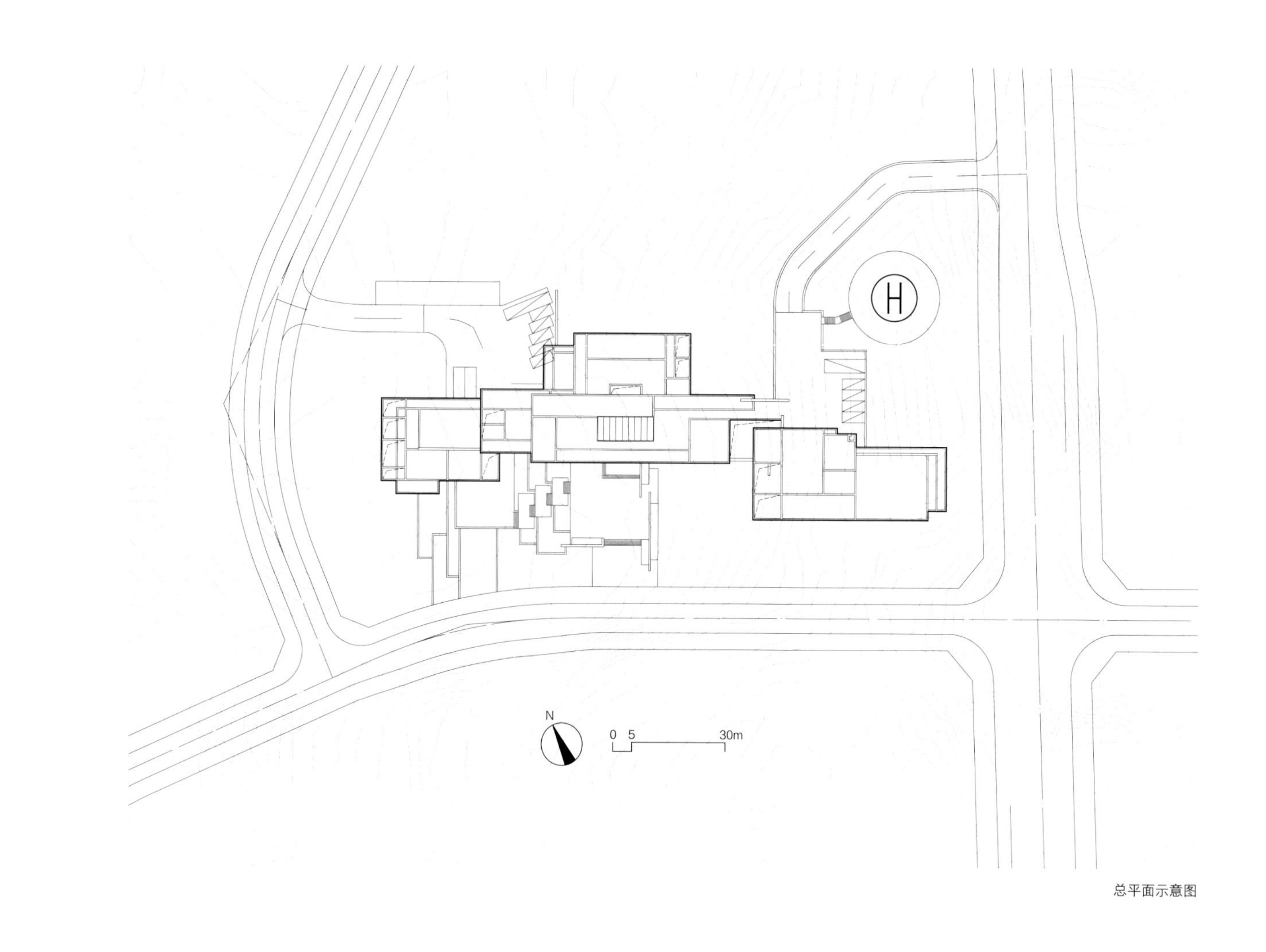
N
0 5 30m
H

总平面示意图

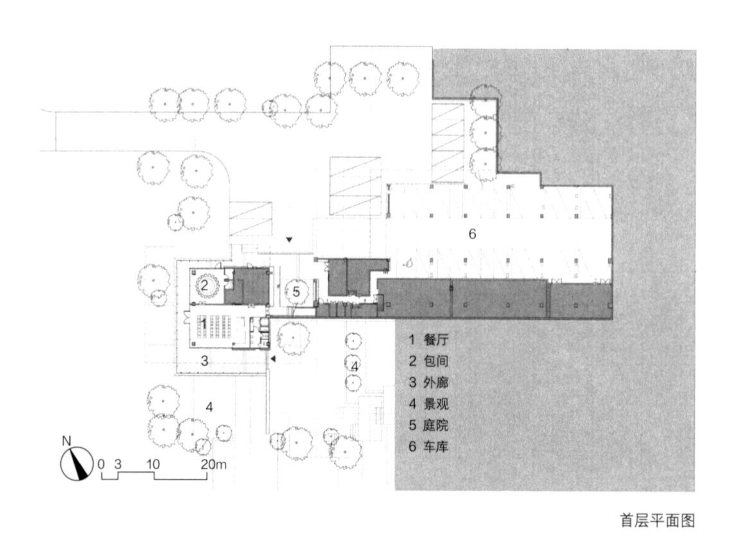
1 餐厅
2 包间
3 外廊
4 景观
5 庭院
6 车库
N
0 3 10 20m

首层平面图

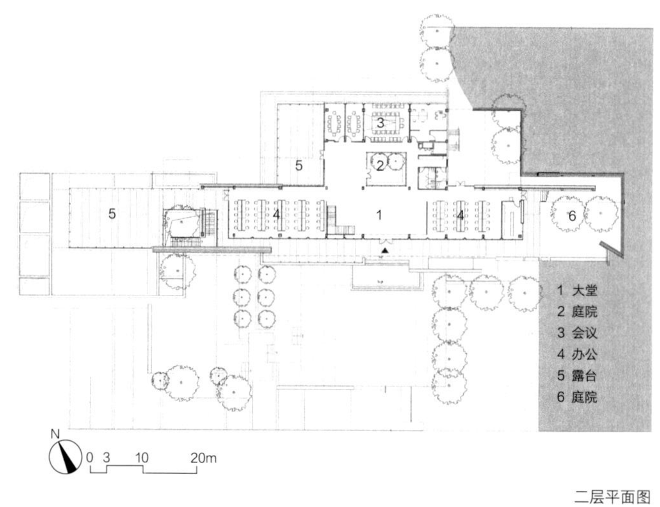
1 大堂
2 庭院
3 会议
4 办公
5 露台
6 庭院
N
0 3 10 20m

二层平面图

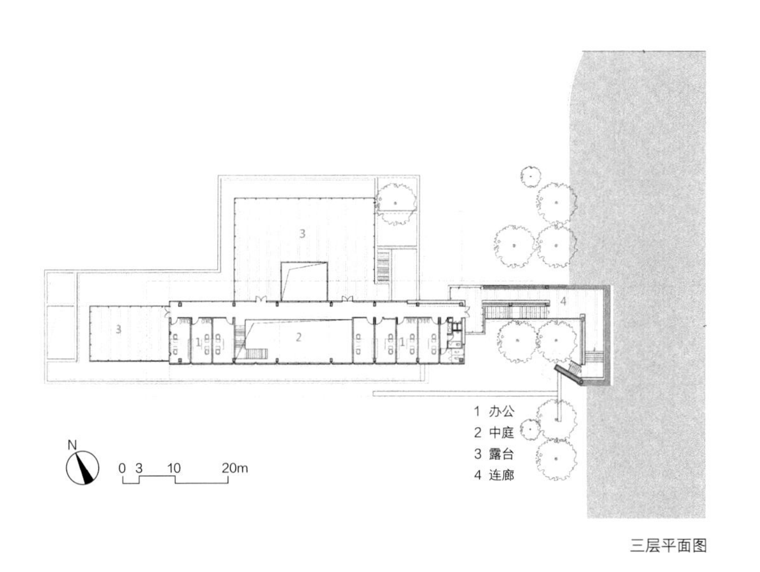
1 办公
2 中庭
3 露台
4 连廊
N
0 3 10 20m

三层平面图

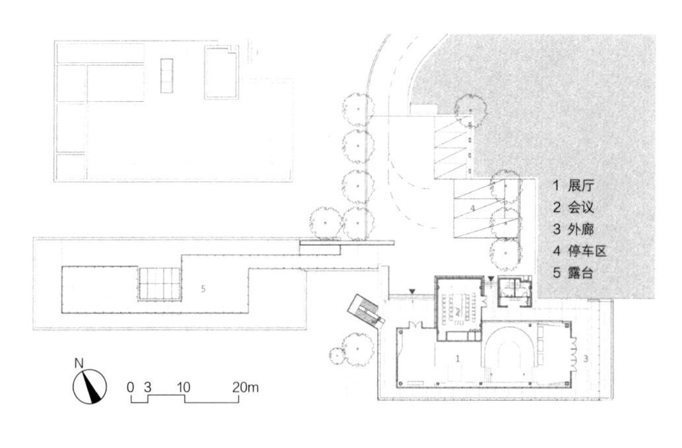
1 展厅
2 会议
3 外廊
4 停车区
5 露台
N
0 3 10 20m

四层平面图

1 30mm仿石混凝土
2 4mm铝单板（木纹色）
3 单银Low-E中空钢化玻璃
4 止水钢板
5 钢化夹胶玻璃
6 原色拉丝不锈钢
7 不锈钢栏杆
8 耐候木地板
9 卵石层
10 植被层，覆土层

节点分析图

1 铝合金横梁
2 单银Low-E中空钢化玻璃
3 浅灰色渐隐彩釉点
4 3mm厚铝单板
5 铝合金开启扇
6 铝合金固定框
7 铝合金开启扇框
8 不锈钢合页
9 保温岩棉
10 仿木色4mm铝单板
11 耐候木地板

节点分析图

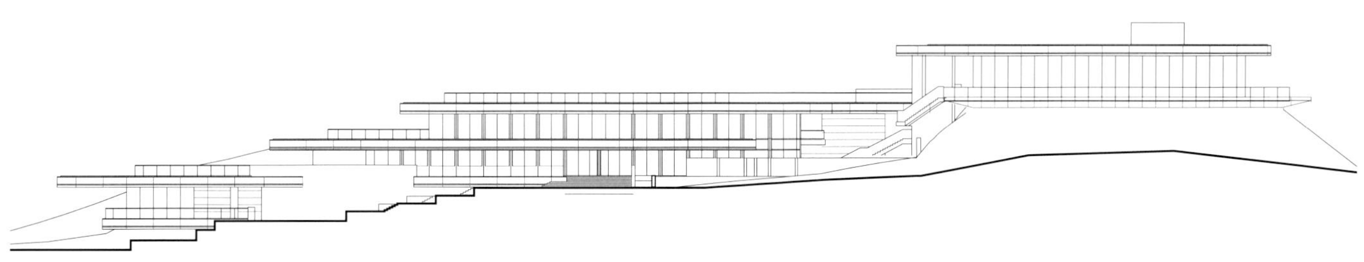

办公立面图

命 促生产

杭州化纤厂旧址改造

扫码阅读更多内容

开发单位：杭州工发集团
设计单位：零壹城市建筑事务所
项目地点：浙江省杭州市拱墅区
设计 / 建成时间：2018 年 / 2020 年

项目负责人：阮昊
主要设计人员：陈文彬，唐慧萍，张磊，张秋艳，沈双双，劳哲东，马广宇，邓皓，辛歆，王一如

获奖情况
2021 年 悉尼设计大奖
2021 年 美国建筑大师奖 改造建筑类别荣誉奖

主要经济技术指标

用地面积：16131m^2	建筑面积：5831m^2
容积率：0.35	建筑密度：14.00%
绿地率：65%	停车位：21 个

杭州化纤厂旧址改造项目位于杭州市拱墅区蓝孔雀板块，包含杭实工发铭座办公园区和城市公园两部分，其规划、建筑、室内及软装设计由零壹城市建筑事务所一体化完成。原场地闲置荒废，建筑多建于 20 世纪 70~90 年代，设计目标是将其改造为融合企业总部、小型办公配套、长租公寓、商业及城市公园的综合园区。

城市化进程和产业结构的优化升级推动着传统工业逐步退出历史舞台，描绘着几代劳动人民记忆的传统工业建筑正不断地“被动”消失。改造采用现代的设计手法和建筑材料，保留了原有建筑具有时代特质的框架结构及拱形屋顶，室内直白裸露的框架与做旧的红砖结合，新旧材料在同一栋建筑上产生跨时空的对话，消解了办公室沉闷、单调的氛围。浓厚的工业历史气息使人们在展开新的生活方式的同时不会失去情感的温度，追溯工业遗存的记忆空间和历史文脉的同时，让其在现代城市中拥有新的角色。

实景1

实景2

实景3

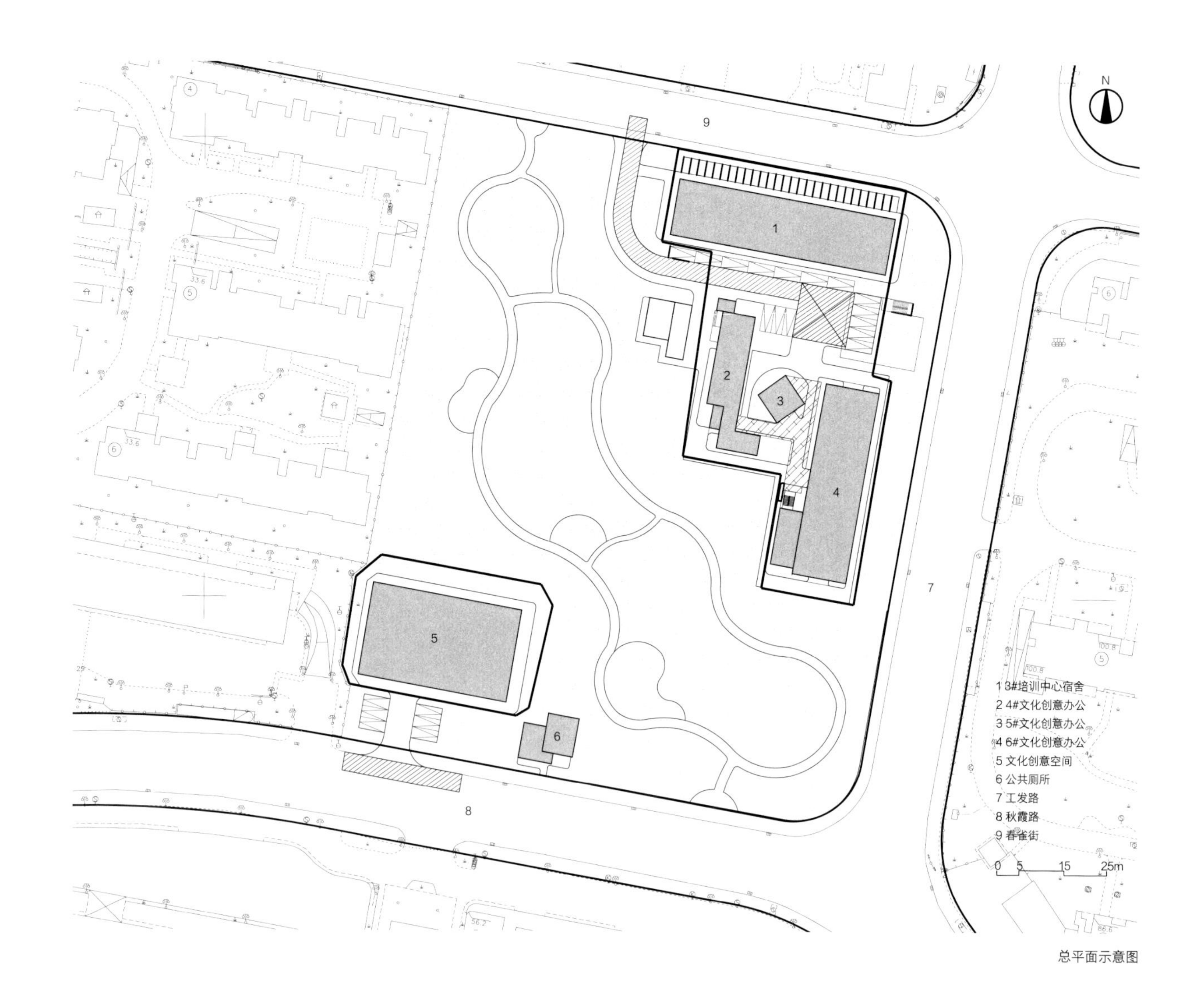
N
1 3#培训中心宿舍
2 4#文化创意办公
3 5#文化创意办公
4 6#文化创意办公
5 文化创意空间
6 公共厕所
7 工发路
8 秋霞路
9 春雀街
0 5 15 25m

总平面示意图

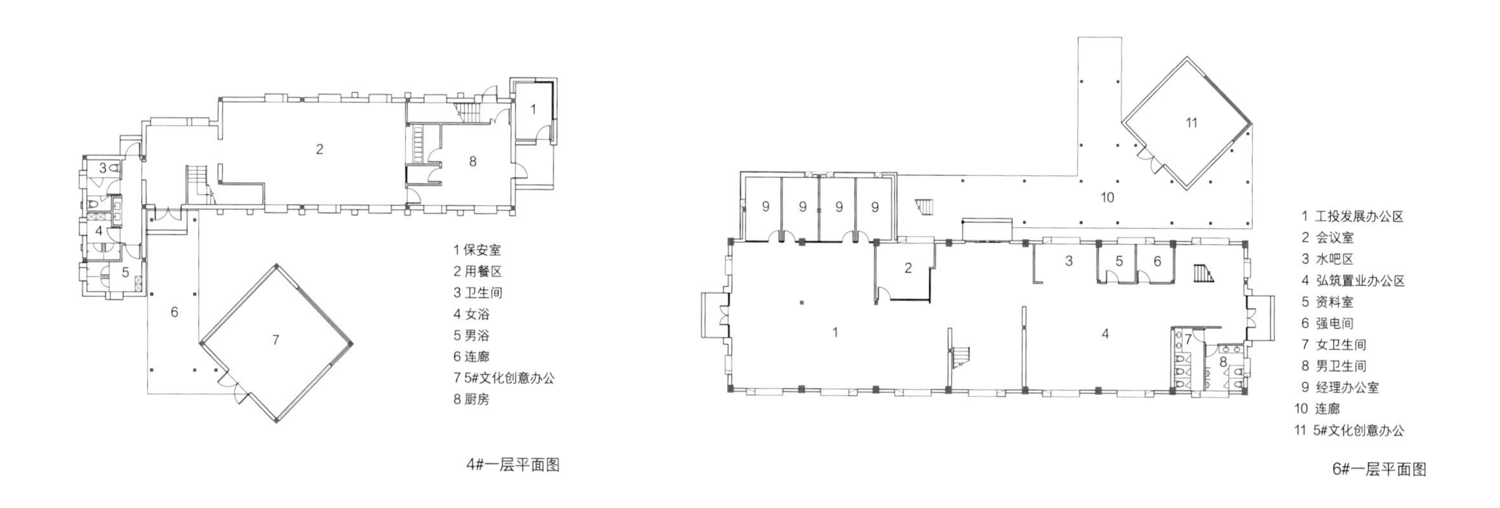
1 保安室
2 用餐区
3 卫生间
4 女浴
5 男浴
6 连廊
7 5#文化创意办公
8 厨房
1 工投发展办公区
2 会议室
3 水吧区
4 弘筑置业办公区
5 资料室
6 强电间
7 女卫生间
8 男卫生间
9 经理办公室
10 连廊
11 5#文化创意办公

4#一层平面图

6#一层平面图

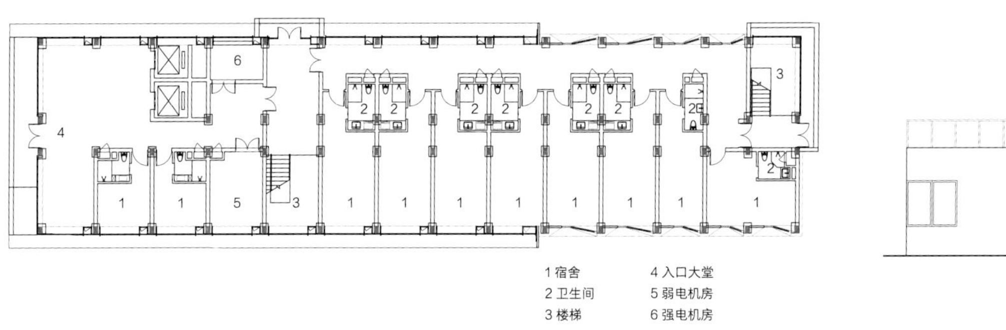
6
4
3
2
2
1
5
1 宿舍
2 卫生间
3 楼梯
4 入口大堂
5 弱电机房
6 强电机房

3#一层平面图

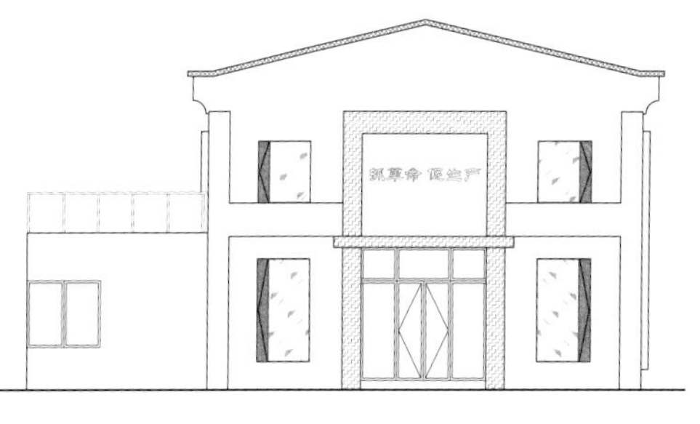

4#北立面图

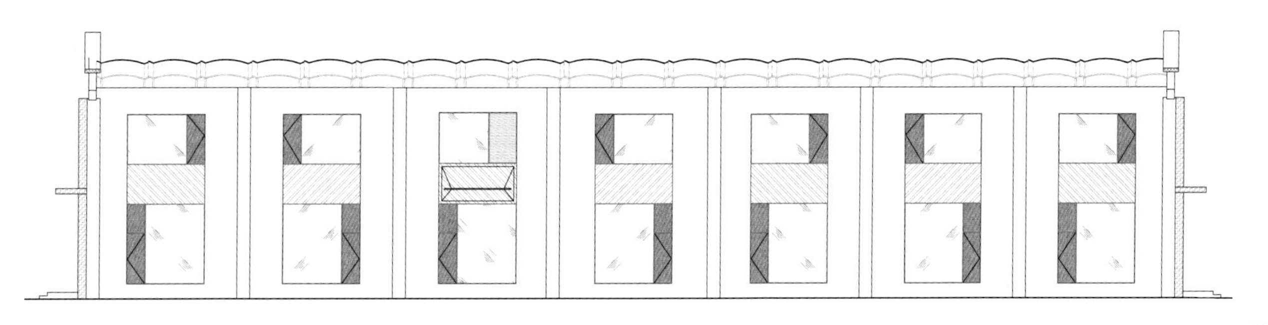

6#西立面图

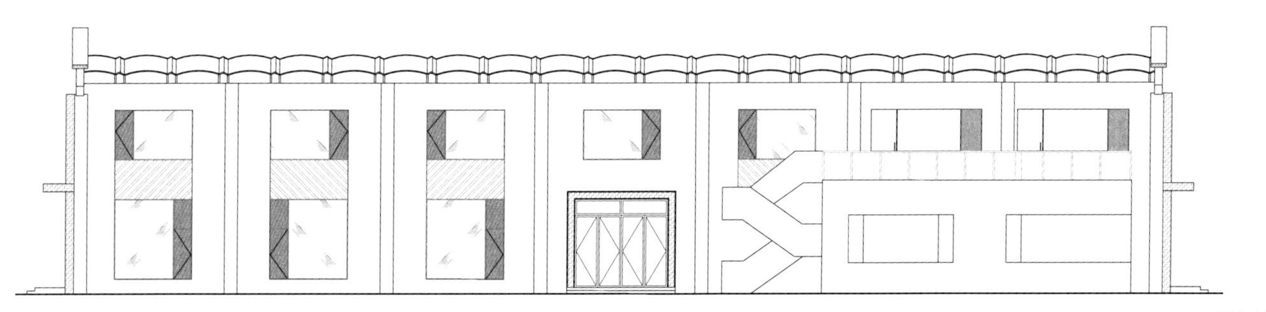

6#东立面图

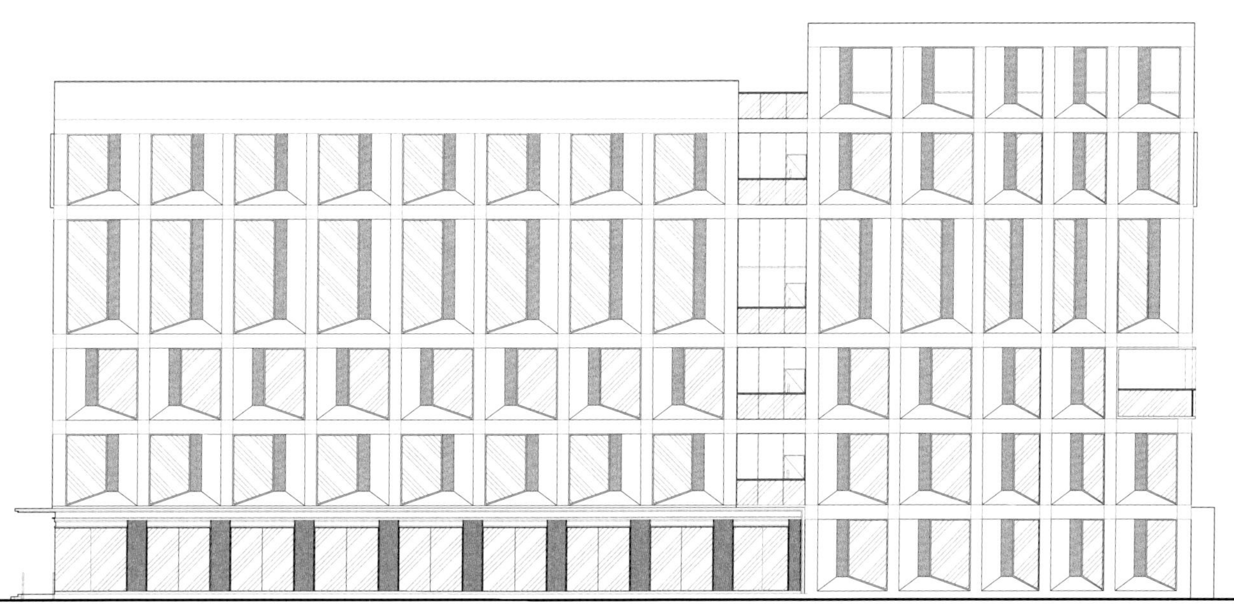

3#北立面图

顺德柴油机厂二期更新改造

扫码阅读更多内容

开发单位：新造物文化发展有限公司
设计单位：广州市竖梁社建筑设计有限公司
项目地点：广东省佛山市顺德区
设计 / 建成时间：2019 年 / 2020 年

项目负责人：钟冠球，宋刚，朱志远，林海锐
主要设计人员：梁文朗，谢诗颖，杜书玮，侯进旺，张晓艺

主要经济技术指标
用地面积：13082 m^2　　建筑面积：15472m^2
容积率：1.18　　建筑密度：0.56

柴油机厂位于顺德容桂沿江长堤路和垂直于长堤的工业路的交会处，是当地很多老一辈人记忆深处的地方，厂内每一栋建筑都有着自身极其鲜明的特点。建筑师在设计过程中尊重旧建筑的“个性”，使其适应未来的使用需求，重新赋予旧建筑新的生命力。柴油机厂旧建筑为了实现两栋楼之间不同高度楼层的相互连接，在两栋楼之间的天井空间内，设计有一部形态复杂的楼梯。改造中这个空间作为重点保留下来，并加入旧时厂区记忆的元素，打造了一个“楼梯博物馆”。为了适合未来的商业使用，建筑师还研究了园区各楼栋之间的高差关系，并通过廊道、楼梯、台阶等方式，将更多的楼栋连接起来，进一步创造出与旧的连接空间一脉相承的“新连接”空间。

实景1

实景2

实景3

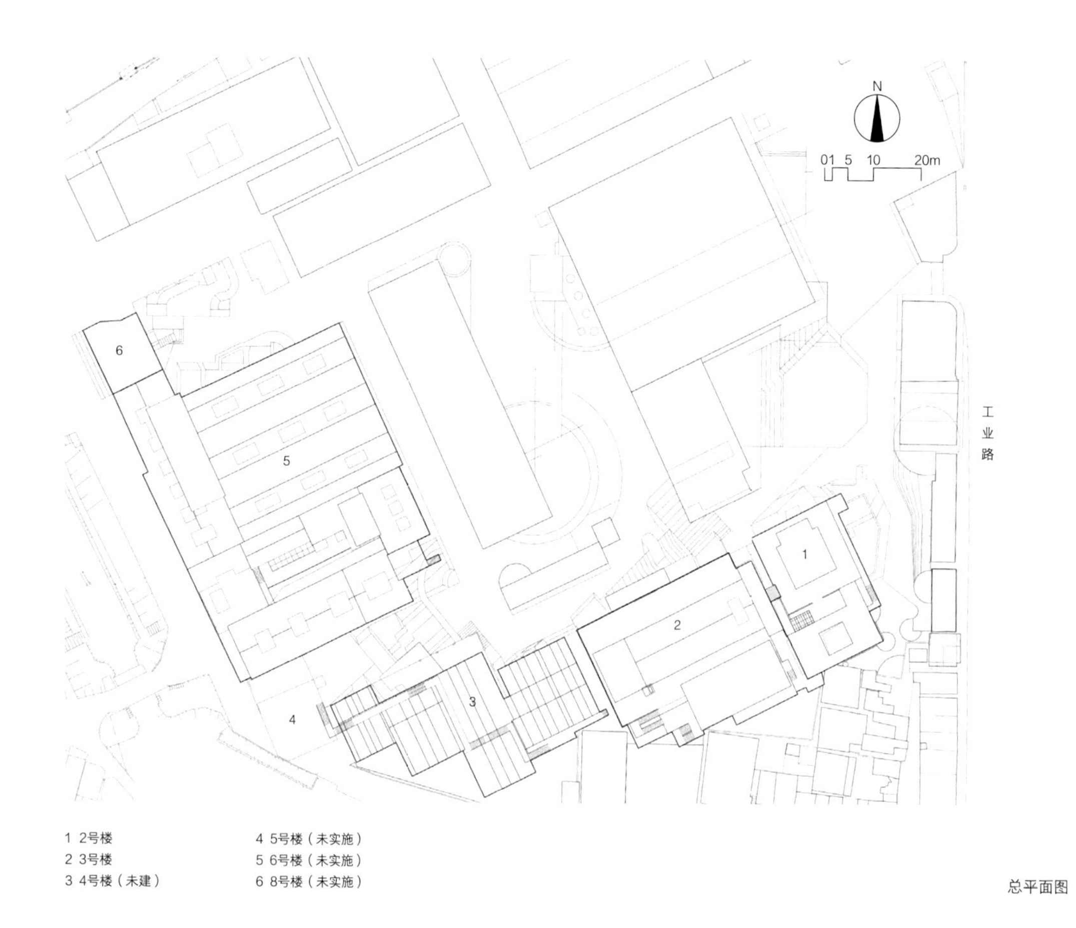
N
01 5 10 20m
工
业
路
6
5
1
2
3
4

1 2号楼
2 3号楼
3 4号楼（未建）
4 5号楼（未实施）
5 6号楼（未实施）
6 8号楼（未实施）

总平面图

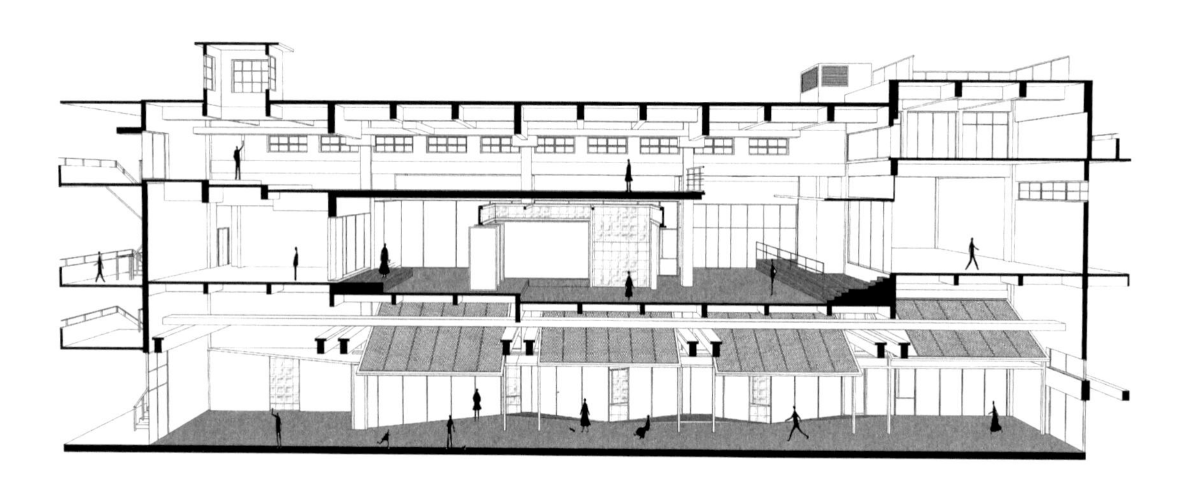

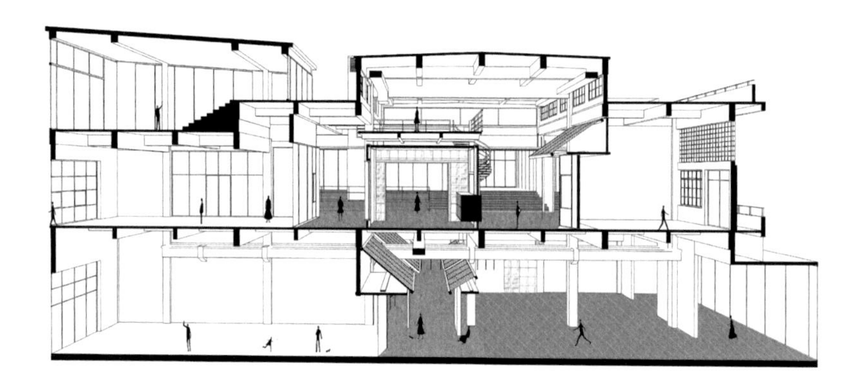

3号楼剖面图

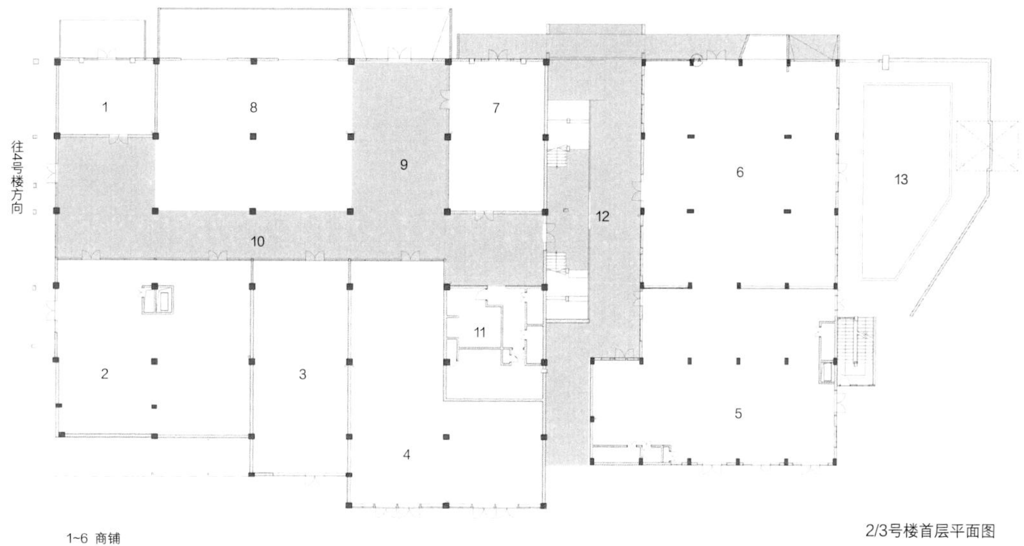
往4号楼方向

2/3号楼首层平面图

1~6 商铺
8 书店
9 门厅
10 室内公共街道
11 卫生间
12 楼梯博物馆
13 旱池景观

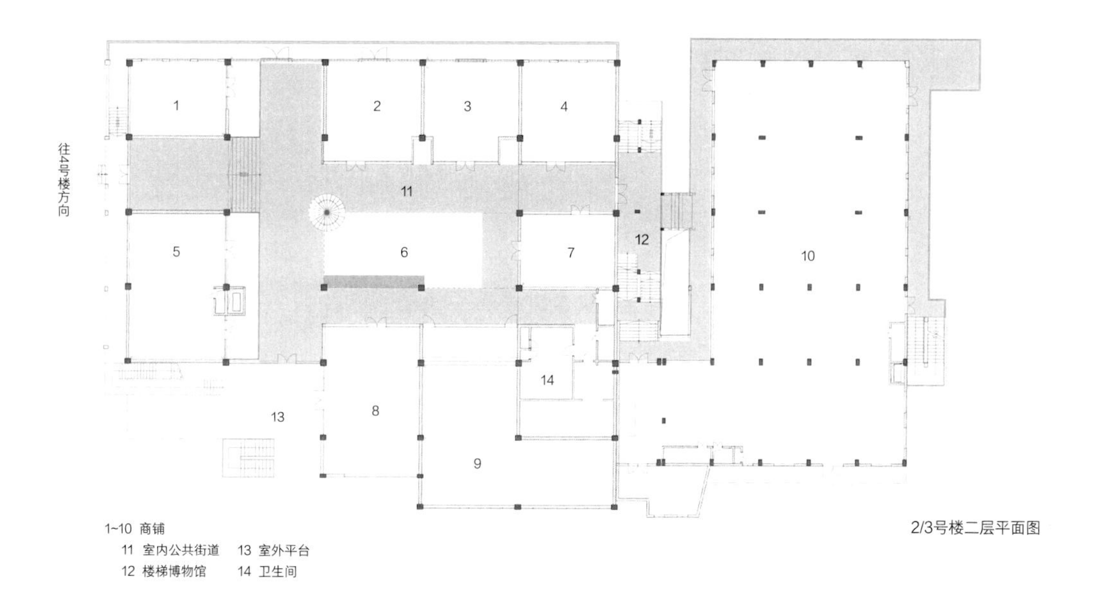
往4号楼方向

2/3号楼二层平面图

1~10 商铺
11 室内公共街道
12 楼梯博物馆
13 室外平台
14 卫生间

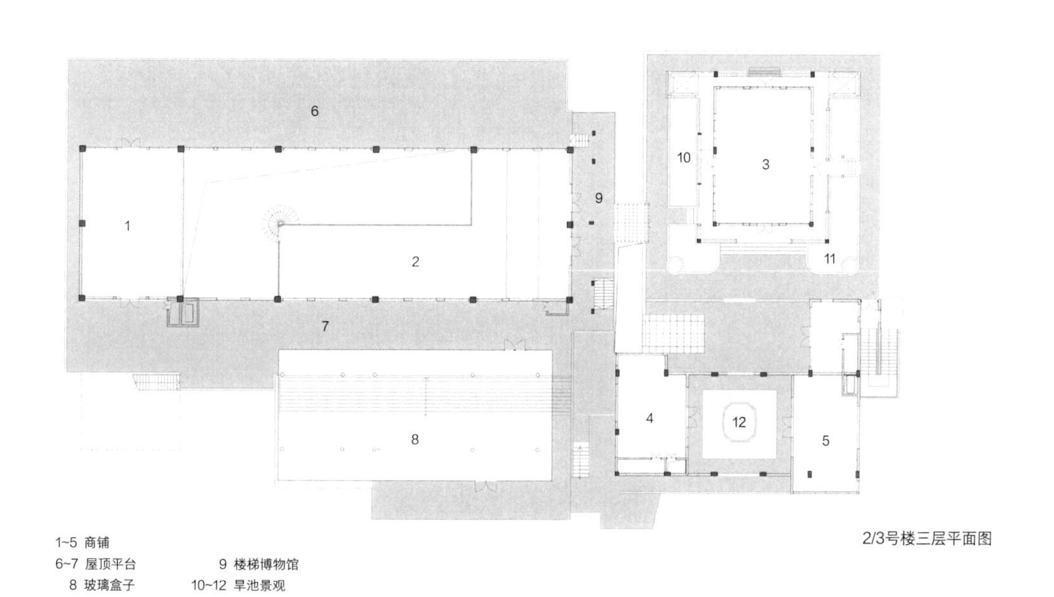

2/3号楼三层平面图

1~5 商铺
6~7 屋顶平台
8 玻璃盒子
9 楼梯博物馆
10~12 旱池景观

SMOORE'
BUILD A WORLD LEADING
TECHNOLOGY PLATFORM TO
A BETTER LIFE FOR
"BE RESPON
HOPEFUL
SMOORE IS AIMED
ENVIRONMENT TO
MAKING PROGRESS
INDUSTRY AND

SMOORE总部工业园改造

扫码阅读更多内容

开发单位：SMOORE 国际控股有限公司
设计单位：深圳厘米制造设计有限公司
项目地点：广东省深圳市宝安区
设计 / 建成时间：2018 年 / 2020 年

项目负责人：陈丹平
主要设计人员：陈丹平，廖俊，杨恒，姚明明，李木森，马晓虹，龙诗华，李磊，钟应川，邱慧春

主要经济技术指标

用地面积：10917m^2	建筑面积：28019m^2
容积率：2.57	建筑密度：46.7%
绿地率：8%	停车位：90 个

项目位于深圳宝安西乡街道固戍社区的东财工业园。东边毗邻宝安大道，北面为 20 世纪八九十年代工业区厂房和城中村，西南边为碧海湾高尔夫球场边缘山体，园区内西高东低，现状有 3m 高的陡坎。新的 SMOORE 总部由曾经的 3 个独立相邻的工业园合并组成，共 9 栋建筑，包含 3 栋工业厂房、4 栋宿舍楼、一组设备用房和一排临街道的商铺建筑。此次改造方案设计需重新定义各建筑楼栋新的功能关系，打开封闭独立的 3 个园区隔墙，临城市道路的建筑扮演着新的园区，甚至整个东财工业区，在城市界面上的主角形象；解决园区人车混行、无序停车问题，规划疏导现有园区功能关系，结合景观资源与公共空间，实现一个互通、共享、高效的园区。

深圳经历了 40 余年的快速城市化进程，已然从增量时代步入存量时代。曾居于城市边缘的无数中小型加工生产工厂因企业外迁而空置成为未来城市更新的重要部分。SMOORE 总部工业园改造项目完成后成为都市边缘复合型空间升级再利用的典范，与此同时，为城市周边的生产加工及技术实验类型厂房提供新的改造模式。希望这一系列工业园项目能为未来城市更新的发展起到推力作用，为城市更新多样化策略提供新的类型学思考。

实景1

实景2

HIGHER

实景3

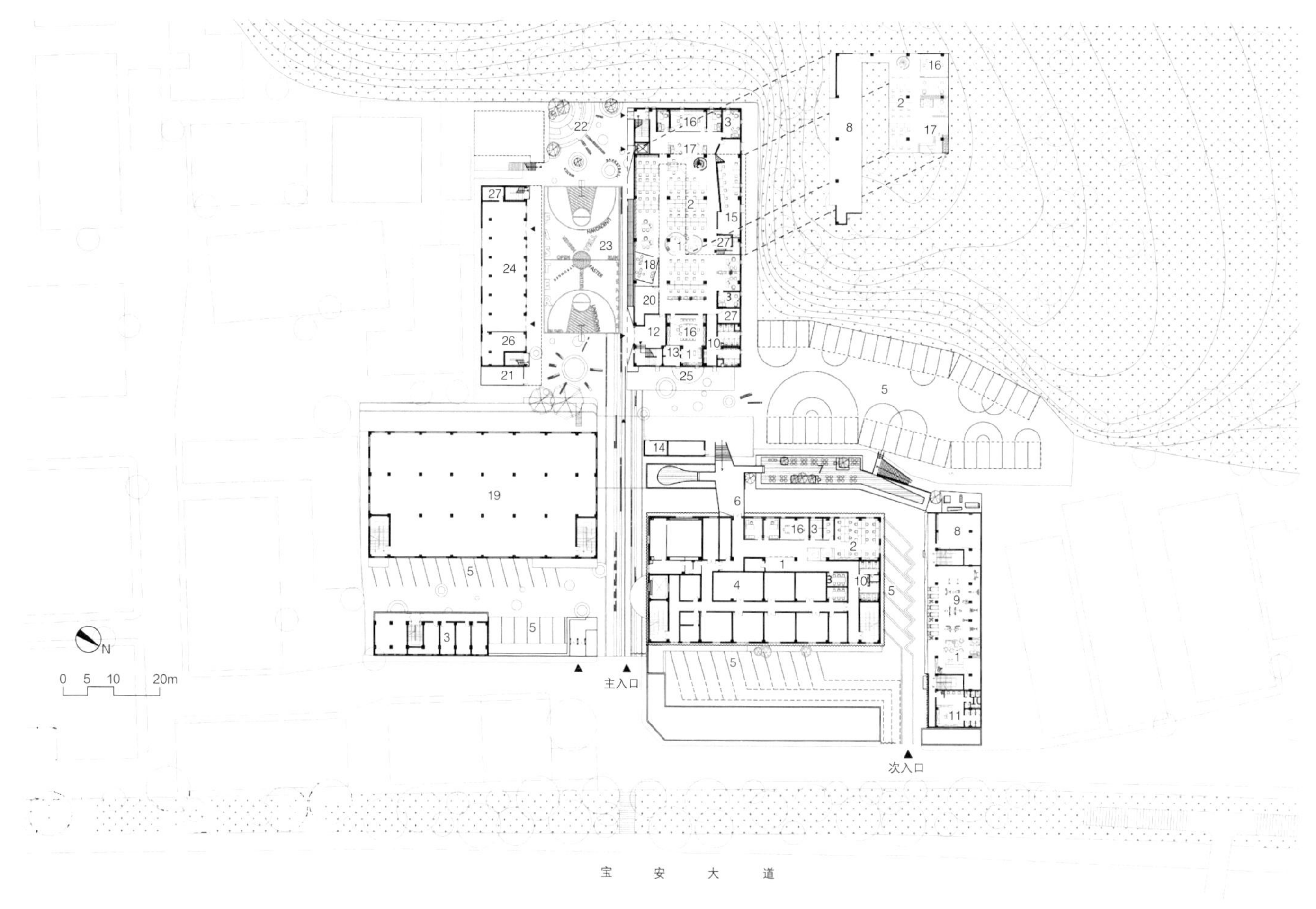
N
0 5 10 20m
主入口
次入口
宝 安 大 道

1 茶水间
2 开敞办公区
3 办公室
4 研究室
5 停车场
6 连接平台
7 屋顶景观
8 仓库
9 健身区
10 卫生间
11 男更衣室
12 入口门厅
13 配电间
14 收发室
15 制样室
16 会议室
17 休息区
18 洽谈室
19 生产车间
20 资料室
21 加工区
22 景观休息台阶
23 篮球场
24 食堂
25 户外休息平台
26 厨房
27 储藏室

首层平面图

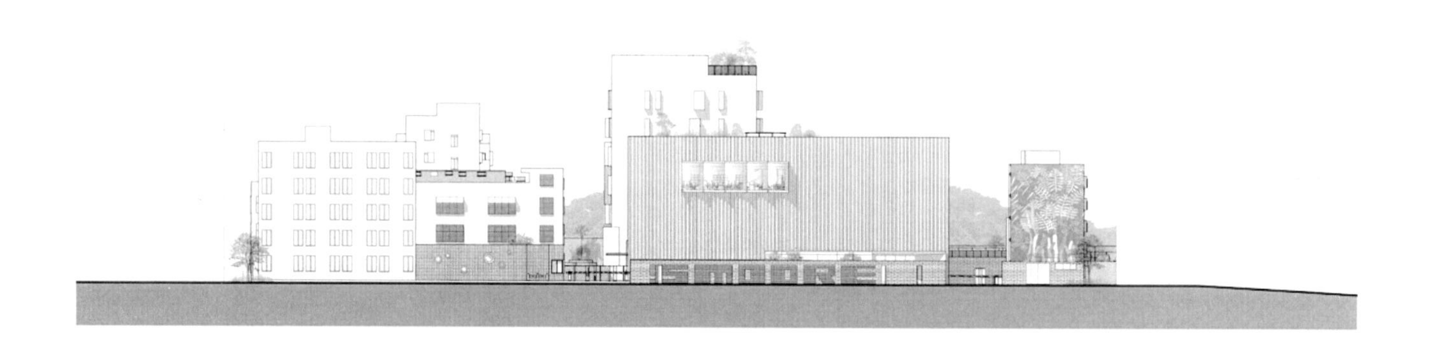

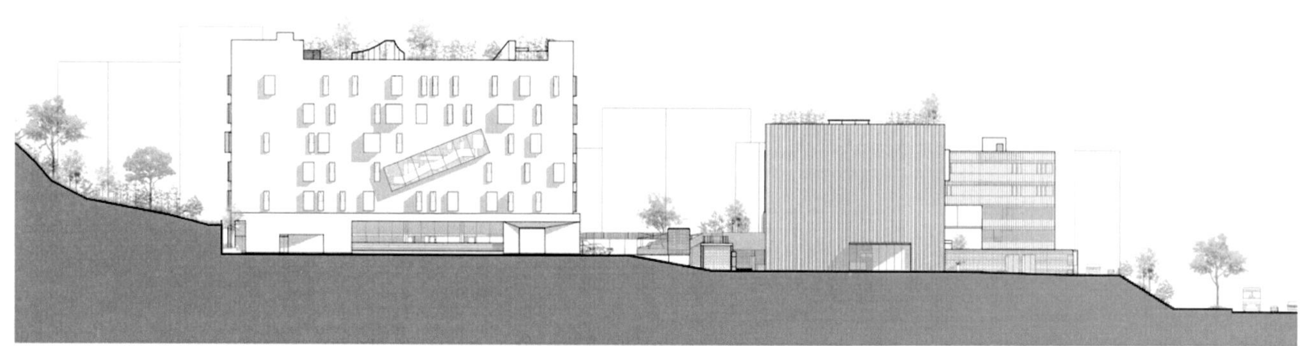

立面图

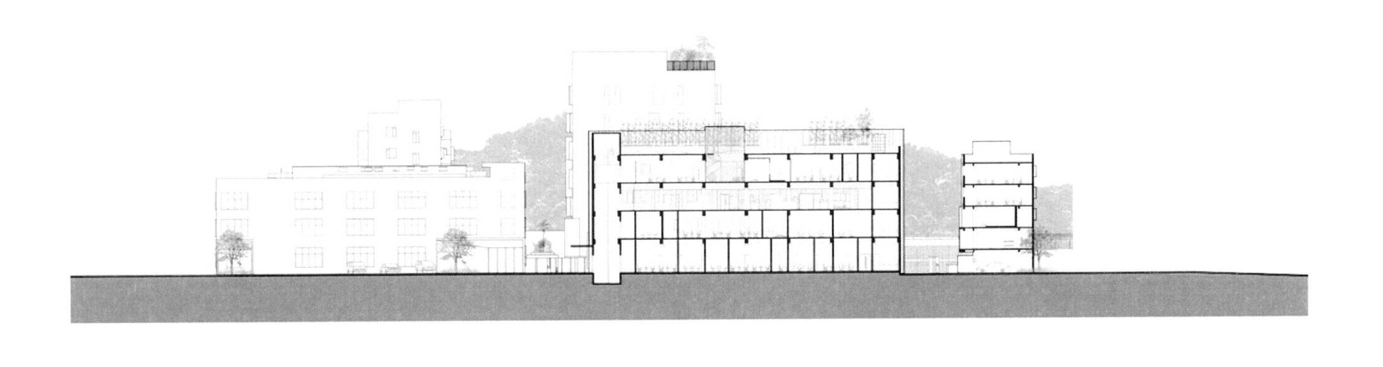

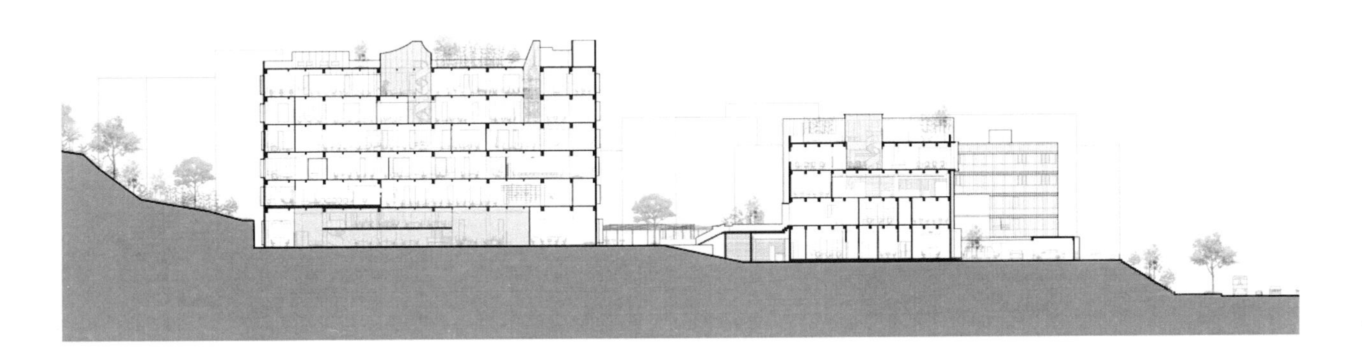

剖面图

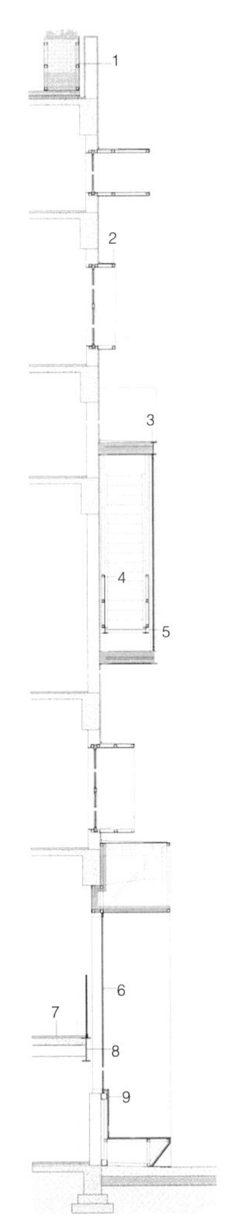

1
2
3
4
5
6
7
8
9

1 种植池及屋面构造：
550mm种植介质层
1mm过滤垫
300mm砾石
7mm黑色氟碳漆钢板
30mm金刚砂水泥地面
最薄处35mmC20细石混凝土，表面打磨处理
沥青防水卷材
20mm水泥砂浆找平层
50mm挤塑聚苯板保温层
100mm原有钢筋混凝土结构板
2 3mm黑色氟碳漆钢板,3%找坡
50/50mm中空方钢支撑结构
3mm黑色氟碳漆钢板封底
3 3mm黑色氟碳漆钢板,3%找坡
200mm工字钢梁
50/50mm角钢
8+1.14PVB+8夹胶钢化玻璃
100mm岩棉防火层
30mm吸音棉
70mm挤塑聚苯板保温层
3mm黑色氟碳漆钢板封底
4 3mm黑色氟碳漆钢板栏杆
40/40mm中空方钢支撑结构
5 100mm工字钢斜梁
5mm钢板踏板
50/50mm角钢
6 8+1.14PVB+8夹胶钢化玻璃及玻璃肋
7 30mm金刚砂水泥地面
120mm压型钢板混凝土结构板
200mm工字钢次梁
8 400mm工字钢主梁
50/50mm角钢
9 2000/95/15mm防腐木
20mm松木板
100/100mm、50/50mm中空方钢支撑结构
原有砌体墙

节点详图1

1 银灰色折型冲孔镀锌钢板
50/50mm 中空方钢支撑结构，用角码固定在原有墙体上，遇梁柱固定在后埋件上
200mm 原有砌体女儿墙
20mm 水泥抹灰层
50/50mm 中空方钢支撑结构
7mm 黑色氟碳漆钢板
2 种植池及屋面构造：
550mm 种植介质层
1mm 过滤垫
300mm砾石
7mm 黑色氟碳漆钢板
30mm 金刚砂水泥地面
最薄处 35mmC20 细石混凝土，表面打磨处理
沥青防水卷材
20mm 水泥砂浆找平层
50mm 挤塑聚苯板保温层
100mm 原有钢筋混凝土结构板
3 3mm 黑色氟碳漆钢板，3%找坡
200mm 槽钢边梁
中性透明硅酮结构密封胶
8+ 1.14PVB+8夹胶钢化弧形玻璃，两端两侧各做70mm 高弧形钢板为槽
5mm 黑色氟碳漆钢板
100mm 岩棉防火层
30mm 吸声棉
70mm 挤塑聚苯板保温层
Bmm 黑色氟碳漆钢板封底
4 电动遮光卷帘盘
5 槽钢 1.50mm 高
120mm 砖砌体
6 3mm 黑色氟碳漆钢板
30mm金刚砂水泥地面
最薄处35mmC20细石混凝土，表面打磨处理
建筑废料填充垫层
原有钢筋混凝土路面
碎石垫层
素土夯实

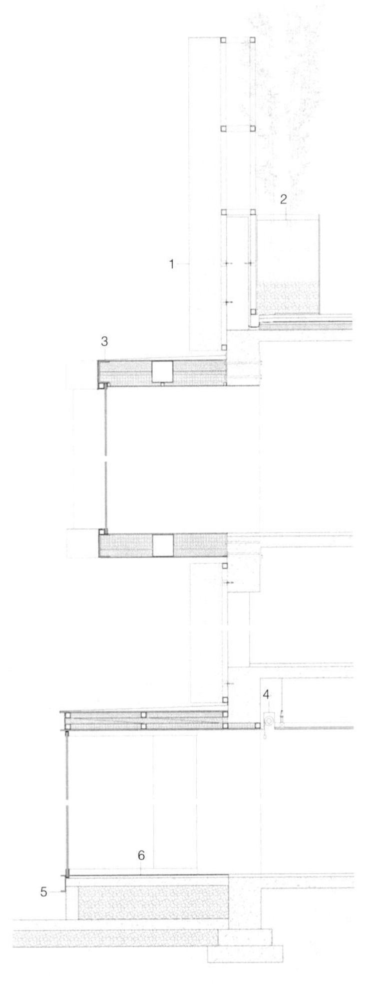

1
2
3
4
5
6

节点详图2

苏州高新区“太湖云谷”数字产业园

扫码阅读更多视频、图片内容

开发单位：太湖云谷（苏州）大数据产业有限公司
设计单位：九城都市建筑设计有限公司
项目地点：江苏省苏州市高新区
设计 / 建成时间：2017 年 / 2020 年

项目负责人：张应鹏，王凡，董霄霜
主要设计人员：张应鹏，王凡，董霄霜，沈春华，钟建敏，张晓斌，张贵德，杨一超，赵苗，梁瑜萌

获奖情况
2021 年 苏州市城乡建设系统优秀勘察设计一等奖
2021 年 江苏省城乡建设系统优秀勘察设计一等奖

主要经济技术指标
用地面积：121000m^2
总建筑面积：488000m^2
地上建筑面积：423500m^2
地下建筑面积：64500m^2
建筑密度：43.7%
绿地率：20%
停车位：2400 个

本项目位于苏州高新区科技城，用地包含东西两个地块，分两期建设，目前建成的一期工程由十栋单体组成。设计希望通过弥漫型的多级公共空间为高密度办公及其所承载的工作、生活方式带来新的可能。

项目的空间特点可以概括为三个方面。首先是围合式的总图布置，结合用地形状，以外围的高层建筑与城市尺度相呼应，内部则更加强调公共性与开放性。其次，在中间的“谷地”区域通过连续的屋顶花园将所有建筑串联在一起，为产业园内的年轻人提供了层次丰富的户外活动及交流空间。最后是首层加高的层高与灵活的平面组合，以灵活的空间应对不确定的功能，在有限的空间中预设无限的可能。

从二楼平台处看南北向内街

西侧内街透视

南侧沿雁荡山路开口处透视

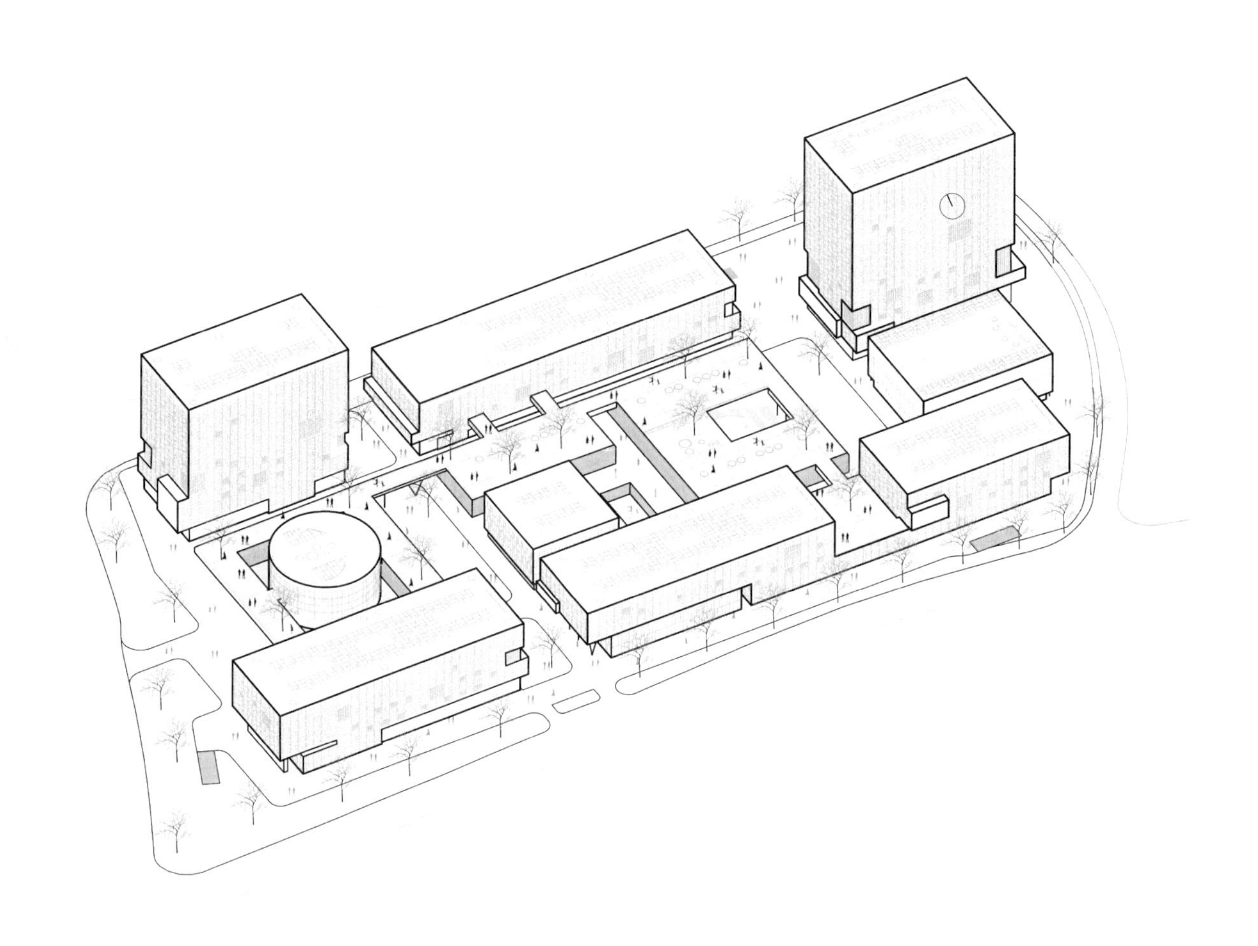

中央“绿谷”示意图

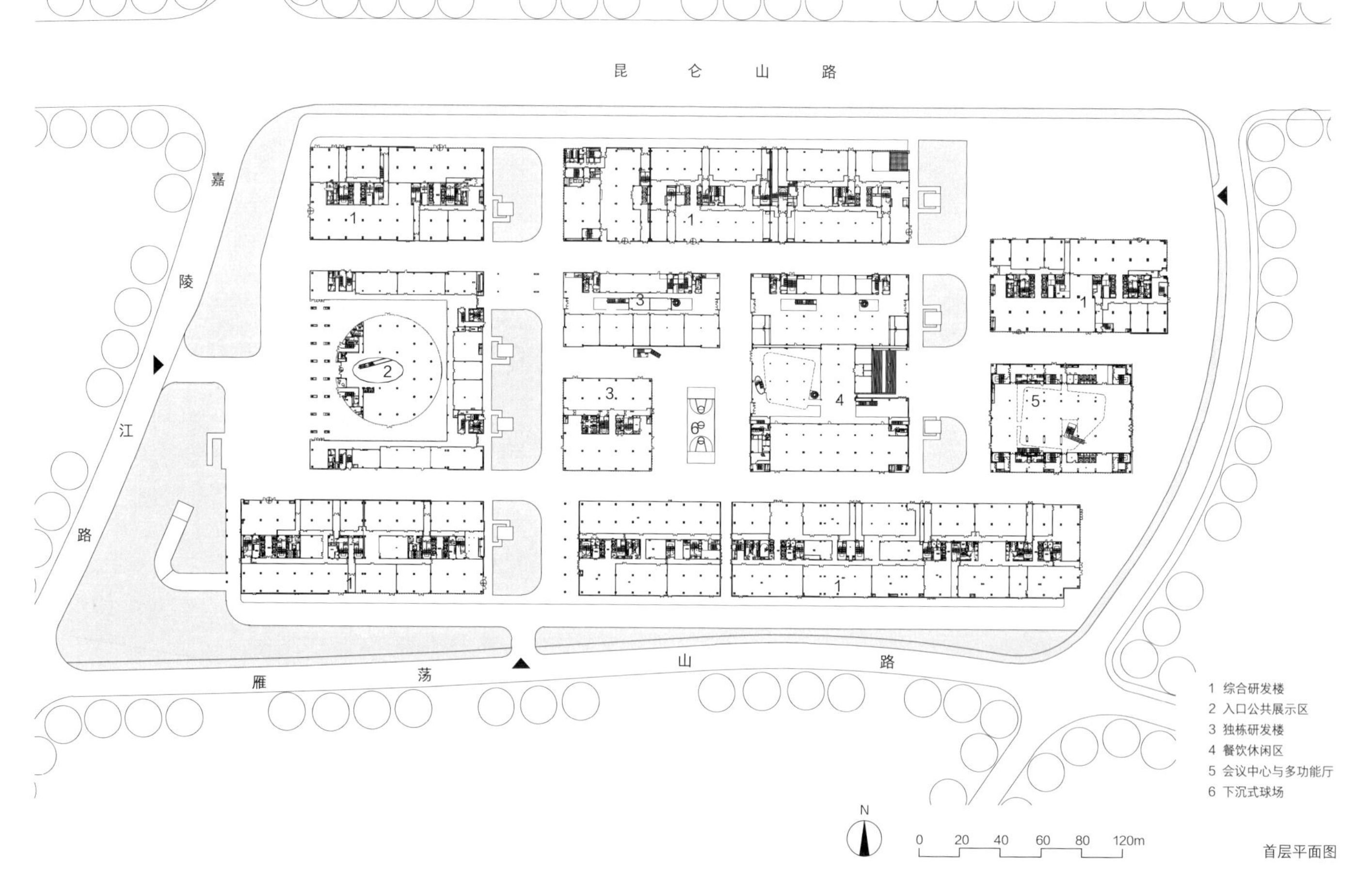
昆仑山路
嘉陵江路
雁荡山路
1 综合研发楼
2 入口公共展示区
3 独栋研发楼
4 餐饮休闲区
5 会议中心与多功能厅
6 下沉式球场
N
0 20 40 60 80 120m

首层平面图

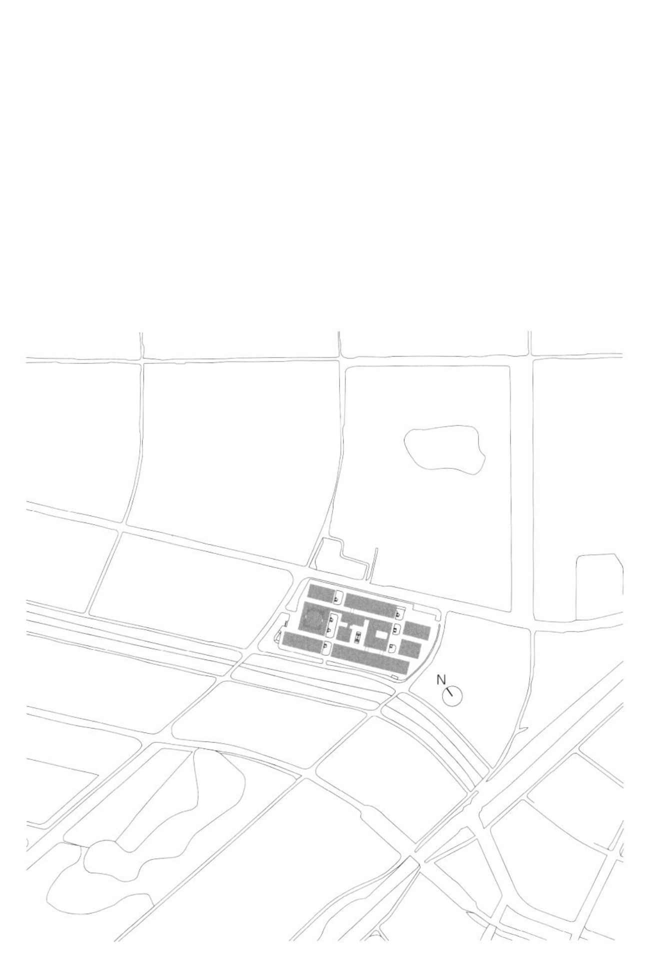
N

总平面示意图

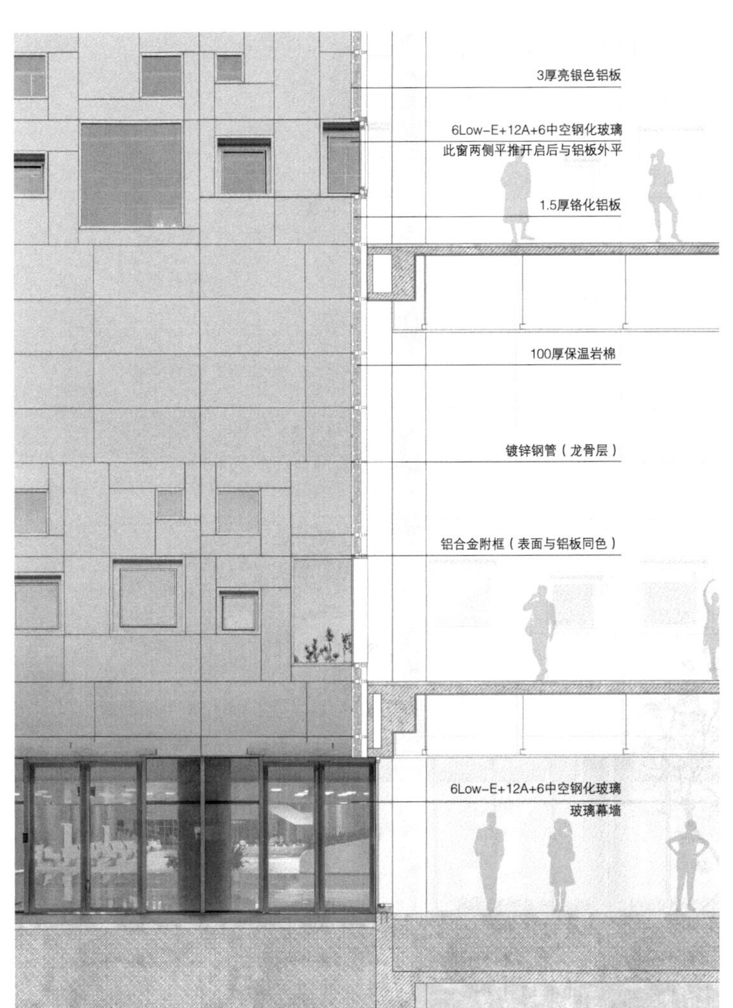
3厚亮银色铝板
6Low-E+12A+6中空钢化玻璃
此窗两侧平推开启后与铝板外平
1.5厚铬化铝板
100厚保温岩棉
镀锌钢管（龙骨层）
铝合金附框（表面与铝板同色）
6Low-E+12A+6中空钢化玻璃
玻璃幕墙

节点详图

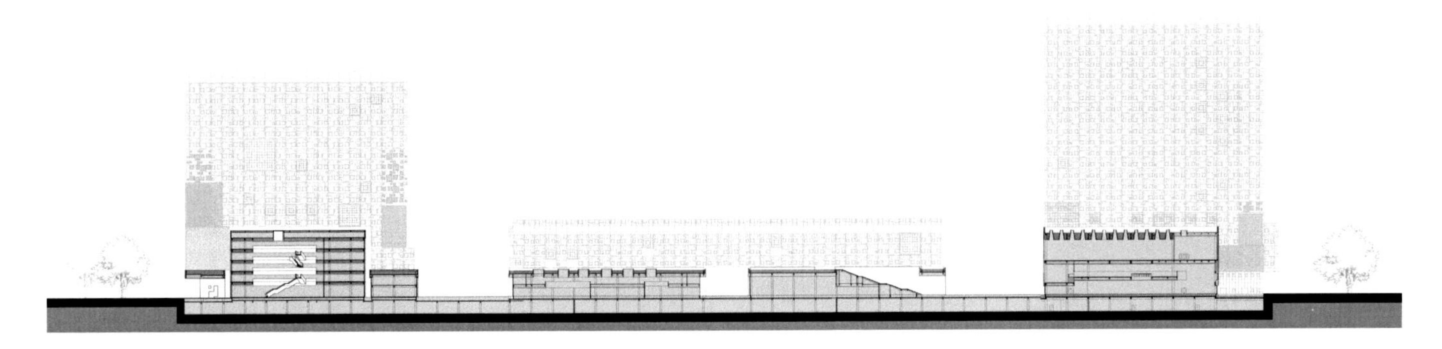

剖面图

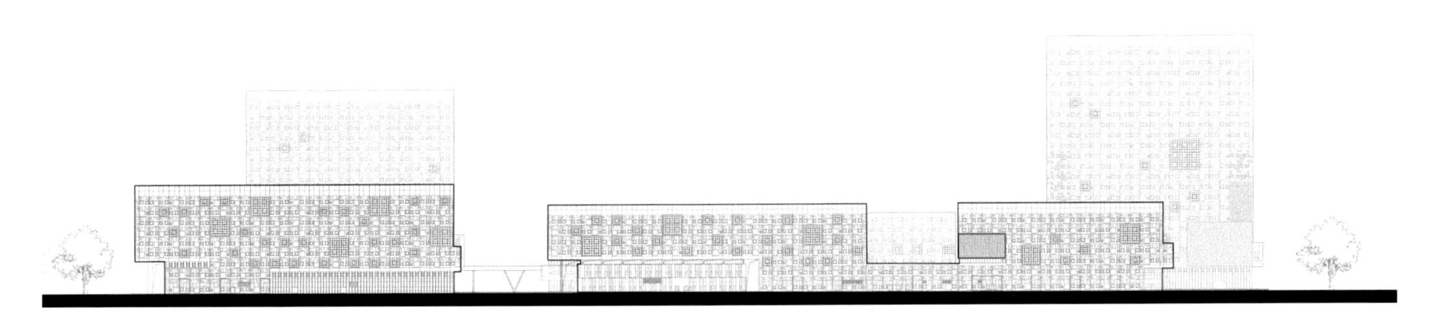

南立面图

天目里 综合艺术园区

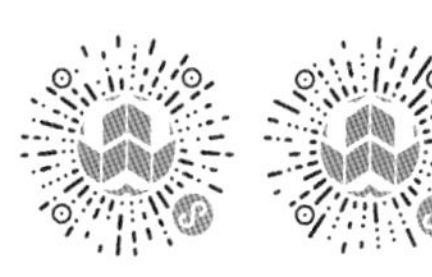

扫码阅读更多视频、图片内容

开发单位：慧展科技（杭州）有限公司
设计单位：伦佐 · 皮亚诺建筑工作室 / goa 大象设计
项目地点：浙江省杭州市西湖区
设计 / 建成时间：2012 年 / 2020 年

设计团队
RPBW：M. Carroll，O. de Nooyer，M.Laurent，J.Zhou，P.Fang，A.Guazzotti，J.Hallock，D.Hart，S.Ishida，S. Kim，A. Phommachakr，D. Piano，S.Polotti，M. Ottonello，J. Guzman，J. Gwokyalay，T. Hassen，S. Modi，A. Pizzolato，B.Pignatti，G. Semprini，F. Cappellini，I. Corsaro，F. Terranova

goa 大象设计
总负责：陆皓
建筑：卿州，杜立明，刘琳
结构：胡凌华，包风，赵亮亮
设备：寿广，徐幸，王文胜

获奖情况
2021 年 WAF 世界建筑节综合体类
最佳已建成建筑 入围奖
2022 年 CTBUH 城市人居单地块规模类别 卓越奖

主要经济技术指标
用地面积：43400m^2　　建筑面积：约 23 万 m^2
建筑密度：36%　　绿地率：25%
停车位：1300 个

天目里综合艺术园区位于浙江省杭州市，是一座具有城市地标意义的综合性的艺术园区，总建筑面积约 23 万 m^2，共分为 17 栋建筑单体，包含办公、美术馆、艺术中心、秀场、设计酒店及艺术商业等功能。设计概念是在城市消极街区中创造 120mx90m 的超大广场，使丰富的公共文化生活在此发生，成为一个绿洲般的“城市客厅”。

设计方案将建筑体量切割为适合人步行的尺度，同时也创造出广场和城市之间连通的路径场地使内外贯通，便于行人进入内部绿地，从而为大型活动提供便利。顶层退台结合三维景观策略，为场地带来格外充沛的绿色和阳光。一层城市界面强调透明性，建立城市与广场空间的视线渗透。

天目里是普利兹克奖得主伦佐 · 皮亚诺在中国的首个项目，由 goa 大象设计担任执行设计，历时近 8 年完成。其所展现的富有特色的整体构想以及世界级标准的工程品质对于中国建筑行业而言意义非凡。

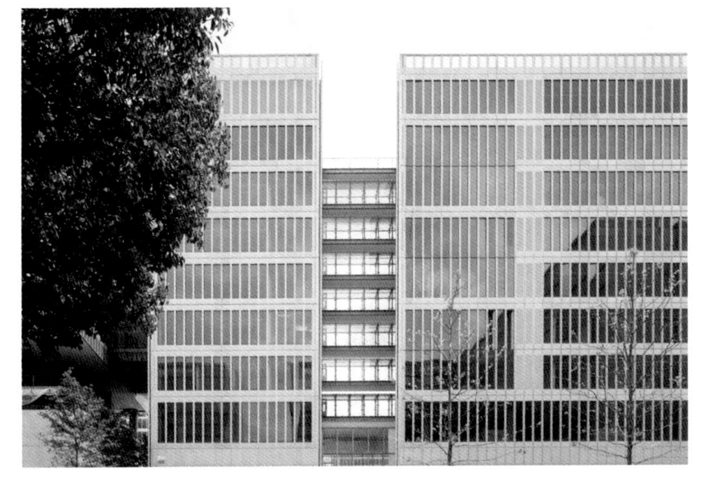

实景1

实景2

实景3

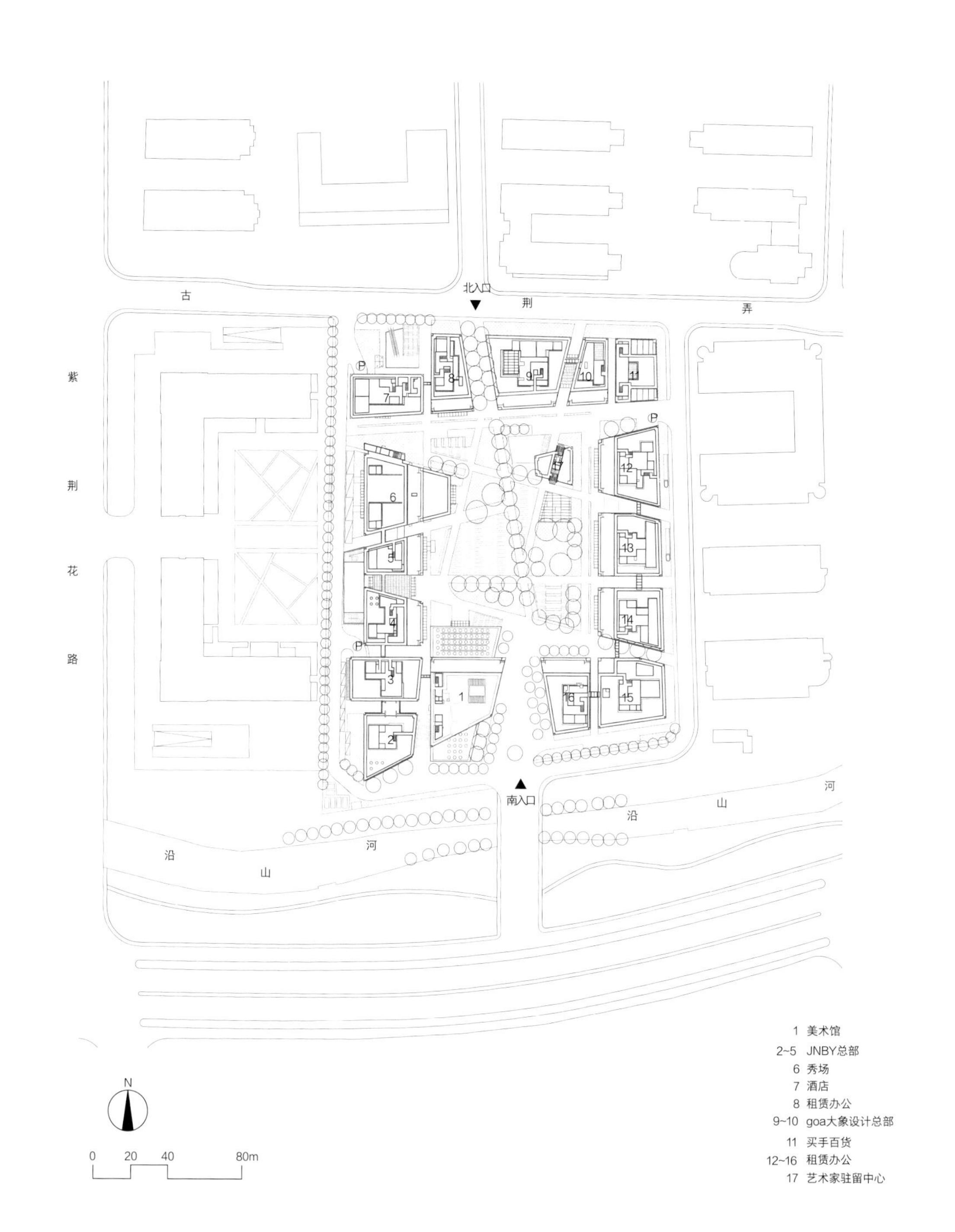

古
荆
弄
紫
荆
花
路
沿
山
河
北入口
南入口
P
N
0
20
40
80m
1 美术馆
2~5 JNBY总部
6 秀场
7 酒店
8 租赁办公
9~10 goa大象设计总部
11 买手百货
12~16 租赁办公
17 艺术家驻留中心

总平面示意图

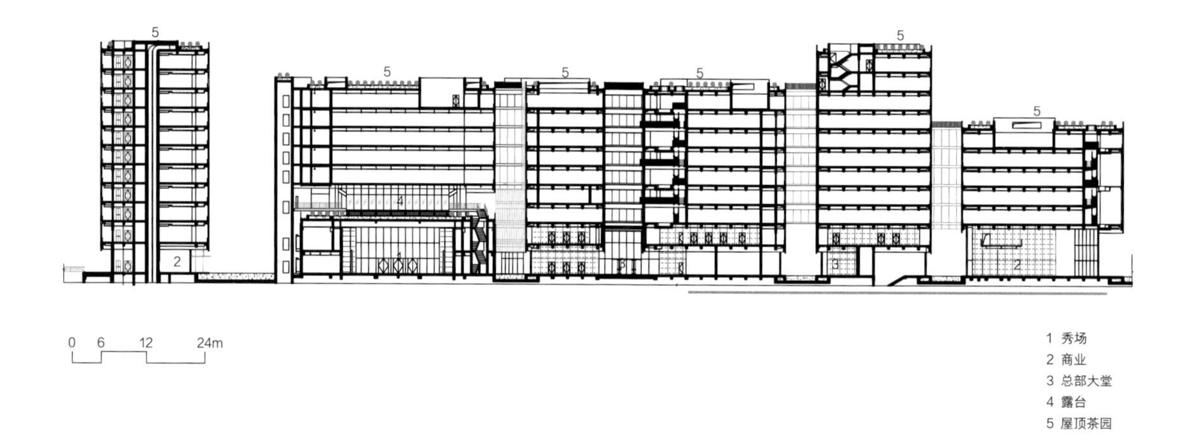

0
6
12
24m
1 秀场
2 商业
3 总部大堂
4 露台
5 屋顶茶园

场地剖面图

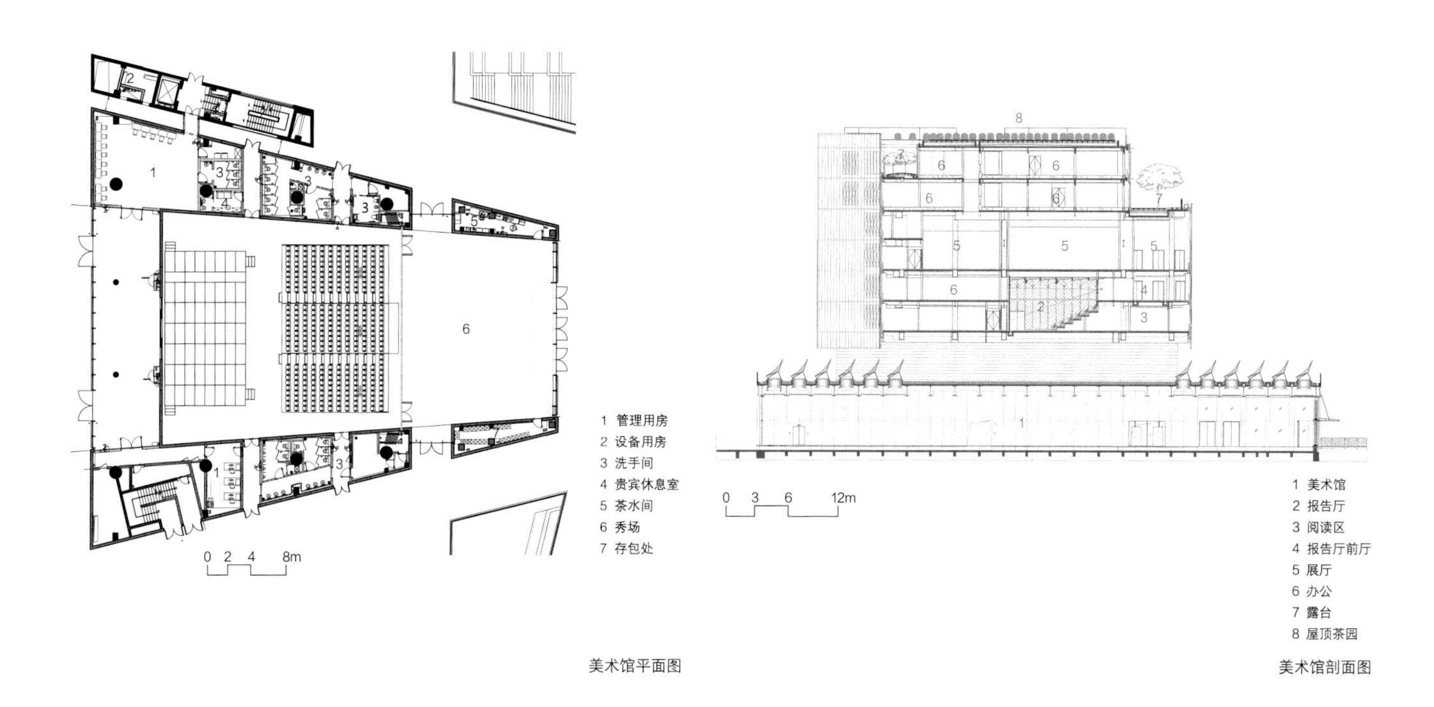
1 管理用房
2 设备用房
3 洗手间
4 贵宾休息室
5 茶水间
6 秀场
7 存包处
0 2 4 8m
1 美术馆
2 报告厅
3 阅读区
4 报告厅前厅
5 展厅
6 办公
7 露台
8 屋顶茶园
0 3 6 12m

美术馆平面图

美术馆剖面图

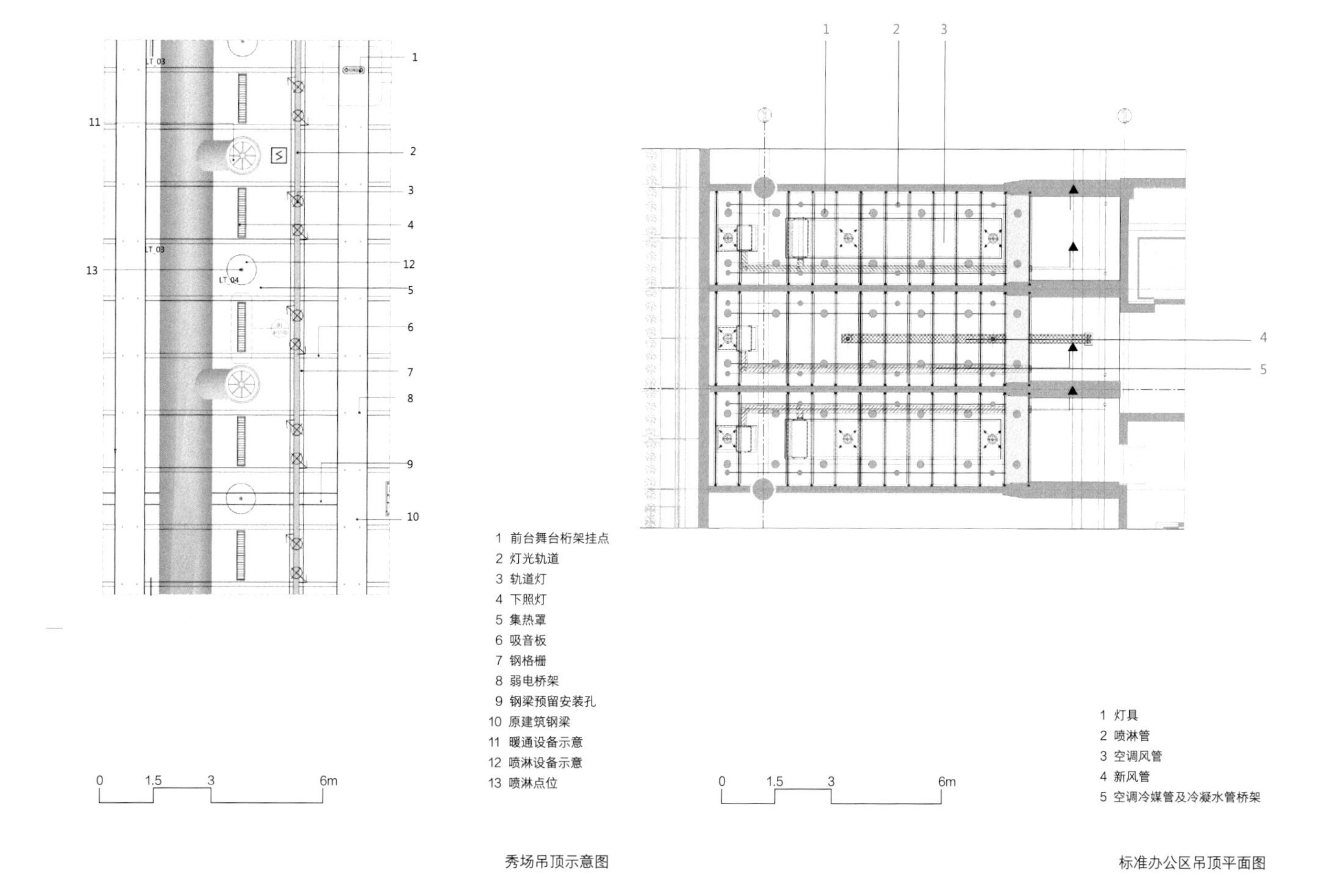
1 前台舞台桁架挂点
2 灯光轨道
3 轨道灯
4 下照灯
5 集热罩
6 吸音板
7 钢格栅
8 弱电桥架
9 钢梁预留安装孔
10 原建筑钢梁
11 暖通设备示意
12 喷淋设备示意
13 喷淋点位
0 1.5 3 6m
1 灯具
2 喷淋管
3 空调风管
4 新风管
5 空调冷媒管及冷凝水管桥架
0 1.5 3 6m

秀场吊顶示意图

标准办公区吊顶平面图

陈溪乡乡邻中心

扫码阅读更多内容

开发单位：绍兴市上虞区陈溪乡政府
设计单位：苏州个别建筑设计有限公司
项目地点：浙江省绍兴市上虞区陈溪乡
设计 / 建成时间：2017 年 / 2019 年

项目负责人：王斌，谢选集，刘凯强
主要设计人员
建筑：王斌，谢选集，刘凯强，何政霖，张蓓
结构：李烽清，张准
暖通：余九一
电气：张道光
给水排水：张成富

主要经济技术指标

用地面积：939m^2	建筑面积：500m^2
容积率：0.53	建筑密度：47.9%
绿地率：12%	停车位：4 个

陈溪乡乡邻中心位于浙江省绍兴市上虞区的郊外群山之中，是乡政府办公楼的扩建部分，也是乡民和政府沟通的共享空间。乡邻中心的基地虽小，但却是一块复杂的三角形地块。北侧是由 L 形的 3 层政府办公楼围合成的政府大院，场地高差 3m。南侧是一条斜向的道路和其他几条主干道组成的 Z 字形的上坡。东侧则是一条死胡同，紧贴着民居。

从政府大院看，建筑师希望建筑尽量低矮，但却要遮挡住道路南侧的一排杂乱的农民房屋顶。这样，远处的群山才能被最纯粹地引入到大院中。从南侧的道路看，建筑师希望能把建筑体量抬起，不仅为地面停车和进入建筑留出足够的空间，更重要的是水平的二楼体量腾空于斜向的山地道路，其对比可以揭示场地的特征。东侧相对较封闭的体量则尽量减少了对于邻居的干扰。这样就自然形成了建筑中间的三角形空间，上方的天光在上楼时给予光的指引，暗示其作为陈溪乡的结构中心和精神中心。设计从周围的群山出发，把建筑和更大的村落结构和自然结构联系了起来。

实景1

实景2

实景3

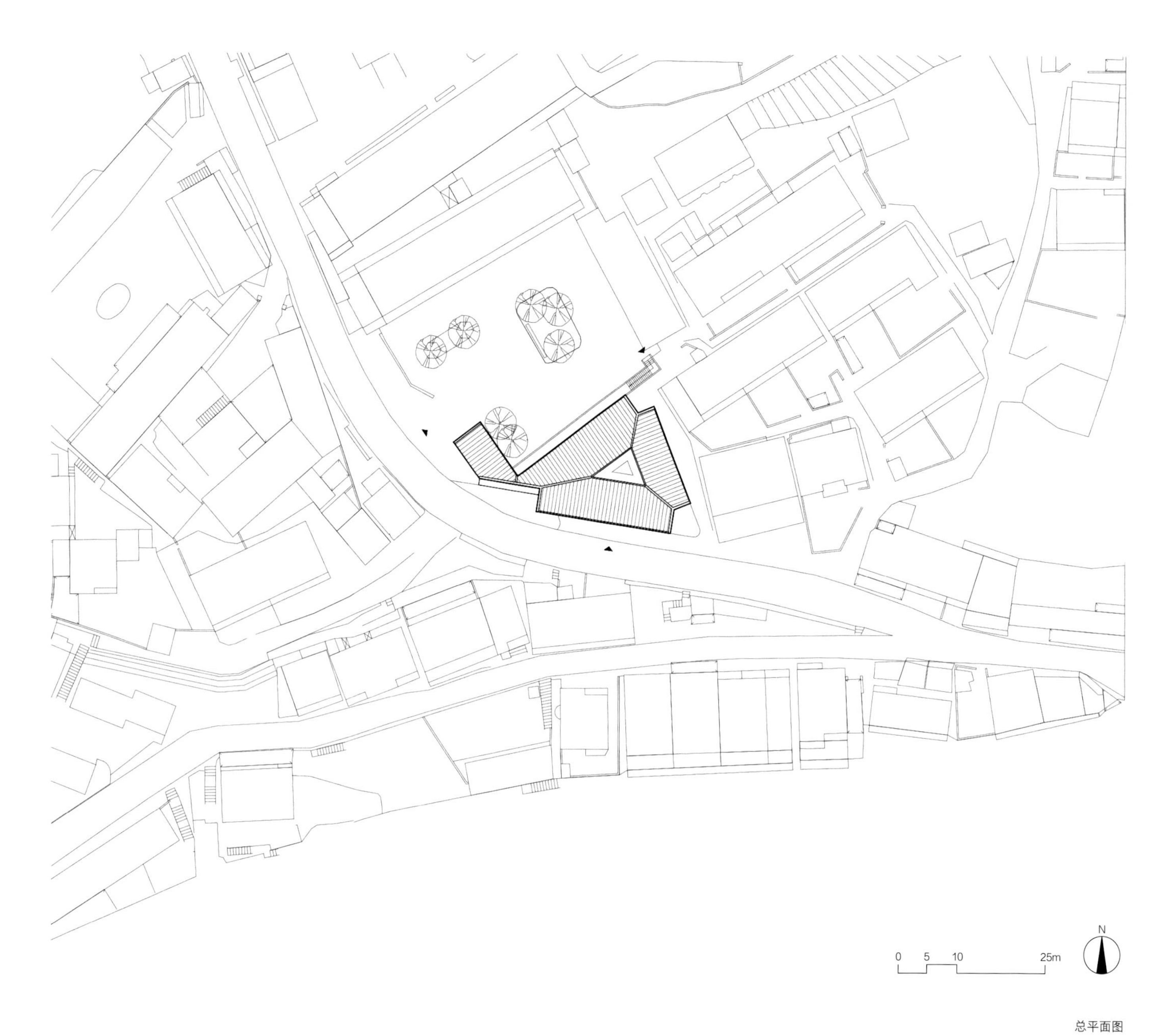
N
0 5 10 25m

总平面图

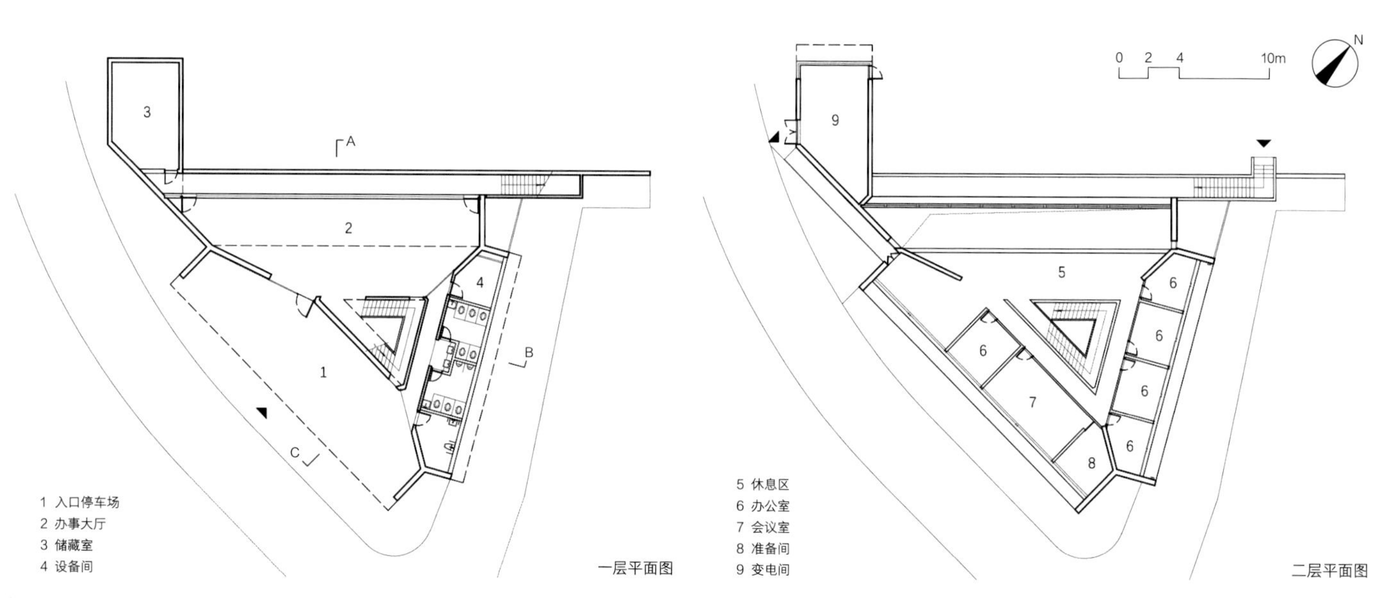
A
B
C
N
0 2 4 10m
1 入口停车场
2 办事大厅
3 储藏室
4 设备间
5 休息区
6 办公室
7 会议室
8 准备间
9 变电间

一层平面图

二层平面图

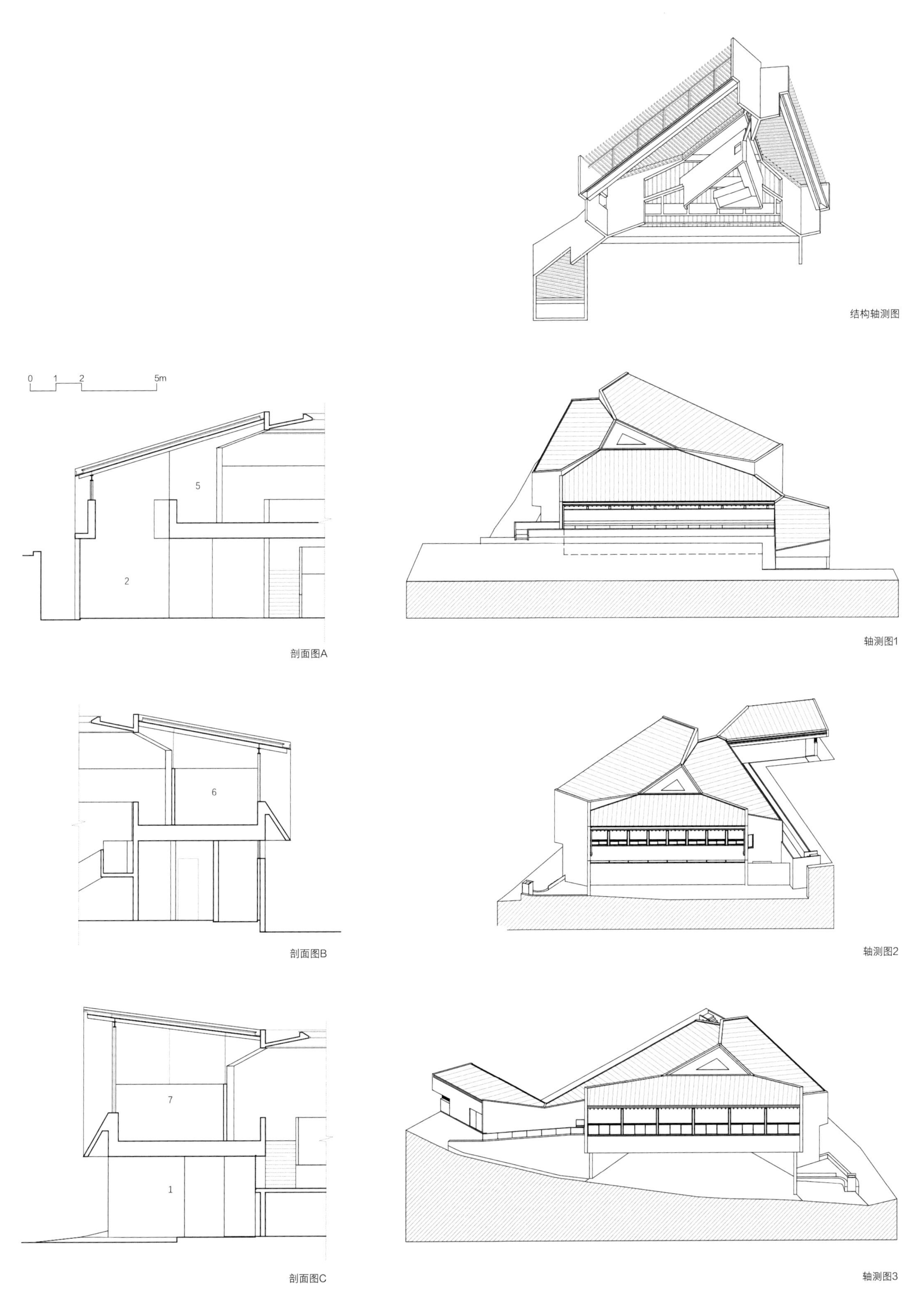
0
1
2
5m
5
2
6
7
1
结构轴测图

剖面图A

轴测图1

剖面图B

轴测图2

剖面图C

轴测图3

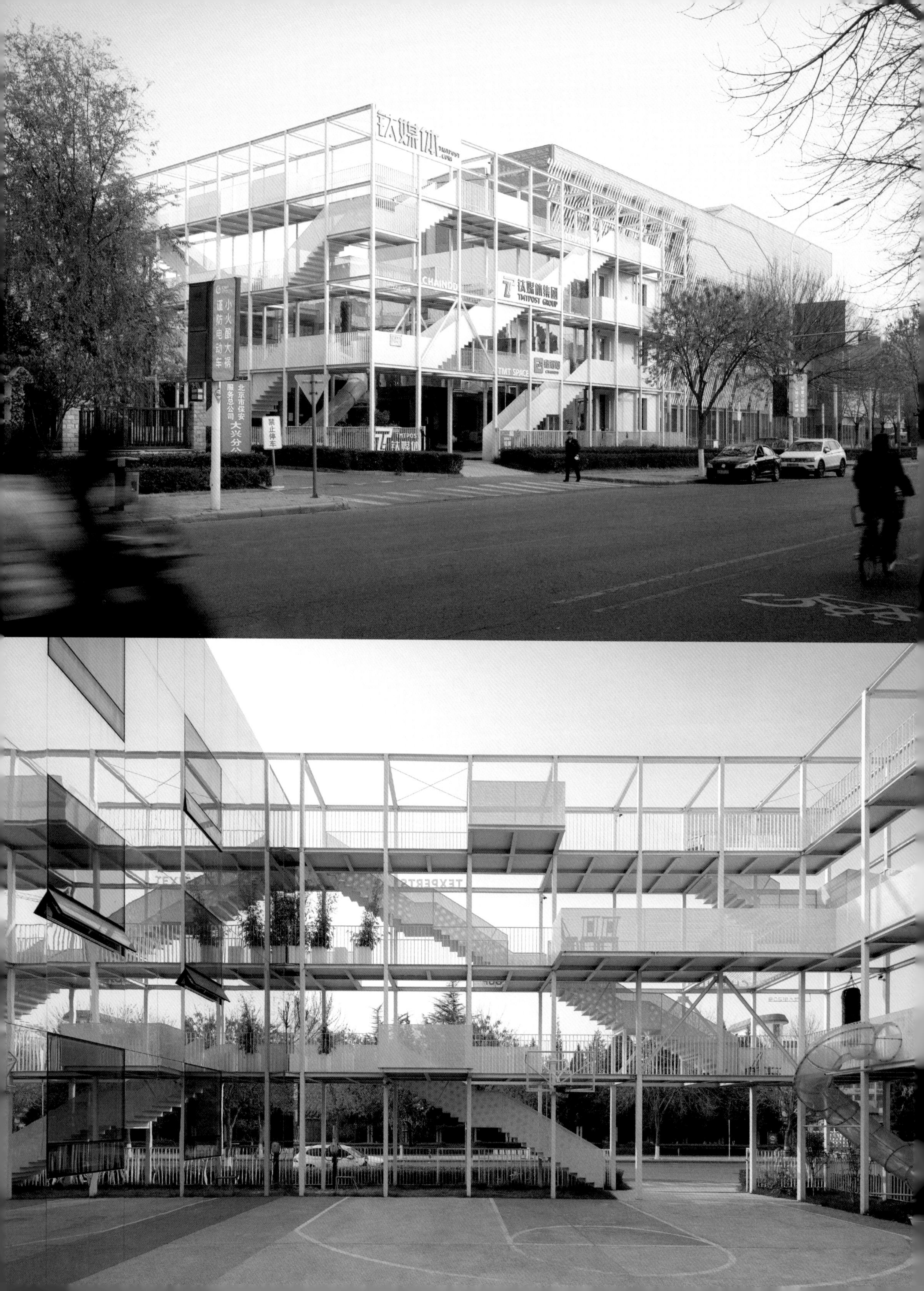
钛媒体
CHAINDD
钛媒体集团
TMTPOST GROUP
TMT SPACE
小火酿大祸
谨防电动车
北京市保安服务总公司
禁止停车
TEXPERTS

钛媒体“折叠公园”/ 北京团河派出所旧址改造

扫码阅读更多内容

开发单位：钛媒体集团
设计单位：靠近设计事务所
项目地点：北京市大兴区
设计 / 建成时间：2018 年 / 2019 年

项目负责人：马迪
主要设计人员：马迪，阚骅，姜盛，王也

获奖情况
2020 年 WA 中国建筑奖设计实验奖 优胜奖
2022 年 亚洲建筑师协会建筑奖 金奖

主要经济技术指标

用地面积：1259m^2	建筑面积：1843m^2
容积率：1.46	建筑密度：55.1%
绿地率：16.5%	停车位：6 个

在城市更新大背景下，靠近设计事务所进行了一次大胆尝试，希望存量建筑更新不再只是停留于常规的立面改造与内部装修，而是思考类似老旧建筑除了成为特定功能的新建筑外，是否还能为城市日常生活带来更多贡献，释放公共价值？设计旨在探索建筑与城市日常生活之间的另一种可能性，并希望能为城市更新提供一种新的参考范式。

原派出所为 F 形平面轮廓，撑满了狭小的长方形用地。面对局促的场地和拥挤乏味的街道，设计提出“折叠公园”概念，将传统平面公园进行多次“折叠”后，以类似“脚手架”的方式贴合于 F 形建筑的边界空白处。“公园”中设置了滑梯、秋千、吊床、拳击袋等一系列有趣设施，并可随时“插接”新的设施，使之可以伴随人们的活动，“自由生长”。

建筑师说服业主将“公园”对市民开放，使建筑与城市之间那条原本仅用于宣告领地范围的“红线”，成了人人共享的“活力触发带”，连同屋顶剧场和空中跑道一起成了社区中最受欢迎的地方。

建筑立面被覆以镜面材料，消隐了建筑的实体感，让变化的环境和人们的活动成为建筑最生动的“表情”，原本局促的空间也在反射中被无限延展。建筑内部空间被尽可能打开，竖向交通被重新建构，大量空间被赋予多重属性，旨在创造尽可能多的让人们相互遇见的机会。

实景1

实景2

实景3

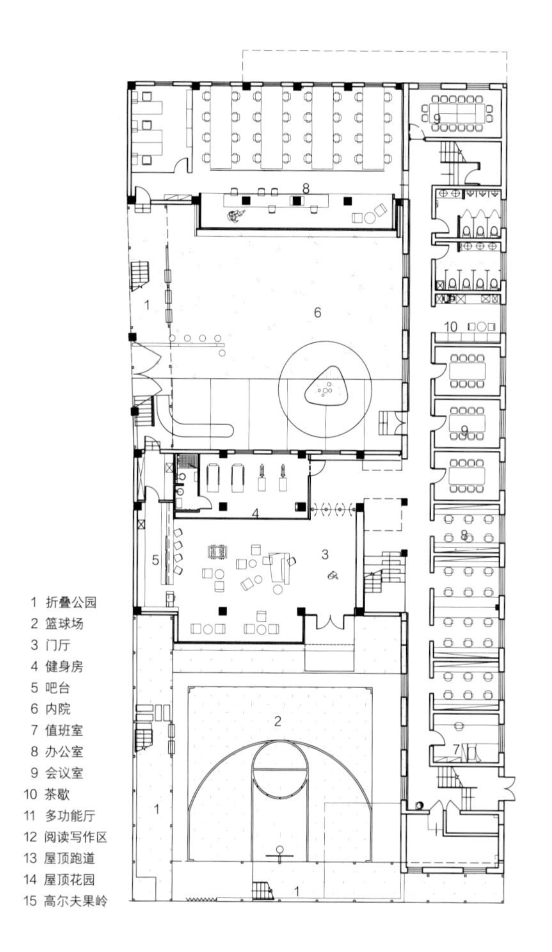
1 折叠公园
2 篮球场
3 门厅
4 健身房
5 吧台
6 内院
7 值班室
8 办公室
9 会议室
10 茶歇
11 多功能厅
12 阅读写作区
13 屋顶跑道
14 屋顶花园
15 高尔夫果岭

一层平面图

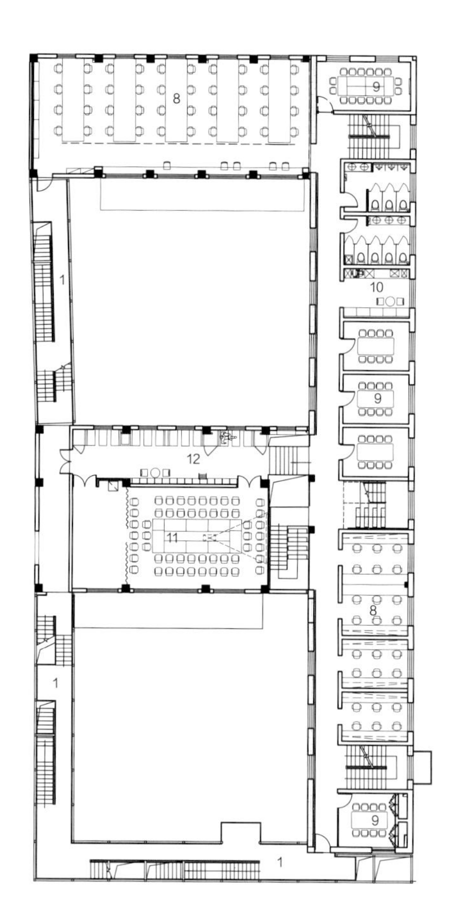

二层平面图

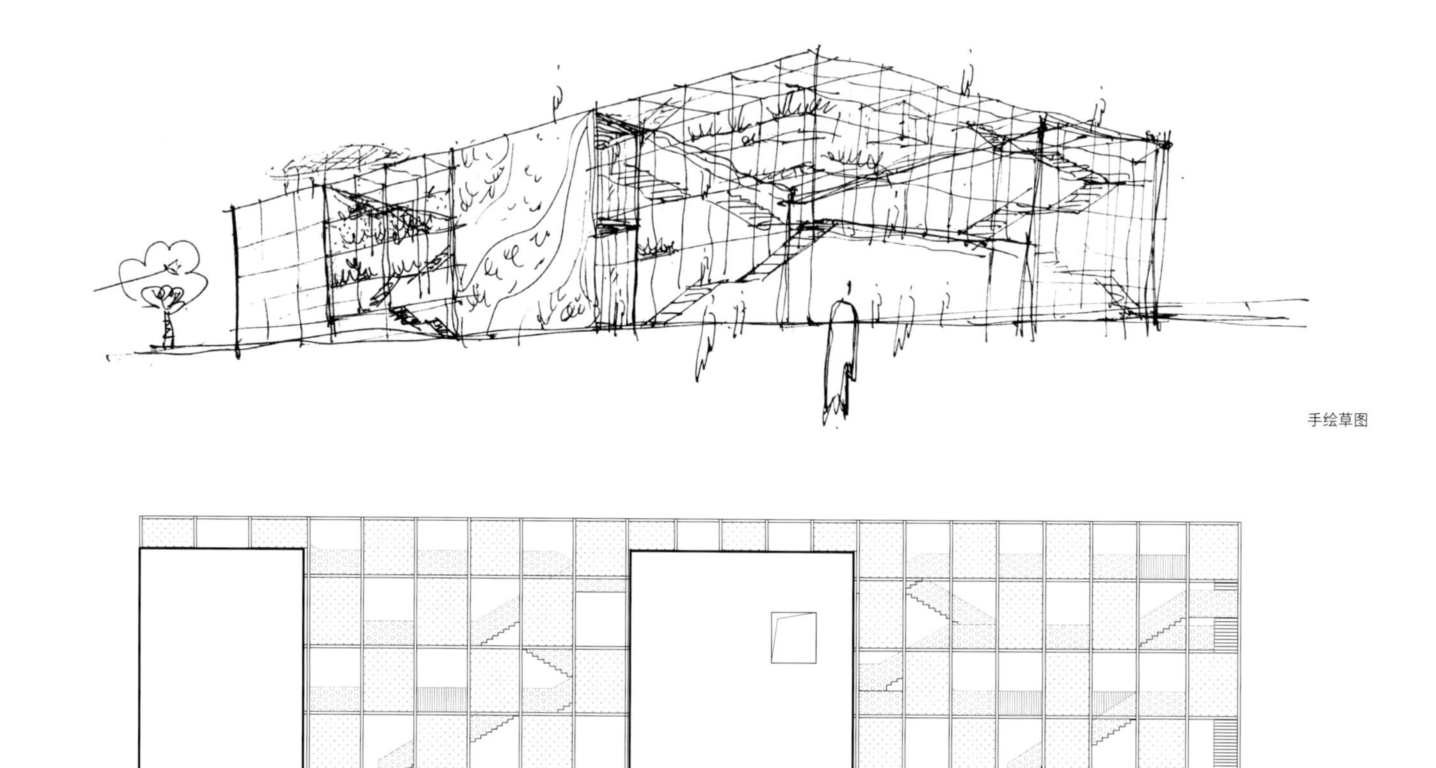

手绘草图

北立面图

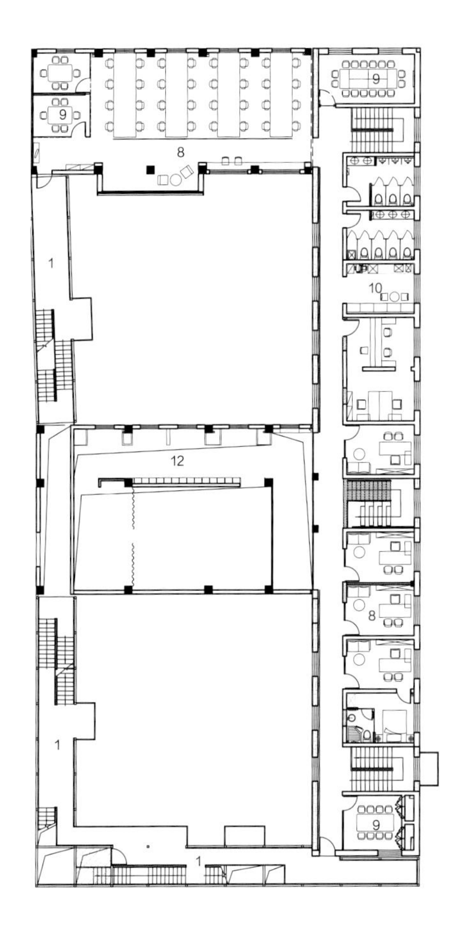
9
9
8
1
10
1
12
8
1
9
1

三层平面图

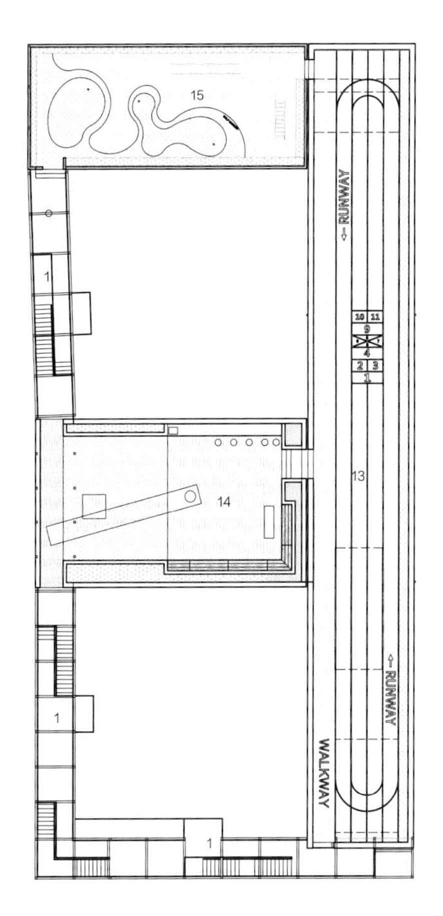
15
RUNWAY
1
14
13
RUNWAY
1
WALKWAY
1

屋顶平面图

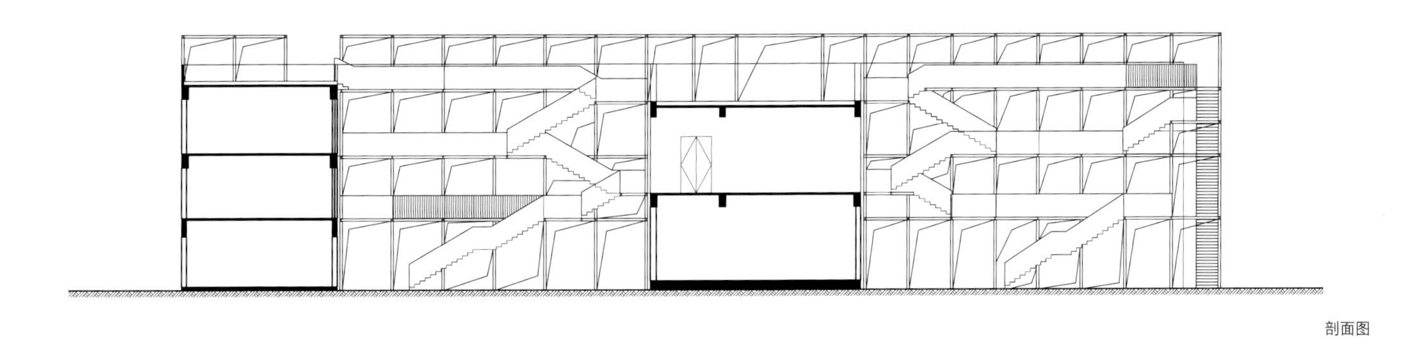

剖面图

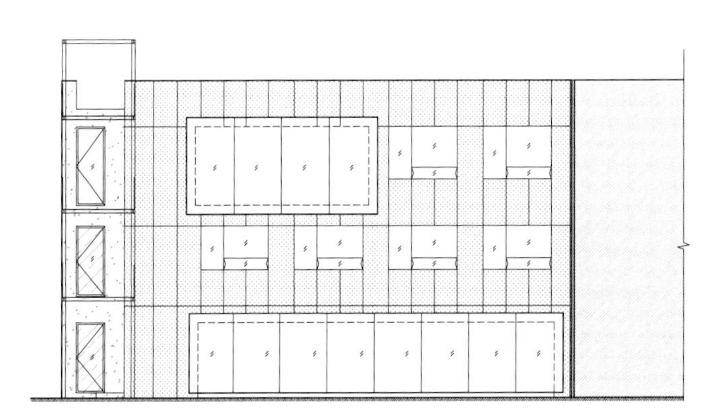

东楼西立面图

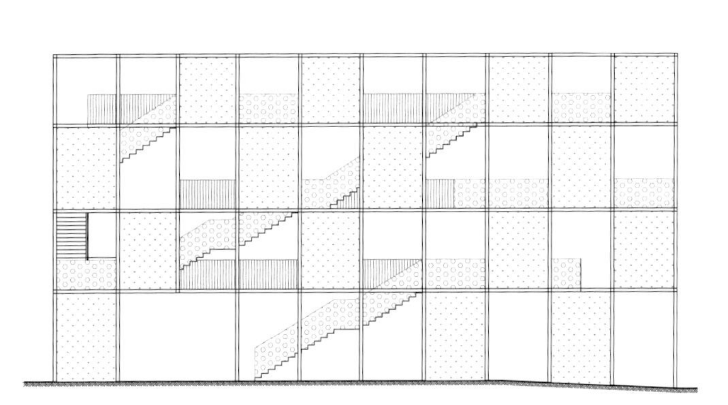

西立面图

摄影师索引

博览

衡水植物园温室展览馆 | 值更
鸡鸣岛海角艺术馆 | 孙祥洲，李季
土家泛博物馆摩霄楼 | 赵奕龙
西塘市集上的美术馆 | 梁山
义乌横塘公园展陈中心 | 否则建筑
浮山云舍 / 平安罗浮山中医健康产业园展示中心 | CreatAR Images
和美术馆 | 和美术馆，田方方
华茂艺术教育博物馆 | 侯博文
荒野上的汉白玉 / 水发 · 信息小镇产业展示中心 | 吴鉴泉
景德镇御窑博物馆 | 是然建筑，田方方
晋江国际会展中心 | 章鱼见筑 / 章勇，罗建河
漫山艺术中心 | 远洋
前海城 | 张超，众建筑
苏州“狮子口”遗址环境保护与扩建 | CreatAR Images/ 艾青
陶仓艺术中心 | wenstudio
天府国际会议中心 | 存在建筑，汤孟禅
英良石材自然历史博物馆 | 时境建筑
郑州美术馆新馆 · 郑州档案史志馆 | 苏圣亮
北京世界园艺博览会 · 国际馆 | 陈溯，傅兴
北海桥木构博物馆 | 吴清山，潘晖
北京世界园艺博览会 · 中国馆 | 张广源
承德博物馆 | 魏刚
崇明东滩湿地科研宣教中心 | 陈颢
坪山美术馆 | 苏圣亮
青龙山公园多功能馆及瀑布亭 | 徐一斐，张旭
首钢三高炉博物馆及全球首发中心 | 筑境设计，夏至
乌镇“互联网之光”博览中心 / “水月红云”智能建造亭集群 | 是然建筑

观演

山谷音乐厅 | Jonathan Leijonhufvud
天津茱莉亚学院 | 见闻影像 / 张超
郑州大剧院 | 韦树祥，时差影像
石窝剧场 | 金伟琦
寻梦牡丹亭 | 吴清山，张广源
“只有峨眉山”戏剧幻城 | 影喻影像 / 肖波，白杨

教科

儿童成长中心 | 田方方
福田新沙小学 | 张超，ACF
汉口城市展厅及幼儿园 | 存在建筑，张超
乐成四合院幼儿园 | 存在建筑，Hufton+Crow
那和雅幼儿园 | 夏至
深圳国际交流学院新校区 | UK Studio
深圳市坪山区锦龙学校 | 吴清山，杨超英
乌海市职业技能实训基地一期工程改造 | 窦俞钧
中科院量子信息与量子科技创新研究院一号科研楼 | 侯博文
红岭实验小学 | 张超
龙华区教科院附属外国语学校 | 张超
小小部落 | 存在建筑
中国美术学院良渚校区 | 吴清山，李诗琪，郎水龙，田方方

文化

大南坡村大队部改造 | local 本地，朱锐，场域建筑
江华瑶族水口镇如意村文化服务中心及特色工坊 | 胡曧，许昊皓
中粮南桥半岛文体中心与医疗服务站 | 奥观建筑视觉
惠明茶工坊 | 王子凌
绿之丘 / 从即将被拆除的多层仓库到黄浦江岸的“空中花园” | 章鱼见筑
吴家场社区中心 | 王汝峰，王昀
温江澄园 | 吴清山
西侯度遗址圣火公园 | 曾天培，曹百强
藏马山月空礼堂 | 苏圣亮

商业服务

东山肉菜市场改造 | 广州力驰视觉 / 关江驰
上海朱家角游客服务中心 | 吴清山
延安游客服务中心及配套用房 | 姚力

休闲娱乐

福州茶馆 | 陈颢
桥廊 / 上海三联书店 · 黄山桃源店 | 赵奕龙，来建筑
无想山秋湖驿站 | 吕晓斌
江心洲排涝泵站配套用房 | 时差影像
南粤古驿道梅岭驿站 | K&J | VISION | 凯剑视觉 / 李开建，陈逸飞
徐汇滨江公共开放空间 C 建筑（水岸汇）| 田方方
浙水村自然书屋 | 金伟琦
边园 / 杨树浦六厂滨江公共空间更新 | 陈颢，田方方
九峰村乡村客厅 | 郭海鞍
杉木觉醒 / 溧阳杨湾驿站 | 夏至
先锋厦地水田书店 | 陈颢
永嘉路口袋广场 | 吴清山
云庐酒店瑜伽亭及泳池 | 田方方

餐饮

汤山星空餐厅 | 孔辰承
冰贝 / 冰雪大世界冰火锅餐厅 | 聂雨馨，罗鹏，韦树祥，杨烁永

旅馆民宿

不是居 · 林 / 疗愈系度假酒店 | TAOA 陶磊建筑
犬舍 | 清筑影像，在野照物
汤山温泉小屋 | 陈颢
多慢 ® 桃花坞 | 李大为
山脚下的空间漫游 / 沂蒙 · 云舍 | 吴鉴泉
泰安东西门村活化更新 | 章鱼见筑，潘杰
汤山云夕博物纪温泉酒店 | 邱文锏，董素宏，小熊，雷荣仕，
Wen Studio
瞻院 | 孙海霆，朱雨蒙

体育

冰丝带 / 北京冬奥会国家速滑馆 | 视觉中国，刘兴华，孙卫华，郑方
雪游龙 / 北京冬奥会国家雪车雪橇中心 | 李季，孙海霆，李木子，
李兴钢工作室
五棵松冰上运动中心 | 张哲鹏
南方科技大学体育馆 | 曾天培

工业

悬崖上起伏屋顶 / 食品共享工厂 | 存在建筑，仲铭
坪山阳台 / 深圳坪山河南布净水厂上部建筑 | 张超，陈永裕
游园山舍 / 普利斐特生产基地一期组团一体化改造 | 存在建筑，简直建筑

居住

北京冬奥村（冬残奥村）| 存在建筑
北京航空航天大学沙河校区学生宿舍、研究生宿舍、食堂 | 杨超英
七舍合院 | 吴清山，王宁
现代蒙古包体系（几何 / 移动）| 窦俞钧
高海拔的家 | 张铭洲

办公

海南生态智慧新城数字市政厅 | 陈溯，褚英男
重庆两江协同创新区创新 Σ 空间 | 存在建筑 / 何震环
杭州化纤厂旧址改造 | 吴清山
顺德柴油机厂二期更新改造 | 吴嗣铭
SMOORE 总部工业园改造 | 张超
苏州高新区“太湖云谷”数字产业园 | 姚力
天目里综合艺术园区 | 朱海，Wen Studio，天目里，goa 大象设计
陈溪乡乡邻中心 | 郝萍，王凯雯
钛媒体“折叠公园”/ 北京团河派出所旧址改造 | 靠近设计，
Nature Image

图书在版编目（**CIP**）数据

当代中国建筑实录 = CONTEMPORARY CHINESE ARCHITECTURE RECORDS. 第 1 辑 / 黄元炤主编 . —北京：中国建筑工业出版社，2022.11
ISBN 978-7-112-27923-4

Ⅰ . ①当… Ⅱ . ①黄… Ⅲ . ①建筑设计—作品集—中国—现代 Ⅳ . ① TU206

中国版本图书馆 CIP 数据核字（2022）第 168543 号

顾　　问：张　锋　咸大庆　沈元勤
策　　划：陆新之
责任编辑：黄习习　刘　丹　刘　静　徐　冉
书籍设计：张悟静
数字编辑：魏　鹏
责任校对：王　烨

当代中国建筑实录
CONTEMPORARY CHINESE ARCHITECTURE RECORDS
第 1 辑
黄元炤　主编
*
中国建筑工业出版社出版、发行（北京海淀三里河路 9 号）
各地新华书店、建筑书店经销
北京雅盈中佳图文设计公司制版
北京富诚彩色印刷有限公司印刷
*
开本：880 毫米 ×1230 毫米　1/16　印张：$27^{3}/_{4}$　字数：524 千字
2023 年 4 月第一版　2023 年 4 月第一次印刷
定价：**199.00** 元
ISBN 978-7-112-27923-4
（40003）